JN441542

농축수산식품의

건강기능대전(大全)

정 동 효 편저

머리말

1945년부터 67년을 지난 2012년까지 우리나라의 식생활은 크게 발전하였다. 1970년 까지만 해도 식량이 부족하여 식량증산을 위한 많은 노력을 하였고 식품공학자는 식품가공・저장을, 그리고 영양학자는 국민의 영양과 건강을 위하여 많은 연구를 하였다. 다행히 식량자급(주로 쌀)이 1978년도에 이룩하였고 1970년 이후 우리나라는 경제 성장으로 개발도상국을 넘어 왔다. 이제는 국민의 영양과 건강이 좋아지고 배고픈 시대를 잊어버리고 적게 먹는 시대로 평균 연령도 80세를 바라보고 있다.

한국의 농축수산식품의 식품원료는 『식품공전, 2011년』에 수록되어 있다. 즉 식물성 원료가 251종, 동물성 원료가 140종으로 합하면 391종이 된다. 여기에 최근에는 건강기능의 관점에서 과거부터 한방약재로 사용된 것, 그리고 새로운 향신료, 허브까지 포함한 식품원료까지 모두 합쳐서 『식품공전』에서는 '식품에 사용할 수 있는 원료'로서 식물성 원료 331종, 동물성 원료 14종, 기타 원료 5종 합계 350종이 있고, '식품에 제한적으로 사용할 수 있는 원료'로서 식물성 원료 61종, 동물성 원료 3종, 기타 원료 5종, 합계 69종이나 된다. 결국 한국인이 식품원료로서 사용할 수 있는 것은 무려 810종이나 된다. 참으로 놀라운 식품재료로 식품을 만들어 우리의 밥상에 오르고 있다.

편자가 이 책을 편집하게 된 것은 이런 많은 식품재료들은 천연적으로 우리의 건강에 도움이 되는 건강기능 성분이 너무 다양하고 많은 양을 함유하고 있다는 사실이다. 따라서 여러 어려움을 무릅쓰고 한국 식품재료의 『농축수산식품의 건강기능대전』을 편집하게 되었다.

최근 건강기능식품이라는 갖가지 제품들이 엄청나게 팔리고 있은 실정이다. 꼭 그렇게 비싼 건강기능식품을 구입하기 보다는 이 책에서 정리해 놓은 건강기능을 가진 식품 원재료를 선택 구입하여 온 가족과 함께 먹는 것이 우리의 가족 건강에 무병장수하는 것이 건강복지 사회일 것으로 생각한다. 바꾸어 말하면 『식약동원(食藥同原)』의 원리인 것이다.

실제 식품원재료 중의 건강기능 성분의 생리활성을 다 찾아내어 생체시험으로 증명하기는 아직 요원하다. 그러나 이러한 것을 잘 찾아내어 먹는다는 것은 우리 국민의 건강은 증진되고 무병장수될 것으로 믿는다.

이 책을 편집하면서 건강기능성에 관한 연구 재료를 구하기가 어려웠고, 구한 재료를 정리하다 보면 과학적이 아닌 것도 적지 않았다. 이 책의 편집은 가능한 한 쉽게 이해할 수 있도록 여러 항목으로 나누어 편집하였고 화학물질명은 영문으로 표기하였다. 그리고 독자의 도움을 주기 위하여 생활습관병의 예방과 관련된 「영양건강 보조식품」을 수록하였으며 「각종 식품의 질병 예방효과와 치료효과」, 「각종 질병의 예방효과와 치료효과가 있는 식품」, 「질병관련 건강기능식품」, 「한글 용어해설」 등을 부록으로 수록하였다.

끝으로 이 책의 출간에 힘써주신 유한문화사 천승배 사장님 그리고 임직원 여러분께 깊은 감사를 드리는 바이다.

2013년 7월 27일

팔순 생일날 아침

편저자 정 동 효

일러두기

1) 표제어는 『식품공전』에 수록된 식품명 그대로 인용하고, 영어명은 가능한 한 한국명으로 표시하였다. 보기로 키위는 참다래, 패션프르트는 시계풀꽃으로 하였다.

2) 표제어의 식물명은 분류, 학명, 과명, 이명, 용도, 수확기 등을 간단히 설명하고 그 식물의 기원과 재배역사, 기대되는 작용, 식물학적 특성, 주요 영양소, 중요 생리기능 성분, 선별, 보존법의 순서로 기술하였다. 표제어의 이명, 한문명, 영어명을 부록으로 재 수록하여 쉽게 찾아볼 수 있게 하였다.

3) 표제어의 기능성 성분명은 교육인적자원부의 학술용어 규정에 따랐다. 즉 「amylase」는 「아밀라아제」라고 하였으나 2012년부터 개정되어 「아밀레이스」로 되어 이를 따랐다.

4) 표제어의 영양성분, 특수성분, 기능성 성분명은 화학적인 성질보다 기능성을 강조하였다. 역시 생활습관병의 경우에도 효능이 있는 기능성식품을 강조하였다.

5) 일반 국민의 밥상에 오르지 않는 「심해성 어류」 112종과 「다랑어류 및 새치류」 132종은 지면 관계상 다음 기회로 미루었다.

차 례

[우리들의 고민에 좋은 보조식품] / 17

『식품공전(2011년)』상의 식품원재료 분류 / 67

제1부 식물성 원료 / 71

▶ 곡 류 ◀

▶ 서 류 ◀

▶ 콩 류 ◀

▶ 견과 종실류 ◀

▶ 과실류 ◀

▶ 채소류 ◀

▶ 버섯류 ◀

▶ 향신료 ◀

▶ 차 ◀

▶ 조 류 ◀

▶ 기타 식물류 ◀

제 2부 동물성 원료 / 509

▶ 식육류 ◀

▶ 우유류 ◀

▶ 어패류 ◀

▶ 알 류 ◀

부 록 / 769

우리들의 고민에 좋은 보조식품

1. 생활습관병의 예방과 관련 보조식품

◀ 암 ▶

[메커니즘]

1981년 이래 일본인의 사망원인의 탑은 암이다. 최근에는 3명 중 1명이 암으로 사망하고 2명 중 1명은 일생 중 한 번은 걸린다는 통계도 있다. 더욱 많은 것은 폐암, 위암, 결장 직장암, 간장암, 췌장암, 식도암, 유방암 순서로 사망자가 많다. 여러 가지 발암물질이 발견되어 암화에 관련하는 유전자도 발견되고 있으나 암의 발증에는 역시 식생활과 끽연, 운동부족이라는 생활습관이 크게 관여하고 있는 것이 해명되고 있다. 특히 식생활이 발암 원인의 3분의 1 이상을 차지한다는 연구자가 많다. 암을 예방하는 식품의 연구에서 암 예방을 위한 보조식품도 개발되고 있다.

[예방을 위한 조언]

정상한 세포가 암세포로 변하여 발견되기까지는 오랜 세월이 걸린다. 이 사이 체내의 면역력이 높이 유지되어 있으면 암 세포로의 변화는 막을 수가 있다. 세포의 암화를 촉진하는 하나는 활성효소에 의한 유전자의 장해이다. 따라서 몸의 항산화력을 높여 활성산소의 해를 소거하면 암 발생 방지가 기대된다.

암 발생을 억제하는 작용이 있는 식품에는 버섯류, 고려인삼, 율무, 프로폴리스(propolis) 등이 알려져 있다. 특히 잎새버섯, 표고버섯, 영지, 신령버섯이라는 버섯류에는 β-glucan(glucose로 된 다당류의 총칭)이라는 높은 면역부활작용을 갖는 다당체가 함유되어 있다. 또 표고에서 추출된 lentinan은 항암제로서 사용되고 있다.

비타민 C, E, 차에 함유되는 catechin(엽차의 성분), 프로폴리스(propolis)나 식물에 함유되는 플라보노이드(flavonoid)에는 세포의 암화를 억제하는 작용이 있다. 비타민 A에는 점막이나 세포막의 면역력을 높이는 작용이 있다. 비타민 A가 풍부한 간, 시금치 등을 충분히 섭취하면 피부나 장기가 암에 침범되기 어렵게 되어 암화된 세포막의 수복도 기대된다. 또 셀렌에는 항산화 이외에 면역력을 높여 발암물질의 분해·해독하는 작용을 높이는 작용이 있다. 이외에 식이섬유나 유산균도 암 예방에 유효하다. 보조식품 등으로 보충하는 것도 효과적이다.

[관련 보조식품]

신령버섯, 버섯류, 율무, 프로폴리스, 고려인삼, 셀렌, 유산균

◀ 동맥경화 ▶

[메커니즘]

동맥에는 본래 탄력성이 있다. 그런데 동맥벽에 콜레스테롤(동물의 스테로이드의 기본 물질)이나 칼슘이 부착하면 동맥벽이 두껍게 되어 굳게 되는 수가 있다. 이것이 동맥경화이다. 동맥경화에 의하여 혈류가 방해가 되면 뇌나 심장을 위시하여 여러 가지 장기의 작용이 나빠지게 되어 중대한 병이 발생할 위험이 높아진다. 혈관의 노화현상이라고 하며 40세 이상 대부분의 사람에서 볼 수 있다. 최근에는 10대의 아이들에게도 초기의 동맥경화가 나타나고 있다.

동맥경화가 왜 생기는가는 완전한 해명이 되어 있지 않으나 유전적인 본질, 고혈압증, 혈중의 콜레스테롤(특히 LDL-cholesterol)의 증가에 의한 고지혈증, 당뇨병이 깊게 관여하고 있다. 또 비만, 스트레스, 운동부족, 끽연도 위해를 높이는 것으로 생각하고 있다. 동맥경화는 경화가 일어나는 장소에 따라 증상이 다르다. 체중에서나 동맥에서도 일어날 가능성이 있으나 특히 발생이 쉬운 곳은 뇌동맥, 경동맥, 관상동맥, 신동맥 등이다. 뇌동맥경화의 경우는 현기증이나 이명, 흥분 등의 초기증상이 나타나고 진행하면 뇌경색이나 뇌출혈을 일으킨다.

관상동맥에 경화가 일어나면 심장의 기능이 저하하고 협심증, 심근경색, 심부전이라는 심장발작이 돌연 일어날 위험성이 있다. 또 신동맥경화에서는 고혈압, 신기능장해가 일어날 수 있고 대퇴동맥경화에서는 하지에 피가 통할 수 없는 괴저(壞疽)가 생기는 수가 있다.

[예방을 위한 조언]

동맥경화를 예방하는 데는 혈관을 건강하게 유지하는 것이 제일이다. 혈중의 콜레스테롤치를 내려 혈관을 넓게 유지하는 데는 식생활의 개선이 필요하다. 식사와 운동 그리고 금연이 요점이 된다. 동물성 지방이 많은 식품, 단것, 알코올을 삼가고 식물성 단백질을 많이 함유하는 식품을 중심으로 한 식생활을 깊이 새겨 두어야 할 것이다. 고등어, 정어리 등의 등푸른 생선에 함유되는 EPA·DHA에는 혈액이 굳

어지는 것을 억제하는 작용이 있다. 혈류를 개선하는 은행잎 엑기스와 함께 섭취하면 효과가 상승된다.

항산화 비타민의 C는 혈관의 유연성을 유지하고 동맥경화의 진행을 막는다. 또 식이섬유에는 여분의 콜레스테롤을 흡착하여 배설하는 작용이 있으므로 채소나 고구마, 해초, 버섯류를 적극적으로 섭취해야 한다.

[관련 보조식품]

EPA・DHA, 은행잎, 식이섬유, 비타민 C

◀ 당뇨병 ▶

[메커니즘]

포도당은 세포의 기본적인 중요한 에너지원이다. 혈액 중의 포도당 농도(혈당치)는 정상적으로는 가능한 한 80～140㎎/dℓ의 좁은 범위로 조정되고 있다. 혈당치를 조절하는 것이 인슐린(glucose의 세포 투과성과 대사를 높여 혈당을 내리는 췌장의 펩타이드 호르몬)이라는 호르몬이다. 이 인슐린 분비가 부족하거나 작용이 불충분하여 혈액 중의 포도당 농도가 높은 상태로 계속되면 당뇨병(糖尿病)으로 된다. 에너지로서는 충분히 이용되지 않고 혈액 중에서 체류되는 포도당은 오줌으로 누출된다. 또 혈당치를 높은 그대로 방치하면 망막증, 신증, 신경증 등의 병합증이 일어나게 된다.

당뇨병의 타입은 Ⅰ형과 Ⅱ형이 있다. 바이러스 감염이나 이상한 면역반응이 원인으로 인슐린의 분비가 절대적으로 부족하여 발증되는 것이 Ⅰ형이다. 어느 날 돌연 확실한 증상을 나타내면서 발증(發症)을 한다. Ⅱ형은 유전적 요소로 칼로리의 과잉섭취나 운동부족, 스트레스 등 생활습관이 가해져 발증하는 것으로 알려져 있다. 40～50대를 중심으로 늘어나고 있는 당뇨병은 Ⅱ형이 압도적으로 많고 증상이 서서히 진행되므로 발증에 조심을 하지 않는 사람도 있다. 현재 당뇨병과 그 예비군을 합하면 그 수는 약 1620만 명이라고 한다. 성인 6명에 1명이 당뇨병 또는 그 예비군이라는 것이 된다.

[예방을 위한 조언]

당뇨병의 예방은 식사와 운동이 기본으로 된다. 비만은 위해요인으로 되므로 그 치료나 지방의 섭취량을 줄이는 것이 필요하다. 식후의 혈당치 상승을 억제시키기 위하여 조식을 하지 않고 채소, 버섯류, 해조류 등 식이섬유가 풍부히 함유된 식품재료를 섭취할 것이다. Glycemic index가 낮은(혈당치의 상승속도가 늦은 것) 식품을 선택할 것이다

「혈당치가 걱정되는 사람에」라고 표시된 특정 보건용 식품의 난소화성 덱스트린(dextrin : 전분의 저분자화물), 폴리페놀(polyphenol), 소맥 알부민(albumin : 가용성 단백질 중 포화황산암모늄으로 침전되는 것의 총칭)을 이용하는 방법이 있다. Gymnema에도 식후 혈당치를 내리는 작용이 있으나 제품에 오차가 있으므로 음미하여 선택할 것이다. 에너지 대사의 촉진에는 비타민 B군도 필요하다. 영양균형의 개선도 생각하여 멀티비타민·무기질의 보조식품 섭취를 진행할 것이다. 그러나 보조식품에는 예방과 개선에 한하므로 당뇨병 치료는 의료기관에서 하여야 할 것이다.

[관련 보조식품]

비타민 B군, 식이섬유, 폴리페놀(polyphenol), gymnema

◀ 비 만 ▶

[메커니즘]

비만이란 체내의 지방이 과잉으로 축적된 상태를 말한다. 누구도 체중을 재는 데 걱정이 되나 실은 체중에 차지하는 체지방의 비율(체지방율)이 중요하다. 남자는 15.0~20.0%, 여자는 20.0~30.0%가 정상으로 이것을 넘으면 비만으로 판정한다. 비만(肥滿)에는 주로 호르몬 분비나 뇌의 이상, 유전 등이 원인인 「증후성 비만」과 원인이 확실하지 않는 「단순성 비만」이 있으나 비만의 대부분은 후자라고 한다.

단순성 비만에는 피하지방이 두터운 타입으로 여성에서 많이 보이는 「피하지방형 비만」과 장이나 위, 간장 등의 내장 주위에 지방이 축적된 타입으로 중년 이후의 남성에 많이 볼 수 있는 「내지방형 비만」이 있다.

비만은 만병의 근원이다. 특히 내지방형 비만에는 당뇨병, 고혈압, 고지혈증이라 생활습관병에 걸리기 쉽다. 동맥경화가 발생하기 쉽고 뇌졸중, 허혈성 심질환(협심증이나 심근경색) 등의 위해가 높다. 지방간의 원인으로 된다. 고요산증이나 수면시 무호흡증후군 등도 비만과 관계가 있다.

피하지방형 비만은 같은 체지방율이라면 내장지방형 비만보다도 생활습관병에 걸릴 위해는 낮다고 하지만 안심은 안 된다. 여성의 경우 호르몬의 균형이 붕괴되어 생리불순이나 불임증이 있기 때문이다. 여성은 갱년기를 지나면 생활습관병에 걸리는 비율이 급증되며 여기에 비만이 겹치면 다시 위험성이 높아지게 된다. 또 유방

암, 자궁암, 난소암의 발증도 비만에 의하여 높아진다. 비만의 타입에 걸리지 않고 체중이 많으면 무릎이나 허리에 부담이 되고 무릎통, 요통 등 정형외과 질환도 생기기 쉽다.

[해소를 위한 조언]

비만은 섭취 칼로리 양이 소비되는 칼로리 양을 상회하는 것이 원인으로 된다. 따라서 비만해소에는 식사제한과 함께 운동에 의한 에너지를 소비할 필요가 있다. 칼로리 제한을 행할 때에는 비타민이나 무기질 보충에 충분히 주의해야 할 것이다. 특히 비타민 B군은 지방을 연소하는 것이 필수이다.

지방섭취를 제한하면 지용성 비타민의 A, 비타민 E, 코엔자임(coenzyme) Q10(보효소 Q)도 부족하게 된다. 또 아연 등 무기질 부족에도 주의를 요한다. 빠르게 걷기나 수영 등의 유산소운동에는 체지방을 효율적으로 연소시키는 효과가 있다. 단 심장질환 등의 합병증이 있는 경우에는 반드시 의사와 상담을 해야 한다.

[관련 보조식품]

비타민 B군, 멀티비타민, 멀티무기질

◀ 뇌졸중 ▶

[메커니즘]

뇌졸중은 뇌세포가 괴사하여 간 기능의 저하나 여러 가지 신경장해를 일으키는 병이다. 생명에도 관계되는 아주 위험한 병이고 증상이 일어나면 일각이라도 빨리 병원으로 가서 적절한 처치를 받을 필요가 있다. 뇌졸중에는 동맥 중에 혈전(응혈괴)이 싸여져 뇌로 흐르기가 나빠지는 「뇌경색(腦梗塞)」과 동맥이 파열하여 출혈하는 「뇌출혈」이 있으나 어느 것이나 동맥경화와 깊은 관계가 있다.

뇌경색의 원인에는 두 가지가 있다. 하나는 뇌혈전이다. 뇌동맥의 동맥경화가 진행하여 혈관의 내공이 좁아지고 혈관 벽에 부착하고 있는 지방이나 혈전이 떨어져 혈류의 흐름을 차단하는 것이다. 다른 하나는 뇌색전(腦塞栓)으로 뇌동맥 이외에 생긴 지방이나 혈전이 혈액에 운반되어 뇌동맥을 막아 버리므로 안면 마비 등의 증상이 나타난다.

뇌출혈의 원인에는 뇌동맥경화가 있다. 뇌혈관에 높은 압력이 걸려 혈을 일으키는 것이다. 돌연 기분이 나빠지고 격심한 두통이나 구역질이 난다. 안면 마비나 언어장해 등의 후유증이 나타날 수도 있다. 뇌졸중은 생활습관병에 의하여 발증하는 위해가 높은 것이다. 위해인자에는 고혈압, 당뇨병, 고지혈증, 부정맥 등의 심질환이 있다. 검사를 받아 이러한 인자를 빨리 발견하여 치료하는 것이 중요하다.

[예방을 위한 조언]

동맥경화의 원인으로 되는 혈중 콜레스테롤이나 중성지방, 과산화 지질 등을 방지하는 데는 지방과다로 되지 않게 식사의 균형을 생각하는 것이 중요하다. 피로한 노동, 스트레스, 수면부족, 끽연, 과도한 음주도 피할 것이다.

보조식품에는 신령버섯, 잎새버섯, 영지 등의 버섯류에 콜레스테롤을 제거하는 작용이 있기 때문에 뇌졸중의 예방효과를 기대할 수 있다. 은행잎 엑기스에는 좁아진 혈관을 확장하는 작용이 있다. 또 ω-3계 지방산의 EPA・DHA는 혈중의 중성지방을 줄이고 혈소판의 응집을 억제한다. 등푸른 생선에 많이 함유되어 있으므로 적극적으로 섭취할 것이나 생선이 싫은 사람은 보조식품을 이용하는 것도 좋다. 혈관의 노화를 막고 비타민 E, β-carotene(비타민 A의 전구물질)도 효과적이다.

[관련 보조식품]

은행잎, EPA・DHA, 비티민 E, 신령버섯, 영지

◀ 심장병(협심증, 심근경색) ▶

[메커니즘]

심장은 심근이라는 근육으로 되어 있고 전신에 혈액을 송출하고 있다. 심근에 혈액을 공급하고 있는 것이 관상동맥(심장을 둘러 싼 혈관)이다. 관상동맥의 내강은 아주 좁고 여기에 동맥경화가 일어나면 협심증(狹心症)이나 심근경색(心筋梗塞) 등을 발생한다.

관상동맥이 좁아져 혈액의 흐름이 나빠지면 심장의 근육이 산소부족에 빠지게 된다. 운동, 식사, 입욕 시에 졸라지는 것 같은 가슴의 아픔이 생기고 휴식하면 수분 내로 고쳐지는 것은 노작성(老作性) 협심증이다. 안정 시에도 일어나 아픔이 수분에서 수십 분 정도 계속되는 경우에는 더욱 위험한 협심증의 가능성이 크다. 아픔이 다시 강해지고 30분에서 2시간 정도 계속하면 심근경색의 가능성이 있다. 심근경색은 관상동맥의 폐쇄에 의하여 현저히 혈류가 감소되고 심근이 괴사하게 된다. 발작과 함께 심부전이나 폐수종, 심장마비 등 합병증을 발발하여 생명의 위험을 느끼게 된다.

이외에도 심장병에는 고혈압이 계속하여 심실 내부가 좁아지고 송출되는 혈액량이 감소되는 고혈압성 부전이나 류머티즘 열등의 영향으로 밸브의 기능이 저하되는 심장변막증 등이 있다. 재빨리 전문의를 찾아야 한다.

[예방을 위한 조언]

심장병의 발증 위해는 금연과 과도한 운동, 스트레스 완화 등 생활습관의 개선에 의하여 저감할 수가 있다. 그 중에서도 중요한 것은 동맥경화를 예방하는 것이다. 동물성 지방의 섭취량을 줄이고 칼로리를 억제한다. 따라서 혈중의 콜레스테롤이나 중성지방을 줄인 식품을 섭취하고 가벼운 운동도 신경을 써야 한다.

마늘이나 대두에는 과잉의 콜레스테롤을 제거하고 지질의 합성을 억제하는 작용이 있으며 흑초에 함유되어 있는 아미노산에도 마찬가지 효과가 있다. 은행잎의 성분인 「ginkgoride」는 혈관을 확장하여 혈행을 촉진한다. EPA・DHA는 지질생성을 억제하고, 비타민 E는 혈소판의 응축을 억제한다. 영지나 고려인삼에는 혈압을 정상화하는 효과가 있고 동맥경화나 고혈압 등 순환기계의 병에 유효하다. 심부전에는 코엔자임(coenzyme) Q10이 저명한 효과가 있다.

[관련 보조식품]

코엔자임 Q10, 마늘 엑기스, 흑초, 은행잎 엑기스, EPA・DHA, 영지, 고려인삼, 비티민 E

◀ 간 기능 ▶

[메커니즘]

간장병에는 간염, 지방간, 간 경변, 간장암 등이 있다. 더욱이 더 많은 것은 바이러스에 의하여 감염하는 간염으로 A형, B 형, C형의 종류로 분류된다. A형 감염은 바이러스로 감염된 채소나 어패를 먹어서 감염된다. B형과 C형은 혈액이나 체액 중에 존재하는 바이러스에 의하여 감염된다.

간염에는 급성간염과 만성간염이 있다. A형 감염은 증상이 급히 나타나고 고열을 동반한다. 초기 증상으로서는 전신의 권태감이나 식욕부진, 오심, 구역질, 발열, 복통, 설사나 변비가 나타난다. 감기나 급성위장염과 증상이 유사하여 이들의 증상이 가벼운 시기에 황저(黃疸)가 나온다. 만성간염으로 진행하는 것은 대부분이 B형의 일부와 C형이다. 만성간염은 증상이 거의 나타나지 않고 있어서도 몸의 느슨함과 배가 뻗칠 정도이다. B형도 C형도 증상이 비교적 가볍기 때문에 걱정이 없는 상태로 만성화되고 만다.

간염이 만성화되면 10～30년의 오랜 경과를 거쳐 서서히 간 경변이나 간장암으로 진행된다. 이러한 진전을 빠른 단계에서 적절한 대책이 필요하다. 간지간은 동물성 지방이나 알코올의 과잉 섭취로 간장에 중성지방이나 콜레스테롤이 체류되면서 발생한다. 간 경변은 재생력이 왕성한 간장이 만성 간염 등으로 간세포의 파괴와 재생을 오래 동안 되풀이 하는 사이에 세포가 섬유화 되어 굳어진 상태로 간 기능의 저하를 일으킨다. 간 경변이 진행하면 손바닥 주변부나 손가락 끝, 가슴의 상부에서 수근(首筋), 어깨, 팔목의 근원인 부근에 붉은 반점이 나타나고 황저나 배속에 물이 체류되는 증상이 나타난다.

[예방을 위한 조언]

간 경변은 「침묵의 간장」이라고도 하며 증상이 나타났을 때는 이미 병이 진행하고 있는 경우가 많다. 간 기능의 정기적인 체크와 함께 평소부터 간세포에 원기를 주는 양질의 단백질을 충분히 보급하고 과도한 음주를 삼가는 것이 예방에 도움이 된다. 조류의 일종인 클로렐라(*Chlorella*：단세포 녹조의 일종), *Spirullina*는 단백질의 보고이다. 굴, 가막조개는 간장을 강화하는 taurine(cysteic acid의 탈탄산화물)이나 아미노산을 풍부히 함유한다. 가막조개나 울금에는 담즙의 분비를 촉진하고 간장의 해독기능을 높이는 효과가 있다. 」

[관련 보조식품]

클로렐라(*Chlorella*), *Spirullina*, 굴, 가막조개, 울금

◀ 신기능 ▶

[메커니즘]

신장은 체내의 노폐물을 체외로 배출하는 기능을 가지는 장기이다. 체내의 혈액을 여과하여 오줌과 함께 노폐물을 방광으로 보내고 배설한다. 혈압, 염분의 조절 등, 신장의 작용은 여러 가지이다. 그러나 신염(腎炎)이나 신우신염(腎盂腎炎), 당뇨병, 신경화증 등 여러 가지 원인에 의하여 기능이 저하되면 신부전으로 되어 인공투석이 필요하게 된다.

신부전에는 급히 발증하는 급성신부전과 종종의 원인에 의하여 서서히 진행하는 만성신부전이 있다. 최근 당뇨병이 만성신부전의 원인으로서 최대로 되었다. 혈액을 여과하는 사구체(絲球體)에 장해가 발생하는 단백질 요나 혈뇨를 동반하는 신염도 많이 볼 수 있는 증상이다. 또 부종, 단백질뇨, 저단백질 혈증, 고 콜레스테롤 혈증

등 증상이 나타나는 병을 총칭하여 nephrotic symdrom(네프로제 증후군)이라 부른다. 이것도 신장의 사구체에 이상이 있기 때문에 발증하는 것이다.

신우신염(腎盂腎炎)은 신장에서 나오는 오줌을 모아 방광으로 보내는 부분의 신우(腎盂)에 염증이 발증하는 것으로 전신의 권태감이나 발열, 오줌의 혼탁, 빈뇨(頻尿) 등의 증상을 특징으로 하고 있다. 신경화증은 신장에 모이는 세동맥에 동맥경화가 일어난 병으로 초기에는 혈압이 높은 것만이나 진행하면 혈뇨나 단백질뇨가 나타나고 피로나 권태감을 느끼는 수도 많다.

전신의 부종이나 혈뇨가 나올 때는 주의가 필요하다. 부종을 치료하기 위하여 유효한 칼륨도 신장에 이상이 발생하여 신기능이 저하되면 고 칼륨혈전을 일으키므로 칼륨을 함유한 생 채소, 바나나나 오렌지 등의 과일은 섭취를 제한하는 것이 좋다. 여하간 신장은 nephrosis(네프로제증) 등의 증상을 동반하는 질환이 있는 경우를 제외하고 투석이 필요한 수준까지 나빠지지 않으면 증상이 나지 않는 것이 보통이다. 어떤 증상이 걱정되면 우선 의사에 신기능을 체크하는 것이다.

[대책을 위한 조언]

신장병을 예방하는 기본은 감기에 걸리지 않게 하는 것과 염천 하에서 걷거나 심한 운동을 한 후에 충분한 수분을 공급하여 탈수증상을 막아야 한다. 염분 섭취를 삼가하고 원인으로 생각되는 음식물이나 과도한 운동을 곧 끝내야 한다. 예방을 위한 보조식품은 신령버섯 같은 면역력을 올리는 것이나 비타민 C와 같은 항산화 작용이 있는 것을 선택할 것이다.

[관련 보조식품]

비타민 C, 신령버섯

2. 부조·증상의 개선 및 예방과 관련 보조식품

◀ 피로하기 쉽다 ▶

[메커니즘]

피로의 원인의 하나는 피로물질의 축적이다. 유산이나 암모니아 등의 피로물질이 체액을 산성으로 기울게 하고 에너지의 근원이 되는 ATP(adenosinetriphosphate) 적용을 방해한다. 두 번째의 원인은 신경계의 피로이다. 신경을 피로로 하는 것은 수면이 불가결이다. 피로하기 쉬운 사람은 충분한 수면시간을 취하지 않는 경우가 많다. 이외에 철 결핍성 빈혈에 의하여 피로감이 생기는 경우도 있다.

충분한 휴식을 취해서도 피로가 남는다면 영양부족이나 병이 원인이라는 것을 알아야 한다. 몸의 노곤함 이외에 발열, 근육이나 관절의 아픔, 식욕이 떨어지고 체중이 저하하는 등 어떤 증상이 있을 때는 일단 병원에서 검사를 받는 것이 좋다. 피로권태감은 악성종양, 교원병(膠原病), 바이러스나 세균에 의한 감염증, 간장과 신장의 기능 이상, 내분비계의 이상 등 여러 가지 질환으로 발생하는 증상들이다.

정신적인 원인으로 몸의 느슨함이 되는 경우도 많다. 식욕부진, 두통, 어깨 뻐근함, 요통 등 여러 가지 부조(不調 : 상태가 나쁨)를 느끼거나 검사하여도 아무 이상이 나타나지 않는 경우가 많다. 원인불명으로 피로권태감이 오래 계속되는 만성피로증후군이라는 질환도 있다. 여자는 월경전이나 갱년기에 특히 많고 호르몬과의 관계도 깊다.

[예방・해소를 위한 조언]

에너지의 생산반응을 촉진하여 축적 피로 해소에 도움이 되는 것은 비타민 B군이다. 비타민 B군은 서로 작용을 하여 물질대사에 관여하기 때문에 비타민 B군을 섭취하는 것이 효과가 높다. 마그네슘도 비타민 B군과 함께 당이나 지질의 대사, 단백질이나 DNA의 합성에 관여하여 수면을 깊게 하는 작용도 있다. 스트레스로 피로가 축적되었을 때는 비타민 B군과 마그네슘의 조합이 효과적이다.

마늘 엑기스는 비타민 B_1의 효과를 높이고 피로회복을 촉진하는 성분이 많이 함유되어 있다. 고려인삼에는 혈행 촉진이나 위장의 기능을 높인다. 이들은 스트레스에 대한 저항력을 높여서 체질개선에 도움을 준다. 스트레스에 의하여 체내에 증가된 활성산소에는 비타민 E나 비타민 C, 코엔자임(coenzyme) Q10로 대항할 것이다. 월경전증후군으로 느껴지는 느슨해짐과 부조에는 γ-linolenic acid가 유효하다.

[관련 보조식품]

비타민 B군, 마그네슘, 마늘 엑기스, 고려인삼, 코엔자임 Q10, γ-linolenic acid

◀ 식욕이 없다 ▶

[메커니즘]

「배가 줄었다」, 「만복이다」라는 표현에서 식욕이 위장에서 느끼는 것으로 생각하지만 식욕을 조절하는 것은 뇌의 시상하부에 있는 섭식중추(공복중추와 만복중추)

이다. 시상하부에서 명령을 받아 뇌하수체가 혈당치가 내려가면 식욕이 나오게 지시를 내는 것이다. 스트레스나 우울증으로 식욕이 없어지는 것은 뇌하수체가 영향을 받기 때문이다. 위에 트러블이 있어 식욕이 없어지는 수도 있다.

고령자의 경우는 위 점막의 위축이 진행되고 위의 작용이 나빠지거나 위산분비가 저하되어 식욕이 감퇴되는 수가 있다. 위산이 분비되는 것은 자율신경의 작용에 의한 것이다. 따라서 젊은 사람도 스트레스나 피로가 쌓이면 자율신경의 작용이 나빠져 식욕이 줄어든다. 급히 식욕이 없어지거나 체중감소가 계속될 때는 주의할 것이다. 소화기관를 수진(受診)하여 정밀검사를 받을 것이다. 복통, 구토증, 설사 등 다른 소화기 증상이 동반할 때는 위궤양 등 위장의 병에 걱정을 할 것이다. 또 젊은 여자에서 겉으로 보아 건강한 것 같으나 심하게 여위고 생리가 없는 경우에는 본인이 병의 자각이 없어도 거식증(巨食症)을 생각할 것이다. 정신면에서의 케어도 필요하므로 전문의와 상담할 것이다.

[개선을 위한 메커니즘]

소화가 잘 되는 식품을 선택하여 먹고 비타민 결핍증이나 영양부족이 되지 않게 하는 것이 중요하다. 바나나는 소화불량을 완화할 뿐만 아니라 칼로리도 충분하다. 어떻게 해서도 식욕이 나지 않고 충분한 양양소를 섭취할 수 없는 경우에는 몸에 필요한 각종의 영양소를 함유는 멀티비타민·무기질의 보조식품 활용하는 것이 바람직하다. 또 식사 후 소화를 돕기 위한 소화효소류를 섭취하는 것도 효과적이다. 또 맥주효모는 식욕부진을 위시한 트러블에 유효하다.

위를 정상으로 활동시키는 것은 무엇보다도 불안감을 억제하는 것이 중요하다. 휴식이나 기분전환으로 이완을 할 것이다. St. John's wort 등의 허브를 이용하여도 좋다. 위를 들어 올릴 수 있는 복근운동 등을 계속하면 효과가 기대된다.

[관련 보조식품]

멀티비타민·무기질, 소화효소류, 맥주효모, 매실엑기스, St. John's wort

◀ 감기에 잘 걸린다 ▶

[메커니즘]

감기란 코, 입안, 목(인후·인두), 기관지를 총칭하는 상기도(上氣道)에 급성 염증을 일으키는 것을 말한다. 목이 붓고 아프고 콧물이 나고 열이 심하고 기침이나 재채기가 나오고 두통이나 오한 등의 증상 병이다. 원인은 주로 바이러스의 감염이다. 감기바이러스에는 수종이 있고 인후염에서 아데노바이러스(adenovirus), 콧물·코 막힘의 리노바이러스(rhinovirus)와 같이 증상이 나타나는 쪽에서 진단되는 수가 많다. 감기 바이러스는 대부분이 비말감염(공기중에 비산되는 바이러스로 감염)이다. 과로, 몸이 차고 저항력이 쇠약해지면 건조된 공기로 목이나 코의 점막이 상처를 받으면 몸이 바이러스의 침입을 허락하고 만다.

옛날부터 「감기는 만병의 근원이다」라 하여 왔고 감기를 방치하면 여러 가지 병으로 진행될 가능성이 있다. 원래 인간은 여러 균에 노출되어 있다. 균의 침입을 최초로 막는 것은 피부나 점막(목, 코 등)이고 그 다음이 혈액 중에 있는 식세포가 맞선다. 그곳에서 저지하지 못하면 최후에 등장하는 것이 항체(단백질)이나 림프구라 불리는 백혈구이다. 이 일련의 흐름을 면역기능이라 부르나 감기에 걸려 균에 대한 저항력이 없어지면 원래 있었던 만성질환이 악화되거나 기관지염에서 폐렴 등 생명에 관계되는 질병으로 이행될 위험성이 있다.

[예방·개선을 위한 조언]

감기 예방에는 비타민 C, 비타민 A(β-carotene 등), 아연, 유산균 등이 유효하다. 이는 점막이나 혈관 등을 건강하게 하여 면역력을 높여 준다. 감기에 걸리면 우선 항균·항바이러스 작용이 있는 울금, catechin, 마늘 등을 섭취하면 좋다. 감기 증상을 개선하는 허브로서는 echinacea도 잘 알려져 있다. 단 보조식품은 증상의 대처보다도 예방법으로 할 것이다. 강력한 바이러스에 의하여 매년 유행하는 인플루엔자에는 예방주사가 있으나 어느 타입이 유행하는가의 예측이 없는 점에서 주의할 것이다. 홍차로 입안 헹굼을 하는 것은 인플루엔자 예방에 효과적이다.

[관련 보조식품]

비타민 C, 비타민 A(β-carotene 등), 아연, 유산균, catechin, echinacea, 마늘

◀ 기분이 우울하다 ▶

[메커니즘]

심신에 스트레스를 계속 받으면 가벼운 우울병으로 빠지는 수가 있다. 할 의욕이 안 난다. 사람을 만나기 싫고 잠이 잘 안 든다. 식욕이 나지 않고 체중이 감소되는 수도 있다. 우울병은 세로토닌(serotonin : 신경전달물질)이나 노르아드레날린(noradrenaline : 고감신경말단에서 분비되는 전달물질) 등 뇌 내의 신경전달물질의 저하가 관계하는 것이라 한다.

고민이 많은 사춘기나 일, 가정에서 책임이 무거워지는 중년기에 많이 볼 수 있다. 60세 이상의 노인성 우울병은 젊은 사람의 두 배이다. 또 여자는 호르몬 변동의 영향을 받아 우울상태로 빠지기 쉽게 되고 우울증 발증율은 남자의 2배라고 한다. 특히 월경전증후군에 동반되어 임신 중, 산후, 갱년기의 우울증이 많다.

가벼운 우울증의 경우 피로나 두통, 현기증, 어께 결림 등의 몸의 부조가 나타나기 쉽고 침통하거나 우울감이라고 하는 우울병 특유의 증상은 현저하지 않다. 따라서 자신이 가벼운 상태에 있으면 좀처럼 주의하지 않는 사람도 있다. 몸의 부조에 더하여 무엇을 하여도 즐거움이 없는 마음가짐으로 2주간 이상 계속하는 경우 가벼운 우울증을 의심해야 한다.

[예방·개선을 위한 조언]

우울병의 치료에는 세로토닌(serotonin)을 증가시키는 작용이 있는 항우울증 약이 처방된다. 여자의 경우는 호르몬의 변동을 고려하여 항우울약과 호르몬 치료의 병용이 권장된다. 초심자가 판단하지 않고 의사와 상담하면서 치료에 임하는 것이 기본이나 가능한 한 약을 사용하기 싫으면 항우울증약과 마찬가지 작용을 하는 허브의 St. John's wort를 시험해보는 것도 좋다. 단 혈액응고 방지제나 강심약, 맥주 등 일부 처방약은 효력을 약하게 하는 작용이 있으므로 의사나 약제사에서 확인하고 이용할 것이다.

기분이 침울하여 있을 때는 충분한 휴식을 할 것이다. 운동, 여행 등으로 기분전환을 하거나 aromatherapy나 목욕으로 심신을 이완시키는 것도 효과가 있다. 식욕부진에서 영양부족으로 된 경우도 있으므로 멀티비타민·무기질의 보조식품을 이용하여 영양을 보급할 것이다. 이 중에서도 뇌의 기능 정상화에 없어서는 안 될 비타민 B군은 많이 섭취할 것이다. 비타민 B군의 결핍으로 우울병이 발증되는 수도 있다. 월경전의 우울상태에는 비타민 B_6가 효과적이다. 또 뇌의 건강유지에는 DHA·EPA, lecithin, 은행잎 엑기스가 추천된다.

[관련 보조식품]

비타민 B군, lecithin, EPA·DHA, St. John's wort

◀ 안절부절 못하다 ▶

[메커니즘]

안절부절 못하거나 쉽게 공격적인 사람이 늘고 있다. 불황의 경제사회, 인간관계,

그리고 컴퓨터에 의한 테스크 스트레스로 현대사회에서는 불안의 원인이 어디에서나 돌고 있다. 여기에서 버팀을 생기게 하는 것이 알맞은 스트레스가 플러스의 방향으로 작용하는 것도 있으나 심신이 함께 피로해 버리거나 몸 구조를 붕괴하는 과도한 스트레스는 문제이다.

스트레스를 느끼면 몸은 자율신경계, 내분비계, 면역계의 기능을 작용하여 심신을 시키려 한다. 그러나 과도한 스트레스에 장기간 노출되면 이들의 균형이 붕괴되어 자율신경이나 호르몬의 교란이나 면역력 저하를 초래한다. 그 결과 위궤양 등의 내장질병, 혈당치나 혈압의 상승, 불면, 동계(動悸), 피로, 감기에 걸리기 쉬운 상태의 증상이 일어난다. 또 몸의 부조를 호소하여 증상에 맞추어 약을 먹어도 개선되지 않을 때는 몸이 아닌 마음에 문제가 잠복되어 있을 가능성이 높으므로 이 경우에는 심신 치료가 필요하다.

[개선을 위한 조언]

휴식이나 기분전환 등의 셀프케어로 스트레스를 경감하는 것은 가능하다. 스트레스는 몸도 뇌도 피로시키므로 충분한 영양보급도 중요하다. 뇌의 피로는 뇌의 신경세포의 재생을 촉진하는 phosphatidylserine과 뇌의 혈행을 촉진하는 은행잎 엑기스의 조합이 효과적이다.

신경의 작용으로 정산화로 유지하는 작용이 있는 비타민 B군도 의식하여 섭취할 것이다. 그 중에서도 비타민 B_1은 뇌의 에너지원이 되는 포도당의 대사에 불가결이다. 부족하면 화내기 쉽고 집중력이 없어지게 된다. 또 당분이 분해되지 않고 유산이 체내에 체류되어 피로하기 쉽게 된다.

스트레스는 체내의 비타민 C를 대량으로 소비한다. 비타민 C는 스트레스에 의하여 발생한 활성산소를 소거하는 작용이 강하다. 마찬가지 항산화 비타민 A(β-carotene 등)나 비타민 E와 함께 섭취할 것이다. 그리고 스트레스에 대항하는 호르몬이나 신경전달물질의 재료가 되는 단백질도 충분히 보급할 것이다. 칼슘과 마그네슘의 혼합도 우울증 해소에 효과가 있다. 녹차의 맛 성분인 theanine도 이완효과가 있다,

[관련 보조식품]

비타민 C, 비타민 E, 비타민 B군, 비타민 A(β-carotene 등), 단백질, 칼슘, 마그네슘, phosphatidylserine

◀ 잠이 안 든다 ▶

[메커니즘]

몸이 활동을 하고 있을 때는 교감신경이 작용하고 수면에 들어가면 부교감신경이 작용한다. 그런데 이 두 개의 신경 지배의 교체가 잘 되지 않으면 잠이 들지 않는 수가 된다. 불면을 호소하는 사람의 약 60%는 잠들기가 나쁘고 잠들지 않을 것이라고 걱정이 없는 경우이다. 「정신 생리성 불면」이라 부르는 것으로 신경질적인 사람에게 많다. 잠이 잘 들지 않은 경우에도 강한 피로감이 없으면 걱정은 없으나 잠이 들지 않으면 피로가 쌓이거나 정신장해가 의심나는 경우에는 검사나 치료가 필요하다.

잠 붙이가 나쁜 비율은 아침 일찍 잠이 깨이고 식욕이 없고 기분이 갈아 앉은 상태가 계속되는 경우는 우울병이다. 아침 일찍 또는 한밤중에 눈이 깨여 그 후 잠이 없어지고 잠을 자지 않아도 활기 있게 움직이는 상태라면 조병(操病)의 의심이 있다. 또 야밤에 몇 번이나 눈에 깨이고 두통이나 현기증, 어깨절음, 동계(動悸) 등이 동반하는 경우는 신경증이 의심난다. 고령자 중에서는 고혈압증이나 동맥경화 등 내과계 질환으로 잠들지 않는 사람도 있다. 또 심한 코고는 소리를 내는 사람은 수면 시에 무호흡증후군에 주의가 필요하다. 이 경우는 전문의와 상담할 필요가 있다.

[예방・해소를 위한 조언]

생리적 불면 해소에는 자기 직전에 무거운 식사를 하지 않는다. 카페인이나 담배는 흡입하지 않는다. 적당한 운동이나 입욕(38℃의 저온목욕)으로 혈액의 흐름을 좋게 하고 긴장이나 흥분을 진정하는 것이 좋다. 일찍 일어나 낮에는 활동을 하고 일광욕을 하며 체내시계를 재조정하는 것도 중요하다.

불안정이나 스트레스 해소에는 신경을 안정화 시키는 비타민 B_6, 마그네슘이 유효하다. 또 비타민 B_{12}는 수면・가성의 리듬을 조정한다. 허브로는 정신이나 신경을 진정시키고 잠을 도와주는 valerian(쥐오줌풀)이 도움이 된다. 자는 것과 각성을 조절하는 것은 뇌의 한 구석에 있는 송과선이 분비하는 멜라닌(melanin)이라는 호르몬이다. 중년 이후가 되면 멜라닌 분비가 불충분하게 되어 그것으로 불면으로 되는 경우가 있다. 보조식품으로 보충할 수 있지만 40대 이하에서는 상용하면 면역계에 악영향이 나는 수가 있으므로 5HTP(5-phydroxytryptophan)를 활용한다.

[관련 보조식품]

비타민 B_6, 비타민 B_{12}, 마그네슘, valerian, 멜라토닌(melatonin)

◀ 두통 · 편두통 ▶

[메커니즘]

두통으로 고생하는 사람은 적지 않다. 대부분은 편두통과 긴장형 두통이다. 이 때문에 관자노리가 욱신욱신하게 아픔은 편두통이다. 뇌의 혈관이 발작적으로 수축하여 그 후 급히 확장되는 것으로 아픔이 생긴다. 구역질을 동반하는 수도 있다. 눈이 반짝반짝하는 등 편두통이 일어나는 전조를 느끼는 사람도 있다. 편두통이 왜 일어나는가는 그 원인은 알려지지 않았다. 막혀 있는 것 같은 아픔이 있으나 이는 긴장성 두통이다. 저녁때가 되면 아픔이 있는 것이 특징이다. 눈이 피로하고 어깨에 걸쳐 근육이 긴장됨으로써 일어난다.

두통의 90% 이상은 이러한 두 개의 이상에 의해 일어날 수 있으나 뇌종양 출혈이나 subarachnoidal hemorrhage(자주막하출혈) 등의 두개(頭蓋)내 질환이 원인으로 두통이 일어나는 수도 있다. 아침 일찍 일어날 때 그저 두통과 구역질이 있는 경우에는 뇌종양(腦腫瘍)을, 세게 때리는 것 같은 격심한 두통과 구토가 있는 경우에는 subarachnoidal hemorrhage(지주막하출혈) 의심이 있으므로 곧 진단을 받을 것이다.

여자는 남성의 2~3배나 두통이 많다. 월경, 임신, 갱년기에 동반하는 수가 많고 두통의 70%는 월경 전후에 일어난다. 또 여성 호르몬이 분비되는 10~50대에 두통이 집중하여 일어난다. 편두통에는 시판의 두통약은 그다지 효과가 없으나 병원에서 처방한 것은 개선되어 있다.

[예방 · 개선을 위한 조언]

두통이 일어나는 타임에 알코올이나 초콜릿 등 혈관을 확장시키는 작용이 있는 것을 피하는 것이 예방책으로 된다. 근육의 긴장 완화에는 목이나 어깨를 주물러 주거나 덥게 하는 것이 효과적이다. 편두통은 혈관이 확장되어 있으므로 머리를 차게 하는 쪽이 효과적이다.

보조식품에는 뇌혈관의 긴장을 풀어주어 아픔을 완화시키는 마그네슘, 뇌의 에너지 대사에 불가결의 비타민 B_{12}에 예방효과가 있다. 또 허브의 feverfew(여름 흰들국화)는 치료약으로서 구미에서는 잘 사용하고 있다. 혈행을 촉진하는 비타민 E, 뇌내 혈류의 순환을 좋게 하는 레시틴(lecithin)도 효과가 있다. 월경 전후나 갱년기의 두통대책에는 송수피를 권한다.

[관련 보조식품]

비타민 B_2, 비타민 E, 레시틴, 마그네슘, 송수피, feverfew(여름 흰들국화)

◀ 현기증이 있다 ▶

[메커니즘]

현기증의 증상은 사람에 따라 다음과 같이 대별한다. 하나는 회전성의 현기증이다. 자신의 몸 주위의 것이 둥글둥글 회전하는 감각에 흔들린다. 서 있을 수 없고 구토를 일으킬 수도 있다. 어느 일정의 두위(頭位)를 취할 때 일어나는 「양성 발작 두위 변환성 현기증」인 어느 경우가 많으나 「Meniere's disease(메니엘병)」으로 의심된다.

주위가 한들한들 흔들려 몸이 흔들흔들 하는 느낌은 비회전성 현기증이다. 증상은 그 만큼 강하지 않으나 오래 계속하는 수가 많다. 내이염(內耳炎), 돌발성 난청, 뇌혈관장해, 고혈압・저혈압 등과 같은 경우와 스트레스가 관계라는 경우도 있다. 혈행중 좌우로 몸이 흔들이는 느낌을 하는 경우는 평형실조이다. 메니엘루병, 중이염, 청신경종양 이외에 약의 부작용으로 일어나는 내이장해로 의심된다. 일어날 때 흔들림도 현기증의 일종이다. 뇌로 흐르는 혈액이 일시적으로 부족하기 때문에 일어나는 생리현상으로 병의 가능성은 낮다.

여성의 현기증은 월경전증후군, 갱년기, 스트레스가 원인이 압도적으로 많고 메니엘루나 난청, 뇌의 이상은 이것에 비하여 적지 않다. 현기증이나 이명이 있는 경우에는 우선 이비인후과나 뇌 외과를 수진(受診)하여 귀나 뇌에 이상이 없는가를 검사 받을 것이다. 또 내과에서 고혈압증, 동맥경화, 당뇨병 등의 병이 숨겨져 있는가도 수진(受診)할 것이다. 호르몬 균형이 붕괴되거나 과도한 스트레스나 불규칙한 생활습관으로 자율신경이 교란되고 현기증과 이명을 만성화시키는 경우가 있으므로 여성외래나 심료내과에서 심신 양면에서 치료가 필요한 경우이다.

[예방・개선을 위한 조언]

불규칙한 생활을 개선하는 것이 현기증의 예방에 효과적이다. 휴식, 영양, 알맞은 운동을 하여 생활리듬을 정비한다. 서서히 목욕을 하거나 이완을 하는 것도 중요하다. 역으로 담배, 과도한 알코올, 카페인, 향신료는 증상을 악화시킨다.

영양 면에서 적합한 것은 비타민 B군이다. 신경대사를 촉진하는 비타민 B_{12}는 현기증・이명의 치료약으로서 사용된다. 뇌나 몸의 피로회복에 필요한 비타민 B_1, 비타민 B_2, 신경작용을 안정화시키는 비타민 B_6도 합하여 취할 것이다. 빈혈에 의한 현기증은 철이 유효하다. 여자에서는 몸을 덥히는 쐐기풀(nettle), 자양강장 효과가 있는 고려인삼도 좋다.

[관련 보조식품]

비타민 B군, 철, 고려인삼

◀ 눈이 피곤하다 ▶

[메커니즘]

눈의 주변에는 헤아릴 수 없는 모세혈관이 달리고 눈에 영양과 산소를 공급하고 있다. 눈을 과도하게 사용함으로써 모세혈관의 혈행이 나빠지게 되나 소위 눈의 피로라 부르는 상태로 의학적으로는 「안정피로」라고 한다. 눈이 충혈하고 눈이 희미하게 보이는 등 불쾌한 증상을 참고 있으면 어깨절음이나 두통 그리고 집중력 저하와 전신피로로 발전되기 쉽다.

현대인은 눈의 혹사를 계속하고 있다. 밝은 조명, 에어컨으로 건조된 공기, 티브이, 도가 맞지 않는 안경, 콘택트렌즈의 장시간 사용, 자외선, 담배나 배기가스 등의 오염된 공기, 스트레스와 피로한 눈의 원인을 열거하면 한이 없다. 눈의 피로를 호소하는 사람의 약 60%는 dry eye의 성상이 있다고 한다. Dry eye란 눈물의 분비량이 감소되고 안구의 표면에 dry spot라는 건조한 부분이 된 상태이다.

장시간, 판콤 등의 화면을 응시하고 있을 때 눈을 깜짝이는 횟수가 줄고 눈물의 위 분비도 감소된다. 사무실의 건조된 공기로 눈의 표면이 건조된다. 초기에는 자각증상이 없기 때문에 주의하지 않는 사이에 진행된다. 눈이 무겁게 느껴지고 한없이 눈물이 나고 데굴데굴하고 더운 물이 닿으면 따갑고 따라서 무리한 안약 사용 등의 증상으로 dry eye로 되므로 진단을 받아야 한다.

[예방·개선을 위한 조언]

실내 불빛을 조정하는 파스콤 작업은 1시간 실시 후 10분 쉬고 널찍한 전경을 보면서 피로를 회복하고 눈 주위를 마사지 한다. 자외선이 많은 날은 선글라스를 하는 등의 부담을 경감하는 것이 중요하다. 눈약은 방부제가 들어 있지 않는 것을 선택할 것이다.

보조식품에는 블루베리(blueberry)와 그 중에서도 야생종의 bilberry가 잘 사용된다. 색소 성분의 anthocyanin(안토시아닌의 비당체부 플라보노이드 색소)이 눈의 피로나 시야가 좁게 되는 등의 증상을 개선하는 외에 시력저하에도 효과가 있다.

비타민에는 강막의 단백질인 rhodopsin의 재료로 되는 비타민 A, 시신경의 작용을 좋게 하는 비타민 B군이 결핍되지 않는다. 항산화 작용이 있는 루테인(lutein : 엽황소)도 추천된다. 녹황색 채소에 함유되는 카로티노이드(carotenoid)의 일종으로 안정피로만 아니고 최근 증가되고 있는 홍반변성증(망막중앙부의 황반 시신경이 자외선 등으로 산화 손상을 받는다), 녹내장이나 백내장에도 효과가 있다.

[관련 보조식품]

블루베리(blueberry), bilberry, 비타민 A, 비타민 B군, 루테인(lutein)

◀ 어께가 뻐근하다 ▶

[메커니즘]

예를 들면 장시간 앉은 그대로 테이블 워크를 계속하고 있으면 무거운 머리를 지탱하므로 어깨의 근육이 언제나 긴장된 상태로 되어 굳어져 버린다. 이것이 어깨 뻐근함이라 한다. 근육은 긴장과 이완이 뒤풀이하고 있으면 펌프작용으로 혈액이 순조롭게 흐르나 어께근육이 긴장된 상태가 계속하면 혈행이 나빠지고 유산 등의 피로물질이 체류한다. 또 과도한 운동에 의하여 피로물질이 축적하여 어깨 뻐근함을 일으키게 된다.

이외에 잠자리를 바꿈으로써 경추나 흉추가 벗어나 아픔을 생기게 하는 경우와 내장의 병이나 혈압 이상에 의한 강한 스트레스에 의하여 생기는 어깨 뻐근함도 있다. 장시간 어깨 근육이 긴장과 과도한 운동에 의한 일시적인 어깨 뻐근함이면 그다지 걱정은 없다. 그러나 완고한 어깨 뻐근함이나 몸의 노곤함 등 전신증상을 동반하는 경우에는 주의를 요한다. 명치나 늑골 밑에서 등 안 오른쪽 어깨에 아픔이 생기거나 등 안이나 견갑골(肩甲骨) 아래가 압박되는 것 같은 아픔이 있을 때는 담낭염이나 담석증의 의심이 있으므로 곧 내과의사의 진찰이 필요하다.

가슴이 졸라지는 것 같은 아픔이 오른쪽 어깨나 왼쪽 팔목까지 전하는 경우에는 협심증이나 심근경색 등의 위험이 있다. 또 목을 뒤로 젖히거나 올리면 아픔이 등이나 팔목까지 이어지는 경우에는 경부추간판(頸部椎間板) hernia, 목 뒤에서 등 안으로 걸쳐 뻐근함이 있고 손끝이 털리는 느낌이 있는 경우는 변형성 경추증(變形性 頸椎症)의 가능성이 있다. 어깨 뻐근함이 계속하여 없어지지 않고 어깨 이외의 부분에 확대되어 있는 경우에는 빨리 병원에 갈 것이다.

[예방 · 해소를 위한 조언]

어깨가 빼근함을 예방하는 데는 때때로 가볍게 어깨와 목 운동을 하고 혈행이 나빠지지 않게 할 것이다. 또 과도한 운동에 위한 것보다 근육을 쉬게 하는 것이 제일이다. 목욕과 마사지로 근육의 강직을 풀고 혈행을 촉진시키는 것도 효과적이다.

영양 면으로는 비타민 B_1을 섭취할 것이며 체내에서 포도당을 에너지로 변환시킬 때 불가결의 것이 비타민으로서 부족하면 피로물질을 분해하는 것은 구연산이다. 혈행을 잘 하기 위하여 비타민 E, 은행잎 엑기스도 섭취할 것이다.

[관련 보조식품]

비타민 E, 비타민 B_1, 은행잎 엑기스, 구연산, 매실 엑기스

◀ 위가 아프다 ▶

[메커니즘]

위액은 pH 2라는 강한 산이다. 위 점막은 점액(보호액)을 내어 위산에서 자신을 보호한다. 위산이 지나치게 강하거나 점액이 잘 분비되지 않으면 위 점막이 거칠어 위염이 되거나 다시 깊이 파져 위궤양이 발생하기도 한다. 위액의 분비를 항진하는 것은 폭음, 폭식, 자극물, 알코올이다. 점액의 분비를 저하시키는 것은 스트레스, 담배이다. 또 재발하는 궤양의 경우는 1주간의 *Pyori*균 제거치료를 하므로 재발을 방지할 수 있다.

위가 아픈 것은 점막이 파져 있기 때문이다. 깊이 파져 있어도 진행이 정지되어 있으면 아픔은 없다. 따라서 아플 때만 약을 먹는 것은 궤양을 깊어지게 한다. 이 중에는 위암의 가능성도 있으므로 아픔이 계속될 때는 병원을 찾아 수진(受診)할 것이다. 또 위의 아픔 부위에 따라 다른 장기의 질환에도 의심이 간다.

- 중앙부 / 식후 : 위
- 약간 오른 쪽 / 식전 : 십이지장
- 약간 오른 쪽 / 식후 : 담낭
- 약간 왼 쪽 / 식후 : 장기

고령자의 경우는 협심증이나 심경색등 심장의 아픔을 위의 아픔으로 느끼는 수도 있다.

[예방·개선을 위한 조언]

폭음, 폭식, 자극물질, 알코올, 담배는 위궤양을 악화시키므로 피할 것이다. 스트

레스에도 좋지 않다. 우유나 유제품에는 위 점막을 보호하여 주므로 적극적으로 섭취할 것을 권장한다. 알로에(aloe)도 항궤양 작용이 있다. 위의 점막을 정상으로 유지하고 궤양을 수복하는 작용이 있는 비타민 A(β-carotene 등), 아연에는 위 내벽의 막을 상처 내는 물질의 분비를 억제하는 작용이 있다.

또 스트레스에 대항하여 위의 아픔의 원인을 해소하기 위하여 비타민 C의 보급은 없어서 안 된다. 단 비타민 C는 산성으로 자극이 있으므로 공복 시에 섭취하지 않을 것이다. 공복 시의 아픔에는 위산이 강한 것이 원인이므로 위산을 중화하는 마그네슘이나 중조가 효과적이다.

[관련 보조식품]

비타민 C, 비타민 A(β-carotene 등), 아연, 마그네슘, 알로에(aloe), 유제품

◀ 가슴이 쓰리다 ▶

[메커니즘]

식도와 위의 경계에는 횡격막이 있고 이 부분을 「분문(噴門)」이라 한다. 분문은 끊임없이 닫히지 않으므로 식도에서 음식물이 내려가면 열리고 음식물이 통과하면 다시 닫아 지게 된다. 이 때문에 보통으로는 위액이 식도로 역류하는 것은 없다. 그런데 위가 횡격막보다 위로 튀어 나오면 분문부가 넓어져 위액이 식도로 흐르기 쉽게 된다. 식도의 점막은 위의 점막과 달라 점액에 의하여 위산에서 보호되지 않으므로 위액에 의하여 짓무르기 쉽다. 이것이 가슴쓰리기이다.

위 아픔을 동반하여 먹을 것을 삼키기 어렵게 되거나 증상이 점점 진행하고 있으면 주의가 필요하다. 위암이나 식도암의 두려움도 있으므로 빨리 수진(受診)할 것이다. 만성위염에서도 가슴 쓰림은 일어난다. 가령과 더불어 위축(萎縮 : 위 점막이 노화하는 것)이 진행되는 것이 만성위염이다. 위액을 많이 내지 않으므로 저산이나 위의 작용이 나쁘고 먹는 것이 멈추어 버리기 때문에 가슴 아픔, 트림이 일어난다. 만성위염은 고령자에 많으며 이때는 아침 식사를 하지 말고 잘 씹고 서서히 먹는 것이 중요하다.

[예방・개선을 위한 조언]

가슴 쓰림 방지에는 위산이나 위 점막의 상태를 정상으로 유지하는 것이 중요하다. 1회의 식사를 줄이고 소화가 좋은 식품을 섭취해야 한다. 스트레스 상태에서 지나치게 먹는 사람은 뇌의 흥분이 높아 기분을 이완시키는 theanine(녹차의 지미성

분)을 시험해도 좋다. 녹차에 많이 함유되어 있다.

소화능력의 저하를 느끼는 사람은 소화효소를 섭취하면 좋다. 소화 작용과 위 점막의 분비를 높이고 궤양을 예방하는 데는 양배추에 많이 함유된 비타민 U가 유효하다. 또 맥주 효모제도 가슴 쓰림이나 위가 약한 사람에게 효능이 있다. 위산이 지나치게 강한 경우에는 굴, 곤포, 미역 등의 알칼리성 식품을 권유한다. 반대로 위산이 약한 경우에는 적량의 알코올이나 향신료, 생강, 자소나 건조 매실 등으로 위산의 분비를 촉진하면 효과적이다.

배를 벨트로 강하게 꽉 조르게 메지 않는다. 앞으로 구부림 자세를 오래 계속하지 않을 것이다. 옆으로 하면 위산이 식도로 올라오기 쉬우므로 식후 3시간은 옆으로 하지 않는다. 그리고 베개를 높게 하여 잠을 잔다.

[관련 보조식품]

곤포, 생강, 맥주효모, 비타민 U, theanine

◀ 구내염이 되기 쉽다 ▶

[메커니즘]

입안을 깨끗이 하지 않으면 잡균이 번식하여 구내염으로 되기 쉽다. 몸이 건강할 때는 점막에도저항력이 있어 병으로 되지 않으나 감기나 피로로 영양상태가 악화하여 쇠약하기 시작하면 보단(普段)에서 구강 내에 있는 균이 점막을 침입하여 염증이나 궤양을 일으킨다. 구강염이 되기 쉬운 사람은 감기에 잘 걸리고 편식이 심하다. 만성적인 피로가 있고 위장이 약하며 위장병을 앓고 있는 경향이 있고 비타민 B군이 부족한 사람에게 많다.

구강염에는 카타르성(catarrh), 아프타성(aphthous), herpes성 등이 있으나 비교적 가벼운 증상의 카타르성 구내염이 더 일반적이다. 입안 전체에 염증이 생기거나 곳곳에 반점과 같이 붉은 종기가 특징으로 방치하여 두면 타액 등이 증가하여 입이 진득거리고 구취가 강하게 난다. 대개는 그대로 두어도 낫는다. 아픔을 완화시키는 것은 시판의 연고를 사용한다.

아프타성 구내염은 재발성의 것으로 입술의 내측과 가동 영역에 번식한다. 치경 등 부동영역에 생기는 herpes성 구내염의 가내염 가능성이 있다. 이들은 체조가 나쁠 때 일어나기 쉽다. 최초는 수포에서 시작한다. 가려움 등의 전구 증상이 나오면 빨리 대처를 해야 한다.

[예방 · 개선을 위한 조언]

구내염의 예방에는 입안 헹구기 등을 하여 입안을 깨끗이 하는 것이 제일이다. 치아의 늘어진 상태가 나쁘면 입안이 상처 받기 쉬우므로 치료가 필요하다. 구내염이 자주 일어나는 사람은 비타민, 무기질 등 여러 양양제가 부족 되어 있는 가능성이 있다. 특히 비타민 B군은 자극적으로 보급을 해야 한다. 비타민 B군을 많이 함유한 식품은 간, 우유, 계란, 생선 등이다.

식생활이 불규칙인 사람이나 알레르기가 있는 사람은 보조식품으로 보충하는 것이 좋다. 비타민 B군은 몸에 에너지를 보급하는 데 필요한 성분으로 감기나 피로, 체력저하의 원인으로 인한 구내염에도 효과적이다. 또 점막을 튼튼히 하는 비타민 A(β-carotene 등)도 섭취하는 것이 좋다. 피로나 스트레스가 원인으로 구내염이 일어나는 수도 있다. 충분한 휴식, 구내염의 증후가 있으면 빨리 대처할 것이다. 구내염이 생기고 나면 더운 것, 매운 것, 신 것 등의 자극물은 피해야 한다. 또 담배도 삼가 해야 한다.

[관련 보조식품]

비타민 B군, 비타민 A(β-carotene 등), 멀티비타민 · 무기질

◀ 구취가 난다 ▶

[메커니즘]

인간의 입안에는 100억 개가 되는 세균이 살고 있다. 이 세균이 신진대사로 나오는 점막이나 음식물의 찌꺼기를 분해하여 「methylcaptane」 등의 화학물질을 생성한다. 이것이 구취로 된다. 타액이 충분히 나오면 음식물 찌꺼기나 세균은 흘러 내려가므로 구취로 되기 어렵다. 아침 일찍 일어나서 느끼는 구취도 수면 중의 타액의 분비 저하가 원인이다. 생리적 구취이므로 걱정은 없다.

그런데 최근 타액 분비로 인한 「dry mouse(구강건조증)」에 걱정하는 사람이 늘고 있다. 입안이 마르고 끈적끈적한 느낌이 증가하고 충치나 치석, 혀가 세균의 덩어리로 하얗게 되는 설태(雪苔)가 발생한다. 이들은 강한 구취의 근원이다. 증상이 진행하면서 혀의 표면 갈라지기, 설통(舌痛)도 생기므로 생활에 지장이 된다. Dry mouse(구강건조증)는 현대병으로 씹지 않아 좋은 연한 식사, 정신적 스트레스에 의한 신경 균형의 붕괴, 비염 등에 의한 입 호흡 등의 원인으로 많은 사람에 나타나는 증상이나 약물의 부작용, 당뇨병이나 자기면역질환이 숨겨져 있는 것도 있다. 여자

는 갱년기장해의 증상으로서 나오는 사람이 많다.

구강내의 질환 이외에 위장기능의 저하, 빈혈, 당뇨병, 간장이나 신장의 질환 등 내과적 원인으로 일어나는 구취도 있다. 체내에서 악취물질이 발생하여 이것이 혈액에 흘러내려 전신으로 돌고 폐에서 입으로 흘러나와 구취만이 아니고 체취의 원인으로도 된다.

[개선을 위한 조언]

충치나 치주병(齒周病), dry mouse는 되도록 빨리 치료를 시작해야 한다. 자기의 구취를 병적으로 걱정하는「자취증(自臭症)」환자도 구강외과에서 체크를 받을 것이다. 구강 내에 문제가 없는데도 강한 구취가 있는 경우에는 내과적인 질환의 검사도 필요하다.

치아 닦기나 혀 닦기로 입안을 청결하게 유지하는 것은 구취예방의 제1보이다 그리고 유산균 들이의 보조식품이나 유산균 정장제로 치주병균을 억제할 수도 있다. 사람을 만나기 전이나 식후에는 소취효과가 있는 catechin을 함유하는 녹차, 항염증 작용을 갖는 플라보노이드(flavonoid)를 함유하는 chamomile도 권장한다. 타액분비가 적은 사람은 껌을 씹거나 단단한 것을 먹는 등 식생활의 개선도 필요하다. 과학적 구취에는 장내의 이상발효를 억제하는 양송이(*Agaricus bisporus*) 엑기스 들이의 보조식품이나 유산균이 유리하다.

[관련 보조식품]

Catechin, lavonoid류, 유산균, 양송이(*Agaricus bisporus*) 엑기스

◀ 변비로 고생한다 ▶

[메커니즘]

변이 나오지 않아 고통을 겪는 상태를 변비(변비증)라고 한다. 몇 일 이상은 변비라고 하고 정해진 일수는 특히 없다. 변으로 장이 자극을 받으면 유동운동이 활발하여 스무드하게 변이 나온다. 변의 덩어리가 많으면 대장 벽은 자극을 받기 쉬우므로 변의 덩어리를 증가시키는 식이섬유가 필요하다. 또 장내의 유해균이 많으면 장의 작용이 나빠져 가스를 발생하여 배가 긴장하게 된다.

섭식장해(과식증, 거식증)가 있어도 구토나 설사를 되풀이 하는 사람은 칼륨치가 내려가 저 칼륨성 변비로 되기 쉬우므로 주의가 필요하다. 그리고 변비와 대장암은

관계가 있으므로 암으로 시작하여 10～20년의 오랜 변비나 역으로 급히 진행하는 변비, 변비와 설사가 교대하는 경우는 내시경검사를 받아야 한다. 검사 후는 유익균을 증식시키기 위하여 유산균을 복용하는 것이 좋다.

[예방・해소를 위한 조언]

규칙 바른 생활을 하여 배변 습관을 길러야 한다. 기상 시에 한 잔의 물을 마시면 위결장(胃結腸) 반응을 일으켜서 아침의 배변이 촉진된다. 워킹이나 스트레친 등으로 장의 유동운동을 촉진하는 것도 필요하다. 식사 면에서는 식이섬유를 많이 섭취하는 것이 이상적이나 음식물만으로 섭취되는 것이 어려울 때는 보조식품으로 보충을 해야 한다. 이때 급격하게 식이섬유를 증가시키면 배의 긴장이 강하게 되므로 조금씩 증가시켜 나가야 한다.

펙틴(pectin : polygalacturonic acid의 methylester 혼합물), alginic acid(해조의 점액 다당류. Uronic acid의 직쇄중합체), 콘약, mannan(mannose로 이루어진 다당) 등의 수용성 식이섬유, 셀룰로스(cellulose)나 리그닌(lignin : 셀룰로스와 함께 목질 섬유의 주성분) 등 난용성 식이섬유의 양방을 섭취하는 것이 효과적이다. 또 장내의 유익 균을 증가시키기 위하여 요구르트 등의 유산균과 그 균의 먹이가 되는 올리고당도 섭취할 것이다. 그런데 설사를 연용하면 점차 효력이 약하게 되어 용량이 증가하지 않으므로 주의해야 한다. 어떻게 하여도 나오지 않을 때는 의사와 상담하고, 장 세정기를 사용하는 것도 한 방법이다.

[관련 보조식품]

식이섬유, 유산균, 올리고당

◀ 설사를 자주 한다 ▶

[메커니즘]

음식물은 위, 소장, 대장의 순서로 운반되어 그 사이에서 영양이나 수분은 흡수된다. 그래서 최후에는 변으로 된다. 이 과정이 어떤 트러블이 생기면 설사를 일으킨다. 설사에는 급성의 설사와 만성의 설사가 있다. 급성의 설사는 과식이나 차게 자서 일어나는 것으로 조금 있으면 낫는다. 단 발열이나 구역질이 있을 때는 식중독증이 의심되므로 수진(受診)이 필요하다.

좋아지거나 나빠지거나 하면서 설사를 되풀이하는 것은 만성설사로서 몇 가지의 요인이 있다. 예를 들면 몸이 살찐 중년 남자는 장이 짧으므로 맥주를 마시면 설사를 하기 쉽고 변비로 되기 어려운 경향이다. 변비와 설사가 교체하는 경우도 있다. 여윈 사람은 S모양 결장이 긴 사람이 많으나 S모양 결장에 비틀림이 있으면 그곳에서 변의 통과가 나빠지므로 변비로 몽실몽실한 변이 나온 후에 설사가 계속된다(과민성 장증후군)

폴립이나 암 등이 생겨 한곳만이 통과하기가 나빠질 때는 마찬가지로 변비와 설사가 교체로 일어난다. 이 경우는 복통을 동반하여 혈액이 섞인 점액이 나오는 수가 많다. 우유나 인공감미료의 과잉섭취로 설사를 하는 사람도 있다(유당불내증). 설사와 변비가 교대하거나 진통을 동반하거나 피가 섞이는 수가 있으면 내시경검사를 받아야 한다. 검사 후 2주간은 유산균을 섭취할 것이다.

[예방·해소를 위한 조언]

만성설사의 예방에는 장내의 건강을 유지하는 것이 제일이다. 최근 「prebiotics」라는 말을 자주 듣는데 이것은 장내의 유익 균을 증가시키고 유해균의 증식을 억제하는 것으로 건강유지에 좋다는 생각이다. 항생물질 등의 약으로 의뢰하지 않는 대체의료의 치료법이다. 유익 균의 대표인 유산균과 그 먹이가 되는 올리고당을 함께 섭취하여 설사를 예방·개선을 한다. 이것은 변비에도 유효하다. 또 체조를 붕괴한 후의 회복기에는 특히 효과가 있다. 단 올리고당을 섭취할 때 설사를 하므로 상태를 보면서 섭취할 것이다.

역으로 우유, 다이어트, 감미료, 커피 등 카페인(차의 중추흥분 성분)을 함유한 음료, 맥주는 설사를 초래하기 쉬우므로 과량 섭취를 하지 않도록 주의할 것이다.

[관련 보조식품]

유산균, 올리고당

◀ 화분증 ▶

[메커니즘]

화분증은 알레르기의 일종이다. 신체에 침입된 이물질을 배제하기 위하여 구비되어 있는 면역이 본래는 무해되어 있어서 화분에 이상반응을 하고 있다. 도를 넘어서 자기 자신에도 해를 주는 체중에 있는 항체와 화분에 함유되어 있는 항원이 비만세포의 표면에서 반응하면 비만세포에 함유되어 있는 히스타민(histamine : 혈관확장, 평활근 수축작용)이나 류코트리엔(leucotriene)이라는 자극성이 강한 화학전달물질이 방출된다. 그 결과 콧물, 재채기, 눈물, 눈의 충혈 등의 증상이 나타난다.

화분증은 도시화와 밀접한 관계가 있다. 지면이 포장되어 화분이 흙에 흡수되지 않는 것과 대기오염, 곰팡이, 진드기 등에 의한 알레르기성 질환의 증가, 스트레스에 의한 자율신경의 혼란, 편식, 첨가물 등 여러 가지 요인이 결합되어 있다.

화분증의 대책은 우선 화분을 접근하지 않을 것이다. 안경, 마스크, 모자 등으로 침입을 막고 집안의 화분을 가지고 오는 것을 막아야 한다. 귀가 시에는 입안 헹구기, 손 씻기 얼굴 씻기 등으로 화분을 씻어 낸다.

[대책·개선을 위한 조언]

담배, 알코올, 불규칙적인 생활, 고기 중심의 식사, 편식은 증상을 악화시키는 요인으로 된다. 균형이 좋은 식생활과 자극물을 피해야 한다. 히스타민(histamine), 류코트리엔(leucotriene)의 작용을 완화하는 데는 비타민 C가 유효하다. 마그네슘에는 히스타민 방출량을 억제하고 DHA·EPA의 ω-3 지방산에는 류코트리엔의 생산을 억제하는 효과가 있다. 점막의 강화에는 β-carotene(비타민 A의 전구물질), 셀렌, 아연을 섭취할 것이다. 셀렌에는 류코트리엔을 파괴하는 효과도 기대되고 있다. 이들은 멀티비타민·무기질로 보급할 것이다.

폴리페놀(polyphenol) 등 항알레르기 성분을 함유하는 식물이나 허브의 보조식품도 출회되고 있다. 재채기, 콧물, 가려움에는 히스타민을 억제하는 자소나 감잎, 서양머위를 섭취할 것이다. 항체의 과잉생산을 억제하는 쐐기풀(nettle)은 화분증 초기에 사용하는 것이 좋다. 또 화분증은 장내세균의 균형을 붕괴하면 발증된다는 설이 있고 그 균형을 조정하는 유산균 보조식품도 있다. 언제나 화분계절의 2~3주간 전부터 빨리 대처하는 것이 중요하다.

[관련 보조식품]

멀티비타민·무기질, DHA·EPA, 첨차(甛茶), 자소, 유산균

◀ 냉한 체질 ▶

[메커니즘]

이렇다 할 병도 없으면서 냉을 느끼기 쉬운 것을 냉한 체질(冷性 : 냉성)이라 부른다. 냉성(冷性)은 병이 아니고 체질이다. 서양의학에서는 냉성(냉한 체질)이라는 개념이 없고 동양의학에서 부르는 것이다. 냉의 원인은 자율신경의 조절작용이 둔하여 말초신경의 혈관이 수축되는 것으로 생각한다. 또 호르몬의 작용이나 정신적인 요인도 관계하고 있으므로 스트레스나 피곤해지면 냉이 심하게 된다.

에어컨에 의한 냉에는 냉의 상태가 장시간 계속하는 것으로 피부의 온도조절 기능이 작용하지 못하고 혈관이 수축되어 혈행이 나쁘게 되는 원인이라고 한다. 또 지방분이 많은 육류나 단것을 지나치게 먹으면 혈관이 눅진눅진하여 순환이 나빠지고 혈류의 체류로 어혈(瘀血)상태를 일으키고 냉한 체질로 된다.

냉한 것이 여자에게 많은 것은 혈관이 좁고 근육도 적으므로 사지(四肢)의 혈관순환이 침체하기 때문이다. 특히 갱년기로 되면 냉한 체질이 심하게 되는 경우가 많다. 최근 스트레스나 운동부족에서 중・장년의 남자에서도 냉한 것이 보여 지게 되었다. 냉한 것은 만병의 근원이다. 방광염이나 신장의 병을 일으키거나 난소기능을 저하시키거나 불임증의 원인으로 되는 경우도 있으므로 잘 대처할 것이다.

[예방・개선을 위한 조언]

평소에 수족을 냉하게 하지 않는 것이 중요하다. 냉방에서는 충분히 주의하고 양말이나 무릎 덮개 등으로 보호할 것이다. 또 쪼이는 아랫바지나 양복은 혈행을 방해하므로 피할 것이다. 긴장이나 스트레스는 자율신경에 영향하여 혈관을 수축시키므로 잘 해소할 것이다. 반신욕이나 온탕은 몸을 덥혀 이완효과도 있으므로 일조이석이다. 또 워킹 등 적당한 운동으로서 혈행을 촉진할 것이다.

식사 면에서 찬 것, 단것, 지방분이 많은 것은 삼가 할 것이다. 생 채소도 몸을 차게 하므로 조리한 것을 섭취할 것이다. 역으로 몸을 덥히는 양파, 생강, 마늘, 고추 등을 섭취 할 것이다. 보조식품에는 비타민 E, DHA・EPA, 은행잎, 코엔자임(coenzyme) Q10, 고려인삼 등이 혈행 촉진작용이 있다. 또 에너지를 효율 좋게 연소하는 비타민 B군이나 코엔자임 Q10(보효소 Q, benzoquinone 핵을 가진 전자전달 물질)도 유효하다.

[관련 보조식품]

비타민 E, 은행잎, 코엔자임 Q10, 고려인삼, capsaicin, 마늘

◀ 화장실에 자주 간다 ▶

[메커니즘]

소변(尿意)을 느끼고 밤중에 몇 번이나 눈이 뜨인다. 수분을 대량으로 섭취하는 등 일과성이 있으면 문제가 없으나 매일 계속되는 것은 「빈뇨(頻尿)」라는 증상이다. 어떤 병이 숨겨져 있으므로 잘 대처할 것이다.

① 남자의 경우 : 남자는 50세경부터 밤중에 몇 번이라도 화장실에 갈 수 있게 되어 있다. 오줌(소변)이 단번에 나오지 않고 오줌이 남은 느낌이 있는 등의 배뇨장해가 늘고 있다. 이는 전립선이 비대하여 요도를 압박하는 것이 원인이다.

② 여자의 경우 : 가장 많은 빈뇨의 원인은 방과염이다. 배뇨 통, 오줌 혼탁, 잔뇨감(殘尿感) 등의 증상을 동반한다. 여자가 방광염으로 되기 쉬운 것은 남자에 비하여 요도가 짧고 항문과 도구의 위치가 가깝기 때문에 잡균이 들어가기 쉽기 때문이다. 성생활로 인한 *Chlamydia* 감염증 등의 관계도 지적되고 있다. 또 자궁근종 등의 병으로 빈뇨로 되는 수도 있으므로 체크가 필요하다. 갱년기 이후는 에스트로겐(난포호르몬)이 부족하여 방광이 위축하므로 생리적으로 빈뇨로 된다. 또 점막이 얇아져 자정력도 저하하여 방광염도 생기기기 쉽다.

남녀를 불문하고 당뇨병이나 심부전 등 병이 있어 빈뇨로 되는 수가 있다. 어느 경우나 어떤 병이 있어서 빈뇨는 빨리 치료를 받아야 한다. 또 냉으로 긴장하면 병이 없는 사람도 빈뇨로 되는 수가 있다.

[예방·개선을 위한 조언]

전립선 비대증에 의한 오줌 트러블에는 톱야자(saw palmetto)의 보조식품이 자주 사용된다. 또 빈뇨 등의 초기 증상에는 좋으나 오줌이 스무드하게 배출되지 않고 증상이 진행되고 있을 때는 의사의 치료를 받아야 한다. 요도감염의 방지에는 cranberry가 효과적이다. 또 echinacea, elderflower(서양딱총나무) 등의 허브, 그리고 프로폴리스(propolis)에는 면역력을 증강하고 항염증작용이 있다.

냉이나 긴장으로 혈류가 나빠지는 경우에는 몸을 덥혀 이완하는 비타민 E를 섭취하면 좋다. 또 마(yam)는 빈뇨의 특효약이라 한다.

[관련 보조식품]

비타민 E, cranberry, echinacea, 프로폴리스(propolis), 톱야자(saw palmetto)

◀ 부종이 쉽다 ▶

[메커니즘]

체내의 수분은 세포 내, 세포 중, 세포간극에 균형 있게 분포되어 영양이나 산소를 몸에 운반하거나 노폐물을 배출하는 등 중요한 역할을 담당하고 있다. 그러나 어떤 이유로 균형이 붕괴되어 세포간극에 여분의 수분이 체류되어 부종(浮腫)이 생긴다. 부종은 전신성 부종과 국소성 부종이 있다.

전신성 부종은 우울혈성 심부전 등 심장의 병에 의한 전신의 혈액순환 기능의 저하, 신염(腎炎)이나 네프로제 증후군(nephrotic syndrome), 간 경변 등에 의한 혈중의 알부민(albumin) 감소, 갑상선의 기능이상, 빈혈능이 원인으로 생긴다. 임신중독증도 전신성 부종을 일으키는 병이다. 국소성 부종은 혈관이나 골반내의 병이 원인으로 생긴다.

여자는 남자보다 부종이 쉽게 생긴다. 근육량도 적고 혈관이 좁아서 하지에서 심장으로 혈액을 보내 되돌리는 힘이 약하기 때문이다. 월경 전에 정해진 부종을 가진 사람도 있다. 이것은 난소에서 월경까지의 황체시기에는 황체호르몬의 영향으로 체내에 수분을 껴안기 쉽게 하기 위해서다. 갱년기 증상으로서는 부종을 호소하는 사람이 있다. 또 원인이 확실하지 않는 돌발성 부종은 여자에서 많이 볼 수 있다.

하룻밤 자고 나면 소실되는 부종은 일과성의 것이다. 셀프 케어(self care)로 대처할 수 있다. 그러나 부종이 1주간 이상 계속하거나 요량이 줄고 혈뇨가 있거나 체중이 급격하게 증가할 때는 병으로 의심하고 빨리 진찰을 받아야 할 것이다.

[예방・개선을 위한 조언]

부종은 극단의 다이어트, 단백질 부족의 식사, 염분 과다로도 발생하므로 식생활을 개선하는 것이 중요하다. 근육을 단련하거나 워킹이나 수영 등 혈액이나 림프의 흐름을 촉진하는 것도 효과적이다. 냉난방 과잉의 생활을 하지 말고 체온조절 기능을 정상으로 하는 것도 중요하다. 발의 마사지, 반신욕도 혈류촉진에 효과가 있다. 스트레스나 피로는 부종을 악화시키므로 충분한 휴양을 취할 것이다.

여분의 수분을 배출하는 것은 칼륨이다. 바나나, 오이, 사과 등에 많이 함유되어 있다. 허브의 회향(fennel), 쐐기풀(nettle), 서양 민들레도 이뇨작용이 있다. 또 콩과의 허브인 메릴롯(melilot)에는 정맥순환의 개선효과가 인정된다. 심장기능을 높여서 혈액을 개선하는 코엔자임 Q10도 추천된다.

[관련 보조식품]

칼륨, 메릴롯(melilot), 코엔자임 Q10, 회향(fennel)

◀ 혈압이 높다 ▶

[메커니즘]

혈압은 심장에서 송출된 혈액이 동맥벽을 누르는 힘, 즉 혈관에 걸리는 압력을 말한다. 최근의 국제적 기준에서는 수축기 혈압 140mmHg / 확장기 혈압 90mmHg

이상이 고혈압, 120/80mmHg 미만을 정상적인 적정 혈압으로 한다. 만성적으로 혈압이 높은 상태가 계속하는 경우에는 고혈압증으로 진단된다. 고혈압이 좋지 않다고 하는 것은 동맥경화나 뇌졸중, 심장병 등 여러 가지의 병의 원인이 된다.

혈압이 높으면 혈관의 벽에 높은 압력이 걸리기 때문에 혈관 벽이 상처받기 쉽고 동맥경화로 되기 쉽다. 그리고 상처받은 혈관이 높은 압력이 걸리면 혈관이 파열하게 된다. 이것이 뇌 내에서 발생하면 뇌출혈이 된다.

고혈압증 원인의 하나는 본태성 고혈압증과 신장이나 내분비계의 질환 등이 원인으로 혈압이 상승하는 이차성 고혈압이 있다. 고혈압의 대부분은 전자이다. 혈압이 높아도 안정한 상태이면 자각증상은 그렇게 나지 않으나 급격하게 혈압이 오르거나 높은 상태로 계속하면 두통, 현기증, 동계나 숨 정지, 이명, 수족마비 등의 증상이 나타난다. 혈압이 높은 상태를 방치하여 두면 위험하다. 평상시 자신의 혈압을 파악하여 대처하는데 노력해야 할 것이다.

[예방·개선을 위한 조언]

고혈압의 원인의 하나는 비만이다. 비만이면서 혈압이 높은 사람은 비만을 해소하는 것이 선결이다. 담배는 교감신경을 자극하여 혈관을 수축시켜 혈압을 올린다. 술을 많이 마시면 혈압이 상승되는 수가 많다. 식사의 개선에는 감염이 중요하다. 싱겁게 먹는 습관이 중요하다. 여분의 염분을 배출하는 칼륨을 보급할 것이다. 칼륨, 마그네슘, 칼슘의 부족이 고혈압을 초래한다는 연구결과가 많다. 멀티무기질의 보조식품도 큰 역할을 한다. 단 신장이 나쁘면서 혈압이 높은 사람은 칼륨, 마그네슘 과잉에 의한 걱정이 있으므로 반드시 의사와 상담할 것이다.

[관련 보조식품]

칼륨, 마그네슘, EPA·DHA, 펩타이드(peptide)류

◀ 혈압이 낮다 ▶

[메커니즘]

저혈압이란 수축기 혈압이(상위 혈압) 100mmHg 이하의 것을 말한다. 특히 병이라고 할 수 없고 저혈압증이라 하는 것이 좋다. 혈압이 높은 사람에 비하면 혈압이 낮은 사람 쪽이 장생한다는 통계가 있다. 원인이 확실하지 않는 저혈압증을 「본태성 저혈압증」이라 한다. 이것은 체질로 생각한다.

자각증상으로서 나타나기 쉬운 것은 몸이 노곤하고, 어깨 절임, 동계(動悸), 불면,

식욕부진은 수족의 냉한 것 등이다. 일상생활에 별상관이 없는 정도라면 문제가 되지 않는다. 그러나 증상이 심하고 아침에 일어나서 잠깐 동안 마무 것도 안 되고 현기증이나 정신이 몽롱한 경우에는 체질개선 등의 노력으로 해소하는 것이 좋다.

저혈압의 사람이 아침에 약한 것은 다음과 같은 이유이다. 자고 있을 때는 그다지 혈압을 필요하지 않기 때문에 혈압은 낮은 상태에 있다. 일어서려면 그만큼 혈압을 올리지 않으면 안 되나 자율신경이 잘 작용을 하지 않으면 혈압은 오르지 않고 뇌에 충분한 혈액이 갈 수 없어 머리가 멍한 상태로 된다. 조기시간을 일정하게 하는 등 규칙적인 생활을 보내는 것이 제일이다.

이것과는 별개로 무엇이 다른 병의 원인으로 혈압이 내려가는 「증후성 저혈압」도 있다. 급격한 혈압이 저하하는 경우와 만성적으로 저혈압으로 되는 경우가 있고 급성의 것은 심근경색이나 심부전, 충혈 등이 원인으로 생각된다. 만성의 경우에는 위장질환이나 내분비이상, 암 등이 원인으로 된다. 증후성 저혈압의 해소는 기본이 되는 병의 치료가 불가결이다. 현기증과는 다른 것으로 현기증이 일어나는 경우에는 메니엘루병(Meniere's disease) 등의 가능성이 있다.

[예방·개선을 위한 조언]

본태성 저혈압은 여윈형으로 체력이 없는 사람에서 많이 볼 수 있다. 먼저 식생활을 규칙 바르게 하고 영양가 높은 식품, 균형을 취하는 식사로 체력을 붙이는 것이 원칙이다. 자양강장 작용이 있는 고려인삼은 효과적이다. 단백질을 혈구로 재합성하는 데 필요한 리포좀(liposome : 인공인질 소포)의 작용도 강화한다.

체력이 없고 피로하기 쉬운 사람은 혈액의 재료가 되는 단백질과 조혈작용이 있는 철이나 구리 등의 무기질 흡수를 촉진하는 비타민 C를 섭취할 것이다.

[관련 보조식품]

고려인삼, 비타민 B군, 철·구리, 단백질, 코엔자임 Q10

◀ 빈 혈 ▶

[메커니즘]

빈혈이란 혈액 중의 헤모글로빈(혈색소. 척추동물의 적혈구 중에 있는 heme 단백질로 산소의 운반체) 또는 적혈구가 감소된 상태를 말한다. 더욱 많은 것은 철의 결핍에 의한 빈혈이다. 특히 월경이 있는 젊은 여자는 철이 결핍하다.

체내에 있는 철의 60～70%는 전신의 산소를 운반하기 위한 헤모글로빈의 구성

요소로서 적혈구 내에 존재한다. 철이 부족하면 헤모글로빈도 감소되고 적혈구는 산소를 충분히 운반할 수 없게 된다. 철의 20～30%는 저장 철 상태로 간장이나 비장 등에 저장되어 빈혈상태에 빠지면 이 저장 철이 방출되어 철 부족을 보충한다. 그러나 그것도 한계를 넘으면 철 결핍증으로 되고 피곤해지고 동계(動悸)나 헐떡임, 집중력이 계속되지 않는다. 두통, 현기증, 점막이상 등의 증상이 생긴다.

비타민 B_{12} 결핍에 의한 빈혈은 악성 빈혈이라 한다. 비타민 B_{12}의 부족은 적혈구의 형성이나 재생에 지장을 준다. 1～2년에 걸쳐 증상은 진행되고 피로, 식욕부족, 수족의 마비나 감각 저하라는 신경증상을 나타낸다. 엽산이 결핍하면 빈혈이 된다. 엽산은 DNA합성에 불가결인 비타민이다. 부족하면 거적아구성 빈혈(巨赤芽球性貧血 : 골수에 있어서 세포분열이 잘 이루어지지 않아 거대한 적아구, 적혈구를 생성한다) 등이 일어난다.

빈혈은 병원에서 혈액검사를 받아 어느 영양이 부족한가를 알고 치료를 받는 것이 원칙이다. 철 결핍성의 경우는 병원에서 철제를 처방하여 받는 것이 치료의 기본이다. 빈혈의 원인으로 되는 경우는 그 치료도 병행하여 행할 필요가 있다.

[예방·개선을 위한 조언]

철 결핍을 예방하는 데는 「heme철」을 많이 함유하는 어류나 육류를 섭취할 것이다. 시금치나 녹미채 등의 해초에 많다. 「비 heme철」의 흡수율은 2～5%에 대하여 heme철의 흡수율은 20%, 구리, 구연산과 같이 섭취하는 것이 흡수율을 높인다. 단 철에는 과잉증이 있으므로 단품의 대량섭취는 피할 것이다.

멀티비타민에 철을 더하고, 멀티무기질의 보급이 요망된다. 또 커피나 녹차에 함유되는 탄닌, 가공식품에 많은 인산 등은 철의 흡수를 저해하므로 삼가 할 것이다. 적혈구 증가에는 조혈 비타민 B_{12}와 엽산의 보급이 필요하다.

[관련 보조식품]

철(heme철), 비타민 B_{12}, 엽산, 단백질

◀ 생리통·생리불순 ▶

[메커니즘]

월경의 구조는 먼저 뇌하수체에서 분비된 호르몬에 의하여 난소 중에서 「난포」가 육성하기 시작하여 세포 호르몬을 분비한다. 결국은 성숙된 난자가 세포에서 탈출

하여「배란」이 생긴다. 배란 후 난포는「황체」로 변하여 황체호르몬을 분비하여 자궁 내를 정리하여 수정란의 상·임신을 준비한다. 수정하지 않으면 자궁내막은 불요하게 되고 벗겨져 떨어져 혈액과 함께 배출된다. 이것이 월경으로 자궁이 혈액을 압출하려면 수축하기 때문에 일어나는 아픔을 월경통(생리통)이라 한다.

월경주기(월경초일에서 다음의 월경의 전일까지)는 보통은 25일~28일이나 매회 배란까지의 일수가 차이가 있는 사람도 있다. 38일 이상 길어지거나 월에 2~3회나 있는 불규칙한 주기를 월경불순(생리불순)이라 한다. 월경불순은 여성호르몬 분비의 저하, 혹은 뇌(시상하부)에서의 호르몬 분비 지령의 정지에도 일어난다. 여성호르몬의 조절은 아주 민감하므로 스트레스, 환경의 변화, 냉한 것, 급격한 다이어트 등으로 영향을 받기 쉽다.

생활에 지장이 있을 정도로 무서운 아픔이나 과다월경 등이 있는 경우에는 이상이다. 자궁내막증이나 자궁근종 등 어떤 병이 의심난다. 또 3개월 이상 무월경 등이면「속발성 무월경」이라고 하고 무배란으로 되는 수도 많다. 빠른 것이면 호르몬 치료로 회복되나 산부인과를 수진(受診)할 것이다.

[예방·개선을 위한 조언]

산부인과에서 검사를 받을 것이다. 첫째로 병의 유무를 조사하고 있다면 치료에 임할 것이다. 둘째는 호르몬의 분비는 정상인가를 조사하고 저하되어 있으면 치료를 받을 것이다. 아무런 이상이 발견되지 않으면 식사나 생활습관을 개선하여 대처할 것이다.

혈액순환을 잘 하는 데는 철, 구리, 아연, 비타민 E를 섭취할 것이다. 비타민 E에는 월경주기의 조정과 자궁의 수축에 관계하는「prostaglandin(탄소 수 20의 다가 불포화지방산에서 합성되는 오원환을 갖는 일군의 국소 호르몬)」이라는 호르몬의 대사를 조절하는 작용이 있다.

프랑스 해안 소나무껍질(송수피)에도 마찬가지 작용이 있다. 호르몬 균형의 개선에는 대두 아이소플라본(isoflavone), 비타민 B_6, 칼슘, 인삼이 효과적이다. 월경통의 완화에는 진통효과가 높은 black cohosh(승마, 검은 노루삼) 이외에 chaste tree, 월경초(γ-linolenic acid) 기름도 효과적이다.

[관련 보조식품]

비타민 E, 비타민 B_6, 아이소플라본, 송수피, 월견초(γ-linolenic acid)

◀ 관절통 ▶

[메커니즘]

외상이나 짐작이 가는 병도 없는데 무릎이나 고관절(股關節) 등 아픔을 관절염이라 한다. 이것은 노화현상의 하나이다. 관절내의 접하는 뼈끼리의 표면을 덮고 쿠션 역할을 하고 있는 연골이 너무 지나치게 사용되어 줄어들고 뼈와 뼈가 충돌하기 때문에 아픔과 염증이 일어나는 것이다.

연골은 콜라겐(collagen), 콘드로이틴(chondroitin)이라는 탄력성, 보수성이 많은 성분으로 되어 있어 쿠션 역할을 하는 것 이외에 칼슘을 뼈에 흡착시키는 작용을 하고 있다. 이들의 성분은 노화와 더불어 합성능력이 쇠약해지고 감소되어 간다.

관절염 중에서도 많은 것이 변형성 관절염이다. 무릎이나 요추(腰椎), 경추(頸椎), 고관절(股關節)에 걸리기 쉽다. 뼈와 뼈가 충돌하는 마찰에 의하여 아픔이나 염증을 뒤풀이하는 사이 관절이 변형되고 만다. 상반신의 체중을 지탱하는 고관절에는 증상이 진행되면 대퇴골골두괴사(大腿骨骨頭壞死) 등의 위험성이 있다. 중상이면 수술 그리고 연골이 달아서 전부 없어지면 인공고관절의 큰 수술에 임하게 된다. 당연 아픔으로 보행은 곤란하고 일상생활에도 지장을 준다.

무릎의 관절염은 중·장년의 비교적 체중이 있는 사람에게 많다. 정좌를 할 수 없고 오래 걸으면 아픔이 심한 증상이다. 관절염의 아픔은 초기에만 느끼나 진행하면 운동으로 악화되는 지속성의 아픔으로 된다. 염증이 심하게 되면 격통을 동반하여 부종으로 되거나 물이 체류되는 수도 있다. 이 경우에는 가능한 관절을 움직이지 않게 하여 냉습포를 하거나 병원에서 물을 빼는 처치가 필요하다.

[예방·개선을 위한 조언]

체중 증가로 생각되는 사람은 비만의 개선에서 시작할 것이다. 근육 트레이닝이 유효하다. 물론 몸에서 감소되는 글루코사민(chitosamine, 2-aminoglucose), 콘드로이틴(chondroitin : glucosaminoglucan의 일종) 등을 보조식품으로 직접 보충하여도 관절에는 유효하나 가중에 의하여 관절통의 악화는 보조식품으로는 방지할 수 없다. 특히 고관절의 변형에서 보이는 사람은 비만에 주의를 할 것이다.

칼슘과 그 흡수를 돕는 비타민 D, 혈행을 촉진하여 아픔을 완화하는 비타민 E를 함께 섭취하여도 좋다. 염증을 동반하는 경우에는 활성산소를 제거하는 비타민 A, C, E 섭취를 권한다.

[관련 보조식품]

글루코사민, 콘드로이틴, 비타민 D, 비타민 E, 칼륨

◀ 허리통 ▶

[메커니즘]

허리의 아픔은 젊은 사람에서 나이 든 사람에까지 많은 사람이 한번은 경험을 하였을 것이다. 그 원인은 거의 의학적인 특징이 아니므로 「요통증」으로 총칭되는 수가 많다. 한편 원인이 확실한 요통도 있다. 하나는 배골(背骨) 사이에 쿠션 역할을 하고 있는 추간판(椎間板)이 무엇 때문인지 계기가 되어 튀어나와 신경을 압박하거나 염증을 일으켜 추간판에 hernia이다. 또 하나는 추간판이나 그 주위의 조직, 배골을 고정하고 있는 인대(靭帶) 등이 노화에 의하여 탄력을 잃고 마모된 척추가 변형하여 생기는 변형성 척추증이다.

이외에 골다공증에 의한 압박골절, 요부의 근육이나 근막이 염증을 일으키는 요부의 근육이나 근막이 염증을 일으키므로 노화와 함께 증가되는 요부척추관(腰部脊椎管) 협착증 등도 있다. 이들의 진찰 그리고 렌트젠, MRI 등으로 진단이 가능하다. 요통증은 과도한 운동 스포츠, 자세가 나쁜 것이 원인으로 되므로 10대의 젊은이에도 생기는 수가 있다. 비교적 젊은 시기에 상처, 급성의 요통을 간혹 경험한 경우는 완치된 것으로 생각하여도 가령에 의하여 뼈나 조직성분의 감소가 실마리가 되어 만성적인 요통으로 재발되는 수도 있다.

요(허리)는 신장병이나 부인과병, 요관 결석, 복부 대동맥류 등 응급을 요하는 내장질환이 원인으로 아픔의 경우도 있다. 단속적 또는 지속적으로 아프거나 발열을 동반하는 이변을 느낄 때는 빨리 수진(受診)을 할 것이다.

[예방・개선을 위한 조언]

요통의 예방에는 척주를 지탱하고 있는 근육이나 인대(靭帶) 등의 조직에 영양을 주고 혈행을 좋게 하여 적당한 운동으로 건육을 강화하고 골육의 부담을 경감하는 것이다. 배골(背骨)은 몸을 지탱하는 중심일 뿐만 아니라 가중에 의하여 발증이나 환부의 악화도 피하지 않으면 안 된다. 체중의 증가에는 충분한 주의가 필요하다.

골과 골을 지탱하는 조직의 성분인 콘드로이틴(chondroitin), 콜라겐(collagen), 그 흡수를 돕는 비타민 C, 뼈에 필요한 칼슘과 그 흡수를 돕는 비타민 D, 그리고 연골의 노화방지나 변형된 연골의 재생에 유효하다고 하는 글루코사민 등도 보조식

품으로 효율 좋게 섭취할 것이다. 근육을 만드는 단백질도 보급할 것이다.

[관련 보조식품]

칼슘, 비타민 D, 콘드로이틴, 글루코사민, 콜라겐, 단백질

◀ 신경통 ▶

[메커니즘]

말초신경의 흐름에 따라 아픔을 느끼는 것을 신경통이라고 한다. 아픔의 장소는 어느 것이나 말초신경의 영역으로 찌르는 것과 같은 심한 아픔에 돌연 습격을 당한다. 아픔이 오래 계속하는 것은 그다지 많지 않으나 되풀이하여 일어나는 것이 특징이다. 빈도가 높은 신경통에는 아래의 3종류가 있다.

① 3차 신경통 : 관자놀이에서 눈, 턱, 뺨(頬 : 협)에 연하여 지분되는 세 가닥의 신경을 삼차 신경이라 하고 이 부분이 아프다. 때로는 심한 아픔, 전두부까지 아픔이 미치는 경우도 있다. 주된 원인은 뇌로 흐르는 혈관이 신경을 압박하기 때문이다.

② 늑간(肋間) 신경통 : 극간 신경은 등(背) 중에서 나와 뇌, 복부로 늘어난 좌우 12쌍의 신경으로 아픔은 늑간(肋間 : 늑골의 사이)에 따라 생긴다. 척추와 척추, 늑골의 병변, 대상포진(帶狀疱疹) 등에 의하여 생기나 드물게는 심장이나 호흡기의 병이 원인으로 되는 수가 있다.

③ 좌골신경통 : 좌골신경통은 신경 중에서도 가장 오래이고 전부(殿部)에서 대퇴부, 장딴지까지 종으로 신장되어 있다. 이 때문에 좌골신경의 아픔은 하지의 넓은 범위까지 미친다. 추간판 hernia 등으로 척추끼리가 압박되어 불거져 나온 추간판(배골간에 있는 연골)이 신경에 접촉되는 것이 원인으로 되어 발생한다.

이와 같이 신경통의 원인은 신경 그것에 의한 것이 아니고 어떤 병에 기인되는 수가 많으므로 우선 그것을 치료하는 것이 선결이다. 이외에 가령에 의한 근육의 경련이나 몸이 차져 근육이 경직되는 것이 주원인이 되는 수가 있다.

[예방·개선을 위한 조언]

신경통의 최대의 적은 냉성에서 오는 혈행 불량이다. 비타민 E나 은행잎으로 혈행을 든든하게 하여 혈행을 촉진시키거나 쑥으로 몸을 덥히는 것이 유효하다. 또 혈액을 잘 흐르게 하는 효과가 있는 흑초나 쌀초, 표고를 섭취할 것을 권한다.

신경통의 예방에는 평상시에 적당한 운동이나 자기 전에 가벼운 스트레칭이 유효하다. 신경통은 고령자에 한하여 생기는 것은 아니다. 냉방의 효과가 너무 좋은 사무실에서 장시간의 데스크 워킹을 계속하면 몸은 냉해지고 근육은 단단해지고 다리와 허리의 혈행도 나빠진다. 이로 인한 상태가 계속되면 누구에게도 걸릴 수 있는 병이라고 생각된다.

[관련 보조식품]

비타민 E, 은행잎, 쑥, 흑초

3. 생활습관 개선과 젊음 및 아름다움 유지 관련 보조식품

◀ 술을 자주 마신다 ▶

[메커니즘]

알코올은 위나 장에서 흡수되어 간장으로 보내진다. 간장은 효소의 작용으로 알코올을 아세트알데하이드(acetaldehyde)로 그리고 초산으로 분해된다. 최종적으로는 탄산가스와 물로서 배출된다. 그런데 술을 지나치게 마시면 이 분해 작업이 맞지 않게 되어 아세트알데하이드가 전신으로 퍼지고 만다. 이것이 냄새의 원인으로 알코올 량이 많으면 주취로 된다. 이 아세트알데하이드는 독성으로 발암작용이 있고 동맥경화나 간장병, 심장병 등도 촉진한다. 알코올 의존성을 높이는 작용도 있다.

간장의 분해 능력을 현저히 상회하는 양을 급격하게 마시면 급성 알코올 중독으로 되어 생명에 관여되는 경우도 있으므로 주의가 필요하다. 알코올에 의한 간장해의 대표격이라면 간 경변이다. 과도한 알코올 섭취를 계속하면 지방간으로 될 확률이 높고 결국은 이것이 간 경변으로 이행된다. 초기에는 자각증상이 거의 없고 식욕이 없고 몸이 나른한 부조를 느끼는 정도이다. 이후 어느 정도 진행해 가면 손바닥 반점이나 가슴상부 등에 반점이 나오는 「자주막 모양 혈관종」의 증상이 나타난다. 주량이 많은 사람은 정기적으로 간 기능 검사를 받을 것이고 빨리 체크하는 것이 더욱 중요하다.

[관련 보조식품]

비타민 B_1, 비타민 A(β-carotene 등), 셀렌, 울금

◀ 흡연을 한다 ▶

[메커니즘]

흡연이 몸에 미치는 악영향에 대하여는 새삼스럽게 설명할 것은 아니다. 흡연자의 발암율(폐암, 인두임 등)이 높은 것은 잘 알려져 있다. 담배에 함유되어 있는 니코틴(담배의 주요 alkaloid), 타르라는 유해물질이 그 장본이며 흡연 자 자신은 물론이고 그 주위에 있는 비흡연자에도 해를 미친다. 병이 걸리지 않으려면 금연할 것이고 일단 상습이 된 흡연은 좀처럼 끊기가 어려운 실정이다.

발암성뿐만 아니고 흡연은 비타민 C의 만성적인 결핍상태를 일으키는 것으로 알려져 있다. 담배 한 개비당 비타민 C 약 25mg이 손실된다. 1일에 한 갑(20개비)을 피우는 사람은 0.5g의 비타민 C가 소비되는 것으로 계산된다. 사람의 몸에는 보통 약 1g의 비타민 C가 저축되어 있으므로 흡연자는 그 1/3 손실을 계속하고 있는 것이 된다. 그리고 흡연자는 체내의 비타민 C 농도가 오르기 어렵다고 말하고 있으므로 손실된 분을 보급하여도 충분하지는 않다. 비타민 C의 만성결핍이 방아쇠가 되어 피부병이나 혈행 장해가 나타나거나 결국은 면역력의 저하로 이어진다. 비행기나 음식점을 위시하여 전면 금연 장소가 차차 늘고 있다. 금연에 도전해 보는 것이 좋을 것이다.

[예방 · 개선을 위한 조언]

담배의 해에서 다소라도 몸을 지키기 위하여 발암성이 있는 유해물질을 체외로 배출시킬 것이다. 울금이나 솔잎 엑기스(chlorophyll : 엽록소) 등 항암작용이 있는 보조식품으로 대처할 것이다. 또 몸의 항산화력을 증강시키는 것이 흡연자의 암 예방의 기본적인 생각이다. 항산화력을 높이는 비타민 A, C, E, 셀렌 등의 무기물을 균형 좋게 보급하는 것도 중요하다.

단 β-carotene(비타민 A)을 단독으로 대량 섭취하는 흡연자의 경우에는 폐암 발생률이 사망률을 상회한다는 연구 결과도 보고되고 있다는 것에 주의할 것이다. 카로티노이드(carotenoid)를 보조식으로 섭취하는 경우에는 β-carotene에 한정하지 말고 리코펜(lycopene : 토마토의 적색 카로텐 색소)이나 루테인(lutein : 엽황소), α-carotene 등 각종 카로틴(carotene)을 함유한 혼합 타입을 선택할 것이다.

[관련 보조식품]

비타민 C , 비타민 E, 카로티노이드, 셀렌, 울금

◀ 정력 감퇴 ▶

[메커니즘]

중・장년이 되면 정력 감퇴를 자각하기 시작한 남자들이 많다. 원인은 남성 호르몬인 테스토스테론(testosterone : 남성호르몬의 대표, 탄소 수 19의 스테로이드)의 분비가 서서히 강하하기 때문이다. 여자의 경우는 폐경 후에는 여성호르몬이 급격하게 떨어져 갱년기 장해를 야기하나 남자에서도 늦기는 하지만 마찬가지 장해가 나타난다.

임포텐트(impotenz : 발기 장해)는 자율신경장해나 스트레스가 원인으로 성적불능에 의한 기능성 임포텐트와 호르몬 분비나 신경, 성기 등에 병적인 질환에 의한 기질성 임포텐트의 2종류가 있다. 기질성 임포텐트에는 페니스의 해면체 기능 중 주로 혈관에 이상이 있는 경우와 신경의 전달경로에 이상이 있는 경우의 두 가지 경우가 있다. 어느 것이나 비뇨기과에서 수진(受診)할 것이다.

정력 감퇴와 함께 몸의 노곤함과 피로, 갈증, 체중 감소, 임포텐트를 동반하는 경우는 당뇨병의 의심이 있다. 당뇨병은 혈액 중에서 포도당을 세포내로 취입하는 작용을 하는 인슐린(insulin : glucose의 세포 투과성과 대사를 높이도 혈당을 내리는 췌장의 펩타이드 호르몬)의 분비가 불충분하는 병이다. 세포에 충분한 에너지가 취입되지 않으면 피로, 노곤함이 생기는 이외에 신경장해나 운동장해, 지각신경장해, 자율신경장해를 일으킨다. 임포텐트도 이 자율신경장해에 의한 것이다.

[예방・개선을 위한 조언]

남성 호르몬인 테스토스테론(testosterone)의 분비량을 올리기 위해서는 비타민 E가 유효하다. 비타민 E는 항산화 작용에 의하여 세포의 노화를 늦추는 효과가 있으므로「젊음을 되찾는 비타민」이라 부른다. 성호르몬의 생산과 성선(性腺)의 작용을 활발하게 하는 것은 무기지질의 아연이다. 정자의 재료이고 정자의 운동성을 향상시키는 셀렌의 섭취도 효과적이다.

L-Arginine(아미노산의 일종)도 정자의 수를 증가시킨다. 혈관 확장작용에 의하여 페니스를 포함하여 전신의 혈행을 잘 하므로 혈행 불량에 의한 발기 장해에도 유효하다. 보조식품으로 활용하면 좋다. 허브로는 쐐기풀(nettle)에 테스토스테론(testosterone)을 증가시키는 작용이 있다. 역으로 담배나 알코올의 과잉 섭취, 카페인(차의 중추흥분 성분)의 과잉 섭취는 정력 감퇴의 근원이다. 식사 개선이나 알맞은 운동에 의하여 체조를 조절하는 것이 기본이다.

[관련 보조식품]

비타민 E, 아연, 셀렌, maca, L-arginine

◀ 갱년기를 준비 ▶

[메커니즘]

갱년기란 폐경(평균적인 폐경연령은 50세 전후)을 전후로 약 10년간이다. 증상이 나타나는 사람은 개인차가 크나 에스트로겐(estrogen ; 난포호르몬)을 잃는 것은 다 같다. 갱년기에 들어가면 화를 잘 내는 성질, 현기증, 발한, 어깨절임, 불면, 안절부절, 우울 등 여러 가지 불쾌한 증상이 나타나는 사람이 많다.

주된 원인은 난소의 수명에 의한 여성호르몬의 정지이다. 가령과 더불어 난소기능이 쇠약하고 에스트로겐의 분비가 감소된다. 이것에 동반하여 호르몬 분비의 중추인 하수체에 난소를 자극하는 「난포자극호르몬」의 분비가 상승하여 간다. 하수체에서 자극이 나와도 난소가 이것에 대응 되지 않는다는 불균형 상태로 되어 자율신경이 공회하거나 에스트로겐 부족에 의한 불쾌한 증상이 나타난다. 이것이 갱년기 장해이다.

에스트로겐의 감소는 실은 30년대 후반부터 서서히 시작한다. 30대, 40대경에는 과격한 다이어트, 스트레스, 흡연, 수면부족 등 호르몬 분비의 저하를 초래하고 난소기능의 수명이 빨라지고 갱년기도 빠를 가능성이 있다. 월경주기가 짧아지거나 월경을 거르는 등 월경주기의 교란이 나타나 갱년기다운 증상이 나타나므로 가능한한 빨리 산부인과 의사와 상담할 것이다. 갱년기 증상은 자궁암이나 고혈압 등의 증상과 혼동되기 쉽고 갱년기 장해로 생각하고 있던 것과는 실은 다른 병이었다는 것도 있다.

40대부터는 에스트로겐 부족으로 칼슘이 뼈에서 용출이 쉽게 되어 골다공증이 되거나 혈액 중의 콜레스테롤치가 높아지거나 한다. 남성과는 달리 곧 동맥경화는 일어나지 않으나 주의할 것이다.

[예방・개선을 위한 조언]

아주 효과가 있는 것은 호르몬의 보충이다. 구미에서는 실적도 있고 유효성이 밝혀져 있다. 대부분의 사람에게 사용되므로 의사와 상담을 할 것이다. 또 한방의 치료에도 잘 쓰인다. 영양소에는 여성호르몬의 대사를 스무드하게 하는 γ-linolenic acid, 에스트로겐의 작용을 높이는 홉이 유효하다. 또 「식물 유래의 에스트로겐」이라 부르는 대두 아이소플라본(isoflavone)은 대두제품에 함유되고 손쉽게 섭취할 수 있는 것이다. 허브로는 black cohosh(승마, 검은 노루산)가 있으며 여성호르몬을 정비하고 화를 잘 내는 성질을 억제하는 효과가 있다.

[관련 보조식품]

칼슘, 아이소플라본, γ-linolenic acid

◀ 골다공증을 예방한다 ▶

[메커니즘]

뼈는 칼슘과 인산이 결합한 인산칼슘과 접착제의 역할을 하는 콘드로이틴(chondroitin : 대표적 황산 뮤코다당류. 연골, 피부에 존재), 콜라겐(collagen : 결합조직의 주 단백질) 등으로 만들어진다. 뼈의 주성분인 칼슘은 가령과 더불어 감소되고 뼈는 약하게 된다. 골밀도를 보호하는 데 가장 중요한 것은 칼슘이다. 그런데 현대인 남녀 공히 칼슘 섭취량이 이르지 못하고 있다.

뼈가 버석버석하게 되는 골다공증은 고령자, 특히 폐경 후의 여자에서 많이 나타난다. 약간 굴러도 골절이 되거나 배골이 깨어지기 쉽게 되어 압박 골절 등을 일으키기 쉽고 침대신세를 지기 쉽다. 폐경 후의 여성에 골다공증이 많은 것은 여성호르몬 「에스트로겐(estrogen)」이 감소되기 때문이다. 에스트로겐(estrogen)은 뼈에서 칼슘이 용출되는 것을 방지하기 때문에 뼈의 건강을 보호할 수 있다. 이 에스트로겐이 감소되면 뼈에서 칼슘이나 인이 누설되기 쉽게 되어 식사로 보충하여도 따라갈 수 없다.

최근에는 젊은 여자에서도 골다공증이 증가되어 문제가 되고 있다. 다이어트, 편식, 운동부족이 원인이다. 극단의 다이어트로 난소기능부전으로 빠지면 역시 에스트로겐이 저하되어 뼈가 약해진다. 여자의 골다공증 치료는 40세 이상이면 호르몬 보충요법이 효과적이다. 20～30대는 난소기능부전 등의 치료가 선결이다.

[예방·개선을 위한 조언]

칼슘의 1일의 적정 섭취량은 남자에서 700 mg, 여자는 600 mg이나 적극적으로 골다공증을 예방하려면 800 mg을 목표로 한다. 요구르트, 치즈 등의 유제품, 대두제품, 작은 물고기류에 많이 함유되어 있다. 칼슘은 마그네슘과 균형을 취하여 작용하므로 양쪽을 합하여 섭취할 것이다.

보조식품으로 칼슘과 마그네슘을 합한 것을 선택할 것이다. 그리고 칼슘의 흡수를 돕는 비타민 D, 골 형성을 촉진하는 비타민 K를 함유하는 브로콜리나 납두 등의 식품도 많이 섭취할 것이다. 칼슘의 흡수율을 올리는 특정 보건용 식품(casein phosphate peptide, 구연산 인산칼슘)도 있다. 갱년기 이후의 에스트로겐과 같은 작용을 하는 대두 아이소플라본을 추천한다. 보단(普段)의 식생활을 개선하여 알맞게 운동하여 뼈의 생성을 촉진하는 것도 중요하다.

[관련 보조식품]

칼슘, 마그네슘, 비타민 D, 비타민 K, 아이소플라본

◀ 탈모대책 ▶

[메커니즘]

두발은 두피에 있는 모세포에서 만들어지고 그 수명은 4~7년 정도이다. 매일 성장을 계속하여 1개월에 약 1.2 cm 정도 신장한다. 성장이 멈추면 곧 빠져버리는 것이 아니고 그 사이에 새로운 털을 만드는 준비가 이루어지고 오랜 털은 빠진 후에 새로운 털이 성장하기 시작한다. 그러나 어떤 원인으로 그대로는 새로운 털이 나오지 않는 경우가 있다.

탈모증의 원인에는 여러 설이 있으나 남성호르몬인 테스토스테론(testosterone : 남성호르몬의 대표)의 과잉 분비와 함께 5α-reductase라는 효소가 개재한다는 설이 유력하다. 머리털이 살고 있는 모포(毛包)에는 피부를 보호하는 피지(皮脂)를 분비하는 피지선이 있다. 5α-reductase(환원효소)는 피지선에 많이 존재하는 효소로 테스토스테론에 수소를 결합시켜 데하이드로스테론(dehydrosterone)으로 변한다. 이 데하이드로스테론(dehydrosterone)이 모모(毛母)세포를 상처내어 발모(發毛)를 저해한다. 또 두피를 청결하게 하지 않으면 피지(皮脂)에서 모포(毛包)가 쌓여 머리털에 영양을 보내는 모세혈관의 흐름이 나빠져 머리털이 쉽게 빠지게 된다.

머리털이 수명은 아니고 모근부(毛根部)가 파괴되어 빠지는 것이 원형탈모증이다. 보통 십원짜리 동전크기로 원형으로 털이 빠진다. 최초는 한 곳 뿐이다가 탈모부분이 몇 곳으로 늘어나고 결국은 머리 전체로 넓혀져 전두형(全頭型)이나 눈썹이나 속눈섭, 체모 등 두발 이외로 넓어지는 범발형(汎發型 : 악성원형 탈모증이라 한다)으로 되는 수가 있다. 원인은 불명이나 스트레스나 자율신경실조증, 갑상선 등의 호르몬이상, 자기면역설 등이 열거될 수 있다.

[예방・개선을 위한 조언]

탈모를 방지하는 것은 두피를 청결하게 보호하는 것이 제일이다. 두발은 피부의 각질이 분화하여 생성된 것으로 두피의 건강유지도 중요하다. 머리털에 영양을 보내는 모세혈관의 흐름을 잘 하는 것은 비타민 E나 은행잎 엑기스가 유효하다.

모발촉진에는 머리털의 원료가 되는 *N*-acetylcysteine이나 단백질의 보급도 필요하다. 또 5α-reductase의 분비를 억제하는 것은 톱야자(saw palmetto) 엑기스가 있다. 머리털의 발육에는 아연, 철, biotin, 엽산 등 여러 영양소가 관계한다. 멀티비타민・무기질로 보급할 것이다.

[관련 보조식품]

비타민 E, 아연, 은행잎, 톱야자(saw palmetto)

◀ 피부살결을 아름답게 ▶

[메커니즘]

피부는 외측에서 표피, 진피, 피하지방의 3층으로 이루어진다. 보통 얼굴살결이라는 것은 표피와 진피부분이다. 표피는 다시 4층으로 나누어진다. 제일 밑의 기저층에는 끊임없이 새로운 세포가 만들어지고 있다. 세포는 상부에서 만들어져 모습을 바꾸고 표면에서는 각질세포로 된다. 그래서 최후에는 표면에서 조금씩 벗겨 떨어져 나간다. 그래서 피부세포는 보통 28일 주기로 새로 나면서 교체된다.

그런데 각질층에 오랜 세포가 눌러앉아 있으면 피부가 단단하여 피부가 까슬까슬해진다. 또 기저층에는 색소세포가 자외선의 자극을 받으면 과잉으로 멜라닌(melanin : phenol을 함유한 고분자 흑색색소) 색소를 만들고 자외선을 흡수하게 된다. 각질층에서의 피부세포의 대사가 나쁘면 멜라닌(melanin) 색소의 배출이 체류되어 검버섯의 원인으로 된다.

아름다운 피부살결의 바로미터가 되는 것은 진피인 콜라겐(collagen : 교원섬유를 구성하고 있는 단백질)과 엘라스틴(elastin : 탈력섬유를 구성하는 단백질)의 상태이다. 섬유세포는 연령과 더불어 감소되어 간다. 그 결과 피부살결이 생기를 잃고 작은 주름살이 되기 쉬워진다. 또 표피세포의 대사 사이클은 여성호르몬이 불안정으로 되면 늦어진다. 임신 중이나 갱년기에 검버섯이 되기 쉬운 것은 이 때문이다. 멜라닌 대사는 일광에 의하여 활성화 된다. 심하게 볕에 타면 멜라닌 색소가 과잉으로 생산되어 검버섯으로 됨으로 연령을 불문하고 자외선을 방지하는 것이 중요하다.

[예방・개선을 위한 조언]

피부살결의 축축함(潤)은 세포와 세포를 연결하고 얼굴살결의 탄력과 윤기가 있고 싱싱함을 유지하는 콜라겐(collagen)을 만들므로 보호된다. 비타민 C, 단백질, 비타민 P(flavonoid 화합물)가 효과적이다.

건조에서 피부살결의 각질화는 이것을 방지하는 데는 비타민 A(β-carotene 등)를 섭취할 것이다. 피부살결의 노화에 관련되는 free radical 대책에는 항산화작용이 있는 코엔자임 Q10, 비타민 B군, 송수피 폴리페놀(polyphenol)을 섭취할 것이다. 비타민 C나 비타민 E를 함께 섭취하면 더 효과적으로 작용한다. 폐경 후의 여자는 여성호르몬(estrogen)도 유효하고 콜라겐이나 hyaluronic acid에는 수분을 되돌리는 작용이 있다.

[관련 보조식품]

비타민 A(β-carotene 등), 송수피, 단백질

◀ 다이어트 ▶

[메커니즘]

인간의 생명활동을 지지하는 운동에너지원은 지방과 당질이다. 그러나 에너지로서 소비되지 않고 남은 지방과 당질은 지방세포에 지방으로서 취입된다. 이것이 비만의 원인이 된다. 비만은 여러 가지 생활습관병의 원인이 되기 때문에 적당한 체중을 유지하기 위한 다이어트는 건강의 기본이다. 그러나 무리한 감량이나 위험한 약을 사용한 다이어트는 건강을 해하는 위험이 있다.

과거에는 중국에서 수입한 허브류를 원료로 하는 수신용(瘦身用) 건강식품 복용 후에 간기능장해가 발생하여 사망자도 나와 문제로 되었다. 이들의 건강식품 중에는 「갑상선 호르몬」이나 「phenfulamine」이라는 의약품이 함유되어 있다. 이와 같이 작용이 강한 의약품은 몸을 침식하는 결과를 초래하므로 안일하게 사용하는 것은 위험하다.

[예방・개선을 위한 조언]

건강한 다이어트에는 운동과 균형이 좋은 식사가 불가결이다. 식사의 기본 균형은 ① 정제하지 않는 곡류와 두류, ② 채소와 과실, ③ 어패류, ④ 몸에 좋은 지방류의 순으로 많이 섭취할 것이다. 먼저 ω-3 계(α-linolenic acid, EPA・DHA), ω-6계(linoleic acid, γ-linolenic acid)의 순서이다. 이것은 기본형의 식사로 ①의 섭취량이 가장 많고 ②, ③, ④의 순서로 적어지는 피라미드형으로 되는 것이 바람직하다.

아무튼 식사제한을 하면 체중이 감소되면서 영양실조도 함께 초래되는 수도 있다. 다이어트 시는 몸에 필요한 비타민이나 무기질을 보급하는 것이 중요하다. 식사만으로 보급이 안 될 때는 멀티비타민·무기질의 보조식품을 활용할 것이다. 이 기본을 파악하여 다이어트 보조식품을 활용하며 여기에는 다음과 같은 종류가 있다.

① 지방흡수를 억제하는 chitin, chitosan, ② 당질흡수를 억제하는 saracia, gymnema, 흰 완두콩, 소맥, albumin, meliloit, ③ 체지방을 촉진하는 공액 linoleic acid, ④ 체지방합성을 제해하는 garcinia, ⑤ Insulin의 작용을 돕고 당의 에너지 대사를 촉진하는 크롬, caiapo potato, ⑥ 식욕을 억제하는 theanine 등이 있으며 또 대사가 떨어져 있는 사람은 코엔자임 Q10도 권장한다.

[관련 보조식품]

멀티비타민·무기질, chitin·chitosan, gymnema, garcinia, 코엔자임 Q10

◀ 스포츠를 잘 한다 ▶

[메커니즘]

취미의 서커(soccer), 등산, 마라톤, 다이어트 목적의 에어로빅, 바디 메이커를 위한 근력의 트레이닝, 목적과 정도에 차는 있으나 운동을 하는 사람은 누구나 영양에 걱정을 할 필요가 있다. 운동이 몸에 좋다는 것이 확실하나 그 효과를 얻기 위하여 몸은 상당의 대가를 지불하고 있다.

근육을 사용하면 근섬유는 손상된다. 아미노산 등의 영양과 휴식 등에 의하여 근섬유는 수복되고 보다 강하고 굵어지나 이것을 모르고 다시 심한 운동을 하거나 충분한 영양보급을 하지 않으면 근육피로나 근육통이 생긴다. 또 운동의 강도가 올라감에 따라 산소 소비량도 늘어나고 여기에 동반하여 활성산소도 생성된다. 이것은 운동 후의 근육통이나 경직을 일으킨다.

체지방을 연소시키려고 당 보급을 제한한 사람도 있으나 저혈당 상태로 운동하면 당분을 영양원으로 하는 뇌가 손상을 받아 집중력이 결여되는 위험성이 있다. 또 근육단백질이 분해되어 에너지로서 사용되고 만다. 무릎인 허리의 관절을 혹사하여 고장이나 아픔이 나는 수도 많다. 특히 여자는 골밀도의 저하에 의하여 피로골절이나 빈혈의 위험도 있다. 운동을 하면 할수록 몸은 영양부족으로 빠진다. 식사는 충분히 하고 그리고 스포츠 보조식품으로 적극적인 영양보급을 할 것이다.

[영양보급을 위한 조언]

근육통지에는 분기상 아미노산이 필수이다. 근육 내에서 대사하여 근섬유의 손상을 수복하고 운동 중에 에너지원으로 된다. 그리고 피로물질인 유산발생을 억제하는 alginic acid, 유산도 에너지로 변환시키는 효과가 있는 구연산을 가하므로 피로회복이 촉진된다.

코엔자임 Q10도 주목되고 있다. 이것은 마이토콘드리아(mitochondria : 세포내의 소기관의 일종으로 ATP의 합성 등 세포내 에너지대사의 중심적인 장소를 부여한다)에 존재하고 에너지원이 되는 ATP의 생성을 담당한다. 항산화 물질이고 항산화 비타민인 비타민 B군, 비타민 C, 비타민 E와 함께 섭취하는 것이 효과적이다. 수용성 비타민인 비타민 C 그리고 칼슘 등의 무기질은 발한으로 손실되기 쉬므로 성실하게 보급할 것이다.

[관련 보조식품]

아미노산(분기쇄), 구연산, 코엔자임 Q10, 비타민 B군, 비타민 C, 비타민 E, 콘드로이틴(chondroitin), 글루코사민, 멀티무기질

◀ 임신을 원한다 ▶

[메커니즘]

「좀처럼 임신이 안 된다」고 고민하는 커플이 증가하고 있다. 결혼하여 임신되지 않고 성생활을 하고 있는데도 2년이 경과하여도 임신이 안 되면 일반적으로 불임증이라고 진단된다. 「임신하지 않는 부부의 약 90%는 2년 이내에 임신한다」는 데이터가 있기 때문이다.

불임증은 병으로 인정하기 어려우나 생식기능이 정상으로 기능하고 있으면 임신이 되는 것이므로 역시 무엇인가의 이상이 있다고 생각한다. 여성 요인으로서 배란장해, 난관장해, 성교장해나 호르몬의 이상, 자궁의 이상 등을 들 수 있다. 난소기능은 35세경부터 저하되므로 만혼도 요인의 하나라고 할 수 있다. 최근에 증가되고 있는 성감염증도 불임의 원인으로 된다.

남성 요인은 정자의 수(결정자증, 무정자증)와 움직임(정자 무력증)에 문제가 있는 경우도 많으나 성교장해나 사정장해가 원인의 경우도 있다. 원인은 남녀 반반이

다. 원인불명의 경우에도 불임 전체의 30%를 차지한다. 매스컴 등에서 불임증을 방송하는 기회가 늘고 있기 때문에 「자신도 불임증인가?」로 걱정하는 사람이 늘고 있다. 불임증이 의심나면 여자는 산부인과, 남자는 비뇨기내과를 수진(受診)하여 쌍방이 검사를 받을 것이다. 원인을 확인하고 자기 나름대로의 처방방침을 결정하여 진행하는 것이 중요하다.

[셀프케어를 위한 조언]

검사와 치료를 받는 한편으로는 남녀 공히 임신되기 쉬운 신체 만들기에 노력하는 것도 중요하다. 스트레스, 불규칙적인 생활, 식생활의 문란, 냉한 것, 환경호르몬, 담배 등 마이너스 요소는 가능한 한 멀리할 것이다.

식생활의 면에서는 맛이 좋은 계절의 식품재료를 균형 있게 먹을 것이다. 난소의 기능을 유지하고 정자수를 증가시키는 작용이 있는 비타민 E, 생리기능을 유지하는 비타민 A, 태아의 선천이상을 방지하는 엽산, 정자의 형성에 불가결이고 또한 태아의 성장에도 불가결한 아연을 함유하는 식품을 권장한다. 단 단품의 대량 섭취는 과잉증 등의 위험이 있으므로 금물이다. 보조식품으로 보급하는 경우도 멀티비타민·무기질로 섭취할 것이다. 월경주기를 조정하려는 사람은 아이소플라본(isoflavone)을 함유하는 대두제품이나 허브의 raspberry,나 chaste tree를 섭취할 것이다. 피로회복에는 장어, 산마 등의 점질성이 있는 식품, 마늘을 권한다.

[관련 보조식품]

비타민 E, 엽산, 아연,

◀ 건강한 뇌를 육성한다 ▶

[메커니즘]

인간의 뇌의 무게는 체중의 2%이나 에너지 소비량은 몸 전체의 18%로 거의 1/5을 차지한다. 어떻게 뇌가 많은 영양을 필요한가를 알 수 있는 숫자이다. 신체와 달라 뇌의 에너지원으로서는 포도당만 이용할 뿐이다. 그래서 당질을 끊은 다이어트는 뇌에 손상을 줄 위험성이 있다. 아침식사를 안 먹는 것도 마찬가지이다. 집중력이 부족하기 때문에 시험성적이 나쁘다는 실험결과도 있다.

역으로 드라이버에 포도당을 섭취시킨 실험에서는 주의력이 증가하여 사고방지에 유효하다는 결과가 나왔다. 일하는 사이에 단것을 먹으면 의식이 확실하다는 경험

등은 누구에게도 있었을 것이다. 한편 뇌를 만들고 발달하는 데 필요한 것은 지질과 단백질이다. 뇌 세포에서 정보전달을 하는 신경섬유는 그 구조의 대부분이 지질로 신경조직의 구조를 만드는 것은 단백질이다. 특히 뇌의 발달이 현저한 유아기(6세까지)는 양질의 단백질과 지질을 섭취할 것이다.

[영양 개선을 위한 조언]

뇌의 발달을 촉진하는 영양으로서 첫째로 거론되는 것은 단백질과 lecithin(phosphatidylcholine이라고도 한다. 대표적인 glycerophospholipid이다)이다. Lecithin은 대두나 황란에 많이 함유되는 인지질로 뇌세포의 정보전달 물질인 아세틸콜린(acetylcholine : 신경전달 물질의 일종)의 원료로 되는 phosphatidylserine이라는 물질을 함유한다.

비타민도 중요하다. 특히 비타민 B군은 필수이다. 비타민 B_1, 비타민 B_2, niacin은 포도당의 대사에 관계하고 있고 비타민 B_6, pantothenic acid, 엽산은 신경전달 물질의 합성에 관계하고 있다. 비타민 B군이 결핍하면 흥분과 피로, 불안, 노여움이 심한 증상이 나온다는 연구결과와 「기억력이나 개념의 추상화에 뒤떨어진다」는 연구결과도 보고되고 있다.

ω-3계 불포화지방산을 함유하는 DHA · EPA도 건뇌(健腦) 보조식품이다. 특히 DHA는 신경세포에 많이 함유되어 정보전달이나 기억력 등에 영향하는 것으로 생각되므로 「머리가 좋게 되는 지방산」이라고 한다. 최근 문제의 「다동아(多動兒)」에도 DHA · EPA는 효과적이라고 한다. 여기에 혈액순환을 잘 하고 항산화 작용이 있는 은행엑기스를 더하면 뇌의 활성화가 촉진된다. 아이들에게 한정하지 않고 어른에도 집중력이나 기력을 높일 때 섭취할 것이다.

[관련 보조식품]

단백질, lecithin, 비타민 B군, DHA · EPA, 은행잎 엑기스

◀ 뇌의 노화방지 ▶

[메커니즘]

사람의 이름이 잘 생각나지 않는다. 물건을 놓은 장소를 잊었다는 경험은 누구나 있었을 것이다. 이것은 생리적 노화현상을 가령과 더불어 신경전달 기능이 저하되어 유래되는 것이다. 사람의 뇌 세포는 약 140억 개가 있으나 40세를 넘으면 1일에 5만~10만 개가 사멸되는 것이다. 판단력이나 사고력이 있고 일상생활에 지장이 없

는 「건망(健忘)」과 오늘이 몇일인가? 자신이 어디에 있는지 모른다는 견당식(見當識)에 장해가 나타나는 「노인성 치매」와는 다른 것이다.

치매는 병에 따라 일어나는 증상의 하나이다. 「뇌혈관성 치매」와 「Alzheimer's성 치매」의 종류가 있다. 전자는 노인의 신경세포를 기르는 말단의 모세혈관이 어느 장소에 막혀져 그 앞의 뇌세포가 죽어 버린 것이 원인으로 뇌의 작용이 저하된다. 증상이 단계적으로 진행되므로 뇌의 작용이 어느 부분에서는 확고히 하고 있는 등 치매가 반점모양으로 나타난다.

후자는 뇌 전체가 위축되어 일어나는 것이다. 여자의 갱년기 이후에 많이 나타나나 이것은 에스트로겐(estrogen : 여성호르몬)의 상실에 의하여 뇌세포의 보호효과가 손실되는 것과 관계가 깊은 것으로 생각한다. 폐경 후에 에스트로겐을 보충하고 있는 여자에서는 Alzheimer병이 30～70% 적다.

[예방・해소를 위한 조언]

뇌중에는 140억 개의 neurone(신경세포)이 연결되어 수천 억 개의 sinap(접점)를 만들고 있다. 뇌의 기억을 불러내는 데는 신경세포와 신경세포의 사이를 신호가 전달되지 않으면 안 된다. 이 때문에 필요한 것이 도파민(dopamine : 신경전달물질의 일종), norepinephrine(교감신경 말단에서 분비되는 전달물질), 세로토닌(serotonin : tryptophan에서 합성되는 신경전달물질), acetylcholine 등의 신경전달물질이다.

신경전달물질의 생성에는 여러 가지 영양소가 불가결이다. 특히 신경의 재생을 촉진하는 비타민 B_6은 중요하다. 뇌의 세포막의 구성성분인 인지질의 대부분을 차지하는 phosphatidylserine, acetylcholine을 증가시키는 dimethylaminoethanol (DMAE), lecithin, 뇌의 모세혈관의 혈류를 좋게 하는 은행잎 엑기스 등이 유효하다. 또 뇌는 활성산소가 발생되기 쉬운 부위이기 때문에 항산화 작용이 있는 은행잎이나 폴리페놀(polyphenol)류도 권장한다.

[관련 보조식품]

비타민 B_6, phosphatidylserine, lecithin, 폴리페놀(polyphenol), 은행잎 엑기스

『식품공전(2011년)』상의 식품원재료 분류

다음의 식품원재료 분류는 일반적인 분류로서 당해 식품과 원재료의 특성 및 목적에 따라 이 분류에 의하지 아니할 수 있다.

1. 식물성 원료

대분류	소분류	품 목
곡 류	-	쌀, 보리, 밀, 메밀, 조, 수수, 옥수수, 귀리, 호밀, 고량미, 율무, 기장, 피, 퀴노아, 트리티케일 등
서 류	-	감자, 고구마, 토란, 마, 카사바(타피오카), 구약 등
콩 류	-	대두, 녹두, 완두, 강낭콩, 동부, 팥, 잠두, 피전피, 리마콩, 이집트콩, 그린콩, 렌즈콩, 작두콩 등
견과 종실류	땅콩 또는 견과류	밤, 호두, 은행, 잣, 땅콩, 아몬드, 피칸, 케슈너트, 개암, 마카마디아, 피스타치오, 도토리 등
	유지 종실류	참깨, 면실, 해바라기씨, 호박씨, 들깨, 올리브, 달맞이꽃씨, 목화씨, 유채(카놀라)씨, 팜, 홍화씨 등
	음료 및 감미 종실류	커피원두, 카카오원두, 콜라 너트, 과라나
과실류	인과류	사과, 배, 모과, 감, 석류 등
	감귤류	감귤, 오렌지, 자몽, 레몬, 유자, 라임, 금귤, 탱자, 시트론 등
	핵과류	복숭아, 대추, 살구, 자두, 매실, 체리, 넥타린, 앵두 등
	장과류	포도, 딸기, 무화과, 오디, 월귤, 커런트, 베리, 구기자, 오미자, 머루, 복분자(산딸기, 나무딸기 포함) 등
	열대 과일류	바나나, 파인애플, 키위(참다래), 아보카도, 파파야, 대추야자, 망고, 구아바, 코코넛, 리치, 패션 프루트, 두리안 등
채소류	결구 엽채류	배추, 양배추, 브로콜리 등

(계속)

대분류	소분류	품 목
채소류	엽채류	엇갈이배추(쌈배추, 봄동 등 포함), 상추, 양상추, 시금치, 들깻잎, 쑥갓, 아욱, 근대, 머위, 무(열무 포함, 잎), 취나물, 고춧잎, 참나물, 케일, 청경채, 갓, 냉이, 치커리(잎), 앤디브, 파슬리, 호박잎, 신선초, 고추냉이(잎), 비름나물, 씀바귀, 우엉잎, 겨자채, 뉴그린, 다청채, 당귀잎, 쑥 등
	엽경채류	파, 부추, 미나리, 고구마줄기, 토란줄기, 고사리, 아스파라거스, 셀러리, 죽순, 콜라비, 원추리, 두릅, 달래, 고비, 풋마늘(마늘쫑 포함), 돌나물 등
	근채류	무(뿌리), 양파, 마늘, 당근, 생강, 연근, 우엉, 도라지, 더덕, 비트(사탕무), 순무, 파스닢, 야콘, 고추냉이(뿌리), 치커리(뿌리), 인삼(장뇌삼 포함) 등
	박과 과채류	오이, 호박, 참외, 수박, 멜론, 서양호박(단호박) 등
	박과 이외 과채류	토마토, 방울토마토, 고추, 피망(파프리카 포함), 가지, 오크라, 풋콩 등
버섯류	-	느타리버섯, 송이버섯, 표고버섯, 양송이, 싸리버섯, 팽이버섯, 목이버섯, 영지버섯, 새송이버섯, 목질진흙버섯(상황버섯), 갓버섯, 나도팽나무버섯(맛버섯), 황금뿔나팔버섯, 신령버섯, 동충하초 등
향신료	-	겨자, 계지, 계피(육계), 고수열매, 고추냉이, 로즈마리, 몰약, 바실(바질), 박하, 백리향, 사프란, 산초, 서양박하, 월계잎, 육두구, 정향, 차조기, 회향, 후추, 쿠민, 카퍼, 강황, 심황 등
차	-	차
호 프	-	호프
조 류	-	갈래곰보, 갈파래, 곰피, 김, 꼬시래기, 다시마, 돌가사리, 둥근돌김, 뜸부기, 매생이, 모자반, 미역, 불등가사리, 석묵, 스피루리나, 우뭇가사리, 진두발, 청각, 클로렐라, 톳, 파래 등
기타 식물류	-	사탕수수, 단수수 등

2. 동물성 원료

분 류	품 목
식육류	쇠고기, 돼지고기, 양고기, 염소고기, 토끼고기, 말고기, 사슴고기, 닭고기, 꿩고기, 오리고기, 거위고기, 칠면조고기, 메추리고기 등
우유류	우유, 산양유 등
어 류	가다랑어, 가물치, 가오리, 가자미, 갈치, 강달이, 고등어, 꽁치, 날치, 넙치, 노가리, 노래미, 농어, 다랑어, 대구, 도루묵, 도미, 돔, 망둥어, 메기, 멸치, 명태, 미꾸라지, 민어, 박대, 방어, 밴댕이, 뱀장어, 뱅어, 병어, 복어, 볼기우럭, 볼락, 붕어, 붕장어, 빙어, 삼치, 상어, 새치, 서대, 송어, 숭어, 쌍둥가리, 쏘가리, 양미리, 연어, 우럭, 은대구, 은어, 임연수어, 잉어, 장어, 전갱이, 전어, 정어리, 조기, 준치, 쥐치, 참붕어, 청어, 향어, 홍어 등
심해성 어류	쏨뱅이류(적어 포함, 연안성 어종 제외), 금눈돔, 칠성상어, 얼룩상어, 악상어, 청상아리, 곱상어, 귀상어, 은상어, 청새리상어, 흑기흉상어, 다금바리, 체장메기(홍메기), 블랙오레오도리(*Allocyttus niger*), 스므스오레오도리(*Pseudocyttus maculatus*), 오렌지라피(*Hoplostethus atlanticus*), 붉평치, 먹장어(연안성 제외), 흑점샛돔(은샛돔), 파타고니아이빨고기, 은민대구(뉴질랜드계군에 한함) 등
다랑어류 및 새치류	참다랑어, 남방참다랑어, 날개다랑어, 눈다랑어, 황다랑어, 돛새치, 청새치, 녹새치, 백새치, 황새치, 백다랑어, 가다랑어, 점다랑어, 몽치다래, 물치다래 등
패 류	굴, 홍합, 꼬막, 재첩, 소라, 고둥, 대합, 전복, 바지락, 조개류 등
갑각류	새우, 게, 바닷가재, 가재, 방게, 크릴 등
연체류	문어, 오징어, 낙지, 갑오징어, 개불, 군소, 꼴뚜기, 주꾸미, 해파리 등
극피 또는 척색류	성게, 해삼, 멍게, 미더덕 등
알 류	계란, 오리알, 메추리알 등
어란류	명태알, 연어알, 철갑상어알 등

제 1 부

식물성 원료

1. 육산식물성(陸産植物性) 식품류

[곡류 · 두류 · 서류]

우리나라의 농산물은 곡류, 잡곡류, 두류, 서류, 과일, 채소로 볼 수 있다. 이들 농산물의 역사는 선사시대부터 그 유래를 찾을 수 있으며 조선시대 후반에 이르면 대부분의 농산물이 우리나라에 토착화 된 것으로 보인다. 현대사회에는 무역개방과 더불어 외국에서 각종 농산물이 도입되고 있으며 일부 전래 농산물의 생산은 극히 제한이 되고 있기도 하다.

우리나라에 농경이 도입된 것은 신석기시대 후기부터 보고 있다. 유적지에서 발견되는 탄화된 쌀알로 미루어 보면 최초의 작물은 피와 기장이었으며 이어서 보리, 밀, 콩, 삼 등을 재배하여 BC. 1～2세기경에 벼농사를 짓게 되었다고 한다. 부족국가시대에 이르면 경제체계는 점차 농경중심으로 바뀌가며 청동기 시대의 발전과 더불어 원시 농경기술에서 청동기를 이용한 벼농사법이 널리 퍼져갔고 BC. 4세기경에 철제농기구의의 출현으로 한층 능률적으로 발전되었다.

쌀이 서민들에게까지 일반적이 주식이 된 시기는 백제의 유적지인 부여의 군창지에서 많은 쌀이 출토된 것으로 보아 7세기 이전으로 본다. 또한 쌀 이외에 밀, 녹두, 보리, 귀리, 콩 등도 중요한 식량이었던 것으로 보인다. 고려 초기에는 중농정책으로 양곡이 증산되고 쌀의 질이 좋았다는 기록이 있고 또한 쌀을 저장했던 창고에 대한 기록이 있어 쌀의 증산상태를 보여주고 있다. 또한 밀기루가 주식의 일부로 사용되었으며 조, 기장 피, 콩, 메밀, 수수, 귀리, 밀, 녹두 등이 주식으로 쓰였다. 특히 조는 고려의 곡류 중에서 가장 생산이 많아 잡쌀이라 하여 쌀 다음으로 가는 주식품으로 꼽혔다. 또한 콩을 가공한 콩나물과 두부가 고려 말엽에 처음으로 기록에 나오고 있다.

조선시대의 식생활사는 고려시대와 같으나 그 종류가 더 많아지고 사치스러워졌다고 한다. 곡류의 종류도 많이 증가하여서 15세기 말엽에 강희맹이 쓴 벼의 종류를 무려 27종이라고 하고 있다. 그 당시에 기록된 곡류를 보면 벼, 기장, 피, 당서, 팥, 콩, 보리, 수수, 밀 등이 있던 조선시대 후반기로 가면 감자, 고구마, 옥수수, 완두 등이 전래되었고 식품의 구입이 용이해져 다양한 조리법이 도입된 시대이다.

곡류 및 서류의 식품으로서의 가치는 에너지라는 점이다. 동물성 식품의 소비가 빈약했던 옛날에는 우리 국민의 에너지 대부분이 곡류 및 서류로 충당하였던 것이다. 이밖에 두류와 식물종자는 부족했던 단백질과 지방의 주요 공급원으로서의 역할을 하여 왔다.

[채소 · 과일류]

우리나라에서 재배하는 채소용 식물은 100여 종이다. 그 중에서 주요 채소는 무, 배추, 고추, 마늘을 포함하여 30여 종이 된다. 여기에 산채나 지역적인 특소채소를 합하면 약 60여 종에 이르고 있는데 그 중 상당수가 향신료 식물이다. 우리나라에는 예로부터 산야에 자생하는 과일을 식용으로 하였으며 이들 중 몇몇은 외국 과실의 도입이나 과수재배 기술의 발달로 유통이 안 되고 있는 상태이다. 우리나라 전래의 채소나 과일류도 곡류나 두류, 서류와 같이 조선시대 후기에 오면 대부분이 토착화가 된 것을 알 수 있다.

선사시대에 식용되었던 근채류를 보면 먼저 마를 들 수 있다. 또한 칡뿌리 등의 구근류와 함께 고사리 등의 채소류가 식용되었을 것이라고 추정이 된다. 삼국유사에 쑥과 마늘이 나오고 있는 정도이지만 많은 채소가 재배되고 있었을 것이다. 삼국 통일신라시대에 이르면 무와 상치에 대한 기록이 나오고 있다. 이 시대에 중국의 사신에게 잣을 판 기록이 있어 우리나라의 특산물이었음을 알 수 있다. 이밖에 밤이나 복숭아, 오얏, 자두와 배에 대한 기록이 보인다. 한편 제주도에 대한 밀감도 이때부터 특산물로 유명하였다.

고려시대에 이르면 채소에 대한 명칭이 오이, 가지, 무, 파, 아욱, 박 등으로 뚜렷하게 기록이 되고 있다. 이외에도 야생초가 식용되었음이 문헌에 기록되고 있다. 더덕, 고사리, 고사리, 산나물 등이 등장하고 있고 고려사에는 오늘날 약용으로 쓰이는 영지가 등장하고 있다.

고려시대에는 그 이전 시대에 비하여 과일이 풍부한 시대였다. 배, 오이, 살구, 감, 대추, 밤, 복숭아, 앵두, 능금, 잣, 유자, 귤, 등이 있었고 이 중에서 귤을 제일 귀하게 꼽았다. 한편 수박과 포도는 고려 때에 처음으로 재배되기 시작한 과일로 본다. 고려가요 청산별곡에는 머루와 다래가 나오고 이어 산야에 자생하는 과일을 식용으로 삼는 것도 알 수 있고 도토리 역시 귀한 식품으로 등장하고 있다.

조선 전기시대에 처음으로 토마토에 대한 기록이 보이며 송이, 표고, 버섯 등이 애용되었다. 과일은 배, 밤, 대추, 개암, 잣, 살구, 복숭아, 감귤, 메실, 자두, 석류, 포도 등으로 고려시대에 생산되던 것과 같다. 조선조에 이르러 특이할 만한 것은 고추가 전래된 것이며 고춧가루로 가공되어 쓰인 것은 18세기경으로 보인다.

조선 후기에 들어가면 현재와 거의 다름없는 종류의 식품들이 이용되었다. 호박, 고추, 완두, 수박, 토마토, 사과, 아욱, 부추, 생강, 갓, 쑥갓, 평지, 시금치, 옹채, 상치, 거여목, 미나리, 순채, 여귀, 두릅나물, 고수풀, 등의 다채로운 채소가 등장하고 있다.

[조미 · 향신료 · 구황식품]

조미, 향신식품은 단맛, 신맛, 매운맛, 고소한 맛 등을 기초로 식품의 맛과 향을 향상시키고 저항성을 높이기 위한 재료로서 초기에는 자연에서 쉽게 얻을 수 있는 소금, 과일 등의 재료를 이용하였을 것을 짐작할 수 있다. 이미 오래 전부터 인류는 조미 향신료를 이용해온 것으로 추측되는데 천연 감미료인 꿀을 이미 1만 년 전의 벽화에서 채집하는 모습을 볼 수 있다.

우리나라의 경우 『삼국지』 위지 동이전에 따르면 고구려 때는 소금이 몹시 귀했는데 노예들로 하여금 어염(魚鹽)을 공급케 하였다는 기록이 나오고 있다. 또 『삼국유사』 단군 신화에 마늘과 파가 등장하는 것으로 보아 육류나 생선의 냄새 제거나 부패를 방지하기 위하여 또는 간을 맞추기 위하여 소금을 비롯한 조미 향신료를 사용하였으리라 짐작된다. 신라시대에도 천초, 생강, 귤피 등이 이용되었음을 알 수 있으며 고려시대에는 식초를 만들고 참깨를 재배하였으며 후추와 설탕이 송나라로부터 수입되었다는 것이 기록으로 전해진다.

조선시대에 이르러서는 현대의 우리의 식생활에 없어서는 안 되는 고추가 도입되고 있다. 고추의 도입경로는 중국을 통하여 들어 온 것이 일본으로 전파되었다는 설과 임진왜란 시에 일본에서 도입되었다는 설 두 가지가 있는데 어느 것이 맞는지는 확실치 않다. 조선시대에는 양봉기술의 발달로 꿀이 일반화되었으며 식용유도 손쉽게 얻을 수 있었다고 한다. 조선후기 17세기의 『음식디미방』을 보면 식초와 여러 가지 장류 등의 발효조미료가 등장하고 있으며 19세기의 규합총서에는 현재 우리가 사용하고 있는 조미, 향신료의 대부분이 소개되고 있다.

2. 수산식물성(水産植物性) 식품류

[해조류]

해조류는 전 세계에 약 8,000여 종이 분포하며 우리나라의 해안에는 이 중 약 500여 종이 있다. 우리나리의 동・남・서해안은 각각 지리적 특색을 가지고 있어 해조의 분포와 생산이 다르다. 대부분의 식용으로 하는 조류는 갈조류, 홍조류, 녹조류에 속하는 것들로 갈조류는 난해에 많이 분포하고 갈파래, 파래, 청각 등이 여기에 속하고, 녹조류는 한해에 많고 미역, 모자반, 다시마, 감태 등이 여기에 속한다. 홍조류는 난해, 한해 가리지 않고 많이 분포하며 김, 꼬시라기, 우뭇가사리 등이 여기에 속한다.

큰 해조류 등은 모래나 뻘 또는 바위에 부착하여 살아갈 수 있는 부착기를 가지고 있으며 그 위로는 우리가 식용으로 하는 엽상체를 갖는다. 우리가 식용으로 하는 해조류들은 많은 것들이 영양적으로 우수하다. 대개 단백질이 풍부하고 지방이 적으며 무기질이 대단히 많다. 종류에 따라서는 비타민 A, B_2, C, niacin 등이 풍부한 것이 많다.

3. Amino acid score(아미노산 값)

Amino acid score란 FAO(국제연합식량농업기구)/WHO(세계보건기구)가 발표한 필수아미노산의 이상적인 조성 구성수치와 비교하여 각 식품의 아미노산을 평가하는 기준이 된다. 대상으로 되는 식품에 함유되어야 할 필수아미노산 중에서 가장 부족한 필수아미노산에 대하여 부족의 비율을 산출한다. 그 수치가 100에 가까울수록 필수아미노산이 이상적인 형으로 함유되는 것으로 하고 amino acid score = 100이라는 것은 양질의 단백질 식품이라 할 수 있다. 필수 아미노산이 하나라도 이상 구성수치에 달하지 않는(amino acid score가 100 미만) 경우는 공존하는 다른 필수 아미노산은 단백질의 구성 성분으로서의 이용이 제한된다.

일반적으로 동물성 식품의 amino acid score는 높고 식물성 식품은 낮은 경향이다. 단 보통의 식사에서는 복수의 식품을 조합하므로 amino acid score는 높아진다. 예를 들면 쌀 단백질에는 lysine이 적고 methionine이 많다. 반대로 콩 단백질은 methionine이 적고 lysine이 많다. 양자를 함께 먹으면 서로의 부죽을 보충하게 되므로 혼합된 amino acid score는 높아진다.

[곡류의 칼럼]

1. 곡류의 개요

곡류는 쌀, 보리, 밀(소맥), 귀리(연맥) 호밀, 메밀, 옥수수(강냉이), 조, 피, 수수, 기장 등으로 다음과 같은 영양성분의 특징이 있다.

2. 곡류의 성분

영양적으로는 에너지원인 녹말의 공급원이다. 보통은 도정하면 녹말 이외의 성분은 제거되기 쉽다. 곡류의 공통적인 특징은 다음과 같다.

3. 곡류의 특징

① 수분의 함량은 1～14%로 비교적 적다.
② 탄수화물은 주성분인 녹말을 많이 함유한다(56～73%).
③ 지질은 1.9～5.4%로 적다.
④ 단백질은 적은 편으로 6～14% 함유한다.
⑤ 무기질은 인과 칼륨이 많고 칼슘은 적다.
⑥ 비타민은 도정도에 따라 다른데 B군은 현미에 비하여 비교적 많으나 1차 가공한 백미, 밀가루에는 극히 적다. 곡류에는 대체로 비타민 A, C, D는 함유되지 않는다.

4. 곡류의 생리활성

쌀, 보리, 옥수수 등의 곡류에는 각종 기능성 성분이 함유되어 있어 새로운 용도의 개발이 기대된다. 쌀겨나 소맥 배아에 많이 함유된 tocopherol류와 ferulic acid는 항산화 작용(산화방지작용)이 있고 기름의 산화 방지와 인체의 노화 방지효과가 기대된다. 새로운 항산화 성분인 isovitexin(γ-glucosylapigenin) 등에 대하여도 금후의 용도 개발이 기대된다.

적미나 자흑미, 대맥 종자 등에 함유되는 catechin 등의 phenol 화합물은 최근 충치의 예방, 심장병의 예방, 단백질의 침전 등의 기능성이 주목되고 있다. 미강유에 함유된 δ-oryzanol은 성장 촉진작용, 간 뇌기능 조절작용, 성선자극작용 등이 보고되고 있고 임상적으로도 자율신경 실조증과 갱년기 장해에 유효하다고 한다.

Phytic acid는 쌀겨, 밀기울 등에 많이 함유되고 금속과 chelate 결합함으로써 산화를 방지하고 고기, 생선, 기름 등의 품질 보존이나 포도주의 철분 제거 등에 이용되고 화장품 등의 산화방지와 철관의 방청 등 식품 이외의 분야에도 이용되고 있다. 세포벽 성분은 함량으로서는 적으나 조직 구조를 유지하는 의미가 있으며 cellulose, hemicellulose, pectin으로 되었고 동물실험의 결과에서 혈청 콜레스테롤 상승을 억제하고 장내 유용세균을 증식시켜 대장암 발생을 억제하는 효과가 보고되고 있다. 또 글루탐산에서 생성되는 γ-aminobutyric acid(GABA)에는 고혈압의 예방효과가 기대된다.

Oryzacystatine이나 corn cystatine 등의 효소저해 단백질은 쌀 자신의 protease에 의한 자기 단백질의 분해를 방지하는 기능이 있고 사람의 소화효소를 저해하지 아니하고 해충이나 병원미생물의 효소를 저해한다. 새로운 생물농약으로 그 용도가 기대된다. 또 일부의 사람은 아토피성 피부염을 일으키는 알레르겐 단백질을 제거한 쌀이나 빵도 등장하고 있다. 효소분해에 의한 저알레르겐 쌀은 우수한 기능성 식품이고 현재 효소처리, 초고압처리, 육종적 방법 그리고 분자 생물학적 방법으로 새로운 저알레르겐 쌀의 개발이 시도되고 있다.

1) 황산화 성분

① Tocol과 tocopherol : 비타민 E는 열에 안정한 지용성 비타민이고 항산화성이나 생식에 관계하는 것으로 안다. 곡류에서는 α-tocopherol과 γ-tocopherol의 비율이 많고 특히 도정하지 않는 현곡, 현미, 소맥배아나 쌀겨 등에 많이 함유된다. 소맥배아에는 100g 중에 α-tocopherol이 26.7mg, β-tocopherol이 10.2mg이 함유되어 있다. 쌀겨에서는 전자가 0.96mg/100g, 후자가 1.86mg/100g 함유되고 배아기름에는 전자가 약 60mg/100g, 후자가 약 30mg/100g나 함유된다. Tocopherol도 소맥배아 기름이나 쌀겨기름에 많이 함유되어 있고 최근 항산화 작용 이외에 여러 생리기능을 가진다는 것이 보고되고 있다. 즉 고지혈증에 있어서 콜레스테롤 저하 작용과 제암성이 기대된다.

② Ferulic acid : Ferulic acid(4-hydroxy-3- methoxycinnamic acid)는 phenol성 수산기, 이중결합, carboxyl기 등을 관능기로서 함유하여 각종 생리활성 물질의 원료로 되는 가능성이 기대된다. Ferulic acid는 곡물에 많이 함유되어 있고 주로 arabinoxylan과 ester 결합하여 존재하고 항산화성을 나타낸다. 버터의 산화 억제능력도 ferulic acid는 lecithin과 같은 정도의 항산화 능력을 나타내고 아미인유의 자동산화의 방지, 금속 이온의 공존 하에서의 돼지기름이나 콩기름인 안정화가 보고

되고 있고 glycine이나 alanine의 이량체와의 사이에 linoleic acid의 산화방지 효과에 있어서 상승적 효과가 인정된다.

③ Isovitexin : 인도형으로 저장성이 좋은 벼 품종인 Katakutara의 벼에서 항산화성이 있는 flavonoid 배당체(isovitexin, 6-C-glucopyranosylapigenin)를 발견하였고 한다. Isovitein의 항산화성은 α-tocopherol과 같은 정도로 보고하고 있다.

2) Phenol 화합물

적미, 자흑미(흑미) 등의 색소 미의 현미 외층부(과피나 종피)에는 색소가 함유되어 있다. 쌀의 색소 성분은 주로 catechin, catechol, tannin 등의 phenol 화합물이고 자흑미의 색소는 anthocyanin이라고 한다. 국제도작연구소의 Juliano 등은 필리핀 떡의 식품원료가 되고 있는 자흑미(紫黑米, Perurutong)는 보통 쌀에 비하여 아미노산 조성이 나쁘지도 않은데도 쥐의 사육 결과가 나쁘게 나타나는 것은 phenol 함량이 높기 때문이라고 하였다.

Polyphenol 성분은 대맥이나 sorghum(수수)에도 많이 함유하고 있어 혀에 수렴미를 주므로 문제가 있으나 최근 충치예방, 심장병 예방, 단백질의 침전 등 새로운 기능의 이용성이 주목되고 있다. 한편 보리켜 유래의 polyphenol 성분인 proanthocyanidin 소량체가 라디칼 소거활성과 항변이원성을 나타나는 것이 밝혀지고 있다.

3) 감마-오리자놀(γ-oryzanol)

감마-오리자놀(γ-oryzanol)은 미강유에서 발견되고 동물실험에서는 성장촉진 작용을 나타내고 번식에 관계하는 일종의 새로운 비타민으로 생각한다. 벼 학명의 *Oryza sativa* L. 에세 oryzanol이라고 명명하였다. Ferulic acid와 triterpene alcohol의 ester이다. γ-Oryzanol의 약효로서는 성장 촉진작용, 간뇌기능 조절작용, 콜레스테롤 증가 억제작용, 성선자극작용 등 여러 효과가 보고되고 있고 임상적으로는 자율신경 실조증, 갱년기 장해, 난소 기능장해 등에 유효하다고 한다.

또 유화성이 좋고 자외선 흡수작용이 강하고 피부에 도포하면 모세혈관의 혈류를 촉진하는 효과가 있으므로 γ-oryzanol은 화장품에 널리 사용되고 skim cream이나 햇볕에 타는 것을 방지하고 화장비누 등에 사용된다. 또한 γ-oryzanol은 단독으로는 항산화성은 그렇게 강하지 않으나, 토코페롤(tocopherol), 인지방질, 아미노산, ascorbic acid 등과 공동으로 사용하면 우수한 항산화성이 나타난다.

γ-Oryzanol은 앞에서 설명한 것과 같이 단일 물질은 아니고 알코올 부분의 조성은 일정하지는 않다.

4) 피트산(phytic acid)

피트산(phytic acid)은 쌀겨에 많이 함유되고 인의 저장에 구실을 한다. Phytic acid는 마그네슘과 칼슘과 결합하여 쌀의 외층부(과피)와 배에 많이 집적하여 있다. 현미 외도 소맥, 대백, 옥수수, 대두 등에도 함유되어 있으나 쌀겨에는 9.5～14.5% 함유하고 경제적으로도 phytic acid의 유력한 원료이다. 일반적으로 인이 phytic acid 1분자당 6개가 결합하고 있으나 장기 저장 쌀이나 벼 배양세포에는 5개 이하의 인이 결합한 것으로 보고되고 있다.

저장 중에는 가수분해 효소(phytase)에 의하여 부분적으로 탈인산화가 진행된다. Phytic acid는 α-amylase, protease, β-galactosidase, lipase 등의 각종 효소를 저해하는 것으로 알고 있으며 금후 이 특성을 활성화시켜 비만방지나 당뇨병의 예방에 이용될 가능성이 있다. 또 phytic acid에는 금속이온과 chelate 결합하는 성질이 있고 산화를 방지하는 작용이 있으므로 대두유의 분해나 산화를 방지하거나 고기와 생선의 품질 보존, 알 식품의 착색방지, 포도주나 시럽의 철분 제거, 김치류의 갈색방지, 펙틴의 가교 방지에 의한 감자의 연화, 숙면이나 중국면의 보존 향상 등 식품분야에 폭 널리 이용된다.

그리고 phytic acid는 식품 이용의 공업용으로도 널리 이용되고 있고 예를 들면 폐수 중의 유해 금속의 축적제거, 배관이나 부동액의 방청, 향료나 화장품의 산화방지와 안정화, 단백질의 응집 등을 들 수 있다. 최근에는 phytic acid의 의학적 효과가 주목되고 있고 지방질 간 등의 억제, 면역기능의 강화가 주목되고 있다. 또한 피부암, 대장암의 예방 등의 효과가 보고되고 있다.

5) 식이섬유

식이섬유는 곡물에 함유된 생리기능 물질로서 중요하다. 예를 들면 오늘날 실용화되고 있는 것만으로도 밀기울, 옥수수 섬유, 쌀겨, hemicellulose 등이 있다. Jezquel 등에 의하면 연맥이나 대맥에는 난소화성 β-glucan이 수십 수% 함유하고 콜레스테롤의 저하, 제암성 등의 기능성이 주목된다. 세포벽은 성분 함량으로서는 적으나 조직구조를 유지한 점에서 중요한 존재이다. 고등식물의 세포벽은 그 골격에 상당하는 cellulose와 미세구조와 빈틈을 채우는 기질 다당의 겔 층으로 되어 있고 cellulose, hemicellulose와 pectin 등이 주된 성분이다.

미국에서는 지방질의 변질을 방지하기 위하여 가열처리한 쌀겨가 식품으로서 시판되고 있다. 쌀겨에는 식이섬유를 20～51% 함유하여 중요한 식이섬유의 소재이다. 한 연구에 의하면 탈지쌀겨에서 분리한 중성 계면활성제 가용섬유(NDF 표품)를

5% 첨가한 고콜레스테롤 사료로 쥐의 사육시험을 행한 결과 혈청 콜레스테롤 상승을 억제하고 간장 콜레스테롤도 저하하는 경향을 알았다.

Aoe 등은 탈지 쌀겨에서 hemicellulose 획분을 추출하는 방법을 개발하여 그 성분조성을 조사한 결과, xylose의 주사슬에 arabinose가 높은 밀도로 분지한 구조이고, 한편 다른 연구에서도 쥐의 혈청 콜레스테롤 상승을 억제하는 것을 알았고 그리고 비피더스균이 잘 이용하는 것과 급이 쥐의 비피더스균을 증식하는 것을 발견하였다. 또 발암제를 복강주사 한 쥐의 사료에 쌀겨 hemicellulose를 2～4% 첨가함으로써 대장암의 발생이 유의로 억제하는 것을 보고하였다.

이상의 결과 쌀겨에는 hemicellulose가 함유되어 있어 쌀겨를 섭취함으로써 혈청 콜레스테롤의 증가억제, 장내환경의 개선, 대장암의 억제 등의 효과가 기대되는 것이 밝혀졌다. 다른 곡물의 식이섬유에도 콜레스테롤의 저하와 제암기능의 효과가 기대된다.

6) 감마-아미노뷰티르산(γ-aminobutyric acid)

일본농림성 농업시험장에서는 쌀 배아를 고온, 고수분으로 하면 γ-aminobutyric acid(GABA)가 많이 축적되는 것을 이용하여 기능성 성분을 다량으로 생산하는 연구가 이루어지고 있다. GABA는 쥐를 사용한 실험에서는 고혈압 예방효과가 기대되고 있다.

7) 효소저해 단백질

옛날부터 생 대두에는 소화가 잘 안 된다는 것이 잘 알려져 있었다. 그 원인의 하나는 대두에 함유된 trypsin inhibitor 등의 효소저해 단백질이다. 대두에 비하여 낮으나 쌀에도 trypsin inhibitor가 함유되어 있고 가열하지 않는 쌀겨를 쥐에서 주면 성장이 억제된다. 그러나 고온 고압 처리한 쌀겨의 경우는 성장이 개선된다. 쌀에 함유된 효소저해 단백질로서 oryzacystatin이 알려져 있다.

Oryzacystatin은 쌀 내개성 단백질 분해효소로 oryzain이나 식물 유래의 단백질 분해효소인 papain 등에 내하여 저해활성이 있고 벼 종자의 등열(等熱)에 있어서는 쌀의 주요 단백질의 생리합성에 앞서 출현하는 사실에서 내재성 효소에 의한 자기소화에 제동이 걸린다고 생각된다. 또한 외래성 해충 그리고 바이러스 등의 병원미생물의 효소에 대하여 억제효과가 인정되므로 환경의 악영향을 주지 않는 생물농약이나 병 예방 등에 이용이 기대된다.

또한 다른 효소저해 단백질로서 미생물(고초균)의 protease인 subtilisin을 저해하는 단백질도 쌀의 배아나 쌀겨 층에 함유되어 있고 단백질의 아미노산 서열에서 대맥이나 소맥의 두 기능성 효소저해 단백질과 유사성이 높은 것이 밝혀져 저장 곤충의 amylase를 저해하는 것으로 알고 있다. Oryzacystatin이나 subtilisin inhibitor는 사람의 소화관에 함유되지 않는 효소를 저해하므로 사람에 대해서는 안전한 생물농약, 기능성 단백질로서의 가능성이 기대된다.

8) 알레르겐(allergen : 알레르기 항원)

기능성 식품으로서 인간에게 유익한 성분을 증강하는 보기는 많으나 한편으로는 유해한 성분을 제거하는 것도 또한 기능성 식품을 만드는 데 중요한 수단이 될 수 있다. 최근 일본의 한 조사에 의하면 생후 2개월에서 17세까지의 음식물 알레르기 환자 381명 중 쌀에 기인되는 아토피성 피부염의 환자는 21.6%로, 나맥은 그 다음 2위이고 특히 9～12살의 비교적 나이가 많은 층의 환자에도 쌀이나 보리를 원인으로 하는 환자가 많다는 것이다.

Nakamura 등은 쌀 알레르기의 원인이 되는 쌀 알레르겐 단백질을 정제하여 분자량이 약 1.6만의 수용성 단백질이고 과립에 한정되지 않고 배유부에 널리 존재하는 것을 알게 되었다. 또한 이 단백질의 유전자를 클로닝하여 알레르겐 단백질의 전체 1차 구조를 결정하였다.

현재 이 알레르겐 단백질을 합성하는 유전자의 antisense에 의한 생성 억제의 연구가 진행되고 있다. 식품 화학적 방법 즉 효소에 의하여 이 알레르겐 단백질을 분해한 알레르겐이 낮은 쌀의 제조기술이 개발되어 기능성 식품(일본의 특정 보건용 식품)의 제1호로서 인가되었다. 이들 외에 알레르겐 단백질은 여러 종류로 존재하고 있으나 비특이적인 분해, 용출로 제거하는 방법이 유력하다고 한다. 최근에는 알칼리처리, 초고압처리에 의하여 알레르겐 단백질을 제거하는 기술이 개발되고 있다.

쌀 · 벼

- 분 류: 곡류, 소분류 없음
- 학 명: *Oryza sativa* L.
- 과 명: 벼과(화본과)
- 영 명: Paddy rice, husked rice, rough rice, rice
- 한문명: 멥쌀[갱미(粳米)], 찹쌀[나미(糯米)]
- 이명(별명): 나락, 벼, 도(稻), 갱(粳), 수도(水稻), 육도(陸稻)
- 용 도: 열매(식용)
- 수확기: 가을철
- 에너지(100g 당): 356 kcal

[원산지 · 재배역사]

원산지는 중국, 인도, 인도네시아 등 여러 설이 있다. 기원전 3500년경에 재배가 시작되었다고 한다. 국내 역사는 4000～5000년 전 고조선 시대부터 재배하였다고 한다. 우리나라에서는 가장 오래 된 작물로 B.C 5～6세기경의 탄미화가 출토된 것으로 미루어 벼가 한사군(漢四郡) 훨씬 이전의 청동기 시대부터 화북에서 들어온 것으로 추정한다. 우리나라에서 벼는 5～6세기까지 귀한 곡물이었고 통일시대부터 그 생산량이 크게 늘었지만 일반인에게는 먹기 힘들었다.

[기대되는 작용]

정장, 암 억제, 동맥경화 예방, 고혈압 예방, 생활습관병을 예방한다.

[식물학적 특성]

쌀의 종자부분을 인(籾)이라 하고 인(籾)에서 껍질과 외를 제거한 부분을 쌀이라고 한다. 주성분은 몸이나 두뇌에 좋은 에너지원으로서 없어서는 안 될 탄수화물(당질)이나 양질의 단백질도 함유한다. 큰 특징으로서 고혈압이나 동맥경화 예방, 지방간의 방지에 작용하는 우수한 성분을 많이 함유하고 있다. 미각을 정상으로 유지하고 아이들의 성장에 유효한 아연도 함유한다.

최근에는 자흑미(紫黑米)나 GABA(γ-aminobutyric acid)를 함유하는 거대배미(巨大胚米), 영양가 높은 배아를 남긴 배아정미(胚芽精米), 쌀 알레르기의 원인으로 되는 단백질을 제거한 「저 allergy 쌀」 등 건강지향미도 많이 등장하고 있다.

[주요 영양소(가식부 100g 당)]

- 단백질 : 6.1g
- 지질 : 0.9g
- 탄수화물 : 77.1g
- 아연 : 1.4 mg
- 비타민 B_1 : 0.08 mg

[주요 생리기능 성분(추정기능)]

① γ-Oryzanol(동맥경화 억제, 부정소소 개선) : 지질의 산화를 억제하고 갱년기 장해 등으로 일어나는 부정소소를 완화, 개선한다.

② Inositol(콜레스테롤치 저하, 간 경변 억제) : 수용성 비타민으로 지방 대사를 촉진하여 지방간을 방지한다.

③ Ferulic acid(혈관확장 성분, 일산화질소 합성) : 지질의 산화방지, 혈관확장 성분이다.

④ 일산화질소를 체내에서 합성하며 혈관 확장작용이 있고 심근경색 등의 혈관 폐색에 의한 질병을 예방한다.

⑤ GABA(혈압상승 억제, 뇌혈관류 촉진) : γ-Aminobutyric acid의 약칭으로 뇌동맥경화증의 증상을 개선한다. 이뇨촉진, 혈압의 상승을 억제하여 고혈압을 예방하고, 콜레스테롤치 감소, 노인성 인지증의 예방과 개선, 신경전달 물질을 활성화시킨다.

⑥ 식이섬유(정장, 항암, 순환기질환 억제) : 장내 유익균을 활성화시킨다.

[선별・보존법]

알맹이가 고르고 둥글고 윤기가 있는 것이 양질이다. 품종이나 생산지를 확인하여 선택할 것이다. 직사광선을 피하고 서늘한 장소에서 보존한다. 실온 15℃가 바람직하다. 쌀독에 계속 쌀을 넣는 것은 피하고 다 비운 다음 새로운 쌀을 넣는다. 쌀독에 벌레가 들어가면 쌀독에서 꺼내어 볕에 바래서 곤충이 도망가게 한다.

[종 류]

① Japonica형 쌀(일본형) : 입자가 둥글고 짧다. 녹말에 함유되는 amylose의 양이 적기 때문에 밥을 지으면 찰기가 나온다. 일본의 쌀, 한국의 쌀은 여기에 속한다.

② Indica형 쌀(인도형) : 입자가 가늘고 긴 타원형의 쌀이다. 수분이 적으며 녹말에 함유되는 amylose의 양이 많으므로 밥을 지으면 찰기가 나오지 않는다. 주로 열대아시아에 분포하고 세계의 쌀 중 약 80%를 차지한다. 카레요리나 피라프 등 서양요리에 사용된다.

③ 자바니카형 쌀(자바형) : Japonica형 쌀(일본형)과 Indica형 쌀(인도형)의 중간형 쌀을 말한다.

현 미

- 분 류: 곡류, 소분류 없음
- 학 명: *Oryza sativa* L.
- 과 명: 벼과(Gramineae)
- 한문명: 현미(玄米)

[기대되는 작용]

① 외피의 식이섬유가 장벽을 자극하여 위나 장의 활동을 활성화하여 소화흡수를 빨리한다. 이 때문에 변비의 해소나 만성위장병의 회복 등에 효과가 있다. ② 혈압을 정상으로 회복시키고 콜레스테롤을 감소시키는 작용이 있다. ③ 허약체질이라는 사람에도 유효하다. 또 현미식을 천천히 먹으면 과식을 할 수 없으므로 영양과대에 의한 당뇨병에도 유리하게 작용한다. 대장암 예방효과, 혈중 콜레스테롤 감소 효과가 있다.

[식물학적 특성]

벼의 껍질만을 제거하고 도정하지 않은 쌀을 말하며 흑미라고도 한다. 쌀은 외측에서 순차로 왕겨→미강→배유라는 구조로 되어 있고, 배유에는 발아부분이 배아(미배아)가 연결되어 있다. 도정의 과정에서 미강과 배아를 제거하고 배유만으로 된 것이 백미이다. 또 도정법을 연구하여 배아를 남겨 두면서 미강부만을 제거한 것을 배아미라고 부른다. 배유가 전분만인데 대하여 배아에는 비타민 B그룹, 비타민 E, K, 무기질류가 많이 함유하고 있다. 또 미강에는 양질의 단백질과 지질, 식이섬유가 풍부하다.

현미는 보통 백미와 같이 하여 삶아서 먹으나 정백미에 비하여 단단하기 때문에 압력솥을 이용하는 경우가 많다. 최근에는 현미의 전립을 미분말화한 건강식품이 있고 여러 가지 요리에 활용하는 것이 가능하다.

[주요 생리기능 성분(추정기능)]

비타민 B_2, D, niacin, inositol, γ-oryzanol, β-sitosterol 등이 함유되어 있으며 배아 중에는 피트산(phytic acid)이란 해독물질이 다량 함유되어 있다.

보 리

- 분 류: 곡류, 소분류 없음
- 학 명: *Hordeum vulgare* L.
- 과 명: 벼과(화본과)
- 영 명: Barley[대맥(大麥), 겉보리], naked barley[나맥(裸麥), 쌀보리]
- 한문명: 대맥(大麥), 나맥(裸麥), 피맥(皮麥), 맥주맥(麥酒麥)
- 이명(별명): 쌀보리, 겉보리
- 용 도: 열매(식용)
- 수확기: 여름철
- 에너지(100g 당): 341 kcal

[원산지 · 재배역사]

원산지는 서남아시아 혹은 서아시아라고 하고, 기원전 7500~기원전 6500년경에 재배가 시작되었다고 한다. 중국이나 인도에서는 기원전 6500년경~기원전 2000년에는 재배가 되었다고 한다. 국내 역사는 2500년에서 3000년 전에 재배되었다고 한다. 삼국사기에 고구려(221년)와 신라(114년) 편에 보리에 대한 기록이 나오고 있다. 보리의 이삭줄기에 이삭이 여섯 줄로 된 것을 육조맥(六條麥)이라 하고, 이삭이 두 줄로 된 것을 이조맥(二條麥)이라 하고, 두 줄과 여섯 줄로 된 것을 부제조맥(不齊條麥)이라 한다.

[기대되는 작용]

정장, 당뇨병 예방, 세포노화 방지, 암 억제, 동맥경화 예방, 활성산소 소거작용, 생활습관병을 예방한다.

[식물학적 특성]

화본과 식물로서 종자를 식용한다. 맥아, 대맥면 보리된장을 위시하여 보리소주, 위스키 등의 술 원료로서 널리 이용한다. 백미와 혼합하여 밥을 지은 것이 보리밥이다. 주성분은 탄수화물(당질)이나 식이섬유는 도정미보다 많으므로 장의 선 운동을 활발하게 하여 통변을 촉진한다. 또 대맥에 함유된 셀렌이나 polyphenol 등의 성분은 세포를 손상시키는 활성산소를 소거하므로 동맥경화나 암 예방에도 기대된다. 현곡에는 비타민 B그룹이 많이 함유하나 도정하면 감소된다. 7분 도정이나 강화도정맥도 시판되고 있다.

[주요 영양소(가식부 100g 당/7부 압맥)]

- 단백질 : 10.9g(amino acid score 58)
- 지질 : 12.1g
- 탄수화물 : 72.1g
- 비타민 B_1 : 0.2 mg
- 칼륨 : 220 mg

[주요 생리기능 성분(추정기능)]

① 셀레늄 : 무기질의 일종이다. 항산화 작용이 있고 암, 동맥경화, 노화를 예방한다. 비타민 E와 함께 섭취하면 효과가 상승된다.
② Polyphenol(항산화) : 강한 항산화 작용이 있고 암을 억제한다.
③ 식이섬유(정장, 항암, 순환기질환 억제) : 콜레스테롤을 배출하여 동맥경화, 당뇨병, 암을 예방한다.

밀

- 분 류 : 곡류, 소분류 없음
- 학 명 : *Triticum aestivum* L.
- 과 명 : 벼과(화본과)
- 영 명 : Wheat
- 한문명 : 소맥(小麥)
- 용 도 : 열매(식용)
- 수확기 : 여름철

- 에너지(100g 당) : 368 kcal

[원산지 · 재배역사]

원산지는 서남아시아이다. 1만년 이상 전에는 야생의 소맥이 채취되기 시작하여 기원전 7000년경에 재배가 시작된 것으로 추정한다. 국내 재배역사는 기원전 1~2세기경에 평남 대동군 미림리 유적에서 밀알이 출토 발굴된 바 있다. 우리나라는 삼국시대에 중국의 화북지방에서 들어온 것으로 본다. 기원전 1~2세기경 평남 대동군 미림리 유적에서 밀알을 출토하였다.

밀은 생육조건에 따라 가을에 파종하는 겨울밀과 봄에 파종하는 봄밀이 있다. 생산은 그렇게 많지 않으나 겨울밀이 대부분이다. 또 색소에 따라 적(赤)소맥과 백(白)소맥으로 구분하고 입질에 따라 연질소맥과 경질소맥으로 나눈다. 그리고 밀가루의 조직은 강력분, 중력분, 박력분으로 구분한다.

[기대되는 작용]

정장, 암 억제, 동맥경화를 예방한다.

[식물학적 특성]

밀은 간장, 된장, 면 등의 원료로 이용되나 일반적으로 사용하는 소맥분은 외피나 배아를 제하고 배유만을 가루로 한 것이다. 단백질이나 지질, 당질의 에너지 대사를 촉진하는 비타민 B_1, B_2를 풍부히 함유한다. 미용비타민이라고 하는 비타민 B_1은 세포의 재생을 촉진하고, 피로물질을 분해하므로 피로회복에도 유효하게 작용한다. 세포의 노화를 방지하는 비타민과 뼈를 강화하는 칼슘도 많다. 단백질의 아미노산 균형은 그렇게 좋지 않으므로 고기나 생선 알 등과 조합하여 영양을 보급하면 더 좋을 것이다. 소맥을 통으로 분쇄한 전립분을 요리나 빵 또는 쿠키에 혼합하여 적극적으로 이용한다.

[주요 영양소(가식부 100g 당/중력분 · 1등)]

- 단백질 : 9g(amino acid score 39)
- 지질 : 1.8g
- 탄수화물 : 74.8g
- 비타민 B_1 : 0.12 mg
- 비타민 B_2 : 0.04 mg

[주요 생리기능 성분(추정기능)]

① 셀레늄(항암) : 무기질의 일종이다. 항산화 작용이 있고 암, 동맥경화, 노화를 예방한다. 모유에 많이 함유된다. 비타민 E와 함께 섭취하면 효과가 상승된다.
② Phytosterol(콜레스테롤 흡수억제) : 콜레스테롤의 흡수를 억제하여 혈중 콜레스테롤을 줄인다.
③ Phelyophenol(항산화) : 강한 항산화 작용이 있고 암을 억제한다.
④ 식이섬유(정장, 항암, 순환기질환 억제) : 장내 유익균을 활성화시킨다.

[종 류]

① 보통계 소맥 : 가장 많이 재배되는 것으로 대표 종은 빵 소맥이다. 빵의 원료로 사용되는 외교자, 완탄, 슈마이 등의 껍질이나 면, 과자, 부침개, 튀김의 피 등으로 사용된다.
② Duram 소맥 : 가장 경질의 소맥으로 파스타용에 사용되고 마카로니 소맥이라고 한다.
③ 크라브 소맥 : 미국 서부에서 재배되는 백색 알맹이로서 과자용 원료로 사용된다.

메 밀

- 분 류 : 곡류, 소분류 없음
- 학 명 : *Fagopyrum esculentum, Fagopyrum esculentum* Moench
- 과 명 : 마디풀과(Polygonaceae)
- 영 명 : Buck wheat
- 한문명 : 교맥(蕎麥), 옥맥(玉麥) 삼각맥(三角麥), 목맥(木麥), 채복(菜菔), 복초(菔草)
- 이명(별명) : 모밀, 뫼밀
- 용 도 : 열매(식용 : 전분, 국수)
- 수확기 : 여름~가을철
- 에너지(100g 당) : 361 kcal

[원산지 · 재배역사]

원산지는 동아시아 북부에서 중국 남부, 인도 북부, 동아시아 각지로 전해졌고 유럽에서는 15세기경에 재배가 시작되었다고 한다. 우리나라에서 재배되고 있는 것은 보통 메밀인데 5~6세기경 중국에서 들어왔다고 추정한다.

[기대되는 작용]

모세혈관 기능강화, 동맥경화 예방, 고혈압 예방, 뇌기능 유지 개선, 정장, 암 억제, 모세혈관을 강화, 콜레스테롤을 감소시킨다.

[식물학적 특성]

메마른 땅이나 한랭지에서 잘 자라고 겨우 50~70일에서 수확되므로 옛날부터 귀중이 여겨 왔다. 늦은 여름에서 10월경에 수확되는 가을 메밀은 향미가 우수하여 새 메밀로서 중하게 여겨왔다.

껍질에 많이 함유되는 rutin은 모세혈관을 강화하여 혈당치나 혈중 콜레스테롤치를 내리는 작용을 하는 polyphenol로서 주목되고 있다. 또 rutin에는 비타민 C의 흡수를 도와 collagen의 생성을 높이고 얼굴살결을 아름답게 하는 작용이 있다. 성분의 약 13%를 차지하는 단백질에는 콜레스테롤을 감소시켜 체지방의 축적을 방지하는 작용이 있다. 당질의 대사를 촉진하는 비타민 B_1, 혈압의 상승을 억제하는 칼륨, 장내환경을 조절하는 식이섬유도 풍부히 함유되어 있다.

[주요 영양소(가식부 100g 당)]

- 단백질 : 12g(amino acid score 100)
- 지질 : 3.1g
- 탄수화물 : 69.6g
- 비타민 B_1 : 0.46 mg
- 칼륨 : 410 mg

[주요 생리기능 성분(추정기능)]

① Rutin(모세혈관 기능강화) : Polyphenol의 일종이다. 모세혈관을 강화하여 고혈압이나 동맥경화, 뇌혈관 장해를 예방한다.

② Choline(뇌기능 유지 개선) : 뇌 내의 choline 농도를 높여 기억력을 향상시키고 고혈압, 동맥경화를 예방한다.

③ Angiotensin I 변환효소 저해인자(고혈압 예방) : 혈압상승을 유발하는 angiotensin I 변환효소의 작용을 저해한다.

④ 식이섬유(정장, 항암, 순환기질환 억제) : 장내 유익균을 활성화시킨다.

[선별 · 보존법]

여름이 끝날 시기에서 가을에 수확한 메밀을 가을에서 겨울에 손질하는 것이 제일 좋다고 한다. 제조 연월일을 확인하여 손질한 날자가 가까운 것을 선택한다. 생면이나 삶은 면은 냉장고에서 보존한다. 건면은 개봉 전부터 건조제와 함께 밀봉용기에 넣어두면 1년은 보존이 가능하다.

조

- 분 류 : 곡류(잡곡), 소분류 없음
- 학 명 : *Setaria italica* L., *Setaria italica*(Linne) Beauvois
- 과 명 : 벼과(화본과)
- 영 명 : Italian millet, foxtail millet
- 한문명 : 속(粟), 경속(硬粟), 소미(小米), 화자(禾子), 황량(黃梁)
- 이명(별명) : 서숙, 좁쌀[粟米(속미)]
- 용 도 : 열매(식용)
- 수확기 : 가을철
- 에너지(100g 당) : 365 kcal

[원산지 · 재배역사]

원산지는 남부 아시아의 중부 부근이라는 설이 유력하다. 국내 역사는 삼국시대에 중요한 작물로 재배되어 왔다.

[식물학적 특성]

유라시아 대륙 전역에서 옛날부터 재배되어 왔다. 우리나라에서 수도보다 오래된 것으로 알고 있다. 멥조와 찰조가 있고 어느 것이나 단백지질이나 지방이 풍부하다. 또 필수아미노산의 일종인 leucine을 많이 함유하고 있다. 간 기능의 향상과 근육의 강화 등이 기대된다.

[주요 영양소(가식부 100g 당/정백립)]

- 단백질 : 10.5g(amino acid score 33)
- 지질 : 2.7g
- 탄수화물 : 73.1g
- 비타민 B_1 : 0.2 mg
- 비타민 E : 0.8 mg

[주요 생리기능 성분(추정기능)]

간 기능의 향상, 근육의 강화 등이 기대된다.

수 수

- 분 류 : 곡류(잡곡), 소분류 없음
- 학 명 : *Sorghum bicolor* Moench
- 과 명 : 벼과(화본과)
- 영 명 : Sorghum, sorgo, great millet, grain sorghum, African millet
- 한문명 : 촉서(蜀黍), 고량(高粱)
- 이명(별명) : 쑤시, 차수수, 메수수, 당수수, 비수수
- 용 도 : 열매(식용)
- 수확기 : 가을철
- 에너지(100g 당) : 364 kcal

[원산지 · 재배역사]

약 5000년 전 아시아와 아프리카가 원산지이다. 고대 이집트에서는 기원전 3000년경부터 재배하기 시작하였고, 중국에서는 4세기 초에 전파하였다. 우리나라에서는 함경북도 회령의 청동기시대 유적에서 수수가 발견되고, 경기도 혼암리의 선사시대 주거지에서 탄화미와 함께 수수껍질이 출토되었다. 재배되는 수수류는 곡용수수(grain soghum), 단 수수(sweet sorghum), 사료용 수수(grass orghum) 그리고 장목수수(broom sorghum)로 분류된다.

[기대되는 작용]

Lysine의 함량이 높아 집중력을 높여준다. Tannin 성분도 많아 설사에 효과가 있다.

[식물학적 특성]

수수, 고량으로도 불리며 찰수수, 멥수수의 두 종류가 있다. Lysine과 tannin 성분도 많아 집중력과 설사에 도움이 된다. 쌀과 같이 밥을 지어 떡이나 단술을 만들기도 한다. 중국에서는 술의 원료로 사용한다.

[주요 영양소(가식부 100g 당/정백립)]

- 단백질 : 9.5g(amino acid score 33)
- 지질 : 2.6g
- 탄수화물 : 74.1g
- 비타민 B_1 : 0.1 mg
- 비타민 B_6 : 0.24 mg

[주요 생리기능 성분(추정기능)]

집중력을 높이는 작용이 있는 lysine이 많다. 타닌성분이 많아 설사에 효과가 있다.

옥수수

- 분 류 : 곡류(잡곡), 소분류 없음
- 학 명 : *Zea mays* L.
- 과 명 : 벼과(화본과)
- 영 명 : Corn, maize, Indian corn
- 한문명 : 옥촉서(玉蜀黍), 옥미(玉米), 포속(包粟), 포곡(包谷), 속미(粟米), 노옥미(老玉米)
- 이명(별명) : 강냉이, 당쉬, 당서(唐黍)
- 용 도 : 열매(식용)
- 수확기 : 여름~가을철
- 에너지(100g 당) : 350 kcal

[원산지 · 재배역사]

원산지는 미국 대륙이며 기원전 50000년의 멕시코 부근의 유적에서 종자(씨)가 발견되었다. 콜럼버스의 신대륙 발견으로 유럽으로 전파되었다. 옥수수는 북미에서는 corn이라 하고 그 밖의 지역에서는 maize라고 한다. 고려시대 원나라 군대에 의하여 전래되었다는 설과 조선시대에 명나라로부터 전해졌다는 설이 있다. 옥수수는 각질부와 분상질의 분포와 형태에 따라 마치종(馬齒種), 경립종(硬粒種), 연립종(軟粒種), 감미종(甘味種), 폭열종(暴裂種)으로 크게 구분한다.

[기대되는 작용]

동맥경화 예방, 정장, 암 억제, 피부와 점막의 보호, 시력유지의 개선, 알레르기 억제, 콜레스테롤을 감소시키고 피부를 건강하게 한다.

[식물학적 특성]

곡물로서는 완숙한 종자를 사용한다. Corn starch나 corn flake, corn oil 등으로 가공되는 이외에 맥주나 위스키 원료로도 널리 이용되고 있다. 여러 종류가 있고 색도 백색, 황색, 암자색 등 여러 가지이다. 영양소로서는 신진대사를 활발하게 하는 비타민 B, 비타민 B_2나 세포의 노화를 방지하는 비타민 E도 함유된다. 배아에는 linoleic acid가 많고 콜레스테롤을 감소시키므로 동맥경화의 예방에도 효과가 있다. 통변을 촉진하는 식이섬유도 풍부하다. 황색의 색소인 zeaxanthin에는 피부나 점막을 튼튼히 하고 기력을 개선하는 성분도 많이 함유된다. 한방에서는 옥수수수염이 신장이나 당뇨병 치료에 효과가 있다고 한다.

[주요 영양소(가식부 100g 당/현곡)]

- 단백질 : 8.6g
- 지질 : 5g
- 탄수화물 : 70.6g
- 비타민 B_1 : 0.3 mg
- 비타민 B_6 : 0.1 mg

[주요 생리기능 성분(추정기능)]

① Linoleic acid(콜레스테롤치 저하) : 필수지방산으로 콜레스테롤치를 저하시키나 과잉섭취는 혈전이 되기 쉽다.

② Zeaxanthin(항산화) : 황색의 색소 성분으로 carotinoid의 일종이다. 지질의 산화를 방지하고 동맥경화나 당뇨병, 암 예방, 피부나 눈의 점막보호와 시력저하

를 방지한다.

③ Cryptoxanthin(활성산소 제거) : 황색의 색소로서 시력저하를 방지하고 암을 억제한다.

④ Lutein(활성산소 제거, 항암) : 시력저하를 방지한다.

⑤ 식이섬유(정장, 항암, 순환기질환 억제) : 장내 유익균을 활성화시킨다.

[선별·보존법]

수확하면 감미는 하루에 반감된다고 하며 맛도 떨어지므로 가능한 한 신선한 것을 고른다. 알맹이가 크고 둥글며 포엽(苞葉)의 색이 신선한 것이 좋다. 구입한 것은 곧 삶아 먹거나 냉장고에 넣어 보관한다. 생으로 그대로 보존하기 어려울 때는 껍질이 붙은 그대로 랩으로 싸서 세워서 보존한다.

[종 류]

① 옥수수의 Sweet 종 : 과피가 부드럽고 감미가 강하다. 생식 이외에 통조림이나 냉동식품으로 가공된다. Sweet 종의 암수 풋나물을 babycorn(young corn)이라 하고 중국요리 등에 사용된다.

② 옥수수의 Dent 종 : 대립이며 입 그대로 사료용 corn strarch 등으로 가공된다.

③ 옥수수의 Soft 종 : Corn strach나 대립의 것은 giant corn으로 가공된다.

④ 옥수수의 Print 종 : 입자가 단단하며 일본의 재래종이다. Corn grits나 corn starch용이다.

⑤ 옥수수의 Pop 종 : Popcorn 등의 과자용에 가공된다.

⑥ 옥수수의 Wakisee 종 : 떡 종으로 식품공업용 등에 이용된다.

귀 리

- 분 류 : 곡류, 소분류 없음
- 학 명 : *Avena sativa* L.
- 과 명 : 벼과(화본과)
- 영 명 : Oat
- 한문명 : 연맥(燕麥), 향맥(香麥), 이맥(耳麥), 작맥(雀麥), 영당맥(鈴當麥)
- 이명(별명) : 귀밀
- 용 도 : 열매(식용)

- 수확기 : 봄과 가을철
- 에너지(100g 당) : 371 kcal

[원산지 · 재배역사]

원산지는 중앙아시아로서 기원전부터 재배가 시작되었고 귀리의 가공은 스코트랜드에서 시작되었다고 한다. 19세기 후반 압맥기가 발명되어 조리하기 쉬운 식품으로 되고 20세기 초기에 걸쳐 구미로 보급되었다고 한다. 우리니라에서는 고려시대 몽골 침략 때 말 먹이로 들어왔다고 한다.

[기대되는 작용]

정장, 당뇨병 예방, 암 억제, 동맥경화 예방, 면역력 증강, 간 기능 유지 개선, 고혈압 예방에 효과가 있다.

[식물학적 특성]

귀리(연맥)의 외피를 제거하여 도정하여 볶아서 분쇄한 ground oat와 롤로 압착한 rolled oat가 있다. 이들을 사용하여 만든 것이 oat meal이다. 미에서는 조식용의 시리얼로서 친숙하여 있고 분한 것은 비스킷이나 쿠피의 재료로서 사용한다. 뼈를 강화하는 마그네슘과 탄수화물(당질)의 에너지 대사를 촉진하는 비타민 B_1을 함유한다. 또 신경전달에 작용하는 콜레스테롤도 함유하므로 기억력을 유지 개선하는 외에 콜레스테롤을 줄이는 작용이 있으므로 고혈압이나 동맥경화 예방에 효과가 있다. 단백질은 백미의 두 배로 많이 함유하고 lysine이나 methionine 등의 필수아미노산이 적으므로 이것을 우유에 가하여 먹는 것이 영양균형을 조정한다.

[주요 영양소(가식부 100g 당/oar meal)]

- 단백질 : 13.7g(amino acid score 72)
- 지질 : 5.7g
- 탄수화물 : 69.1g
- 마그네슘 : 100 mg
- 비타민 B_1 : 0.2 mg

[주요 생리기능 성분(추정기능)]

① Choline(뇌기능 개선) : 뇌 내의 콜레스테롤 농도를 높여 기억력을 향상시킨다. 고혈압, 동맥경화를 예방한다.
② 식이섬유(정장, 항암, 순환기질환 억제) : 장내 유익균을 활성화시킨다.

호 밀

- 분 류 : 벼과(화본과), 소분류 없음
- 학 명 : *Secale cereale* L.
- 과 명 : 벼과(화본과)
- 영 명 : Rye
- 한문명 : 호맥(胡麥), 조맥(粗麥)
- 이명(별명) : Rye(라이)맥
- 용 도 : 열매(식용)
- 수확기 : 봄철
- 에너지(100g 당) : 356 kcal

[원산지 · 재배역사]

원산지는 서아시아에서 카스피해 주변에 걸친 지역이다. 잡초로서 생육된 것이 기원전 3000~2000년에 작물로 되었다. 우리나라에서는 재배되지 않고 거의 수입하고 있다. 화본과에 속하는 일년생 초본으로 재배 역사는 2000년 정도이다. 품종은 가을에 파종하는 것과 봄에 파종하는 것이 있으나 대부분은 가을 파종이다. 1921년 강원도 난곡의 독일인이 경영하던 농장에서 독일로부터 온 종자를 재배한 것이 시초라고 한다.

[기대되는 작용]

정장, 당뇨병 예방, 암 억제, 동맥경화 예방, 칼슘이 풍부하여 뼈 형성에 좋다.

[식물학적 특성]

빵 식문화권에서는 소맥이나 대맥과 함께 주요한 곡물자원의 하나이다. 표고가가 높은 메마른 땅에서 잘 자라기 때문에 옛날부터 인도를 위시하여 북부유럽에서 재배되어 여러 가지 라이맥 빵이 만들어졌다. 라이맥은 빵을 부풀게 하거나 탄력을 주는 gluten이 적으므로 빵 반죽은 소맥분이나 gluten 가루를 가하여 만든다. 또 가루의 성질상 유산균 발효에 의하여 만들 수 있으므로 독특한 산미나 풍미가 생긴다. 영양소적으로 피로회복에 역할을 하는 비타민 B_1이나 뼈를 든든하게 하는 칼륨이 풍부하다. 소화흡수를 순하게 하는 성분을 함유하므로 당뇨병 예방에 유효하다. 변비를 개선하는 식이섬유도 많다.

[주요 영양소(가식부 100g 당/전립분)]

- 단백질 : 12.7g
- 지질 : 2.7g
- 탄수화물 : 70.7g
- 칼슘 : 31 mg
- 비타민 B_1 : 0.47 mg

[주요 생리기능 성분(추정기능)]

① Protease inhibitor(insulin 분비 자극) : 단백질 소화효소를 저하시키므로 췌장기능을 활성화 하고 당뇨병 예방에 유효하다.
② Phytic acid(amylase 저해작용) : 녹말소화 효소를 저해하여 식후 혈당의 상승을 완화하고 당뇨병 예방에 유효하다.
③ 식이섬유(정장, 항암, 순환기질환 억제) : 장내 유익균을 활성화시킨다.

율 무

- 분 류 : 곡류, 소분류 없음
- 학 명 : *Coix lacryma-jobi* L. var. *mayeun*(Romain) Staf
- 과 명 : 벼과(화본과)
- 영 명 : Job's tear, tears seed, adlay, coixseed
- 한문명 : 의이(薏苡), 의이인(薏苡仁)
- 이명(별명) : 의미인(薏米仁)
- 용 도 : 열매(식용, 약용), 뿌리(약용)
- 수확기 : 가을철
- 에너지(100g 당) : 377 kcal

[원산지 · 재배역사]

베트남이 원산지이며 산중턱 이하의 숲속에서 자생하는 초본이다. 식용 또는 약용으로 재배되고, 약용 부위는 종자이며 의이인(薏苡仁)이라 한다. 옛날부터 율무는 피부미용에 사용되었는데 피부의 물 사마귀를 제거하고 노인들의 피부반점 제거에 사용되었다.

[기대되는 작용]

항종양작용, 혈당 강하작용, 이뇨, 진통, 진정 및 해열작용, 혈관 확장작용, 신경통과 각기병, 지사작용에 효능이 있다.

[주요 영양소(가식부 100g 당/건조)]

- 단백질 : 21.3g
- 지방 : 3.7g
- 당질 : 61.1g
- 섬유질 : 2.0g
- 무기질 : 1.4g

[주요 생리기능 성분(추정기능)]

① Coixan : 혈당 저하작용, 세포의 신진대사 촉진, 염증 억제효과, 종양 억제효과, 항암효과가 있다.
② Coixenolide : 화농화한 피부염의 염증을 진정시키고 피부의 수복을 빨리한다. 기미, 주근깨, 얼룩 등을 예방하고 아름다운 살결과 자양강장 효과도 있다.

[종 류]

야생종으로 두 가지가 있다.
Coix lacryma-jobi var. *stenocarpa*
Coix lacryma-jobi var. *minilifer*

기 장

- 분 류 : 곡류(잡곡), 소분류 없음

- 학 명: *Paicum liliaceum* L.
- 과 명: 화본과
- 영 명: Proso millet, white millet, common millet
- 한문명: 서(黍), 직(稷), 파(芭)
- 용 도: 열매(식용, 약용)
- 수확기: 가을철
- 에너지(100g 당): 356 kcal

[원산지 · 재배역사]

유라시아 대륙의 온대지역에서 옛날부터 재배되어 왔다. 원산지는 인도, 이집트, 터키라는 설 또는 화북과 만주라는 설이 있다. 우리나라의 재배역사는 삼국시대에 부여에서 식용으로 이용하였다는 기록이 있으며, 중국의 고서『산해경(山海經)』의 부여지국에 열성(列性)이 서식(黍食)이라는 말이 있다. 멥쌀종과 찹쌀종의 두 종류가 있다. 찹쌀 종은 고물떡, 기장떡의 원료로 된다. 기장은 에너지의 공급이나 노폐물의 대사에 작용하는 비타민 B류를 다량 함유하므로 여름에 얼굴살결 보호와 개선에 유효하다.

[기대되는 작용]

해열효과와 익기보중(益氣補中)이 있다.

[식물학적 특성]

벼과의 한해살이의 풀에서 얻은 작은 씨앗으로 아시아의 온대지방에서 고대 유목인들이 재배하였다고 한다. 인도, 중국, 아프리카에 많이 분포되어 있으며 우리나라에서는 현재 재배하는 곳은 거의 없다.

[주요 영양소(가식부 100g 당/정백립)]

- 단백질: 10.6g
- 지질: 1.7g
- 탄수화물: 73.1g
- 비타민 B_1: 0.15 mg
- 비타민 B_6: 0.2 mg

[주요 생리기능 성분(추정기능)]

① Flavonoid : 항산화 효과와 돌연변이 억제효과가 있다.

[종 류]

멥쌀종과 찹쌀종이 있다.

피

- 분 류 : 곡류(잡곡), 소분류 없음
- 학 명 : *Ecinochloa crus-alli* var. *frumentacea*, *Ecinochloa esculanta*
- 과 명 : 벼과(화본과)
- 영 명 : Japanese millet, Japanese branyard millet
- 한문명 : 제패(稊稗)
- 용 도 : 열매(식용)
- 수확기 : 가을철
- 에너지(100g 당) : 367 kcal

[원산지 · 재배역사]

인도와 중국에서 옛날부터 재배되어 우리나라에서는 조와 마찬가지로 수도미보다 역사가 오래라고 한다. 우리나라에서는 중국을 거쳐서 전래된 것으로 여겨진다. 함경도의 회령읍 오도의 유적에서 탄화된 피가 출토된 것으로 미루어 농경의 초기부터 재배된 것으로 보인다.

[기대되는 작용]

간 기능의 향상과 근육 강화에 효능이 있다.

[식물학적 특성]

영양학적으로 우수하고 단백질과 지질, 간 기능 향상과 근육의 강화 등이 기대되는 leucine이 많이 함유되어 있다. 찰기가 적고 맛이 없으므로 쌀과 함께 밥을 지어 식용한다.

[주요 영양소(가식부 100g 당/정백미)]

- 단백질 : 9.7g
- 지질 : 3.7g
- 탄수화물 : 72.4g
- 비타민 B_1 : 0.05 mg
- 비타민 B_6 : 0.17 mg

[주요 생리기능 성분(추정기능)]

간 기능의 향상과 근육 강화에 효능이 있다.

퀴노아

- 분 류 : 곡류(잡곡), 소분류 없음
- 학 명 : *Chenopodium quinoa*(*C. album*)
- 과 명 : 비름과
- 영 명 : Quinoa
- 용 도 : 열매, 잎(식용)
- 수확기 : 가을철

[원산지 · 재배역사]

쌀보다 조금 작고 둥근 모양으로 조리가 쉽고 녹말, 단백질, 비타민, 무기질이 풍부하여 영양면에서 우유에 버금가는 곡물로 인정된다. 잉카제국의 슈퍼곡물로 불리던 퀴노아는 지난 수천 년 동안 에콰도르, 페루, 볼리비아 등 안데스 지역의 중요 농산물이었으나 근세에 와서 겨우 일부 농가에서 자급자족으로 명맥만 유지해왔다. 그 후 영양학적 가치가 새로이 평가되면서 세계적인 식품회사와 남아메리카 민간단체들의 품종개량과 보급노력에 힘입어 1980년 이후에 빠른 속도로 국제 곡물시장에서 판매되었다. 원산지는 에콰도르, 페루, 볼리비아 등 안데스 지역이고 주요 식량자원이다.

[식물학적 특성]

단백질 함량이 12∼18%로 일반 곡물보다 많으며 점성이 있다. 가루로 하여 빵을 만든다. 철, 마그네슘과 비타민 B_1이 풍부하다. 잎은 채소로서 먹기도 하며 채식주의 자에게 가장 좋은 식품이다.

[선별 · 보존법]

밀폐용기에 담거나 혹은 비닐로 밀폐시켜 그늘지고 서늘한 곳에 보존한다. 냉장 보관해도 좋다.

트리티케일

- 분 류: 곡류(잡곡), 소분류 없음
- 학 명: *Triticosecale wittmack*
- 과 명: 화본과
- 영 명: Triticale
- 한문명: 소흑맥(小黑麥)
- 이명(별명): 라이밀
- 용 도: 밀과 호밀의 교배종 빵 제조용으로 사용된다.
- 수확기: 늦은 봄~초여름

[원산지 · 재배역사]

트리티케일은 밀을 모본으로 하여 교잡한 잡종식물의 염색체를 배가시켜 만든 작물로 밀의 학명인 *Triticum*과 호밀의 학명인 *Secale*을 합성하여 *Triticale*이라고 부르고 있다. 트리티케일은 옥수수, 밀, 수수보다 아미노산 구성이 좋아 양질의 에너지 및 단백질 급원으로서 가치가 높다. 농촌진흥청에서 「신영」이라는 품종을 개발하였으나 또 새로운 품종을 개발하여 출수가 빠르고 5월 중순에 수확이 가능하여 더욱 확대될 것으로 믿고 있다고 한다.

[서 류]

감 자

- 분 류: 서류, 소분류 없음
- 학 명: *Solanum tuberosum* L., *Solanum tuerum* L.
- 과 명: 가지과
- 영 명: Potato
- 한문명: 마령서(馬鈴薯), 양서(洋薯), 지서(地薯), 토우(土芋), 양산우(洋山芋), 번우(番芋), 양우(洋芋)
- 이명(별명): 북감자
- 용 도: 괴근(식용)
- 수확기: 초여름
- 에너지(100g 당): 괴근 · 생: 76 kcal

[원산지 · 재배역사]

원산지는 남미 안데스산맥이다. 1500년 이상 전에 재배의 역사가 있었다고 한다. 신대륙을 발견한 스페인들에 의하여 16세기경 유럽으로 전파되었으며 한반도는 1842년 중국으로부터 또는 1832년 영국 상선이 씨감자를 나누어 주었다는 설이 있다. 조선조 순조(純祖) 24년 만주의 간도지방에서 두만강을 건너서 도입되었다는 설도 있다.

이성우 교수에 의하면 조선시대의 실학자 이규경의 『북저변설(北藷辨說), 1850년경』에 "감자는 순조 갑신년(1834년)과 을유년(1825년) 사이에 관북에서 처음으로 들어왔는데 명천부의 김 모 씨가 감자를 비로소 가져 왔다고 하며 또는 청나라 채삼자(採蔘者)가 우리 국경을 몰래 침범하여 산곡에 이것을 심어 먹었는데 그 사람이 떠난 후에 밭에 남아 있었다"는 기록이 있다고 한다. 그런데 당시 감자와 재배법을 전수한 것으로 추정되는 김 모 씨의 아들 감창한이 자기 부친이 감자를 서양인으로부터 얻어 전파한 사실을 『원저버(園藷普), 1862년』에 써놓았다.

이 책에는 순조 32년(1832년)에 영국 상선 Load Amberst 호가 한국에 와서 전라도 태안에 1개월 정도 체류한 일이 있었는데 함께 타고 있던 네덜란드 선교사 Charles Gutzlaff가 의학서적과 함께 마령서(馬鈴薯)의 씨를 농민에게 나누어 주고 재배법도 가르쳐 주었다고 한다.

[기대되는 작용]

고혈압 예방, 동맥경화 예방, 변비개선, 면역력 강화, 암 억제, 피부기능 유지 개선, 세포노화 방지, 피부와 뼈를 튼튼하게 하여 혈압을 정상으로 유지하게 한다.

[식물학적 특성]

귤과 같은 양의 비타민 C를 위시하여 칼륨, 식이섬유 등을 풍부히 함유하고 있다. 주요 에너지인 전분(당분)이 고구마 중에서 낮은 에너지이다. 감자의 비타민 C는 전분에 쌓여 있으므로 가열하여도 파괴되기 어려운 것이 특징이다. 비타민 C가 35 mg이 함유되어 있어 감자 2개를 먹으면 성인의 하루 비타민 C 권장량을 섭취하게 된다. 비타민 C는 collagen 생성을 촉진하여 피부나 뼈를 튼튼하게 함과 동시에 항산화 작용에 의하여 활성산소를 억제하여 세포의 노화를 방지한다.

Polyphenol의 일종인 chlorogenic acid에도 항산화 작용이 있고 비타민 C와의 상승효과로 동맥경화 예방에 유효하게 작용한다. 혈당상승을 억제하고 근육을 강화하는 칼륨이 많다. 감자에는 solanin이라는 유독성분이 함유되어 있다. Solanin의 함량은 눈 부위에 가장 많고, 싹이 나온 감자에는 중독현상을 일으킬 수 있는 solanin이 함유되어 있을 수가 있으므로 주의해야 한다.

[주요 영양소(가식부 100g 당)]

- 단백질 : 1.6g(amino acid score 73)
- 탄수화물 : 17.6g
- 칼륨 : 410 mg
- 나이아신 : 1.3 mg
- 비타민 C : 35 mg

[주요 생리기능 성분(추정기능)]

① Chlorogenic acid(항산화) : Polyphenol의 일종이다. 활성산소를 억제하여 세포노화를 방지한다. 지질의 산화를 방지하여 콜레스테롤을 줄인다. 동맥경화나 고혈압 등의 생활습관병이나 노화, 암을 예방한다.

② 식이섬유(정장, 항암, 순환기질환 억제) : 소화효소에 의하여 분해되지 않는 성분으로 장내 유익균의 증식을 촉진하여 변의 양을 증가시키고 장내환경을 조정

한다. 콜레스테롤이나 장내 노폐물을 배출하여 동맥경화, 당뇨병 등의 생활습관병, 암을 예방한다.

[선별 · 보존법]

표면이 깨끗하고 상처가 없는 것, 묵직한 무게가 있는 것이 좋다. 싹이 나오거나 껍질이 녹색으로 된 것은 유독물질 solanine이 생성되므로 좋지 않다. 통풍이 잘 되고 볕이 닿지 않는 장소에서 보존해야 한다. 저온에 약하므로 냉장고에서 보존은 금해야 한다. 사과와 함께 넣어 보존하면 발아가 잘 안 된다. 감자는 호냉성 채소로서 0~10℃에서 저장할 수 있는데 5℃가 넘으면 싹이 난다. 아파트 실내 공기는 10℃ 이상이므로 싹이 나기 쉽다.

고구마

- 분 류: 서류, 소분류 없음
- 학 명: *Ipomoea batatas* Lamarck
- 과 명: 메꽃과
- 영 명: Sweet potato
- 한문명: 감서(甘藷), 남저(南藷), 조저(趙藷), 지과(地果), 백저(白藷), 홍자(紅藷), 향저(香藷), 금저(金藷), 양감저(洋甘藷), 번서(蕃薯), 당서(唐薯)
- 이명(별명): 단고구마
- 용 도: 괴근(식용)
- 수확기: 가을~겨울철
- 에너지(100g 당): 132 kcal

[원산지 · 재배역사]

원산지는 멕시코 등 중남미이며 기원전 3000년경에 재배되었다고 한다. 콜럼버스에 의하여 유럽으로 전파되었다고 한다. 국내 도입경로는 조선 영조 39년(1763년) 10월에 조엄이 통신정사로 일본에 가는 도중 쓰시마 섬의 사스나항(佐須奈浦)에서 고구마를 처음 보고 여기에서 몇 말의 고구마를 구하여 저장법과 재배법을 자세히 적어서 부산진으로 보내는 한편 그 채종을 부탁하였다고 한다. 조엄의 『해사일기(海槎日記)』에 상세히 기록되어 있다.

[기대되는 작용]

변비개선, 암 억제, 신경세포 기능조절, 당뇨병 예방, 소화촉진, 뇌 기능 유지 개선, 동맥경화 예방에 효능이 있다.

[식물학적 특성]

비타민 D, K를 제외하고 대부분의 비타민을 함유하고 있으며 철, 칼슘, 인, 칼륨 등의 무기질이 풍부하다. 비타민 C의 함유량은 고구마류 중에서는 최고로 많다. 가열에 강한 것이 특징이다. 비타민 C는 발암물질 nitrosamine의 생성을 억제하는 작용이 있고 암 예방에 높은 효과가 기대된다. 절단부위에 함유되는 jalapine은 변을 부드럽게 하여 변통을 촉진하고 콜레스테롤이나 노폐물의 배출에 작용한다.

β-Carotene은 황색이 강할수록 풍부하다. 홍색고구마에 함유되는 anthocyanin에도 강한 항산화 작용이 있고 암 예방에 유효하다고 한다. 한편 고구마를 먹으면 소화가 잘 안 되는데 이는 ipmoeasin이 들어 있기 때문이다. 익히면 이 물질이 파괴된다. 고구마에는 methyl furfural, copaene, ionone, palmitic acid 등 20여 가지의 향의 성분이 있는데 구우면 향기가 난다.

[주요 영양소(가식부 100g 당/괴근 · 생)]

- 단백질 : 1.2g(amino acid score 83)
- 탄수화물 : 31.5g
- 칼륨 : 470 mg
- 엽산 : 49 μg
- 비타민 C : 29 mg

[주요 생리기능 성분(추정기능)]

① Yalapin(변비개선, 위벽보호) : 고구마를 절단하면 나오는 흰 즙액의 성분이다. 변비를 촉진하고 위벽의 점막을 보호하며 소화를 촉진한다.

② Ganglioside(세포막 기능조절) : 성장촉진에 필수 불가결한 성분이다.

③ Anthocyanin(항암효과, 혈당치 상승억제, 시력개선) : 붉은 색소 성분으로 polyphenol의 일종이다. 수용성 색소 성분으로 항산화물질, 항산화 작용으로 발암억제, 간 기능 장해를 경감, 혈당치의 상승을 억제하여 당뇨병을 예방한다. 시력개선에도 효과가 있으며 생활습관병을 예방하고 지방산화를 방지한다.

④ Choline(뇌기능 유지 개선) : 신경전달 물질의 원인물질이다. 뇌 내의 choline

농도를 높여 기억력을 향상시킨다. 노인성 인지증의 개선효과가 기대된다. 콜레스테롤을 줄이고 지방간 예방과 고혈압, 동맥경화를 예방한다.

[선별 · 보존법]

껍질의 색이 선명하고 오염이 없으며 모양이 허물어지지 않는 것이 좋다. 바로 수확한 것보다 저장하여 잠을 재우는 쪽이 감미가 증가한다. 건조되지 않게 신문지로 싸서 통기가 좋고 햇볕이 닿지 않는 장소에 보존한다. 추위에 약하므로 냉장고에 절대로 넣어서는 안 된다. 고구마는 따뜻한 곳을 좋아하여 12～15℃ 범위에서 저장해야 오래 간다.

토 란

- 분 류: 서류, 소분류 없음
- 학 명: *Colocasia esculenta, Colocasia antiquorum* var. *esculenta* Endl.
- 과 명: 천남성과
- 영 명: Taro, dasheen
- 한문명: 우(芋), 리우(里芋), 토란(土卵), 우자(芋子), 야우(野芋), 우두(芋頭), 토지(土芝)
- 이명(별명): 토련(土蓮)
- 용 도: 뿌리(식용)
- 수확기: 겨울철
- 에너지(100g 당): 58 kcal

[원산지 · 재배역사]

원산지는 열대아시아라고 한다. 기원전 3000년경에 이미 인도에서 재배한 것 같으며 우리나라에서는 『향약구급방(鄕藥救急方)』에 기록된 것으로 보아 오래 전부터 도입되어 전국 각지에 재배하고 있었다.

[기대되는 작용]

변비개선, 동매경화 예방, 면역력 강화, 암 억제, 당뇨병 예방, 혈전방지, 피로회복, 비만 예방, 위 귀양 개선에 효능이 있다.

[식물학적 특성]

고구마류이면서 수분이 84%로 많고, 탄수화물(당류)은 13%로 작으므로 연근보다 낮은 에너지이다. 독특한 점질성의 mucin, galactan, glucomannan 등의 성분이 함유되어 있다. 특히 mucin은 위의 점막을 보호하여 궤양 등을 예방하고 세포를 활성화하여 노화를 지연시키는 작용이 있다. Galactan은 뇌 세포를 활성화 시키지만 소화가 잘 안 된다. Glucomannan은 곤약에 특히 많이 함유되어 있다. Galactan도 식이섬유의 일종으로 혈당치나 콜레스테롤치를 내려 장내환경을 조정하여 생활습관병을 예방한다. 토란과 줄기에는 수산화석회가 많으므로 끓이거나 식초에 담구거나 건조시키면 없어진다.

[주요 영양소(가식부 100g 당/구경・생)]

- 단백질: 1.5g(amino acid score 86)
- 탄수화물: 13.1g
- 칼륨: 640 mg
- 엽산: 30 μg
- 비타민 C: 6 mg

[주요 생리기능 성분(추정기능)]

① Mucin(면역기능 강화): 점질성분으로 수용성 식이섬유의 한 무리이다. 면역기능을 높여 위의 점막을 보호하고 자양강장, 피로회복에 유효하다.
② Galactan(정장): 식이섬유의 일종으로 콜레스테롤의 흡수를 저해하여 장내의 노폐물을 배출한다.
③ Phytosterol(콜레스테롤 흡수억제): 향의 성분이고 고미성분이다. 콜레스테롤치 저하, 암 예방, 혈전 예방에 유효하다.
④ 식이섬유(정장, 항암, 순환기질환 억제), 장내 유익균을 활성화시킨다.

[선별・보존법]

진흙이 묻어 있고 껍질이 건조되어 있지 않는 것이 좋으며 혹이나 금이 나지 않고 단단한 것이 좋다. 물에 닿으면 질이 떨어지므로 씻어 놓은 것은 피해야 한다. 습한 신문지 등으로 싸서 통풍이 좋고 일광이 닿지 않는 장소에서 보존해야 한다. 저온에 약하므로 냉장고에 넣지 않아야 한다. 장기 보존은 흙에 묻어 두는 것이 최적이다. 토란은 껍질을 벗긴 다음에 식초를 몇 방울 섞은 물에 담가두면 3~4일은 색도 변하지 않고 맛도 그대로이다. 장기 저장온도는 5～8℃가 좋다.

마(참마)

- 분 류: 서류, 소분류 없음
- 학 명: *Discorea batatas*, *Discorea batatas* Decne, *Discorea japonica*, *Discorea oppositofila*
- 과 명: 마과
- 영 명: Yam, Chinese yam, Chinese potato, cinnamon vein
- 한문명: 산약(山藥), 산저(山藷), 저예(藷預), 산우(山芋)
- 이명(별명): 참마, 당마
- 용 도: 어린 잎, 괴근(식용, 약용)
- 수확기: 가을～겨울철
- 에너지(100g 당): 108 kcal

[원산지 · 재배역사]

참마속은 세계에 약 600여 종이 있다고 하며 온대에 널리 분포되고 있다. 중국에서는 기원전 3세기부터 재배하였다고 한다. 원산지는 동아시아, 일본을 위시하여 중국, 한국에도 자생하고 있다. 우리나라의 재배 역사는 『삼국유사』에 마동이가 마를 팔면서 서동요를 지어 불러 선화공주가 궁에서 쫓겨나게 되었다는 이야기가 전해지는 것으로 보아 오래 전부터 한약제와 민간약으로 폭넓게 이용된 것 같다. 현재 약 250여 종이 확인되고 있는데 한국에는 12종이 자란다고 한다.

[기대되는 작용]

소화촉진, 위 점막 보호, 고혈압 예방, 면역력 강화, 당뇨병 예방, 혈당치 하강, 자양강장 효과가 있다.

[식물학적 특성]

옛날부터 『산의 토끼』라 하리만큼 자양강장에 우수한 식품이다. 그 작용의 근본은 풍부히 함유되는 소화효소이다. 껍질을 벗길 때 점조성 물질은 amylase, diastase 등의 소화효소가 무의 3배나 함유된다. 이들의 성분은 전분의 소화흡수를 돕고 위장의 작용을 활발하게 함으로써 병후나 허약체질에 알맞다.

점조성 물질인 mucin은 위 점막을 보호하고 체내의 단백질을 효율 좋게 활용하는 작용이 있으므로 자양강장이나 피로회복에 유효하게 작용한다. 혈당치를 내리는 작용이 있고 당뇨병이나 고지혈증 예방에 큰 역할을 한다. 마쇄하면 색깔이 변하는데 이는 tyrosine이 tyrosinase라는 효소에 의하여 변색되기 때문이다. 이때 껍질을 벗겨 식초에 담그면 이 효소가 빠져나가 변색되지 않는다.

[주요 영양소(가식부 100g 당/마 · 괴근 · 생)]

- 단백질 : 4.5g
- 탄수화물 : 22.6g
- 칼륨 : 0.85 mg
- Pantothenic acid : 30 μg
- 비타민 C : 7 mg

[주요 생리기능 성분(추정기능)]

① Diastase · amylase(소화촉진) : 소화효소, 녹말의 기수분해를 촉진하고 소화를 돕는다. 위의 거북함을 개선하고 해독작용도 있다.

② Mucin(면역기능 강화) : 점조성 성분으로 다당류의 수용성 식이섬유이다. 콜레스테롤, 당분의 흡수를 억제하고 간장 · 신장 기능을 강화한다.

③ Choline(뇌기능 유지 개선) : 신경전달 물질의 기본이 되는 물질이다. 뇌 내의 choline 농도를 높여 노인성 인지증을 개선한다. 지방간을 예방하고 혈관을 확장하여 고혈압, 동맥경화를 예방한다.

④ Dioscin(혈압저하 효과) : Trillin은 월경과다, 혈소판 응집억제제로 쓰인다. 그리고 dioscoran과 dioscoran mucilage는 혈당저하 효과가 있다.

[선별 · 보존법]

표면이 야무지고 요철이나 상처가 없는 것이 좋다. 조금씩 잘라 파는 것은 벤 자리가 차색으로 변색되지 않은 것을 고른다. 둥근 것은 신문지로 싸서 일광이 닿지 않고 통풍이 잘 되는 곳에 보존한다. 문질러 소분한 다음 냉동하여 두면 자연 해동으로 그대로 사용하기 편리하다. 저장조건은 건조하지 않는 곳에서 5~7℃가 좋다. 장기저장에는 저온창고에서 5℃, 습도 80%로 저장하면 다음 해 8월까지 저장할 수 있다.

카사바(타피오카) 전분

- 분 류: 서류, 소분류 없음
- 학 명: *Manihot esculenta* Crantz(고미 카사바), *Manihot dulcis* Bail(감미 카사바)
- 과 명: 디극과
- 영 명: Casava, yuca, manioc, madioca
- 이명(별명): Tapioca
- 용 도: 괴근(식용, 우리나라에서는 주정원료로 이용된다.)
- 에너지(100g 당): 346 kcal

[원산지 · 재배역사]

남미가 원산지로서 포르트갈 사람에 의하여 세계의 여러 지역에 확대되었다. 동남아시아와 아프리카, 브라질 등에서는 식품재료로서 사용된다.

[기대되는 작용]

에너지원으로 소화흡수가 좋고 조식이나 환자식으로 최적이라 한다.

[식물학적 특성]

고구마 모양의 뿌리에서 채취한 녹말이 tapioca이다. 시안산(HCN)의 독소를 함유하므로 정제가 필요하다. 이차제품은 분말로 끓이면 투명한 호상으로 되고 소화흡수가 잘 되기 때문에 우유나 크림을 가하여 조식이나 환자용으로서 이용된다. 가공품으로서는 국수나 떡, 빵 등이 있다. 또 수분을 가하여 입상으로 하고 외측만을 굳게 한 것이 타피오카 파르이다.

[주요 영양소(가식부 100g 당/카사바 전분)]

- 단백질: 0.1g
- 지질: 0.2g
- 탄수화물: 85.3g
- 칼륨: 48 mg
- 칼슘: 28 mg

[주요 생리기능 성분(추정기능)]

① Linamalin(근경의 배당체) : 근경 중의 효소 linamalinase에 의하려 분해되어 시안산을 생성하므로 유독하다. 그러나 이 독소는 가열 또는 수세에 의하여 제거할 수 있다.

[선별 · 보존법]

습기가 들어가지 않게 밀폐하여 직사광선을 피하고 냉암소에서 보존한다. 전분제품은 원래는 보존성이 높으나 개방되었으면 빨리 사용하는 것이 좋다.

구약나물

- 분 류 : 서류, 소분류 없음
- 학 명 : *Amorphophalus konjac*
- 과 명 : 천성남과(토란과)
- 영 명 : Devil's tongue
- 이명(별명) : 곤약(konjac)
- 용 도 : 괴근(식용)
- 수확기 : 가을~겨울철
- 에너지(100g 당) : 5 kcal

[원산지 · 재배역사]

원산지는 인도, 세이론, 인도지나 반도의 남부이며 중국을 거쳐 우리나라에 전래된듯하나 확실한 연대는 알 수 없다.

[기대되는 작용]

변비개선, 동맥경화 예방, 당뇨병 예방, 고혈압 예방, 비만억제, 변통을 촉진하고 콜레스테롤이나 노폐물 배출을 촉진한다.

[식물학적 특성]

구약감자는 토란과에 속하는 다년생 초본으로 지하에 구경이 생성되며 이를 이용한다. 특히 탄수화물의 성분은 소화가 잘 안 되는 glucomannan이다. 보통 3년 된 것을 가을에 수확하여 생감자로부터 직접 곤약을 만든 경우와 일단 생감자를 건조하여 곤약가루로 만든 다음 가공하는 경우가 있다. 생감자로 만든 것은 껍질이 조금 남아 있게 되어 곤약 중에 검은 무늬가 생긴다.

곤약의 주성분인 glucomannan은 물 또는 온수를 가하면 많이 팽윤되어 점도가 높은 겔을 형성한다. 이것에 수산화칼륨 등의 알칼리를 가하여 가열하면 응고되어 반투명의 덩어리(곤약)로 된다. 식용 곤약은 수분이 약 97%이며 2% 함유되어 있는 glucomannan은 비소화성이기 때문에 저에너지 식품이면서 장내에서 이물질을 흡착 배설하는 작용도 하고 콜레스테롤도 낮추는 작용을 한다.

[주요 영양소(가식부 100g 당)]

- 탄수화물 : 2.3g
- 나트륨 : 10 mg
- 칼륨 : 33 mg
- 칼슘 : 43 mg
- 철 : 0.4 mg

[주요 생리기능 성분(추정기능)]

① Glucomannan(정장) : 수용성 식이섬유이다. 수분을 흡수하여 노폐물의 배출을 촉진한다. 암이나 고혈압, 동맥경화, 당뇨병 등의 생활습관병과 암을 예방한다.

② 식이섬유(정장, 항암, 순환기질환 억제) : 장내 유익균의 증식을 촉진하여 장내환경을 조정한다. 위나 장관 내의 노폐물을 배출하여 동맥경화, 당뇨병 등의 생화습관 병과 암을 예방한다. 담즙산의 분비나 생산을 촉진하여 콜레스테롤 치를 저하시킨다.

[선별 · 보존법]

너무 연하지 않고 탄력이 있는 것이 좋다. 여러 가지 형상이 있으므로 용도에 적합한 것을 택하여 쓴다. 개봉 전이면 일광에 닿지 않는 서늘한 곳에 보존하고 개봉 후에는 물을 뺀 용기에 넣어 냉장고에 보관하여 3~4일 이내에 사용한다.

[두류의 칼럼]

1. 두류의 개요

두류는 대두, 땅콩, 팥, 녹두, 잠두, 강낭콩 등으로 다음과 같은 영양적 성분의 특징이 있다.

2. 두류의 특징

두류는 그 일반적인 성분에 따라 다음과 같이 크게 두 가지로 분류할 수 있다.

① 단백질, 지질의 함량이 많고 당질이 적은 것 : 대두, 땅콩
② 단백질, 지질의 함량이 많고 지질이 적은 것 : 팥, 녹두, 잠두, 강낭콩, 완두

성숙한 두류로서 건조한 것은 수분이 7~16%로서 곡류처럼 저장성이 있다. 그러나 미숙한 두류는 수분이 70~90%로 저장성이 없다. Carotene, 비타민 C를 함유하여 채소로서 이용한다.

3. 두류의 성분

① 단백질은 전반적으로 많고 곡류의 단백질 함량이 6~14%인데 비하여 두류 전반에 20~40%로서 대두의 38~42%는 그의 대표적이다. 따라서 옛날부터 콩은 밭의 쇠고기라 불리고 있다. 단백질의 대부분은 globulin으로 albumin은 비교적 적다.
② 지질은 대두에만 많고(17~18%) 다른 두류에는 적다(1~2%). 특히 필수지방산인 linoleic acid를 약 55% 함유하고 있음은 영양상 주목할 만하다.
③ 당질은 녹말 이외에 galactan 등이 존재하지만 대두에 있어서는 녹말을 거의 함유하지 않고 약 25%의 당질은 설탕 3~6%, stachyose 4% 등의 소당류와 galactan, araban을 주체로 한 다당류로 구성되어 있다.
④ 두류에 함유되어 있는 녹말 입자는 종류에 따라 그 모양이 다르다. 큰 것의 지름은 50㎛ 전후이다.
⑤ 무기질은 전체적으로 칼륨이 많고 다음은 인이며 칼슘은 적다.
⑥ 비타민은 약간 함유되어 있으나 B군이 주가 되고 C는 전혀 함유되어 있지 않다. 그러나 콩나물이 되면 C를 생성한다.

4. 두류의 소화율

두류의 조직이 단단하고 소화가 좋지 않으므로 그 이용률이 낮다. 삶은 대두의 소화율은 약 70%로서 이를 보다 상승시키기 위하여 두유, 두부, 된장, 청국장 등으로 가공하여 이용한다.

5. 두류의 특수 성분

이밖에도 두류에는 saponin, tannin, lecithin 등이 있다. 생 두류에는 미량이지만 적혈구 응집소, trypsin inhibitor 등 독성 단백질이 함유되어 있으나 가열함으로써 무해로 되므로 가열하여 식용하여야 한다.

6. 두류의 저장

고온 다습의 환경에서 그 저장성이 낮으므로 15℃, 습도 70% 이하의 조건하에서 저장하는 것이 바람직하다. 두류의 가공은 그의 유지, 단백질, 녹말식품의 원료로서 쓰고 있다.

7. 두류의 생리활성

대두는 영양적으로 우수한 식품이라는 것은 옛날부터 알려져 있었으나 최근에는 건강을 유지하고 질병을 예방, 개선하는 기능성이 있다는 것이 알려짐에 따라 기능성이 풍부한 식품으로 인정하고 있다. 영양 성분으로서 대두의 단백질은 가축 고기의 단백질과는 달리 혈압 강하작용이나 cholesterol 저하작용이 보고되고 있다. 또 lectin, trypsin inhibitor 등은 대두의 유해물질의 하나로 발견되었으나 당뇨병의 예방, 개선작용과 항종양 작용 등의 새로운 생리기능이 발견되고 있다. 인지방질은 대두에 많이 함유되는 지방질 성분이고 혈중의 주성분인 지방질이나 총 콜레스테롤을 감소시키는 작용을 가진다.

탄수화물인 대두 올리고당으로는 stachyose와 raffinose 등이 있고 장내 유용 균인 비피더스균이나 유산균의 증식작용이 인정되고 있다. 또한 대두에 함유된 저분자 화합물에도 여러 기능성이 보고되고 있다. Inositol에 6개의 인산이 결합한 phytic acid, 쓴맛의 기본이 되는 saponin, isoflavone 등에 항종양성, 항산화 등의 여러 기능이 보고되고 있다. 여기에서는 최근 주목되고 있는 대두 isoflavone의 새로운 기능성을 중심으로 설명한다.

1) 아이소플라본(isoflavone)의 생리기능성

아이소플라본(isoflavone)은 두과식물에 많이 함유되는 성분 중의 하나이고 기본 골격에 각종의 수식이 가해져 여러 종류가 존재한다. 대두에는 daidzin(daidzein 7-O-β-D-glucopyranoside), genistin(genistein 7-O-β-D-glucopyranoside) 등의 아이소플라본(isoflavone)이 존재한다.

① 당·지방질 대사 활성화 작용: 지방질 세포는 전구물질 지방질 세포에서 분화되어 생체 내에서 당·지방질 대사를 활발하게 행하고 있다. 이 분화를 촉진하는 작용이 약용 당근, 당뇨병 약의 thiazolidine 유도와 고지혈증 약의 fibrate 화합물이 발견되어 새로이 분화된 지방질 세포가 높은 인슐린(insulin) 감수성을 자지는 것이 치료효과의 발현 메커니즘이 아니라는 것이 주목되고 있다. 따라서 약용 당근이나 상기의 치료약의 복용에 의하여 체내에서의 지방질 세포분화가 촉진되어 이와 더불어 체질변화로 당뇨병이나 고지혈증에 저항성이 있는 체질로 되어 병이 개선되는 것으로 생각한다.

식품 성분에 대한 시험의 결과에 의하면 대두에 함유된 아이소플라본에 강한 활성이 있는 것이 보고되고 있다. 아이소플라본의 대두를 사용하여 인슐린 감수성을 조사하기 위하여 glucose 섭취를 조사한 바 daidzein(4', 7-dihydroxyisoflavone)의 농도에 의존하여 인슐린 감수성 glucose 흡수가 증가하고 또 lipoprotein lipase에 대해서도 효소활성이 상승하였다.

이들 사실은 세포분화를 촉진하여 인슐린에 감수성을 갖는 새로운 지방질 세포를 만들어 내는 작용이 대두 아이소플라본(isoflavone)이라는 것을 나타낸 것으로 어른이 되고 나서의 당뇨병은 인슐린에 대한 반응성의 저하(insulin 저항성)가 큰 원인이라는 사실에서 대두에 의한 체질개선이 기대된다.

② 골다공증의 예방작용: 고령화 사회를 맞이하여 골절에 의하여 침대 신세를 지는 사람이 늘고 있으나 그 원인으로 되어 있는 골다공증은 뼈에 바람이 든 것과 같이 거친 상태의 것으로 뼈의 강도가 낮다. 이것은 폐경 이후의 여성에 많은 증상이나 원인은 뼈에서 칼슘이 녹아 나오는 것을 방지하는 작용을 갖는 여성 호르몬의 분비 저하가 일어나기 때문이다. 대두에 함유된 isoflavone에는 여성호르몬에 가까운 작용을 하는 것이 알려져 있기 때문에 이와 같은 증상의 개선에 역할이 기대된다. 실제로 골다공증 모델동물을 사용한 실험에서는 genistin(genistein 7-O-β-D-glucopyranoside) 등의 isoflavone을 투여하므로 뼈 밀도, 뼈 강도가 다 같이 증가된다고 보고하고 있다.

또한 역학조사에서도 뼈 밀도가 높은 사람의 그룹에서는 요 중의 isoflavone 배설량이 높았다. 그래서 이 사람들의 식생활을 조사 한 바 뼈 밀도가 높은 사람은 대두를 사용한 요리를 많이 먹는다는 것을 알았다. 일본 사람은 칼슘의 섭취가 적은데도 비교적 골다공증이 적고 소위 Japanese paradox라는 이상한 현상이 있으나 이것은 대두식품의 섭취에 의한 것이 크다고 생각된다.

③ 암 억제작용: 암에 대한 억제작용도 남성의 전립선암과 여성의 유방암을 중심으로 많은 연구가 이루어지고 있다. 이들 암은 일본 사람들에서는 사망률이 낮은 암이라는 것은 대두식품 중의 isoflavone의 암 억제작용이 주목되고 있다. *in vitro*의 시험에서는 배양 암 세포에 대한 isoflavone에 의한 증식 억제작용 등 여러 효과가 인정되고 있다. 최근 *in vitro*에 있어서도 효과가 있다는 것이 쥐를 사육한 유방암의 발암실험에서 밝혀졌고 genistein의 발암실험에서도 밝혀졌고 genistin(4', 5, 7-trihydroxyisoflavone)이 발암을 억제하는 보고도 있다.

8. 두류의 단백질 식품

Protein이란 단백질이지만 건강기능식품의 경우에는 특히 「고단백질」이라는 의미를 함께 가진다. 단백질은 섭취하는 절대량도 중요하지만 필수아미노산의 함유 밸런스가 중요하며 이 조건을 만족시킨 식품이 고단백질이다. 따라서 시판되고 있는 단백질 식품은 일반적인 식생활에 치우친 필수아미노산의 밸런스를 적극적으로 개선하려는 고단백질 식품이다. 고단백질 식품의 효용 작용으로서 아래와 같다.

① 스트레스 대책에 유효하다.: 스트레스에 견디기 위한 생체의 대항 수단은 cortisone에 대표되는 부신피질 호르몬이다. 이 호르몬의 작용은 근육이나 피하지방을 분해하여 포도당으로 변하기 때문에 수족이 살이 빠지는 증상이 나타난다. 그런데 고단백질 식품을 섭취하면 혈액 중의 단백질이 증가하여 cortisone은 근육 등의 단백질보다도 혈액 중에 단백질 쪽을 이용하게 되어 생체의 안정을 유지한다.

② 인플루엔자 대책에 유효하다.: 바이러스성 질환에 대한 인터페론(interferon)이 유효하다고 하나 그 주원료는 단백질이고 충분한 단백질을 섭취한 것만으로도 interferon이 많이 생성하게 되어 감기 등의 대책에 역할을 한다.

③ 비만대책에 유효하다.: 비만을 해소하기 위한 식사제한(단식) 결점의 하나는 비만의 정체가 저장지방의 소비와 함께 내장의 단백질 소비도 항진한다. 그 때문에 단백질 부족에서 빈혈이나 내장장해를 일으키기 쉽다. 이 식사제한의 결점을 보충하는 비교적 유효한 비만의 대책이 고단백질 식품이다.

콩

- 분 류: 콩류, 소분류 없음
- 학 명: *Glycine max*(L) Merrili
- 과 명: 콩과(대두과)
- 영 명: Soybean, soya bean, bean, soya
- 한문명: 대두(大豆), 대두(大荳), 숙(菽), 두(豆), 태(太), 두자(豆子), 무숙(茂菽), 임숙(荏菽), 대숙(大菽)
- 이명(별명): 대두
- 용 도: 종자(식용, 약용)
- 수확기: 가을철
- 에너지(100g 당): 417 kcal

[원산지·재배역사]

원산지는 중국 북부이며 4000년 이상 전에 재배의 역사가 있다. 우리나라에서는 3000~4000년 전부터 재배한 것으로 추정한다. 삼국사기에 콩에 대한 기사가 나오고 있어 오랜 역사 동안 우리나라의 균형 잡힌 식생활을 이끌어 왔음을 입증해 준다. 농경이 본격적으로 시작된 청동기 시대부터 재배한 것으로 추정된다. 문헌상으로는 삼국시대 초기(기원전 1세기 초)부터 재배가 되었다고 추정한다.

1901년부터 1976년 동안 우리나라에서 수집한 재래종 콩은 무려 5,496 품종이나 된다. 콩 종자는 품종에 따라 구형, 판구형 등이 있으며 종피의 색깔도 보통은 황색이나 백색, 흑색, 홍갈색 등으로 다양하다.

[기대되는 작용]

변비개선, 암 억제, 동맥경화 예방, 당뇨병 예방, 뼈의 강화, 뇌기능 유지 개선, 간기능 강화, 빈혈 개선, 혈관을 튼튼히 하고 암 예방에 유효한 완전 영양식품이다.

[식물학적 특성]

양질의 단백질이 주성분으로 다른 콩들과는 달라 녹말을 거의 함유하지 않는 것이 특징이다. 비타민 B군, E, 무기질류나 지질을 풍부히 함유하고 그 균형으로 보아 거의 완전한 영양식품으로 본다. 또 콩에는 여러 가지 유효성분이 함유되어 있다. 고미물질 saponin은 체지방을 감소시키고 지질의 산화를 방지하여 동맥경화나 암을 예방한다. 여성호르몬에 유사한 작용을 하는 isoflavone은 갱년기 장해를 완화하고, lecithin은 뇌 세포의 노화를 방지하고 기억력을 높이는 이외에 혈관을 나긋나긋하게 든든하게 하는 작용이 있다. 식이섬유가 많고 비피더스균의 먹이가 되는 대두 올리고당도 함유하므로 변비개선에도 유효하다.

[주요 영양소(가식부 100g 당/전립 · 국산 · 건조)]

- 단백질 : 35.3g(amino acid score 100)
- 칼륨 : 1,900 mg
- 철 : 9.4 mg
- 비타민 E : 3.6 mg
- 비타민 B_1 : 0.83 mg

[주요 생리기능 성분(추정기능)]

① Isoflavone(여성호르몬 작용, 골다공증 예방) : Polyphenol의 일종이다. 강한 항산화 작용을 한다. 여성호르몬의 estrogen에 의한 작용을 가지며 골다공증, 갱년기 장해, 암을 예방한다.

② 대두 saponin(항암) : 고미물질이며, 혈압저하, 콜레스테롤치 저하, 간 기능 강화, 암을 예방한다.

③ 대두 올리고당(콜레스테롤치 저하, 정장) : 직접 장에 이르러 비피더스균을 증식시켜 장내환경을 정비하여 변통을 촉진한다.

④ Lecithin(뇌기능 유지 개선) : 기억력을 높여 노인성 인지증을 개선한다.

⑤ 식이섬유(정장, 항암, 순환기질환 억제) : 장내 유익균을 활성화시킨다.

[선별 · 보존법]

표면에 윤기가 있고 알맹이가 고른 것이 좋다. 껍질이 깨져 있지 않은 것을 선별한다. 벌레가 들지 않게 주머니에 밀봉한 그대로 건조한 냉암소에 보존한다. 사용하고 남은 것은 주머니에 밀봉하여 관에 넣어 둔다. 채소용 콩은 살짝 데쳐서 뚜껑 있는 병에 보존하면 3주간 저장이 가능하다.

녹 두

- 분 류 : 콩류, 소분류 없음

- 학 명: *Phaseolus radiatus* L., *Vigna radiata*(L) Wilczek
- 과 명: 콩과(대두과)
- 영 명: Mung bean, green bean, green gram
- 한문명: 녹두(綠豆)
- 이명(별명): 문두(文豆), 청소두(靑小豆), 안두(安豆), 길두(吉豆)
- 용 도: 종자(식용, 약용, 해독제)
- 수확기: 3~4월, 8~11월(인도)
- 에너지(100g 당): 354 kcal

[원산지 · 재배역사]

원산지는 인도설이 유력하며 인도의 재배역사는 3000년 이상 되었다. 인도로부터 동남아 그리고 중국으로 전파되었으며 유럽에는 늦게 들어갔다. 국내의 역사는 부소산의 백제 군창지에서 녹두와 팥의 유물이 출토되었다. 이는 중국에서 전래되어 삼국시대에 재배된 것으로 추측된다.

[기대되는 작용]

변비개선, 고혈압 예방, 암 억제, 동맥경화 예방, 당뇨병 예방, 뼈의 강화, 빈혈 개선, 세포노화 방지 등에 유효하다.

[식물학적 특성]

녹두는 병아리 콩의 일종으로 인도에서는 콩 그대로 사용한다. 인도에서는 mung이라 하여 카레 등에 이용되고, 중국에서는 일상적인 요리만이 아니고 약선(藥膳)으로 하루사메의 원료로서 이용되고 있다. 녹두의 전분은 열에 아주 강하고 입자가 붕괴되기 어려워 코시가 있는 하루사메가 된다.

영양소로서는 피로회복에 효과가 있는 비타민 B_1, B_2를 위시하여 뼈의 강화나 스트레스의 완화에 역할을 하는 칼슘을 많이 함유한다. 나트륨(염분)의 체외 배출을 촉진하여 고혈압을 예방하는 칼슘이 많다. 식이섬유도 많으므로 변비의 해소나 암의 예방이 기대된다. 종자의 색깔에 따라 녹색, 황록색, 흑갈색으로 구분되며 녹색이 가장 많다.

[주요 영양소(가식부 100g 당/전립 · 건조)]

- 단백질: 25.3g(amino acid score 94)

- 칼륨: 1,300 mg
- 철: 5.9 mg
- 비타민 E: 0.9 mg
- 비타민 B_1: 0.7 mg

[주요 생리기능 성분(추정기능)]

① 식이섬유(정장, 항암, 순환기질환 억제): 소화기 효소에 분해되지 않는 성분으로 장내 유익균의 번식을 활성화하여 변의 양을 증가시키고 장내환경을 정비한다. 콜레스테롤이나 노폐물을 배출하고 동맥경화, 당뇨병 등의 생화습관 병, 암을 예방한다.

② Vitexin, isovitexin: 항산화 작용으로 화장품 원료로 사용한다.

[선별·보존법]

녹두는 깨끗이 키질을 하여 볕에 말려 열을 받지 않는 곳에 놓아두고 꼭 봉해 두면 벌레가 생기지 않는다. 녹두 나물은 비닐 백에 넣어 냉장고에 보관하면 7~10일간 저장이 가능하다.

완 두

- 분 류: 콩류, 소분류 없음
- 학 명: *Pisum sativum* L.
- 과 명: 콩과(대두과)
- 영 명: Pea, sugar pea, garden pea, green pea
- 한문명: 완두(豌豆), 청소두(青小豆), 백완(白豌), 한두(寒豆), 소완두(小寒豆), 맥두(麥豆)
- 이명(별명): 파란콩
- 용 도: 종자(식용)
- 수확기: 여름철
- 에너지(100g 당): 352 kcal

[원산지·재배역사]

원산지는 서남아시아라고 한다. 영국에서 현재의 품종 원형이 탄생하여 미국에서 품종 개량이 진행되고 있다. 중국에서는 『제민요술』이라는 고서에 기록되어 있어 6~8세기 수나라 시대에 이미 재배된 것으로 보인다. 국내 역사는 1912년 미국으로부터 5품종이 도입된 것이 처음이다.

[기대되는 작용]

동맥경화 예방, 당뇨병 예방, 변비개선, 암 억제, 고혈압 예방, 혈전방지, 노인성 인지증 예방, 세포노화 방지, 당뇨병을 개선하여 얼굴살결의 노화를 방지한다.

[식물학적 특성]

적・청・백의 3종이 있으나 청완두가 가장 일반적이다. 완숙한 콩을 수확하여 건조하여 이용하는 외에 미숙한 콩을 연신 상태에서 green pea로도 먹는다. 주성분은 단백질과 탄수화물로 비타민 B군, 식이섬유를 많이 함유한다. 대두류 중에서도 콩 다음으로 비타민 B가 많고, 피로의 원인이 되고 있는 유산이나 노폐물의 배출을 촉진하므로 피로회복에 효과가 있다. 식이섬유의 함유량은 콩보다 많고 변통을 좋게 하여 콜레스테롤치의 저하나 혈당치의 안정에 유효하게 작용한다. 대두류에는 진기하게 carotene이 풍부하여 항암, 세포의 노화예방에 효과가 기대된다.

[주요 영양소(가식부 100g 당)]

- 단백질 : 21.7g(amino acid score 77)
- 탄수화물 : 60.4g
- 철 : 5 mg
- 비타민 E : 0.8 mg
- 비타민 B_1 : 0.72 mg

[주요 생리기능 성분(추정기능)]

① Flavonoid(항산화, 암 예방) : 소성분이며 항산화 작용으로 암, 동맥경화, 고혈압을 예방한다.

② α-Linolenic acid(혈전 방지) : n-3계 다가불포화지방산의 일종이다. 유해 콜레스테롤치를 감소시키고 동맥경화나 당뇨병을 예방한다.

③ Choline(뇌 기능 개선) : 뇌 내의 콜레스테롤 농도를 높여 기억력을 향상시키고 고혈압, 동맥경화를 예방한다.

④ 식이섬유(정장, 항암, 순환기질환 억제) : 장내 유익균을 활성화시킨다.
⑤ Moxylohydroquinone(추출물) : 정자수를 감소시키며 정상으로 돌아가는 데는 약 4일이 걸린다고 한다. 그러나 일상 먹는 양으로는 큰 문제가 없다.

[선별 · 보존법]

껍질에 주름이 없는 것을 고른다. 표면에 윤기가 있고 알맹이의 크기가 고른 것이 좋다. 벌레가 들지 않게 주머니에 미봉한 그대로 건조하여 냉암소에서 보존한다. 사용하고 남으면 주머니에 밀봉하여 관에 넣어 둔다.

강낭콩

- 분 류 : 콩류, 소분류 없음
- 학 명 : *Phaseolus vulgaris* L.
- 과 명 : 콩과(대두과)
- 영 명 : Kidney bean, snap bean, common bean, French bean, garden bean, haricot, string bean, dwarf bean
- 한문명 : 채두(菜豆), 운두(蕓두), 백반두(白飯豆), 용과두(龍瓜豆), 운편두(雲扁豆)
- 이명(별명) : 울콩
- 용 도 : 종자(식용)
- 수확기 : 가을철
- 에너지(100g 당) : 333 kcal

[원산지 · 재배역사]

원사지의 중남미 안데스 지방에서는 기원전 8000년경에 재배되었다고 한다. 그 후 유럽을 거쳐 세계적으로 전파되었다. 우리나라에서는 중국 남쪽에서 들어왔다고 하여 강남(江南)콩이라고 부른 것이 시초로 추정된다.

[기대되는 작용]

당뇨병 예방, 변비개선, 암 억제, 동맥경화 예방, 빈혈 개선, 풍부한 식이섬유가 암을 예방하고 변비를 해소한다.

[식물학적 특성]

세계적으로 널리 이용되는 콩의 하나이다. 주성분은 단백질과 탄수화물이다. 대두류 중에서 가장 식이섬유를 많이 함유하며 비타민 B군, 비타민 C, 칼슘, 철 등도 풍부히 함유하여 변통을 좋게 하며 장내에서 유해물질이나 노폐물을 배출시키므로 변비를 해소시키고 대장암이나 동맥경화 예방에도 유효하게 작용한다. 혈당치의 상승을 억제하는 성분도 함유하여 당뇨병 예방에도 도움이 된다.

꼬투리의 색깔에 따라 녹색군, 백색군, 적색군, 황색군, 잡색군으로 나눈다.

[주요 영양소(가식부 100g 당/전립 · 건조)]

- 단백질 : 19.9g(amino acid score 99)
- 칼륨 : 1,500 mg
- 철 : 6 mg
- 비타민 E : 0.3 mg
- 비타민 B_1 : 0.5 mg

[주요 생리기능 성분(추정기능)]

① Trypsin inhibitor(혈당 상승 억제) : 단백질의 일종이다. 췌장의 작용을 높여 insulin 분비를 많이 하여 당뇨병을 예방한다.

② α-Amylase inhibitor(혈당치 상승 억제) : 대두류 중에서 강낭콩에만 함유한다. 소화효소 α-amlase의 작용을 저해하여 녹말 소화흡수를 지연시켜 식후의 혈당치 상승을 억제함으로써 당뇨병을 예방한다.

③ 식이섬유(정장, 항암, 순환기질환 억제) : 장내 유익균을 증식시켜 콜레스테롤을 배출하여 동맥경화나 암을 예방한다.

[선별 · 보존법]

알맹이에 주름이나 갈라진 곳이 없고 부드럽게 부푼 모양의 것, 표면에 윤기가 있고 크기가 균일한 것이 좋다. 주머니에 밀봉하여 건조한 냉암소에 보존한다. 사용하여 남은 것은 주머니에 밀봉하여 관 등에 넣는다. 수확한 다음 해 봄까지는 사용하는 것이 좋다.

동 부

- 분 류: 콩류, 소분류 없음
- 학 명: *Vigna sinensis, Vigna unguiculata*(L) Walp
- 과 명: 콩과(대두과)
- 영 명: Cowpea, yadlong bean, asparagas bean
- 한문명: 홍두(紅豆), 두각(豆角), 각두(角豆), 호두(胡豆), 장두(長豆)
- 이명(별명): 광정이, 줄당콩
- 용 도: 열매(식용)
- 수확기: 여름철
- 에너지(100g 당): 366 kcal

[원산지 · 재배역사]

원산지는 아프리카로 추정되며 기원전 2300년경에 서아시아로 전파되고 기원전 1500년경에 인도로 전파되었다고 한다. 중국에는 13~14세기의 농서(農書)에 처음으로 기록되어 있고 실제 재배는 9세기일 것으로 추정한다. 국내 역사는 9세기경 일본으로 전파된 것으로 보아 우리나라도 그보다 훨씬 먼저일 것으로 추정한다.

[기대되는 작용]

변비개선, 당뇨병 예방, 암 억제, 동맥경화 예방, 뇌기능 유지 개선, 빈혈 개선, 피부 · 점막을 보호하여 구내염이나 시력의 저하를 막는다.

[식물학적 특성]

완숙된 종자를 먹는 타입과 어린 깍지를 채소로서 먹는 타입이 있다. 종자는 흑색 · 적갈색 · 백색이 있고 일반적으로 적색의 종자는 팥과 유사하나 배꼽의 주위에 둥근 눈이 있는 것이 특징이다. 영양면도 팥과 같으며 이 주성분은 탄수화물(녹말)과 단백질, 비타민 B_1, B_2도 풍부하다. 비타민 B_1은 당질의 에너지 변환을 촉진하여 신진대사를 잘 하므로 피로회복이나 스태미나 증진에 유효하게 작용한다. 비타민 B_2는 세포의 재생을 돕고 점막을 보호하므로 구내염이나 눈의 피로를 개선한다. 식이섬유도 많으므로 장내의 노폐물을 체외로 배출하는 작용이 있고 암 예방에 유효하다.

[주요 영양소(가식부 100g 당/전립 · 건조립)]

- 단백질 : 23 mg(amino aid score 100)
- 칼 륨 : 1,400 mg
- 철 : 5.6 mg
- 비타민 E : 0.7 mg
- 비타민 B_1 : 0.4 mg

[주요 생리기능 성분(추정기능)]

① Choline(뇌세포기능 개선) : 신경전달 물질의 전구체이다. 뇌 내의 choline 농도를 높여 기억력 향상, 노인성 인지증의 예방효과가 기대된다. 콜레스테롤을 줄여 간 지방을 예방하고 혈관을 확장하여 고혈압, 동맥경화를 예방한다. 세포막 형성에 불가결의 lecithin의 재료가 된다.

② 식이섬유(정장, 항암, 순환기질환 억제) : 장내 유익균을 활성화시킨다. 변의 양을 증가시켜 장내환경을 조정한다. 콜레스테롤을 배출하여 당뇨병 등의 생활습관병과 암을 예방한다.

[선별 · 보존법]

알갱이에 주름이나 갈라진 금이 없고 표면에 윤기가 있고 크기가 균일한 것이 좋다. 개봉 전이면 건조하여 냉암소에 보존한다. 쓰고 남으면 주머니에 밀봉하여 관에 넣는다. 장기 보존이 가능하나 수확 익년까지는 사용하지 않는 것이 좋다.

팥

- 분 류 : 콩류, 소분류 없음
- 학 명 : *Phaseolus angularis* Wight, *Phaseolus calcaratus* Roxb, *Vignia angularis* W. F. Wight
- 과 명 : 콩과(대두과)
- 영 명 : Adzuki bean, red bean, small red bean, rice bean
- 한문명 : 적소두(赤小豆), 홍두(紅豆), 황화채두(黃花菜豆), 소두(小豆)
- 이명(별명) : 붉은 팥[적소두(赤小豆)],
- 용 도 : 씨(식용, 약용), 꽃(약용)
- 수확기 : 여름~가을철

• 에너지(100g 당) : 339 kcal

[원산지 · 재배역사]

원산지는 중국 또는 동아시아라고 한다. 우리나라에서는 기록상으로 보아 7세기경 백제 멸망 시 군대 식량 창고의 유적에서 탄화 팥이 발견된 것으로 보아 그 이전부터 재배되었던 것으로 추측된다. 쌀과 콩 다음으로 치는 오곡 중의 하나이다. 그 후의 적성에 따라 여름 팥, 중간 팥, 가을 팥이 있다

[기대되는 작용]

변비개선, 암 억제, 당뇨병 예방, 이뇨작용, 부종방지, 빈혈 개선, 체력증가, 해독작용, 동맥경화증과 고혈압을 예방한다.

[식물학적 특성]

칼륨 함량이 많은 것이 특징이다. 칼륨은 체내 여분의 염분 배출을 촉진한다. 부종의 방지나 고혈압 예방, 이뇨촉진에 유효하게 작용한다. 또 고미물질 saponin에도 이뇨작용이나 혈압을 내리는 작용이 있다. 비타민 B_1도 많고 당질의 에너지 대사를 활발하게 하여 피로를 회복시키므로 피곤할 때나 권태감이 있을 때 식품재료로서도 역할을 한다. 붉은 색소 anthocyanin에는 항산화 작용이 있으며 지질의 산화를 막아 콜레스테롤을 감속시키고 간 기능 강화나 시력회복, 당뇨 예방에도 유효하다. 식이섬유도 많으므로 변비의 예방이나 유해물질을 체외로 배출하는 작용이 있다. 한방에서는 급성신염 등의 증상 완화에 사용된다.

[주요 영양소(가식부 100g 당/전립 · 건조)]

• 단백질 : 20.0g(amino aid score 91)
• 칼륨 : 1,500 mg
• 철 : 5.4 mg
• 비타민 E : 0.6 mg
• 비타민 B_1 : 0.45 mg

[주요 생리기능 성분(추정기능)]

① Saponin(항암) : 식물에 널리 함유되는 고미물질이다. 황산화작용이 있고 활성

산소를 억제하고 암이나 노화를 예방한다. 강한 이뇨작용, 혈압강하, 콜레스테롤치를 저하시킨다.

② Anthocyanin(항암, 혈당치 상승 억제) : 수용성 색소 성분으로 항산화물질이다. 항산화 작용으로 발암을 억제하고 간 기능 장애를 경감시킨다. 당뇨병을 예방하고 시력향상에도 효력이 있다.

③ 식이섬유(정장, 항암, 순환기질환 억제) : 장내 유익균의 번식을 활성화시킨다. 변의 양을 증기시켜 장내환경을 조정한다.

[선별 · 보존법]

윤기가 있고 알맹이의 크기가 고른 것이 좋다. 색은 진한 적자색이며 수입품은 껍질이 두껍고 삶은 데 시간이 걸린다. 벌레가 생기지 않게 주머니에 넣어서 밀봉하고 사용하고 남은 것은 관에 넣어 건조한 냉암소에서 보존한다. 오래 되면 삶아도 연해지지 않으므로 빨리 사용하는 것이 좋다.

잠 두

- 분 류 : 콩류, 소분류 없음
- 학 명 : *Vicia faba*
- 과 명 : 콩과(대두과)
- 영 명 : Faba bean, Broad bean
- 한문명 : 잠두(蠶豆)
- 이명(별명) : 누에콩
- 용 도 : 씨(식용)
- 수확기 : 봄~여름철
- 에너지(100g 당) : 108 kcal

[원산지 · 재배역사]

대립종은 북아프리카, 소립종은 중앙아시아를 원산지로 하는 설이 있다. 고대 이집트에서도 재배되어 유럽으로 확대되었다.

[기대되는 작용]

변비개선, 동맥경화 예방, 당뇨병 예방, 이뇨작용, 암 억제, 피부 · 점막의 보호,

특히 세포를 재생하여 점막을 보호한다.

[식물학적 특성]

잠두는 꼬투리가 하늘로 향해 있으므로 공두(空豆)라고 하고, 열매의 모양이 누에고치에 유사하므로 잠두(蠶豆)라고 쓴다. 주성분은 약 70%가 전분이므로 양과자의 소에 많이 사용된다. 비타민류도 풍부하다. 이 중에서도 미용 비타민이라 부르는 B_2는 원두나 지두 등의 미숙 콩 중에서 최고로 많고 점막세포의 보호・재생에 도움이 된다.

맛이 좋은 것은 3일간이라 하리만큼 손상이 빠르므로 콩깍지에서 나오는 것은 조리 직전이 좋다. 껍질에는 이뇨작용이 있고 껍질까지 먹으면 소화가 촉진되어 장의 운동을 잘 하게 되므로 변비 해소에 도움이 된다.

[주요 영양소(가식부 100g 당/미숙 콩・생)]

- 칼륨 : 440 mg
- 철 : 2.3 mg
- 비타민 E : 0.2 mg
- 비타민 B_1 : 0.3 mg
- 비타민 B_2 : 0.2 mg

[주요 생리기능 성분(추정기능)]

① 식이섬유(정장, 항암, 순환기질환 억제) : Cellulose와 hemicellulose의 다당류로 소화효소에 의하여 분해되지 않는 성분이다. 병의 양을 증가시켜 장내환경을 정비한다. 장내 세균에 의한 식이섬유 분해물이 장을 자극하여 변비를 개선한다. 장내의 유익한 유산균의 증식을 활성화 하므로 암 물질 등의 유해물을 산출하는 유해균의 증식을 약화시킨다. 콜레스테롤이나 유해물질의 배출을 촉진하고 동맥경화, 당뇨병 등의 생활습관병과 암을 예방한다.

[선별・보존법]

콩깍지에서 나온 콩은 공기에 접촉하면 곧 변색하므로 깍지가 있는 그대로 폴리비닐주머니에 넣어 냉장고에 보관한다. 깍지를 벗긴 것은 삶아서 냉동 보관한다.

피전피

- 분 류: 콩류, 소분류 없음
- 학 명: *Cajanus indicus, Cajanus cajan*
- 과 명: 콩과
- 영 명: Copngo pea, red grain, nonyepea
- 이명(별명): 나무콩

[원산지 · 재배역사]

열대산 콩과의 관목이다. 나무콩의 열매로 갈색이며 식용으로 쓰인다. 열대, 아열대지방에서 생육하는 두과로 양계사료용으로 쓰이기도 한다. 주성분은 단백질 23.0%, 지방 1.1%, 조섬유 6.7%, 회분 5.8%이다.

리마콩

- 분 류: 콩류, 소분류 없음
- 학 명: *Phaseolus lunatus* = *Phaseolus limensis*
- 과 명: 콩과
- 영 명: Lima beans, butter beans
- 이명(별명): 황제콩

[원산지 · 재배역사]

원산지는 중앙아메리카이며 리마콩의 종류 중 아메리카 대륙 이외의 몇 나라에서만 상업적으로 이용하고 있다. 미국에서는 성숙한 마른 리마콩이 전체 마른 콩 생산량의 약 2.5%를 차지한다. 리마콩은 씨껍질의 가는 능선이 독특해 쉽게 구별할 수 있는데 눈에서 방사상으로 뻗어 있다. 열대지역에서는 다년생으로 자라지만 그 밖의 지역에서는 보통 1년생으로 자란다.

[식물학적 특성]

건조 종자는 수분 11.9%, 단백질 22.9%, 탄수화물 54.3%, 섬유 5.3%, 회분 3.8%를 함유하고 있으며 종류에 따라 청산배당체 함유량이 높은 것이 있다.

이집트콩

- 분 류: 콩류, 소분류 없음
- 학 명: *Cicer arietinum*
- 과 명: 콩과
- 영 명: Chick pea
- 이명(별명): 뱅골그람

[식물학적 특성]

콩과 *Cicer arietnum*이 생산하는 콩을 말하며 뱅골그람이라고도 한다. 품질이 좋고 단백질이 많으며 다른 비타민도 좋은 급원이다. 중동 지중해와 라틴아메리카의 중요한 두류의 하나이다.

그린콩

익지 않는 콩(날개콩, 강낭콩) 따위를 말한다.

- 분 류: 콩류, 소분류 없음
- 과 명: 콩과
- 영 명: Green soybean
- 이명(별명): 청태콩, 청태, 푸른콩

[원산지 · 재배역사]

병아리콩이라고도 한다. 일반 콩보다 조금 작으며 모양이 불규칙하게 생겼다. 주로 지중해, 인도, 중앙아시아 지역의 요리에 쓰인다. 삶아 샐러드나 으깨서 퓌레로 사용한다.

[식물학적 특성]

대두의 어린 콩깍지를 붙은 그대로 수확 후 수시간 방치하면 당분이 감소하여 맛이 떨어진다. 최근에 냉동상태로 많이 유통되고 있다. 콩깍지 그대로 소금에 데쳐서 푸르게 삶아진 것이 좋다. 데치거나 또는 여러 가지 요리에 이용된다.

렌즈콩(렌틸콩)

- 분 류: 콩류, 소분류 없음
- 학 명: *Lens culinaris, Lens esculenta*
- 과 명: 콩과
- 영 명: Lentil
- 한문명: 편두(扁豆)
- 용도: 열매(식용, 약용)
- 수확기: 10~11월(미국)
- 에너지(100g 당): 353 kcal

[원산지·재배역사]

원산지는 서아시아에서 지중해에 걸친 건조지대라고 한다. 현재는 세계의 열대에서 온대까지의 폭넓은 지역에서 재배되고 있다. 인류가 가장 오래 전부터 재배해온 식물의 하나로 기원은 신석기 시대에 까지 거슬러 올라간다.

[기대되는 작용]

변비개선, 암 억제, 고혈압 예방, 빈혈 개선, 세포노화 방지, 면역력 강화, 동맥경화 예방 등에 유효하다.

[식물학적 특성]

우리나라에서 잘 알려지지 않는 콩류이다. 세계 각지에서 많은 사람들이 이용하는 식품 재료이다. 적색, 흑색, 다갈색, 녹색의 종류가 있다. 프랑스의 오베뉴 지방 루피유 산의 녹색 lentil은 포도주와 마찬가지로 「원산지 호칭 통제법」으로 품질규제가 이루어져 있는 금품이다. 또한 미리부터 물에 넣지 않고 조리될 수 있게 하고 영양가가 높은 것이 인기의 이유이다.

면역력을 높이는 양질의 단백질이 풍부하고 암세포의 증식을 억제하는 작용이 있는 lectin도 함유되어 있다. 나트륨을 배출하여 고혈압을 예방하는 칼륨, 식염을 예방하는 철 등의 무기질도 많다. 또 피로회복 효과가 있는 비타민 B군도 풍부하다.

[주요 영양소(가식부 100g 당/전립·건조)]

- 단백질: 23.2g

- 칼륨 : 1,000 mg
- 철 : 9.4 mg
- 비타민 E : 1.4 mg
- 비타민 B_1 : 0.55 mg

[주요 생리기능 성분(추정기능)]

① Lectin(면역기능 강화) : 단백질의 일종이다. 면역기능을 강화하여 암을 억제한다.

② 식이섬유(정장, 항암, 순환기질환 억제) : 콜레스테롤을 배출하여 동맥경화, 당뇨병, 암을 예방한다.

작두콩

- 분 류 : 콩류, 소분류 없음
- 학 명 : *Canavalia gladiata*(Jacq.) D. C., *Canavalia entiformis*
- 과 명 : 콩과(대두과)
- 영 명 : Black soybean
- 한문명 : 도두(刀豆), 협검두(挾劍豆)
- 이명(별명) : 칼콩, 도두(刀豆)
- 용 도 : 종자, 씨(식용)
- 수확기 : 9~10월
- 에너지(100g 당) : 417 kcal

[원산지 · 재배역사]

원산지는 중국으로 재배의 역사는 5000년에 이른다. 옛날부터 약으로 사용된 기록이 남아 있다. 『본초강목(本草綱目)』에 작두콩의 종류가 6~7종이 나온다.

[기대되는 작용]

변비개선, 암 억제, 동맥경화 예방, 뼈의 강화, 당뇨병 예방, 뇌 기능 유지 개선, 간 기능 강화, 빈혈 개선, 다채로운 기능을 가진 multy power 식품 재료로 쓰인다.

[식물학적 특성]

검정콩의 검정 색소는 anthocyamin에는 강함 항산화 작용이 있고 암 예방이나 당뇨병 개선, 시력회복, 간 기능 강화 등 여러 작용이 있다. 대두의 일종으로 여러 유효 성분이 많다. 혈관 강화나 뇌 세포의 활성화에 역할을 하는 lecithin, 콜레스테롤치 저하나 고혈압 예방에 유효한 saponin도 대두의 2배량을 함유하는 isoflavone은 갱년기 장해나 골다공증을 예방한다. 지질의 대부분을 차지하는 linoleic acid도 역시 콜레스테롤을 감소하는 작용을 한다. 에너지대사나 세포 재생을 활성화하는 비타민 B_1, B_2가 많고 조혈에 불가결의 철도 풍부히 함유하고 있다.

[주요 영양소(가식부 100g 당/검정콩 · 전립 · 전립 · 건조)]

- 단백질 : 35.5g(amino acid score 100)
- 칼륨 : 1,900 mg
- 철 : 9.4 mg
- 비타민 E : 3.6 mg
- 비타민 B_1 : 0.83 mg

[주요 생리기능 성분(추정기능)]

① Isoflavone(여성호르몬 작용, 골다공증 예방 항산화) : Flavonoid계 polyphenol의 일종이다. 여성호르몬의 estrogen과 유사한 작용을 하여 골다공증, 갱년기 장해, 암을 예방한다. 특히 유방암, 전립선암을 억제한다.

② 대두 saponin(항암) : 고미물질로서 혈압 저하, 콜레스테롤치 저하, 간 기능 강화, 암을 예방한다.

③ Anthocyanin(항암, 혈당치 상승 억제) : 색소 성분으로 발암을 억제하고 간 기능 강화, 당뇨병을 예방하고 시력 향상에 도움이 된다.

④ 대두 올리고당(콜레스테롤치 저하, 정장) : 직접 장에 도달하여 비피더스균을 증가시켜 장내환경을 조정하고 변통을 촉진한다.

⑤ Lecithin(간 기능 유지개선) : 세포막의 형성에 부가결의 성분이다. 특히 뇌세포, 신경조직에 직접 작용하여 기억력을 높이고 노인성 인지증 개선에도 기대된다.

[선별 · 보존법]

습기가 높으면 곰팡이가 발생하므로 건조한 상태로 둔다. 검정콩의 표면에 흰 가루가 생기는 수가 있으나 품질에는 문제가 없다.

[유지류의 칼럼]

1. 유지류의 개요

유지류는 주로 glycerol과 지방산의 ester(산과 알코올로부터 물을 분리하여 생성된 화합물)인 acylglycerol로 이루어져 있다. 기름(oil)은 실온에서 액체 상태이고 지방(fat)은 고체 상태이다. 이들은 구성 지방산에 차이에 의한 것으로 기름에 있어서는 불포화지방산이 비교적 많고 지방에 있어서는 포화지방산이 많다.

유지의 영양상 특징은 3대 영양소의 하나로서 약 9kcal의 유효 에너지를 얻을 수 있으며 탄수화물, 단백질의 약 4kcal의 2배 이상 많다. 유지는 체내에서 다른 영양소로부터 합성할 수 없는 필수지방산(linoleic acid, linolenic acid, arachdonic acid)을 공급하고 이밖에 비타민 A, 비타민 E, provitamin A 등의 급원이 된다.

2. 유지류의 종류

식물유는 식물을 원료로 하여 얻은 식용유로서 대두유, 채종유, 면실유, 참기름, 들기름, 낙화생유, 등이 있다. 가공식품 유지는 식물유, 동물 지방을 원료로 하여 가공한 것으로 shortening, margarine, 분말유지, 중쇄지방이 있다. 분말유지는 유지, 단백질, 녹말, 물과 유화제를 혼합하여 유화시킨 후 분무건조에 의하여 분말화시킨 유지로서 분말 수프, 즉석카레 제조 시에 이용된다. 중쇄지방은 주로 octanoic acid ($C_{18:0}$. 탄소수 8, 이중결합 0), decanoic acid($C_{10:0}$), lauric acid($C_{12:0}$)의 지방산으로 이루어진 액체상태의 유지로서 소화흡수가 우수하여 의료용으로 이용되고 있다.

3. 유지류의 분류

유지의 분류는 그 원료에 따라 식물유, 동물유로 간단히 분류할 수 있다. 일반적으로 유지 중의 이중결합 수의 대소, 불포화지방산 양의 대소를 나타내는 화학적 특성인 요오드값에 의하여 건성유(요오드 값 130 이상의 유지, $C_{18:2}$, $C_{18:3}$이 많음. 실온에서 산화되어 피막을 만듬. 예로서 정어리기름, 대구간유), 반건성유(요오드값 100～130의 유지, $C_{18:1}$, $C_{18:2}$이 많음. 예로서 참기름, 면실유), 불건성유(요오드값 100 이하의 유지, $C_{18:1}$과 포화지방산이 많음. 예로서 돼지기름, 쇠기름)로 분류한다.

이 방법은 불포화지방산의 양 및 산화에 의하여 피막형성의 난이를 나타내는 분

류법이다. 또 다른 분류법으로서 유지를 구성하고 있는 특징적인 지방산 조성에 의하여 분류할 수 있다.

[γ-Linolenic acid의 칼럼]

γ-Linolenic acid는 linoleic acid나 arachidonic acid와 같은 인체 필수지방산의 하나로 그 구조는 carboxyl기로부터 6, 9, 12순위의 *cis*-이중결합을 3개 가진 탄소사슬 18의 직쇄지방산이다. 같은 *cis*-이중결합으로서 6, 9, 12, 15위치의 결합구조를 가진 α-linolenic acid와는 생체기능과 공급자원에 차이가 있다.

γ-Linolenic acid는 그림 1-1과 같은 방법으로 체내에서 전환되면서 독자적으로 기능 발휘를 하고 최종적으로는 prostaglandin으로 분해된다. 이 prostaglandin은 식이지방 중위 α-linolenic acid로부터 전환되는 또 다른 prostaglandin과 함께 신체 각 조직에서 조절물질로 활용한다.

그림 1-1에서 보는 바와 같이 18:3, ω-6, 18:5, ω-3 등의 숫자 및 기호는 첫 번째 숫자가 지방산 사슬의 전체 탄소수이며 두 번째 숫자는 이중결합의 수이고 그 다음에

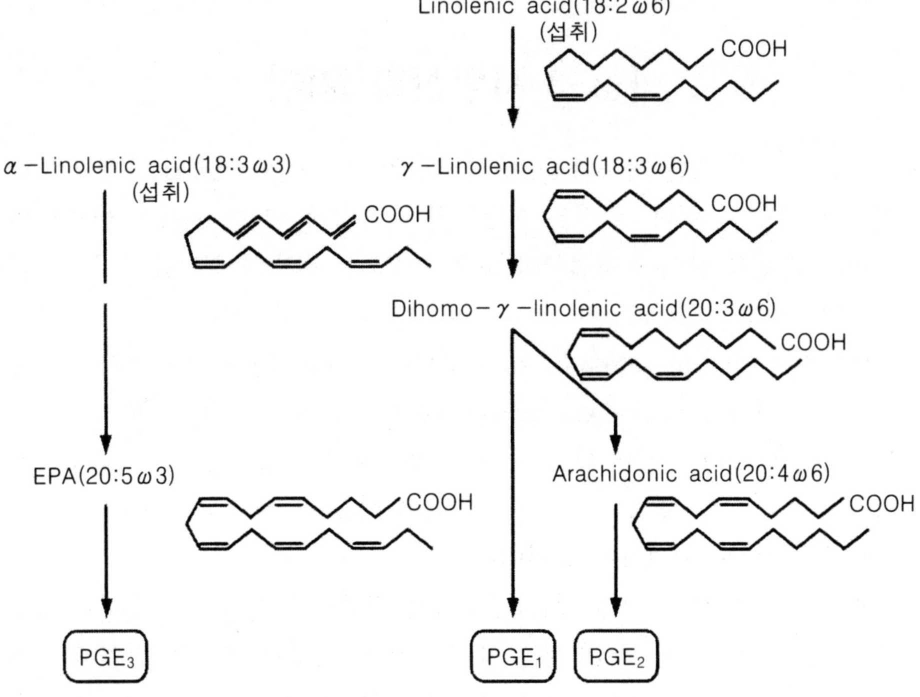

그림 1-1. Linolenic acid의 체내전환 과정

표시된 $_{\omega\text{-}6,\ \omega\text{-}3}$는 지방산 사슬의 methyl기 말단으로부터의 탄소의 순번을 말한 것인데 즉 이중결합이 시작되는 탄소의 위치가 된다. 예를 들면 $_{18,\ \omega\text{-}6}$는 지방산의 탄소수가 18개이며 이중결합의 수는 3개, 이중결합이 시작되는 탄소는 6번째라는 뜻이다. 여기에서 표시된 $_{\omega\text{-}6}$와 $_{\omega\text{-}3}$ 등은 최근 유지관계 국제전문회의에서 $_{n\text{-}6}$와 $_{n\text{-}3}$ 등으로 표시하도록 권장하고 있으나 아직은 두 가지 방법이 병용되고 있다.

그런데 중요한 것은 이와 같은 이중결합이 시작되는 탄소위치에 따라 생체반응이 예민하게 다르다는 데 있다. 예를 들면 ω-6 지방산에서는 prostaglandin E_1, E_2를 생산하지만 ω-3 지방산에서는 E_3를 생산하는 등 유사 또는 서로 상반된 조절기능을 가진 물질을 생성하게 되어 어느 것은 혈압 강하인자가 되는가 하면 어느 것은 반대로 혈압 상승인자로서 작용한다. 또한 위산분비 촉진을 하는가 하면 위산분비 억제를 하는 인자가 되는 등 그 기원 구조에 따라 기능분화가 판이하다.

이와 같이 여러 가지 기능이 서로 견제하면서 조화를 이루어야만 정상적안 기능을 유지할 수 있다는 것으로 이해하고 있다. 따라서 학자 중에서는 ω-6, ω-3 지방산의 이상적인 비율을 정하여 섭취하도록 하자는 의견도 있다. 그러나 아직 국제간에 정론화 된 기준이 없는 실정이다. 다만 ω-6, ω-3 지방산이 균형 있게 섭취되어야만 한다는 것은 공통된 의견이다.

[ω-3 지방산의 칼럼]

ω-3 지방산이라 함은 불포화지방산의 생리활성 면에서 분류된 유형으로서 일면 n-3 지방산이라고도 한다. 이것은 지방산의 methyl기 쪽 맨 처음의 탄소로부터 1, 2, 3 등으로 순번을 붙여 이중결합이 처음 시작되는 탄소의 위치를 $_{\omega\text{-}1,\ \omega\text{-}2,\ \omega\text{-}3,\ \omega\text{-}6}$ 등으로 표시하거나 또는 $_{n\text{-}1,\ n\text{-}2,\ n\text{-}3,\ n\text{-}6}$ 등으로 표시한다. 예를 들면 그림 1-2에서 보는 바와 같이 linolenic acid, EPA 및 DHA는 탄소 3번째 자리에서 이중결합이 시작되므로 ω-3이고 arachidonic acid는 6번째 탄소에서 시작되므로 ω-6이다. 여기에서 $_{18:3}$ 등의 표시는 전체 탄소 수가 18개이며 총 이중결합수는 3개라는 뜻이며 또 DHA($C_{22:6,\ \omega\text{-}3}$)는 총 탄소 수가 22개이며 이중결합수는 6개, 이중결합이 시작되는 위치는 22번째 위치라는 표현이다.

여기에서 왜 특별히 ω-3의 것을 주목하게 되었느냐 하면 ω-3에서 이중결합이 출발하는 지방산이 가장 생리활성 면에서 유익한 특징적 기능을 발휘하는 것으로 알려져 있고 또한 어유 속에 풍부히 함유되어 있으므로 우리 일상생활에서 친근성을 가지고 있기 때문이다.

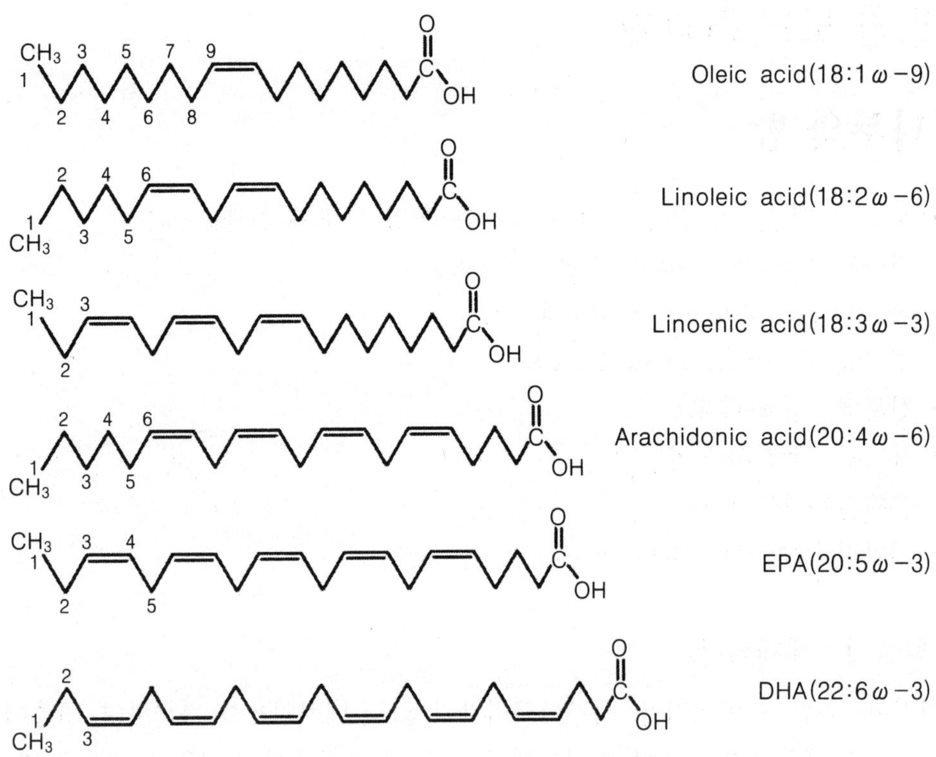

그림 1-2. 불포화지방산의 구조적 분류

EPA, DHA는 일단 우리 몸에 흡수되면 중성지방, 콜레스테롤 같은 지질의 물리적 점착성을 낮추고 기능을 발휘함은 물론 prostaglandin이라고 하는 호르몬, 비타민과 유사한 제3의 생리조절물질(일종의 국소 호르몬)을 생성하여 신체의 항상성을 유지하기 위한 광범한 조절기능을 나타낸다. EPA와 DHA는 그 기능이 대부분 공통이지만 그 작용력의 강약이 일부 다르다. 이것은 체내 구성요소로서 기여하는 패턴이 다소 서로 다른 점과 관련이 있는 것으로 추측되고 있다.

예를 들면 DHA는 뇌의 주요 지방산인 phosphotidylethanolamine(PE), phosphotidylcholine(PC), phosphotidylserine(PS) 등을 형성하고 EPA는 phospholipid, 콜레스테롤 ester, triglyceride를 형성 또는 복합한다. EPA, DHA는 순수하고 신선한 것은 무색 또는 담황색의 무미무취의 액체이지만 미량의 복합물질에 의하여 보통 특이취와 이미를 나타내는 수가 있다. 불포화도가 높기 때문에 효소, 자외선, 온도에 대하여 극히 불안정하며 조금만 변질하여도 불쾌취를 발생하므로 식용전 과정에서의 취급에는 특히 주의를 요한다.

▶ 땅콩 또는 견과류

밤나무와 밤

- 분 류: 대분류→견과 종실류, 소분류→땅콩 또는 견과류
- 학 명: *Castanea crenata* Sieb. et Zucc.
- 과 명: 참나무과, 너도밤나무과
- 영 명: Chestnut, chestnut tree
- 한문명: 건율(乾栗)
- 용 도: 열매(식용, 약용)
- 수확기: 가을철
- 에너지(100g 당): 164 kcal

[원산지 · 재배역사]

아시아, 유럽, 북아메리카, 북부아프리카 등의 온대지역에서 자생하여 13종에 달하고, 세계 생산량의 70%가 아시아에서, 20%가 유럽에서 생산된다. 이 중 과실로서 중요한 품종으로는 일본종, 중국종, 유럽종 미국종, 한국종 등이 있다. 우리나라는 예로부터 재배하여 온 평양 밤은 중국이 원산이고, 우리나라 남부지역에서는 한국 고유의 재래종이 재배되어 왔다. 중국종은 과립이 작고 속껍질이 잘 벗겨져 군밤용으로 쓰이고 단맛이 많으나 해충에 약하다. 근래 국내의 재래종 중에서 해충에 저항력이 강한 우량 품종과 일본 개량종이 재배되고 있다.

[기대되는 작용]

암 억제, 세포노화 방지, 피로회복, 감염증 예방, 아름다운 얼굴살결을 유지해 주고 항균작용, 고혈압 예방, 당뇨병을 예방하고 열에 파괴되지 않는 비타민 C로 감기를 예방한다.

[식물학적 특성]

강한 항산화 작용이 있는 비타민 C가 풍부하여 활성산소를 억제하여 암 등 여러 가지 병을 예방한다. 전분으로 둘러싸여 있으므로 가열에 의하여 비타민 C의 손실이 적고 피로회복이나 아름다운 얼굴살결 효과가 기대된다. 칼륨이 많고 여분의 나

트륨(염분)의 배설을 촉진하여 피로회복에 도움이 되는 비타민 B_1, 지질의 산화를 방지하는 비타민 E도 함유하여 세포노화의 억제에도 기대된다. 삽피에는 항균작용을 하는 tannin도 많이 함유되어 콜레스테롤치를 저하하거나 당뇨병 예방에 역할을 한다. 밤밥을 지을 때는 삽피 부분을 조금 남겨 두고 밥을 짓는다. Tannin을 섭취할 뿐만 아니라 맛이나 향도 증가된다.

[주요 영양소(가식부 100g 당/밤 · 생)]

- 단백질 : 2.8g
- 지질 : 0.5 mg
- 탄수화물 : 36.7 mg
- 망간 : 3.27 mg
- 비타민 C : 3 mg

[주요 생리기능 성분(추정기능)]

① Tannin(항산화, 항암) : Polyphenol의 일종이다. 밤의 삽피 성분에 항산화 작용이 있고 암을 예방한다. 살균작용이 있으며 항생물질에 효과가 없는 세균, 콜레라균, 인플루엔자, 바이러스 등의 번식을 억제한다. 지방이나 당분의 흡수를 저해하여 콜레스테롤치나 혈당치를 저하시킨다.

[선별 · 보존법]

껍질의 표면이 반들반들하고 야무진 것과 무게가 있는 것이 좋다. 구멍이 생긴 것은 벌레가 먹은 가능성이 높으므로 주의를 하여야 한다.

호 두

- 분 류 : 대분류 → 견과 종실류, 소분류 → 땅콩 또는 견과류
- 학 명 : *Juglans regia* L., *Juglans sinensis* Dode
- 과 명 : 호두나무과, 가래나무과
- 영 명 : Walnut
- 한문명 : 호도(胡桃)
- 이명(별명) : 핵도(核桃), 당추자(唐楸子)
- 용 도 : 열매(식용, 약용)

- 수확기 : 가을철
- 에너지(100g 당) : 674 kcal

[원산지 · 재배역사]

원산지는 남동 유럽, 중동 아시아 등이며 중국에서는 4세기에 전래되었다. 우리나라는 4세기 말에 중국에서 전파되었고 연간 1,300톤가량 생산되고 있는데 대부분은 큰 산맥의 골짜기를 따라 분포되고 있다. 북반구의 온대지역에 분포하고 있으며 일본의 식용 역사는 기원전으로 소급되고 견과라 한다. 일본은 임진왜란 때 풍신수길이 귀국하면서 병사들이 호두를 가져가서 재배하여 생산량이 많아졌다고 한다.

[기대되는 작용]

동맥경화 예방, 고혈압 예방, 피로회복, 변비개선. 콜레스테롤을 감소시키고 세포의 노화를 예방한다.

[식물학적 특성]

70%가 지질이나 거의 대부분은 양질의 불포화지방산이다. Linoleic acid나 γ-linolenic acid는 혈중 콜레스테롤치를 저하시키므로 동맥경화 예방이 기대된다. 이 중에서도 γ-linolenic acid는 혈압이나 혈당치, 콜레스테롤치를 정상으로 유지하는 작용이 있다고 한다. 양질의 단백질인 glutelin도 풍부하여 몸 전체의 기능을 상승시킨다. 고혈압 예방에 역할을 하는 칼륨이나 식이섬유도 균형 있게 함유되어 있다. 비타민 E는 과산화 지질의 생성을 억제하여 동맥경화나 세포노화를 억제하는 작용이 있다. 피로회복을 촉진하는 비타민 B_1이나 성장을 촉진하여 체력을 부여하는 비타민 B_2도 함유되어 체력증진이 기대된다. 단 에너지 양이 높으므로 과식에 주의를 요한다.

[주요 영양소(가식부 100g 당/볶은 것)]

- 단백질 : 14.6g
- 지질 : 68.8 mg
- 탄수화물 : 11.7 mg
- 망간 : 3.44 mg
- 비타민 E : 3.6 mg

[주요 생리기능 성분(추정기능)]

① Linoleic acid(콜레스테롤치 저하): 필수지방산의 하나이다. 콜레스테롤치를 저하시켜 적량이면 동맥경화를 예방한다. 그러나 지나치게 섭취하면 발암의 위험성이 있다.

② γ-Linolenic acid(콜레스테롤치 저하, 아토피성 피부염 억제): 필수지방산의 하나이다. 체내에서 합성되며 생체조절 호르몬의 재료로 되고 체조직 전체의 기능을 유지・조절한다. 콜레스테롤치를 저하시켜 혈행을 촉진하고 혈당치, 혈압을 정상으로 유지시켜 준다.

[선별・보존법]

산화되기 쉬우므로 껍질이 있는 것을 구입하는 것이 좋다. 껍질에 작은 구멍이 있는 것은 벌레가 먹을 가능성이 있으므로 주의를 요한다. 껍질째 그대로 습기가 없는 냉암소에 보존한다. 껍질을 깨면 산화되기 쉽기 때문에 조리하기 직전 또는 먹을 때 껍질을 깬다.

은 행

- 분 류: 대분류 → 견과 종실류, 소분류 → 땅콩 또는 견과류
- 학 명: *Ginkgo biloba* L.
- 과 명: 은행과
- 영 명: Ginkgo nut, maiden hir tree
- 한문명: 은행(銀杏)
- 이명(별명): 영면(靈眠), 불지갑(佛指甲), 백과(白果)
- 용 도: 열매, 잎(식용), 뿌리, 잎, 씨(약용)
- 수확기: 가을철
- 에너지(100g 당): 187 kcal

[원산지・재배역사]

은행나무는 살아있는 화석이라 한다. 약 1억 5000만 년 전의 공룡시대에는 세계 각지에 17속이 존재하였다고 한다. 빙하기에 거의 멸망하고 살아남은 것은 중국에 1종뿐이라 한다. 중국에서 한국이나 일본으로 전해진 것으로 알려져 있다.

[기대되는 작용]

면역력 강화, 암 억제, 고혈압 예방, 안정피로 개선, 노인성 인지증 예방, 알레르기 억제, 혈전방지, 스태미나 증진에 효과가 있다.

[식물학적 특성]

은행나무의 열매에는 β-carotene과 비타민 C가 많고 암이나 병의 원인이 되는 활성산소를 억제하므로 암 예방에 유효한 것으로 알려져 있다. 면역력을 높여 병에 걸리지 않게 하는 작용이 기대된다. 또 풍부한 칼륨이 나트륨(염분)을 배출하여 고혈압 예방에도 유효하다. 비타민 B_1의 작용으로 피로를 회복하고 몸에 활력을 증진시킨다. Alkaloid에는 암 세포를 억제하는 작용이 기대되나 과식하면 소화불량을 일으키기 쉬우므로 아이들에게는 특히 주의가 필요하다. 아울러 은행의 잎 특유의 성분 ginkgolid에는 혈류를 좋게 하여 혈전이나 노인성 인지증을 예방하는 작용도 있다고 알려져 있다.

[주요 영양소(가식부 100g 당/생)]

- 단백질 : 4.7g
- 지질 : 1.7 mg
- 탄수화물 : 38.5 mg
- 비타민 C : 23 mg
- β-Carotene : 290 μg(retinol 당량 48 μg)

[주요 생리기능 성분(추정기능)]

① Alkaloid(면역기능 강화) : 고미나 삽미에 가까운 맛의 성분(acridity)이다. 질소를 함유하는 화합물로서 면역력을 높이고 암 세포의 증식을 억제한다. 진통작용이나 기침을 진정시키는 작용이 있다.

[선별 · 보존법]

흔들어 소리가 나는 것은 안에 있는 배유가 미숙한 것이므로 피한다. 껍질을 벗기고 폴리주머니에 넣어 냉장고의 채소 수납실에 넣어 보관한다. 무키 열매는 삶은 다음 분을 날려 보내고 랩으로 싸서 폴리주머니에 넣어서 냉동 보관하면 비치색이 약 2개월간 보존된다.

잣

- 분 류: 대분류 → 견과 종실류, 소분류 → 땅콩 또는 견과류
- 학 명: *Pinus koreaiensis* Sieb. & Zucc.
- 과 명: 소나무과
- 영 명: Pine nut
- 한문명: 해송자(海松子), 송자(松子), 백자(柏子), 홍송(紅松)
- 용 도: 종자(식용, 약용)
- 수확기: 10~11월
- 에너지(100g 당): 690 kcal

[원산지 · 재배역사]

소나무 중에서도 열매가 식용으로 되는 종류는 한정되어 대만 적송은 베트남, 대만, 중국 동부에 분포하고, 삿갓소나무는 지중해 지방에 분포한다. 우리나라 전역, 중국, 시베리아 일본의 관동지방, 중부지대에서 자생한다. 중국은 옛날부터 자양강장 효과를 귀중히 여겨왔다. 성서에도 등장하고 서양에서 옛날부터 재배한 것으로 알려져 있다.

[기대되는 작용]

동맥경화 예방, 세포노화 방지, 빈혈 개선, 피로회복, 면역력 증강, 미기(美肌)효과, 고혈압을 예방한다. 또한 혈행을 촉진하여 얼굴살결을 젊게 유지한다.

[식물학적 특성]

한국의 잣나무는 잣 생산의 자원이며 적송으로 분류된다. 갈색의 박피를 벗긴 다음 볶아서 소금을 약간 뿌린 것으로 안주 등으로 먹는다. 생것, 볶거나 조림요리, 수프 등으로 널리 쓰인다. 불포화지방산인 linoleic acid가 많고 콜레스테롤을 감소하여 동맥경화를 예방하다. 비타민 E도 풍부하여 노화방지, 혈행 촉진, 미기(美肌) 효과도 기대된다. 철분도 많아 빈혈예방에 유효하다. 칼륨, 나트륨(염분)의 배설을 촉진하므로 고혈압 예방에도 효과가 있다.

[주요 영양소(가식부 100g 당/볶음)]

- 단백질: 14.6g

- 지질 : 72.5 mg
- 탄수화물 : 8.1 mg
- 철 : 6.2 mg
- 비타민 E : 1.5 mg

[주요 생리기능 성분(추정기능)]

① Linoleic acid(콜레스테롤치 저하) : 필수지방산의 하나. 콜레스테롤치를 저하시켜 정량에서 동맥경화를 예방한다. 그러나 지나친 섭취는 혈전, 암 위험이 있다.

[선별 · 보존법]

알맹이가 작기 때문에 산화되기 쉽다. 선도가 높은 것을 취급하는 가게에서 구입하는 것이 좋다. 밀폐용기에 넣어 냉장고의 채소실에 보존한다. 냉동 보존하면 3개월은 간다.

땅콩(낙화생)

- 분 류 : 대분류 → 견과 종실류, 소분류 → 땅콩 또는 견과류
- 학 명 : *Arachis hypogaea* L.
- 과 명 : 공과(대두과)
- 영 명 : Ground nut, peanut
- 한문명 : 남경두(南京豆), 낙화생(落花生), 지두(地豆), 화생(花生)
- 이명(별명) : 호콩
- 용 도 : 열매(식용), 종실유(약용)
- 수확기 : 가을~겨울철
- 에너지(100g 당) : 562 kcal

[원산지 · 재배역사]

원산지는 남미이며 기원전부터 자생하고 있었다. 브라질 또는 페루가 원산지인 땅콩은 세계 중요 작물 중의 하나로 전 세계 43개국의 아열대에서 재배된다. 땅콩은 유일하게 열매가 땅속에 들어있기 때문에 땅콩 또는 낙화생이라는 이름이 붙었다. 세계적으로 널리 전파된 것은 콜럼버스의 신대륙 발견으로 그가 현지 사람들로부터 땅콩의 존재를 알고 항해 중에 식료로서 귀중이 여겼다고 한다. 일본에는 에

도시대(1600~1867년)에 중국에서 전해졌다고 한다.

국내의 역사를 보면 이덕무의 『양엽기』에 낙화생 모양은 누에와 비슷하다고 한 기록이 있다. 『임원경제지』(1842년)에도 땅콩재배에 관한 기록이 남아 있으므로 일본보다 32년이나 일찍 전래된 것으로 보아 일본에서 도입된 것은 근거가 없다.

[기대되는 작용]

동맥경화 예방, 세포노화 방지, 뼈의 강화, 노인성 인지증 예방, 냉체질의 개선, 미기(美肌)효과, 암 억제, 콜레스테롤을 줄이고 혈행을 촉진하는 작용이 있다.

[식물학적 특성]

꽃의 기부가 지중으로 신장하여 열매가 된다. 각이 붙은 것이나 껍질이 있는 그대로 볶은 것은 술안주로 먹는다. 비타민 E가 풍부히 함유되어 세포노화를 방지하고 혈행을 좋게 하여 냉성체질이나 어깨 결림을 예방하고, 좋은 얼굴살결 효과도 기대된다. 비타민 E에는 활성산소의 위해에서 몸을 보호하는 작용이 있고 항산화 작용이 있는 saponin과 함께 암 등의 생활습관병 예방이 기대된다. 비타민 B군의 biotin도 모발이나 피부의 건강을 유지하는 작용이 있고, 미용에도 효과적이다. 기억력을 높여 노인성 인지증을 예방한다는 lecithin도 함유되어 있어 혈중 콜레스테롤치를 내려 동맥경화를 예방하는 작용이 있다.

[주요 영양소(가식부 100g 당/건조)]

- 단백질 : 25.4g(amino acid score 58)
- 지질 : 47.5 mg
- 탄수화물 : 18.8 mg
- 아연 : 2.3 mg
- 비타민 E : 10.9 mg

[주요 생리기능 성분(추정기능)]

① Oleic acid(콜레스테롤 조절) : 일가불포화지방산이다. 유해 콜레스테롤만을 감소시켜 동맥경화를 예방한다.

② Linoleic acid(콜레스테롤치 저하) : 필수지방산이다. 콜레스테롤치를 저하시켜 적량이면 동맥경화를 예방한다. 그러나 지나친 섭취는 혈전, 암의 위험성이 있다.

[선별 · 보존법]

공기에 접촉하면 산화되기 쉬우므로 가능하면 껍질이 붙은 것을 고른다. 또 먹을 분량만 소량씩 구입하는 것이 좋으며 껍질이 있는 것을 냉장고에 보관하도록 한다.

아몬드

- 분 류: 대분류 → 견과 종실류, 소분류 → 땅콩 또는 견과류
- 학 명: *Prunus dulcis, Prunus amygdalus, Amygdalus communis*
- 과 명: 장미과
- 영 명: Almond
- 한문명: 편도(扁桃)
- 용 도: 열매(식용, 약용)
- 수확기: 8월 말~10월 말(캘리포니아)
- 에너지(100g 당): 598 kcal

[원산지 · 재배역사]

원산지는 아시아 서부의 건조지대다. 재배역사는 기원전이며 주산지는 미국 캘리포니아와 지중해 연안이다.

[기대되는 작용]

동맥경화 예방, 세포노화 방지, 뼈의 강화, 빈혈 개선, 암 억제, 피로회복에 유효하다.

[식물학적 특성]

Oleic acid나 linoleic acid 등의 불포화지방산이 풍부하므로 혈중의 콜레스테롤치를 내리고 동맥경화의 예방에 유효하다. 비타민 E는 너트(nut) 중에서 비자나무 열매에 이어 2번째로 많다. 암 등의 원인인 활성산소의 위해를 억제하여 동맥경화 등 각종 생활습관병에 좋으며 비타민 B_1, B_2도 풍부히 함유되어 있으므로 피로회복이나 체력증강에 유효하다. 집중력을 상승시키며 골다공증 등을 예방하는 칼륨이나 빈혈을 예방하는 철분 등도 함유되어 있다.

[주요 영양소(가식부 100g 당/건조)]

- 단백질 : 18.6g(amino acid score 47)
- 지질 : 54.2g
- 탄수화물 : 19.7g
- 비타민 E : 31.2 mg
- 비타민 B_2 : 0.92 mg

[주요 생리기능 성분(추정기능)]

① Oleic acid(콜레스테롤 조절) : n-9계의 일가불포화지방산이다. 혈중의 유해 콜레스테롤(LDL-콜레스테롤) 만을 줄이고, 유익 콜레스테롤(HDL-콜레스테롤)을 증가시켜 동맥경화를 예방한다.

② Linoleic acid(콜레스테롤치 저하) : 필수지방산으로서 n-6계의 다가불포화지방산이다. 콜레스테롤치를 저하시켜 적량이면 동맥경화를 예방한다. 그러나 과잉섭취는 혈전형성을 촉진하여 세포의 암화를 지연시키므로 IPA(EPA)나 DHA 등의 n-3계 지방산을 균형 있게 하는 것이 중요하다.

[선별 · 보존법]

습기를 함유하면 향이 나빠지므로 껍질이 붙은 것이 좋다. 껍질을 벗긴 열매는 통조림이나 잘 밀폐된 포장의 것을 택한다. 병이나 캔, 폴리주머니 등 밀폐한 용기에 넣어 냉암소에서 보존한다. 고온이나 일광이 산화의 원인이 되므로 주의를 요한다.

피 칸

- 분 류 : 대분류 → 견과 종실류, 소분류 → 땅콩 또는 견과류
- 학 명 : *Carya illinoinensis*
- 과 명 : 가래나무과
- 영 명 : Pecan

[원산지 · 재배역사]

북아메리카 온대지방이 원산지이다. 피칸나무는 키가 약 50cm, 지름이 2m에 달

한다. 견과는 갈색으로 껍질에는 반점무늬가 있고 맛과 조직이 풍부하고 독특한 피칸은 지방 함유량이 많다. 피칸의 생산은 미국 남동부의 중요한 산업이다. 피칸은 날것으로 먹기도 한다.

[주요 영양소(가식부 100g 당/건조]

- 수분 : 3.5g
- 단백질 : 9.2g
- 지질 : 72.0g
- 탄수화물 : 9.6 mg
- 칼슘 : 70 mg
- 철 : 2.5 mg
- 칼륨 : 410 mg
- β-Carotene : 29 μg

캐슈너트

- 분 류 : 대분류 → 견과 종실류, 소분류 → 땅콩 또는 견과류
- 학 명 : *Anascardium occidentale*
- 과 명 : 옻나뭇과
- 영 명 : Cashew nut

[원산지 · 재배역사]

옻나무과의 열대 상록교목으로 높이는 10～15m이며 열매는 캐슈애플이라고 한다. 캐슈애플 끝부분에서 캐슈너트가 생긴다. 브라질이 원산지이며 인도, 미국, 중앙아메리카 등지에 분포한다.

[기대되는 작용]

Chashew의 헛열매(cashew apple)의 꽃받침 끝에서 자라는 강낭콩 모양의 참 열매이다. 참 열매는 핵과로서 한 개 씩 즉 cashew nut이다. 지방(43.85%)과 단백질(18.22%)이 많으며 탄소화물도 30.9%이다. 지방의 54%는 단일불포화지방(oleic acid), 18%는 고도불포화지방산(linoleic acid), 16%는 포화지방산(palmitic acid 9% stearic acid 7%)이다. 세계적으로 널리 소비되는 견과류로 소금 또는 설탕을 뿌려

먹거나 볶아서 소금을 뿌려 먹거나 제빵제품 따위에 쓰인다.

개 암

- 분 류: 대분류 → 견과 종실류, 소분류 → 땅콩 또는 견과류
- 학 명: *Corylus avellana, Corylus heterophylus* var. *thumbergii*
- 과 명: 자작나무과
- 영 명: Hazel, common hazel
- 한문명: 진자(榛子), 개실(開實)
- 용 도: 열매(종자)는 개암(Hazel nut)이다
- 수확기: 8월 말~9월(터키)
- 에너지(100g 당): 684 kcal

[원산지 · 재배역사]

정자는 진자(榛子)이다. 한국, 일본, 중국, 헤이룽강 등지에 분포되어 있으며 남유럽이나 서아시아에도 분포한다. 현재는 이태리나 미국에서도 재배되고 있다. 주산지는 터키이며 기원전부터 사용되어 왔다고 한다. 현재에도 생산의 70% 이상이 흑해연안 지방에서 재배되고 있다. 『세종실록 지리지』와 『경상도 지리지』에 경상도, 전라도, 경기도, 충청도, 강원도에서 개암이 난다는 기록이 있으나 지금은 보기 힘들다. 탄수화물이 많아서 성분이 빵과 비슷하다.

[기대되는 작용]

건위효과, 건비작용, 강장작용, 소화촉진, 시력강화, 기력향상, 동맥경화 예방, 뼈의 강화, 고혈압 예방에 유효하다.

[식물학적 특성]

불포화지방산인 oleic acid를 함유하여 혈액의 콜레스테롤치를 내리고, 동맥경화증에 유효하게 작용한다. 뼈를 튼튼히 하는 칼슘이나 고혈압을 예방하는 칼륨도 많다. 빈혈을 예방하는 철이나 월경의 정상화에 관여하는 아연, 균형이 좋은 무기질의 작용으로 건강을 유지한다. 비타민 E도 풍부히 함유하여 혈행 촉진과 냉성 체질 개선, 세포 노화예방에도 유효하다. 식이섬유의 작용으로 변비개선의 효과도 있다.

[주요 영양소(가식부 100g 당)]

- 단백질 : 13.6g
- 지질 : 69.3g
- 탄수화물 : 139g
- 망간 : 5.24 mg
- 비타민 E : 19 mg

[주요 생리기능 성분(추정기능)]

① Tannin(flavonoid계 polyphenol의 일종, 삽미성분) : 항산화 작용이 있으며 활성산소를 소거하여 암이나 노화를 방지한다. 살균작용으로 세균, 콜레라균, 인플루엔자, 바이러스의 증을 억제한다. 콜레스테롤이나 당분의 흡수를 억제하여 당뇨병을 예방한다.

[선별 · 보존법]

개봉하면 산화되기 쉬우므로 1회 먹을 양을 생각하여 나누어 포장하는 것이 좋다. 개봉 후는 병이나 캔, 폴리주머니 등의 밀폐용기에 넣어 냉장고나 냉동실에서 보존하면 3개월은 간다. 동계에는 냉암소도 좋으며 개봉하지 않은 것이라면 1년은 간다.

마카다미아 너트

- 분 류 : 대분류 → 견과 종실류, 소분류 → 땅콩 또는 견과류
- 학 명 : *Macadamia interifolia, Macadamia tetraphylla*
- 과 명 : Proteaceae(프로테아과)
- 영 명 : Macadamia
- 수확기 : 3~9월(호주)
- 에너지(100g 당) : 720 kcal

[원산지 · 재배역사]

원산지는 호주이며 19세기 후반에는 동해안에서 발견되었으나 너무 껍질이 단단하여 식용으로서는 정착되지 못하였다. 20세기 후반에 껍질을 쪼개는 기계가 출현

하여 세계적으로 알려지게 되었다. 현재는 하와이와 아프리카에서도 재배되고 있다.

[기대되는 작용]

동맥경화 예방, 뇌기능 유지 개선, 노인성 인지증 예방, 위궤양 예방, 피부기능 유지 개선, 뇌혈관에 영양을 보급하여 인지증의 예방에 유효하다.

[식물학적 특성]

식물 중에서 유일하게 palmitoleic acid를 함유하고 있다. Palmitoleic acid는 뇌혈관에 들어가는 유일의 지방산의 하나로 뇌혈관에 영양을 보급하는 작용이 있다. 나머지 지방의 대부분은 불포화지방산인 oleic acid로 혈중의 콜레스테롤을 줄여서 동맥경화와 심근경색을 예방하는 작용이 있다. 이 두 개의 지방산 작용으로 뇌혈관의 건강이 유지되므로 뇌졸중이나 뇌혈전 등 노인성 인지증의 예방효과가 기대된다. 또 oleic acid는 위장작용을 활발하게 하여 위궤양 예방이나 변비개선 등에도 도움이 된다.

[주요 영양소(가식부 100g 당/볶음 · 맛들임)]

- 단백질 : 8.3g(amino acid score 61)
- 지질 : 76g
- 탄수화물 : 12.2g
- 철 : 1.3 mg
- 아연 : 0.7 mg

[주요 생리기능 성분(추정기능)]

① Oleic acid(콜레스테롤 조절) : n-9계의 일가불포화지방산이다. 혈중의 유해 콜레스테롤(LDL-콜레스테롤)만을 감소하고, 유익 콜레스테롤(HDL-콜레스테롤을 증가시켜 동맥경화를 예방한다.

② Palmitoleic acid(피부기능 개선 유지) : 일가불포화지방산으로 oleic acid의 동족체이다. 피부에 많이 함유되며 피부세포의 재생기능을 돕는다. 나이에 따라 감소된다.

[선별 · 보존법]

습기를 함유하면 맛과 향이 나빠지므로 가능하면 껍질을 벗기지 않는 것이 좋다. 깐 열매는 통조림이나 병조림 등으로 단단하게 밀봉한 것을 고른다. 개봉 후에는 병이나 통, 폴리주머니 등의 밀폐용기에 넣어 냉장고에 보존한다. 냉동 보관하면 3개월 정도는 간다. 개봉 전이라면 1년 정도는 저장된다.

피스타치오 너트

- 분 류: 대분류 → 견과 종실류, 소분류 → 땅콩 또는 견과류
- 학 명: *Pistacia vera*
- 과 명: 옻나무과
- 영 명: Pistachio, pistachio nut
- 수확기: 8월 말~9월(캘리포니아)
- 에너지(100g 당): 615 kcal

[원산지 · 재배역사]

원산지는 모로코, 시리아 등의 지중해 연안과 서아시아이다. 기원전에 로마로 전해져 유럽에서 미국, 아시아로 넓혀졌다. 일본에는 19세기 초기에 전해져 1880년대에 재배가 시도되었으나 기후풍토가 맞지 않아 재배가 정착되지 못했다. 옻나뭇과의 작은 관목인 피스타키오 나무의 열매 씨이다. 열매는 핵과로서 그 안에 긴 씨가 들어있다. 씨를 흔히 견과라고 하나 식물학적으로는 견과가 아니다. 이란, 미국, 터키, 시리아, 중국, 그리스 등지에서 많이 생산한다.

[기대되는 작용]

동맥경화 예방, 빈혈 개선, 고혈압 예방, 변비개선, 뼈의 강화, 피로회복, 세포노화 예방에 유효하다.

[식물학적 특성]

칼륨이 풍부하여 혈액 중의 나트륨(염분)을 체외로 배출하고 고혈압을 예방하는 작용이 있다. 당질의 에너지 변환에 불가결의 인자인 비타민 B_1도 함유되어 있어 피로회복을 촉진한다. 철과 그 체내 이용을 돕는 구리도 함유하여 빈혈예방에 효과적이다. 또 불포화지방산의 oleic acid와 linoleic acid의 작용으로 콜레스테롤치를

저하시켜 동맥경화의 예방에도 유효하다. 위장을 활성화시키므로 식이섬유와의 상승효과로 변비개선의 작용도 있다. 식용하는 것은 단단한 껍질의 종자에 들어있는 녹색의 인(仁) 부분이다. 풍미가 좋아 술안주로서 또는 과자의 재료로 사용한다.

[주요 영양소(가식부 100g 당/볶음 · 맛냄)]

- 단백질 : 17.4g(amino acid score 83)
- 지질 : 56.1 mg
- 탄수화물 : 20.9 mg
- 비타민 E : 4 mg
- 비타민 K : 29 μg

[주요 생리기능 성분(추정기능)]

① Oleic acid(콜레스테롤 조절) : n-9계의 일가불포화지방산이다. 혈중의 유해 콜레스테롤(LDH-콜레스테롤)만을 감소하고, 유익 콜레스테롤(HDL-콜레스테롤)을 증가시켜 동맥경화를 예방한다.

② Linoleic acid(콜레스테롤치 저하) : 필수지방산의 하나로서 콜레스테롤치를 저하시켜 적량이면 동맥경화를 예방한다. 그러나 과잉 섭취는 혈전이나 발암의 위험이 있다.

[선별 · 보존법]

공기를 함유하면 산화되어 향도 나빠지므로 통조림이나 단단히 밀봉된 포장의 것을 고른다. 견과는 황색이나 녹색 진한 것이 양질이다. 병이나 캔, 폴리주머니 등 밀폐된 용기에 넣어 냉장고의 채소 수납실에 넣어 보관한다. 3개월 이상 보존하려면 냉동고에 보관한다.

도토리

상수리나무, 졸참나무, 떡갈나무, 메밀나무, 너도밤나무의 열매를 통틀어 이르는 말이다.

- 분 류 : 대분류 → 견과 종실류, 소분류 → 땅콩 또는 견과류
- 학 명 : *Quercus acutissima* Carruthers

- 과 명: 너도밤나무과
- 영 명: Acorn
- 한문명: 상실(橡實), 상실자(橡實子)
- 이명(별명): 상수리
- 용 도: 열매(식용, 약용)
- 수확기: 가을철
- 에너지(100g 당): 45 kcal

[원산지 · 재배역사]

도토리와 상수리는 구황식품 또는 별식으로 이용해온 역사가 오래된 것이다.

[기대되는 작용]

Tannin은 삽미 성분으로 미각신경을 마비시키는 성질이 있다. 소종(消腫), 지사(止瀉)작용, 해독작용이 있으며 도토리묵은 열량이 낮아 비만인 사람에게 좋은 식품이다. 그러나 타닌은 변비가 있는 사람은 삼가야 한다.

[식물학적 특성]

도토리와 상수리는 3~9%의 tannin(타닌)을 함유하고 있으므로 깍지를 벗기고 빻아 물에 우려내면 타닌이 제거된다. 타닌을 우려낸 도토리가루는 단백질 2.5g, 지방 4.9g, 당질 81g, 섬유질 3.2g, 무기질 0.2g 정도이다. 그러나 도토리묵은 단백질 0.2g, 지방 0.lg, 당질 10.9g, 섬유질 0.5g, 무기질 0.2g 정도이다.

[주요 영양소(가식부 100g 당/가루 · 생)]

- 단백질: 2.5g
- 지방: 49g
- 당질: 81g
- 섬유질 : 3.2g
- 무기질: 0.2g

[주요 생리기능 성분(추정기능)]

① Tannin(flavonoid계 polyphenol의 일종, 삽미성분): 항산화 작용이 있으며 활

성산소를 소거하여 암이나 노화를 방지한다. 살균작용으로 세균, 콜레라균, 인플루엔자, 바이러스의 증을 억제한다. 콜레스테롤이나 당분의 흡수를 억제하여 당뇨병을 예방한다.

▶ 유지 종실류

참 깨

- 분 류: 대분류 → 견과 종실류, 소분류 → 유지 종실류
- 학 명: *Sesamum indicum* L.
- 과 명: 참깨과
- 영 명: Sesame
- 한문명: 흑지마(黑芝麻), 호마(胡麻), 지마(芝麻), 향마(香麻), 흑임자(黑荏子), 황지마(黃芝麻)
- 용 도: 씨(제유용, 조미용, 약용), 잎(약용)
- 수확기: 가을철
- 에너지(100g 당): 578 kcal

[원산지 · 재배역사]

원산지는 인도 또는 이집트라고 한다. 인류가 기름을 얻기 위한 수단으로 재배한 기름 작물 중에서 가장 역사가 긴 것으로 알려져 있다. 피라미드의 파피루스에 효능이 적혀 있고 미이라에도 발랐으며 히포크라테스도 우수한 식품이라 하였다. 고대 중국에서는 5000년 이전부터 재배하였다. 일본에는 538년 백제로부터 전래되었다고 한다.

고대로부터 중국에 있었던 삼과 구별하기 위하여 호마(胡麻)라고 불었다. 『삼국사기』 신라본기, 『삼국유사』에 참깨기름이 나오며 이처럼 유채와 같이 조미료로서 이용되었다. 참깨는 자실의 빛깔에 따라서 검은깨, 누런깨, 흰깨 등이 있다. 국내 도입경로는 통일신라시대 때의 기록에 있는 것으로 보아 매우 오래 전부터 이용된 것을 알 수 있다. 조선시대 홍만선이 저술한 『산림경제』에 보면 이때 벌써 네모깨, 육모깨가 재배되었고 거승자(巨勝子 : 검은깨), 백지마(白芝麻 : 흰깨), 누런깨 등으로 색깔에 따라 구분하였다.

참깨의 지방산은 oleic acid 40%, linolenic acid 44%, palmitic acid 9%가 들어있는 반건성유이다. 참기름은 동물성 지방에 비하여 오랫동안 변하지 않으며 저장성이 우수하다. 성분 중에는 비타민 E, sesamol, sesamolin이 들어있어 항산화 역할과 향미를 부여한다.

[기대되는 작용]

동맥경화 예방, 암 억제, 간 기능 강화, 세포노화 방지, 뼈의 강화, 빈혈 개선, 피로회복 등에 유효하다. 참깨 lignan이 활성산소를 소거하여 몸의 노화를 예방한다.

[식물학적 특성]

참깨 lignan은 참깨에 함유되어 있는 항산화 성분으로 sesamin과 sesaminol 등이 있다. 이들의 항산화 성분이 활성산소를 억제하여 암이나 순화기 질환을 억제하는 것이 기대된다. 또 콜레스테롤치를 저하시키므로 동맥경화를 억제하는 것으로 생각한다. Oleic acid나 linoleic acid 등의 불포화지방산도 콜레스테롤치의 저하에 유효하다. 풍부한 비타민 B_1은 피로회복에도 도움이 된다. 간 기능 개선에 필요한 아미노산 methionine이나 세포노화를 방지하는 비타민 E, 뼈를 강하게 하는 칼슘, 빈혈을 예방하는 철 등의 무기질도 균형 있게 함유되어 강장의 역할을 한다.

[주요 영양소(가식부 100g 당/건조)]

- 지질 : 51.9g
- 칼슘 : 1,200 mg
- 철 : 9.6 mg
- 비타민 E : 2.4 mg
- 비타민 B_1 : 0.95 mg

[주요 생리기능 성분(추정기능)]

① Sesamolin(항산화) : 참깨 lignan의 일종으로 항산화력을 가진다. 같은 항산화물질의 sesamol이나 sesaminol의 전구체이며 발암을 억제한다.

② Sesamol(항산화) : 참깨 lignan의 일종으로 항산화력을 가진다. Sesamolin을 가열함으로써 발생되며 발암을 억제한다.

③ Sesamin(항산화) : 참깨 lignan의 일종으로 항산화력을 가진다. 발암을 억제하고 콜레스테롤치를 저하시키며 혈압 저하작용, 비타민 E를 절약하는 작용이 있다.

[선별 · 보존법]

알맹이가 크고 고르며 윤기가 있고 잘 건조한 것이 좋다. 상처가 있거나 작은 부스러기가 있는 것은 좋지 않다. 껍질이 붙어 있는 쪽이 영양가는 높다. 습기는 금물이다. 밀폐된 용기에 넣어 냉장고의 채소 수납실에 넣어두거나 냉동고에 보존한다.

참깨기름

- 분 류: 대분류 → 견과 종실류, 소분류 → 유지 종실류
- 학 명: *Sesamum indicum* L.
- 과 명: 참깨과
- 영 명: Sesame oil
- 한문명: 흑지마유(黑芝麻油), 호마유(胡麻油), 지마유(芝麻油), 향마(香麻油), 흑임자유(黑荏子油), 황지마유(黃芝麻油)
- 주 원재료: 참깨의 씨
- 용 도: 기름(식용)
- 수확기: 가을철
- 에너지(100g 당): 921 kcal

[원산지 · 재배역사]

우리나라에서 가장 오래 전부터 사용한 기름이다. 생산량이 적어 귀중품으로 되고 있으며 착유는 옛날에는 나무틀로 하였으나 현재는 기계로 착유하고 있다.

[기대되는 작용]

동맥경화 예방, 세포노화 방지, 암 억제, 고혈압 예방 등에 유효하다. 좋은 냄새로 산화되기 어려워 보관하여도 좋고 기능성분이 풍부한 기름이다.

[식물학적 특성]

참깨(종자)를 짠 기름이다. 향을 내기 위하여 먼저 배전하여 착유한다. 배전의 온도가 높고 배전을 깊게 할수록 좋은 향이 나고 색도 진한 기름이 된다. 배전온도를 낮게 한 것도 있으며 이들은 좋은 냄새보다도 참깨의 지미 · 감미가 난다. 함유 지방산은 콜레스테롤치 저하에 유효한 oleic acid나 linoleic acid로 이들의 40%를 차

지한다. 참기름에는 sesamolin이나 sesamine 등 강한 항산화물질을 많이 함유하고 있어 콜레스테롤치를 저하하고, 간 기능 강화, 면역력 향상, 암 예방 등에 유효하게 작용한다. 또 항산화물질의 작용으로 다른 식물유에 비하여 산화되기 어려운 것이 우수한 특징이다.

[주요 영양소(가식부 100g 당)]

- 칼슘 : 100 mg
- 철 : 0.1 mg
- 구리 : 0.01 mg
- 비타민 E : 4.8 mg
- 비타민 K : 5 μg

[주요 생리기능 성분(추정기능)]

① Sesamolin(항산화) : 항산화물질이며 같은 항산화물질의 sesamol, sesamimol로 되는 물질로서 발암을 억제한다.
② Sesamol(항산화) : 항산화물질이며 sesamolin을 가열함으로써 발생한다. 발암을 억제한다.
③ Sesamin(항산화) : 항산화물질로서 발암을 억제한다. 콜레스테롤치를 저하하고 혈압 저하작용이 있다.

[선별 · 보존법]

배전이 깊은 것은 볶은 참깨의 향이 강하고 방순한 맛이 있다. 배전이 낮은 것은 mild한 입맛으로는 너트와 같은 향이다. 산화를 방지하기 위하여 단단한 뚜껑을 하여 직사광선이 닿지 않는 냉암소에서 보관한다. 다른 기름에 비하여 품미의 안정성이 좋아 반년 이상은 간다.

면실기름

- 분 류 : 대분류 → 견과 종실류, 소분류 → 유지 종실류
- 학 명 : *Gossypium arboreum* var. *indium*
- 과 명 : 아욱과
- 영 명 : Cotton seed oil

- 한문명: 면실유(棉實油)
- 이명(별명): 목화씨 기름
- 용 도: 기름(식용)
- 수확기: 가을철
- 에너지(100g 당): 92 kcal

[원산지 · 재배역사]

성숙하여 개열한 솜의 삭과에서 면섬유를 채취한 나머지의 종자를 말한다. 목화씨는 기름성분이 약 17∼23% 함유되어 있다. 면실유는 gossypol을 위시하여 많은 색소를 함유하고 보통 암갈색으로 검질은 적다. 정제 후는 palmitic acid, oleic acid, linoleic acid의 glyceide를 주체로 한 양질의 식용유로서 샐러드유, 튀김유 등에 쓰인다. 또한 유박은 가축의 사료로 쓰인다.

[기대되는 작용]

항산화 작용이 강한 고급유이다. 풍미가 좋고 산화가 쉽게 이루어지지 않으므로 고급 식용유라고 한다. 항산화 작용이 있는 비타민 E를 풍부히 함유되어 있으므로 동맥경화 등 생활습관병을 예방하는 효과가 기대된다. 마요네즈나 드레싱 등 생식용 이외에 튀김용이나 면의 늘임용 기름으로 사용된다.

[주요 영양소(가식부 100g 당)]

- 지질: 100g
- 비타민 E: 31.1 mg
- 비타민 K: 29 μg

해바라기씨

- 분 류: 대분류 → 견과 종실류, 소분류 → 유지 종실류
- 학 명: *Helianthus annuus* L.
- 과 명: 국화과
- 영 명: Sunflower

  해바라기씨(sunflower seed), 해바라기씨 기름(sunflower seed oil),
  해바라기박(sunflower meal)

- 한문명 : 향일규(向日葵), 규곽(葵藿), 향일화(向日花), 규화(葵花)
- 용 도 : 열매(식용, 제유용)
- 수확기 : 가을철
- 에너지(100g 당) : 611 kcal

[원산지 · 재배역사]

원산지는 북아메리카이며 페루, 맥시코를 비롯하여 미국의 원주민들이 식용으로 재배하여 왔다. 콜럼버스의 신대륙 발견을 계기로 유럽으로 전해졌다고 한다. 일본으로 전해진 것은 17세기경으로 처음은 관상용으로 보급되었고 식용으로 재배가 확대된 것은 1975년대 이후라고 한다. 우리나라에 전해진 것은 비교적 근래이며 중국을 거쳐 선교사에 의하여 들어온 것으로 추정된다.

[기대되는 작용]

동맥경화 예방, 세포노화 방지, 빈혈 개선, 냉 체질 개선, 감염증 예방, 미각기능 유지 개선, 위궤양 개선 등이 있으며 풍부한 엽산이 빈혈을 예방하고 면역력을 상승시킨다.

[식물학적 특성]

Linoleic acid를 풍부히 함유하고 있으며 콜레스테롤치를 저하시켜 동맥경화나 고지혈증을 예방하는 작용이 기대된다. 엽산도 종실류 중에서 최고이고 빈혈이나 위궤양의 예방에 효과적이라 한다. 면역력을 높이는 작용도 알려져 있고 감기 등의 감염예방에도 도움이 되는 것으로 알려져 있다. 또 발육 촉진작용이 있으므로 임신 중이나 수유 중의 사람에 권유하고 싶다. 비타민 E도 풍부하여 혈행을 좋게 하므로 세포노화를 예방하여 좋은 얼굴살결 효과도 기대된다. 착유용이나 과자 등에 사용되는 식용의 두 품종으로 대별되고 또 관상용과 다른 종도 있다.

[주요 영양소(가식부 100g 당)]

- 단백질 : 20.1g
- 지질 : 56.3g
- 탄수화물 : 17.2g
- 아연 : 5 mg
- 비타민 E : 12.6 mg

[주요 생리기능 성분(추정기능)]

① Linoleic acid(콜레스테롤치 저하) : 필수지방산의 하나이다. 콜레스테롤치를 저하시켜 적량이면 동맥경화를 예방한다. 그러나 과잉 섭취는 혈전이나 발암의 위험이 있다.

[선별 · 보존법]

습하면 산화되고 향도 손실되므로 잘 밀폐 포장한 것을 택한다. 병이나 캔, 폴리주머니의 용기에 넣어 냉장고에 보관한다. 장기 보존의 경우에는 냉동 보관한다. 습기뿐만 아니라 고온이나 일광도 산화의 원인이 되므로 주의를 요한다.

호 박

- 분 류 : 대분류 → 견과 종실류, 소분류 → 유지 종실류
- 학 명 : *Cucurbita moschata* Duchesne
- 과 명 : 박과
- 영 명 : Pumpkin, Squash, musk pumpkin, melon pumpkin,
  호박씨(pumpkin seed), 호박씨 기름(pumpkin seed oil),
  호박박(pumpkin meal)
- 한문명 : 남과속(南瓜屬), 남과(南瓜), 금과(金瓜), 번과(番瓜), 동과(冬瓜)
- 용 도 : 열매 · 씨(식용, 약용)
- 수확기 : 봄~겨울철
- 에너지(100g 당) : 91 kcal

[원산지 · 재배역사]

원산지는 중앙아메리카 또는 멕시코 남부를 거쳐 캄보디아와 당나라를 거쳐서 도입된 것으로 보이며 삼국시대 이후 통일신라시대부터 재배한 기록이 있다. 동양계 호박, 서양계 호박, 페포계 호박의 3종류가 있다. 현재 우리나라 호박은 동양계 호박에 속하고 재래종(만생종), 서울 애호박(조생종) 등이 재배되고 있다.

[기대되는 작용]

암 억제, 동맥경화 예방, 세포노화 방지, 변비개선, 당뇨병 예방, 피부 · 점맥보호,

피로회복, 세포를 젊게 유지하고 에너지 대사를 활발하게 한다.

[식물학적 특성]

크게 나누면 일본호박과 서양호박이 있으나 일반적으로 서양호박이 많이 출하되고 있으며 일본호박보다 영양가가 높다. 삼대 항산화제인 β-carotene, 비타민 C, E가 풍부하다. 특히 비타민 E는 채소 중에서도 최고이다. 세 가지 비타민의 상승작용으로 활성산소를 제거하여 세포를 젊게 유지하고 동맥경화나 암 등의 생활습관병의 예방에 유효하다. 비타민 B_1 · B_2도 균형이 좋아 당질이나 지질의 에너지 대사를 활발하게 하여 혈행촉진, 세포의 재생, 피로회복에 유효하게 작용한다. 풍부한 식이섬유는 장내환경을 조정하고 변비를 개선한다.

[주요 영양소(가식부 100g 당/볶은 것 · 조미한 것)]

- 탄수화물 : 20.6g
- β-Carotene : 4,000 μg
- 비타민 E : 5.1 mg
- 비타민 B_2 : 0.09 mg
- 비타민 C : 43 mg

[주요 생리기능 성분(추정기능)]

① 셀렌(항암, 항산화) : 활성산소를 소거하여 암이나 동맥경화를 예방하고 세포노화를 방지하는 비타민 E 작용을 강화한다.
② Polyphenol(항산화) : 강한 항산화 작용이 있고 암을 억제한다.
③ 식이섬유(정장, 항암, 순환기질환 억제) : 장내 유익균을 활성화 하고 변의 양을 증강시켜 장내환경을 조정한다. 콜레스테롤을 배출시켜 동맥경화, 당뇨병 등의 생활습관병과 암을 예방한다.

[선별 · 보존법]

무게가 있고 상피의 색에 얼룩이 없는 것이 좋다. 절단했을 때 과육이 신선하고 황색으로 씨가 허물어지지 않고 채워져 있으며 건조되지 않은 것이 좋다. 둥근 그대로는 통풍이 좋은 냉암소에서 1~2개월은 유지된다. 절단한 것은 씨와 속 부분을 제거하고 랩을 하면 냉장고에서 1주간은 보존이 가능하다.

호박씨

- 영 명: Pumpkin seed
- 수확기: 10~11월
- 에너지(100g 당): 574 kcal

[기대되는 작용]

건조한 것을 볶아서 식용한다. 중국에서는 옛날부터 약용으로 이용하여 왔다. 지질인 linoleic acid가 많아 체내의 콜레스테롤치의 상승을 억제하는 효과가 있다. 무기질로서 뼈를 형성하는 데 도움을 주는 망간 그리고 미각을 정상으로 유지시켜 주는 아연이 많다. 이뇨작용, 항염증작용, 과민반응과 전립선 비대증의 개선, 요도괄약근의 정상화에 유효하다.

[주요 영양소(가식부 100g 당/건조)]

- 단백질: 26.5g
- 지질: 51.8g
- 탄수화물: 12g
- 아연: 7.7 mg
- 망간: 4.39 mg

[주요 생리기능 성분(추정기능)]

① 식물 sterol과 지방산으로 어떤 형태의 성호르몬에 관여한다.
② Tocopherol과 셀렌의 항산화작용이 있다.
③ Cureurbitacin에 의한 항암작용, 항균작용이 있다.
④ Lignan과 phytosterone 효과가 있다.
⑤ 과민 방광의 개선효과가 있다.
⑥ 전립선 비대증의 개선에 유효하다.

들 깨

- 분 류: 대분류 → 견과 종실류, 소분류 → 유지 종실류
- 학 명: *Perilla frutescens* var. *japonica* Hara(들깨),

Perilla frutescens(Brit.) var. *acuta* Kudo(차즈기)

- 과 명: 꿀풀과
- 영 명: Perilla, 들깨 씨(perilla seed), 들깨 잎(perilla leaf)
- 한문명: 임(荏), 임자(荏子), 수임(水荏), 지마(脂麻), 백소(白蘇)
- 용 도: 잎, 열매, 열매기름(식용), 열매(약용)
- 수확기: 가을철
- 에너지(100g 당): 544 kcal

[원산지·재배역사]

원산지는 인도와 중국의 고원지대이다. 세계적인 전파는 남방으로는 말레이시아 반도, 인도네시아, 북방으로는 중국 전역 특히 중국 동북부에서 한국을 경유하여 일본으로 건너갔을 것으로 추측되고 있다. 우리나라 도입경로는 통일신라시대에 참외와 함께 재배해온 기록이 있으며 『향약집성방(鄉藥集成方)』에는 임자(荏子) 또는 수임자(水荏子)라는 이름으로 나타난다. 중국, 한국, 일본 인도에서 재배되고 있으며 특히 식용으로 하는 민족은 거의 한족으로 한정되어 있는 것으로 알려져 있다.

[기대되는 작용]

혈전작용, 빈혈개선, 알레르기 억제, 뼈의 강화, 뇌기능 유지 개선, 세포노화 방지, 미각기능 유지 개선에 유효하다. IPA나 DHA를 합성하는 α-linolenic acid가 풍부하다.

[식물학적 특성]

불포화지방산인 α-linolenic acid가 풍부히 함유되어 이들에서 체내에서 혈전형성을 억제하는 IPA나 콜레스테롤을 감소시켜 뇌의 기능을 개선시켜 준다. IPA는 혈액의 유용성을 높여 순환기 질환을 예방하고 암을 억제하는 작용도 기대된다. 또 DHA는 뇌졸중이나 노인성 인지증의 예방에 효과가 있다고 한다. 뼈의 형성에 관계하는 망간이나 튼튼한 뼈를 만드는 칼슘 등의 무기질이 풍부하므로 골다공증의 예방에도 유효하다. 한편 들깨 잎에는 활성산소를 억제하여 암이나 여러 가지 병을 예방하는 β-carotene도 많이 함유되어 있다. 기름을 짜서 요리용과 그 밖의 유지용 페인트와 니스로도 쓰인다.

[주요 영양소(가식부 100g 당/건조)]

- 지질 : 43.4g
- 철 : 16.4 mg
- 칼슘 : 390 mg
- 아연 : 3.8 mg
- 망간 : 3.09 mg

[주요 생리기능 성분(추정기능)]

① α-Linolenic acid(항동맥경화, 항알레르기) : 필수지방산의 하나이다. 체내에서 혈전방지 작용을 갖는 IPA(EPA)로 변환하고 콜레스테롤치를 내려 동맥경화, 고혈압을 예방한다. 아토피성 피부염, 천식 등의 알레르기 증상을 완화하고 개선한다.

② 식이섬유(정장, 항암, 순환기질환 억제) : 장내 유익균의 증식을 활성화 하고 변의 양을 증가시켜 장내환경을 정비한다. 콜레스테롤을 배출하여 동맥경화, 당뇨병 등 생활습관병과 암을 예방한다.

[선별 · 보존법]

일반적으로 슈퍼마켓에서는 그다지 유통되지 않으므로 인터넷으로 판매점을 검색하거나 건강식품점에서 알아보는 것이 좋다. 밀폐된 용기에 넣어서 보존하다. 지방산은 산화되기 쉬므로 가능한 한 신선한 것을 사용해야 한다.

올리브기름

- 분 류 : 대분류 → 견과 종실류, 소분류 → 유지 종실류
- 학 명 : *Olea europaea*
- 과 명 : 물푸레나뭇과(목서과)
- 영 명 : Olive oil, 올리브나무(olive tree), 올리브 잎(olive leaf), 올리브 기름(olive oil),
- 에너지(100g 당) : 921 kcal

[원산지 · 재배역사]

지중해 연안지방에서는 옛날부터 식용유로서 이용되어 왔으며 구약성서에도 기재되어 있다.

[기대되는 작용]

동맥경화, 고혈압, 당뇨병을 예방하고 세포노화 방지, 변비개선 등에 유효하다.

[식물학적 특성]

올리브의 열매에서 착유한 기름으로 그 70%를 차지하는 oleic acid는 유해 콜레스테롤을 줄여주는 우수한 성분이다. 산화되기 어렵고 유지류 중에서도 가장 몸에 좋은 기름으로 알려져 있다. 동맥경화나 심장병, 고혈압의 예방 효과가 있다. Insulin의 분비를 촉진하는 작용이 있고 당뇨병 예방에 도움이 된다. 소화를 도와서 장에 작용하여 변비해소에 유효하다. 또 항산화 작용이 강한 비타민 E나 β-carotene을 풍부히 함유하기 때문에 암 예방이나 세포의 노화방지에 높은 효과가 기대된다.

[주요 영양소(가식부 100g 당)]

- 나트륨: 미량
- 칼슘: 미량
- β-Carotene: 180 ㎍(retinol 당량 30 ㎍)
- 비타민 E: 7.6 mg
- 비타민 K: 42 ㎍

[주요 생리기능 성분(추정기능)]

① Oleic acid(콜레스테롤 조절): n-9계의 일가불포화지방산이다. 혈중의 유해 콜레스테롤(LDL-콜레스테롤)만을 줄여주고 유익 콜레스테롤(HDL-콜레스테롤)을 증가시켜 동맥경화를 예방한다.

[선별·보존법]

산지나 품종에 따라 색이나 향이 다르다. 이탈리아산만 아니고 스페인산에도 아주 좋은 것이 있다. 산화를 방지하기 위하여 뚜껑을 하여 직사광선이 닿지 않는 서늘한 곳에 둔다. 향과 풍미가 떨어지지 않게 개봉 후에는 가능한 한 빨리 사용한다.

달맞이꽃씨

- 분 류: 대분류 → 견과 종실류, 소분류 → 유지 종실류

- 학 명: *Oenothera biennis, Oenothera odorata*
- 과 명: 바늘꽃과(柳葉菜科)
- 영 명: Evening primrose seed
- 한문명: 월견초(月見草)
- 용 도: 기름(식용)
- 에너지(100g 당): 921 kcal

[식물학적 특성]

러시아나 동구제국에서 생산된다. 함유 지방산의 70% 가까이가 linoleic acid이다. 활성산소에서 점막을 보호하는 비타민 E가 유지류 중에서 가장 많은 것이 특징이다. 최근에는 oleic acid 함량을 높인 개량 품종도 있으며 샐러드나 드레싱에 사용된다.

[주요 영양소(가식부 100g 당/고 inoleic acid 정제유)]

- 지질: 100%
- 비타민 E: 39.2 mg
- 비타민 K: 11 ㎍

목화씨기름

- 분 류: 대분류 → 견과 종실류, 소분류 → 유지 종실류
- 학 명: *Gossypium arboreum* var. *indium*
- 과 명: 아욱과
- 영 명: Cotton seed oil, 목화씨(면실, cotton seed), 목화씨박 (cotton seed meal)
- 주요 원재료: 면실(綿實)
- 에너지(100g 당): 921 kcal

[기대되는 작용]

풍미가 좋고 산화가 잘 안 되는 고급 식용유이다. 항산화제인 비타민 X를 많이 함유하기 때문에 동맥경화 등의 생활습관병을 예방하는 효과가 있다. 마요네즈나 드레싱 등의 식용유 외에 튀김용으로도 사용한다.

[주요 영양소(가식부 100g 당)]

- 지질 : 100g
- 비타민 E : 31.1 mg
- 비타민 K : 29 μg

유채기름

- 분 류 : 대분류 → 견과 종실류, 소분류 → 유지 종실류
- 학 명 : *Brassica campestris* L. *napus* var. *nippooleifera* Makino, *Brassica napus*
- 과 명 : 십자화과
- 영 명 : Rape seed oil
- 한문명 : 유채(油菜), 운태(雲苔), 채종(菜種), 청채(靑菜)
- 주요 원재료 : 유채씨
- 에너지(100g 당) : 921 kcal

[원산지 · 재배역사]

스칸비나비아 반도와 시베리아 그리고 코카스 지방에 걸친 지역이 원산지이며 기름을 목적으로 재배한 것은 16세기경부터라고 한다. 우리나라에 전래된 때는 분명치 않으나 1643년 홍만선의 『산립경제』와 1830년 최한기의 『농정회요』에 운태(雲苔)라는 기록이 있는 것으로 보아 최소한 17세기 이전에 명나라로부터 도입된 것으로 보인다. 1950년대에 식용유 부족으로 일본 품종을 도입하였는데 1960년대에는 경남, 제주, 전남 · 북 일원으로 재배가 확대되었다. 제주도에서는 그나마 봄철 관광상품으로 명맥을 유지하고 있는 정도이다.

[기대되는 작용]

원료는 주로 품질 개량된 canola 종(erucic acid 함량이 아주 낮은 유채 품종)의 유채(rape seed)이다. 함유 지방산의 약 60%가 oleic acid로 불포화지방산류는 유지류 중에서 최소이며 골다공증을 예방하는 비타민 K를 함유한다. 산화가 되기 어렵고 단독 또는 다른 기름의 유지류에 조합하여 튀김용으로 한다. 기름성분에는 erucic acid가 15%나 들어있는 것이 특색이며 반건성유이다.

[주요 영양소(가식부 100g 당)]

- 지질 : 100g
- 칼륨 : 미량
- 칼슘 : 미량
- 비타민 E : 18.5 mg
- 비타민 K : 120 μg

팜 유

- 분 류 : 대분류 → 견과 종실류, 소분류 → 유지 종실류
- 학 명 : *Phoenix dactylifera*(대추팜), *Cocos mucifera*(코코넛팜), *Metroxylion sague*(사고팜)
- 과 명 : 종려과
- 영 명 : Palm oil
- 주요 원재료 : 기름야자의 핵
- 에너지(100g 당) : 921 kcal

[기대되는 작용]

반고체상의 것을 차게 하여 원심분리하여 액체의 palmolein과 고체의 palmstearin으로 나눈다. Pamlolein은 튀김용으로, pamlsterin은 마가린과 shorterning 등의 원료로 된다. 포화지방산의 palmitic acid가 유지류 중에서 제일 많다.

[주요 영양소(가식부 100g 당)]

- 지질 : 100g
- 칼슘 : 미량
- 비타민 E : 8.9 mg
- 비타민 K : 4 μg

홍화씨기름

- 분 류 : 대분류 → 견과 종실류, 소분류 → 유지 종실류

- 학 명: *Cathamus tinctorius* L.
- 과 명: 국화과
- 영 명: Safflower seed oil, carthami flos
- 한문명: 홍화(紅花)
- 이명(별명): 잇꽃
- 에너지(100g 당): 921 kcal
- 주요 원재료: 홍화씨의 원료

[기대되는 작용]

불포화지방산의 linoleic acid가 유지류 중에서 가장 많다. 혈중 콜레스테롤치를 내리는 효과가 주목되고 있다. 홍화씨기름은 산화되기 쉬어 튀김용으로 맞지 않다. 최근에는 품종 개량으로 oleic acid가 많은 홍화가 창출되어 산화되기 어려운 홍화씨기름이 많다.

[주요 영양소(가식부 100g 당)]

- 지질: 100g
- 인: 미량
- 비타민 E: 27.6 mg
- 비타민 K: 10 ㎍

쌀겨기름

- 영 명: Rice bran oil
- 한문명: 미강유(米糠油)
- 주요 원재료: 쌀겨(米糠)
- 에너지(100g 당): 921 kcal

[기대되는 작용]

원료의 수입에 의하지 않고 국산 쌀겨로 제조되는 식물유이다. 단백하고 oleic acid가 주성분이므로 산화되기 어렵다. 비타민 E가 많고 콜레스테롤의 흡수를 방해한다는 γ-oryzanol도 함유되므로 동맥경화 예방이 기대되는 식물유이다.

[주요 영양소(가식부 100g 당)]

- 지질: 100g
- 칼륨: 미량
- 칼슘: 미량
- 비타민 E: 26.4 mg
- 비타민 K: 36 μg

콩기름

- 분 류: 대분류 → 견과 종실류, 소분류 → 유지 종실류
- 영 명: Soybean oil
- 한문명: 대두유(大豆油)
- 주요 원재료: 대두(콩)
- 에너지(100g 당): 941 kcal

[기대되는 작용]

세계에서 가장 생산량이 많은 기름이다. 한국에서는 유분이 가장 많은 미국산 콩을 원료로 한다. 뼈의 건강유지에 유효한 비타민 K의 함유량은 유지류에서 최고이다. 그대로 사용하는 것은 적고 샐러드기름이나 튀김용 기름, 마가린, 마요네즈의 원료로 사용되는 것이 많다.

[주요 영양소(가식부 100g 당)]

- 지질: 100g
- 인: 미량
- 비타민 E: 19.5 mg
- 비타민 K: 210 μg

옥수수기름

- 영 명: Corn oil
- 한문명: 옥촉서유(玉蜀黍油)

- 주요 원재료: 옥수수, 옥촉서(玉蜀黍)
- 에너지(100g 당): 921 kcal

[기대되는 작용]

옥수수 전분을 만들 때 제거되는 옥수수의 배아를 착즙하여 만든 기름이다. 함유지방산의 약 60%가 linoleic acid이고, oleic acid는 25%이다. 산화되기 어렵고 열에 강하므로 튀김용에 알맞다. 특히 koku와 풍미가 있고 마가린이나 드레싱, 마요네즈에도 사용된다.

[주요 영양소(가식부 100g 당)]

- 지질: 100g
- 칼슘: 미량
- 비타민 E: 24.3 mg
- 비타민 K: 5 μg

야자기름

- 영 명: Coconut oil
- 한문명: 야자유(椰子油)
- 주요 원재료: 코코야자의 핵(코프라)
- 에너지(100g 당): 931 kcal

[기대되는 작용]

백색 또는 담황색으로 특유한 달콤한 향기가 있다. 식물성으로서는 진귀하고 포화지방산이 많으므로 상온에서 고체이다. 융점이 24~27℃로 낮으므로 우지, 라드 등에 비하여 아주 입에서 녹기 쉽고 과자나 코팅용으로 사용한다.

[주요 영양소(가식부 100g 당)]

- 지질: 100g
- 칼슘: 미량
- 인: 미량

- 비타민 E : 0.3 mg
- 비타민 K : 미량

낙화생기름

- 영 명 : Peanut oil
- 한문명 : 낙화생유(落花生油)
- 수확기 : 가을철
- 주요 원재료 : 낙화생 종자
- 에너지(100g 당) : 921 kcal

[기대되는 작용]

가열하지 않고 그대로의 바진 오일이므로 견과의 향이 풍부하다. 혈중 콜레스테롤치를 내리는 oleic acid이므로 불포화지방산의 palmitic acid, stearic acid 등을 함유한다. 중국요리, 프랑스요리에 중요하고 샐러드, 볶음 등에 사용된다.

[주요 영양소(가식부 100g 당)]

- 지질 : 100g
- 칼슘 : 미량
- 인 : 미량
- 비타민 E : 6.7 mg
- 비타민 K : 4 μg

메밀잣밤나무 열매

- 영 명 : Sweet acorn
- 한문명 : 메밀잣밤나무의 열매(椎實)
- 수확기 : 가을철
- 에너지(100g 당) : 252 kcal

[기대되는 작용]

종피는 갈색으로 이것을 제거한 백색의 종자를 식용으로 한다. 지질은 적으나 전분이 풍부하며 병후의 에너지원으로서 좋다. 밤과 유사한 감미와 식감이 있으며 고기, 생선, 채소 따위를 섞어 밥을 지어도 좋고 볶으면 풍미가 증가한다.

[주요 영양소(가식부 100g 당)]

- 지질 : 100g
- 칼슘 : 미량
- 인 : 미량
- 비타민 E : 0.3 mg
- 비타민 K : 미량

비자나무 열매

- 학 명 : *Torreya nucifera*
- 과 명 : 주목과
- 영 명 : Japanese torreya seed
- 한문명 : 비자(榧子)
- 수확기 : 가을철
- 에너지(100g 당) : 665 kcal

[기대되는 작용]

종자의 배유를 식용으로 한다. 독특한 향이 있고 볶아서 그대로 먹거나 된장국의 건더기로도 이용한다. 양질의 지질과 비타민 E를 함유한다. 혈행 장해의 개선에 작용하고 어깨 결림이나 냉한 체질에 증상을 완화한다. 기생충의 구제약으로 먹기도 한다. 비자는 냉성이나 어깨 결림의 개선에 도움이 된다.

[주요 영양소(가식부 100g 당)]

- 지질 : 64.9g
- 탄수화물 : 22.6g
- 망간 : 2.62 mg
- 비타민 E : 35.6 mg
- β-Carotene : 75 μg(retinol 당량 13 μg)

칠엽수 열매

- 과 명: 상목과
- 영 명: Japanese horse chest nut
- 한문명: 상목실(橡木實)
- 수확기: 가을철
- 에너지(100g 당): 161 kcal

[기대되는 작용]

아린맛과 삽미가 아주 강하여 생식은 안 된다. 아린 맛을 제거한 후에 떡을 만들기도 한다. 칼륨이 많아 여분의 나트륨(염분)의 배출을 촉진하여 혈압을 안정시킨다. 또 민간약으로 위의 통증에는 내복하고 무좀에는 외용으로 사용한다. 칠엽수 열매는 혈압을 안정시키고 위통을 개선한다.

[주요 영양소(가식부 100g 당)]

- 지질: 100g
- 칼슘: 미량
- 인: 미량
- 비타민 E: 0.3 mg
- 비타민 K: 미량

양귀비씨

- 과 명: 양귀비과
- 영 명: Poppy seed
- 한문명: 아편씨(阿片實)
- 수확기: 여름철
- 에너지(100g 당): 567 kcal

[기대되는 작용]

빵이나 과자의 장식을 하거나 고기요리나 샐러드의 탑핑 등에 쓰인다. 지질 이외에 철분이 풍부하여 빈혈을 예방한다. 칼슘도 많고 정서 안정에도 도움이 된다. 미숙한 씨에서 아편을 만들고 재배를 금지하는 국가들도 있다. 양귀비의 씨는 빈혈 예방에 도움이 되고 철분이 풍부하다.

[주요 영양소(가식부 100g 당/건조)]

- 단백질 : 19.3g
- 지질 : 49.1g
- 탄수화물 : 21.8g
- 칼슘 : 1,700 mg
- 철 : 22.6 mg

연씨

- 과 명 : 박과
- 영 명 : Lotus seed
- 한문명 : 연실(蓮實)
- 수확기 : 가을철
- 에너지(100g 당) : 333 kcal

[기대되는 작용]

시판품의 태반이 종자를 건조한 것이다. 완숙한 종자는 견고한 종피를 가진다. 1000년 이상 되어도 발아 능력을 잃지 않는다. 연하게 하여 중국요리나 과자의 속, 시럽 담금을 한다. 주성분은 당질로 칼륨이나 망간 등의 무기질이 많다. 연의 씨는 탄소화물과 무기질이 풍부하다.

[주요 영양소(가식부 100g 당/성숙 · 건조)]

- 지질 : 1.4g
- 탄수화물 : 62.6g
- 칼륨 : 1,300 mg
- 마그네슘 : 200 mg
- 망간 : 7.54 mg

▶ 음료 및 감미 종실류

커피원두

- 분 류: 대분류 → 견과 종실류, 소분류 → 음료 및 감미 종실류
- 학 명: 커피나무(*Coffea robusta, Coffea arabica, Coffea liberica, Coffera canephora*)
- 과 명: 꼭두서니과
- 영 명: 커피콩(Coffee semen, coffee bean)
- 수확기: 가을철
- 주된 원재료: 카카오 콩(Cacao bean)
- 에너지(100g 당): 4 kcal

[원산지 · 재배역사]

900년경 아라비아 사람은 건조한 생 카카오 콩을 마쇄하여 볶고 위장약으로 마셨다고 한다. 일본에서는 에도 초기(1600년)에 네덜란드에서 전래되어 메이지시대(1868～1912년)에 일반으로 보급되고 1901년에 일본사람에 의하여 인스턴트커피가 발견되었다고 한다.

[기대되는 작용]

각성작용, 이뇨작용, 비만 억제작용, 피로회복, 세포노화 방지, 암 억제 작용이 있다. 뇌의 작용을 활발하게 하여 체지방을 연소시킨다.

[식물학적 특성]

주성분은 caffeine, tannin과 유지이다. Caffeine은 뇌의 활동을 활성화시켜 잠을 깨우고 스트레스 해소에 도움이 된다. 위액의 분비를 촉진하여 이뇨에도 유효하다. 체지방을 연소하므로 비만 예방에도 좋다. 삽미의 주성분인 tannin은 알맞은 양으로 커피의 지미를 나게 함과 동시에 변을 굳게 하는 성질이 있으므로 설사에 좋다. Terpene 등의 향기 성분을 많이 함유하나 이들의 성분은 배전의 과정에서 화학변화를 일으켜서 약 200여 종류나 증가되고 원래의 원두보다 100배 이상이나 함유된다. 배전으로 풍미가 달라지고 강한 배전은 산미가 적어지고 고미가 늘고 향기롭다.

약한 배전은 고미는 적어지고 산미가 강화된다.

[주요 영양소(가식부 100g 당)]

- 칼륨 : 65 mg
- 칼슘 : 2 mg
- 마그네슘 : 6 mg
- 망간 : 0.03 mg
- 나이아신 : 0.8 mg

[주요 생리기능 성분(추정기능)]

① Caffeine(중추신경 흥분) : 차, 커피 등에 함유되어 있는 alkaloid이다. 뇌의 중추신경을 흥분시켜 잠을 유인하는 adenosine의 작용을 억제한다. 피로회복이나 지방분해 작용도 있다.

② Chlorogenic acid(항산화) : 항산화 작용이 있고 활성산소를 억제한다. 지질의 산화를 방지하고 노화나 암을 예방한다.

[선별 · 보존법]

카카오 콩의 크기가 고르고 부스러기가 들어 있지 않은 것이 좋다. 선도가 좋고 유부(油浮)를 하지 않은 것을 고른다. 갈면 맛이 빨리 묽어지므로 마시기 직전에 가는 것이 좋다. 콩이나 가루는 빛이나 공기를 차단할 수 있는 불투명한 유리용기에 넣어 냉장고나 냉동실에 보관한다.

카카오원두

- 분 류 : 대분류 → 견과 종실류, 소분류 → 음료 및 감미 종실류
- 학 명 : *Theobroma cacao*
- 과 명 : 벽오동과
- 영 명 : 카카오 나무(cacao tree), 카카오 원두(콩)(cacao bean)
- 이명(별명) : 코코아(Cocoa)
- 주된 원재료 : 카카오 콩(Cacao bean)
- 에너지(100g 당) : 20 kcal

[원산지 · 재배역사]

약 4000년 전 중앙 앗사리아에 자생한 카카오(cacao)나무 열매에서 채취되었으며 이름은 멕시코의 cacabuatle에서 유래하였다. 16세기 초에 스페인을 경유하여 유럽제국으로 전해지고 넓혀졌다.

[기대되는 작용]

동맥경화 예방, 변비개선, 피부기능 유지 개선, 당뇨병 예방, 암 억제, 리락스(이완) 효과, 뼈의 강화에 유효하다.

[식물학적 특성]

코코아는 건강음료로서 주목을 모으고 있으며 이것은 polyphenol을 풍부히 함유하여 활성산소를 억제함으로써 암과 생활습관병의 예방에 효과가 있다. 이외도 혈행을 촉진하여 냉한성의 개선에 유효하다. 비타민과 무기질도 풍부하며 뼈를 튼튼히 하는 칼슘이나 세포의 기능대사를 돕는 아연을 위시하여 마그네슘, 칼륨, 철, 구리를 균형 있게 함유하고 있다. 비타민은 노화를 방지하고 pantothenic acid와 피부나 점막을 보호하는 niacin이 많고 지질에는 콜레스테롤치를 내리는 oleic acid나 linoleic acid를 함유하는 등 기능성과 양양가가 우수한 식품이다. 에너지가 높으나 카카오 콩의 cacao butter를 제외하고 만든 초콜릿보다는 낮다.

[주요 영양소(가식부 100g 당)]

- 칼슘 : 140 mg
- 마그네슘 : 440 mg
- 철 : 14 mg
- 아연 : 7 mg
- 구리 : 3.8 mg

[주요 생리기능 성분(추정기능)]

① Polyphenol(항암) : 강한 항산화 작용이 있고 암을 억제한다.

② Theobromine(이뇨, 근육 이완) : 카카오 콩의 alkaloid로서 이뇨작용과 근 이완작용이 있다. 혈액의 순환을 좋게 하여 냉병이나 부종을 개선하고 이뇨촉진과 긴장을 완화시켜 심신을 안정시킨다.

③ Caffeine(중추신경 흥분) : 차나 커피에 함유되어 있는 alkaloid로서 뇌의 중추신경을 흥분시켜 잠을 유인하는 adenosin의 작용을 억제한다. 피로회복이나 지방분해 작용이 있다.

④ 식이섬유(정장, 항암, 순환기질환 억제) : 콜레스테롤을 배설시켜 동맥경화, 당뇨병, 암을 예방한다.

[선별 · 보존법]

습기나 열에 약하므로 밀폐된 용기에 넣어 냉장고에 보관한다. 가장 보존에 알맞은 조건은 8℃ 정도의 실온이 적합한 환경이다.

콜라나무 · 콜라 너트

- 분 류 : 대분류 → 견과 종실류, 소분류 → 음료 및 감미 종실류
- 학 명 : *Cola nitida*
- 과 명 : 벽오동과
- 영 명 : 콜라나무(cola tree), 콜라 너트(cola nut)
- 수확기 : 가을철

[원산지 · 재배역사]

원산지는 서아프리카이며 열대지방 각지에서 재배되고 있다. 콜라나무는 벽오동과 상록교목 교목이다. 열매는 견과이며 caffeine과 theobromine이 들어 있다. 콜라 음료의 원료로 쓰인다.

[과실류의 칼럼]

1. 과실류의 개요

과실류는 여러 분류 방법이 있으나 과육의 형성에 따라 일반적으로 장과류(漿果類), 인과류(仁果類), 핵과류(核果類), 견과류(堅果類) 등으로 분류한다.

① 장과류 : 포도, 파인애플, 바나나, 딸기, 무화과 등
② 인과류 : 배, 사과, 귤, 감, 석류 등
③ 핵과류 : 복숭아, 메실, 살구, 자두, 대추 등
④ 견과류 : 밤, 호도, 은행, 아몬드 등

2. 과실류의 특징

과실류는 채소류와 같이 비교적 수요량이 많은 식품이다. 신선한 기로식품으로서 생식하는 경우가 많고 일부는 통조림, 과실음료, 잼 등으로 가공하여 식용으로 한다. 과실류의 공통적인 특징은 다음과 같다. 견과류는 제외한다.

① 에너지량은 100g당 50 kcal 전후로서 이것은 과실에 들어있는 당류에 의한다.
② 생것의 수분함량을 약 87% 내외로서 채소류 다음으로 많다.
③ 생것의 당질함량은 약 12% 내외이다.
④ 생것의 단백질, 지질의 함량은 거의 함유되지 않는다(1% 내외).
⑤ 무기질은 칼륨, 인, 칼슘이 많으며 염기성 식품이다.
⑥ 비타민 C가 많고 B_1, B_2가 널리 존재한다. 황색을 띤 과실에는 carotene이 많으나 비타민 D는 적다.
⑦ 유기산은 주로 polycarboxylic acid에 속하며 과실에 있어서 청량감을 준다.
⑧ 성숙한 과실에는 pectin이 많이 함유되어 있으므로 잼 등 과실가공에 중요하다.
⑨ 색소는 carotene 및 그 밖에 flavonoid 색소가 있다.
⑩ 향기는 알코올류, carboxylic acid, ester, aldehyde, ketone, terpene 등에 의한다.
⑪ 과실에는 산화효소, 가수분해효소가 많고 성숙, 저장과 관계가 깊다.

3. 과실류의 성분

영양적으로는 채소류에 이어 비타민 C의 함량이 많고 B군도 함유하며 무기질 조

성상 염기성 식품이다. 또한 당분과 산의 함량이 많으므로 맛이 좋고 방향성분, 색소 성분을 함유하며 부드러운 섬유와 더불어 간접적으로 식욕을 왕성하게 하고 영양가와 기호성이 있는 식품이다. 견과류는 종자를 식용으로 삼고 있으므로 그 성분은 다른 과실류와는 달리 오히려 곡류, 두류와 흡사하다. 따라서 성분적으로는 견과류를 과실류와 별개로 다루는 경우가 많다.

4. 과실류의 화학적 성분

식품으로서 과실류는 특정의 감미와 산미가 잘 조화되어 생식할 수 있는 점이다. 영양적으로는 무기질과 비타민이 중요한 성분으로 채소류와 유사한 점이 많으나 식생활 형태가 크게 다르다.

1) 탄수화물

과실류의 탄수화물은 주로 당질과 pectin질, hemicellulose 등이다. 당질의 함량은 앞에서 설명한 바와 같이 약 12% 내외를 차지하고 있고 완숙한 과실에 있어서는 녹말은 거의 함유되어 있지 않다(단 바나나, 밤에는 녹말이 많이 함유한다). 포도당, 과당 및 자당이 주성분이다. 당류의 함량 비율은 품종, 성숙도, 산지 등의 조건에 따라 차이가 있다. 미숙한 과실 중 특히 과피에는 불용성의 protopectin이 많으나 성숙됨에 따라 가용성의 pectin이 증가된다. Pectin은 설탕과 유기산과 같이 젤리를 이루므로 잼, 마말레이드의 원료가 되므로 과실 가공상 중요시 된다.

2) 유기산

과실류의 유기산은 주로 citric acid(특히 레몬, 밀감 등), malic acid(특히 사과, 황도 등), tartaric acid(특히 포도) 등으로 이들 유기산은 각각의 맛이 다르며 그 유기산 상호간의 양에 따라 특수한 맛과 청량미를 나타낸다. 그리고 각 유기산 중의 일부는 무기질과 염을 이루어 존재한다. 사과, 배, 복숭아, 매실, 귤감, 포도, 딸기, 앵두의 과실에는 유리 유기산의 비율은 99.4%라 하며 멜론은 10%에 불과하다. 또한 과실의 맛은 당 산분 / 유기산량 즉 당 산비에 따라 크게 영향을 받는다.

3) 무기질

과실류의 무기질은 조성은 채소류와 유사하여 칼륨이 가장 많고(150∼300 mg) 인(5∼21 mg), 칼슘(1.2∼20.9 mg), 마그네슘(5∼28 mg) 등이 있다. 무기질의 반은 알칼리성이므로 알칼리도는 5∼10이다.

4) 비타민류

과실류의 비타민은 C가 가장 많고(딸기 99 mg, 귤 55 mg, 파인애플 45 mg), 홍색 과실에는 provitamin A(참외 3,400 IU/100g, 귤 2,4265 IU/100g)를 함유한다. 일반적으로 비타민은 과육보다는 과피에 많다.

5. 과실류의 특수 성분

과실 중의 특수 성분을 나누어 설명하면 다음과 같다.

1) 색 소

과실류의 색소를 크게 나누면 엽록소(chlorophyll), carotenoid, flavonoid(flavone과 anthocyanidin), quinone계 색소계이다.

2) 갈 변

과실을 절단하여 방치하면 그 절단면이 갈색으로 변한다. 이것은 과육 중의 산화효소에 의하여 갈색색소로 변하기 때문이다. 갈색 기질이 되는 polyphenol 성분으로는 chlorogenic acid, gallic acid, catechol, dihydroxyphenylalanine(DOPA) 등이 관여한다. 갈변을 방지하기 위해서는 산소와의 접촉을 끊게 하는 점, 가열하거나 식염수에 침지하여 효소의 활성을 잃게 하는 점, 환원물질(비타민 C)을 가하여 기질이 산화되는 것을 방지하는 등 세 가지 방법이 있다. 사과즙을 만들 때 비타민 C를 첨가하는 것은 환원물질을 이용한 갈변방지법이다.

3) 아미노산

과실류의 아미노산은 종류도 많고 필수아미노산으로 대부분 함유하고 있다. 그 함유량을 유리 아미노산으로서는 종류에 따라 다르지만 300 mg(복숭아), 350 mg(감귤류)이다. 이밖에 단백체의 아미노산도 많다. 아미노산이 많은 과실은 감귤류, 복숭아, 포도이고 배, 바나나 등은 비교적 적다.

4) 쓴 맛

과실의 쓴맛과 떫은맛은 너무 많으면 맛을 상하게 하지만 알맞게 함유하고 있으면 그 풍미를 증가시킬 수 있는 중요한 역할을 한다. 과실류의 쓴맛 성분은 알칼리토금속, alkaloid, flavonid 및 coumarin계 화합물인 limonin, obacunone 등이 있고 limonin은 10 ppm의 농도에서도 강한 쓴맛을 띤다. 또 flavonoid계 화합물에는

naringin이 있다. 여름 밀감의 쓴맛은 주로 naringin에 의한다. 이 쓴맛은 30 mg 이상일 때 강하게 느끼게 된다. 그리고 이것은 수용성이므로 과실을 동결하거나 믹서에서 갈면 세포가 파괴되어 용출하기 쉬우므로 쓴맛이 한층 강해진다.

5) 떫은맛

과실류의 떫은맛은 사람의 혀의 점막에 생기는 수렴성의 미각으로 미숙 과실이나 차의 떫은맛은 모두 tannin이라 불리는 polyphenol 성분에 의한다. 과실류의 tannin의 주성분은 catechin, chlorogenic acid, leucoanthocyanin 및 이들의 중합물이다. 감의 떫은맛은 leucodelphinidin을 주성분으로 한 tannin이다. 이것은 알코올이나 이산화탄소와의 작용으로 불용성화 되어 떫은맛을 나타내지 않으므로 떫은맛 제거법에 응용된다.

6) 향 기

과실 향기는 수십 종부터 수백 종의 성분이 섞여 독특한 향기를 풍긴다. 기본 조성은 alcohol과 aldehyde, ketone 등으로 이루어져 있다. 각각의 성분에는 구조적으로 공통된 것으로 이루어져 있다. 향기성분은 극히 미량일지라도 강한 방향을 띤다.

[사과 polyphenol의 칼럼]

원래 polyohenol류라 함은 benzene 환 또는 naphthalene 기타 방향족 환에 결합하는 수소원자가 수산기(OH)로 치환된 화합물을 총칭한 것인데 일반적인 약호를 ArOH로 통용하고 있다.

화합물 명으로서의 phenol은 가장 간단하고 기본이 되는 C_6H_5OH를 말하며 수산기가 2개 이상 결합되어 있는 것을 polyophenol 또는 다가 phenol이라고 하며 이것들은 식물계에 2차 대사산물로서 존재한다. 중요한 종류를 예를 들면 flovonol류, tannin류, phenol산류, anthocyanin류 등이 이에 속한다.

보통 과실의 polyophenol 성분은 유리형의 aglycone 형태가 아니며 배당체 또는 ester형 등의 수용성 상태로 존재한다. 사과 polyphenol의 구성은 단순형과 축합형 고분자형으로 나누어지며 단순형은 (+)-catechin, (-)-epicatechin, chlorogenic acid, caffeic acid 그리고 그 유도체, quercetin 배당체, coumaric acid 및 그 유도체, dihydrochalcone 배당체 등으로 이것이 사과 polyphenol의 약 50%를 점유한다. 축합형 고분자형은 약 40%를 차지하며 (-)-epicatechin 중합체 중심의 축합형 tannin

으로 2~15양체 정도의 축합도를 가지고 있다. 그 중요 polyohenol의 화학구조를 예시하면 그림 1-3과 같다.

한편 사과 polyphenol을 HPLC에 의하여 상세히 분석하고 단일 성분으로 가장 많은 것은 chlorogenic acid임을 밝혔으며(약 20%) 또한 HPLC로 판별이 곤란한 procyanidin류도 많은 양이 함유되어 있음을 확인한 바 있다. 사과 미숙과에는 polyphenol 성분이 성숙과에 비하여 많이 함유되어 있으며 또한 quinic acid 함량이 많은 것이 특징이다. Polyphenol은 비영양소이면서 급성독성은 나타나지 않고 섭취된 것의 일부는 소화관을 통하여 혈중 및 각종 장기에 도달하여 소정의 생리적 기능을 발휘하며 또한 흡수되지 않는 것은 구강에서부터 소화관에 도달하여 통과하는 동안 각종 성인병 인자에 대한 저항기능을 나타내는 것으로 평가되고 있다. 그러나 구체적인 메커니즘에 대하여는 밝혀지지 않고 있다.

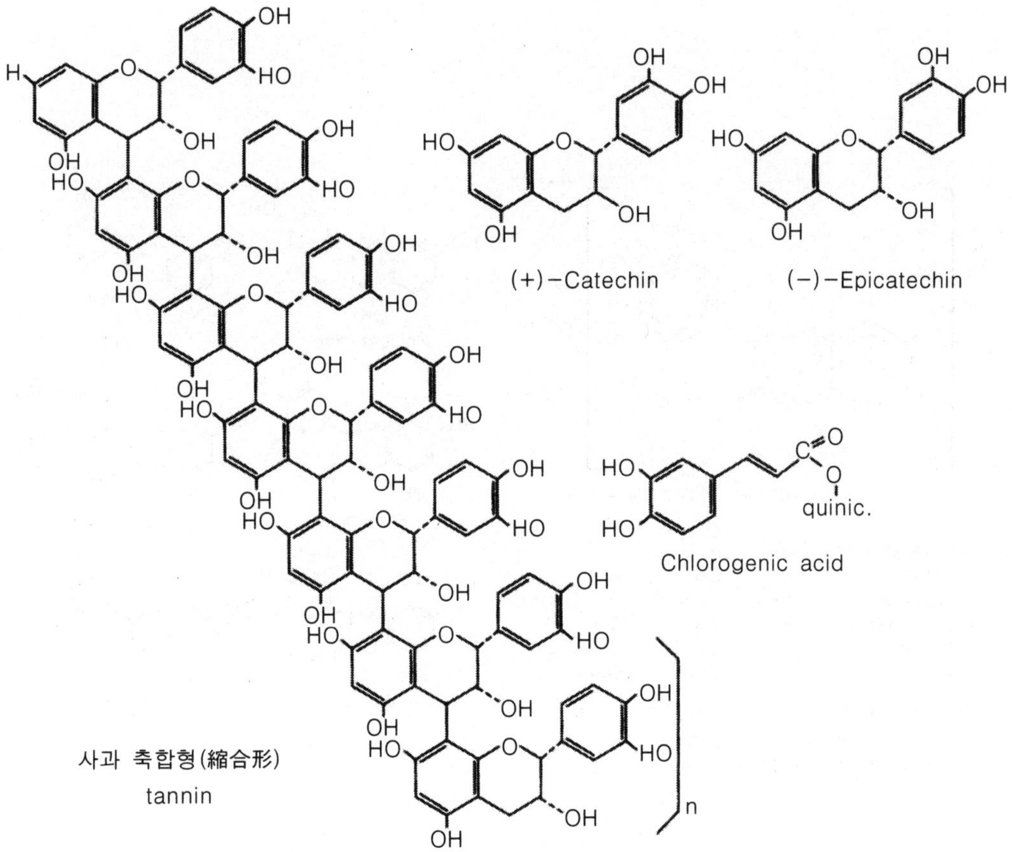

(+)-Catechin

(-)-Epicatechin

Chlorogenic acid

사과 축합형(縮合形) tannin

그림 1-3. 사과의 주요 polyphenol의 화학구조

[Anthocyan의 칼럼]

Anthocyan은 천연의 색소, 적색, 적청색계의 색소 군으로서 일반적으로 배당체 형태(anthocyanin)로 존재한다. 배당체에서 당을 분리한 Aglycone을 anthocyanidin이라 하며 anthocyan이라 함은 이와 같은 형태를 총 망라한 총괄적인 명칭이다. Anthocyanin은 flavonoid라고 하는 C_{15} group 화합물의 일부이며, flavylium 즉 2- phenylbenzopyrylium 염을 말한다. 그 기분 구조는 그림 1-4와 같으며 일반적인 종류와 형태는 그림 1-5와 같다.

즉 기본구조에서 A환의 R_3, R_5에 고정된 OH가 기반을 이르고 있으며 B환의 R_3, R_5에의 가변성 radical에 의하여 6종류의 anthocyanidin이 생성된다. 여기에 결합되는 주요 당류는 glucose, galactose, rhamnose, arabinose 등이며 결합 형태에 따라 mannoside, bioside, trioside로 구분된다.

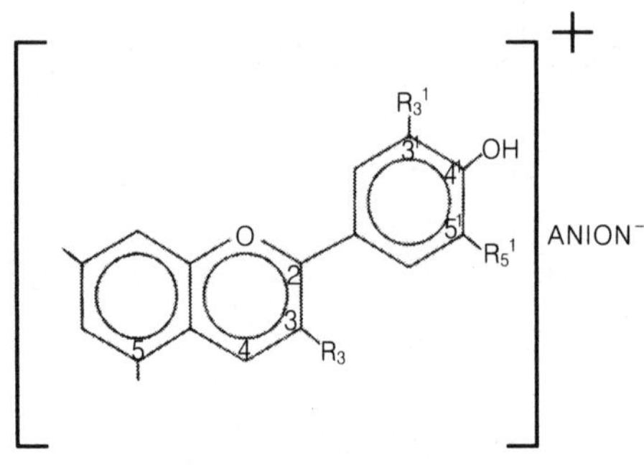

DINS : R_3 = OH R_5 = OH

		$R_3{}^1$	$R_5{}^1$
PRLARGONIDIN	(Pg)	H	H
CYANIDIN	(Cy)	OH	H
PEONIDIN	(Pn)	OCH_3	H
DELPHINIDIN	(Dp)	OH	OH
PETUNIDIN	(Pt)	OH	OCH_3
MALVIDIN	(Mv)	OCH_3	OCH_3

ANTHOCYANIDINS : Pg.Cy.Pn.Dp.Pt.Mv WITH
R_3 = O − Sugar or acylated sugar
R_5 = OH or O − glucose

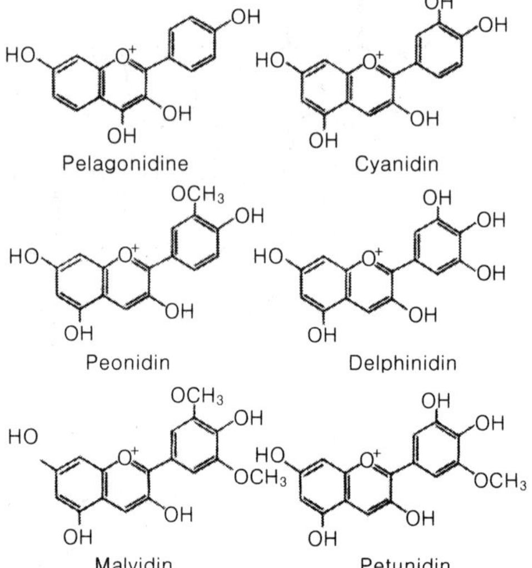

그림 1-4. Anthocyan의 기본구조

그림 1-5. 일반적인 anthocyanidin

표 1-1. 주요 과실, 채소 중의 anthocyanin 함량

재료명	Anthocyanin함량(mg)/100g 재료	
	Lauro(2000년)	Sikorski(2002년)
Straw berry	15~35	7~30
Cranberry	60~200	78
Grape	6~600	30~750
Black raspberry	300~400	-
Red potato	2~40	-
Purple radish	11~60	-
Bilberry	25~497	250
Elderberry	450	-
Red onion	7~21	-
Blackberry	83~326	83~326
Black current	130~400	250
Chokebwerry	560	520~800
Purple cabbage	25	-
Red raspberry	20~60	-

Mannoside는 앞의 4개의 당 중에서 하나가 결합된 배당체이며 trioside는 당 3개가 직선 또는 분지배열 형태의 구조를 형성한 것이다. 한편 proanthocyanin(일명 leucoanthocyanin)이라 하여 anthocyanidin이 축합되어 있는 화합물로서 이것을 산 분해하면 anthocyanidin으로 분해하는 것이다. 이것도 anthocyan과 유사한 기능을 갖고 있으며 포도나 포도종자 등에 많이 들어 있다.

Anthocyan 용액의 색상은 농도용매, 온도, pH, 색소구조 등에 의하여 영향을 받으며 특히 pH를 1~14까지의 수용액으로 할 경우 무지개 색소의 전 영역을 나타낸다. 이것은 H^+, OH^-, H_2O 등의 물 상태에 전적으로 의존하고 있기 때문으로 보고 있다. 일반적으로 색소를 손상케 하는 물질도 어떤 경우에는 색소를 오히려 보존케 하는 작용을 하기도 한다.

예를 들면 SO_3나 ascorbic acid는 산소의 존재 하에서 탈색반응을 일으키나 어떤 경우에는 색도를 증가시킨다. 이와 같은 색도의 증폭은 anthocyan 분자의 quinoidal structure의 안정성 개선에 기인하는 것으로 해석된다.

[Proanthocyanidin의 칼럼]

포도종자에서 추출한 proanthocyanidin(동의어 : leucoanthocyanidin)은 flavon-3-ol 또는 flavon-3, 4-diol을 단위로 결합 또는 중합한 일종의 condensed tannin에 속한다. 축합형태는 그림 1-6과 같은 순서로 monomer, dimer, oligomer 등으로 발전하여 현재까지 밝혀진 포도종자의 proanthocyanidin의 축합 규모는 이량체로서부터 시작하여 20량체 정도까지 존재한다.

Proanthocyanidin은 산처리에 의하여 cyanidin, delphinidin, pelargonidin 등의 anthocyanidin을 생성하여 이것들의 축합형 및 입체이성체를 함유한다. 일반적으로 물 및 기타 극성용매에 녹으나 용매가 저온일 때는 잘 녹지 않으며 70℃ 이상의 온수에서 잘 녹는다. *in vitro* 시험에서 강한 항산화 및 free radical 소거작용을 나타내는데 축합형 2~5량체 범위 안에서 중합도가 클수록 저항력이 증대하고 pH 범위에서는 중성 약알칼리성에서 항산화력은 증대한다.

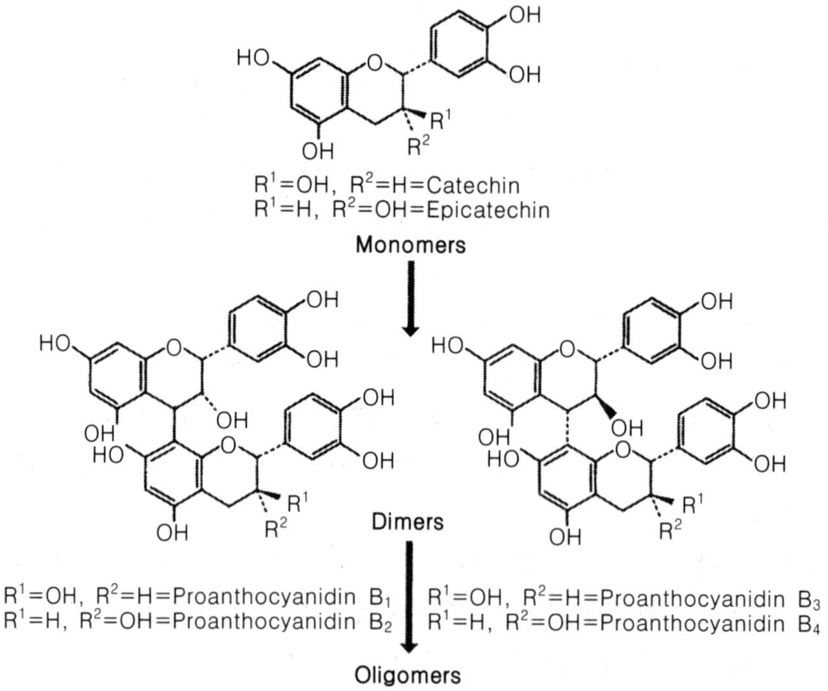

R^1=OH, R^2=H=Catechin
R^1=H, R^2=OH=Epicatechin

Monomers

Dimers

R^1=OH, R^2=H=Proanthocyanidin B_1
R^1=H, R^2=OH=Proanthocyanidin B_2

R^1=OH, R^2=H=Proanthocyanidin B_3
R^1=H, R^2=OH=Proanthocyanidin B_4

Oligomers

그림 1-6. 포도종자의 proanthocyanidin의 축합과정

[Carotenoid의 칼럼]

1. Carotenoid의 생산

Carotenoid는 식물에 널리 분포되어 있는 황색 내지 적색의 색소물질이며 동물계에도 혈청 또는 각 조직 내에 미량성분으로서 널리 분포되어 있다. Carotenoid의 원천적인 생산은 녹황색의 식물체, 버섯, 효모, 세균 등에 의하여 이루어지며 사람이나 동물에서는 생성되지 않는다. 그러나 동물체는 정상적인 생리활동을 유지하기 위하여 이것을 섭취하여 일정수준의 함량을 유지한다.

천연 중에 존재하는 carotenoid에는 약 400여 종이 알려져 있으며 사람의 혈액 중에는 14종의 carotenoid가 존재라는 것으로 분석되었으며 이 carotenoid에 속하는 것으로 α-carotene, β-carotene, lycopene 등이며, xanthophyll에 속하는 것으로 lutein, zeaxanthin, cryptoxanthin 등이 주종을 이루고 있다.

2. β-Cartene의 화학적 합성법

β-Cartene은 화학적 합성법으로 공업적으로 생산할 수 있다. 이 합성법은 1953년 스위스의 제약회사인 Hoffman La Loche에 의하여 이루어졌으며 이 공법은 비타민 A 합성의 원조가 되고 있는 Isler의 합성법을 근간으로 하여 실용화 되었으며 마침내 공업적 제조에 성공하므로 현재 경제적 규모의 생산이 지속되고 있다.

제조공정 중 기본원리에 속하는 것만을 요약 소개한다면 그림 1-7에서 보는 바와 같이 β-inone에서 출발하여 그 측쇄를 β-C_{14}, C_{16}, C_{19} aldehyde로 연장한 다음

표 1-2. 과실과 채소 중의 carotenoid의 분포(㎍/100g)

종 류	Lycopene	α-Carotene	β-Carotene	Lutein
오렌지	미추정	19	38	27
자 몽	3,362	미추정	2,434	미추정
복숭아	미추정	흔적량	86	14
수 박	4500	흔적량	230	14
브로콜리	검출한계 이하	흔적량	1,000	1,800
당 근	검출한계 이하	530	7,600	300
파슬리	검출한계 이하	미추정	5,600	10,200
토마토	3,100	미추정	660	100
까치콩	검출한계 이하	39	180	440
시금치	검출한계 이하	검출한계 이하	3,380	4,400

이 β-19 aldehyde의 2분자를 Grignard에 의하여 결합시킴으로써 β-40 diol로 만든다. 다음에 이것을 탈수하여 15, 15-dihydro-β-carotenoid로 하고 이어서 수소를 첨가하여 β-carotenoid로 완성한다.

3. Carotene의 식품 중의 함량

식품재료 carotrenoid의 구성에 대한 몇 가지를 비교하고 그리고 carotene 함량이 많은 식품재료는 표 1-3에 나타낸 바와 같다.

β-이오논
β-14-알데히드
β-16-알데히드
β-19-알데히드
β-C40-디올
15-15-디하이드로 β-카로틴
β-카로틴

그림 1-7. Carotene의 화학적 합성경로

표 1-3. Carotene 함량이 많은 식품재료

재료명	Carotene 함량(㎍/100g)	재료명	Carotene 함량(㎍/100g)	재료명	Carotene 함량(㎍/100g)
김(마른 것)	22,500	수 박	4,744	브로콜리	2,800
파래(조류)	17,244	근 대	4,500	무 잎	2,600
파슬리	15,800	공심채	4,300	갓	2,300
자 소	8,700	쑥	4,100	산 파	2,300
당 근	8,430	토마토	3,860	순 무	1,800
녹차(건조)	8,400	마름(조류)	3,700	냉 이	1,500
시금치	7,700	매일당귀	3,700	상 추	1,400
순 채	6,390	쑥갓(삶은 것)	3,600	성 게	1,300
자 몽	5,705	미역(마른 것)	3,330	미나리	1,300
쑥부쟁이	5,600	유 채	3,300	살 구	1,000
고춧잎	5,200	고춧가루	2,900	호 박	520

[감귤류의 생리활성]

감귤류에 함유되고 사람의 건강유지 증진 면에서 중요한 화합물 그룹으로서 polyphenol(flavonoid, phenylpropanoid, 기타 carotenoid, ascorbic acid) 등의 비타민, terpene, coumarin, 식이섬유 등이 있다. 이 중 flavonoid류, terpenoid류, limonoid류, coumarin류 중에는 다른 작물에 존재하지 않고 사실상 감귤류에 특수한 성분이 존재하여 이들이 감귤류의 생리기능성의 특징을 주로 한다.

1. Flavonoid류

감귤류에 함유된 flavonoid는 ① rutin(quercetin 3-β-rutinoside), quercetin(3, 3', 4', 5, 7-pentahydroxyflavone)과 같은 일반적인 flavonoid, ② hesperidin, naringin(naringenin 7-pentahydroxyflavone)과 같은 감귤류의 특유한 flavonone, ③ 이외의 채소, 과실 등에서 볼 수 없는 tangeretin, nobiletin과 같은 polymethoxyl기를 가진 flavonoid(polymethoxylated flavonoids : PMFs)로 분리된다. 포도, 복숭아, 사과 등에 함유되는 catechin, proanthocyanin 등의 수목성의 flavonoid는 감귤류에는 존재하지 않는다.

감귤 flavonoid의 생리기능에 관해서는 ②의 타입에 대하여 옛날부터 연구가 되어 항산화성, 암 세포의 증식저해, 순환기계 질환 예방, 모세혈관의 강화, 항염증, 항알레르기, 항균, 항바이러스 등이 인정되고 있다.

또한 최근 레몬 기원의 flavonoid에 산화 스트레스의 경감작용이 있다는 것이 당뇨병 발증 쥐를 사용하여 증명되었다. Flavanone 형태의 flavonoid(대개는 배당체로서 존재)의 종류, 함량은 감귤의 종류나 생식하는지 가공품인가에 따라 다르나 일반적으로 먹는 부위 100g 당 수십 mg 단위로 함유되어 있고 감귤류의 가장 중요한 생리기능 성분이다.

한편 PMFs에 대해서는 최근 연구가 급속하게 진행되고 있으나 암세포의 침윤, 전이의 방지, DNA가 손상을 받은 세포의 apoptosis(세포 자신의 자살장치)의 촉진, 백혈병 세포의 분화유도, 배양된 암 세포의 증식억제에 강한 활성을 인정하고 있다. 또 최근 발암 촉진단계의 억제, 관절 류머티즘, 관절 파괴증이나 암의 전이, 침윤에 관여하는 중요한 효소인 matrix metalloprotease의 생산 저해, 암 세포에서의 혈관 신생인자의 생성 억제작용, 활성산소의 생성 억제나 cyclooxygenase-2의 생성 억제도 밝혀지고 있다.

이 PMFs는 수산기가 모두 methoxy로 치환되어 있으므로 활성산소 소거작용은 없으나 지용성으로 세포로 들어가기 쉽다. 다른 flavonoid에 비교하여 세포 독성이 낮은 것 등의 특성을 가진다. PMFs에 관한 성과는 흥미가 많으나 모두가 시험관 수준이나 동물실험에 의한 것으로 사람에서의 작용에 대해서는 금후의 연구에 기대하지 않을 수 없다. 또 PMFs는 과피에는 다량 함유되나 먹는 부위에는 약간만 함유된다. 앞으로 먹는 부위에 함량이 높은 품종과 함량이 높은 가공식품의 개발이 중요하다.

2. Flavonoid 이외의 polyphenol 성분

성숙된 감귤과실 특히 먹는 부위에는 flavonoid 이외의 polyphenol는 그렇게 많지 않다. 연구 예도 과피에서 arachidonic acid cascade의 효소활성 저해 등의 생리기능이 있는 phenol propanoid가 발견되는 정도이다.

3. Carotenoid

감귤류는 β-cryptoxanthin, lutein(xanthophyll), zeaxanthin, violaxanthin, β-sitolaurine 등 아주 많은 여러 종류의 carotenoid를 함유하나 양적으로 많지 않다. 이 중에서 β-cryptoxathin은 온주밀감, 뽕칸에 1～2 mg/100g 정도로 비교적 많이 함유하고 생리적 기능에서 발암 억제를 하는 여러 기능이 carotenoid류 중에서 가장 우수하다는 것이 밝혀져 있다.

4. 비타민

체내의 활성산소의 소거에 중요한 역할을 하는 비타민 C(ascorbic acid)는 앞에서 설명한 것과 같이 암 예방인자로서 중요한다. 이 비타민 C는 감귤류에 30～50 mg/100g 함유하고 따라서 감귤류는 비타민 C의 보급원으로 중요한 식품이다. 엽산의 부족은 심장병, 암 발병의 위험인자라 한다. 이 엽산은 감귤류에 풍부히 함유하기 때문에 미국심장협회, 소아마비국제협회 등에서 감귤류에서 엽산의 충분한 섭취를 호소하고 있다.

5. Terpene류

감귤류는 *d*-limonene을 위시하여 많은 monoterpene을 함유하고 감귤 특유의 방향을 가진다. 감귤의 향기는 사람들이 가장 좋아하는 향기로서 aromatheraphy에서도 중요하다. 즉 감귤의 향기는 스트레스의 감소 효과가 있고 *d*-limonene에는 중추신경의 흥분을 진정화 하는 작용이 알려져 있다.

한 가족이 모여 먹는 귤이나 유자의 향기는 우리들의 피로를 풀어주고 마음의 병을 예방하는 데 도움이 될 줄 모른다.

감귤류에는 monoterpenene의 일종인 limonoid가 주로 배당체 형태로서 함유되어 있다. 이 limonoid류는 지금까지 감귤 과즙음료의 고미 성분으로서 인식되어 왔으나 최근 발암 억제효과가 있다는 것을 알게 되어 연구 방향이 극적으로 전환되었다. Lam 등은 DMBA/TPA에 의한 발암 유도계에서 마우스의 폐나 위에서의 종양형성, 함스터의 구강 내의 종양 형성을 limonoid가 억제한다고 보고하였다(DMBA : 7,12-dimethylbenz(a)anthracene, TPA : 12 -*O*-tetradecanoyl phorbol-13-acetate). 또 limonoid류가 여성호르몬의 estrogen 작용을 억제하는 것도 시사하였다. Limonoid는 일반적으로 먹는 부위 100g 당의 함유량이 10～30 mg 정도로 비교적 많은 것에서 감귤류의 발암억제에 상당히 중요한 역할을 하는 가능성이 있다.

6. 기타 성분

Coumarin의 일종, auraptene(geranyloxycoumarin)에는 마우스 피부, 쥐 구강, 쥐 대장의 실험계에서 확실한 발암 억제효과가 인정되어 활성산소 생산계의 억제의 의한 산화 스트레스의 경감작용이 발암 억제효과의 요인으로 생각된다. Coumarin, furocoumarin류는 과피(유포)에 많이 분포하고 착즙과정 중에 주스로 들어간다. Grapefruit(자몽)에는 특히 많이 함유하나 coumarin, furocoumarin에는 약물의 배출을 저해하는 작용이 있고 혈압 강화제의 복용 시에 grapefruit juice를 동시에 마시면 효과가 있다고 하였다.

이들 외에 감귤류는 암 예방 등에 중요한 역할이 기대되는 pectin 등의 식이섬유와 glucalein의 중요한 공급원이다.

▶ 인과류

사과나무와 사과

- 분 류: 대분류 → 과실류, 소분류 → 인과류
- 학 명: *Malus pumila* Miller, *Malus pumila* var. *dulcissima* Koid, *Malus domestica*
- 과 명: 배나무과
- 영 명: 사과나무(apple tree), 사과(apple)
- 한문명: 평과(苹果), 과과(沙果)
- 이명(별명): 인과(仁果), 임금(林檎)
- 용 도: 열매(식용, 약용)
- 수확기: 가을철
- 에너지(100g 당): 54 kcal

[원산지 · 재배역사]

원산지는 서아시아의 코커스 지방이다. 유럽에서는 기원전부터 식용으로 사용하였다고 한다. 고대 로마나 그리스시대에 즐겨 이용되었고 17세기에 미국으로 전파되었으며 우리나라에서는 광무(光武) 10년(1906년) 뚝섬에 모범장을 설치하고 각국 과수의 개량 품종을 도입할 때 사과도 함께 도입된 것으로 알려져 있다. 아담과 이브가 먹고 금단의 열매로서 유명하다. 사과 품종은 매우 많아 우리나라에서 주로 생산되는 것은 축(祝), 욱(旭), 인도, 골든, 국광, 홍옥, 스카킹, 후지, 부사, 델리셔스, 골든 델리셔스 등이다.

[기대되는 작용]

동맥경화 예방, 고혈압 예방, 변비개선, 피로회복, 암 억제, 당뇨병 예방 등에 유효하다. Polyphenol이 풍부한 건강 과일이다.

[식물학적 특성]

옛날부터 「1일 1개씩만 먹어도 의사가 필요 없다」고 말할 정도로 건강 과실로서 알려져 있다. 구연산이나 사과산을 풍부히 함유되어 있어 피로물질을 분해하여 피로회복을 촉진하는 외에 숙취에도 유효하다. 풍부한 수용성 식이섬유의 pectin은 장내의 비피더스균을 증가시켜 유해균을 억제시킴으로써 장의 환경을 조정하고 암 예방의 효과도 기대된다. 과육은 flavonoid의 일종인 quercetin이나 catechin을 함유하고 붉은 과피에는 anthocyanin을 많이 함유한다. 이들의 polyphenol에는 강한 항산화 작용이 있고 만병의 원인인 활성산소를 소거한다. 지질의 산화를 방지하여 혈액을 깨끗이 하고 동맥경화 예방에 도움이 된다.

[주요 영양소(가식부 100g 당 : 564 kcal)]

- 칼륨 : 110 mg
- 구리 : 0.04 mg
- 망간 : 0.03 mg
- β-Carotene : 21 μg(retinol 당량 3 μg)
- 비타민 C : 4 mg

[주요 생리기능 성분(추정기능)]

① Catechin(항산화, 혈압상승 억제, 혈당치 상승 억제) : Flavonoid계 polyphenol의 일종이다. 항산화 작용이 있고 지질의 산화를 방지하며 고혈압, 동맥경화, 당뇨병, 노화를 예방한다.

② Quercetin(모세혈관의 취약성을 개선, 전립선암을 예방) : Flavonoiddml 일종이다.

③ Kaempferol(지방과 DNA의 산화방지) : 강한 항산화 작용으로 지방의 산화방지와 동맥경화를 예방한다.

④ 구연산(피로회복) : 유기산의 일종이다. 피로물질인 유산의 대사분해를 촉진하여 근육의 축적을 방지하고 식욕을 증진시킨다.

⑤ 사과산(피로회복) : 사과의 산미 물질이며 피로물질의 대사분해를 촉진하여 근육의 축적을 방지한다.

⑥ 식이섬유(정장, 항암, 순환기질환 억제) : 장내 유익균을 활성화시킨다.

[선별 · 보존법]

전체적으로 야무진 감이 있는 것이 좋으며 가볍게 두들겨서 맑은 소리가 나는 것이 양질이다. 표면에 흰 가루가 붙어 있는 것이 신선하다. 실온에서 7~10일 보존이 가능하며 폴리주머니에 넣어 밀폐하여 냉장고에 넣어 두면 오래 보존된다.

배나무와 배(일본배)

- 분 류: 대분류 → 과실류, 소분류 → 인과류
- 학 명: *Pyrus bretschneideri* Rehd., *Pyrus pyrifolia*(Brum. fil.) Nakai var. *culta*(Makino) Nakai, *Pyrus bretscheideri* Rehder var. *culta* Nakai
- 과 명: 장미과
- 영 명: Pear, Japanese pear
- 한문명: 이(梨)
- 이명(별명): 이자(梨子), 쾌자(快子), 과종(果宗)
- 용 도: 열매(식용, 약용)
- 수확기: 여름~가을철
- 에너지(100g 당): 43 kcal

[원산지 · 재배역사]

원산지는 인도 북서부, 아프가니스탄, 중국 서부, 남부 유럽이 원산지이다. 야생종과 개량종으로는 일본종, 중국종, 서양종의 세 가지가 있다. 일본의 중부 이남과 중국의 양자강 연안이 원산지이다. 8세기의 『일본서기(日本書記)』에 재배기록이 남아 있다.

[기대되는 작용]

이뇨작용, 피로회복, 고혈압 예방, 암 억제, 소화촉진, 변비개선, 미각기능 유지 개선 등에 유효하다. 사과산과 구연산이 피로를 회복해주고 변비를 촉진한다.

[식물학적 특성]

상쾌한 감미가 있는 것은 sorbitol이라는 성분을 사과의 약 2배 함유한다. 독특한 식감은 과육에 함유되는 세포에 의한 것으로 변통 촉진과 생활습관병의 예방 등 식이섬유와 같은 작용을 한다. 산미는 적으나 구연산이나 사과산을 함유하므로 피로회복에도 역할을 한다. 스태미나를 상승시키는 aspartic acid, 체내 여분의 나트륨(소금)을 배출하여 고혈압 예방이나 개선에 작용하는 칼륨도 풍부하다. 단백질의 소화를 돕는 효소도 함유되어 있어 고기요리 후 디저트로서 알맞다.

[주요 영양소(가식부 100g 당/생)]

- 탄수화물 : 11.3g
- 칼륨 : 140g
- 아연 : 0.1 mg
- 구리 : 0.06 mg
- 비타민 C : 3 mg

[주요 생리기능 성분(추정기능)]

① Polyphenol(항암) : 광합성에 의하여 생성되는 식물의 고미성분이고 색소 성분이다. 항산화 작용이 있고 세포나 유전자를 손상시켜 활성산소를 소거하며 발암, 노화를 방지한다.

② 식이섬유(정장, 항암, 순환기질환 억제) : 소화효소에 의하여 분해되지 않는 성분으로 장내 유익균의 번식을 활성화시킴으로써 변의 양을 증가시키고 장내의 환경을 조정한다. 콜레스테롤이나 노폐물을 배출하고 동맥경화, 당뇨병 등의 생활습관병과 암을 예방한다. 담즙산의 분비나 생산을 촉진하여 콜레스테롤치를 저하시킨다.

[선별 · 보존법]

축이 야무지고 무게가 있는 것이 좋다. 과피의 색이 얼룩이 없고 검은 반점이나 상처 난 곳이 없는 것이 좋으며 연해진 것은 오래 된 것으로 피하는 것이 좋다. 미숙한 것은 실온에서 후숙시킨다. 차지면 감미가 늘어나므로 익은 것은 냉장고에 보관한다. 품종에 따라 다르나 1～2주간 보존이 가능하다.

배나무와 배(서양배)

- 분 류 : 대분류 → 과실류, 소분류 → 인과류
- 학 명 : *Pyrus bretschneideri* Rehd, *Pyrus pyrifolia*(Brum. fil.) Nakai var. *culta*(Makino) Nakai, *Pyrus bretscheideri* Rehder var. *culta* Nakai
- 과 명 : 장미과
- 영 명 : Pear, Japanese pear
- 한문명 : 이(梨)
- 이명(별명) : 이자(梨子), 쾌자(快子), 과종(果宗)
- 용 도 : 열매(식용, 약용)

- 수확기 : 여름~가을철
- 에너지(100g 당) : 54 kcal

[기대되는 작용]

피로회복, 암 억제, 동맥경화 예방, 고혈압 예방, 당뇨병 예방, 뼈의 강화, 변비개선, 빈혈 개선, 생활습관병 예방 등에 유효하다.

[식물학적 특성]

연한 촉감이나 농후한 맛으로 butter pear라 부른다. 과육은 다즙으로 훌륭한 향이 있다. 탄수화물(당질)이 많고 수분이 적기 때문에 일본배에 비하여 에너지가 약간 높다. 영양가가 높고 뼈를 튼튼히 하는 칼슘이나 철의 작용을 도와 빈혈을 예방한다. 변통을 잘 하는 식이섬유는 일본배의 약 두 배로 풍부하다. 암모니아를 체외로 배출하는 aspartic acid도 함유되어 있어 피로회복이나 스태미나 증강의 효과도 있다. 칼륨도 풍부하고 과잉의 나트륨(염분)을 배출하여 혈압을 안정시키고 고혈압을 예방한다. 독특한 식감이나 방향을 살려 시럼조리나 잼, 양과자 등에 사용된다.

[주요 영양소(가식부 100g 당/생)]

- 칼륨 : 140 mg
- 칼슘 : 5 mg
- 구리 : 0.12 mg
- 비타민 E : 0.3 mg
- 비타민 C : 3 mg

[주요 생리기능 성분(추정기능)]

① 구연산(피로회복) : 유기산의 일종이다. 피로물질인 유산을 대사 분해하여 근육에의 추적을 방지하고 피로회복을 촉진하며 식욕을 증진한다.

② 식이섬유(정장, 항암, 순환기질환 억제) : 소화효소에 의하여 분해되지 않으므로 장내 유익균의 번식을 활성화시켜 변의 양을 증가시키고 장내환경을 조절한다. 콜레스테롤이나 노폐물을 배출하여 동맥경화, 생활습관병, 암 등을 예방한다.

[선별 · 보존법]

껍질의 색이 녹색에서 자색으로 변하는 시기가 먹는 시기로 과피가 푸른 기가 남아 있는 것을 택하여 후숙하는 것이 좋다. 중량감이 있는 것이 좋으며 수일간 상온에 두어 색이 황색으로 되기 시작하면 냉장고에 넣는다. 표면이 황록색으로 되고 눌러서 연해지는 시기가 먹기 좋은 시기이다.

모과나무와 모과

- 분 류: 대분류 → 과실류, 소분류 → 인과류
- 학 명: *Chaenomeles sinensis* Koehne, *Cydonia sinensis* Thouin, *Pseudocydonia sinensis*
- 과 명: 장미과
- 영 명: 모과(Chinese quince, quince fruit), 모과나무(Chinese quince tree, quince fruit tree)
- 한문명: 목과(木瓜)
- 이명(별명): 목리(木李), 목이(木梨), 토목과(土木瓜)
- 용 도: 열매(과일)
- 수확기: 가을철
- 에너지(100g 당): 56 kcal

[원산지·재배역사]

중국이 원산지이며 우리나라 각 지역에서 관상수 또는 분재용으로 재배하고 있다. 약용부위는 과실이며 과실을 모과라 한다. 『신농본초(神農本草)』 경집주(經集注)에 모과로 수재되어 있고 『한약생약규격집(漢藥生藥規格集)』에 모과로 기재되어 있다. 우리나라에서는 중부 이남지역에서 재배되고 있다.

[주요 생리기능 성분(추정기능)]

① 습기제거: 이수효과가 있다.
② 숙취 해소효과: 주독에 따르는 메스꺼움과 속 쓰림 완화효과가 있다.
③ 방충효과: 옷장에 넣어두면 좀 벌레를 퇴치할 수 있다.
④ 기타 효과: 기침 완화효과, 토사곽란 치료효과가 있다.

감나무와 감

- 분 류: 대분류 → 과실류, 소분류 → 인과류
- 학 명: 감(*Diospyros kaki* Thumberg, *Diospyros kaki* L.), 감나무(*Asian persimmon tree, Kaki persimmon tree, Korean mango tree*
- 과 명: 감나무과
- 영 명: Asian persimmon, kaki persimmon, Korean mango
- 한문명: 시자(柿子), 시체(柿蒂), 시전(柿錢), 시정(柿丁)
- 수확기: 가을철
- 에너지(100g 당): 60 kcal

[원산지 · 재배역사]

원산지는 한국, 일본, 중국이며 동북아시아 특유의 과일이다. 과실은 원시시대부터 먹어 온 것 같다. 우리나라에서는 고려 고종(高宗)때(1138년) 고욤(감과 비슷한 과일이나 크기는 작다)에 대한 기록이 가장 오래된 것이나 조선 초기에는 경상도 고령에서 감을 재배하였다는 기록이 있다. 처음에는 삽시(澁柿)뿐이었으나 돌연변이와 교잡으로 감시(甘柿)가 탄생되었다.

[기대되는 작용]

암 억제, 이뇨촉진, 동맥경화 예방, 당뇨병 예방, 피부기능 유지 개선, 면역력 강화, 감염증 예방 등이 있다. Collagen의 생성을 촉진하여 얼굴살결을 아름답게 한다.

[식물학적 특성]

한 개로 하루의 목표 섭취량을 거의 만족할 정도의 비타민 C를 함유한다. 비타민 C는 피부기능 유지에 중요한 collagen을 생성하여 얼굴살결을 아름답게 할 뿐만 아니라 면역력을 높이므로 감기 등의 감염증 예방에도 유효하다. 또 풍부한 carotene이나 삽미성분인 tannin과의 상승효과로 활성산소를 소거한다. 강한 항암작용을 갖는 cryptoxanthin이 많으므로 암이나 노화예방에 유효하다. 알코올 분해를 촉진하며 이뇨작용을 돕는다.

[주요 영양소(가식부 100g 당/단감 · 생)]

- 칼륨: 170 mg

- 망간 : 0.5 mg
- β-Carotene : 420 μg(retinol 당량 70 μg)
- 비타민 B_6 : 0.06 mg
- 비타민 C : 70 mg

[주요 생리기능 성분(추정 기능)]

① β-Carotene(활성산소 소거, 항암) : 발암을 방지하여 세포를 젊게 유지한다. 동맥경화, 당뇨병을 예방한다.

② Cryptoxanthin(활성산소 소거) : 황색의 carotenoid계 색소로서 시력의 저하를 예방한다.

③ Lycopene(항산화, 항암): 적색소 성분으로 β-carotene보다도 강력한 항산화 작용을 갖는다. 활성산소를 소거하고 암이나 알레르기, 노화예방에 유효하다.

④ Tannin(항산화, 항암) : 항산화 작용으로 암을 예방하고 살균작용을 돕는다.

⑤ 식이섬유(정장, 항암, 순환기질환 억제) : 장내 유익균을 활성화시킨다.

[선별 · 보존법]

과피 전체가 윤기가 있고 붉은 색이 강한 것이 좋으며 모양이 고른 것이 상품이다. 비닐주머니에 넣어서 냉장고에 보관하면 1주일 정도는 이상이 없다. 삽미가 있는 감시(甘柹)는 실온에 조금 두면 달아 진다.

석류나무와 석류

- 분 류: 대분류 → 과실류, 소분류 → 인과류
- 학 명: *Pucica granatum*
- 과 명: 석류나무과
- 영 명: 석류(Pomegranate), 석류나무(Pomegranate tree)
- 한문명: 안석류(安石榴), 금앵(金罌)
- 수확기: 가을철
- 에너지(100g 당) : 56 kcal

[원산지 · 재배역사]

원산지는 이란, 아프카니스탄이며 열대 아메리카, 멕시코에서는 13~15세기에서 재배가 되어 19~20세기에 아시아로 전파되었다. 우리나라에서는 약 5000년 전에 도입된 것으로 추정된다. 추위에 약하므로 전라북도, 경상북도 이남에서만 노지 월동이 가능하다.

[기대되는 작용]

피로회복, 암 억제, 갱년기 장해 완화, 동맥경화 예방, 당뇨병 예방, 고혈압 예방, 시력유지 개선 등에 유효하다.

[식물학적 특성]

산미가 강하며 관상용의 정원수로 많이 심는다. 가미가 강한 외래종으로 피로회복 효과가 있는 구연산이 풍부하다. 과즙에는 anthocyanin을 함유하고 있어 눈과 간의 기능을 향상시키고 고혈압 예방에 유효하게 작용한다. 또 비타민 C와 pantothenic acid를 함유하므로 스트레스에 대한 저항력을 높인다. 최근 여성호르몬의 estrogene과 같은 분자구조를 가진 식물 estrogen이 종자에서 발견되어 얼굴살결이나 갱년기 장해 등의 작용이 기대된다.

[주요 영양소(가식부 100g 당/생)]

- 칼륨 : 250 mg
- 아연 : 0.2 mg
- Pantothenic acid : 0.32 mg
- 비타민 B_6 : 0.04 mg
- 비타민 C : 10 mg

[주요 생리기능 성분(추정기능)]

① Estrogen(여성호르몬 작용) : 골다공증, 갱년기 장해를 개선하며 특히 유방암, 전립선암을 억제한다.

② Anthocyanin(항암, 혈당치 상승 억제, 시력개선) : 수용성 색소 성분으로 항산화물질이다. 항산화 작용에 의하여 발암을 억제한다. 지질의 산화를 방지하고 콜레스테롤치를 저하시킨다. 혈당치의 상승을 억제하여 당뇨병을 예방한다. 시력 향상에도 효과가 있다.

③ Tannin(항암) : Polyphenol의 일종으로 활성산소를 소거하여 암을 예방한다. 살균작용이 있다.

④ 식이섬유(정장, 항암, 순환기질환 억제) : 장내 유익균을 활성화시킨다.

[선별 · 보존법]

손으로 들었을 때 중량이 있는 것이 좋으며 껍질에 주름이나 갈라진 곳이 없는 것이 좋다. 껍질을 벗기지 않으면 실온에서 3개월은 간다. 볕이 닿지 않는 장소에 두거나 씨를 꺼내어 밀봉하여 냉장고에 넣어 보관한다.

▶ 감귤류

감귤나무와 감귤

감귤류의 대표적인 것이 귤이다. 밀감과의 밀감속, 금감속, 탱자속 등이 있다.

- 분 류: 대분류 → 과실류, 소분류 → 감귤류
- 학 명: *Citrus medica, Citrus unshiu, Citrus wlisonii* Tanaka
- 과 명: 운향과
- 영 명: 감귤(Citrus fruit)
- 한문명: 감귤(柑橘)
- 용 도: 열매(식용)
- 수확기: 겨울철
- 에너지(100g 당) : 42 kcal

[원산지 · 재배역사]

원산지는 아시아 등의 남부이지만 세계적으로는 미국이 압도적으로 많고 그밖에 이탈리아, 스페인, 일본, 근래에는 우리나라 제주도에서 재배되고 있다. 우리나라에서는 재래 귤이 약 570년 전부터 제주도에서 재배되었고 그 과실은 생식 또는 약제로 쓰였다. 본격적으로 감귤재배가 시작된 것은 1911년 일본인이 서귀포에 온주밀감, 하밀감 등을 심은 것이 시초이다. 세계적으로 감귤류의 재배면적은 대략 orange가 66%, tangerine이 17%, lemone과 lime이 10%, grape fruit가 7%이다.

[기대되는 작용]

간, 비장, 위의 기 흐름을 조절하고 담을 제거한다. 모세혈관 강화작용, 항균・살균작용이 있다.

[주요 영양소(가식부 100g 당)]

- 수분 : 87.8%
- 탄수화물 : 10.8%
- 칼륨 : 120 mg
- 비타민 A : 142 RE
- β-Carotene : 847 ㎍
- 비타민 C : 48 mg

[주요 생리기능 성분(추정기능)]

① Carotenoid(황색의 색소로 tetraterpene 화합물) : 항암성 약효 성분으로 모세혈관 강화작용이 있으며 배당체로서 분포되어 있다.

② Hesperidin(비타민 P작용, 항암, 항염증, 동맥경화 억제) : 혈관 수축작용이 있다. Polyphenol의 일종으로 고미성분이다. 모세혈관 강화, 콜레스테롤치 저하, 발암 억제작용이 있다.

③ Naringenin(고미물질) : 항균, 살균, 발암 억제작용이 있다.

[선별・보존법]

감귤 저장온도는 6～10℃, 습도 80～85%에서 2～3주일 예비 처리하여 과실 중량이 3～4% 감량이 되도록 한 다음 온도는 3～℃, 습도는 85～90%로 저장한다.

오렌지

- 분 류 : 대분류 → 과실류, 소분류 → 감귤류
- 학 명 : *Citrus sinensis, Citrus unshiu* Karkovich, *Citrus aureantium* L. Daidai
- 과 명 : 장미과
- 영 명 : Orange fruit
- 한문명 : 귤(橘), 첨등(甛橙), 등자(橙子)
- 이명(별명) : 대대화(代代花)
- 용 도 : 열매(식용)

- 수확기 : 봄철
- 에너지(100g 당) : 46 kcal

[원산지 · 재배역사]

원산지는 인도 동북부이며 15세기 말에 중국의 관동에서 유럽으로 건너가 세계적으로 재배가 넓혀졌다.

[기대되는 작용]

암 억제, 동매경화 예방, 항염증, 혈전방지, 고혈압 예방, 알레르기 억제, 피부기능 유지 개선, 이뇨촉진 등에 유효하다. 모세혈관을 튼튼히 하고 스트레스를 줄인다.

[식물학적 특성]

감미오렌지(sweet orange)와 산미오렌지(sour orange)로 대별하지만 세계적으로 오렌지 생산의 약 2/3를 차지하는 것은 감미오렌지이다. Navel이나 Varencia 등이 대표 품종으로 감미와 산미의 균형이 좋고 향미도 좋다. 얼굴살결에 역할을 하는 비타민 C는 면역력을 높이므로 감기예방에도 유효하다. 수용성 비타민의 inositol은 간장에 체류된 지방이나 콜레스테롤의 대사를 촉진하여 동맥경화의 예방에 유효하다. 모세혈관을 튼튼히 하여 혈행을 좋게 해주는 hesperidin, 혈압을 저하시키는 칼륨도 많이 함유되어 있다.

[주요 영양소(가식부 100g 당/Navel · 생)]

- 칼륨 : 180 mg
- 칼슘 : 24 mg
- β-Carotene(antothenic acid) : 0.32 mg
- Folic acid : 34 μg(retinol 당량 22 μg)
- 비타민 C : 60 mg

[주요 생리기능 성분(추정기능)]

① Flavonoid(항산화, 항암) : 색소 성분으로 polypohenol의 일종이다. 암이나 노화를 예방한다. 고혈압, 동맥경화, 뇌졸중을 예방하고 이뇨작용을 촉진한다.

② Terpene(자율신경 조정) : 향방성분이 있으며 신경흥분을 진정시키고 스트레스

를 해소한다.

③ Inositol(콜레스테롤치 저하, 간 기능 향상) : 지방의 대사를 촉진하고 뇌세포를 만드는 인지질 성분으로 불가결이다.

④ Hesperidin(항암, 항염증, 동맥경화 억제) : 감귤류의 껍질이나 심에 많이 함유되어 있는 polyphenol의 일종이다. 고미성분으로 모세혈관 강화, 콜레스테롤치 저하, 알레르기 억제, 암 예방 등에 유효하다.

⑤ 식이섬유(정장, 항암, 순환기질환 억제) : 장내 유익균을 활성화시킨다.

[선별 · 보존법]

배꼽이 녹색으로 작고 껍질이 얇으며 윤기가 있는 것이 좋다. 비닐주머니에 넣어 여름에는 냉장고에 보관하고, 겨울에는 상온도 좋다.

자 몽

- 분 류 : 대분류 → 과실류, 소분류 → 감귤류
- 학 명 : *Citrus pareadisi*
- 과 명 : 운향과
- 영 명 : Grape fruit, 자몽껍질(grape fruit peel), 자몽방향유(grape fruit oil) 자몽씨(grape fruit seed)
- 용 도 : 열매(식용)
- 수확기 : 봄철
- 에너지(100g 당) : 38 kcal

[원산지 · 재배역사]

18세기 서인도의 발바도스 섬에서 처음 발견되었으며 포도의 방(房)과 같이 씨가 있기 때문에 이름이 붙었다. 열대산지의 플로리다에 전해진 것이 10세기 초이다. 우리나라는 근래에 와서 재배되고 있다.

[기대되는 작용]

암 억제, 피로회복, 동맥경화 예방, 항염증, 혈전방지, 피부기능 유지 개선, 알레르기 억제, 식욕증진에 효능이 있다. 고미성분이 혈전을 방지하고 혈액을 깨끗하게 한다.

[식물학적 특성]

비타민 C를 풍부히 함유하고 과실이 크기 때문에 1개로 1일의 섭취량을 거의 만족시킨다. 비타민 C의 흡수를 돕는 flavonoid도 많이 함유되어 있으므로 감기 예방이나 미기(美肌) 만들기에 효과적이다. 지질의 대사를 높이는 수용성 비타민 inositol을 함유하므로 혈액 중의 콜레스테롤을 저하시켜 지방간의 예방에 도움이 된다. 고미성분 limonoid는 혈전을 방지하여 혈액을 잘 흐르게 하고 발암을 억제하는 작용이 있다. 과육의 적색 grape fruit에는 강한 항산화력을 갖는 lycopene이 함유되어 있다.

[주요 영양소(가식부 100g 당)]

- 칼륨 : 140 mg
- 칼슘 : 15 mg
- 비타민 B_1 : 0.07 mg
- Folic acid : 15㎍
- 비타민 C : 36 mg

[주요 생리기능 성분(추정기능)]

① Aurabuten(항암) : 껍질에 함유되어 있는 색소 성분으로 암과 노화를 예방한다.
② Nobietion(항암) : 감귤류의 flavonoid계 polyphenol류이다. 고미성분은 발암을 억제한다.
③ 구연산(피로회복) : 피로물질인 유산을 대사 분해하여 근육에의 축적을 방지하고 식욕을 증진시킨다.
④ Hesperidin(항암, 항염증, 동맥경화 억제) : 감귤류의 껍질이나 주머니에 많이 함유되어 있는 polyphenol의 일종이다. 모세혈관 강화, 콜레스테롤치의 저하, 알레르기 억제, 발암방지 등에 유효하다.
⑤ Limonoid(혈전방지, 항암) :혈소판 응집 억제, 혈전을 예방하고 발암물질을 무독화시킨다.
⑥ 식이섬유(정장, 항암, 순환기질환 억제) : 장내 유익균을 활성화시킨다.

[선별 · 보존법]

과육이 단단한 것이 좋으며 형이 고르지 않는 것은 피한다. 둥글고 과피가 엷으며, 표피에 당김이 있고 내용이 차 있으며 중량감이 있는 것이 상품이다. 수확 후에 약품이 사용되기 때문에 먼저 과피를 잘 씻은 후에 비닐주머니에 넣어 여름에는 냉장고에 보관하고, 겨울에는 실온에서 보관한다.

레 몬

- 분 류: 대분류 → 과실류, 소분류 → 감귤류
- 학 명: *Citrus limon*
- 과 명: 운향과
- 영 명: Lemon
- 용 도: 열매(식용)
- 수확기: 3~9월(미국 캘리포니아), 가을(일본)
- 에너지(100g 당): 26 kcal

[원산지 · 재배역사]

원산지는 히말라야 서부이다. 대항해 시대에 비타민 C 부족으로 야기된 괴혈병을 예방하는 재료로서 레몬 이용이 활발하였다. 그 후 유럽에서 아메리카로 이주 시에는 반드시 레몬나무를 지참하여 식수하였다. 이것이 캘리포니아나 플로리다 등 현재의 주산지가 되었다.

[기대되는 작용]

동맥경화 예방, 미기(美肌) 효과, 리락스(이완) 효과, 알레르기 억제, 암 억제, 면역력 강화, 혈전방지 등에 유효하다.

[식물학적 특성]

레몬이라면 역시 비타민 C이다. 100g 중에 약 50 mg로 풍부히 함유되어 바이러스의 저항력을 높이므로 감기나 감염증의 예방에 유효하다. Collagen의 생성을 도우므로 얼굴살결 보호에도 도움이 된다. 간장의 작용을 활발하게 하여 해독작용을 높이므로 숙취에도 효과가 있다. 신맛의 원인인 구연산은 피로물질의 축적을 방지하고 혈행을 촉진하여 혈액을 정화하여 피로를 회복한다. 암 예방에도 유효하다고 하는 고미성분의 hesperidin도 함유되어 있다. 농약 걱정이 없는 유기농의 것을 고르고 잘 씻어 껍질과 함께 먹는 것이 좋다.

[주요 영양소(가식부 100g 당/과즙 · 생)]

- 칼륨 : 100 mg
- 칼슘 : 7 mg
- 마그네슘 : 8 mg
- β-Carotene : 6 μg(retinol 당량 1 μg)
- 비타민 C : 50 mg

[주요 생리기능 성분(추정기능)]

① 구연산(피로회복) : 유산을 대사 분해하여 근육에의 축적을 방지한다.
② Rutin(모세혈관 기능강화) : Flavonoid계 polyphenol의 일종으로 collagen의 생선을 촉진한다. 모세혈관을 튼튼히 하여 혈행을 촉진하고 동맥경화, 고혈압, 암을 예방한다.
③ Luteolin(항산화, 항알레르기) : Polyphenol의 일종으로 활성산소를 억제하여 면역력을 강화하고 알레르기를 유발하는 효소작용을 저해하여 알레르기 증상을 개선한다.
④ Terpene(자율신경 조절) : 방향성분으로 신경흥분을 진정시키고 스트레스를 해소한다.
⑤ 식이섬유(정장, 항암, 순환기질환 억제) : 장내 유익균을 활성화시킨다.

[선별 · 보존법]

과피가 야무지게 달아 붙어 있고 탄력이 있는 것이 좋은 상품이다. 부드럽고 중량감이 있는 것이 과즙량이 많다. 폴리주머니에 넣어 건조 상태에서 보호하며 냉암소에서 냉장고로 옮긴다. 냉장고에서 비교적 보존이 잘 된다. 일단 절단된 것은 가능한 한 빨리 사용한다.

유 자

- 분 류 : 대분류 → 과실류, 소분류 → 감귤류
- 학 명 : *Citrus medica, Citrus junos* Tanaka, *Citrus reticulatra*
- 과 명 : 운향과
- 영 명 : Citron
- 한문명 : 유자(柚子), 황등(黃橙), 번등(番橙), 등자(橙子)

- 용 도: 열매(식용)
- 수확기: 가을~초겨울
- 에너지(100g 당): 59 kcal

[원산지 · 재배역사]

원산지는 중국 양자강 주변으로 알려져 있다. 우리나라에서도 많이 생산되며 다른 감귤보다 내한성이 강하므로 전라남도와 경상남도에서 많이 생산된다.

[기대되는 작용]

암 억제, 리락스(이완) 효과, 피로회복, 동맥경화 예방, 고혈압 예방, 이뇨촉진 등에 유효하다. 방향유 성분인 limonene이 심신을 리락스(이완)한다.

[식물학적 특성]

상쾌한 산미와 방향이 매력적이다. 초여름에 출하되는 것은 푸르고 가을 이후에는 황색으로 익은 것이 출하된다. 과피와 과즙은 원래 요리를 맛내는 조미료로나 양념으로 사용되고 있다. 과육보다 과피 쪽이 영양가가 높고 칼슘은 2배, 비타민 C는 4배까지 함유되어 있다. 비타민 C가 100g 당 150 mg 들어있어 레몬이나 navel의 3배가 넘는다. 칼슘은 뼈를 튼튼하게 하고 골다공증 예방에도 유효하며 비타민 C는 얼굴살결을 보호한다. 과피에 많이 함유되어 있는 특유한 방향유 성분인 limonene은 자율신경에 작용하여 리락스(이완) 효과가 있는 것으로 알려져 있다. 입욕 시에 생 유자를 목욕탕에 넣으면 심신의 피로회복에 역할을 한다.

[주요 영양소(가식부 100g 당)]

- 칼륨: 140 mg
- 칼슘: 41 mg
- β-Carotene: 240 μg(letinol 당량 40 μg)
- 비타민 E: 3.4 mg
- 비타민 C: 150 mg

[주요 생리기능 성분(추정기능)]

① Flavonoid(항산화, 항암): 색소 성분으로 polyphenol의 일종이다. 항산화 작용

이 있으며 암을 예방하고 노화를 방지한다. 동맥경화, 고혈압, 뇌졸중을 예방하고 이뇨작용을 한다.

② Terpene(자율신경 조절) : 방향성분으로 신경의 흥분을 진정시키고 스트레스를 해소한다.

③ Hesperidin(비타민 P) : 모세혈관 보호와 혈압을 조정한다.

④ 식이섬유(정장, 항암, 순환기질환 억제) : 장내의 유익균을 활성화하고 변의 양을 증가시켜 장내환경을 정비한다. 콜레스테롤을 배출하여 동맥경화, 당뇨병 등의 생활습관병과 암을 예방한다.

[선별 · 보존법]

유자의 과피는 상처가 나면 검게 되므로 상처가 나지 않게 랩 등으로 싸서 냉장고에 보관한다.

라 임

- 분 류 : 대분류 → 과실류, 소분류 → 감귤류
- 학 명 : *Citrus aurantifola*
- 과 명 : 운향과
- 영 명 : Lime
- 용 도 : 열매(식용)
- 수확기 : 연중 수확(멕시코)
- 에너지(100g 당) : 27 kcal

[원산지 · 재배역사]

레몬은 온대지방의 감귤류이지만 라임(lime)은 아열대나 열대지방인 미얀마, 말레이시아가 원산지이다. 아랍사람이 지중해로 전하여 스페인이나 포르트갈 사람에 의하여 미국으로 전해지고 재배지는 멕시코 주변까지 확대되었다.

[기대되는 작용]

피로회복, 암 억제, 동맥경화 예방, 리락스(이완) 효과, 면역력 증강, 고혈압 예방, 혈전방지, 이뇨작용에 유효하며, 감기예방에 좋은 녹색 과일이다.

[식물학적 특성]

열대지역에서 생육되는 향산(香酸) 감귤이며 레몬보다 약간 작으나 모양은 꼭 같다. 과피는 선명하고 녹색으로 상쾌한 향 이외에 고미가 있고 음료나 요리의 향 부여에 이용되는 수가 많다. 엷은 녹색의 과육은 과즙이 많고 주성분은 산이다. 그의 90% 정도가 피로회복에 효과가 있는 구연산으로 레몬보다 많이 함유되어 있다. 고혈압을 예방하는 칼륨 그리고 뼈나 치아를 튼튼히 하는 칼슘이나 마그네슘 등도 레몬보다 풍부하다. 비타민 C도 많아 감기 등의 감염증 예방에 유효하다. 열대지역 산지에서는 주스가 괴혈병 예방에 사용된다고 한다.

[주요 영양소(가식부 100g 당/과즙 · 생)]

- 칼륨 : 160 mg
- 칼슘 : 16 mg
- 마그네슘 : 9 mg
- 비타민 B_1 : 0.03 mg
- 비타민 C : 33 mg

[주요 생리기능 성분(추정기능)]

① Flavonoid(항산화, 항암) : 색소 성분으로 polyphenol의 일종이다. 암이나 노화를 예방하고 고혈압, 동맥경화, 뇌졸중 등에도 유효하며 이뇨작용도 있다.

② Terpene(자율신경 조절) : 방향성분으로 신경흥분을 진정시키고 스트레스를 해소시킨다.

③ 식이섬유(정장, 항암, 소화기질환 억제) : 장내 유익균을 활성화시킨다. 변의 양을 증가시켜 장내환경을 정리한다. 콜레스테롤을 배출하여 동맥경화, 당뇨병 등의 생활습관병과 암을 예방한다.

[선별 · 보존법]

과피의 녹색이 선명하고 열매가 야무진 것이 상품이다. 방향을 내는 것을 고른다. 폴리주머니에 넣어 냉장고에 넣으면 1주간 정도는 보존이 가능하다. 사용하고 남은 것은 절단 부위에 랩으로 밀착시켜 덮고 냉장고에 넣는다. 가능한 한 오래 두지 않는 것이 좋다.

금 귤

- 분 류: 대분류 → 과실류, 소분류 → 감귤류
- 학 명: *Fortunella japonica*
- 과 명 운향과
- 영 명: Kumquat
- 한문명: 금귤(金橘)
- 이명(별명): 금감(金柑)
- 수확기: 겨울철
- 에너지(100g 당): 71 kcal

[원산지 · 재배역사]

원산지는 중국이다. 향산감귤(香酸柑橘)로서 취급되나 식품분류상에서는 귤속에 속하는 킹깡속으로 독립되어 있다. 일본에서는 에도시대(江戶: 1600~1867년)에 약용으로 전래되었다 한다. 현재는 감기에 걸렸을 때 많이 애용한다.

[기대되는 작용]

피로회복, 암 억제, 리락스(이완) 효과, 당뇨병 예방, 동맥경화, 면역력 강화, 감염증 예방 등에 유효하다. 항산화물질과 비타민 C로 면역력을 상승시킨다.

[식물학적 특성]

껍질에는 특히 칼슘과 비타민 C가 풍부하여 껍질까지 먹는다. 칼슘은 골다공증을 예방하고 비타민 C는 강한 항산화력으로 면역력을 강화함과 동시에 얼굴살결을 젊게 유지하고 감기 등의 감염증을 예방한다. 껍질과 주머니에 함유되어 있는 고미성분이나 황색색소 cryptoxanthin에도 항산화 작용이 있고 이들이 협력하여 활성산소를 소거하여 암이나 노화를 예방한다. 수용성과 불용성의 식이섬유가 균형 있게 함유되어 있으므로 변비해소나 동맥경화 예방에도 유효하다. 생식 외에도 젤리나 설탕을 가하여 볶은 것을 먹으면 맛이 있다.

[주요 영양소(가식부 100g 당/전과 · 생)]

- 칼륨: 180 mg
- 칼슘: 80 mg

- β-Carotene : 10 μg(retinol 당량 22 μg)
- 비타민 E : 2.6 mg
- 비타민 C : 49 mg

[주요 생리기능 성분(추정기능)]

① Hesperidin(항암, 항염증, 동맥경화 억제) : 감귤류의 껍질이나 주머니, 스지에 많이 함유되어 있는 polyphenol의 일종이다. 고미성분으로 모세혈관 강화, 콜레스테롤치 저하, 발암억제 등에 유효하다.
② Pectin(콜레스테롤 저하) : 수용성 식이섬유으로 장내환경을 조정하여 변비를 예방한다. 콜레스테롤이나 당분의 흡수를 억제하여 동맥경화, 당뇨병, 암 등을 예방한다.
③ 구연산(피로회복) : 피로물질의 유산을 대사분해 하여 식욕을 증진시킨다.
④ Terpene(자율신경조직) : 방향성분으로 신경의 흥분을 진정시키고 스트레스를 해소한다.
⑤ Cryptoxanthin(활성산소 제거) : 황색의 carotenoid계 색소이다. 활성산소를 소거하여 노화에 의한 시력저하를 예방한다.
⑥ 식이섬유(정장, 항암, 순환기질환 억제) : 장내 유익균을 활성화시킨다.

[선별 · 보존법]

표피의 색이 진하고 표면이 매끈매끈하고 윤기가 있는 것이 상품이다. 모양이 둥글고 고른 것이 좋으며 상처가 있는 것이나 꼭지가 시들어 있는 것은 피한다. 폴리주머니에 넣어 냉장고에 보관하면 1주일 정도는 보존된다.

탱자나무와 탱자

- 분 류 : 대분류 → 과실류, 소분류 → 감귤류
- 학 명 : *Poncirus trifoliata*(L) Raffinesque
- 과 명 : 운향과
- 영 명 : Trifoliatae oange
- 한문명 : 지실(枳實), 축실(柷實), 구귤(枸橘), 구자자(枸刺子), 야등자(野橙子), 당귤(唐橘)
- 용 도 : 열매(식용, 약용)

- 수확기 : 가을철
- 에너지(100g 당) : 84 kcal

[원산지 · 재배역사]

원산지는 한국, 중국, 일본이다. 제주도와 가덕도 등의 섬에 높이 3 m로 자생된다. 과실은 구형의 장과로 외면은 커질고 오목한 반점이 있다. 우리나라에는 1종뿐이다.

[기대되는 작용]

주독, 주체, 발한, 건위 등에 유효하다. 한방에서는 교감신경 흥분, 항알레르기 작용, 장관운동 억제작용, 건위제, 거담작용, 이뇨작용, 갈증, 복통, 감기 등에 이용된다.

시트론

- 분 류 : 대분류 → 과실류, 소분류 → 감귤류
- 학 명 : *Citrus junos* Tanaka
- 과 명 : 운향과
- 영 명 : Citron

[식물학적 특성]

운향과의 상록활엽광목이다. 높이는 3m 정도이고 열매는 장과로 과육이 하얗고 향기가 나며 신맛과 쓴맛이 있다. 과일 껍질은 과자의 재료로 쓴다.

▶ 핵과류

복숭아나무와 복숭아

- 분 류 : 대분류 → 과실류, 소분류 → 핵과류
- 학 명 : *Pruunus persica*(L) Batsch
- 과 명 : 장미과

- 영 명: 복숭아(Peach), 복숭아씨(挑仁, Peach seed)
- 한문명: 도자(挑子), 선과(仙果)
- 용 도: 식용(과실), 약용(잎, 꽃, 씨)
- 수확기: 8~9월
- 에너지(100g 당): 40 kcal

[원산지 · 재배역사]

원산지는 중국 황하 상류지역이며 그 후 페르시아로 건너가 그곳에서 세계 각지로 퍼졌다. 우리나라에서는 비교적 일찍 중국으로부터 수입되어 정원이나 동산에 정원과수로서 널리 보급되었다. 집중적으로 재배가 이루어진 것은 구한 말 이후이다. 복숭아는 살이 흰 백도와 노란 황도로 크게 나눌 수 있다. 과실로는 백도가 좋고, 통조림용으로는 황도가 좋다. 또 핵이 과육이 잘 분리되는 이핵과(離核果)와 분리가 되지 않는 점핵과(粘核果)가 있다.

일본으로 전해진 것은 야요이시대(기원전 2~3세기경 금석 병용의 농경문화 시대)라고 『일본사기(日本史記)』에 기록되어 있다. 현재의 재배종은 명치시대(1868~1912년)에 중국에서 도래된 것이라 한다. 이후 품종 개량이 이루어졌다.

[기대되는 작용]

피로회복, 동맥경화 예방, 암 억제, 변비개선, 당뇨병 예방, 항균 · 살균작용, 고혈압 예방 등에 유효하다. 뇌의 작용을 활발하게 하여 세포의 노화를 방지한다.

[식물학적 특성]

식이섬유가 풍부하여 장내환경을 양호하게 유지한다. 수용성 섬유는 변을 부드럽게 함으로써 변통을 촉진하고 불용성 섬유는 수분을 흡수하여 변의 양을 증가시켜 장의 운동을 활발하게 한다. 어느 것이나 콜레스테롤이나 노폐물을 배출하여 동맥경화나 당뇨병, 암의 예방이 기대된다. 백육종은 flavonoid가 풍부하고, 황육종은 β-carotene이 풍부하다. 어느 것이나 항산화 작용이 있고 비타민 E와 협력하여 활성산소를 소거하여 세포를 생생하게 유지한다. 산미를 내는 구연산을 함유하고 있어 피로회복을 촉진한다.

[주요 영양소(가식부 100g 당/생)]

- 칼륨: 180 mg

- 칼슘 : 4 mg
- 마그네슘 : 7 mg
- 비타민 E : 0.7 mg
- 비타민 C : 8 mg

[주요 생리기능 성분(추정기능)]

① 구연산(피로회복) : 유기산의 일종이다. 피로물질인 유산의 대사분해를 촉진하여 근육에의 축적을 방지한다.
② Catechin(항산화, 혈압상승 억제, 혈당치 상승 억제) : 지질의 산화를 방지한다. 고혈압, 동맥경화, 당뇨병, 노화, 암 등을 예방한다.
③ Tannin(항암) : Polyphenol의 일종이다. 항산화 작용과 살균작용 있고 암을 예방한다.
④ Inositol(콜레스테롤치 저하, 간 기능 강화) : 수용성 비타민, 지방의 대사를 촉진하여 간장에의 축적을 방지한다.
⑤ 식이섬유(정장, 항암, 순환기질환 억제) : 장내 유익균을 활성화시킨다.

[선별 · 보존법]

가로 세로의 균형이 좋고 전체가 둥근모양의 것이 상품이다. 과피가 선명하고 적색이나 핑크색이 달다. 과피의 표면에 솜털이 남아 있는 것이 신선하다. 감미를 보유하기 위하여 먹기 2~3시간 전에 실온에서 보존을 한다. 종이 등으로 싸서 일광을 피하여 건조를 방지한다. 물로 씻으면 선도가 떨어지므로 먹기 직전에 씻는다.

대추나무와 대추

- 분 류 : 대분류 → 과실류, 소분류 → 핵과류
- 학 명 : *Zizyphus jujuba* Miller var. *inermis* Rehder
- 과 명 : 갈매나무과
- 영 명 : 대추(Chinese date, jujube), 대추나무(jujube tree)
- 한문명 : 대조(大棗), 조인(棗仁), 산조인(酸棗仁), 건조(乾棗), 홍조(紅棗)
- 용 도 : 열매(식용, 약용)
- 수확기 : 가을철
- 에너지(100g 당) : 90 kcal

[원산지 · 재배역사]

원산지는 유럽 남부 또는 아시아 서부라고 알려져 있으며 한국, 중국, 일본, 남유럽에 골고루 분포되어 있다. 우리나라는 1188년에 대추재배를 권장한 것으로 보아 그 이전부터 재배한 것으로 추정된다. 한방에서는 노화를 방지하는 신비로운 생약 또는 식품으로 취급하여 왔다.

[기대되는 작용]

건위작용, 이뇨작용, 식욕부진 향상, 피부미용 개선작용, 기관지 천식 완화작용이 있다.

[주요 생리기능 성분(추정기능)]

① 자양강장 효과 : 위장을 튼튼하게 하며 50% ethyl alcohol 추출물은 스트레스성 위궤양을 예방한다.
② 기관지천식 완화효과 : 말초혈관과 백혈구 내의 cAMP 함량을 상승시켜 기관지 확장을 함으로써 천식을 완화시킨다.
③ 기타 효과 : 피부 연화효과, 항알레르기 작용, 진정작용, 혈압강하 효과, 이뇨작용 등이 있다.

살구나무와 살구

- 분 류 : 대분류 → 과실류, 소분류 → 핵과류
- 학 명 : *Prunus armeniaca* L. *armeniaca vulgaris, Amygdalus armeniaca*
- 과 명 : 장미과
- 영 명 : Apricot
- 한문명 : 행인(杏仁), 고행인(苦杏仁), 덕아(德兒), 행자(杏子)
- 용 도 : 과실(식용), 씨[행인(杏仁) : 약용]
- 수확기 : 여름철
- 에너지(100g 당) : 36 kcal

[원산지 · 재배역사]

원산지는 중국이며 4000년 이상 옛날부터 재배되어 왔다.

[기대되는 작용]

동맥경화 예방, 당뇨병 예방, 세포노화 방지, 시력 유지 개선, 면역력 증가, 암이나 노화를 방지하고 고혈압을 예방한다.

[식물학적 특성]

매실보다 약간 크고 엷은 핑크 꽃이 피며 감미는 덜 나고 산미가 강한 것이 많다. 암 예방이나 노화방지에 역할을 하는 β-carotene을 풍부히 함유하고 있으며 100g(약 2개)으로 1일 목표 섭취량의 거의 반을 섭취할 수 있다. 혈압을 안정시키는 칼륨이나 변비방지에 역할을 하는 철, 변비해소에 효과가 있는 식이섬유도 풍부히 함유되어 있다. 동양에서는 옛날부터 약효 과실로서 종자 안의 행인(杏仁)은 한방약으로서 이용되고 있다. 효능은 기침이나 목 아픔을 완화시키고 체내의 수분 균형을 조정하기 때문에 갈증 해소에도 효과가 있다. 또 행인 두부나 과자, 화장품의 향료로서 사용된다. 건조 살구에는 β-carotene의 양이 약 3배 이상으로 증가한다.

[주요 영양소(가식부 100g 당/생)]

- 칼륨 : 200 mg
- 철 : 0.3 mg
- β-Carotene : 1,500 μg(retinol 당량 250 μg)
- 비타민 E : 1.75 mg
- 비타민 C : 3 mg

[주요 생리기능 성분(추정기능)]

① Catechin(항산화 작용, 혈압상승 억제) : Flavonoid계 polyphenol의 일종이다. 항산화 작용이 있고 지질의 산화를 방지한다. 고혈압, 동맥경화, 당뇨병, 노화, 암 등을 예방하고 살균작용이 있다.

② Cryptoxanthin(활성산소 제거) : 황색의 carotenoid계 색소로서 노화에 의한 시력저하를 예방한다.

③ 식이섬유(정장, 항암, 순환기질환 억제) : 장내 유익균을 활성화시킨다.

[선별 · 보존법]

오렌지색이 선명하고 표면에 솜털이 있으며 열매가 단단한 것을 고른다. 연한 것은 맛이 떨어지므로 피하는 것이 좋다. 수확 후 3~4일이 지나면 맛이 떨어지고 여러 날은 보존이 되지 않으므로 빨리 먹거나 잼이나 시럽, 조림 등으로 가공한다.

자두나무와 자두

- 분 류: 대분류 → 과실류, 소분류 → 핵과류
- 학 명: *Porunus salicina* L.
- 과 명: 장미과
- 영 명: 자두(Japanese plum, plun), 자두나무(plun tree)
- 한문명: 자이(紫李), 이도(李桃)
- 이명(별명): 오얏, 추리
- 용 도: 열매(식용)
- 수확기: 여름철
- 에너지(100g 당): 26 kcal

[원산지 · 재배역사]

원산지는 중국이며 8세기경에 일본으로 전해졌다고 한다. 일본 고서인 『만엽집(만엽集)』『일본서기(日本書記)』에 기록되어 있다고 한다. 명치시대(1686~1912년)에 와서 미국의 것이 도입되어 품종 개량이 이루어졌다고 한다.

[기대되는 작용]

피로회복, 이뇨촉진, 암 억제, 동맥경화 예방, 혈전방지, 피부기능 유지 개선, 고혈압 예방, 세포노화 방지 등에 유효하다.

[식물학적 특성]

자두는 여름의 과일로서 껍질까지 먹을 정도로 부드럽고 과즙이 많다. 보다 좋은 산미가 있는 juicy한 맛으로 갈증 시에 목을 축이어 준다. 주성분은 과당, 자당 등의 당분으로 엽산이나 식이섬유를 풍부히 함유하고 있다. 엽산은 조혈을 보조함과 동시에 단백질이나 DNA, RNA의 합성에 관여하고 임신 중이나 수유중의 여성에서는 없어서는 안 될 성분이다. 식이섬유는 변통을 촉진하고 노폐물을 배출하여 혈액을 잘 흐르게 하여 동맥경화나 당뇨병을 예방한다. 이뇨작용을 촉진하는 칼륨, 피로회복을 촉진하는 사과산, 항산화 작용을 하는 β-carotene과 비타민 E 등을 함유하고 있다.

[주요 영양소(가식부 100g 당/생)]

- 칼륨 : 150 mg
- β-Carotene : 79 μg(retinol 당량 13 μg)
- Folic acid : 37 μg
- 비타민 E : 0.6 mg
- 비타민 C : 4 mg

[주요 생리기능 성분(추정기능)]

① Flavonoid(항산화, 항암작용) : 색소 성분으로 polyphenol의 일종이다. 암이나 노화, 동맥경화, 뇌졸중 등을 예방하고 이뇨작용도 있다.

② 식이섬유(정장, 항암, 순환기질환 억제) : 소화효소로 분해되지 않는 성분으로 장내 유익균 번식을 활성화시키고, 변의 양을 증가시켜 장내환경을 조정한다. 콜레스테롤이나 노폐물을 배출하고 동맥경화, 당뇨병 등의 생활습관병, 암 등을 예방한다.

[선별 · 보존법]

모양이 둥글고 고른 것이 좋다. 표면에 흰 가루가 붙어 있는 것이 신선하다. 흰 가루가 없어지고 곰팡이가 붙은 것은 과숙된 것이다. 선도가 떨어지지 않게 종이 등으로 싸서 바람이나 일광을 피하여 보존한다. 상온에서 4～5일 정도 보존이 가능하며 오래 보존하려면 씻은 후 폴리주머니에 넣어서 냉장고에 보관한다.

매실나무와 매실

- 분 류 : 대분류 → 과실류, 소분류 → 핵과류
- 학 명 : *Prunus mume* Siebold Zuccarini, *Prunus microstrachya* Turcz.
- 과 명 : 장미과
- 영 명 : Japanese apricot, Chinese plum
- 한문명 : 매실(梅實), 오매(烏梅), 춘매(春梅)
- 용 도 : 열매, 꽃(식용, 약용), 꽃(향료)

- 수확기 : 여름철(5~6월)
- 에너지(100g 당) : 34 kcal

[원산지 · 재배역사]

원산지는 중국의 중부에서 남부에 걸친 지역이다. 일본에서는 중국에서 전래되어 8세기 중기에서 고서에 기록된 것이 발견되고 있다. 좋은 열매는 약용으로 사용되었다. 우리나라에서는 경남의 창녕군과 전남, 전북, 충북, 경기 황해도 등지에서 분포하고 있다. 매실에 함유되는 구연산은 살균작용과 살균력이 있다. 미숙청매는 amygdalin이라는 배당체가 있는데 효소로 분해되면 유독한 청산이 생성되어 식중독을 일으킨다.

[기대되는 작용]

피로회복, 항균작용, 살균작용, 해독작용, 당뇨병 예방, 암 억제, 동맥경화 예방, 식용증진, 면역력 증가 등에 유효하다.

[식물학적 특성]

당분이 적고 산이 아주 강하다. 주성분은 유기산으로 어릴 때는 사과산이 많고 성숙이 되면 구연산이 압도적으로 많아진다. 구연산은 지질이나 당질의 대사를 활발하게 하여 유산의 추적을 방지하고 피로회복에 우수한 효과를 발휘한다. β-Carotene이나 비타민 E, B_1, B_2, 칼륨, 칼슘 등의 무기질도 많이 함유한다. 미숙과의 청매실의 핵에는 중독증상을 일으킬 가능성이 있는 amygdalin이 함유되어 있다. 이 때문에 생식은 적합하지 않고 설탕절임을 하거나 건조한 매실이나 잼, 매실주, 양과자 등의 가공재료로서 사용하는 수가 많다.

[주요 영양소(가식부 100g 당/생)]

- 칼륨 : 240 mg
- 칼슘 : 12 mg
- β-Carotene : 240 μg(retinol 당량 40 μg)
- 비타민 E : 3.5 mg
- 비타민 C : 6 mg

[주요 생리기능 성분(추정기능)]

① 구연산(피로회복, 타액선 자극) : 피로물질의 유산을 대사 분해하여 근육에의 축적을 방지한다. 식욕을 증진하고 장내환경을 조정한다.
② 사과산(피로회복) : 피로물질의 유산을 대사 분해하여 근육에의 축적을 방지하고 식욕을 증진시킨다.
③ 주석산(피로회복) : 필요 물질의 유산을 대사 분해하여 근육에의 축적을 방지하고 장내환경을 조정한다.
④ Benzaldehyde(살균작용, 해독작용) : 방향성분으로 살균·해독작용이 있으며 면역력을 강화시킨다.
⑤ 카테킨산(장운동 자극) : 장의 작용을 활발하게 하여 변비를 개선한다.
⑥ Catechin(항산화, 혈압 상승제, 혈당치 상승 억제) : 지질의 산화를 방지하고 고혈압, 동맥경화, 당뇨병, 노화, 암을 예방한다.

[선별·보존법]

표면에 상처가 없고 알맹이가 둥글고 고른 것이 좋다. 건조 매실용에는 과육이 두껍고 약간 황색이 있는 것이 좋다. 지나치게 숙성된 황색은 과육이 깨지기 쉬우므로 피하는 것이 좋다. 매실주에는 신선하고 청색으로 열매가 약간 단단한 것이 좋다.

버찌(체리)

- 분 류 : 대분류 → 과실류, 소분류 → 핵과류
- 학 명 : *Prunus avium*(감미종), *Prunus cerasus*(산미종)
- 과 명 : 장미과
- 영 명 : Cherry
- 한문명 : 흑앵(黑櫻)
- 이명(별명) : 앵도
- 용 도 : 열매(식용)
- 수확기 : 여름철
- 에너지(100g 당) : 60 kcal

[원산지·재배역사]

아시아 북서와 흑해 연안이 원산지이다. 중국이 원산인 것과 서부 아시아가 원산인 것으로 대별한다. 버찌는 벚나무 열매를 말하며 동양계와 서양계가 있다. 동양계는 과실로서 가치가 낮다. 유럽계는 흑해 연안이 원산으로 되어 있으며 과실로서는 가치가 높다. 우리나라 남쪽에서 재배되고 있다. 유럽계는 달콤한 감과(sweet cherry)와 새콤한 산과(sour cherry)가 있다. 감과는 생과용이고, 산과는 가공요리용이다. 우리나라 재래종은 한명으로 흑앵(黑櫻)이라 한다.

[기대되는 작용]

피로회복, 암 억제, 동맥경화 예방, 혈전방지, 시력유지 개선, 고혈압 예방 등에 유효하다.

[식물학적 특성]

청량감이 있는 부드러운 감미가 특징이다. 감미의 주성분은 sorbitol이라는 당의 일종으로 장미과의 과실에 많이 함유된다. Sorbitol은 수분을 흡수하여 변의 양을 증가시키는 작용이 있고 식이섬유와 함께 변비 해소에 역할을 한다. 칼륨이 많고 혈압의 상승을 억제시켜 고혈압 예방에 유효하다. 에너지대사를 활발하게 하는 aspartic acid도 함유되어 있어 피로회복에 효과가 있다. 붉은 색이 강한 아메리칸 체리에 많은 anthocyanin은 혈전방지와 암 예방 이외에 류머티즘의 통증을 완화시키는 데 유효하다. 한편 β-carotene은 항산화 작용이 있고 지질의 산화를 방지하여 암 예방에 작용한다.

[주요 영양소(가식부 100g 당/일본산 · 생)]

- 칼륨 : 210 mg
- β-Carotene : 98 μg(retinol 당량 16 μg)
- 비타민 E : 0.5 mg
- Folic acid : 38 μg
- 비타민 C : 10 mg

[주요 생리기능 성분(추정기능)]

① Cyanidin(동맥경화 억제) : Anthocyanin(polyphenol의 일종)의 주성분이다. 장내에서 흡수가 빨라 혈전을 방지하고 혈액을 깨끗이 한다. 혈압상승을 억제하고 통풍, 류머티즘 등의 고통을 완화시킨다.

② 식이섬유(정장, 항암, 순환기질환 억제) : 장내의 유익균을 활성화시키고 변의 양을 증가하여 장내환경을 조정한다. 콜레스테롤을 배출하여 동맥경화, 당뇨병, 생활습관병, 암 등을 예방한다.

[선별 · 보존법]

축이 파랗고 단단한 것이 좋다. 과실은 은색의 윤기가 있고 검은 점이 없어야 한다. 수입되는 아메리카 체리는 색이 진한 것이 달다. 맛이 떨어지기 쉽고 보존이 되지 않으므로 2일 이내에 먹는다. 냉장고에 넣으면 감미가 손실되므로 하룻밤 이내에 먹는 것이 좋다.

넥타린

- 분 류 : 대분류 → 과실류, 소분류 → 핵과류
- 학 명 : *Prunus persica* var. *nectarina*
- 과 명 : 장미과
- 영 명 : Nectarine
- 한문명 : 승도(僧桃)
- 이명(별명) : 천도복숭아
- 수확기 : 여름철
- 에너지(100g 당) : 43 kcal

[원산지 · 재배역사]

원산지는 중앙아시아의 토루키스탄 지방이고 7세기경부터 재배되었다. 그 후 중국을 위시하여 세계로 전해졌다. 현재 재배되고 있는 nectarine은 품질 향상을 위하여 복숭아와 교배한 개량종이다.

[기대되는 작용]

암 억제, 동맥경화 예방, 피로회복, 고혈압 예방, 변비개선, 세포노화 방지 등에 유효하다.

[식물학적 특성]

복숭아의 변종으로 과피에 가는 털 모용(毛茸)이 없고 윤기가 있으며 광택이 있다. 과육이 부드럽고 juicy로 맛은 농후하다. 여기에 맛이 있다는 의미를 갖는 희랍 신화의 귀신이 마셨다는 감미주(甘美酒) necta라는 이름을 붙인 것이다. 황육종과 백육종이 있으며 황육종은 β-carotene, 백육종은 flavonoid를 많이 함유한다.

어느 것이나 강한 항산화 작용이 있고 활성산소에 의해 세포가 보호되어 암이나 노화방지를 개선한다. 혈압을 정상으로 유지하는 칼륨이나 비타민 C, E의 함유량은 원래 복숭아를 상회하여 영양가는 복숭아보다 높다.

[주요 영양소(가식부 100g 당/생)]

- 칼륨 : 210 mg
- β-Carotene : 240 μg(retinol 당량 41 μg)
- 비타민 E : 1.45 mg
- Folic acid : 12 μg
- 비타민 C : 10 mg

[주요 생리기능 성분(추정기능)]

① Polyphenol(항암) : 광합성에 의하여 생성되는 식물의 고미와 색소 성분이다. 항산화 작용에 의하여 세포나 유전자를 손상하는 활성산소를 소거하고 발암, 노화를 방지한다.

② 식이섬유(정장, 항암, 순환기질환 억제) : 소화효소에 의하여 분해되지 않는 성분으로 장내 유익균의 번식을 활성화함으로써 변의 양을 증가시키고 장내환경을 조정한다. 콜레스테롤이나 노폐물을 배출시키고 동맥경화, 당뇨병 등의 생활 습관병, 암을 예방한다.

[선별 · 보존법]

둥글고 모양이 고른 것이 좋으며 과피가 엷고 표면에 눌러진 상처가 없는 것이 좋다. 일광이나 바람에 장시간 닿으면 선도가 떨어지고 향이나 윤기가 나빠진다. 상하기 쉽고 보존이 나쁘므로 냉장고에서 보관하는 것이 좋다.

앵두나무와 앵두

- 분 류 : 대분류 → 과실류, 소분류 → 핵과류

- 학 명: *Prunus tomentosa* Thunderg
- 과 명: 장미과
- 영 명: Korean cherry, Chinese bush fruit, downt cherry
- 한문명: 앵도(櫻桃), 산앵도(山櫻桃)
- 용도: 열매(식용)
- 수확기: 여름철
- 에너지(100g 당): 61 kcal

[원산지 · 재배역사]

원산지는 북반구 온대지역이다. 장미과의 낙엽활엽 관목이며 앵두 열매는 핵과로서 둥글며 붉다. 씨는 과육에 비하여 큰 편이며 상쾌한 맛이 난다.

[기대되는 작용]

항균효과, 혈압 강화효과, 모세혈관 강화효과 등이 있다.

[주요 생리기능 성분(추정기능)]

① Flavonoid(식물계에 널리 분포하는 색소): 균 생육 억제작용이 있다.
② Quercetin: 전염성 예방효과, 모세관 강화작용, 강압작용 등이 있다.

▶ 장과류

포도나무와 포도

- 분 류: 대분류 → 과실류, 소분류 → 장과류
- 학 명: *Vitis vinifera* L.
- 과 명: 포도과
- 영 명: 포도(grape, wine grape), 포도나무(grape tree)
- 한문명: 포도(葡萄)
- 용 도: 식용(열매), 약용(잎, 열매, 씨)
- 수확기: 가을철

- 에너지(100g 당) : 59 kcal

[원산지 · 재배역사]

아시아 원산의 유럽포도와 북아메리카 원산의 아메리카 포도의 두 계통으로 대별된다. 유럽이 원산인 포도는 기원전 약 3000년 이전부터 재배되었다고 할 정도로 역사가 오래 되었다. 한편 아메리카 포도의 재배역사는 200년 정도이다. 우리나라의 포도재배의 역사는 조선 초기에 시작된 것으로 추정되며 본격적인 재배는 구한말 일본을 통해서 미국포도를 도입함으로써 시작되었다. 포도 재배종의 60%가 미국계인 Campbell Early이고 다음이 생식 가공용의 유럽계의 네오마스캇, Muscat Bailey A이다. 요즘 국내 품종은 1906년 이후 미국에서 수입해서 재배된 것들이다.

[기대되는 작용]

암 억제, 동맥경화 예방, 고혈압 예방, 피로회복, 당뇨병 예방, 시력유지 개선, 항균 · 살균작용, 면역력 강화 등에 유효하다.

[식물학적 특성]

과육에 함유되는 당질(탄수화물)의 대부분은 흡수되기 쉬운 포도당, 과당이므로 체내에 들어가면 곧 에너지로 되어 피로회복에 역할을 한다. 자색소의 과피에 함유되어 있는 anthocyanim을 위시하여 flavonoid나 taninn 등의 polyphenol은 강한 항산화 작용으로 활성산소를 소거하여 동맥경화나 뇌졸중 등의 순환기질병 예방에 유효한 것으로 기대한다. 마찬가지로 polyphenol의 일종인 resberatrol에도 항산화 작용이 있고 세포의 수명을 연장하는 성분으로서 주목되고 있다. 과피의 색이나 품종은 여러 가지이나 황록색계의 Muscat는 우수한 방향을 내는 것이 많다. 여러 종류의 polyphenol은 활성산소에서 몸을 보호한다.

[주요 영양소(가식부 100g 당/생)]

- 탄수화물 : 15.7g
- 칼륨 : 130 mg
- β-Carotene : 21 μg(retinol 당량 3 μg)
- 비타민 B_1 : 0.04 mg
- 비타민 C : 2 mg

[주요 생리기능 성분(추정기능)]

① Falvonoid(항암) : 동맥경화를 예방한다.
② Anthocyanin(항암, 혈당상승 억제, 시력개선) : Polyphenol의 일종이다. 간 기능을 강화하고, 당뇨병 예방, 시력을 향상시킨다.
③ Catechin(항산화, 혈압상승 억제, 혈당치 상승억제) : Flavonoid계 polyphenol의 일종이다. 항산화 작용이 있고 지질의 산화를 방지하며, 고혈압, 동맥경화, 당뇨병, 노화, 암을 예방한다.
④ Taninn(항암) : 항산화 작용이 있고 암을 예방, 살균작용이 있다.
⑤ Resveratrol(동맥경화 억제) : 강한 항산화 작용이 있고 동맥경화를 예방하는 작용이 있다.

[선별 · 보존법]

축이 녹색으로 굵고, 과피의 표면에 붙어 있는 과분(果粉)이 많은 것이 상품이고 과실은 야무진 것이 맛이 좋다. 폴리주머니에 넣어서 냉장고에 보관한다. 보관은 품종에 따라 다르나 2~3일 내에 먹는 것이 좋다.

딸 기

- 분 류 : 대분류 → 과실류, 소분류 → 장과류
- 학 명 : *Fragaria ananassa* Duchesne
- 과 명 : 장미과
- 영 명 : Straw berry
- 한문명 : 매(苺)
- 수확기 : 봄~여름철
- 에너지(100g 당) : 34 kcal

[원산지 · 재배역사]

14세기경 자생 딸기의 재배를 프랑스, 벨기에에서 개시되어 유럽 전지역, 미국으로 확대되었다.

[기대되는 작용]

암 억제, 피부기능 유지 개선, 동맥경화 예방, 항염증, 진통작용, 당뇨병 예방, 시력 유지 개선 등에 유효하다.

[식물학적 특성]

주스 등의 과육에 함유되는 비타민 C는 레몬과 함께 풍부하다. 비타민 C는 collagen의 생성을 도와 피부・점막이나 혈관을 튼튼히 함과 동시에 바이러스에 대한 저항력을 높여 병에 걸리지 않게 한다. 붉은 색소인 anthocyanin에는 간 기능 강화나 시력저하를 방지하는 작용이 있다. 수용성 식이섬유 pectin을 풍부히 함유하여 장의 활동을 활발하게 함으로써 변통을 촉진한다. 원래 수확 시기는 늦은 봄부터 초여름이었으나 하우스 재배의 발달로 현재는 한여름의 한 철을 제외하고 언제나 먹을 수가 있다.

[주요 영양소(가식부 100g 당/생)]

- 칼륨 : 170 mg
- 칼슘 : 17 mg
- 마그네슘 : 13 mg
- 비타민 E : 0.4 mg
- 비타민 C : 62 mg

[주요 생리기능 성분(추정기능)]

① Pectin(콜레스테롤 저하) : 수용성 식이섬유로서 장내환경을 조정하여 변비를 개선하고 콜레스테롤이나 당분의 흡수를 억제하여 동맥경화, 당뇨병, 암 예방 등에 유효하다.

② Anthocyanin(항암, 혈당치 상승억제, 시력개선) : 수용성 색소 성분이다. 항산화 작용으로 발암을 억제하고 간 기능 장해를 경감시킨다. 당뇨병 예방, 시력 향상에도 유력하다.

③ Methylsalicylic acid(항염증, 진통작용) : 두통, 신경통을 완화시킨다.

④ 구연산(피로회복) : 피로물질의 유산을 대사 분해하여 식욕을 증진시킨다.

⑤ 식이섬유(정장, 항암, 순환기질환 억제) : 장내 유익균을 활성화시킨다.

[선별・보존법]

꼭지가 진한 녹색으로 윤기가 있고 싱싱한 것이 상품이다. 과실 전체가 붉고 보통 알맹이가 서 있고 윤기가 있는 것을 택한다. 꼭지 근처에 회색이 있는 것은 피한다. 재우지 말고 곧 먹는다. 남으면 꼭지를 떼지 않고 랩으로 싸서 냉장고에 보관한다. 1~2일은 선도가 유지된다.

무화과나무와 무화과

- 분 류 : 대분류 → 과실류, 소분류 → 장과류
- 학 명 : *Ficus carica* L.
- 과 명 : 뽕나무과
- 영 명 : Figs
- 한문명 : 무화과(無花果)
- 용 도 : 식용(열매), 약용(열매, 잎)
- 수확기 : 여름~가을철
- 에너지(100g 당) : 54 kcal

[원산지 · 재배역사]

원산지는 지중해 연안과 아라비아 반도이다. 성서에 나온 지혜의 나무 열매는 무화과라는 설도 있다. 우리나라에서는 주로 남해안과 제주도 지방에서 생식용으로 재배되고 있을 뿐이다. 과육 중에 protease의 일종인 ficin을 많이 함유하고 있으므로 육식 후 후식으로 적합하고 효소를 별도로 추출하여 고기의 연화제로서 사용한다.

[기대되는 작용]

암 억제, 동맥경화 예방, 소화촉진, 당뇨병 예방, 변비개선, 여러 종류의 소화효소가 위장의 작용을 활발하게 한다.

[식물학적 특성]

옛날부터 불로장수의 과실로 귀하게 여겨 왔다. 또 과실의 절구(切口)에서 나오는 흰 유액은 버섯이나 발레에 물린 상처의 약으로도 이용되었다. 소화효소를 많이 가진 것이 특징이다. 유액에는 단백질을 분해하는 ficin, 과육에는 지방을 분해하는 lipase나 전분분해효소 amylase를 함유하고 이들이 위장을 활발하게 하여 소화흡수를 좋게 한다. 또 과육에는 발암성의 과산화지질을 분해하는 peroxidase를 함유하므로 암 예방에도 기대된다. 식이섬유의 pectin은 콜레스테롤이나 노폐물을 배출하여 변비해소에 큰 역할을 한다.

[주요 영양소(가식부 100g 당/생)]

- 탄수화물 : 14.3g
- 칼륨 : 170 mg
- β-Carotene : 18 μg(retinol 당량 3 μg)
- Folic acid : 22 μg
- 비타민 C : 2 mg

[주요 생리기능 성분(추정기능)]

① Pectin(콜레스테롤치 저하) : 수용성 식이섬유이다. 장내환경을 조정하여 변비를 개선한다.

② Ficin(소화촉진) : 무화과를 착즙할 때 나오는 흰 즙액의 성분이다. 단백질을 분해하여 소화흡수를 촉진한다. 콜레스테롤과 당분의 흡수를 억제하여 동맥경화, 당뇨병, 암을 예방한다.

③ 식이섬유(정장, 항암, 순환기질환 억제) : 장내 유익균을 활성화시킨다.

[선별 · 보존법]

과실이 열리고 기미(氣味)의 것은 완숙하여도 감미는 강하다. 과육이 야무지고 과피에 윤기가 있는 것이 좋다. 과실이 작고 꼭지에 녹색이 있는 것은 미숙과이다. 볕이 닿지 않는 냉암소에 두고 먹기 1~3시간 전에 냉장고에 넣고서 냉각하는 것이 좋다. 여러 날 보존되지 않으므로 가능한 한 빨리 먹는다.

뽕나무와 오디

- 분 류 : 대분류 → 과실류, 소분류 → 장과류
- 학 명 : *Morus alba* L.(뽕나무), *Morus bombycis* Koidz(산뽕나무), *Morus mongolica* Schneider(몽고뽕나무)
- 과 명 : 뽕나무과(상과)
- 영 명 : 오디[桑椹(상심), white mulberry]

- 한문명: 산상(山桑), 노상(魯桑), 백상(白桑), 상과(桑果), 상심(桑椹)
- 이명(별명): White berry, mulberry fruit
- 용 도: 열매(식용, 약용)
- 수확기: 4~6월

[원산지·재배역사]

뽕나무는 우리나라와 중국이 원산으로 동아시아에 넓게 분포한다. 우리나라 마을 부근에 흔하게 재배되는 낙엽교목이다. 뽕나무 잎은 상엽(桑葉), 뿌리는 상근(桑根), 근피는 상근백피(桑根白皮), 가지는 상지(桑枝), 상피 중의 백색즙액은 상피즙(桑皮汁), 열매는 상심(桑椹), 재는 상시회(桑柴灰) 등으로 사용한다.

[기대되는 작용]

자양강장 작용이 있으며 눈을 맑게 한다. 백발을 검게 하는 작용이 있다. 오디술은 혈액순환을 도우며 신진대사를 하여 저혈압, 냉증, 불면증 등에 좋은 효과를 주어 선인주(仙人酒)라는 별명이 있을 정도이다.

[식물학적 특성]

뽕나무에는 들뽕나무, 몽고뽕나무, 산뽕나무, 뽕나무 등이 있다. 핵과는 암나무에만 달리며 오디라고 하는데 딸기와 비슷하나 액과상이고 처음에는 파랑색이나 차차 붉어지고 다 익으면 자주색에서 흑자색으로 변한다. 뽕 잎은 양잠용, 과실은 식용이나 술로도 빚으며 재목은 경대, 농악기의 세공물에 쓰인다. 뽕나무 뿌리의 껍질은 한방에서 이뇨제로 쓰인다.

예로부터 오디는 보건 간장의 효과가 널리 알려져 우리나라와 중국에서는 상심주(桑椹酒)라고 하여 귀한 술로 취급되어 왔다. 오디(상심)에는 당분, 타닌산, 사과산, carotene을 함유하고 상심유의 지방산은 linoleic acid, stearic acid, oleic aid 등이다.

[주요 생리기능 성분(추정기능)]

① 상엽(桑葉): Rutin, quercetin: 당뇨병 예방효과, 항산화 효과, 혈압 강하효과, 저혈당작용 등이 있다.

② 정유(精油): Guaiacol

③ 상근백피(桑根白皮): 이뇨작용, 혈압 강하작용, 진정효과, 진해, 항암효과, 충

치예방 효과, 항산화 효과, 거담효과 등이 있다.

④ 상지(桑枝) : Tannin, mulberrin : 수렴 지사작용, 항바이러스 작용을 한다.

⑤ 상심(桑椹) : Tannic acid : 수렴효과가 있다.

월귤나무와 월귤

- 분 류: 대분류 → 과실류, 소분류 → 장과류
- 학 명: *Vaccinium vistisidaea, Vaccinium myrtillus*
- 과 명: 진달래과
- 영 명: Cow berry, lingon berry, bile berry
- 한문명: 월귤(越橘)
- 용 도: 엽류(약용)

[원산지 · 재배역사]

한국의 북부, 일본의 북해도(홋카이도)가 원산이다.

[기대되는 작용]

요로질환 방부, 수렴작용, 이뇨작용, 부종예방, 신성부종 예방 등에 유효하다.

[주요 생리기능 성분(추정기능)]

① Anthocyanin : 응혈억제, 항산화 작용, 소염효과, 항노화효과, 항암효과, 혈압강하효과 등이 있다.

커런트

- 분 류: 대분류 → 과실류, 소분류 → 장과류
- 학 명: *Ribes nigrum* L., *Ribes rubrum* L.
- 과 명: 까치밥나뭇과
- 영 명: Currant(red currant, white currant, black currant 등)
- 용 도: 열매(식용)

[원산지 · 재배역사]

유럽 북서부가 원산지이며 붉은색이 나므로 붉은 커런트라고 하기도 한다. 검은 커런트는 유럽 및 중앙아시아가 원산지이고, 두 종류 모두 즙이 많고 신맛이 강하다. 검은 커런트는 발효시켜서 약용으로 사용이 가능하고 비타민 C가 특히 많이 들어 있고 칼슘, 인, 철 등도 함유되어 있다.

[기대되는 작용]

항산화 작용, 활성산소를 소거하여 노화예방, 항암효과 등에 유효하다.

[식물학적 특성]

지중해 지역이 원산으로 알이 작은 씨 없는 포도를 말린 것이다. 까치밥나뭇과, 까치밥나뭇속의 유라시아 관목에서 얻은 작은 신맛이 있는 열매이다.

[주요 생리기능 성분(추정기능)]

① Anthocyanin(anthocyan 중 배당체를 가리킬 때를 말한다) : 강한 항산화 작용으로 체내의 활성산소를 소거하여 시력 보호효과, 기억력을 향상시킨다.

베 리

- 분 류 : 대분류 → 과실류, 소분류 → 장과류

[식물학적 특성]

Berry(장과)는 과육과 액즙이 많고 속에 씨가 들어 있는 과일이다. Blue berry(블루베리), cran berry(덩굴월귤), raps berry(나무딸기), goose berry(구스베리), black berry(블랙베리), elder berry(엘더베리) 그리고 포도, 딸기 등이 있다.

구기자나무와 구기자

- 분 류 : 대분류 → 과실류, 소분류 → 장과류
- 학 명 : *Lycium barbarum* L., *Lycium chinense* Mill.

- 과 명: 가짓과
- 영 명: Lycium fruit, wolf berry
- 한문명: 구기자(拘杞子), 구기(拘杞), 지골피(地骨皮)
- 용 도: 열매(약용), 잎(식용)
- 주요 원재료: 구기엽(拘杞葉)

[원산지 · 재배역사]

중국 본초학의 고전 『신농본초경(神農本草經)』에서 한방으로서 기재되어 있다. 역사는 오래이다. 한반도에서도 구기차는 전통적으로 마시고 있었다. 한국, 중국, 일본에 분포한다. 현재 우리나라에서는 충청남도 청양군이 집산지이다. 열매를 구기자(拘杞子)라고 하며 약용으로 쓰이고 잎은 한방에 이용하고 식용으로 한다.

[기대되는 작용]

동맥경화 예방, 간 기능 강화, 소화촉진, 피로회복, 암 억제, 뼈의 강화, 빈혈개선, 항균 · 살균작용 등이 있으며 지방축적을 억제하고 체력을 증강한다.

[식물학적 특성]

연명차(延命茶)라고 하며 옛날부터 연명 장수의 한방 차로서 알려져 있다. 유효성분 betaine에는 소화효소의 분비를 촉진하여 위장의 소화작용을 활발하게 함과 동시에 지방의 연소를 촉진하고 간장에 지방이 멈추는 것을 막아 주는 작용이 있다고 알려져 있다. 혈관기능 유지에 특히 작용하는 rutin이나 강한 항산화 작용으로 동맥경화를 예방하는 구기 tannin, 또 면역력을 높이는 비타민 C도 함유하고 있다. 약선 요리로서 사용되는 붉은 구기자 열매는 자양강장이나 눈의 피로회복에 좋다고 한다. 색소 성분의 zeaxanthin에는 콜레스테롤치의 저하와 피로, 권태감을 해소하는 작용이 기대된다. 열매는 달고 맛이 있으므로 디저트나 드링크에 첨가하는 수가 많다.

[주요 생리기능 성분(추정기능)]

① Betaine(간 기능 강화): 지미에 깊이 관여하는 물질로서 위액의 산도를 조정하고 지방 연소를 촉진한다.

② β-Sitosterol(콜레스테롤치 저하)

③ 구기 tannin(항산화): Polyphenol의 일종으로 암 예방과 살균작용이 있다.

④ Rutin(모세혈관 기능 강화) : Polyphenol의 일종으로 고혈압을 예방한다.
⑤ Zeaxanthin(항산화) : 황색 색소 성분으로 carotenoid의 일종이다. 동맥경화나 당뇨병 예방, 암을 예방한다.

오미자나무와 오미자

- 분 류: 대분류 → 과실류, 소분류 → 장과류
- 학 명: *Schizandra cujnensis* Baillon
- 과 명: 목련과
- 영 명: Chinese mgnolia vine
- 한문명: 오미자(五味子)
- 이명(별명) : 이미(異蘇), 현급(玄及), 북오미자(北五味子)
- 용 도: 열매(약용, 식용)
- 수확기: 7~8월

[원산지 · 재배역사]

원산지는 한국, 중국, 일본, 대만이다. 오미자((五味子)의 오미(五味)는 다섯 가지의 맛을 뜻하는 것으로 단맛, 쓴맛, 신맛, 매운맛, 짠맛을 뜻한다.

[기대되는 작용]

간 보호 및 해독작용, 간염치료 작용, 진통작용, 항생작용, 진해 거담작용, 자양강장작용, 자궁 수축작용 등에 유효하다.

[식물학적 특성]

분포는 한국, 중국, 일본에 분포한다. 오미자의 열매는 이삭 모양으로 아래로 늘어져 붉은색을 띠나 점차 어두운 갈색을 띤다. 열매는 달고, 시고, 쓰고, 맵고, 짠 다섯 가지의 맛을 고루 갖추고 있다고 하여 오미자(五味子)라 한다. 오미자의 신맛은 주로 사과산, 주석산 등의 유기산이다. 한방에서는 활용도가 높은 약재이다. 여름의 더위와 갈증을 치유하는 데 좋고 급성 황달형 전염성 간염에도 좋은 효과가 있다고 한다.

[주요 생리기능 성분(추정기능)]

① Curcumin(간 기능 강화) : 울금의 뿌리에 있는 홍색 색소 성분으로 간 기능 강화, 담즙분비 촉진, 이뇨작용, 면역기능을 강화한다.

② Tamerone(살균작용, 항염증) : 정유 성분(방향 성분)으로 살균·방부작용, 항염증작용을 하며 간세포를 자극하여 답즙을 배출하고 이뇨작용을 한다.

머루나무와 머루

- 분 류 : 대분류 → 과실류, 소분류 → 장과류
- 학 명 : *Vitis anurensis* Ruprecht var. *coignetiae* Nakai
- 과 명 : 포도과(머루속)
- 영 명 : Anur grape, wild grape
- 한문명 : 산포도(山葡萄)
- 용 도 : 식용(열매), 약용(잎, 뿌리)
- 수확기 : 가을철
- 에너지(100g 당) : 62 kcal

[원산지·재배역사]

한국, 중국, 일본, 만주 등지의 산가 숲속에서 자생한다. 머루란 산포도의 총칭으로 과실을 식용으로 하는 머루속과 식용할 수 없는 개머루속으로 나눈다. 왕머루, 새머루, 까마귀 머루 등이 머루속에 속한다.

[기대되는 작용]

혈압강하, 지갈, 이뇨효과 등에 유효하다.

[주요 생리기능 성분(추정기능)]

① Quercetin, isoquercetin : 암 예방 효과가 있다.

② Coumaric acid : 항암효과가 있다.

③ Phloizin : 진정효과가 있다.

복분자(산딸기, 나무딸기 포함)

- 분 류: 대분류 → 과실류, 소분류 → 장과류
- 학 명: *Rubus coreanus* Miquel
- 과 명: 장미과
- 영 명: Korean bramble, Korean black raspberry
- 한문명: 복분자(覆盆子), 분자(盆子)
- 용 도: 열매(식용)
- 수확기: 7~8월

[원산지 · 재배역사]

원산지는 북반구(한국, 중국, 일본)이다. 장미과의 낙엽관목으로 복분자라고도 한다. 높이는 3 m 정도이고 땅에 닿는 줄기에서 뿌리가 내린다. 열매는 7~8월에 붉은 알로 뭉쳐 익는다. 열매는 먹거나 술을 만든다.

[기대되는 작용]

항균효과, 간염바이러스 증식 억제, 항산화 작용 등에 유효하다.

[주요 영양소(가식부 100g 당/생)]

- 탄수화물: 12.2g
- 칼륨: 192 mg
- β-Carotene: 11 μg
- 비타민 C: 흔적

[주요 생리기능 성분(추정기능)]

① Phenol성 물질: 항균효과가 있다.
② Tannin(항암): 항산화 작용, 암 예방, 살균작용, 바이러스 증식 억제작용 효과가 있다.
③ 구연산(피로회복): 피로물질의 유산을 대사분해, 식욕을 증진시킨다.

▶ 열대 과일류

바나나

- 분 류 : 대분류 → 과실류, 소분류 → 열대 과일류
- 학 명 : *Musa paraolisiaca, Musa paradisiaca*
- 과 명 : 파초과
- 영 명 : Banana
- 수확기 : 통년(필리핀)
- 에너지(100g 당) : 86 kcal

[원산지 · 재배역사]

원산지는 유럽 중부에서 동남부, 서아시아에 분포한 것이 원조. 유럽에서 기원전에서부터 재배되었다 한다. 세계 총생산은 아프리카 14%, 북 · 중 아메리카 15%, 남아메리카 20%, 아시아 41%로 전 세계적으로 생산된다. 우리나라에 수입되고 있는 것은 컬럼비아, 필리핀, 에콰도르, 대만산이다.

[기대되는 작용]

피로회복, 암 억제, 동맥경화 예방, 변비개선, 고혈압 예방, 면역력 강화, 간 기능 유지 개선에 유효하다.

[식물학적 특성]

고구마류이므로 탄수화물(당질)이 많아 하나로서 밥 1/2 공기분 정도의 에너지를 가진다. 소화 흡수되기 쉽고 포도당, 과당, 자당을 균형 있게 함유하고 체내에 들어가면 곧 에너지로 변환하기 때문에 몸이 피로하거나 병후의 식사 대신으로도 좋다. 칼륨이 풍부하여 고혈압의 예방 개선에 역할을 하는 외에 근육의 기능을 잘 하게 하는 기능이 있다. 식이섬유의 프럭토올리고당은 장내의 비피더스균을 증가시켜 장내환경을 조정하여 변통을 촉진하여 노폐물을 배출한다. 동맥경화나 당뇨병, 암의 예방에 유효하게 작용한다.

[주요 영양소(가식부 100g 당/생)]

- 탄수화물 : 22.5g
- 칼륨 : 360 mg
- 마그네슘 : 32 mg
- β-Carotene : 56 μg(retinol 당량 9 μg)
- 비타민 C : 16 mg

[주요 생리기능 성분(추정기능)]

① Melatonin(신경전달 조절) : 뇌 내에서 생성되는 호르몬으로 필수아미노산의 하나이다. 신경의 전달기능을 활성화하여 뇌의 노화를 방지하고 최면작용, 신경진정작용이 있다.

② Polyphenol(항암) : 항산화 작용으로 노화를 방지하고 암을 예방한다. 동맥경화를 예방한다.

③ TNF 활성인자 : 면역기능을 증강한다.

④ Serotonin(뇌 내 신경조절, 정신 안정작용) : 뇌 내의 전달물질의 하나이다. 신경을 흥분시키는 물질을 조정하여 정신을 안정시킨다.

⑤ 식이섬유(정장, 항암, 순환기질환 억제) : 장내 유익균을 활성화시킨다.

[선별 · 보존법]

푸른 부위가 남아 있는 것은 후숙이 필요하다. 전체가 황색으로 되고 갈색의 반점이 생기면 맛있게 먹는 시기이다. 방(房)에 붙은 뿌리가 단단한 것, 모양이 둥글게 된 것이 좋고 상자에 넣은 수확이 빠른 것은 맛이 떨어진다. 남국산의 바나나는 저온에 약하므로 냉장고에서 보관하면 검게 되어 버리므로 피하는 것이 좋다. 15℃ 정도의 저온에서 보관하는 것이 좋고 12℃ 이하의 찬 곳에서는 냉해를 일으켜 변질된다.

바나나 차

[주된 원재료]

바나나의 잎

[기대되는 작용]

고혈압 예방, 동맥경화 예방, 당뇨병 예방, 고혈압 예방, 암 억제, 세포노화 방지, 변비 예방에 유효하다.

[식물학적 특성]

바나나는 동남아시아 등의 열대, 아열대지방에 자생하는 다년초의 상록수이다. 이 잎을 건조시켜서 만든 차는 칼슘, 마그네슘, 아연 등의 무기질과 식이섬유를 풍부히 함유하고 영양가가 높은 건강차 중에서도 최고이다. 필리핀이나 인도네시아 등에서는 민간약으로서 옛날부터 마셔왔다. 코로소르산을 많이 함유하여 세포의 포도당 이용을 높여 혈당치의 상승을 방지함으로써 당뇨병 예방에 유효하다. 강한 항산화 작용이 있는 tannin을 함유하므로 동맥경화 예방에도 도움이 된다.

[주요 생리기능 성분(추정기능)]

① Polyphenol(항암) : 색소 성분과 고미성분이다. 항산화 작용이 있고 세포의 암화를 방지한다. 지질의 산화를 방지하고 콜레스테롤을 감소시켜 동맥경화, 당뇨병, 고혈압 등의 생활습관병을 예방한다. 얼굴살결을 젊게 유지하고 노화를 예방한다.

② 코로소르산(혈당치 상승 억제) : Insulin과 유사한 작용을 갖는다. 포도당 수용체(glucose transporter)라는 단백질을 활성화하여 세포의 포도당 이용을 촉진하여 혈당치 상승을 억제한다. 당뇨병의 예방과 치료에 유효하다.

파인애플

- 분 류 : 대분류 → 과실류, 소분류 → 열대 과일류
- 학 명 : *Ananas comosus*
- 과 명 : 파인애플과(Ananasca과)
- 영 명 : Pineapple
- 용 도 : 과실(식용)
- 수확기 : 통년(필리핀)
- 에너지(100g 당) : 51 kcal

[원산지 · 재배역사]

파인애플은 브라질이 원산이다. 열대 지역에 분포되어 있으나 특히 하와이, 말레

이시아, 대만, 필리핀, 오키나와 등에서 많이 재배되며 우리나라에서는 20세기 중반에 처음으로 재배되었다. 콜럼버스가 서인도 제도를 탐험할 때 발견하여 세계적으로 널리 전파되었다. 품종으로는 생식용으로 queen, spanish 등이 있으며 통조림용 가공용으로는 smooth cayenne가 대표적이다.

파인애플에는 bromelain이라는 단백질 분해효소가 있어 육류의 소화를 도우므로 특히 고기를 먹고 난 뒤의 후식으로 훌륭하다. 우리나라에서는 1964년에 제주도에서 처음으로 재배가 이루어졌으나 과실 수입자유화 이전에는 좋은 농가 소득원이었다.

[기대되는 작용]

피로회복, 소화촉진, 암 억재, 동맥경화 예방, 변비개선, 피부기능 유지 개선, 식욕유지, 당뇨병 예방 등에 유효하고 강력한 bromelain이 위장의 작용을 편안하게 한다.

[식물학적 특성]

본 눈이 솔방울(pinecone)에 맛이 사과와 닮아 있으므로 pine apple이라고 이름지었다. 일반적으로 파인애플이라고 한다. 감미 정도로 좋은 산미가 있고 향이 강한 juicy. 혀에 자극을 느낄 수 있으나 이것은 강력한 소화효소의 bromelain의 행위이다. Bromelain은 고기 등의 단백질의 소화효소로서 작용하고 장내환경을 조정하여 설사, 소화불량이나 가스발생을 개선한다. 단 bromelain은 60℃ 이상의 가열로 불활성화 되기 때문에 통조림이나 젤리 등에서는 이 작용은 기대되지 않는다.

뼈나 관절을 튼튼히 하는 망간, 당질을 에너지로 변환시키는 비타민 B_1, 미기(美肌)를 유지하는 비타민 C, 변비해소에 작용하는 식이섬유도 풍부히 함유된다.

[주요 영양소(가식부 100g 당/생)]

- 칼륨 : 150 mg
- 마그네슘 : 14 mg
- 망간 : 0.76 mg
- 비타민 B_1 : 0.08 mg
- 비타민 C : 27 mg

[주요 생리기능 성분(추정기능)]

① Bromelain(소화촉진) : 소화효소의 일종이다. 단백질을 분해하여 소화를 촉진하여 장내의 부담을 경감하고 장내 노폐물을 분해하여 장내환경을 조정한다.
② 구연산(피로회복) : 피로물질의 유산을 대사분해 하여 근육에의 축적을 방지하고 식욕을 증진시킨다.
③ 식이섬유(정장, 항암, 순환기질환 억제) : 콜레스테롤을 배출하여 동맥경화, 당뇨병, 암을 예방한다.

[선별 · 보존법]

과피의 색이 녹색을 띠고 표면의 골이 깊고 녹색이 남아 있는 것, 향이 좋고 중량감이 있는 것이 좋다. 잎이 말라져 있거나 과숙한 것은 피한다. 과실의 하부 쪽이 감미가 강하므로 균일하게 하기 위하여 잎은 밑에 둔다. 먹기 수 시간 전에 냉장고에 넣어 차게 하여 먹는다. 남은 부분은 랩으로 싸서 냉장고에 넣어 보관한다.

키위(참다래, 양다래)

- 분 류 : 대분류 → 과실류, 소분류 → 열대 과일류
- 학 명 : *Actinidia deliciosa* Planch, *Actinidia chinensis*
- 과 명 : 다래나무과
- 영 명 : Kiwi, kiwi fruit, Chinese gooseberry
- 한문명 : 양도(楊挑)
- 이명(별명) : 양다래, 참다래
- 용도 : 열매(식용)
- 수확기 : 봄~겨울철
- 에너지(100g 당) : 53 kcal

[원산지 · 재배역사]

중국이 원산이다. 뉴질랜드에서 품종 개량되어 세계적으로 확대되었다. 시베리아, 중국, 한국, 사할린, 일본, 베트남 등지에 약 36종이 분포되어 있다. 원산은 중국 양자강 연안이 연안이며 뉴질랜드의 특산물이다. 우리나라는 1974년에 뉴질랜드에서 처음으로 들어 왔고 1978년에 원예시험장에서 도입하여 시험 재배하였으며 현재 전남, 경남, 제주 등지에서 주로 재배하고 있다. 뉴질랜드의 국조(國鳥) Kiwi의 모양과 거의 유사하므로 그 이름이 붙었다.

[기대되는 작용]

피로회복, 암 억제, 소화촉진, 면역강화, 동맥경화 예방, 당뇨병 예방, 피로기능 유지 개선에 유효하다. 과육에는 비타민 C가 풍부하고 검은 씨에는 비타민 E가 풍부하다. 단백질 분해효소이며 단백질을 함유하는 식품의 소화를 돕는다.

[식물학적 특성]

딸기를 상회할 정도로 비타민 C가 풍부하다. 한 개로 하루의 목표 섭취량의 거의 70%를 만족한다. 미기(美肌)효과가 우수하다. 과육의 녹색은 빈혈예방에 도움이 되는 chlorophyll이 있다. 검은 작은 종자에는 세포의 노화를 방지하는 비타민 E가 많이 함유되어 있다. 이들의 항산화 성분에 의하여 암 억제 작용이 크게 기대된다.

[주요 영양소(가식부 100g 당/생)]

- 칼륨 : 290 mg
- 칼슘 : 33 mg
- β-Carotene : 66 μg(retinol 당량 11 μg)
- 비타민 E : 1.3 mg
- 비타민 C : 69 mg

[주요 생리기능 성분(추정기능)]

① Actinidine(소화촉진) : Flavonoid의 일종이다. 항산화 작용이 있고 암이나 당뇨병을 예방한다.

② Quercetin(활성산소 소거, 항암, 혈당치 상승 억제) : Flavonoid의 일종이다. 항산화 작용이 있고 암이나 당뇨병을 예방한다.

③ Chlorophyll(콜레스테롤치 저하) : 엽록소이다. 빈혈예방, 해독작용, 정장, 암을 예방한다.

④ Tannin(항암) : Polyphenol의 일종이다. 암 예방, 살균작용이 있다.

⑤ 구연산(피로회복) : 피로물질의 유산을 대사분해하며 식욕을 증진시킨다.

⑥ Polyphenol(항암) : 식물의 고미나 색소 성분이다. 항산화 작용을 하며 발암, 노화를 방지한다.

⑦ 식이섬유(정장, 항암, 순환기질환 억제) : 장내 유익균을 활성화시킨다.

[선별 · 보존법]

과피의 갈색의 털이 밀집되어 있는 것을 선택한다. 과실은 탄력이 있고 주름이 이상한 것은 선도가 떨어진 것이다. 껍질이 단단한 미숙과는 산미가 강하다. 실온에서 추숙하여 완숙되면 냉장고에 넣는다. 1~2주간은 보존이 가능하다. 미숙한 그대로 냉장고에 보존하면 수개월 간다.

아보카도

- 분 류: 대분류 → 과실류, 소분류 → 열대 과일류
- 학 명: *Persea americana*
- 과 명: 녹나무과
- 영 명: Avocado
- 용 도: 열매(식용)
- 수확기: 가을~겨울철
- 에너지(100g 당): 187 kcal

[원산지 · 재배역사]

원산지는 아메리카이다. 멕시코에서 13~15세기에 재배되어 왔고 19~20세기에 아시아로 전해졌다. 국내에는 최근에 수입하여 제주도에서 일부 온실에서 재배하고 있다.

[기대되는 작용]

동맥경화 예방, 세포노화 방지, 당뇨병 예방, 암 억제, 고혈압 예방, 변비개선, 빈혈개선, 해독작용을 한다. Oleic acid와 비타민 C의 상승효과로 노화를 방지한다.

[식물학적 특성]

산림의 버터라고 불리울 정도로 지방이 풍부하고 끈적끈적한 맛이 있다. 지방의 80%는 linoleic aid와 oleic acid 등의 불포화지방산이다. 콜레스테롤이나 중성지방이 체내에서 과잉으로 되는 것을 억제하여 혈액을 잘 흐르게 하는 효과가 기대된다. 그리고 풍부한 비타민 E와 함께 동맥경화 예방이나 노화세포를 억제하는 효과도 기대된다. 칼륨을 풍부히 함유하여 여분의 나트륨(염분)을 배출하기 때문에 고혈압 예방과 개선에 유효하다. 변비를 개선하는 식이섬유와 빈혈 방지에 도움이 되는 철

도 많이 함유한다. 필수아미노산도 풍부하여 『세계 제일의 영양가 높은 과일』이라는 별명도 인정되고 있다.

[주요 영양소(가식부 100g 당/생)]

- 칼륨 : 720 mg
- β-Carotene : 75 μg(retinol 당량 13 μg)
- 비타민 E : 3.4 mg
- 비타민 B_2 : 0.21 mg
- 비타민 C : 15 mg

[주요 생리기능 성분(추정기능)]

① Glutathione(항산화 스트레스) : 강한 항산화 작용으로 활성산소를 소거하고 발암물질을 체외로 배출하며 해독작용, 노화를 방지한다.

② Oleic acid(콜레스테롤 조절) : n-9계의 일가불포화지방산이다. 혈중의 유해 콜레스테롤(LDL-콜레스테롤)을 감소시키고 유익 콜레스테롤(HDL-콜레스테롤)을 증가시키므로 동맥경화를 예방한다.

③ 식이섬유(정장, 항암, 순환기질환 억제) : 장내 유익균을 활성화시킨다.

[선별 · 보존법]

가열하면 검정색에 가까운 깊은 녹색으로 된다. 가볍게 쥐었을 때 축축한 감촉기가 있고 약간 탄력이 있으면 먹을 시기이다. 미숙한 것은 수일간 실온에서 추숙한다. 공기에 접촉하면 변색되므로 끊어서 랩으로 싸서 냉장고에 보관한다. 레몬즙을 뿌려 놓으면 약간의 변색을 방지할 수 있으며 수일 내에 먹는 것이 좋다.

파파야

- 분 류: 대분류 → 과실류, 소분류 → 열대 과일류
- 학 명: *Carica papaya*
- 과 명: 층층나무과, 파파야과
- 영 명: Papaya, pawpaw
- 용 도: 열매(식용)
- 수확기: 4~8월(필리핀)

• 에너지(100g 당) : 38 kcal

[원산지 · 재배역사]

중남미가 원산지이다. 스페인 사람들에 의하여 발견되었으며 아프리카 연안으로 전해졌다. 동양으로 전해진 것은 18세기경이다. 우리나라는 1970년대부터 재배되고 있으나 상업적 생산은 수입 과실로 인해 크게 진작되지 않고 있다.

[기대되는 작용]

암 억제, 동맥경화 예방, 노화촉진, 면역력 강화, 고혈압 예방, 변비개선, 당뇨병 예방, 시력유지를 개선한다. 비타민 C와 lycopene이 얼굴살결을 아름답게 한다.

[식물학적 특성]

남국의 과일이라 할 정도로 감미가 강하고 향을 방출한다. 미끈미끈한 과육에 비타민 C가 많이 함유되어 collagen의 생성을 촉진하여 얼굴살결을 아름답게 한다. 과육이 황색계의 것은 노화나 암의 억제에 작용하는 β-carotene, 오렌지계의 것은 면역력 강화와 항암작용이 있는 lycopene이 많다. 이들의 성분은 열에 따라서 증가한다. 혈압을 안정화시키는 칼륨이나 뼈를 튼튼히 하는 칼슘, 헤모글로빈의 생성에 작용하는 철이 풍부하다. 미숙과의 유액에는 단백질 소화효소 papain이 많이 함유하고 오키나와에서는 미숙한 papaya를 채소로서 다루고 있다. 고기볶음이나 튀김에도 이용된다.

[주요 영양소(가식부 100g 당/완숙 · 생)]

• 칼륨 : 210 mg
• 칼슘 : 20 mg
• 철 : 0.2 mg
• β-Carotene : 480 ㎍(retinol 당량 79 ㎍)
• 비타민 C : 50 mg

[주요 생리기능 성분(추정기능)]

① Zeaxanthin(항산화) : 황색의 crotenoid계 색소이다. 활성산소를 소거하고 암, 노화를 방지한다.

② β-Carotene(활성산소 소거, 항암) : 활성산소를 소거하고 발암을 방지하며 세포를 젊게 유지한다. 콜레스테롤을 줄이고 동맥경화, 당뇨병을 예방한다.
③ Cryptoxanthin(활성산소 소거) : 황색의 carotenoid계 색소이다. 노화에 의한 시력의 저하를 예방한다.
④ Papain(소화촉진) : 단백질 가수분해효소로서 동물성 식품의 소화흡수를 돕는다.
⑤ 식이섬유(정장, 항암, 순환기질환 억제) : 장내 유익균을 활성화시킨다.

[선별 · 보존법]

주름이 없고 윤기가 있으며 색의 얼룩이 없고 무게가 있는 것이 좋다. 가능한 한 작은 것으로 가늘고 긴 것을 고른다. 냉장고에 넣으면 빨리 선도가 떨어지므로 먼저 실온에서 보존한다. 생으로 먹을 때는 1～2시간 전에 냉장고에 넣어 약간 차갑게 하는 것이 좋다.

대추야자나무와 대추야자

- 분 류: 대분류 → 과실류, 소분류 → 열대 과일류
- 학 명: *Zizyohus jujuba* var. *inermis, Zizyohus jujuba* Mill.
- 과 명: 갈매나무과
- 영 명: Date, jujube, Chinese date
- 한문명: 건조(乾棗), 홍조(紅棗), 대조(大棗)
- 이명(별명): 조인(棗仁)
- 용도: 열매(식용)
- 수확기: 가을철

[원산지 · 재배역사]

중국이 원산지로 아시아 서남부에서 유럽나무에 걸쳐 분포하는데 우리나라 각지의 마을 부근에서 재배하는 낙엽 활엽형 교목이다. 『신농본초경(神農本草經)』에 대조(大棗)로 기재되어 있다.

[기대되는 작용]

자양강장효과, 위궤양 예방, 천식 완화효과, 피부 연화 효과, 항알레르기 작용, 진정작용, 혈압강화, 이뇨작용, 신경안정 작용에 유효하다.

[식물학적 특성]

성분은 triterpene, saponin, mucilage, tannin, flavonoid류 등이 함유되어 있으며 특히 대추열매에는 당류로서 자당, 포도당, 과당 등이 있고 유기산으로는 malic acid, tartaric acid가 함유되어 있다. 이외에 jujuboside와 zizyphoside 등도 함유되어 있다.

[주요 생리기능 성분(추정기능)]

① Saponin : 항균작용, 면역조절작용, 항염증작용, 항돌연변이 작용을 한다.
② Tannin(항암) : Polyphenol의 일종으로 암 예방, 살균작용을 한다.
③ Flavonoid(항산화, 항암작용) : 균 생육 억제작용, 암이나 노화, 동맥경화, 뇌졸중 등을 예방한다.

망 고

- 분 류 : 대분류 → 과실류, 소분류 → 열대 과일류
- 학 명 : *Mangifera indsica*
- 과 명 : 옻나무과
- 영 명 : Mango
- 용 도 : 열매(식용)
- 수확기 : 6~7월(필리핀)
- 에너지(100g 당) : 64 kcal

[원산지 · 재배역사]

원산지는 인도에서 미얀마에 걸친 일대이다. 재배역사는 부처님이 망고나무 아래에서 평온을 찾았다는 정도로 4000년 이상 전부터 재배되었다는 오랜 역사가 있다. 이름은 타밀어(인도)와 슨다 어(쟈와)에서 유래되었다는 설이 있다. 국내에는 1990년대에 시험용 묘목이 일부 제주도에 들어 왔으나 2000년대 들어서야 제주도의 온실에서 생산하게 되었다.

[기대되는 작용]

암 억제, 동맥경화 예방, 고혈압 예방, 피로회복, 당뇨병 예방, 시력유지 개선, 세

포노화 방지 등에 유효하다.

[식물학적 특성]

농후한 향과 감미가 있고 진득진득한 식감이 있다. 망고의 나무는 아주 큰 고목으로 100년 이상 살 수 있는 것도 적지 않다. 품종에 따라 모양이나 색은 차이가 심하고 영양분은 거의 같다. β-Carotene을 풍부히 함유하고 숙성하여 색이 진하게 됨에 따라 함유량이 다시 증가하여 녹황색 채소에 필적할 정도이다. 비타민 C도 많으므로 collagen의 생성을 돕고 살결을 조정한다.

황색의 색소는 flavonoid의 일종이다. Eryocitrulline에 의한 것으로 비타민 E, C와 함께 활성산소를 소거하여 면역력을 높이므로 암 예방이나 노화방지의 효과가 기대된다. 망고에는 urushinol이라는 성분이 껍질이나 주스에 함유되어 있어 사람에 따라 가끔 피부문제를 일으킬 수 있다. 아울러 너무 많이 먹으면 가려움증이나 피부발진이 드물게 나타날 수 있으므로 알아두는 것이 좋다.

[주요 영양소(가식부 100g 당/생)]

- 칼륨 : 170 mg
- β-Carotene : 610 μg(retinol 당량 100 μg)
- 비타민 E : 1.8 mg
- Folic acid : 84 μg
- 비타민 C : 20 mg

[주요 생리기능 성분(추정기능)]

① Eryocitrullin(활성산소 소거) : Flavonoid계 polyphenol의 일종이다. 황색색소에 함유되어 있으며 지질의 산화를 방지하고 동맥경화, 당뇨병, 암을 예방한다.

② Zeaxanthin(항산화) : 황색의 carotenoid계 색소이다. 암, 노화 방지, 시력저하를 예방한다.

③ β-Carotene(활성산소 소거, 항암) : 활성산소를 소거하고 발암을 방지, 세포를 젊게 보유한다.

④ 식이섬유(정장, 순환기질환 억제) : 장내 유익균을 활성화시킨다.

[선별 · 보존법]

접촉할 때 야무진 것, 과피에 반점이나 상처가 없는 것이 상품이다. 작은 동전 크기의 반점이 있는 것은 병에 걸렸을 가능성이 높으므로 피한다. 저온에 보존하면 맛이 떨어지므로 가능한 한 냉장고보다 냉동실에 넣는다. 단 완숙된 것은 냉장고에 보관하고 빨리 먹는 것이 좋다.

구아바

- 분 류: 대분류 → 과실류, 소분류 → 열대 과일류
- 학 명: *Psidiuim guajava*
- 과 명: 도금양과
- 영 명: Guava
- 이명(별명): Brazillan cocoa
- 수확기: 통년(멕시코)
- 에너지(100g 당): 38 kcal

[원산지 · 재배역사]

컬럼비아, 페루, 멕시코 등의 열대 아메리카가 원산지이다. 스페인 말인 guayabo에서 유래되었다.

[기대되는 작용]

면역증강 강화, 피부기능 유지 개선, 암 억제, 동맥경화 예방, 항염증, 항균 · 살균 작용, 당뇨병 예방, 변비개선에 유효하다. 풍부한 비타민 C와 niacin이 세포의 노화를 방지한다.

[식물학적 특성]

비타민 C가 아주 풍부하여 레몬즙의 4배 이상 함유되어 있다. 피부나 점막을 건강하게 유지하는 작용이 있는 niacin도 많기 때문에 미기(美肌) 만들기는 물론 감기나 감염증의 예방에도 효과가 있다. 과육은 주로 적, 백, 황색이 있고 적육(赤肉)종은 β-carotene을 풍부히 함유하고 항산화력을 발휘하여 면역력을 높여 암 예방이나 세포노화 방지에 도움이 된다. 칼륨도 많고 과잉의 나트륨(염분)을 배출하여 고혈압의 예방 · 개선에도 작용한다. 주스나 잼의 재료로서 사용되고 식이섬유의 pectin을 많이 함유하여 장의 작용을 활발하게 함으로써 변통을 촉진한다.

[주요 영양소(가식부 100g 당/생)]

- 칼슘 : 240 mg
- β-Carotene : 600 μg(retinol 당량 100 μg)
- 나이아신 : 0.8 mg
- Folic acid : 41 μg
- 비타민 C : 220 mg

[주요 생리기능 성분(추정기능)]

① Tannin(항산화, 항암) : Flavpnoid계 polyphenol의 일종이다. 항산화 작용이 있고 암을 예방한다. 살균작용이 있으며 항생물질에 효과가 없는 콜레라, 인플루엔자 바이러스 등의 번식을 억제한다. 콜레스테롤이나 당분의 흡수를 저해하여 동맥경화나 당뇨병을 예방한다.

② 식이섬유(정장, 항암, 순환기질환 억제) : 장내 유익균을 활성화시킨다. 변의 양을 증강시켜 장내환경을 정비한다. 콜레스테롤을 배출하여 동맥경화, 당뇨병 등의 생활습관병과 암을 예방한다.

[선별 · 보존법]

익은 상태에서 수입되므로 곧 냉장고에 옮긴다. 장기 보존의 경우에는 ethyl alcohol과 함께 비닐주머니에 넣어서 냉장고에 보관하면 2주간은 유지된다.

코코야자와 코코넛

- 분 류 : 대분류 → 과실류, 소분류 → 열대 과일류
- 학 명 : *Cocos nuucifera*
- 과 명 : 야자과
- 영 명 : Coconut
- 용 도 : 열매(식용)
- 수확기 : 통년(말레이시아)
- 에너지(100g 당) : 20 kcal

[원산지 · 재배역사]

열대지방에서는 코코넛의 과즙을 생명의 물이라 한다. 야자나무는 인류 탄생 이전에 발생하였다 한다. 주된 산지는 필리핀, 인도네시아, 말레이시아이다. 3세기경부터 재배한 중국에서는 고고야자(古古椰子)로 표기하고 있다. 야자는 과실의 왕이란 뜻이다.

[기대되는 작용]

에너지 자원이다.

[식물학적 특성]

열대지방에 널리 분포하는 야자과의 식물인 코코야자(Cocoya)이며 그 과실이 코코넛(coconut)이다. 온숙하면 그 배유는 흰 지방층으로 되고 이것을 식용으로 한다. 많은 지방을 함유하나 이 중의 하나인 중성 지방산은 즉효성의 에너지원으로 되고 더욱이 체내에 지방이 축적되지 않는 우수한 과실이다. 무기질은 고혈압 예방에 도움이 되는 칼륨이나 뼈를 튼튼히 하는 칼슘이나 망간도 함유한다. 흰 지방층을 가루로 하여 물을 가하여 짠 것이 coconut milk이다. 단것에 비하여 에너지가 적고 요리나 디저트 등에 이용된다. 미숙한 코코넛에서 채취한 투명한 액체는 주스로서 마시며 배유의 부분을 건조한 것이 코부라 부르는 야자기름의 원료로 된다.

[주요 영양소(가식부 100g 당/coconut milk)]

- 나트륨 : 11 mg
- 칼륨 : 230 mg
- 칼슘 : 11 mg
- 망간 : 0.16 mg
- 비타민 C : 2 mg

[주요 생리기능 성분(추정기능)]

① 중쇄지방(MCT)(동맥경화 억제) : 탄소 수 6~12개의 지방산이다. 소화흡수가 잘 되게 하고 즉효성의 에너지원으로 된다. 체내의 지방조직에 축적되기 어려운 특징이 있다.

② 식이섬유(정장, 항암, 순환기질환 억제) : 소화효소에 의하여 분해되지 않는 성분으로서 장내의 유익균의 증식을 활성화하므로 변의 양을 증가시키고 장내환경을 조정한다. 콜레스테롤이나 노폐물을 배출하고 동맥경화, 당뇨병 등의 생활

습관병, 암을 예방한다.

[선별 · 보존법]

껍질이 있는 것은 상온에서 외피가 제거된 것은 곰팡이가 쉽게 번식하므로 냉장고에 넣는다. 알코올을 살포한 신문지로 싸서 비닐주머니에 넣어 보존하면 2주간은 유지된다.

리 치

- 분 류 : 대분류 → 과실류, 소분류 → 열대 과일류
- 학 명 : *Litchi chinensis*
- 과 명 : 무환자나무과
- 영 명 : Lychee, litchi
- 한문명 : 여지(荔枝)
- 용 도 : 날로 먹거나 소스 따위에 사용한다.
- 수확기 : 7~9월(중국)
- 에너지(100g 당) : 63 kcal

[원산지 · 재배역사]

중국 남부에서 베트남 북부에 걸친 지역이 원산지이다. 중국에서는 기원전부터 재배하였다. 아열대에서 자라는 식물이나 과실이 열리려면 15~20℃의 저온이 필요하며 재배지는 한정되어 현재는 남아프리카, 자메이카 등에서 재배하고 있다.

[기대되는 작용]

피로회복, 빈혈 개선, 고혈압 예방, 동맥경화 예방, 당뇨병 예방, 변비를 개선한다. 빈혈을 예방하며 얼굴살결을 만드는 비타민이 풍부하다.

[식물학적 특성]

포도색의 과피 중에는 흰 젤리 모양의 과육이 들어 있다. Juicy로 연하고 좋은 감미가 특징이다. 적혈구의 생성을 돕는 엽산이 풍부히 함유하므로 빈혈 예방에 유효하다. 또 엽산은 단백질과 DNA, RNA의 합성에 작용하여 발육을 촉진하는 작용도

있으므로 임신 중의 여성은 적극적으로 섭취할 과실이다. Collagen의 생성을 촉진하여 미기(美肌)를 유지하는 비타민 C, 혈압을 안정화시켜 고혈압을 예방하는 칼륨, 뼈나 혈관을 튼튼히 하는 구리, 뼈의 형성에 관여하는 망간 등도 많이 함유한다. 생으로 먹는 것이 좋으나 주스나 샤베트, 시럽 담금, 과실주 등으로 가공된다.

[주요 영양소(가식부 100g 당/생)]

- 칼륨: 170 mg
- 구리: 0.14 mg
- 망간: 0.17 mg
- 엽산: 100 μg
- 비타민 C: 36 mg

[주요 생리기능 성분(추정기능)]

① 식이섬유(정장, 항암, 순환기질환 억제): 소화효소로 분해되지 않는 성분으로 장내의 유익균의 번식을 활발하게 하여 변의 양을 증가시켜 장내환경을 조정한다. 콜레스테롤이나 노폐물을 배출하여 동맥경화, 당뇨병 등의 생활습관병, 암을 예방한다.

[선별 · 보존법]

과피의 홍색이 선명한 것이 신선하다. 선도가 떨어지면 갈색으로 된다. 통조림은 유통기간을 확인해야 한다. 곰팡이가 잘 끼므로 폴리주머니에 넣어 곧 냉장고에 보관한다. 2~3일에 먹는 것이 좋으며 냉동보관도 가능하다.

패션 프루트

- 분 류: 대분류 → 과실류, 소분류 → 열대 과일류
- 학 명: *Passiflora edulis*
- 과 명: Passifloraceae
- 영 명: Pasasion fruit, passion vine, maracuja
- 이명(별명): 시계꽃 열매, 시계풀꽃
- 용 도: 열매, 꽃, 새순(식용)
- 수확기: 2~8월(뉴질랜드)

- 에너지(100g 당) : 64 kcal

[원산지 · 재배역사]

브라질이 원산지이다. 아열대로 확대되고 야생종도 많다. 숫 수술의 모양을 십자가로 간주하여 그리스도의 수난(passion) 스페인 사람 선교사가 이름을 붙인 것이라 한다. 일본에서는 꽃의 모양이 시계와 유사하므로 과실 시계초(果實時計草)라고 부른다고 한다.

[기대되는 작용]

소화촉진, 암 억제, 동맥경화 예방, 고혈압 예방, 피부 · 점막보호, 시력유지 개선, 빈혈개선 등에 유효하고 단백질의 소화를 촉진하여 위장을 건강하게 한다.

[식물학적 특성]

Tropical fruit 특유의 방순한 향과 달고 신 것이 매력이다. β-Carotene이 아주 많은 것이 특징이다. 강한 항산화 작용으로 활성산소를 소거하여 지질의 산화를 방지하고 면역력을 높여 암이나 노화를 예방하는 유력한 효과를 갖는다. 고혈압을 예방하는 칼륨, 빈혈방지에 도움이 되는 철, 뼈나 단백질의 합성을 예방하는 망간 등의 무기질도 풍부하다. 비타민으로는 niacin, 비타민 B_6, C, folic acid를 많이 함유한다. 녹색의 과피는 익으면 적자색으로 된다. 젤리상의 과육은 산미가 강하므로 주스나 샤베트 등으로 해서 먹는다. 단백질 분해효소를 함유하므로 고기요리의 후식으로 좋다.

[주요 영양소(가식부 100g 당/생)]

- 칼륨 : 280 mg
- 철 : 0.6 mg
- β-Carotene : 1,100 μg(retinol 당량 180 μg)
- 나이아신 : 1.9 mg
- 비타민 C : 16 mg

[주요 생리기능 성분(추정기능)]

① Protease(소화촉진) : 소화효소의 일종이다. 단백질을 분해하여 소화를 촉진하여

위장의 부담을 경감시키고 장내의 노폐물 분해하여 장내환경을 조정한다.

② 식이섬유(정장, 항암, 순환기질환 억제) : 소화효소로 분해되지 않는 성분으로 장내 유익균의 번식을 활성화시켜 변의 양을 증가시키고 장내환경을 조정한다. 콜레스테롤이나 노폐물을 배출하여 동맥경화, 당뇨병의 생활습관병, 암을 예방한다. 담즙산의 분비나 생산을 촉진하여 콜레스테롤치를 저하시킨다.

[선별 · 보존법]

폴리주머니에 넣어 냉장고에 두면 1개월 정도는 보존된다. 단 꺼내면 곧 변색되므로 곧 먹거나 주스로 하여 냉동하여 두면 좋다.

두리안

- 분 류 : 대분류 → 과실류, 소분류 → 열대 과일류
- 학 명 : *Durio zibethinus*
- 과 명 : 아욱과
- 영 명 : Durian
- 용 도 : 열매(식용)
- 수확기 : 2~11월(태국)
- 에너지(100g 당) : 133 kcal

[원산지 · 재배역사]

말레이 반도, 동인도가 원산지이다. 이름의 유래는 Duri라는 말레이 어로 『가시가 있는 것』을 의미한다. 현재는 말레이시아, 인도네시아, 태국 등의 동남아시아에서 많이 재배하고 있다. 생산량은 태국이 세계에서 1위이다.

[기대되는 작용]

암 예방, 피로회복, 동맥경화 예방, 피부 · 점막의 보호, 해독작용, 당뇨병 예방, 고혈압 예방, 항염작용 등에 유효하다.

[식물학적 특성]

크림같이 농후하고 감미가 있고 『과실의 왕』, 『열대과실의 왕』이라고 부르고 있

다. 비타민 A, B군, C, E를 균형 있게 함유하고 영양가가 높다. 비타민 B군 중에서 나이아신(niacin)이 특히 풍부하다. 나이아신은 에너지 대사를 활발하게 하여 피부를 건강하게 유지하는 한편 인슐린 합성에 작용하기 때문에 당뇨병 예방에 아주 유효하다. 뼈의 생성을 촉진하는 망간이나 칼륨, 구리 등도 많이 함유하고 있다. 독특한 냄새는 발암물질을 해독하는 작용이 있다. 냄새와 맛이 특색이 있어 좋아하는 사람과 그렇지 않는 사람으로 나누어지나 일단 먹어 맛을 들인 사람은 많다고 한다.

[주요 영양소(가식부 100g 당/생)]

- 칼륨 : 510 mg
- β-Carotene : 36 μg(retinol 당량 6 μg)
- 비타민 E : 2.3 mg
- 비타민 B_1 : 0.33 mg
- 비타민 C : 31 mg

[주요 생리기능 성분(추정기능)]

① Indole 유도체(해독작용) : Durian 특유의 취기성분으로 발암물질을 해독・소실시킨다.

② 식이섬유(정장, 항암, 순화기질환 억제) : Cellulose와 hemicellulose의 다당류로 소화효소에 의하여 분해되지 않는 성분이다. 변의 양을 증가시켜 장내환경을 정비한다. 장내 균에 의한 식이섬유 분해는 장관운동을 자극하여 변비를 개선한다. 장내 유익균이라 하는 유산균군의 증식을 활성화시키므로 발암물질 등의 유해물질을 발생하는 유해균의 세력을 약하게 한다. 콜레스테롤이나 유해물질의 장관에서의 배출을 촉진하여 동맥경화, 당뇨병 등의 생활습관병을 예방하고 암을 예방한다.

[선별・보존법]

익으면 자연적으로 떨어진 과실이 미미(美味)하다. 먹기 좋을 때를 찾는 것은 냄새가 우선이다. 독특한 냄새가 나기 시작할 때 먹는다. 과육을 꺼내어 소분하여 랩으로 싸서 냉장고에서 1주간 정도는 보관이 가능하다. 냉동보관도 가능하다.

[채소류의 칼럼]

1. 채소류의 개요

채소는 그 종류가 많고 주로 식용으로 하는 부위가 다르므로 다음과 같이 크게 분류한다.

① 엽채류(葉菜類) : 주로 잎 부분을 식용으로 하는 채소류. 배추, 양배추, 상치, 시금치, 쑥갓, 부추, 마늘잎 등
② 경채류(莖菜類) : 주로 줄기부분 식용으로 하는 채소류. 파, 콩나물, 죽순, 셀러리, 아스파라거스, 마늘 등
③ 근채류(根菜類) : 주로 뿌리부분을 식용으로 하는 채소류. 무, 당근, 마늘, 양파, 우엉, 감자류에서 다루는 감자, 고구마, 토란 등
④ 과채류(果菜類) : 주로 열매를 식용으로 하는 채소류. 호박, 오이, 가지, 고추, 토마토, 참외, 수박 등

[참고] 토마토, 참외, 수박 등은 채소류의 과채류에 속하지만 과실류에도 속한다. 일반적으로 단독으로 식사 후에 디저트로 먹을 경우에는 과실류로 취급한다.

2. 채소류의 특징

채소류는 생식할 수 있으며 우리나라에서 그 수요가 많은 식품이다. 일반적으로 생식을 비롯하여 김치 담금 등 여러 가지 조리방법으로 식용할 수 있으므로 기호성, 보존성이 좋은 식품이다. 이들 채소류의 공통적인 특징은 다음과 같다.

① 몇 가지 채소를 제외하고는 약 90% 내외의 수분을 함유하고 당질, 지질, 단백질이 적고 에너지(칼로리원)의 가치는 낮다.
② 여러 가지 무기염류 특히 염기성 무기질을 함유하고 체액의 중성을 유지하게 한다. 곡류나 동물성 식품 등이 산성식품과 같이 섭취하기가 편리하고 칼륨, 칼슘, 철 등의 공급원이 된다.
③ 비교적 부드러운 섬유를 많이 함유하여 통변이 좋으며 섬유 중에는 식이섬유로서 효과가 있다.
④ 비타민 C가 많고 녹황색 채소에는 carotene을 함유하고 있으므로 비타민 A 공급원이 된다.
⑤ 신선한 채소류에는 특유한 색깔과 냄새를 띠고 있으므로 식욕증진 효과가 있다.

3. 채소류의 생리활성

1) 황산화 기능

채소의 항산화성에 관한 연구는 많이 연구되고 있다. 이것에 의하면 쑥갓, 파슬리 등의 항산화능이 강하고 polyphenol 함량과 항산화능의 상관관계가 0.79이고 polyphenol이 산화방지 성분으로서 깊이 관여되는 것으로 추정되고 있다. 이 연구에 사용되는 항산화성의 측정법은 linoleic acid의 자동산화에 의한 β-carotene의 퇴색을 이용하는 에멀션을 사용하는 방법이나 실온 측정법의 차이에 따라 항산화성의 강도가 다르다는 것을 알고 있다.

일반적으로 에멀션과 같은 고극성의 측정계에서는 저극성 항산화 성분의 효력이 강해진다고 한다. 이들의 연구에 따라 flavonoid나 chlorogenic acid 등의 polyphenol이 항산화성이 강한 성분으로 각종 채소에서 분리되고 있다. 대표적인 flavonoid 등의 항산화 성분의 항산화성을 비교한 결과를 보면 flavonoid나 catechin, anthocyanin의 항산화성이 상회하고 비타민 C나 K를 약간 상회하고 있고 채소에는 polyphenol 이외에 비타민 C나 E, carotenoid나 tocopherol 등의 항산화 비타민이 특히 중요하나 다른 항산화 성분이 체내에서 그들과 어떤 관계를 가지는 가는 불명한 점이 많다.

채소 중에서 비타민 C가 많아 100mg/100g 이상 함유하는 것으로는 파슬리(200), 브로콜리(160), 양배추 변종(양배추, 150), 바나나(120), 여지(여주, 120) 등이 있다. 비타민 E를 2mg/100g 이상 함유하는 것으로는 호박(4.5), 갓(갓의 변종, 3.7), 파슬리(2.8), 갓(2.3), 눈양배추(양배추의 변종, 2.2), 부추(2.2) 등이 있다. 이상에서 두 지용성 비타민의 함량이 높은 것은 파슬리와 양배추(양배추의 변종)를 들 수 있다.

2) 자외선 방호작용

자외선은 반응성이 강하여 피부암 등의 원인이 되는 것으로 알고 있다. 이 자외선의 작용을 보호하는 성분을 배양동물세포(사람 백혈병 세포 U937)에 의하여 평가할 수 있다. 이것은 자외선을 조사하면 배양세포가 사멸되는 현상을 이용한 것이다. 이 방법에 의하여 여러 색소 성분의 자외선 방호작용이 검토되었다. 그 결과 양파에 존재하는 flavonoid의 quercetin(3, 3′, 4′, 5, 7-pentahydroxyflavone) 배당체에 강한 방호작용이 확인되었다.

Flavonoid는 자외선을 흡수함으로써 자외선으로 생기는 라디칼을 소거하는 작용을 함께 가지고 있어 강한 방호작용을 나타내는 것으로 추정한다. 마찬가지로 무

잎의 추출액에도 자외선 방호작용이 검출되고 있으나 유효 성분은 역시 flavonoid이다. 그러나 이 flavonoid의 섭식으로 피부에의 이행에 대하여는 아직 해명되지 않았다. Carotenoid가 피부에 이행하는 것은 잘 알려져 있으며 피부로 이행한 후에 자외선 방호작용을 나타낸다는 보고가 있다.

3) 동맥경화 예방

동맥경화 발증의 한 원인은 세포벽 내에서 있어서 LDL(저밀도 lipoprotein)의 산화이고 이 산화 LDL이 대식세포(marcrophage)에 탐식되므로 포말(泡沫)세포가 형성되어 이것이 혈관 벽에 지방질 층으로 축적되는 것으로 밝혀졌다. 항산화 물질은 동맥경화의 방아쇠가 되는 LDL의 산화를 시험관 내에서는 명확하게 억제하는 사실에서 항산화 물질을 풍부히 함유한 채소에 대해서는 그 섭취와 동맥경화와 심장 질환에 관한 역학적 조사도 수많이 실시되었다.

이들의 결과를 보면 모두 항산화 물질을 함유하는 채소를 많이 먹는 식생활을 하고 있으면 심장질병으로 되기 어렵다는 경향이 많았다. 항산화 물질 중에서 어느 것이 특히 유효한가는 아직 명확하지 않으나 *in vitro* 시험에 있어서는 flavonoid의 항산화성이 우수하기 때문에 catechin이나 quercetin 등 flavonoid의 동맥경화 예방에 관한 연구가 많다. 이 성분은 경구섭취에 의하여 장관에서 체내로 들어가 체내에서 glucuronic acid나 황산포합체가 되거나 그래서 혈장은 항산화능이 증가하는 것으로 알고 있다. 채소의 조추출액 시험에서는 양파에도 동맥경화 예방작용이 확인되고 있다.

4) 채소의 암 예방기능

(1) 발암물질의 생성 억제작용: 발암물질의 nitrosamine은 아질산과 amine이 산성 하에서 반응하여 생성된다. 채소에는 아질산염이 있고 그 일부가 구강 내의 세균에 의하여 아질산으로 변환되는 사실에서 먹는 것이 바쁘면 위 내에서 이 성분이 생성하는 것으로 생각되나 실은 이 생성과정을 채소 성분의 비타민 C나 tocopherol, chlorogenic acid 등의 polyphenol류가 저해하는 것으로 알고 있다.

(2) 발암 개시단계의 억제작용: 개시단계의 억제는 Ames test나 염색체 이상 발생억제 등의 항변이원성 시험에 의하여 검토되고 있다. 항변이원성 시험에 있어서 유효 성분으로서 ascorbic acid, α-tocopherol, riboflavin, thiamin, pyridoxal, β-carotene, glutathione, cystine 등의 비타민이나 아미노산류, caffeic acid나 ferulic acid, chlorogenic acid 등의 phenylporpanoid류, luteolin(쑥갓 등), quercetin(양파,

아스파라거스 등), kaempferol(갓, 브로콜리 등), myricetin(잠두, 누에콩), 등의 flavonoid, 기타의 것으로는 chlorophyll이나 isothiocyanase(브로콜리, 양배추, 겨자, 고추냉이 등), gingerol(생강), curcumin(강황) 등을 들 수 있다.

한편 우리들의 체내에서 해독작용을 무해화하는 메커니즘도 존재한다. 이 무해화에 관여하는 효소로서는 glutathione-*S*-transferase와 epoxyreductase, NAD(P H-quinone reductase, glucuronosyl transferase 등이 있다. 이들 효소는 평지과 채소에 존재하는 isothiocyanate와 그 전구체인 glucosinolate 혹은 polyphenol 성분에 의하여 유도된다.

(3) 발암 촉진단계의 억제작용: 발암의 촉진단계를 억제작용은 촉진인자인 phorbol ester의 세포에 대한 작용에 길항하는 성분을 찾아내는 방법으로 검색되고 있다. 예를 들면 Epstein-Barr virus를 감염시켜 림프구의 조기 항원 발현억제 성분의 검색에서는 flavonoid나 오이과 식물을 cucurbitacin(2, 16, 20, 25-tetrahydroxycurcubita-1, 5, 23-triene-3, 11, 22-triose)계 성분, carotenoid 등에서 활성이 얻어진다.

(4) 암 세포에 대한 apoptosis의 유도작용: 만약 발암 초기의 암 세포에 자기를 사멸하는 메커니즘이 있는 apoptosis(세포 자신의 자살장치)를 유도할 수가 있다면 암 예방에 도움이 될 것으로 기대된다. 이 apoptosis 유도작용을 사람 백혈병 HL60 이나 마우스 melanomer 세포 B_{16}을 사용하여 시험한 결과 식품 성분 중에는 flavonoid에 속하는 phloretin(2′, 4, 4′, 6′,-tetrahydroxydihydrochaleone, phlorizin의 비당부, 당수송 저해제)이나 butein 등의 chalcone에서 그 작용을 확인하였다.

(5) 암 세포의 분화 유도작용: 백혈병 세포는 비타민 A 유도체인 retinoic acid나 비타민 D_3에 의하여 분화 유도되어 탈암에 이르는 것으로 알려져 있다. 가장 잘 사용되는 세포는 사람 백혈병 세포인 U937 세포와 HL60 세포이다. 이에 의하면 시금치와 가지의 수출액에 활성이 있고 시금치에서는 고분자 다당 성분이 U937세포를 대식세포로 분화 유도하는 성질을 가지는 것이 밝혀졌다. 이 다당은 galactose나 arabinose 등의 중성당을 함유하는 분자량 약 60만의 다당류이다.

이외에 대두나 풋콩에 함유되는 isoflavone의 genistein이나 당근, 고비에 함유된 astragalin(kaempferol 3-glucoside)에도 백혈병 세포의 분화 유도작용이 확인되고 있다. 또한 백혈병 세포만이 아니고 melanomer(암종) 세포와 유방암 세포의 분화 유도도 검토되고 있다.

5) 혈압상승 억제작용

통원 환자 중에서 가장 많은 환자는 고혈압증이므로 혈압 상승을 억제하는 성분의 검색이 활발하게 이루어지고 있다. 특히 혈압 상승의 열쇠 효소인 angiotensin 변환효소의 저해시험에서 아스파라거스와 갓(개채), 가지, 우엉, 토마토, 파슬리 등에 높은 활성이 인정되었다. 이들의 부활성분은 아직 분리되지 않았으나 Molokhiya의 활성물질은 간장에서 최초로 발견된 nicotinamide이라는 것을 알았다.

열쇠효소의 저해작용에 의한 방법 이외에 가령과 더불어 혈압이 상승하는 결함을 가지고 있는 실험동물인 SHR(spotaneously hypertensive rat : 자연발증 고혈압쥐)에 시료를 투여하여 혈압상승 억제작용을 관찰하는 방법이다. 이 방법에서는 C-glucosylflavonoid 배당체와 아미노산의 γ-aminobutyric acid 등에 혈압 상승 억제작용이 발견되고 있다.

6) 당뇨병 예방기능

당뇨병과의 관련에서 장에 있어서 당의 흡수저해 성분이 검색되었다. 이것은 쥐의 소장에서 분리한 내벽(책자연)이 있어서 glucose의 흡수저해를 본 실험에서 polyphenol인 tannin과 chlorogenic acid가 당 흡수저해를 하는 것을 알았다. 이들의 polyphenol류는 소화효소인 amylase, lipase와 trypsin 활성을 저해하는 것도 알고 있으며 비특이적인 소화와 흡수의 저해물질이라고 하였다.

한편, 최근에는 gymnemic acid와 prolysine과 같이 비교적 특이성이 높은 당 흡수 저해물질에 관한 검토가 이루어지고 있으나 채소류에서는 아직 발견되지 않았다. 이외에 식이 섬유와 다당류도 장관 내에서 당을 확산시켜 흡수를 저해시키는 효과를 가져 당뇨병에 유효한다. 한편 당뇨병에 의한 혈당치가 높아지면 여러 가지의 피해가 생긴다. 당뇨병성 강막증, 백내장, 녹내장 혹은 신장증, 신우염 등이 합병증의 그 예이다.

이러한 합병증 중에는 백내장 발생에 관여하는 관건 효소에 저해작용을 하는 제어성분의 검색이 시도되고 있다. 그 결과, flavonoid의 isoliquiritigenin(isoliquiritigenin 4-O-β-D-glucopyranoside는 isoliquiritin이다. 채소에는 콩나물에 존재)이 우수한 억제 성분이라는 것을 알았고 또한 양파에 많이 함유되는 quercetin에도 저해작용이 인정되었다.

7) 기타 기능성

이상의 것들 이외에도 arachidonic acid 대사계에 관여하는 cyclooxygenase와 lipoxygenase 등의 효소활성 제어 성분과 항염증 성분 등 여러 유효 성분을 들 수 있다. 이 중에서도 채소의 polyphenol 성분에 많은 생리활성 기능이 인정되고 있고 그 역할도 주목되고 있다. 최근에는 이 polyphenol 중에서도 특히 flavonoid에 관한 소화흡수 실험이 활발하게 이루어지게 되었고 보통 식사의 형태로 섭취한 경우에도 수%의 흡수가 이루어지는 것도 밝혀졌다.

[인삼류의 효능 칼럼]

1. 인삼의 개요

인삼(*Panax ginseng*)은 미국인삼, 일본삼, 히말라야인삼, 중국삼 등이 있으나 우리나라 고려인삼의 약효가 최고이다. 고려인삼의 사포닌은 미국인삼보다 적지만 약효 성분인 ginsenoside는 3~4배나 많다. 다른 것들은 약효가 너무나 떨어져 고려인삼과 비교가 안 된다.

인삼은 4~6년생의 약효가 가장 높으며, 수삼의 수분은 75% 정도이고, 말린 것이 백삼이다. 홍삼은 6년근 수삼을 쪄서 말린 것이다. 인삼제품은 인삼(태극삼을 포함한다)이나 홍삼을 원료로 한 제품으로, 원료로 인삼이나 홍삼을 소량 사용한 것도 포함한다.

2. 인삼의 효능

한방에서 인삼은 쇠약한 몸을 강화하고 활력을 주며 두통, 피로, 현기증, 배 멀미, 천식, 발기부전 등을 개선하고 소화기관을 튼튼히 하며 정신력을 증진시킨다고 한다.

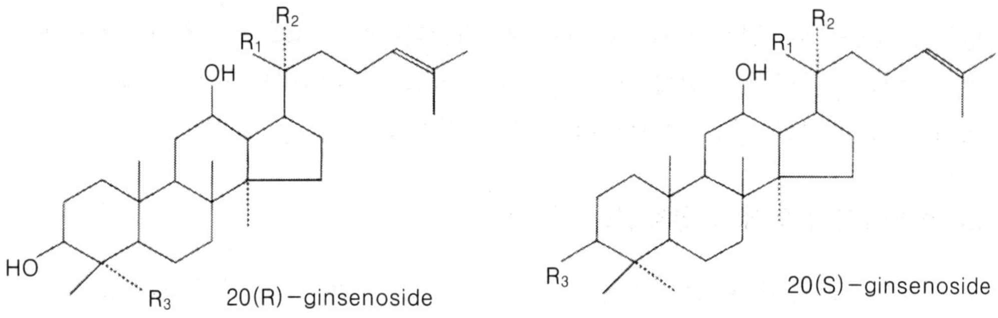

20(R)-ginsenoside

20(S)-ginsenoside

그림 1-8. 인삼 사포닌의 구조

인삼은 소화기능을 촉진하며 병후 식욕을 잃었을 때 식욕을 자극하고, 기력을 증진시키고, 성욕을 회복시키고, 발기부전을 해소한다. 그리고 뇌기능을 강화하여 학습능력을 향상시키고, 콜레스테롤 상승을 억제하고, 혈액순환을 촉진하여 혈관을 청소하고, 혈압을 조절하여 심장병을 예방한다.

인삼은 혈당을 떨어뜨려 당뇨병을 개선하고, 피로와 스트레스를 줄이고, 면역기능을 강화하여 잔병에 잘 걸리지 않도록 하고, 적혈구와 혈소판의 증가를 유도하여 빈혈을 개선하고 노화를 억제한다. 그러나 열이 지나치게 많은 사람에게는 좋지 않고 예민한 사람이 인삼을 복용하면 혈압이 올라가고 심장이 두근거리며 흥분상태에 빠진다. 많이 먹으면 졸음이 온다.

1) 인삼의 약효 성분

인삼의 약효는 사포닌이 내며 인삼 사포닌의 약리작용은 일반 생약의 사포닌과 매우 다르다. 인삼 사포닌은 '진세노사이드(ginsenoside)'라 하며, 인삼(ginseng)과 배당체(glycoside)가 합쳐진 인삼배당체란 의미이다.

우리나라 인삼에는 진세노사이드가 20여 가지 이상 있으나 다른 나라 인삼에는 반 정도 밖에 없어서 약리효과가 매우 떨어진다. 항암, 항산화, 항당뇨, 항염증 효과와 조혈기능을 촉진하는 다른 성분도 들어 있다. 그 중 폴리아세틸렌계 화합물은 항암효과가 있으며, 항산화 작용을 하는 페놀계 화합물들은 생체의 과산화지질 생성을 막아서 노화를 억제한다.

정유(精油) 성분에는 피넨같이 진통작용을 하는 성분과 오시멘(ocimene) 같이 소염효과와 항균력을 가진 것도 있다. 오시멘은 내장기관의 이상 발효를 억제한다. 산성 펩타이드와 아데노신, 망간 함유 물질 등은 항당뇨 성분이다. 인체에 필수적인 금속 원소도 들어 있다. 생약에는 칼슘이 많고 마그네슘이 적은데 반해 인삼에는 칼슘보다 마그네슘이 더 많고 칼륨과 나트륨도 많다.

항염증 성분으로 파낙시놀(panaxynol)과 리놀산(linoeic acid)도 있다. 이 밖에도 단백질, 핵산 등 함질소 화합물이 12~16% 있고, 필수아미노산 및 필수지방산도 많아서 약용은 물론 건강식품으로서도 좋은 가치를 갖는다.

2) 한방에서의 인삼의 칠효설(七效說)

(1) 보기구탈(補氣球脫) : 원기를 보하는 것으로 각종 급만성의 병으로 체력이 약해지거나 일시적인 허탈에 효과가 있어서 체력을 증진시켜 준다.

(2) 익혈복맥(益血復脈) : 혈액을 왕성하게 생성시켜서 폐장과 비장의 기능을 도

와주며 빈혈로 인한 신진대사 이상을 개선하고 조혈과 혈액순환을 원활하게 해준다.

(3) 양심안신(養心安神) : 마음을 편하게 하여 신경을 안정시키고 혈액순환부전(血行不全)이나 장의 기능 저하로 생긴 정신불안을 해소한다. 즉 스트레스를 해소시켜 준다.

(4) 생진지갈(生津止渴) : 폐와 비장 및 위의 기능 부족을 개선하여 전신 기능을 증진시켜 주며 인체가 필요로 하는 체액을 충당하여 간증을 해소시켜 준다. 즉 당뇨병 치료에 유효하다.

(5) 보폐정천(補肺定喘) : 폐의 기능 약화로 생기는 천식 및 해수(咳嗽) 등의 증상을 보(補)하고, 비위(脾胃)의 기(氣)를 도와 정기를 충실하게 해준다. 즉 호흡을 안정시켜 주어 호흡기계 질환을 낫게 한다.

(6) 건비지사(健脾止瀉) : 장관(腸管)을 튼튼하게 하여 설사를 멈추게 하고 소화기관을 튼튼하게 하여 소화기능을 돕는다.

(7) 탁독합창(托毒合瘡) : 체내의 독소를 제거하고 대사기능부전으로 인하여 발생되기 쉬운 병의 저항력을 증진시키고, 피부 기능을 정상화시키고 종양에도 유효한 작용을 한다.

3) 한방에서 인삼의 효능과 처방

(1) 인체의 오장육부를 보하는 약으로 쓴다.
(2) 소화기능의 감퇴로 식욕이 없고 원기가 없는 사람에게 주약(主藥)으로 쓴다.
(3) 소화기가 항상 차고 복부에 가스가 차서 잠자리에 누울 수 없고 음식물을 잘 소화시키지 못하거나 식욕이 없을 때 쓴다.
(4) 위나 대장이 허약하여 속이 메스껍고 구토증세가 있고 담(痰)을 토할 때 쓴다.
(5) 임신하여 구토가 심하고 가끔 복통이 있고 음식을 먹으면 토할 때 쓴다.
(6) 위장이 냉하여 자주 토하고 음식물을 잘 먹지 못하고 먹으면 토할 때 쓴다.
(7) 심기가 부족하여 땀이 나고 가슴이 두근거릴 때 쓴다.
(8) 토하고 설사하며 곽란 등으로 심한 빈혈증을 유발시키고 복부에 갑갑함을 느끼는 사람에게 쓰며 변비증에 쓴다.
(9) 원기부족에서 오는 천식과 자한(自汗), 도한(盜汗)의 증상이 있을 때 쓴다.
(10) 산후의 천식에 쓴다.
(11) 산후 어혈(瘀血)과 어지러움에 쓴다.
(12) 산후 출혈 과다와 몸이 쇠약할 때 원기회복에 쓴다.

(13) 산후의 허약증상과 또는 발열 자한(自汗)에 쓴다.
(14) 임신 중 역산(逆產)과 난산에 쓴다.
(15) 여름철에 갑자기 천둥소리를 듣고 정신이 혼미하다가 소생해서도 사람을 잘 분간하지 못할 때 쓴다.
(16) 남녀의 성관계로 생긴 피곤을 회복시킨다.
(17) 폐결핵을 장기간 앓아서 기운이 허탈할 때 원기를 회복시키고 폐를 튼튼하게 하려고 계속 쓸 수 있다.
(18) 기침이 오래 되고 가래가 많은 환자의 진해(鎮咳)와 거담(祛痰)을 위해 쓰고 가래 속에 피가 섞여 나올 때도 쓴다.
(19) 허약한 사람이 무리한 노동으로 피를 토할 때 쓴다.
(20) 정신적인 충격이나 음주, 여자 때문에 생긴 토혈(吐血)과 하혈(下血)에 쓴다.
(21) 잇몸에서 피가 날 때 피를 멈추기 위해 쓴다.
(22) 신우염(腎盂炎), 방광염(膀胱炎), 요도염(尿道炎)에 쓴다.
(23) 당뇨병 초기에 갈증이 심하고 물을 자주 마시게 될 때 갈증을 멈추고 진액을 생성시킨다.
(24) 오장육부가 냉하여 발생하는 이질이나 손발이 차고 맥이 약한 데 쓴다.

4) 『본초강목』에서 밝힌 인삼의 효능

(1) 남녀의 모든 신체 허약을 회복시킨다.
(2) 인체의 오장육부의 기능을 보한다.
(3) 체력 소모가 많은 환자나 신경성 가슴의 두근거림을 진정시킨다.
(4) 신경 강장제의 효능이 있다.
(5) 바이러스와 인플루엔자 등에 대한 저항력을 증진시켜 예방한다.
(6) 눈을 밝게 하고 뇌의 기능을 높여 준다.
(7) 당뇨병에서 오는 갈증, 다식(多食), 다뇨(多尿) 등에 효과가 크다.
(8) 심한 구토증을 멎게 한다.
(9) 위장의 기능을 튼튼히 하여 주고 소화기능을 증진시킨다.
(10) 위산과다증을 낫게 한다.
(11) 급성위장염에 의한 구토와 설사를 멎게 한다.
(12) 위 또는 대장 내 가스가 찬 것을 제거한다.
(13) 만성위장 무력증을 치료한다.
(14) 과로나 음식 부주의로 체력이 감퇴되는 내과질환에 좋다.
(15) 뇌일혈, 뇌혈전증 등으로 인한 반신불수, 손과 발을 잘 움직이지 못할 때 또

는 더위로 인한 소화불량이나 위장이 냉할 때 쓴다.
(16) 인삼을 오래 복용하면 몸이 가볍고 생명을 연장할 수 있다.
(17) 소화불량이나 원기부족으로 가슴이 답답하여 호흡이 곤란할 때 쓴다.
(18) 소화기능을 조절한다.
(19) 강심작용으로 혈액순환을 촉진시킨다.
(20) 암과 종양을 없애거나 회복시키는 작용을 갖는다.
(21) 담(痰)과 기관지 삼출액(滲出液)을 배출시킨다.
(22) 감기로 인한 열성질환 경과 중에 있는 소화불량에 효과가 있다.
(23) 심한 체력 소모로 생긴 수분부족에 따른 정신불안을 치료한다.
(24) 광물성 생약을 오용하여 생기는 중독증상에 쓴다.
(25) 호흡기능이 일정하지 못하여 폐활량이 부족할 때 폐의 기능을 보강시킨다.
(26) 체력 소모로 체액 부족일 때 액체의 분비를 촉진시킨다.
(27) 산후나 산전의 모든 질병에 사용하고 피를 흘린 자에게 기를 보하고 피를 보하고 피를 멈추게 한다.
(28) 피를 토하고 피 오줌, 자궁출혈, 대장출혈, 위출혈을 할 때 쓴다.
(29) 신체 허약이나 과로로 심장이나 폐, 소화기계통에 과한 부담으로 오는 열증의 열을 조절한다.
(30) 심한 설사, 대장염에 쓴다.
(31) 두통 또는 현기증 효과가 있다.
(32) 원기 부족에 따른 자한(自汗)을 멎게 하며 소모성 발열을 멎게 한다.
(33) 소변이 자주 나오거나 잘 안 나올 때 쓴다.
(34) 사지의 신경통이나 마비증상에 쓰면 신진대사나 혈액의 순환을 도와준다.

5) 현대의학에서 밝힌 홍삼의 약효

홍삼은 수천 년의 역사를 거치면서 한방에서 최고의 영약으로 알려져 왔다. 현재까지 밝혀진 홍삼의 약효는 무수하며, 홍삼식초는 홍삼이 주성분이기 때문에 이들 약효가 모두 들어 있다. 인삼과 홍삼에 대해서는 무수한 연구 결과가 있으며, 현대의학에서 밝힌 홍삼의 효능은 다음과 같다.

(1) 간장을 보호한다.
(2) 갱년기 질환을 극복한다.
(3) 고지혈증을 예방하고 개선한다.
(4) 골절 치유를 촉진한다.
(5) 과산화지질을 감소시켜서 노화를 방지한다.

(6) 과콜레스테롤 혈증을 억제하여 동맥경화를 예방한다.
(7) 기침을 진정하고 담을 제거한다.
(8) 남성불임증 환자를 치료한다.
(9) 노인병을 치료한다.
(10) 노화를 방지한다.
(11) 뇌 기능을 강화하여 머리를 좋게 한다.
(12) 뇌혈관혈전 및 심혈관혈전을 예방한다.
(13) 당뇨병 환자의 만성 합병증을 예방한다.
(14) 당뇨병을 예방하고 개선한다.
(15) 대장암 발생을 막는다.
(16) 동맥경화와 혈전을 예방하고 개선한다.
(17) 동맥경화를 예방하고 치료한다.
(18) 만성간염을 개선한다.
(19) 면역기능을 증강시킨다.
(20) 발암성 물질을 해독한다.
(21) 수술환자의 회복력을 증가시킨다.
(22) 스트레스를 해소한다.
(23) 신경쇠약과 우울증을 개선하다.
(24) 신장기능을 회복한다.
(25) 심리 및 신체기능을 향상시킨다.
(26) 심부전증을 낫게 한다.
(27) 알코올 중독을 예방한다.
(28) 암세포 증식을 억제한다.
(29) 암을 예방한다.
(30) 암환자의 생존 기간을 연장한다.
(31) 암환자의 체중 감소를 억제한다.
(32) 약의 부작용을 제거한다.
(33) 에이즈에 대한 면역력을 강화한다.
(34) 에이즈 발병을 지연시킨다.
(35) 에이즈 치료효과가 있다.
(36) 여드름 퇴치효과가 있다.
(37) 위암과 위궤양을 개선한다.
(38) 임신 중 빈혈을 치료한다.

(39) 장암 및 백혈병 암세포의 증식을 억제한다.
(40) 조혈 및 빈혈을 회복한다.
(41) 중금속 중독의 독성을 제거한다.
(42) 폐선종을 억제한다.
(43) 피로회복과 신체를 튼튼하게 한다.
(44) 항암작용이 있다.
(45) 항암제의 부작용을 완화한다.
(46) 혈압을 정상화한다.
(47) 혈액순환을 개선한다.
(48) 혈중 콜레스테롤을 저하시킨다.
(49) 혈전을 예방하고 개선한다.
(50) 혈청지질을 감소시킨다.

(이상은 안용근·김승겸 공저: 건강기능식품, 광문각(2004년)에서 인용)

[Phytochemicals(식물천연화합물)의 칼럼]

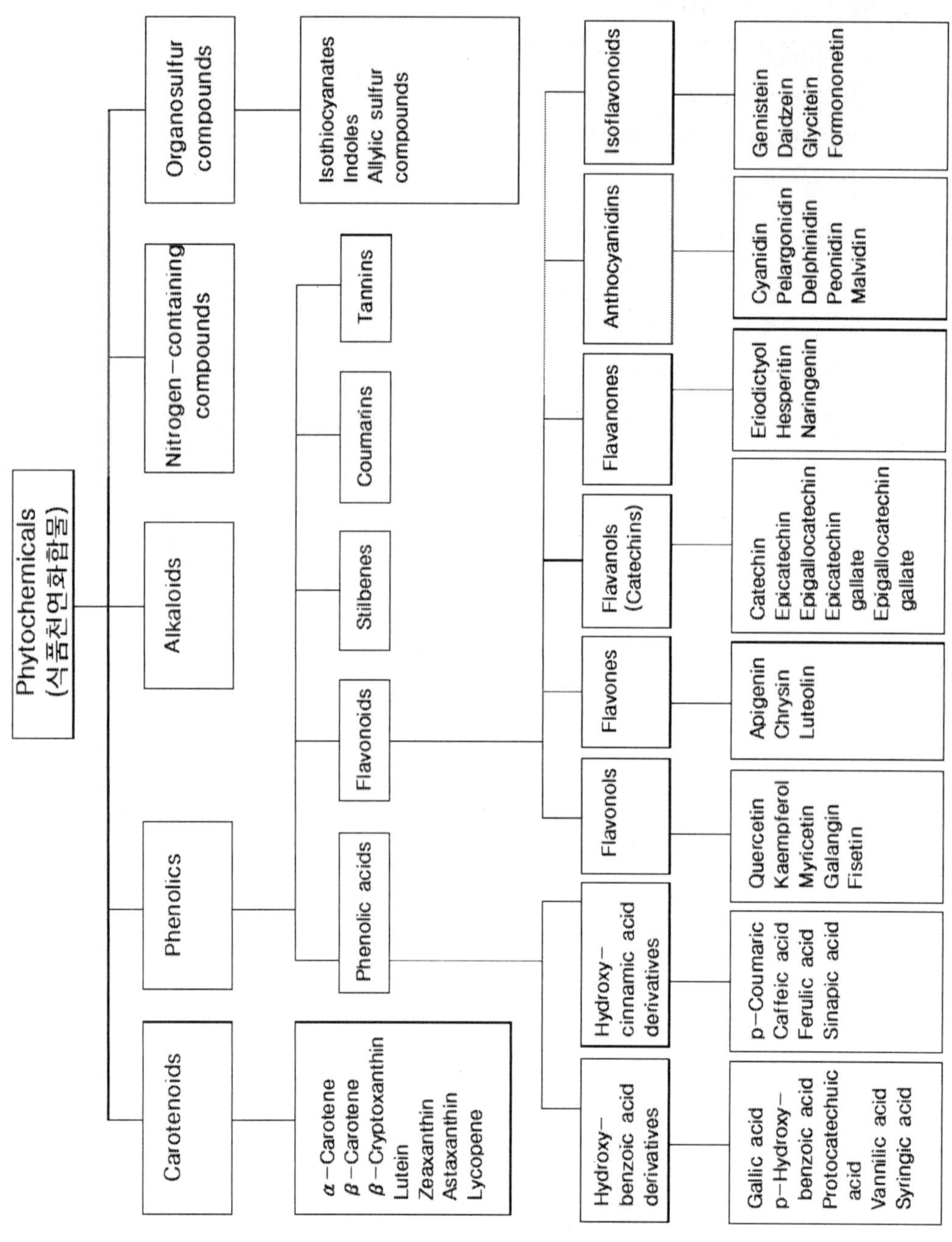

▸ 결구 엽채류

배 추

- 분 류: 대분류 → 채소류, 소분류 → 결구 엽채류
- 학 명: *Brassica campestris, Brassica campestris* subsp. *napus* var. *pekinensis, Brassica campestris* L. subsp. *pekinensis*(Lour.) Rour., *Brassica perkinensis, Brassica chinensis*
- 과 명: 배추과(십자화과)
- 영 명: Chinese cabbage, Baechu
- 한문명: 백채(白菜), 송채(松菜), 대백채(大白菜), 황아채(黃芽菜)
- 이명(별명): 배차, 배채, 벱추
- 용 도: 전체(식용)
- 수확기: 10~11월
- 에너지(100g 당): 14 kcal

[원산지 · 재배역사]

반결구배추나 결구배추의 원산지는 중국 북부 지방이지만 결구되지 않는 배추의 기원은 지중해 연안이다. 순무와 당배추의 자연교잡으로 태워난 것이다. 에도(江戶)시대(1600~1867년)에 일본으로 전래되었다고 한다.

우리나라의 역사는 13세기경 『향약구급방(鄕藥救急方)』에 숭(崧)이라는 글자가 처음으로 등장하고 『훈몽자회(訓蒙字會, 1527년)』에는 중국에서 들어온 무역품 중에 송채 종자가 기록되어 있다. 1900년 초 이후 중국과 일본으로부터 반결구, 결구배추가 도입되기 시작하였고 1950년 초 우장춘 박사를 중심으로 무, 배추의 육종이 시작되었다. 배추 품종은 결구양식에 따라 속이 안 생기는 불결구종(不結球種), 반결구종, 결구종으로 구분한다. 현재는 거의 결구종이 재배되고 있다.

[기대되는 작용]

고혈압 예방, 동맥경화 예방, 암 억제, 혈전방지, 당뇨병 예방, 변비개선, 뼈의 강화, 체내의 염분 균형을 조절하고 노폐물을 체외로 배출시킨다.

[식물학적 특성]

영어에서는『중국 cabbage』로 되어 있으나 국제적으로는 cabbage류으로 보고 결구・반결구・불결구의 세 타입이 있고 재배품종은 150여 종이다. 결구형은 80~100매의 잎이 무게로 된다. 양배추보다 단백질이나 당질이 적고 저에너지이다. 체내의 여분의 나트륨(염분)을 배출하는 칼륨이 풍부하다. 칼륨은 고혈압을 예방하는 이외에 신장의 기능을 높여 노폐물의 배출을 촉진하여 근육을 강화하는 작용이 있다. 수분이 많으므로 기름과 소금을 조금 가하여 소량의 물로 찌면 지미가 농축된다.

[주요 영양소(가식부 100g 당/결구잎・생)]

- 칼륨 : 220 mg
- 칼슘 : 43 mg
- β-Carotene : 90 μg(retinol 당량 16 μg)
- 비타민 B_6 : 0.09 mg
- 비타민 C : 19 mg

[주요 생리기능 성분(추정기능)]

① Allyisothiocyanate(혈전방지) : 신미성분으로 황화합물이다. 암 예방, 혈전방지 작용이 있다.

② Glucosinolate(해독기능 강화, 항암) : 해독기능을 강화하여 발암물질을 체외로 배출시킨다.

③ Indole(해독작용) : 유취성분이다. 양배추 중에서 발견된 식물호르몬으로 발암물질 독성을 소실시킨다.

④ 식이섬유(정장, 항암, 순환기질환 억제) : 콜레스테롤을 배출하여 동맥경화, 당뇨병, 암을 예방한다.

[선별・보존법]

중량감이 있고 잎이 많이 감겨 있으며 뿌리의 절단부분이 신선하고 건조되지 않은 것이 질이 좋다. 둥근 포기는 그대로 신문지로 싸서 서늘한 장소에 뿌리 끝을 밑으로 하여 세워서 보존해야 한다. 사용하고 남은 것은 랩으로 싸서 냉장고에 보관한다.

양배추

- 분 류: 대분류 → 채소류, 소분류 → 결구 엽채류
- 학 명: *Brassca oleracea* L., *Brassca oleracea* L. var. *capitata* L.
- 과 명: 십자화과
- 영 명: Cabbage
- 한문명: 감람(甘藍), 양백채(洋白菜)
- 용 도: 잎(식용)
- 수확기: 봄~겨울철
- 에너지(100g 당): 23 kcal

[원산지 · 재배역사]

원산지는 지중해 연안과 소아시아 지역이다. 당초에는 결구가 없는 엽채였다. 이탈리아에서 연하게 감는 연한 결구 양배추가 탄생하였고 품종 개량을 거쳐 현재 결구 양배추로 되었다. 일본은 에도(江戸)시대(1600~1867년)에 전래되었으며 메이지 시대(1868~1912년)부터 식용으로 하였다고 한다. 현재의 품종은 300여 종 이상이나 된다. 우리나라의 양배추는 유럽, 미국과 일본에서 도입된 것으로 추정되며 1906년 원예모범장이 설립되면서 외국 품종을 도입하기 시작하였다.

[기대되는 작용]

동맥경화, 암 억제, 혈전방지, 위궤양 · 십이지장궤양 예방, 변비개선, 고혈압 예방, 당뇨병 등을 예방하고 양배추는 위의 점막을 재생하고 위궤양을 방지한다.

[식물학적 특성]

양배추는 kale에서 분화된 것으로 그리스 · 로마시대부터 소화 촉진작용이 주목을 받았다. 일본에서는 메이지시대(1868~1912년)에 본격적으로 재배가 시작되어 전후에 소비가 급증하였다. 현재는 전국적으로 보급되었고 그 수확량은 무 다음으로 많다. 양배추에서 발견된 cabbadin(비타민 U)은 위의 점막을 재생 · 강화하여 위염이나 궤양을 예방하는 데 도움이 된다. 비타민 C도 풍부하여 정신안정에 도움을 주고 뼈를 강화하는 칼슘도 많이 함유하고 있다.

[주요 영양소(가식부 100g 당/결구잎 · 잎)]

- 칼륨 : 200 mg
- 칼슘 : 43 mg
- β-Carotene : 50 μg(retinol 당량 8 μg)
- 비타민 K : 4 mg
- 비타민 C : 78 mg

[주요 생리기능 성분(추정기능)]

① Cabbadin(비타민 U)(위벽보호) : 위벽의 점막을 보호하여 재생을 촉진하고 위궤양, 십이지장 궤양을 개선한다.
② Allylthiocyanate(혈전방지) : 신미성분으로 황화합물이다. 암 예방, 혈전 방지 작용이 있다.
③ Glucosinolate(해독기능 강화, 항암) : 해독기능을 강화하고 발암물질을 체외로 배출한다.
④ MATS(methyallyltrisulfide)(항암) : 황화합물이다. 강한 항산화 작용으로 암을 예방하고 혈전을 방지한다.
⑤ Indole(해독작용) : 유취성분이다. 발암물질을 해독한다.

[선별 · 보존법]

겨울 양배추는 바깥 잎의 녹색이 진하고 단단하며 무게가 있는 것이 질이 좋다. 봄 양배추는 잎이 부드럽게 감긴 것이 좋다. 심에 칼금을 넣으면 성장이 정지하여 수분이나 양분이 증발되지 않는다.

브로콜리

- 분 류 : 대분류 → 채소류, 소분류 → 결구 엽채류
- 학 명 : *Barssica oleracea* var. *italica, Barssica oleracea* var. *botrytis*
- 과 명 : 십자화과
- 영 명 : Broccoli
- 이명(별명) : 모란채, 녹색꽃 양배추
- 용 도 : 지상 전체(식용)
- 수확기 : 겨울~봄철
- 에너지(100g 당) : 33 kcal

[원산지 · 재배역사]

이태리를 중심으로 한 지중해 연안이 원산지이다. 야생 양배추의 개량종으로 2000년 전경부터 재배되어 중세에는 약용식물로서 귀중하게 여겼다. 일본에는 메이지시대(1868~1912년) 초기에 도입되었으며 소비가 확대된 것은 1970년 이후라고 한다. 녹색, 백색, 자색의 품종이 있다.

[기대되는 작용]

암 억제, 동맥경화 예방, 변비개선, 당뇨병 예방, 면역력 증가, 피부기능 유지 개선, 미기(美肌)개선, 세포노화 방지 등에 유효하다.

[식물학적 특성]

브로콜리는 프랑스어의 「가지」에서 파생된 말이다. 꽉 들어 찬 무수의 봉오리에는 개화에 필요한 영양분을 담고 있다. 강력한 항암작용을 가진 sulforaphane을 함유하므로 주목을 끌고 있다. 심신의 균형 조절에 없어서는 안 될 비타민 B_1 · B_2 · C, 엽산 등이 풍부하다. 특히 비타민 C의 함유량은 레몬의 약 1.2배로 많고 세포의 재생이나 혈관강화, 면역력 향상에 유효하게 작용한다. 약간 자색으로 보이는 것은 anthocyanin으로 활성산소를 소거하여 세포기능 장해를 억제시켜 준다. Insulin의 분비를 촉진하는 크롬을 함유하므로 당뇨병 예방에도 유효하다.

[주요 영양소(가식부 100g 당/화서 · 생)]

- 칼륨 : 360 mg
- β-Carotene : 810 μg(retinol 당량 130 μg)
- 비타민 B_1 : 0.14 mg
- 비타민 B_2 : 0.2 mg
- 비타민 C : 120 mg

[주요 생리기능 성분(추정기능)]

① Allylisothiocyanate(혈전방지) : 황화합물이다. 암을 예방한다.

② Sulphoraphane(해독작용, 항암) : Isothiocyanate의 유연물질이다. 강한 해독작용으로 발암물질을 체외로 배출시킨다.

③ Phytosterol(콜레스테롤 흡수억제) : 콜레스테롤의 흡수를 억제하여 혈중 콜레스

테롤을 감소한다.

④ Rutein(활성산소 소거, 항암) : 항산화 작용을 하며 활성산소를 소거하여 발암을 예방하고 시력을 회복시킨다.

⑤ Quercetin(활성산소 소거, 발암 예방, 혈당치 상승 억제) : Flavonoid의 일종이다. 항산화 작용으로 활성산소를 소거하여 혈압을 예방한다.

⑥ 식이섬유(정장, 항암, 순환기질환 억제) : 장내 유익균을 활성화시킨다.

[선별 · 보존법]

진한 녹색으로 색에 얼룩이 없고 전체가 둥글게 영글어 있고 황색으로 변하지 않고 꽃이 피지 않는 것이 좋은 것이다. 수확 후에도 성장이 계속하여 양분이 감소되고 열화가 빠르므로 빨리 사용해야 하며 보존은 폴리주머니에 넣어 입을 봉하고 냉장고에 보관한다.

▶ 엽채류

엇갈이배추(쌈배추, 봄동 등 포함)

• 분 류: 대분류 → 채소류, 소분류 → 엽채류

[원산지 · 재배역사]

어떤 작물을 수확한 뒤 다음 작물을 재배하는 시기가 2개월 정도 남았을 때 밭을 놀리지 않기 위해 재배하는 반결구형(半結球型) 배추이다. 흔히 얼갈이배추와 같은 뜻으로 쓰기도 하는데 엇갈이배추와 얼갈이배추는 엄연히 다르다. 얼갈이배추는 비닐하우스에서 재배하는 경우를 제외하고는 반드시 겨울을 나면서 재배하는 배추를 말한다. 이에 비해 엇갈이배추는 작물과 작물 사이에 밭이 비는 2개월 이내의 짧은 기간을 이용하여 사이짓기로 재배하는 것이다.

일반적으로 비가림 재배는 3~4월에 파종하여 4월 중순에서 6월 초순에 수확하고, 노지 재배는 6~8월 초순에 파종하여 7월 중순에서 9월 중순에 수확한다. 전국에서 재배되는데 재배 관리는 솎음질 이외에는 별다른 요령이 필요 없다. 본 잎이 3~4장 되어 키가 7~10cm 정도 되었을 때 병충해를 입은 것을 중심으로 솎아내면 된다.

재배기간이 짧기 때문에 2차례로 나누어 파종 및 수확할 수 있다. 한 번에 파종하는 것이 아니라 씨앗을 반으로 나누어 1차 파종한 뒤 빨리 성장하는 것부터 수확하고 나서 그 자리에 2차 파종하여 2차 수확을 하는 것이다. 품종은 고온 아래서 엽수(葉數) 분화가 빠르고 탄력성이 있어 잘 부서지지 않으며 더위, 습기 및 병해에 견디는 성질이 강한 것을 고른다.

상 추

- 분 류: 대분류 → 채소류, 소분류 → 엽채류
- 학 명: *Lactuca sativa* L.
- 과 명: 국화과
- 영 명: Lettuce
- 한문명: 와거(萵苣), 와채(萵菜), 와순(萵筍), 월강초(越江草), 천금채(天金菜)
- 이명(별명): 상치, 부루
- 용 도: 잎(식용)
- 수확기: 여름철
- 에너지(100g 당): 12 kcal

[원산지 · 재배역사]

지중해 연안에서 서아시아가 원산지이다. 고대 그리스와 로마에서 기원전부터 재배하였으며 일본에서도 1000년 이전부터 재배되었다 한다. 7세기 후에 페루시아 또는 극동 방면을 거쳐 중국으로 들어온 것으로 보고 있다. 우리나라에서는 1400년 전인 삼국시대에 무와 함께 도입되어 식용되어 왔다. 문헌상으로는 『향약구급방(鄕藥救急方)』에서 처음으로 언급되어 있는데 상추류를 와거(萵苣)라고 하였다. 실제적으로 재배된 것은 20세기 초부터이다.

주한 미군 군납을 위하여 1960년경부터 결구상추가 들어와 해마다 그 재배면적이 증가되고 있다. 상추는 품종이 많아 잎상추 외에 결구상추(crisphead), 반결구상추(buutterhead type), 코스상추(cos lettuce, 배추상추), 줄기상추가 재배되었으나 근래에는 주로 샐러드용으로 이용되는 결구상추의 수요가 증가되고 있다.

[기대되는 작용]

암 억제, 동맥경화 예방, 변비개선, 당뇨병 예방, 최면작용, 리락스(이완) 효과, 면역력 강화 등에 유효하다.

[식물학적 특성]

일반적으로 레터스(lettuce)라고 부르는 것은 구슬상추와 사니 레터스로 대표되는 잎 레터스로 대별된다. 잎 레터스는 구슬 레터스에 비하여 β-carotene이 약 8배 많다. 비타민 C · E, 칼륨, 칼슘도 2∼5배로 압도적으로 많다. β-Carotene에는 항산화 작용에 의하여 암을 예방하고 점막을 강화하여 감기 등의 감염증을 방지하는 작용이 있다. 비타민 C · E 상승효과에 의하여 혈관이나 세포의 노화를 방지하고 동맥경화를 예방한다. 절단부위에서 나오는 유백색의 즙액은 정신을 안정화시켜 잠을 유도하는 lactupicrin이라는 성분이 함유되어 있다.

[주요 영양소(가식부 100g 당/구슬 레터스 · 생)]

- 칼륨 : 200 mg
- 칼슘 : 19 mg
- β-Carotene : 240 ㎍(retinol 당량 40 ㎍)
- 비타민 E : 0.3 mg
- 비타민 C : 5 mg

[주요 생리기능 성분(추정기능)]

① Lactupicrin(최면작용) : 향과 고미성분이며 Terpene의 일종으로 상추를 절단할 때 나오는 흰 즙액에 함유되어 있으며 최면작용, 자율신경의 균형을 조정한다.

② Protocatechuic acid(항산화) : 항산화물질이다. 지질산화를 방지하고 활성산소를 소거하여 암을 예방한다.

③ 식이섬유(정장, 항암, 순환기질환 억제) : 장내의 유익균을 활성화시킨다. 변의 양을 증가시켜 장내환경을 조정하고 콜레스테롤을 배출하여 동맥경화, 당뇨병 등의 생활습관병, 암 등을 예방한다.

[선별 · 보존법]

줄기의 절단면이 윤기가 있는 것이 좋으며 갈색으로 변색된 것은 피해야 한다. 구슬상추는 담록색으로 둥글게 감겨 있고 알상추는 색이 선명하고 야무진 것을 선택해야 한다. 절단면은 물로 축인 다음 폴리주머니에 넣어서 냉장고에 보관한다.

양상추

- 분 류: 대분류 → 채소류, 소분류 → 엽채류
- 학 명: *Lactuca sativa* var. *cpitata*
- 과 명: 국화과
- 영 명: Head lettuce, crisphead lettuce
- 용 도: 잎(식용)
- 수확기: 5, 6, 7월
- 에너지(100g 당): 18 kcal

[기대되는 작용]

신경안정, 불면 치유에 유효하다.

[주요 영양소(가식부 100g 당 / 생)]

- 칼슘: 15 mg
- 철: 0.4 mg
- β-Carotene: 78 μg
- 나이아신: 0.3 mg
- 비타민 C: 0 mg

시금치

- 분 류: 대분류 → 채소류, 소분류 → 엽채류
- 학 명: *Spinacia oleraceae* L.
- 과 명: 명아주과
- 영 명: Spinach
- 한문명: 파채(菠菜), 파릉초(波菱草), 홍근채(紅根菜)
- 이명(별명): 시금추, 상금치
- 용 도: 잎(식용)
- 수확기: 겨울철
- 에너지(100g 당): 20 kcal

[원산지 · 재배역사]

카스피해 서부가 원산지이다. 옛날에 페르샤 지방에서 재배되어 12세기경에 유럽으로 전해져 서양계 품종으로 탄생되었으며 7세기경에 네팔에서 중국으로 동양계 품종이 만들어져 전파되었다고 한다. 우리나라는 중국을 통하여 전파되었다. 1527년(선조) 최세진에 의하여 편찬된 『훈몽자회』에 처음으로 시금치가 등장하고 있어 조선 초기부터 재배된 것으로 여겨진다. 일본은 에도(江戶)시대(1600~1867년)에 전해져 넓혀졌다.

[기대되는 작용]

동맥경화, 변비개선, 암 억제, 빈혈개선, 당뇨병 예방, 면역력 강화, 시력유지 개선, 세포노화 방지, 혈액을 증가하여 미기(美肌)를 만들고 신심을 젊게 유지한다.

[식물학적 특성]

녹황색 채소 중에서 가장 영양가를 높이 평가한다. 그 중에서도 철분, β-carotene, 비타민 C가 풍부하다. β-Carotene은 체내에 들어가면 비타민 A로 전환되나 그 양은 100g 당 700 ㎍로 이것만으로도 1일의 목표 섭취량을 달성할 수 있을 정도로 많은 양이다. 철분은 비타민 C와 함께 섭취하면 흡수율이 올라가 그 양을 함유한 시금치는 빈혈예방에 아주 유효하다. 비타민 C는 β-carotrene과 함께 활성산소를 소거하여 면역력을 강화하고 collagen의 합성을 촉진하여 얼굴살결을 아름답게 유지한다. 에너지대사를 활발하게 하는 비타민 B_1, B_2, B_6, 심신의 기능을 건강하게 유지하는 칼슘, 칼륨, 마그네슘, 망간 등의 무기질을 균형 있게 함유하고 있다.

[주요 영양소(가식부 100g 당/생)]

- 칼륨 : 690 mg
- 철 : 2 mg
- β-Carotene : 4,200 ㎍(retinol 당량 700 ㎍)
- 비타민 E : 2.1 mg
- 비타민 C : 35 mg

[주요 생리기능 성분(추정기능)]

① β-Carotene(항암) : 강한 항산화 작용으로 암을 억제한다.

② 백혈구 증가인자(면역기능 증강) : 백혈구의 면역기능을 높여 체력을 향상시킨다.
③ α-Linolenic acid(동맥경화 억제) : 발암을 방지하고 암세포의 증식을 막는다. 알레르기의 예방에도 효과가 있다.
④ Rutein(활성산소 제거, 항암) : Carotenoid의 일종이다. 항산화 작용으로 활성산소를 소거하여 발암을 방지하고 노화에 의한 시력저하를 예방한다.

[선별 · 보존법]

잎은 진한 녹색이 있는 것, 잎 끝이 싱싱하고 전체로 녹색이 진한 것, 뿌리의 붉은 색이 진한 것을 택한다. 젖은 신문지에 싸서 폴리주머니에 넣거나 보존용 주머니에 넣어 냉장고에 보존한다. 삶은 것은 냉동 보관하면 좋다.

들깻잎

- 분 류 : 대분류 → 채소류, 소분류 → 엽채류
- 학 명 : *Perilla frutescens, Perilla frutescens* var. *japonica*
- 과 명 : 꿀풀과
- 영 명 : Perilla
- 한문명 : 자소(紫蘇), 임(荏), 수임(水荏), 야임(野荏), 지마(脂麻), 백소(白蘇), 소자(素子), 임호마(荏胡麻)
- 이명(별명) : 들쾌
- 용 도 : 잎(식용)
- 수확기 : 가을철
- 에너지(100g 당) : 544 kcal

[원산지 · 재배역사]

원산은 인도나 중국의 고원지대라고 한다. 일본에서는 옛날부터 전해져 죠몽시대(繩文時代 : 기원전 7~8천년부터 기원전 2~3세기까지)에 식용되었다고 한다. 우리나라에서는 중국에서 전래되어 재배된 것으로 추측한다.

[기대되는 작용]

혈전방지, 빈혈 개선, 알레르기 억제, 뼈의 강화, 뇌기능 유지 개선, 세포노화 방지, 미각기능 유지 개선 등에 유효하다. IPA나 HDA를 합성하는 α-linolenic acid가 풍부하다.

[식물학적 특성]

불포화지방산인 α-linolenic acid가 풍부히 함유되어 이것이 몸 안에서 혈전형성을 억제하는 IPA나 콜레스테롤을 감소하여 뇌의 기능을 높이는 DHA가 만들어진다. IPA는 혈액의 유동성을 높이고 순환기질환을 예방하고 암을 억제하는 작용이 기대된다. 또 DHA는 뇌졸중이나 노인성 인지증의 예방에 효과가 있다고 한다. 뼈의 형성에 관여하는 칼슘 등의 무기질도 풍부하여 골다공증의 예방에도 유효하다.

한편 들깻잎에는 활성산소를 소거하여 암이나 여러 가지 병을 예방하는 β-carotene도 많이 함유하고 있다. 특히 들깻잎에는 perillaldehyde, limonene, peillaketone 등이 함유되어 있어 특이한 향이 씹을 때에 개운한 맛이 난다.

[주요 영양소(가식부 100g 당/건조)]

- 지질 : 43.4g
- 철 : 16.4 mg
- 칼슘 : 390 mg
- 아연 : 3.8 mg
- 망간 : 3.09 mg

[주요 생리기능 성분(추정기능)]

① α-Linolenic acid(동맥경화, 항알레르기) : 필수지방산의 하나이다. 체내에서 혈전 방지작용을 갖는 IPA(EPA)로 변환하고 콜레스테롤치를 내려 동맥경화, 고혈압 예방, 아토피성 피부염, 천식 등의 알레르기 증상을 완화·개선한다.

② 식이섬유(정장, 항암, 순환기질화 억제) : 장내의 유익균의 증식을 활성화시킨다. 변의 양을 증가시켜 장내환경을 조정하고 콜레스테롤을 배출하여 동맥경화, 당뇨병 등의 생활습관병, 암 등을 예방한다.

[선별·보존법]

밀봉한 용기에 넣어 보관한다. 지방산이 산화되기 쉬므로 가능한 한 신선할 때 사용한다. 플라스틱 상자에 넣어서 랩으로 포장하면 7～10일은 보관이 가능하나 저장온도가 낮으면 잎이 흑변된다.

쑥 갓

- 분 류: 대분류 → 채소류, 소분류 → 엽채류
- 학 명: *Chrysanthemum coronarium* L., *Chrysanthemum coronarium* var. *spatiosum*
- 과 명: 국화과
- 영 명: Garland chrysanthemum, crowndaisy, chrysanthemum
- 한문명: 춘국(春菊), 동호(茼蒿), 봉호(蓬蒿), 호(蒿), 호자간(蒿子杆), 춘국(春菊), 구(歐)
- 용 도: 지상부(식용)
- 수확기: 봄철
- 에너지(100g 당): 21 kcal

[원산지 · 재배역사]

지중해 연안이 원산이며 우리나라는 중국을 거쳐 고려시대에 전해진 것으로 알려져 있다. 잎의 크기에 따라 대엽종, 중엽종, 소엽종이 있는데 우리나라에서는 중엽종이 대부분이다.

[기대되는 작용]

면역력을 높여주고 식욕증진, 위장운동 촉진으로 소화운동을 촉진, 체내 콜레스테롤 강하작용이 있다.

[식물학적 특성]

쑥갓은 국화과 1년생 초본으로 잎은 자루가 없이 호생하고 두 번 우상복엽이지만 품종에 따라서 결각이 전혀 없기도 하다. 잎의 크기에 따라 소엽, 중엽, 대엽 쑥갓으로 나눈다, 우리나라에서는 주로 중엽, 소엽을 먹는다. 엽록소가 많은 잎채소로서 잎은 독특한 향이 나고 쌉쌀하며 소화가 잘 된다. 풍부한 carotene은 면역력을 높이고 각종의 철분을 포함한 무기질은 빈혈을 예방하고 뼈의 형성을 돕는다.

[주요 영양소(가식부 100g 당/건조)]

- 단백질: 3.5g
- 지질: 0.1g

- 탄수화물: 4.6g
- 철: 2.0 mg
- 칼슘: 38 mg
- 칼륨: 260 mg
- β-Carotene: 3,755 μg
- 비타민 C: 18 mg

[주요 생리기능 성분(추정기능)]

① β-Carotene(황색 색소, 비타민 A의 전구체): 면역력을 높인다.

② α-Pinene, phenyl aldehyde(향기성분): 식욕증진, 위장운동을 촉진하여 소화를 돕는다.

③ β-Sitosterol: 체내의 콜레스테롤을 강하한다.

[선별·보존법]

상온에서 잘 시들므로 씻지 말고 비닐로 포장하여 냉장고에 두면 수일간 저장이 가능하다.

아 욱

- 분 류: 대분류 → 채소류, 소분류 → 엽채류
- 학 명: *Malva verticillata* L.
- 과 명: 무궁화과
- 영 명: Chinese mallow, whorled mallow
- 한문명: 규(葵), 동규(冬葵), 노규(露葵), 공한채(冬寒菜), 규자(葵子), 규채자(葵菜子)
- 이명(별명): 아옥
- 용 도: 지상부(식용)
- 수확기: 여름철
- 에너지(100g 당): 20 kcal

[원산지·재배역사]

중국을 중심으로 북부 온대부터 아열대지역이 원산지이다. 중국에서는 오채(五

菜)의 하나로 귀하게 여겼다. 국내 역사를 보면 고려중엽에 이규보(1168~1241년)가 지은 『동국이상국집(東國李相國集)』에 수록된 가포육영(家圃六詠)에 오이, 가지, 순무, 파, 아욱, 박의 여섯 가지 채소를 읊은 시가 있다. 우리나라에서는 오래전부터 재배하여 채소로서 이용하여 왔다. 품종으로는 치마아욱, 사철아욱, 좀아욱이 있는데 치마아욱은 잎이 크고 두꺼우며 줄기는 자주빛이 난다.

[기대되는 작용]

이뇨, 해갈, 냄새 나는 궤양에 효과가 있다. 장운동과 변비예방에 효과가 있고 한방에서는 젖아 잘 안 나오는 증상에 좋다고 한다.

[식물학적 특성]

아욱은 비타민 C 30 mg, 비타민 A 5,500 IU, 기타 칼슘 67 mg으로 상추에 비하여 단백질은 2배, 비타민 C는 거의 3배 정도이고 영양가가 높은 채소이다. 풍부한 칼슘은 발육기의 어린 아이에게 좋은 영양소로서 어릴 때부터 아욱국을 먹이는 것도 칼슘섭취의 좋은 방법이다. 그 외 섬유소, hemicellulose, cellulose, lignin이 풍부하여 위와 장의 문제를 해결해 준다. 아욱국을 끓이면 미끈거리는 것은 lignin 때문이다.

[주요 영양소(가식부 100g 당/건조)]

- 단백질 : 3.6g
- 지질 : 0.6g
- 탄수화물 : 2.6g
- 철 : 2.0 mg
- 칼슘 : 94 mg
- 칼륨 : 546 mg
- β-Carotene : 6,895 μg
- 비타민 C : 48 mg

[주요 생리기능 성분(추정기능)]

① β-Carotene(황색색소, 비타민 A의 전구체) : 면역력을 높인다.

② Hemicellulose, cellulose(섬유소) : 소화효소로 분해되지 않으며 변통을 조정하고 유해물질을 배출시킨다.

[선별 · 보존법]

상온에서 하루 이상 보존이 불가능하기 때문에 수확 후 바로 조리한다. 저장하려면 비닐 백에 넣어서 냉장고에 두면 최고 1주일은 저장된다. 데쳐서 냉동하면 장기 저장이 가능하다.

근 대

- 분 류: 대분류 → 채소류, 소분류 → 엽채류
- 학 명: *Beta vulgaris* L., *Beta vulgaris* L. var. *cicla*, *Beta vulgaris* var. *flavescens*
- 과 명: 명아주과
- 영 명: Leaf beet, Swiss chard, white beet, spinach beet
- 한문명: 부단초(不斷草), 후피채(厚皮菜), 우피채(牛皮菜), 공채(恭菜), 군채(莙菜)
- 용 도: 잎(식용)
- 수확기: 봄~가을철
- 에너지(100g 당): 17 kcal

[원산지 · 재배역사]

유럽 남부가 원산지이며 뿌리가 비대하지 않고 잎이 발달하여 봄부터 가을까지 연중 생채를 얻을 수 있도록 개량한 채소작물이다 지금은 전 세계적으로 배재되고 있으며 우리나라에서는 서민들이 즐겨먹던 음식의 하나이다. 『증보산림경제』의 치포조(治圃條)에는 『뿌리와 줄기로 국을 끓이면 맛이 담백하다.』라고 하였다. 줄기와 잎을 잘라 먹으면 또 새순이 나오므로 부단초(不斷草)라고 하였다. 1921년 강원도 난곡에서 일본인이 경영하던 농장에서 재배된 것이 시초이다.

[기대되는 작용]

이뇨효과, 오장기능 조절, 울혈조정, 변비효과 등에 유효하다.

[식물학적 특성]

근대는 명아주과에 속하는 2년생 식물로서 잎은 계란형 또는 능형으로 털이 없고 미끄러우며 녹색, 담황색이 있고 잎 1개의 무게가 1 kg 정도 되는 Swiss chard도 있다. 우리나라에서는 비교적 식물체 키가 작은 소엽종을 재배한다.

[주요 영양소(가식부 100g 당)]

- 단백질 : 2.4g
- 지질 : 0.4g
- 탄수화물 : 2.34g
- 철 : 2.4 mg
- 칼슘 : 87 mg
- 칼륨 : 382 mg
- β-Carotene : 3,050 μg
- 비타민 C : 16 mg

[주요 생리기능 성분(추정기능)]

① Lutein(carotene계 색소) : 항암성 약효 성분이다. 항산화 활성으로 눈을 보호하고 황달에 따른 실명을 보호한다.
② Zeaxanthin(carotene계 홍색 색소) : 눈을 보호하고 황달에 따른 실명을 보호한다.
③ Betaine(betanidin의 배당체) : 뿌리에 많으며 이뇨효과가 있다.

[선별 · 보존법]

상온에서 저장기간이 짧아 구입 후 바로 먹는 것이 좋다. 쌈용으로 사용하는 경우에는 작은 잎은 비닐 백에 넣어서 냉장고에 보관하면 1주일 정도 저장이 가능하다.

머 위

- 분 류 : 대분류 → 채소류, 소분류 → 엽채류
- 학 명 : *Petasites japonicus*(Sieb et. Zucc) *Maxim.*, *Petasites hydridus*
- 과 명 : 국화과
- 영 명 : Petasites, butterbur, ragwort
- 한문명 : 봉두채(蜂斗菜), 관동(款冬)

- 이명(별명) : 머우, 머구
- 용 도 : 잎자루, 어린 싹(식용), 전초, 꽃봉오리, 뿌리(약용)
- 수확기 : 봄~여름철
- 에너지(100g 당) : 11 kcal

[원산지 · 재배역사]

일본이 원산으로 전국 각지에 야생종이 자생하고 있다. 우리나라는 예로부터 사용되었으나 포기 재배의 기록은 없다.

[기대되는 작용]

암 억제, 고혈압 예방, 변비개선, 혈전방지, 뼈의 강화, 당뇨병 예방 등에 유효하다. 세포의 노화를 막고 혈압을 안정시킨다.

[식물학적 특성]

씹으면 부드러운 향이 식욕을 증진시킨다. 재배한 것 이외에도 야생의 것이 유통되고 있다. 머위는 근경 선단에서 꽃봉오리가 나와 꽃이 피는 무렵에 잎이 열리고 엽병이 신장한다. 세포의 돌연변이를 억제하는 chlorogenic acid를 함유하기 때문에 항암작용을 기대할 수 있다. 과잉의 나트륨(염분)을 배출하는 칼륨이 풍부하기 때문에 고혈압 예방에도 도움이 된다. 또 한방에서는 기침 멈춤, 가래 멈춤 등이 머위의 약효로서 옛날부터 인정되어 있고 식중독의 예방 효과가 기대되고 있다. 장내의 유해물질 배출을 촉진하는 식이섬유도 많고 변비해소에도 유효하다. 독특한 향기는 ermofukinone이며 alkaloid인 petaitene은 간세포에 독성이 있으나 삶으면 없어진다. 쓴맛의 일종인 sesquiterpenoid는 항알레지와 항히스타민 역할을 한다.

[주요 영양소(가식부 100g 당/엽병 · 생)]

- 칼륨 : 330g
- 칼슘 : 40 mg
- β-Carotene : 49 ㎍(retinol 당량 8 ㎍)
- 비타민 E : 0.2 mg
- 비타민 C : 3 mg

[주요 생리기능 성분(추정기능)]

① Chlorogrnic acid(항산화) : Polyphenol의 일종이다. 항산화 작용이 있고 활성산소 억제시키며 지질의 산화를 방지한다. 노화나 암 예방 등에 유효하다.
② 식이섬유(정장, 항암, 순환기질환 억제) : 소화효소에 의하여 분해되지 않는 성분으로 장내의 유익균의 증진을 촉진하므로 변의 양을 증가시켜 장내환경을 조정한다. 콜레스테롤이나 노폐물을 배출하여 동맥경화, 당뇨병 등의 생활습관병, 암 등을 예방한다. 답즙산의 분비나 생산을 촉진하여 콜레스테롤치를 저하시킨다.

[선별 · 보존법]

뿌리 쪽을 쥐어보아 울림소리가 적은 것이 좋다. 잎이 붙어 있는 경우에는 잎이 조금이라도 신선한 것을 택한다. 선도가 떨어지기 쉬므로 당일로 사용한다. 남은 것은 삶아서 냉장고에 보관하면 1일 정도는 좋다.

무(열무 포함, 잎)

- 분 류: 대분류 → 채소류, 소분류 → 엽채류
- 학 명: *Raphanus sativa* L., *Raphanus sativa* L. var. *acanthiformis* Makino, *Rapani semen*
- 과 명: 십자화과
- 영 명: Chinese radish
- 한문명: 만청(蔓菁), 노복(蘆菔), 래복(萊箙), 내복근(萊菔根), 대근(大根), 나복(蘿蔔), 복초(菔草)
- 이명(별명) : 무우, 무수
- 용 도: 식용(뿌리, 잎), 약용(잎, 꽃, 씨, 뿌리)
- 수확기: 겨울철
- 에너지(100g 당) : 18 kcal

[원산지 · 재배역사]

원산지는 여러 설이 있으나 지중해 연안이라는 설이 유력하다. 고대 이집트의 피라미드 건설 노동자에 지급된 기록이 있다. 일본에서는 나라시대에 중국에서 전래되었다는 『고사기(古事記)』의 기록이 있다. 우리나라는 중국을 거쳐 삼국시대에 전래되었다. 당시는 잎을 주로 사용한 것이고 현재의 품종은 개량된 것이다.

[기대되는 작용]

암 억제, 동맥경화 예방, 혈전방지, 소화촉진, 해독작용, 변비개선, 감염증 예방, 뼈의 강화, 소화를 촉진하고 유해물질을 분해한다.

[식물학적 특성]

Amylase나 diastase 등 복수의 소화효소를 풍부히 함유하고 있는 것이 특징이다. 이 효소는 위장의 작용을 도와 소화를 촉진하고 명치 언저리가 쓰리고 아픈 증상을 완화시키는 효과가 있다. 같은 소화효소 perdoxidase에는 암의 원인되는 유해물질을 분해하는 작용이 있다. 또 methylmercaptan 등의 유해물질을 분해하는 작용도 있고 암 예방에 유효하게 작용한다.

잎에는 강한 항산화력을 갖는 β-carotene이나 비타민 C가 많아 면역력을 높여 튼튼한 몸을 만든다. 칼륨도 풍부하여 뼈를 강화하고 동시에 안정 부절한 기분의 개선에 도움이 된다. 우리나라는 여러 품종 군이 재배되고 있으며 조선무, 외무, 알타리무, 20일 무 등으로 나눈다.

[주요 영양소(가식부 100g 당/뿌리 · 껍질 붙은 것 · 생)]

- 칼륨 : 230 mg
- 칼슘 : 24 mg
- 마그네슘 : 10 mg
- 엽산 : 34 μg
- 비타민 C : 12 mg

[주요 생리기능 성분(추정기능)]

① Diastase(소화촉진) : 소화효소이다. 전분의 가수분해를 촉진하여 소화를 돕는다. 위의 소화불량을 개선하고 해독작용을 한다.

② Protease(소화촉진) : 소화효소이다. 단백질 가수분해를 촉진시킨다.

③ Methylmercaptan(혈전방지) : 유취성분이다. 황화합물로서 평지과 채소의 조직이 손상될 때 생성되는 신미성분이며 암 예방, 혈전 방지작용이 있다.

④ Glucosinolate(해독기능 강화) : 해독기능을 강화하여 발암물질을 체외로 배출한다.

⑤ 식이섬유(정장, 항암, 순환기질환 억제) : 장내 유익균을 활성화시킨다.

[선별 · 보존법]

표면이 연하고 윤기가 있으며 무게가 있는 것이 좋다. 수염뿌리가 길지 않고 잎이 붙은 것은 팽팽한 것이 상품이다. 잎이 뿌리의 수분을 흡수하므로 잎과 뿌리를 분리하여 비닐주머니에 넣어서 채소실에 보관한다. 둥근 그대로는 상온에서 2~3일은 보존이 가능하다.

참 취

- 분 류: 대분류 → 채소류, 소분류 → 엽채류
- 학 명: *Aster scxaber* Thunberg
- 과 명: 국화과
- 영 명: Korean aster
- 한문명: 향채(香菜), 동풍채근(東風菜根)
- 용 도: 어린 잎(식용), 뿌리(약용)
- 수확기: 봄~여름철
- 에너지(100g 당): 31 kcal

[식물학적 특성]

산나물 중 참취, 미역취, 곰취, 수리취, 분취, 서덜취 등과 같이 「취」가 붙은 것이 많다. 미역취는 노란 꽃이 피고 여름에서 가을철까지 핀다. 국내 자생 취나물은 6속 60여 종이 있는데 그 중에서 참취가 가장 많이 이용되며 또한 많이 재배된다. 참취는 우리나라에서 흔히 볼 수 있는데 잎은 어긋나며 심장꼴이고 잎의 가장자리에 톱니가 있다.

[주요 영양소(가식부 100g 당/뿌리 · 껍질 붙은 것 · 생)]

- 칼륨: 496 mg
- 칼슘: 124 mg
- 인: 61 mg
- 비타민 A: 594 R.E.
- 비타민 C: 14 mg

[건강관련 기능성 물질]

참취는 무기물인 칼륨, 철분, 칼슘이 풍부한 알칼리성 식품으로 체내 나트륨 섭취를 억제시켜 신장병, 고혈압, 동맥경화 등을 예방한다. 참취의 쓴맛은 astersaponin이며 그 외에 chryxanthin, taraxantin과 다양한 섬유소 성분을 함유하고 있으며 간장, 진해, 진통, 현기증 예방, 해독작용을 하는 것으로 알려져 있다. 최근의 연구에 따르면 참취의 추출물은 간의 중성지방 저하, 항비만성 효과, 혈청 콜레스테롤을 낮추는 효과가 있다고 한다.

[효 능]

참취는 혈액순환을 촉진시키고 근육이나 관절이 아플 때, 요통, 두통 등에 효과가 있으며 가래를 삭이고 기침을 멈추게 하는 효과가 있다. 만성기관지염이나 인후염이 있는 경우에 장복하면 치료효과를 기대할 수 있다. 변비가 심한 사람에게 좋고 급성적인 질환보다 만성적인 질환에 더 효과적이다. 숙취해소와 간의 해독작용을 하며 뇌기능을 향상시켜 주는 단백질과 무기질 및 비타민, 불포화지방산이 풍부하기 때문에 수험생에 좋다. 성숙한 참취는 두통 및 현기증 약으로 쓰이며 가정에서도 하루에 5~10g을 지속적으로 먹으면 당뇨병을 예방할 수 있다고 하고 봄철엔 춘곤증을 예방한다.

[보존법]

참취는 상온에서 1~2일 정도 랩에 싸서 냉장하면 1주일 이상 저장할 수 있다.

곰 취

- 분 류: 대분류 → 채소류, 소분류 → 엽채류
- 학 명: *Ligularia fischeri*(Ledeb.) Turcz.
- 과 명: 국화과
- 영 명: Fischeri ligularia
- 한문명: 호로칠(蒿蘆七), 웅채(雄菜)
- 용 도: 어린 잎(식용), 뿌리(약용)
- 수확기: 봄~여름철
- 에너지(100g 당): 37 kcal

[기대되는 작용]

항암효과, 고혈압 예방효과, 변비효과, 노화방지 효과, 감기예방 등에 유효하다.

[식물학적 특성]

곰취는 우리나라 각처의 깊은 산에서 자생하는 다년생 초본이다. 생육환경은 물기가 많은 곳에서 주로 자라며 키는 1～2m 정도이다. 잎은 심장형이며 잎 가장자리에는 톱니가 있으며 열매는 10월경에 원통형으로 달리고 노란 꽃이 피고 종자는 갈색이다.

[주요 영양소(가식부 100g 당/뿌리 · 껍질 붙은 것 · 생)]

- 칼륨 : 778 mg
- 칼슘 : 241 mg
- 인 : 5.7 mg
- β-Carotene : 4,681 ㎍
- 비타민 C : 28 mg

[건강관련 기능성 물질]

비타민 A와 β-carotene 함량이 높고 그 외 단백지질(배추의 3배), 비타민 C, 철분, 나이아신, 엽산 등이 들어 있는 훌륭한 산채이다. 잎에는 항산화력이 아주 높은 caffeoylquinic acid가 들어 있다. 곰취에 들어 있는 ligulariaridine은 항 돌연변이성, 유전성 억제효과와 항산화효과가 있다고 한다.

[효 능]

곰취는 한방에서 폐를 튼튼히 하고 가래를 삭이므로 기침, 천식 및 감기의 치료제로 이용되고 민간에서는 황달, 고혈압, 관절염, 간염 등에 쓰이고 있다. 현대 과학에서도 곰취의 성분 가운데 항염, 지혈작용이 있는 것으로 밝혀지고 있으며 최근에는 항암작용이 있는 것으로 보고되고 있다. 전초와 뿌리는 혈액순환을 좋게 하여 통증을 멈추게 하고 가래를 제거해 준다. 백일해, 폐결핵, 타박상, 통증, 진통진정 등에 사용한다. 이외도 혈장 및 간의 콜레스테롤을 감소시키는 효과가 있다.

[보존법]

곰취는 잎이 넓기 때문에 상온에서 1~2일 정도 보관이 가능하고 랩으로 포장하여 냉장시키면 1주일 정도 보관이 가능하다. 저온에서 장기 저장하면 잎이 쉽게 흑색으로 변한다.

피 망

- 분 류: 대분류 → 채소류, 소분류 → 엽채류
- 학 명: *Capsicum annuum, Capsinum fructescens*
- 과 명: 가짓과
- 영 명: Sweet pepper(피망), pimento pepper
- 한문명: 번초(蕃草), 당초(唐椒), 랄초(辣椒)
- 용 도: 식용
- 수확기: 여름철
- 에너지(100g 당): 27 kcal

[원산지 · 재배역사]

붉은 고추와 같이 남미가 원산지이다. 선단의 중앙부분이 움푹 들어가 돌출되어 있고 이것이 사자의 머리와 닮고 있어 야자라는 이름이 붙은 것이다.

[기대되는 작용]

비만억제, 건위, 암 억제, 동맥경화 예방, 당뇨병 예방, 고혈압 예방, 변비개선, 피로회복 등에 유효하다. Capsaicin이 신진대사를 활발하게 하여 체지방을 연소한다.

[식물학적 특성]

신미가 강한 붉은 고추에 대하여 채소로서 재배한 감미종이다. 식용되는 것은 익기 전에 수확한 것으로 녹색이 진할수록 β-carotene을 많이 함유한다. 강한 항산화 작용을 하는 β-carotene, 비타민 C 등도 풍부하므로 면역력 강화와 암 예방, 미기(美肌) 만들기에 유효하고 피로회복에도 도움이 된다. 칼륨은 나트륨(염분)을 배출하는 적용이 있으므로 고혈압 예방에 효과적이다. 신미성분인 capsaicin은 신진대사를 촉진하여 지방을 연소시키는 작용이 있기 때문에 비만 개선에도 도움이 된다.

[주요 영양소(가식부 100g 당/과실 · 생)]

- 칼륨 : 340 mg
- β-Carotene : 530 μg(retinol 당량 / 과실 · 생)
- 나이아신 : 1.4 mg
- 비타민 B_6 : 0.39 mg
- 비타민 C : 57 mg

[주요 생리기능 성분(추정기능)]

① Capsaicin(신미, 지방대사 촉진, 항산화) : 신미성분이다. 부신교감신경을 자극하여 피하지방 대사를 촉진하고 항산화 작용으로 지질의 산화를 방지한다. 비만 억제, 건위작용이 있고 피로회복을 촉진한다.

② Chlorophyll(콜레스테롤치 저하) : 녹의 색소이며 콜레스테롤을 감소한다. 위장 내의 살균, 건위작용이 있다. 피로회복, 감기의 예방에도 유효하다.

③ 식이섬유(정장, 항암, 순환기질환 억제) : 콜레스테롤을 배출시켜 동맥경화, 당뇨병, 암을 예방한다.

[선별 · 보존법]

녹색이 선명하고 껍질이 야무진 것이 좋다. 절단부위나 꼭지가 검게 되어 있는 것은 피한다. 냉장고나 기온이 10℃ 정도의 냉암소에서 보존한다. 백에 들어 있는 것은 부패되기 쉬므로 보존용 폴리주머니에 옮겨 보관한다.

참나물

- 분 류 : 대분류 → 채소류, 소분류 → 엽채류
- 학 명 : *Pimpinella brachycarpa*(Kom.) Nakai, *Spurio primpinella*
- 과 명 : 산형과
- 영 명 : Pimpinella brachycarpa
- 한문명 : 야근채(野芹菜)
- 용 도 : 식용(잎)
- 수확기 : 가을철

[식물학적 특성]

원산지는 한국, 일본, 중국 북서 부근이고 국내에서도 많이 자생한다. 초기에는 자연에서 채취하였으나 최근에는 온실 등에서 대단위 재배를 하고 있다. 유사 종으로는 일본인이 좋아하는 미쓰바(三葉芹)가 있는데 혼돈하여 팔기도 한다. 분포지역은 한국, 중국 동북부이며 서식장소는 숲속으로 크기는 50～80 cm이다.

[주요 영양소(가식부 100g 당/과실 · 생)]

- 탄소화물 : 7.5g
- 칼륨 : 579 mg
- 비타민 A : 234 R.E.
- 비타민 B_6 : 0.39 mg
- 비타민 C : 6 mg

[건강관련 기능성 물질]

참나물은 단백질, 탄소화물, 엽산, 비타민 C가 많다. 상큼한 향기는 pimpinellin, caryopyllene 등의 성분이다. Pimpinellin은 통풍, 구풍에 효과가 있다. Thujone이 함유되어 임신 초기에 많이 먹으면 몸에 해롭다.

[효 능]

참나물은 상쾌하면서도 독특한 향기가 있어 입맛을 잃기 쉬운 봄철에 식용을 돋우어 주며 생명 약으로서 야근채(野芹菜)라고 하며 간염과 고혈압 치료제로 이용하기도 한다. 전초를 이용하여 대하, 빈혈, 폐렴, 지혈, 해열, 중풍예방, 신경통 등의 약용으로 사용한다. 뿌리는 통풍을 없애주고 피를 맑게 해준다.

[보존법]

상온에서는 하루가 지나면 시들게 되며 랩에 싸서 냉장보관 시 3～4일 저장이 가능하며 -20℃로 냉동시키면 장기간 저장이 가능하다.

케 일

- 분 류 : 대분류 → 채소류, 소분류 → 엽채류
- 학 명 : *Brassica oleracea* var. *acephala*

- 과• 명: 십자화과
- 영 명: Kale
- 한문명: 녹엽감람(綠葉橄欖)
- 용 도: 식용(잎)
- 수확기: 봄철
- 에너지(100g 당): 28 kcal

[원산지 · 재배역사]

유럽이 원산으로 고대 그리스에서는 약초로서 귀중히 여겼다. 일본으로 전래된 시기는 에도(江戶)시대(1600~1867년)이며 처음에는 관상용이었으나 식용으로 된 것은 메이지시대(1868~1912년)) 이후라고 한다. 국내에서 케일이라 하는 것은 양배추 잎 같은 collard를 말한다.

[기대되는 작용]

동맥경화 예방, 암 억제, 위궤양 · 십이지장궤양 예방, 당뇨병 예방, 혈전예방, 변비개선, 면역력 강화 등에 유효하다.

[식물학적 특성]

청즙의 원료로 알려진 케일(kale)은 양배추류의 원종이라고 한다. 이외에도 결구(結球)한 양배추의 원종에서 봉오리가 발달한 브로콜리나 califlower, 그리고 싹이 결구한 싹양배추, 관상용의 엽목단(葉牧丹)이 태어났다. 케일(kale)의 독특한 강한 향이 질색인 사람도 있으나 유럽에서는 roll cabbage 풍의 요리에도 사용된다. 잎은 자루(병)와 흰 엽맥을 제거하고 볶은 것, 기름에 튀긴 것, 무친 것 등이 있다.

항산화 작용이 강한 β-caroene이나 산화를 막는 비타민 E, 얼굴살결의 개선에 유효한 비타민 C가 풍부하다. 비타민 C는 열에 약하므로 생잎으로 만든 청즙이나 주스로 천연 그대로 식음한다. 약간의 매운 맛을 내는 sulforapham이 많이 들어 있어서 각종의 암 예방에 좋고 특히 유방암 억제에 효과적이라 한다. β-Carotene은 브로콜리보다 7배, 눈을 보호하는 rutin과 zeaxanthin은 10배나 많이 들어 있어서 최고의 기능성 채소이다.

[주요 영양소(가식부 100g 당/생)]

- 칼륨: 420 mg

- β-Carotene : 2,900 μg(retinol 당량 480 μg)
- 비타민 K : 210 μg
- 비타민 C : 81 mg
- 비타민 E : 2.4 mg

[주요 생리기능 성분(추정기능)]

① Allyliothiocyanate(혈전방지) : 십자화과의 채소 중에 함유되는 신미성분으로 황화합물이다. 암 예방, 혈전 방지작용이 있다.

② Glucosinolate(해독기능 강화, 항암) : 해독기능을 강화하여 발암물질을 체외로 배출한다. 생의 조직에 함유되는 효소에 의하여 allylisothiocyanate류로 변환한다.

③ 식이섬유(당뇨병 예방) : 소화속도를 지연시키므로 식후의 혈당치 상승을 억제한다.

[선별 · 보존법]

외엽의 녹색이 진하고 손으로 만져 보아 단단하고 무게감이 나는 것이 좋다. 잎은 작은 것이 좋으며 잎에 반점이 없는 것이 신선하다. 잎을 포개서 통기성이 있는 용기에 넣어 냉장고에 보관한다. 품질 유지기간은 긴 편이나 1주일 이내에 사용하는 것이 좋다.

청경채

- 분 류 : 대분류 → 채소류, 소분류 → 엽채류
- 학 명 : *Brassica cmpestris* L. var. *chinensis*
- 과 명 : 십자화과
- 영 명 : Pak-choi
- 한문명 : 청경채(靑梗菜)
- 용 도 : 식용(잎)
- 수확기 : 통년
- 에너지(100g 당) : 9 kcal

[원산지 · 재배역사]

중국 남부의 양자강 유역이 원산지이며 보존성과 환경 적응성이 좋아 담금 채소류 중에서 생산량이 가장 많다. 우리나라에는 1970년대에 소개되었고 본격적인 재배는 1980년대 초부터 이루어졌다. 1990년대 쌈 채소가 유행되면서 재배가 많이 확산되었다. 엽경의 색깔에 따라 백색은 백경채, 청색은 청경채라고 한다.

[기대되는 작용]

혈전방지, 동맥경화 예방, 변비개선, 암 억제, 면역력 강화, 고혈압 예방, 피부기능 유지 개선 등에 유효하다. 노화와 암의 예방에 유효하고 저에너지 채소이다.

[식물학적 특성]

배추의 한 무리로 한랭 기온에 강하고 생육이 빠르므로 일본에서도 많이 재배하고 있다. 아삭아삭하여 씹는 느낌이 좋고 회즙이나 볶음이나 조림, 수프 등으로 용도가 넓다. 가열하여도 부피가 줄지 않고 허물어지지 않는 특징이 있다. 삶을 때는 기름과 소금을 가하면 윤기가 나고 풍미와 감미가 늘어난다. 특히 활성산소를 소거하여 체내 산화를 억제하는 β-carotene을 풍부히 함유하고 있기 때문에 세포의 노화나 암의 예방에 유력하다. Collagen 생성을 돕는 비타민 C도 많이 함유하고 있다. 미기(美肌) 유지나 살결이 거칠어지는 것을 개선하고 면역력 강화에 도움이 된다.

[주요 영양소(가식부 100g 당/생)]

- 칼륨 : 260 mg
- 칼슘 : 100 mg
- 철 : 1.1 mg
- β-Carotene : 200 μg(retinol 당량 340 μg)
- 비타민 C : 24 mg

[주요 생리기능 성분(추정기능)]

① Allylthiocyanate(혈전방지) : 신미성분으로 황화합물이며 암 예방, 혈전 방지작용이 있다.

② Glucosinolate(해독기능 강화, 항암) : 해독기능을 강화하여 발암물질을 체외로 배출한다. 생의 조직에 함유되는 효소에 의하여 allylisothiocyanate로 변화한다.

③ 식이섬유(정장, 항암, 순환기질환 억제) : 장내의 유익균을 활성화시키고 변의 양을 증가시켜 장내환경을 조정한다. 콜레스테롤을 배출시켜 동맥경화, 당뇨병,

생활습관병, 암 등을 예방한다.

[선별 · 보존법]

잎에 윤기가 있고 진한 녹색이며 축이 굵고 짧은 것이 좋다. 잎이 퇴색되었거나 긴 것은 피한다. 건조되지 않게 폴리주머니에 넣어 냉장고에 보관한다. 청채 중에서 유통기간이 긴 편이나 그래도 가능하면 빨리 사용하는 것이 좋다.

갓

- 분 류 : 대분류 → 채소류, 소분류 → 엽채류
- 학 명 : *Brassica juncea, Brassica juncea* Crem et Coss. var. *integrifolia* Sinsk.
- 과 명 : 십자화과
- 영 명 : Mustard, leaf mustard, mustard greens, Indian mustard
- 한문명 : 갓의 씨를 개자(芥子), 신채(辛菜)
- 이명(별명) : 겨자, 상갓
- 용 도 : 줄기, 잎, 종자(식용, 약용)
- 수확기 : 8~9월(캐나다)
- 에너지(100g 당) : 36 kcal

[원산지 · 재배역사]

남유럽, 지중해 연안, 중앙아시아, 중국이 원산지이다. 고대 로마에서 와인을 만들 때 발효 전에 포도즙에 mustard 가루를 섞은 것을「mustum arder(매운 포도즙액)」이라고 부른 이름에서 유래되었다고 한다. 우리나라는 중국으로부터 전래된 것으로 추정되며 확실한 시대 구분은 지을 수 없으나 삼국시대부터 재배된 것으로 추측된다.

[기대되는 작용]

혈전방지, 항염증, 이뇨작용, 항균 · 살균작용, 진통작용, 염증을 진정시키고 이뇨를 촉진한다.

[식물학적 특성]

갓류의 종류 중에는 white type(흰 개자), black type(검정 개자), brown type(갈색 개자 : 갓)의 세 개로 대별한다. 종자 그 자신에는 신미나 향이 없으나 분말을 온수를 가하여 이김으로써 매우 맛이 난다. 이긴 것이나 분말로 한 와인이나 식초 등을 가하여 조제한 mustard 등이 있다. 정유(방향유)는 수백 년 전부터 흥분제, 이뇨제 등으로 이용되어 왔다. 소염작용이 있기 때문에 일본에서도 옛날부터 겨자 분말에 물을 가하여 이긴 것을 타박상, 요통, 신경통 등의 약으로 사용하여 왔다. 단 자극이 강하므로 피부가 약한 사람에게는 맞지 않다.

[주요 영양소(가식부 100g 당)]

- 수분 : 89.3%
- 단백질 : 3.1 mg
- 칼륨 : 590 mg
- 칼슘 : 47 mg
- 철 : 12.5 mg
- β-Carotene : 1,934 μg(retinol 당량)
- 비타민 C : 137 mg

[주요 성분과 작용]

갓의 독특한 매운 맛은 sinigrin이다. 잎을 썰거나 씹으면 잎 속에 들어 있는 매운 맛 성분은 myrosinase라는 효소가 작용해서 allylisothiocyanate, 당, nitrile 등의 성분으로 분해되면서 강한 매운맛을 나타낸다.

① Parahydroxybenzylthiocyanate(white type) : 신미성분이다.
② Allylisothiocyanate(black type) : 신미성분이며 혈전을 방지한다.

[선별 · 보존법]

갓은 상온에서 하루가 지나면 잎이 시들기 때문에 물을 약간 뿌려 비닐로 싸서 0℃ 정도에 저장하면 약 1주일은 저장이 가능하다. 줄기에는 섬유소가 많아서 배추보다 갓김치로서 보존력은 매우 길어 염도가 높으면 2～3년간 저장이 가능하다.

[종 류]

① White mustard : 엷은 황토색으로 입자가 크고 온화한 신미를 가지고 있으며

희미한 지미가 있다.

② Black mustard : 흑색으로 자극적인 신미가 있다. 인도요리에 자주 사용된다.

③ Brown mustard : 진한 갈색으로 다른 고미와 자극이 있는 신미가 특징이다. 일본요리에 약미로서 사용된다.

냉 이

- 분 류 : 대분류 → 채소류, 소분류 → 엽채류
- 학 명 : *Capsella bursa-pastoris*(L.) Medicus
- 과 명 : 십자화과(겨자과)
- 영 명 : Shepherd's purse
- 한문명 : 제채(薺菜)
- 용 도 : 전초(식용)
- 수확기 : 봄철
- 에너지(100g 당) : 31 kcal

[원산지 · 재배역사]

우리나라에서는 전국의 들과 밭, 길가에서 자란다. 『증보산림경제』에서는 「오장을 이롭게 하고 죽으로 먹으면 간에 이롭고 눈을 밝게 하며 배고플 때에 먹으면 좋다」고 하였다.

[기대되는 작용]

혈압저하와 상승효과, 근육수축의 촉진작용, 심장박동수 변동작용, 자궁 수축작용 등이 있다.

[식물학적 특성]

냉이의 원산지는 북반부의 온대지방으로 추정된다. 냉이는 배추과에 속하는 1~2년생 식물로서 꽃대가 오르지 않을 때 키는 40 cm 정도이다.

[주요 영양소(가식부 100g 당)]

- 수분 : 87%

- 단백질 : 4.7g
- 칼륨 : 288 mg
- 칼슘 : 145 mg
- 철 : 5.2 mg
- β-Carotene : 1,136 μg(retinol 당량)
- 비타민 C : 74 mg

[건강관련 기능성 물질]

① Sinigrin : 매운맛 성분이다.
② Sorbitol, adonitol : 항산화 작용을 한다.
③ Luteolin : 바이러스의 살균효과가 있다.
④ Acetylcholine : 혈관 수축작용, 종양 억제작용을 한다.

[효 능]

『본초강목』에는 씨는 구충제, 꽃은 이질, 자궁출혈에 탕약으로서 이용한다고 하였다.

[보존법]

상온에서 하루 정도 비닐 백에 넣어서 냉장 보관을 하면 1주일 정도 저장이 가능하다.

치커리(잎)

- 분 류 : 대분류 → 채소류, 소분류 → 엽채류
- 학 명 : *Cichorium intybus* L., *Cichorium landulosum* Bacisset H cut.
- 과 명 : 국화과
- 영 명 : Chicory, succory, chicory plant, chicory leaf
- 한문명 : 국거(菊苣), 국고채(菊苦菜)
- 이명(별명) : 꽃상치
- 용 도 : 뿌리(차용). 어린 잎(식용)
- 수확기 : 겨울~봄철
- 에너지(100g 당) : 16 kcal

[원산지 · 재배역사]

유럽이 원산으로 특히 벨기에에서 생산이 성행하여 수출하고 있다고 한다. 국내는 강원도에서 1970년대 뿌리를 커피 대용제품을 생산하기 위하여 도입하여 재배하였으며 쌈 채소로서는 1980년대부터 자리를 잡게 되었다. 치커리는 잎을 이용하는 치커리와 뿌리를 이용하는 것으로 나눌 수 있다. 잎을 이용하는 계통은 결구종(붉은 잎, 주로 샐러드용)과 비결구종(주로 쌈용)으로 나누는데 국내에서는 비결구종이 주를 이룬다.

[기대되는 작용]

소화촉진, 이뇨작용, 동맥경화 예방, 변비개선, 피로회복 등에 유효하다.

[식물학적 특성]

치커리는 프랑스어로 안디브아고 하고 하며 엔다이브와 혼돈되기 쉬운 이름이다. 가늘고 길게 결구된 부분은 어린 싹과 잎으로 고미를 억제하기 위하여 일광에 닿지 않게 재배한 것이다. 고미는 레몬즙을 가하여 삶거나 열탕으로 데쳐 잿물 빼기를 하면 연하다. 생식 이외에 둥근 그대로 글라탕이나 조려서 요리에 사용한다. 유럽에서는 뿌리를 삶거나 볶아서 분말로 하여 커피에 가하기도 한다. 당질을 에너지로 변환하는 비타민 B_1을 함유하여 심신의 피로회복이나 정신안정에 도움이 된다. 고미성분에는 식욕을 높이고 소화를 촉진하는 작용이 있다. 뿌리의 주성분은 inulin으로 이뇨작용이 있다.

[주요 영양소(가식부 100g 당/새싹 · 생)]

- 칼륨 : 170 mg
- 칼슘 : 24 mg
- β-Carotene : 11 μg(retinol 당량 2 μg)
- 비타민 B_1 : 0.06 mg
- 비타민 C : 2 mg

[주요 생리기능 성분(추정기능)]

① 소화 촉진인자 : 소화를 촉진하는 성분을 함유한다.
② 보건 자양인자 : 자양강장 효과를 갖는 성분을 함유한다.

③ 식이섬유(정장, 항암, 순환기질환 억제) : 소화효소로 분해되지 않는 성분으로 장내의 유익균 증식을 촉진하여 변의 양을 증가시켜 장내환경을 조정한다. 콜레스테롤이나 노폐물을 배출하여 동맥경화, 당뇨병 등의 생활습관병, 암 등을 예방한다. 담즙산의 분비나 생성을 촉진하여 콜레스테롤치를 저하시킨다.

[선별 · 보존법]

단단한 잎이 무게가 있고 잎 끝이 열려 있지 않는 것으로 절단부위가 건조되지 않은 것이 상품이다. 잎이 녹색의 것은 선도가 떨어지고 고미도 강하므로 피하는 것이 좋다. 건조되지 않게 랩으로 싸서 냉장고에 보관한다. 선도가 떨어지기 쉬우므로 2~3일 이내에 사용해야 한다.

앤디브(엔다이브)

- 분 류 : 대분류 → 채소류, 소분류 → 엽채류
- 학 명 : *Cichorium endivia* L.
- 과 명 : 국화과
- 영 명 : Endive
- 한문명 : 국거(菊苣)
- 용 도 : 잎 전체(식용)
- 수확기 : 가을~겨울철
- 에너지(100g 당) : 15 kcal

[원산지 · 재배역사]

지중해 연안이 원산지이다. 고대 이집트에서 재배되어 16세기에는 유럽에 널리 분포되었으며 그 후 미국으로 건너가 일본에는 에도(江戶)시대(1600~1867년)에 전해졌다. 고산지대에서는 보다 빨리 출하가 되었다. 우리나라에서는 1980년대 초에 처음 소개되었으며 1990년대부터 본격 재배되기 시작하였다.

[기대되는 작용]

동맥경화 예방, 당뇨병 예방, 혈전방지, 고혈압 예방, 뼈의 강화, 세포노화 방지, 변비개선, 암 억제 등에 효능이 있으며 antiaging의 역할을 한다.

[식물학적 특성]

Endive는 영명이다. 라틴어 권에서는 소형의 배추에 닮은 같은 국화과의 치커리를 엔다이브라고 부르고 프랑스어에서는 엔디브라고 하기 때문에 간혹 혼돈되나 별개의 것이다. 고미가 강하게 되지 않게 어느 정도 자랐을 때 외측의 잎을 묶어 내측에 일광이 닿지 않게 한다. 이 때문에 외측은 진한 녹색이고 내측은 흰색으로 된다. 세포막지질의 산화를 억제하는 β-carotene도 풍부하고 피부나 점막의 강화, 동맥경화나 노화 예방에 효과적이다. 과잉의 나트륨(염분)을 배출하여 혈압을 안정시키는 칼륨이 많다.

[주요 영양소(가식부 100g 당/잎·생)]

- 칼륨 : 260 mg
- β-Carotene : 170 ㎍(retinol 당량 280 ㎍)
- 비타민 E : 0.9 mg
- 비타민 K : 120 ㎍
- 비타민 C : 7 mg

[주요 생리기능 성분(추정기능)]

① Inulin(식이섬유 작용) : 불용성 식이섬유로 다당류이다. 당뇨병 예방에 작용한다.

② 식이섬유(정장, 항암, 순환기질환 억제) : 장내 유익균의 증식을 촉진한다. 변의 양을 증가시켜 장내환경을 조정한다. 콜레스테롤을 배출하여 동맥경화, 당뇨병 등의 생활습관병, 암 등을 예방한다.

[선별·보존법]

잎이 야무지게 감겨 있고 중량감이 있는 것을 고른다. 절단부위가 건조되어 있거나 잎 끝이 열려 있는 것을 피한다. 습한 신문지로 싸서 냉장고에 보관한다. 선도가 빨리 떨어지므로 2～3일 내에 사용하는 것이 좋다.

파슬리

- 분 류: 대분류 → 채소류, 소분류 → 엽채류

- 학 명: *Petroselium crispum*
- 과 명: 산형과, 미나리과
- 영 명: Parsley
- 한문명: 화란근(和蘭芹), 양완채(洋芫茱)
- 용 도: 식용(잎)
- 수확기: 봄~여름철
- 에너지(100g 당): 44 kcal

[원산지 · 재배역사]

유럽 중남부, 아프리카 북쪽 연안이 원산지이다. 고대 그리스나 로마시대에 약이나 향미료로서 사용되었다. 재배는 이태리에서 시작되고 13세기에 북유럽으로 전래되었으며 16세기에는 독일로 보급되고 구미에서 품종개량이 이루어졌다. 국내에 도입된 연도는 분명하지 않으나 본격적인 재배는 1980년대부터 이루어졌다.

[기대되는 작용]

동맥경화, 암 억제, 소화촉진, 면역력 강화, 피부 · 점막의 보호, 시력유지 개선, 빈혈개선, 소취작용이 있으며 철분이 많아 구취를 방지하고 감염증을 예방한다.

[식물학적 특성]

β-Carotene의 함유량은 자소, 당근 다음으로 많고 강한 항산화산소를 억제하여 동매경화나 암을 예방한다. 조혈에 없어는 안 될 철분을 시금치의 4배 정도 많다. 면역력을 높여 감기예방에 유효한 비타민 C가 풍부하여 지혈, 해독, 이뇨작용이 있는 비타민 K도 많이 함유한다. 향의 성분의 apiol이나 pinene, myristicin 등은 장내의 유해균이 증식하는 것을 억제하는 작용이 있다. Pinene에는 소화촉진, 소취작용이 있고 구취예방에 유효하다.

[주요 영양소(가식부 100g 당/잎 · 생)]

- 칼륨: 1,000 mg
- 칼슘: 290 mg
- 철: 7.5 mg
- β-Carotene: 7,400 μg(retinol 당량 1200 μg)
- 비타민 C: 120 mg

[주요 생리기능 성분(추정기능)]

① Apiol, myricetin(소화촉진) : 향의 성분이다. 항균작용, 구취방지, 위의 작용을 활발하게 하여 소화를 촉진한다.
② EBV 억제인자(항암) : 악성질환 림프종의 원인이 되는 바이러스를 억제한다.
③ Chlorophyll(콜레스테롤치 저하) : 엽록소이다. 다종의 질환 원인으로 바이러스의 증식을 억제하고 발암을 방지한다. 콜레스테롤치의 저하, 빈혈예방, 해독작용, 정장작용이 있다.
④ 식이섬유(정장, 항암, 순환기질환 억제) : 장내 유익균을 활성화시킨다.

[선별 · 보존법]

녹색이 진하고 윤기가 있으며 싱싱한 것을 고른다. 특히 봄 파슬리는 향이 높고 잎이 연한 것이 양질이다. 사용할 때는 손으로 비비면 간단히 잘게 된다. 보관하는 경우에는 잘게 썰어서 물기를 빼고 폴리주머니에 밀봉하여 냉동 보관한다.

호박과 호박잎

- 분 류 : 대분류 → 채소류, 소분류 → 엽채류
- 학 명 : *Cucurbita moschata* Duchesne, *Cucurbita pepo*
- 과 명 : 박과
- 영 명 : Musk, pumpkin, squash, melon pumpkin
- 이명(별명) : 남과(南瓜)
- 용 도 : 호박, 호박씨(식용, 약용)
- 수확기 : 봄과 겨울철
- 에너지(100g 당) : 91 kcal

[원산지 · 재배역사]

멕시코 원산의 일본호박은 전국시대 말에 포르트갈 배로 싣고 와 일본 큐슈에 전하고 페루 원산의 서양호박은 개국 전후에 일본으로 전해졌다고 한다. 포르트갈 사람이 귀향지의 캄보디아에서 가져왔기 때문에 카보챠의 이름이 붙었다고 한다. 한반도에는 중국을 거쳐 임진왜란 이후인 1609년경에 들어온 것으로 추측한다.

호박은 덩굴을 갖는 호박과 덩굴을 뻗지 않는 계통(예 : 주키니 호박)으로 구분하거나 동양계 호박(재래종), 서양계 호박(대형 호박), 페포계 호박(덩굴성과 비덩굴성이 있음)으로 나눈다.

[기대되는 작용]

암 억제, 동맥경화 예방, 세포노화 방지, 변비개선, 당뇨병 예방, 피부・피막의 보호, 피로회복 등에 유효하다. 세포를 젊게 유지하고 에너지 대사를 활발하게 한다.

[식물학적 특성]

대분류하면 일본호박과 서양호박이 있으나 일반적으로 서양호박이 많이 출하되고 일본호박보다 영양가가 높다. 3대 항산화 비타민인 β-carotene, 비타민 C・E가 풍부하다. 특히 비타민 E는 채소 중에서 최고이다. 세 개의 비타민이 상승적으로 작용하여 활성산소를 소거하거나 세포를 젊게 유지한다. 동맥경화나 암 등의 생활습관병의 예방에 유효하다. 비타민 B_1과 B_2도 균형 있게 함유되어 있으며 당질이나 지질의 에너지 대사를 활발하게 하여 혈행 촉진, 세포의 재생, 피로회복에 유효하게 작용한다. 풍부한 식이섬유는 장내환경을 조정하여 변비를 개선한다.

[주요 영양소(가식부 100g 당/서양호박・과실・생)]

- 탄수화물 : 20.6g
- β-Carotene : 4,000 μg(retinol 당량 660 μg)
- 비타민 E : 5.1 mg
- 비타민 B_2 : 0.09 mg
- 비타민 C : 43 mg

[주요 생리기능 성분(추정기능)]

① 셀렌(항암, 항노화) : 무기질의 일종이다. 항산화 작용이 있고 활성산소를 소거하여 암이나 동맥경화를 예방한다. 세포노화를 방지하는 비타민 E 작용을 강화한다.

② Polyphenol(항산화) : 강한 항산화 작용이 있고 암을 억제한다.

③ Cucurbitacin(쓴맛을 내는 glucoside의 일종) : 이뇨작용이 있다. 산모의 얼굴 붓기를 가라앉혀 준다.

④ 식이섬유(정장, 항암, 순환기질환 억제) : 장내 유익균을 활성화시킨다. 변의 양을 증가시켜 장내환경을 조정한다. 콜레스테롤을 배출시켜 동맥경화, 당뇨병 등의 생활습관병, 암을 예방한다.

[선별 · 보존법]

축축하게 무게가 있고 상피에 색의 얼룩이 없는 것을 고른다. 절단된 부위는 과육이 신선하면서 황색으로 씨가 허물어지지 않고 속이 차 있고 건조하지 않은 것이 좋다. 둥근 그대로 통풍이 좋은 냉암소에서 1~2개월 보관이 가능하다. 절단한 것은 종자와 속의 부분을 제거한 다음 랩으로 싸서 냉장고에서 1주일은 보관이 가능하다.

[호박잎]

호박잎은 호박의 어린잎을 가리킨다. 잎이 넓고 털이 많은 것이 특징이다. 섬유소와 비타민이 풍부하고 칼로리가 낮아서 다이어트 식품으로 좋다. 또 체내의 산화물질을 없애주며 항암작용의 효과도 있는 것으로 알려져 있다. 주로 익혀서 먹는 숙쌈(숙채쌈)으로 이용된다.

익히는 방법으로는 물기가 있으면 잎이 너무 늘어지고 맛이 없어지므로 삶아서는 안 되며 엷은 겉껍질을 곱게 벗겨낸 뒤 찜통이나 밥솥에서 살짝 쪄내도록 한다. 잘 익은 호박처럼 달콤한 맛과 부드럽게 씹히는 질감이 좋다. 특히 여름철 별미로 애용된다. 예로부터 호박잎을 먹을 때는 단백질이 부족하므로 된장과 함께 먹는 것이 맛과 영양 면에서 모두 좋다.

신선초(명일엽)

- 분 류: 대분류 → 채소류, 소분류 → 엽채류
- 학 명: *Angelica keiskei, Angelica archangelica, Angelica utilis*
- 과 명: 미나리과
- 영 명: Ashibata
- 한문명: 명일엽(明日葉), 신선초(神仙草), 함초(鹹草)
- 용 도: 식용(잎, 줄기)
- 수확기: 봄~여름철(5월 하순~11월 하순)
- 에너지(100g 당): 33 kcal

[원산지 · 재배역사]

일본의 중남부 이도(伊豆)제도에서 자생하고 있다. 특히 도부(島部)에서는 중요한 생산물이다. 싹을 따서도 또 싹이 나올 정도로 번식력이 강하다. Ashibata(明日葉)라는 이름도 여기에서 유래한 것이다. 일본의 아이누족이 건강증진을 위하여 즐겨 먹었고 국내에서도 인기 쌈 채소인 신선초의 원산지는 일본으로 알려져 있으며 1980년 초에 고려대 유태종 교수에 의하여 처음 소개되었다.

당시는 신립초(神仙草)라고 불렀으며 신선초가 많이 생산되는 일본의 팔장도(八丈島)에서는 명일엽(明日葉)이라고 하였다. 같은 속 식물로서는 허브류인 안젤리카(*Angelica archangelica*)와 당귀(*Angelica sinesis*)가 있으며 모양은 유사하다.

[기대되는 작용]

동맥경화 예방, 암 억제, 변비개선, 고혈압 예방, 혈전방지, 면역력 강화, 세포노화방지 등에 유효하다.

[식물학적 특성]

β-Carotene이나 비타민 C, 철, 식이섬유 등이 풍부하고 옛날부터 자양강장이나 이뇨 등에 효과가 있다고 민간요법에 사용되어 왔다. 중국에서는 이미 명나라 시대에 약초를 해설한 『본초강모(本草綱目)』에 등장하고 있다. 최근 연구에서는 잎이나 줄기 절단으로 나오는 황색의 즙액에 chalcone, coumarin 등 강한 항산화 작용을 갖는 성분이 많이 함유되어 있는 것이 판명되었다. 혈전방지나 동맥경화, 암 예방에 유효한 채소로서 인기가 높다. 철분도 많기 때문에 빈혈방지에도 도움이 되며 또 모세혈관 강화나 혈행 촉진에도 도움이 된다. 칼륨도 많아 새싹을 건조한 명일엽 차는 고혈압 예방에 효력이 있다고 한다.

[주요 영양소(가식부 100g 당/경엽 · 생)]

- 칼륨 : 540 mg
- 철 : 1 mg
- β-Carotene : 5,300 μg(retinol 당량 880 μg)
- 비타민 K : 500 μg
- 비타민 C : 41 mg

[주요 생리기능 성분(추정기능)]

① Chalcone(항암, 항궤양) : 즙액에 함유된 성분으로 발암 · 궤양을 예방한다.

② Coumarin(항산화) : 줄기나 잎에 함유되는 방향성분이다. 발암방지, 혈전예방,

동맥경화 등을 예방한다.

③ Nicotinamine(콜레스테롤치 저하) : 동맥경화, 고혈압을 예방한다.

④ Angelica acid(위액분비 억제) : 고미성분으로 식욕을 증진시킨다.

⑤ Isoquercitrin(이뇨, 변통촉진, 소염) : Polyphenol의 일종이다. 항암, 이뇨·소염 효과, 모세혈관을 강화한다.

⑥ 식이섬유(정장, 항암, 순환기질환 억제) : 장내 유익균을 활성화시킨다.

[선별·보존법]

잎의 색은 날이 지날수록 진한 녹색으로 되므로 녹색이 진하지 않은 것이 좋으며 줄기는 가는 것이 좋다. 살짝 물에 담근 다음에 신문지 등으로 싸서 폴리주머니에 넣어 냉장고의 채소 수납실에 보관한다.

고추냉이(잎)

- 분 류 : 대분류 → 채소류, 소분류 → 엽채류
- 학 명 : *Wasabi koreana* Nakai, *Wasabi japonica, Armoracia rustcana*
- 과 명 : 십자화과
- 영 명 : Wasabi, horse radish
- 한문명 : 산규(山葵), 택규(宅葵)
- 용 도 : 향신료
- 수확기 : 통년
- 에너지(100g 당) : 88 kcal

[원산지·재배역사]

일본 카라후도(樺太. Saharin)가 원산지이다. 시용(施用)의 역사는 오래 되었고 헤이안(平安)시대(794~1192년)의 『본초화명(本草和名)』에 고추냉이의 이름이 기재되어 있다. 우리나라에서는 1980년대에 일부 농가에서 재배되다가 1990년대 말 이후부터 본격 재배하고 있다.

[기대되는 작용]

혈전방지, 항균·살균작용, 동매경화 예방, 해독작용, 암 억제, 식욕증진, 세포노화 방지, 소취작용 등이 있다. 활성산소의 발생을 억제하고 몸의 독을 제거한다.

[식물학적 특성]

고추냉이를 갈면 신미의 기본 물질인 sinigrin이 효소에 의하여 분해되어 코에 자극성의 가스가 발생한다. 이것이 isothiocyanate 등의 신미성분으로 소량으로도 강한 살균력이 있고 어패류의 기생충을 죽이고 생취(生臭) 성분을 중화한다. 이 신미성분은 활성산소를 소거하여 발암을 억제하는 효력도 기대된다. 신미성분은 뿌리쪽보다 잎에 가까울수록 많으므로 상단부터 간다. 휘발성 성분이므로 먹기 직전에 가는 것이 상책이다.

[주요 영양소(가식부 100g 당/근경 · 생)]

- 칼륨 : 500 mg
- 칼슘 : 100 mg
- 마그네슘 : 46 mg
- β-Carotene : 7 μg(retinol 당량 1 μg)
- 비타민 C : 75 mg

[주요 생리기능 성분(추정기능)]

① Allylisothiocyanate(혈전방지) : 황화합물이다. 십자화과의 채소 조직이 손상될 때 생성되는 신미성분으로 암 예방, 혈전 방지작용이 있다.

② Glucosinolate(해독기능 강화) : 해독기능을 강화하여 발암물질을 체외로 배출한다. 생의 조직에 함유되는 효소에 의하여 allylisothiocyanate로 변화한다.

③ 식이섬유(정장, 항암, 순환기질환 억제) : 소화효소에 의하여 분해되지 않는 성분으로 장내 유익균의 증식을 촉진한다.

[선별 · 보존법]

잎의 녹색이 싱싱하고 선단의 변색이나 상처가 없는 것을 고른다. 근경이 흑 · 암갈색으로 되지 않고 근경에 가스가 들어 있지 않은 것이 좋다. 갈고 남은 부분은 물을 담은 컵에 부어 냉장 보관한다. 둥근 그대로 냉동하면 색이나 향이 유지된다.

비름나물

- 분 류: 대분류 → 채소류, 소분류 → 엽채류

- 학 명: *Amaranthus mangostanus* L.
- 과 명: 비름과
- 영 명: Bireum, Pig weed, Amaranthus, Indian spinach
- 한문명: 강채(薑菜), 현채(莧菜)
- 이명(별명): 비름나물, 참비름
- 용 도: 식용(어린 잎, 줄기), 약용(전초)
- 수확기: 봄철
- 에너지(100g 당): 34 kcal

[원산지 · 재배역사]

인도가 원산지이며 대만, 중국, 말레이시아에서는 여름채소로 재배한다. 줄기의 높이는 1m 정도이며 달걀모양의 어린잎을 나물로 먹는다, 한국에서는 들에 자라는 어린 순을 나물로 먹는다.

[기대되는 작용]

이질, 음부 냉통, 객혈, 창종(瘡腫), 안질 등에 효능이 있다.

[식물학적 특성]

비름과의 한해살이풀로서 줄기의 높이는 1m 정도이며 달걀모양의 어린잎은 먹는다. 한국에서는 들에서 자라는 어린 순을 나물로 먹는다.

[주요 생리기능 성분(추정기능)]

① Rutin: 항 죽상동맥 작용, 항 염증작용, 항 궤양작용, 모세혈관 보호작용, 진경작용 등에 유효하다.

씀바귀

- 분 류: 대분류 → 채소류, 소분류 → 엽채류
- 학 명: *Ixeris dentata*(Thunb.) Nakai
- 과 명: 국화과
- 영 명: Sseumbagwi, sow thistle, Korea ixeris, root raw

- 한문명: 고채(苦菜). 황과채(黃瓜菜), 고고채(苦苦菜), 고아채(苦兒菜)
- 용 도: 어린 순(식용), 전초(약초)
- 수확기: 이른 봄
- 에너지(100g 당): 43 kcal

[원산지 · 재배역사]

한국, 일본, 중국 등에 분포한다. 높이는 25～50 cm이며 줄기를 자르면 쓴맛이 나는 흰 즙이 나온다. 이른 봄에 잎, 뿌리와 어린 순은 나물로 먹는다.

[기대되는 작용]

만성 기관지 치료효과, 소화기능 개선, 혈당 강하작용, 지질 강하작용 등에 유효하다. 한방에서는 해열, 청폐열(淸肺熱), 양활혈(涼活血), 생기(生肌)의 효능이 있다고 한다.

[식물학적 특성]

우리나라의 중부 이남의 산이나 들, 밭에서 자생하는 국화과의 다년초이다. 약용부위는 뿌리와 어린 순 또는 식물 전체이다. 쓴 나물, 고채(苦菜)라고도 한다.

[주요 영양소(가식부 100g 당)]

- 칼륨: 440 mg
- 칼슘: 74 mg
- β-Carotene: 1,832 ㎍
- 비타민 C: 7 mg

[주요 생리기능 성분(추정기능)]

① Synaroside(Flavonoid의 일종): 혈당 강화 효과가 있다.

우엉과 우엉잎

- 분 류: 대분류 → 채소류, 소분류 → 엽채류
- 학 명: *Arctium lappa* L.

- 과 명: 국화과
- 영 명: Edible burdock, burdock
- 한문명: 우방근(牛蒡根), 우방(牛蒡), 우자(芋子), 우채(芋菜), 우방자(牛蒡子), 토대동자(土大桐子)
- 용 도: 식용(뿌리, 어린 잎), 약용(뿌리, 잎, 열매)
- 수확기: 가을~겨울철
- 에너지(100g 당): 65 kcal

[원산지 · 재배역사]

뉴라시아 대륙 북부가 원산지이다. 일본에서는 식용으로 품종이 개량되어 헤이안(平安)시대(794~1192년)에 궁중에서 먹었다고 한다. 현재 한국과 일본에서 먹고 있으나 중국에서는 옛날부터 약용으로 사용하였다. 국내는 중국에서 약용으로 수입하여 재배된 것으로 추축되나 도입 시기는 불분명하다.

[기대되는 작용]

동맥경화 예방, 암 예방, 변비개선, 세포노화 방지, 이뇨촉진, 고혈압 예방, 당뇨병 예방, 비만 억제 등이 있다. 많은 식이섬유가 유해물질을 체외로 배출한다.

[식물학적 특성]

수용성의 식이섬유 inulin은 혈당치의 상승을 억제하고 콜레스테롤치를 저하한다. 불용성의 식이섬유 lignin은 장내에서 유해물질을 체외로 배출함과 동시에 혈당치의 상승을 순하게 하는 효과가 있다. 이 두 가지의 식이섬유의 작용으로 동맥경화나 고지혈증, 당뇨병, 암 등의 생화습관병을 예방한다. 또 lignin은 장의 유동운동을 활발하게 하여 변비를 개선함으로써 비만예방이나 미기(美肌)효과도 기대된다. Inulin에는 신장 기능을 높이는 작용이 있고 이뇨촉진에도 유효하다고 한다.

[주요 영양소(가식부 100g 당/뿌리 · 생)]

- 칼륨: 320 mg
- 칼슘: 46 mg
- 마그네슘: 454 mg
- 철: 0.7 mg
- 비타민 C: 3 mg

[주요 생리기능 성분(추정기능)]

① Lignin(정장) : 불용성 식이섬유이다. 유해물질의 배출과 콜레스테롤치 저하작용을 한다.

② Inulin(식이섬유 작용) : 불용성 식이섬유로 다당류이다. 당뇨병의 예방에 작용한다.

③ Peroxidase(활성산소 소거) : 수용성 식이섬유로 다당류이다. 당뇨병 예방에 작용한다.

④ Mocklactone(항암) : 암 발생 과정 중 promotion 과정(정상세포에서 암세포로 변이)을 억제한다.

⑤ Polyphenol(항암) : 고미나 색소 성분으로 발암과 노화를 방지한다.

⑥ 셀렌(항암, 항 노화) : 활성산소를 소거하여 지질의 산화를 방지한다.

[선별 · 보존법]

직경이 2 cm 정도의 크기를 넘지 않고 길고 야무진 것, 껍질의 풍미를 보존하기 위하여 진흙 묻은 것을 택한다. 진흙이 묻어 있고 습한 것은 신문지로 싸서 냉암소에 세워 둔다. 씻은 것은 폴리주머니에 넣어 냉장고 채소실에 보관하지만 가능하면 세워 둔다.

겨자채

- 분 류: 대분류 → 채소류, 소분류 → 엽채류
- 학 명: *Brassica nigra*(검정겨자), *Brassica juncea*(갈색겨자), *Brassica alba*(흰겨자)
- 과 명: 십자화과
- 영 명: Mustard, mustard greens
- 한문명: 개채(芥菜)
- 용 도: 잎(식용), 향신료
- 수확기: 8～9월
- 에너지(100g 당) : 20 kcal

[원산지 · 재배역사]

유럽, 지중해 연안, 중아아시아, 중국이 원산지이다. 고대 로마에서 포도주를 만들 때 발효 전의 포도즙액에 겨자를 섞은 것을 신 포도액(mustum aedens)이라 하였다. 갓의 씨를 겨자 혹은 개자라고 하며 가루를 만들어 향신료로 쓰기도 하고 물에 개어 샐러드의 조미료로 쓴다.

[기대되는 작용]

혈전방지, 항노화, 이뇨작용, 항균 · 살균작용이 있으며 염증을 진정시키고 이뇨를 촉진한다.

[식물학적 특성]

겨자류의 종으로서 white type, black type, brown type(일본겨자)의 세 가지로 대별한다. 흑겨자가 자극성이 더 강하다. 종자 그 자체에는 신미나 향이 없으나 분말을 온수로 으깨면 맵게 된다. 으깬 것, 건조하여 분말로 한 것, 와인이나 초 등을 가한 조미겨자 등이 있다. 정유(방향유)는 수백 년 전부터 흥분제, 이뇨제 등으로 이용되었다. 소염작용이 있으므로 옛날부터 겨자분말에 물을 가하여 으깬 것을 타박상, 요통, 신경통 등의 약으로 사용하여 왔다. 자극이 강하므로 피부가 약한 사람에는 맞지 않다,

[주요 생리기능 성분(추정기능)]

① *p*-Hydroxybenzylthiocyanate(white type) : 신미성분이다.
② Allylthiocyanate(black type) : 신미성분으로 혈전 방지작용이 있다.

뉴그린

- 분 류 : 대분류 → 채소류, 소분류 → 엽채류
- 과 명 : 십자화과
- 영 명 : New green
- 이명(별명) : Toscano
- 용 도 : 식용(잎)

[기대되는 작용]

항산화, 항암, 동맥경화 예방 등에 유효하다.

[식물학적 특성]

잎을 먹을 수 있는 브로콜리의 종류로 잎의 앞면이 올록볼록한 것이 특징이다. 십자화과의 브로콜리의 종류로 토스카노(Toscano)라고 한다. 주로 꽃봉오리와 꽃대를 식용하는 것인데 뉴그린은 잎을 식용하는 잎 브로콜리이다. 잎은 검정색을 띤 녹색이며 재배시기가 비교적 쉬운 편이다. 잎이 손바닥 크기로 자라면 하나씩 뜯어내는 잎 따기로 수확하는데 잎이 자라는 속도가 빨라 수확량이 많다.

[주요 영양소(가식부 100g 당 / 생)]

- 칼륨 : 3.7 mg
- 칼슘 : 64 mg
- 인 : 195 mg
- β-Carotene : 766 μg
- 비타민 C : 96 mg

[주요 생리기능 성분(추정기능)]

① Flavonoid(황산화, 항암작용) : 암, 동맥경화, 뇌졸중 등을 예방한다.
② Indole(해독작용) : 유취성분으로 발암물질을 해독한다.
③ Isothiocyanate(자극적인 냄새) :

신감채(당귀)

- 분 류 : 대분류 → 채소류, 소분류 → 엽채류
- 학 명 : *Ostericum grosserratum*
- 과 명 : 미나리과
- 영 명 : Angelica plant
- 한문명 : 신감채(辛甘菜)
- 이명(별명) : 승검초
- 용 도 : 잎(식용), 뿌리(약용)
- 에너지(100g 당) : 뿌리(생것) : 70 kcal, 잎(생것) : 43 kcal

[원산지 · 재배역사]

우리나라의 중부와 북부에 분포한다. 높이는 1 m 정도이고 잎은 깃꼴겹잎으로 여름에 흰꽃이 핀다. 뿌리는 당귀(當歸)라 하며 한약재, 식품으로 쓴다.

[식물학적 특성]

신감채(당귀)는 미나릿과에 속하는 2~3년생 초본으로 심검초라고 한다. 우리나라와 만주 그리고 일본에서 자생한다. 뿌리는 유즙을 함유하며 특이한 향이 있다. 약용부위는 참당귀의 뿌리로 꽃이 피기 전의 뿌리를 건조한 것이다.

[주요 영양소(가식부 100g 당)]

- 칼륨: 458 mg
- 칼슘: 39 mg
- 비타민 C: 9 mg

쑥

- 분 류: 대분류 → 채소류, 소분류 → 엽채류
- 학 명: *Artemisia princeps* var. *orientalis*(쑥),
  Artemisia absinthium(쓴쑥),
  Artemisia capillaris(인진쑥, 사철쑥)
- 과 명: 국화과
- 영 명: Mug wort
- 한문명: 애엽(艾葉), 황초(黃草), 애봉(艾蓬)
- 용 도: 줄기와 잎(식용)
- 수확기: 봄철, 여름철
- 에너지(100g 당): 46 kcal

[원산지 · 재배역사]

전국에 분포하고 있으며 건조한 토지나 제방, 하천 주변, 길가에 자생하고 있다. 쑥떡이나 쑥 단고 등의 재료로서 옛날부터 친숙한 채소이다. 쑥은 우리나라의 건국신화에 등장할 정도로 그 이용의 역사가 오래이다. 창쑥, 물쑥, 약쑥, 쑥 등의 종류가 있다.

[기대되는 작용]

동맥경화 예방, 암 억제, 변비개선, 당뇨병 예방, 면역력 강화, 피부·점막보호, 빈혈개선, 건위작용을 한다. 면역력을 높여 빈혈 예방하는 약효가 우수한 약초이다.

[식물학적 특성]

국화와 닮은 잎의 이면에는 빈틈없이 가는 세모가 있다. 옛날부터 약효가 있는 것으로 알려져 있으며 특히 풍부한 β-carotene은 몸의 활성작용을 억제하여 면역력을 상승시키는 작용을 한다. 비타민 C를 위시한 각종 비타민도 균형 있게 함유되어 암 예방이나 노화방지, 에너지 대사를 촉진한다. 또 얼굴살결을 젊게 유지하는 효과도 기대된다.

칼슘이나 철분 등의 무기질, 조혈작용이 있는 chlorophyll도 함유하고 있으므로 뼈의 강화나 빈혈 개선에도 유효하다. 칼륨은 여분의 나트륨(염분)을 배출하여 고혈압을 정상으로 유지한다. 특히 오키나와 산의 것은 향이 높고 약용으로서 국물의 건더기로 사용된다. 쑥의 정유(방향유) 성분은 cuneol, terpinene, caryophillene, linalool, pinene, borneol, artemisin 등이 있다. Thujone은 옛날 회충 구충제로 사용하였다.

[주요 영양소(가식부 100g 당/잎·생)]

- 칼륨 : 890 mg
- 칼슘 : 180 mg
- 마그네슘 : 46 mg
- β-Carotene : 5,300 μg(retinol 당량 890 μg)
- 비타민 K : 340 μg
- 비타민 C : 35 mg

[주요 생리기능 성분(추정기능)]

① Caffeic acid의 ester(활성산소 소거) : 발암, 노화를 예방한다.

② 항콜레스테롤 인자 : 유해 콜레스테롤만을 줄인다.

③ Chlorophyll(콜레스테롤치 저하) : 건위작용을 한다.

④ Cineol(항균작용) : 쑥의 향기성분이며 항균작용, 소염작용을 한다.

⑤ Tannin(항산화, 항암) : Flavonoid계 polyphenol의 일종이다.

⑥ Linoleic acid(콜레스테롤치 저하) : 필수지방산이다. 콜레스테롤치를 저하시키

나 과잉 섭취는 혈전이 되기 쉽다.

⑦ Oleic acid(콜레스테롤 조절) : 동맥경화나 암을 예방한다.

[선별 · 보존법]

① 이른 봄에 잎이 어릴 때 잎이 부드러운 것을 딴다.

② 장기 저장을 하려면 잎을 따서 곧 삶아 냉동 보관한다.

▶ 엽경채류

파

- 분 류 : 대분류 → 채소류, 소분류 → 엽경채류
- 학 명 : *Allium fistulosum* L.
- 과 명 : 백합과
- 영 명 : Welsh onion, green onion, spring onion
- 한문명 : 총백(葱白), 총(葱), 대총(大葱), 총백(葱白), 총경백(葱莖白), 총백두(葱白頭), 녹태(鹿胎), 채백(菜伯), 대총자(大葱子)
- 용 도 : 식용(잎), 약용(뿌리, 비늘줄기)
- 수확기 : 가을~봄철
- 에너지(100g 당) : 31 kcal

[원산지 · 재배역사]

원산지에 관하여는 여라 설이 있다. 가장 유력한 설로서는 중국 서부를 들 수 있다. 중국에서는 기원전부터 재배되었다고 한다. 파는 내한성이 강하여 북쪽은 시베리아로부터 남쪽은 열대지방까지 분포하고 있다. 파는 동양에만 있고 서양에는 없었는데 중국에서는 이미 3000년 전부터 재배하여 왔으며 우리나라는 중국을 거쳐 고려 이전에 들어온 것으로 추정된다. 고려 인종때(1131년) 『음양회담소(陰陽會談所)』에 "내외사사(內外寺社)의 승도가 술(酒)도 팔고, 총(葱)도 팔며"라는 구절로 보아 파(葱)를 술안주로 먹었던 것이 아닐까 추측된다.

[기대되는 작용]

동맥경화 예방, 스태미나 증강, 변비개선, 암 억제, 항균·살균작용, 면역력 증가, 피부·점막의 보호효과 등이 있으며 몸을 덥게 하여 혈행을 촉진하고 스트레스를 누그러지게 한다.

[식물학적 특성]

독특한 향의 성분은 allicin으로 비타민 B_1의 흡수를 높여 피로를 회복시킨다. 또 체온을 상승시켜 발한을 촉진하여 혈행을 좋게 하기 때문에 스트레스 해소나 어깨 절음, 냉성에도 유효하다. 감기에 걸렸을 때 파탕을 마셔 몸을 덥힌다는 민간요법은 특유의 성분인 negiol에 바이러스의 살균작용이 있기 때문이다. β-Carotene이나 비타민 C, 칼슘 등이 많이 함유되어 있으며 흰 부위보다는 잎 부위에 많이 함유되어 있다.

[주요 영양소(가식부 100g 당/잎양파·잎·생)]

- 칼륨: 220 mg
- 칼슘: 54 mg
- β-Carotene: 36 μg(retinol 당량 310 μg)
- Folic acid: 110 μg
- 비타민 C: 31 mg

[주요 생리기능 성분(추정기능)]

① Negiol(항균작용): 향기함유 성분이다. 파의 흰 부위에 함유되어 있으며 항균작용이 있다.

② Allicin(피로회복): 냄새 성분으로 황화합물의 일종이다. 비타민 B_1의 흡수를 높여 피로회복, 식욕증진, 혈전방지, 살균작용, 항균작용이 있다.

③ MATS(methylallytrilsulfide, 항암): 암을 억제한다.

④ Diallylsulfide류(항산화): 황화합물의 일종으로 항균작용, 암을 예방한다.

⑤ S-Alkylcysteinesulfoxide(비타민 B_1 효력유지·강화, 항콜레스테롤): 에너지 대사를 활성화시키고 콜레스테롤을 감소한다.

[선별·보존법]

심근(深根) 파는 흰 뿌리색이 신선한 것을 고른다. 잎 파는 습한 신문지 등으로 싸서 냉장고에 보관하거나 흙 묻은 파는 신문지로 싸서 냉암소에 세워서 보존한다.

흙 묻은 것은 땅에 묻으면 오래 간다.

부 추

- 분 류: 대분류 → 채소류, 소분류 → 엽경채류
- 학 명: *Allium tuberosum* Rottler., *Agathosma betulina*, *Agathosma crenulata*
- 과 명: 배합과
- 영 명: Chinese chive, Korean leek, scallion, buchu
- 한문명: 비(菲), 구채(韭菜), 구자(韭子), 편채(扁菜), 기양초(起陽草), 장양초(壯陽草)
- 이명(별명): 정구지, 솔
- 용 도: 식용(잎), 약용(씨, 뿌리)
- 수확기: 봄철
- 에너지(100g 당): 21 kcal

[원산지 · 재배역사]

동아시아, 중국의 서북부가 원산지이며 기원전부터 이용되고 있었다. 재배역사는 『시경(詩經)』에는 기원전 11세기 중국 서주(西周)시대에 이미 제사에 사용하였다는 기록이 있다. 우리나라에서 사용한 것은 삼국시대에 재배된 것으로 추정되고 1236년에 나온 『향약구급방(鄕藥救急方)』에 기록되어 있다. 부추의 냄새는 황화합물이며 강장효과가 인정된다. 흙을 뚫고 나오기 전의 어린 것을 고급으로 치며 향이 가장 좋아 구황(蒟黃)이라 한다.

[기대되는 작용]

동맥경화 예방, 스태미나 증강, 변비개선, 암 억제, 항균 · 살균작용, 면역력 증가, 피부 · 점막보호 등의 효능이 있으며 스태미나 효과는 『고사기(古事記)』 시대부터 알려져 있었다.

[식물학적 특성]

한 주(株)에서 3회 수확이 가능하나 초회의 것은 특히 연하고 맛이 좋다. 파류에 공통하는 강열한 냄새는 향의 성분인 allicin으로 혈전을 예방하여 심신의 피로회복에 도움이 되는 비타민 B_1의 흡수를 촉진하여 그 효력을 유지하는 작용이 있다. β-Carotene, 비타민 C, E의 3대 항산화 비타민을 풍부히 함유하여 활성산소를 소거하여 지질의 산화를 방지함으로써 젊음을 유지하는 효과가 있다. 이외에도 강한 항산화 작용이 있는 셀렌을 함유하여 식욕증진 이외에 몸을 따뜻하게 하는 작용이 있으므로 냉성에도 유효하다.

[주요 영양소(가식부 100g 당/잎 · 생)]

- 칼륨 : 510 mg
- β-Carotene : 3,500 μg(retinol 당량 590 μg)
- 비타민 B_6 : 0.16 mg
- 비타민 C : 19 mg
- 비타민 E : 2.6 mg

[주요 생리기능 성분(추정기능)]

① Allicin(피로회복) : 남새 성분으로 황화합물의 일종이다. 혈전예방, 피로회복, 식욕증진 등에 효능이 있다.

② 셀렌(항암, 항 노화) : 무기질의 일종이다. 항산화 작용이 있고 동맥경화, 노화를 예방한다.

③ Chlorophyll(콜레스테롤치 저하) : 엽록소이다. 콜레스테롤치 저하, 빈혈예방, 해독, 위장 내 살균, 염증진정, 정장작용이 있으며 암 예방이 기대된다.

④ 식이섬유(정장, 항암 순환기질환 억제) : 장내 유산균을 활성화시킨다.

[선별 · 보존법]

전체가 녹색으로 진하고 잎 끝이 시들지 않고 잎의 폭이 넓고 엽육이 두터우며 곱쳐지거나 상처가 없는 것을 고른다. 선도가 떨어지기 쉬므로 가볍게 물로 축인 신문지 등으로 싸서 폴리주머니에 넣어서 냉장고에 보관한다.

미나리

- 분 류 : 대분류 → 채소류, 소분류 → 엽경채류
- 학 명 : *Oenanthe javanica*(Blume) DC., *Oenanthe stolonifera*(Roxburgh) DC.
- 과 명 : 미나리과

- 영 명: Water dropwort, water celery
- 한문명: 수근(水芹), 근채(芹菜), 수영(水英), 수근채(水芹菜), 야근채(野芹菜)
- 이명(별명): 불미나리, 돌미나리, 멧미나리
- 용 도 : 식용(전초), 약용(잎, 뿌리)
- 수확기: 겨울~봄철
- 에너지(100g 당): 17 kcal

[원산지 · 재배역사]

중국에서 기원전부터 양자강 중류의 호북성에서 재배되었다고 한다. 우리나라에서는 언제부터 사용하여 왔는지 확실한 기록은 없으나 고려사 열전 반역 임연조에 근전(芹田)이라는 말이 나오는 것으로 보아 고려시대에 미나리가 사용되고 있었음을 알 수 있다. 고려 때는 근저(芹菹)라 하여 미나리김치를 종묘제상에 올렸을 정도로 오랜 역사를 가진다.

[기대되는 작용]

당뇨병, 동맥경화 예방, 암 억제, 고혈압 예방, 빈혈개선, 건위, 해독작용, 피부·점막보호 작용이 있다. 빈혈이나 건조, 냉성 여성을 보호하는 봄의 7초(草) 중의 하나이다.

[식물학적 특성]

혈압 강하작용이 있는 칼륨, 점막을 강화하는 β-carotene이나 비타민 C가 풍부하다. 칼슘이나 식이섬유도 많다. 조혈작용이 있는 엽산이나 철분도 함유하므로 빈혈 예방이나 미기(美肌)에도 유효하다. 이들 영양소는 야생종에 더욱 많다. 특유의 향은 myricetin, caffeine 등의 정유(방향유) 성분으로 위를 튼튼하게 하고 해열·해독작용이나 발한작용도 있으며 미기(美肌) 만들기나 냉성에도 효과적이다.

Myricetin은 항암작용이 있으며 또 quercetin에는 신경의 흥분을 너그럽게 하고 혈압을 정상으로 하는 이외에 자외선의 영향을 억제하는 효과도 있다.

[주요 영양소(가식부 100g 당/경엽 · 생)]

- 칼륨: 410 mg
- 칼슘: 34 mg

- 마그네슘 : 24 mg
- β-Carotene : 1,900 μg(retinol 당량 320 μg)
- 비타민 C : 20 mg

[주요 생리기능 성분(추정기능)]

① Quercetin(활성산소 소거, 항암, 혈당치 상승 억제) : Flavonoid의 일종이다. 항산화 작용으로 활성산소를 소거하여 암을 예방하고 혈당치의 상승을 억제한다.
② 방향유 성분(신경 진정화 작용) : 휘발성 terpenenoid가 주체의 방향성분이다. 리락스(이완) 효과가 있다.
③ 식이섬유(정장, 항암, 순환기질환 억제) : 소화효소에 의하여 분해되지 않는 성분으로 장내 유익균의 증식을 촉진하므로 변의 양을 증가시키고 장내환경을 조정한다. 콜레스테롤이나 노폐물을 배출하여 동맥경화, 당뇨병 등의 생활습관병, 암을 예방하고 담즙산의 분비나 생성을 촉진하여 콜레스테롤치를 저하시킨다.

[선별 · 보존법]

잎이 진한 녹색으로 잎 끝까지 신선하고 줄기는 가는 것을 고른다. 봄에 수확한 것이 질이 좋다. 물기를 빼고 습한 종이로 싸서 폴리주머니에 넣어 냉장고 수납실에 보관한다.

고구마줄기

- 분 류 : 대분류 → 채소류, 소분류 → 엽경채류
- 학 명 : *Ipomoea batatas*
- 과 명 : 메꽃과
- 영 명 : Sweet potato
- 한문명 : 감서(甘藷), 남저(南藷), 조저(趙藷), 지과(地果), 백저(白藷), 홍저(紅藷), 금저(金藷), 양감저(洋甘藷)
- 이명(별명) : 단고구마
- 용 도 : 식용(잎자루, 괴근)
- 수확기 : 가을~겨울철
- 에너지(100g 당) : 132 kcal

[원산지 · 재배역사]

원산지는 멕시코 등이며 기원전 3000년경에 재배되었다고 한다. 우리나라는 1763년 조엄이 대마도에서 가져와 재배하게 되었다.

[기대되는 작용]

변비개선, 암 억제, 신경세포기능 조절, 당뇨병 예방, 소화촉진, 뇌기능 유지 개선, 동맥경화 예방 등에 유효하다. 비타민 C의 함량은 서류 중에서 최고이다.

[식물학적 특성]

비타민 D, K를 제외한 대부분의 비타민을 함유하고 있으며 철, 칼슘, 인, 칼륨 등의 무기질도 풍부하다. 비타민 C의 함유량은 고구마류 중에서 가장 많고 가열에 강한 것이 특징이다. 비타민 C는 발암물질인 nitrosamine의 생성을 억제하는 작용이 있고 암 예방에 큰 효과가 기대된다. 절단될 때 나오는 즙액에 함유되는 yarapine은 변을 부드럽게 하여 변통을 촉진하고 콜레스테롤이나 노폐물의 배출에 작용한다. β-Carotene은 황색이 강할수록 풍부하다. 붉은색 고구마에 함유되는 anthocyanin에도 강한 항산화 작용이 있고 암 예방에도 유효하다고 한다.

[주요 영양소(가식부 100g 당/괴근 · 생)]

- 칼륨 : 220 mg
- 칼슘 : 54 mg
- β-Carotene : 36 μg(retinol 당량 310 μg)
- Folic acid : 110 μg
- 비타민 C : 31 mg

[주요 생리기능 성분(추정기능)]

① Yarapine(변비개선, 위벽보호) : 고구마 절단부위의 흰 즙액의 성분이다. 변통을 촉진하고 위벽 점막을 보호하며 소화를 촉진한다.

② Ganglioside(세포막 기능조절) : 성장촉진에 불가결의 물질이다.

③ Anthocyanin(항암) : 붉은 색소의 성분으로 polyphenol의 일종이다. 지질산화를 방지한다.

④ Choline(뇌기능 개선) : 신경전달물질의 기본이 되는 물질이다. 뇌 내의 choline

농도를 높여 기억력을 향상시킨다.

[선별 · 보존법]

껍질 색이 선명하고 색에 얼룩이 없는 것이 좋다. 수확이 바로 끝난 것보다 저장하여 잠재운 것이 감미가 증가한다. 건조되지 않게 신문지로 싸서 통풍이 좋고 볕이 닿지 않는 장소에서 보존한다. 추위에 약하므로 냉장고에는 절대 넣지 않아야 한다.

토란줄기

- 분 류: 대분류 → 채소류, 소분류 → 엽경채류
- 학 명: *Colocasia esculenta, Colocasia antiquorum* var. *esculenta* Endl.
- 과 명: 천남성과
- 영 명: Taro, eddoe, cocoyam, kalo
- 한문명: 토란(土卵), 우자(芋子), 우잉(芋艿), 리우(里芋), 백우(白芋)
- 이명(별명): 토련
- 용 도: 식용(줄기, 뿌리)
- 수확기: 가을철
- 에너지(100g 당): 58 kcal

[원산지 · 재배역사]

열대아시아가 원산지이며 기원전 3000년경에는 이미 인도에서 재배되었다고 한다. 우리나라에서는 고려 때부터 재배한 것으로 추측한다. 고려시대 『향약구급방(鄕藥救急方)』에 토란이 등장한다.

[기대되는 작용]

변비개선, 동맥경화 예방, 면역력 강화, 암 억제, 당뇨병 예방, 혈전방지, 피로회복, 비만을 예방하고 당뇨병이나 위궤양을 개선한다.

[식물학적 특성]

고구마류 중에서 수분이 84%로 많고 탄수화물(당질)은 13%로 적으므로 사과보다 저에너지이고 독특한 점질물은 mucin, galactan, glucomannan 등의 성분을 많이 함유한다. 특히 mucin에는 위의 점막을 보호하여 궤양을 예방하고 세포를 활성화 시켜 노화를 지연하는 작용이 있다. Glucomannan은 곤약에도 많이 함유되는 수용성의 식이섬유로 변통을 좋게 하여 비만예방에 효과가 있다. Galactan도 식이섬유의 일종으로 혈당치나 콜레스테롤치를 내리고 장내환경을 조정하여 생활습관병을 예방한다.

[주요 영양소(가식부 100g 당/구경 · 생)]

- 단백질 : 1.5g(amino acid score 86)
- 탄수화물 : 13.1g
- 칼슘 : 640 mg
- Folic acid : 30 μg
- 비타민 C : 6 mg

[주요 생리기능 성분(추정기능)]

① Mucin(면역기능 강화) : 점질 성분으로 수용성 식이섬유의 한 무리이다. 면역기능을 높여 위의 점막을 보호하고 자양강장, 피로회복 등에 유효하다.

② Galactan(정장) : 식이섬유의 일종이다. 콜레스테롤의 흡수를 저해하여 장내의 노폐물을 배출한다.

③ Phytosterol(콜레스테롤 흡수억제) : 향이나 고미성분이다. 콜레스테롤치를 저하시키고 암 예방, 혈전 예방 등에 유효하다.

④ 식이섬유(정장, 항암, 순환기질환 억제) : 장내 유익균을 활성화시킨다.

[선별 · 보존법]

진흙이 묻어 있고 껍질이 건조하지 않으며 혹이나 잔금이 없고 열매가 단단한 것을 고른다. 물에 닿으면 질이 나빠지므로 씻는 것은 피한다. 습한 신문지로 싸서 통풍이 좋고 일광이 닿지 않은 곳에서 보존한다. 저온에 약하므로 냉장고에는 넣지 않아야 하며 장기 보존하려면 흙속에 묻는 것이 최적이다.

고사리

- 분 류 : 대분류 → 채소류, 소분류 → 엽경채류

- 학 명: *Pteridium aquilinum* Khun, *Pteridium aquilinum* var. *latiusculum*(Desv) Underw
- 과 명: 고사릿과
- 영 명: Bracken, fern, common bracken
- 한문명: 궐채(蕨菜), 길상채(吉祥菜)
- 용 도: 식용(어린 잎), 약용(뿌리)
- 수확기: 봄철
- 에너지(100g 당): 21 kcal

[원산지 · 재배역사]

세계 각지에 분포하고 있으며 길이는 30～100 cm이다. 고사리는 우리나라, 일본, 대만, 호주 등지에서 자생하는 식물인데 태고 때부터 이용되었을 것으로 믿는다. 우리나라 전 지역에 분포하여 있고 특히 제주도 한라산 일대에 많이 자생한다. 고사리에는 비타민 B_1이 전혀 없는데도 이를 분해하는 효소가 함유되어 있다. 효소는 내열성이므로 충분히 쪄서 건조시킨 후에 조리 시에 물을 첨가하는 우리나라 전통 방식은 대단히 과학적이라 할 수 있다.

[기대되는 작용]

동맥경화 예방, 암 억제, 당뇨병 예방, 고혈압 예방, 세포노화 방지, 변비개선 등에 유효하다. Polyphenol이 활성산소를 소거하고 동맥경화를 예방한다.

[식물학적 특성]

봄이 산채로서 옛날부터 먹어 왔으나 최근에는 재배가 많아졌다. 줄기의 색이 푸른 기가 많은 것과 적갈색, 자색의 것이 있다. 암이나 노화예방에 유효한 β-carotene이나 고혈압 예방에 도움이 되는 칼륨도 함유하고 식이섬유도 많으므로 변비해소에 효과적이다. 떫은맛이 많으므로 이 맛을 제거하고 조리를 해야 한다.

[주요 영양소(가식부 100g 당/생고사리 · 생)]

- 칼륨: 370 mg
- β-Carotene: 220 μg(retinol 당량 36 μg)
- 비타민 B_2 : 1.09 mg
- Folic acid: 130 μg

- 비타민 C : 11 mg

[주요 생리기능 성분(추정기능)]

① Polyphenol(활성산소 소거, 항암) : 색소 성분이나 고미성분 등 식물의 합성 시에 생성되는 물질이다. 항산화 작용이 있고 활성산소를 소거하여 세포의 암화를 방지한다. 지질의 산화를 방지하여 콜레스테롤을 줄이고 동맥경화, 당뇨병, 고혈압 등의 생활습관병을 예방하고 살결을 젊게 하여 노화를 예방한다.

② 식이섬유(정장, 항암, 순환기질환 억제) : 장내 유익균의 증식을 촉진하고 변의 양을 증가시켜 장내환경을 조정한다. 콜레스테롤을 배출하여 동맥경화, 당뇨병 등의 생활습관병, 암을 예방한다.

[선별 · 보존법]

줄기가 굵고 간단히 꺾어지며 약엽이 열리기 직전으로 말려 있는 것을 취한다. 생것은 소금절이 하거나 건조시켜 보관한다.

아스파라거스

- 분 류 : 대분류 → 채소류, 소분류 → 엽경채류
- 학 명 : *Asparagus officinalis*
- 과 명 : 백합과
- 영 명 : Asparagus
- 한문명 : 로순(蘆荀), 용소채(龍蔬菜)
- 이명(별명) : 석석백(石夕柏), 소백부(小白部)
- 용 도 : 식용(잎)
- 수확기 : 봄~여름철
- 에너지(100g 당) : 22 kcal

[원산지 · 재배역사]

남유럽에서 러시아 남부가 원산지이다. BC 2000년경부터 그리스에서 이뇨에 효과가 있어 신장질환 치유에 사용하였으며 주로 약용으로 이용했다고 한다. 아미노산의 일종인 asparagine은 aspargus에서 발견되었다. 우리나라에서는 일본인들이 의해 1900년대 초에 들어온 것으로 추정되며 본격적인 생산은 1990년 말부터 온실에서 재배되고 있다.

[기대되는 작용]

동맥경화 예방, 고혈압 예방, 이뇨촉진, 빈혈개선, 피로회복, 세포노화 방지, 변비개선, 암 억제 등에 유효하다. Aspartic acid는 피로회복을 촉진하고 체력을 향상시킨다.

[식물학적 특성]

생명력이 왕성하여 생장시키면 싹을 따지 않고 2 m 전후로 신장하며 넘어져도 일어나는 습관이 있다. 수확 후 습관을 이어받기 때문에 재우지 않고 보존하면 굽어져 양양가도 감소된다. 피로물질인 유산의 대사분해를 촉진하여 피로회복, 체력증강에 도움이 되는 aspartic acid가 풍부하다. 이뇨작용이 있고 체내 균형을 바로잡아 준다. 재배법의 차이에 따라 green과 white가 있으며 β-carotene과 비타민 C는 green이 많다. 수 끝에 함유되는 rutin은 모세혈관의 물질투과성을 조절하고 혈행을 촉진하며 동맥경화나 고혈압을 예방한다.

[주요 영양소(가식부 100g 당/그린 · 약경 · 생)]

- 칼륨 : 270 mg
- β-Carotene : 380 μg(retinol 당량 63 μg)
- 비타민 E : 1.5 mg
- 비타민 B_2 : 0.15 mg
- 비타민 C : 15 mg

[주요 생리기능 성분(추정기능)]

① Rutin(모세혈관 기능강화) : Collagen의 생성을 촉진하여 모세혈관을 강화한다. 암이나 노화를 예방한다.

② 셀렌(항암, 항노화) : 무기질의 일종이다. 항산화 작용이 있고 암을 예방하고 노화를 방지한다.

③ Chlorophyll(콜레스테롤치 저하) : 엽록소이다. 콜레스테롤치의 저하, 빈혈예방, 해독, 정장, 암 예방 등에 유효하다.

④ Glutathione(항산화 스트레스) : 강한 항산화 작용으로 발암물질을 배출하고 해독작용, 노화를 방지한다.

⑤ Aspartic acid(피로회복) : 신진대사를 촉진하고 피로물질을 제거하며 스태미나를 증강시킨다.

[선별 · 보존법]

Green asparagus는 진한 녹색으로 윤기가 있고 줄기가 굵다. 절단부위가 건조되지 않은 것을 고른다. 랩으로 싸서 냉장고의 수납실에 보관하고 상처가 빠르므로 1~2일 이내에 사용하는 것이 좋다.

[종 류]

① Green asparagus : 배토를 하지 않고 일강에 비치면서 재배한 것으로 영양과 향이 좋다.
② Green asparagus : 볕에 닿지 않게 배토를 하여 토양 중에서 연백 재배한 것으로 주로 통조림 가공용이다.
③ Purple asparagus : Green asparagus 보다는 감미가 있다. 보통은 자색이지만 가열하면 진한 녹색으로 된다.
④ Mini asparagus : Green asparagus의 재배과정에서 불규칙적으로 된 작은 사이즈를 말하며 동량의 보통 asparagus에 비하여 영양성분이 많다.

셀러리

- 분 류: 대분류 → 채소류, 소분류 → 엽경채류
- 학 명: *Apium graveolens, Apium graveolens* var. *dulae*
- 과 명: 미나리과
- 영 명: Celerey
- 용 도: 식용(잎)
- 수확기: 가을~봄철
- 에너지(100g 당) : 15 kcal

[원산지 · 재배역사]

기원전 5세기에는 고대 그리스와 로마에서 약용으로 재배하였다. 우리나라의 전래 역사는 확실치 않으나 해방 이후 수입되어 재배된 것으로 추측된다. 본격적인 재배는 1970년대 고랭지를 중심으로 재배되어 왔다. 근래에는 겨울에는 시설에서,

여름에는 온대지에서 재배가 이루어지고 있다

[기대되는 작용]

동맥경화 예방, 암 억제, 고혈압 예방, 변비예방, 혈전방지, 면역력 증가, 피부·점막의 보호, 세포노화 방지 등에 유효하다. 40여 종의 방향이 신경을 완화하고 식욕을 증진한다.

[식물학적 특성]

미나리의 한 무리로서 독특한 강한 향과 씹을 때 오는 느낌이 특징이다. 잎에 함유되는 apiol을 위시하여 40여 종이나 되는 향의 성분은 신경을 온화하게 하여 식욕을 촉진하는 작용이 있다. 세포의 암화를 방지하는 β-carotene, 면역력을 높이는 비타민 C, 피로회복을 촉진하는 비타민 B_1, 점막조직을 보호하는 비타민 B_2도 함유되어 있다. 또 줄기에는 장내환경을 조정하는 식이섬유나 뼈를 구성하는 칼슘도 함유한다. 미나리는 독특한 방향을 좋아하여 생활의 양식화로서 보급되고 있다.

[주요 영양소(가식부 100g 당)]

- 칼륨 : 410 mg
- β-Carotene : 44 μg(retinol 당량 7 μg)
- 비타민 B_1 : 0.03 mg
- 비타민 B_2 : 0.03 mg
- 비타민 C : 7 mg

[주요 생리기능 성분(추정기능)]

① Terpene(자율신경 조절작용) : 방향성분이다.
② Apiol(피로회복, 식욕증진) : 향의 성분으로 식욕증진, 혈행 촉진, 신경을 온화하게 하여 피로를 회복시킨다.
③ Flavonoid(항산화, 항암) : 색소 성분으로 polyphenol의 일종이다. 항산화 작용이 있으며 암 예방, 노화를 방지한다. 동맥경화, 고혈압, 뇌졸중을 예방한다.
④ 식이섬유(정장, 항암, 순환기질환 억제) : 장내 유익균을 활성화시켜 변의 양을 증가시킴으로써 콜레스테롤을 배출한다.

[선별·보존법]

잎이 윤택이 있고 신선한 것이 좋다. 절단면이 갈색으로 되어 있는 것은 오래 된 것이므로 피해야 한다. 잎과 줄기를 분리하여 보존하는 것이 선도를 유지하므로 각각 별도의 분리 주머니에 넣어 냉장고에 보관한다.

죽 순

- 분 류: 대분류 → 채소류, 소분류 → 엽경채류
- 학 명: *Phyllostrachys pubescenbs* Mazel(맹종죽), *Phyllostrachys eduli* Riv., *Bambusa oldhamii*(중국대나무)
- 과 명: 화본과
- 영 명: Bamboo shoot
- 한문명: 죽순(竹筍), 죽아(竹芽)
- 이명(별명): 죽순대
- 용 도: 식용(어린 순)
- 수확기: 봄철
- 에너지(100g 당): 26 kcal

[원산지 · 재배역사]

죽순의 대표 종은 중국 강남지방이 원산지이다. 일본 이외의 여러 나라에서 식용으로 하고 있다. 죽순은 대나무 지하 경에서 돋아나는 어리고 연한 싹으로 죽태(竹胎)라고 한다. 죽순은 고급 식품재료이다. 조선시대의 문헌인 『증보산림경제』, 『임원십육지』 등에도 죽순밥, 죽순정과 등 다양한 죽순요리법이 수록되어 있다. 세계적으로 91개 속 1000여 종이 분포한다. 우리나라는 4속 14종이 있는데 옛날부터 식용 죽순을 생산하는 재래종 대나무는 차령산맥과 추풍령 이남지방에 주로 분포하고 있다. 재래종 대나무 종류는 중국 등에서 전래된 것으로 추측되며 일정시대에 일본산 개량 일본대나무를 가져와 남부 해안지방에서 기르기 시작하여 남부지방에는 지금도 줄기가 굵은 일본대나무가 자라고 있다.

[기대되는 작용]

고혈압 예방, 암 억제, 당뇨병 예방, 변비개선, 미각기능 유지 개선 등이 있으며 뇌의 작용을 활발하게 하여 노화를 방지한다.

[식물학적 특성]

칼륨이 풍부하여 채소 중 최고이다. 체내 여분의 나트륨(염분)을 배출하여 혈압을 안정시켜 고혈압을 개선한다. 칼륨은 조리에 의하여 손실되기 쉬우나 죽순은 삶아도 그다지 칼륨이 줄어지지 않는 특징이 있다. 삶은 죽순을 절단하면 흰 가루가 나오는데 이것은 지미의 기본이 되는 tyrosine이다. 이것은 신진대사를 활발하게 하여 뇌를 활성화시킴으로써 노화방지에 도움이 된다.

불용성 식이섬유의 cellulose가 풍부히 함유되어 있어 변비해소에도 유효하다. 장에 있는 유해물질을 함께 배출하기 때문에 동맥경화나 암을 예방하는 효과도 기대된다. 통조림을 하면 tyrosine이 용출되어 침전되는 수가 있다. 그리고 tyrosine의 산화물인 homogentinic acid는 아린 맛의 주성분이다.

[주요 영양소(가식부 100g 당/죽순 · 약경 · 생)]

- 칼륨 : 520 mg
- 아연 : 1.3 mg
- 망간 : 0.68 mg
- β-Carotene : 11 μg(retinol 당량 2 μg)
- 비타민 C : 10 mg

[주요 생리기능 성분(추정기능)]

① Glutamic acid(뇌신경기능 유지) : 아미노산의 일종으로 지미성분이다. 세포의 재생을 촉진하고 뇌의 작용을 좋게 한다.

② 식이섬유(정장, 항암, 순환기질환 억제) : 소화효소로 분해되지 않는 성분으로 장내 유익균의 번식을 촉진하므로 변의 양을 증가시켜 장내환경을 조정한다. 콜레스테롤이나 노폐물을 배출하여 동맥경화, 당뇨병 등의 생활습관병, 암 등을 예방한다. 담즙산의 분비나 생성을 촉진하여 콜레스테롤치를 저하시킨다.

[선별 · 보존법]

죽순은 굵고 짧으며 매끈하고 절단부위가 싱싱하며 껍질의 색이 엷고 윤기가 있으며 선단이 누른색을 띠고 있는 것이 좋다. 생것 그대로 두면 곧 acridity(아린 맛 : 삽미와 고미의 혼합된 맛)가 나와 단단해지므로 빨리 삶아서 삶은 국물을 물에 담가서 빼고 냉장고에 보관한다.

콜라비(양배추의 변종)

- 분 류: 대분류 → 채소류, 소분류 → 엽경채류
- 학 명: *Brassica oleraceae* var. *gongylodes*
- 과 명: 십지화과
- 영 명: Kohlrabi, stem turnip, turnip cabbage
- 한문명: 구경감람(球莖甘藍)
- 용 도: 식용(잎)
- 수확기: 가을철
- 에너지(100g 당): 27 kcal

[원산지 · 재배역사]

콜라비 원산지는 북유럽으로 양배추에서 진화된 것이다. 재배는 기원전 8세기부터 그리스, 로마시대부터 재배되어 독일로 전파된 것으로 알려져 있다. 독일 명칭 채소로는 유일한데 kohl(양배추), rabi(순무)를 합성한 단어이다. 콜라비는 배추과에 속하는 2년생 초본으로 잎은 30~60 cm 자란다.

[주요 영양소(가식부 100g 당)]

- 수분: 91.4%
- 칼륨: 340 mg
- 칼슘: 17 mg
- β-Carotene: 232 μg(retinol 당량)
- 나이아신 : 0.3 mg
- 비타민 C: 57 mg

[건강관련 기능성 물질]

콜라비의 기능성 물질은 독특한 향과 맛 성분(isothiocyanate)으로 항암작용이 있다. 칼륨과 무기질이 많아 혈액의 산성화를 막으며 비타민 B, biotin, pantothenic acid 등이 함유되어 있어 건강증진에 효과가 있다.

[효 능]

약간 매운 맛 isothiocyanate는 항암작용을 하며 섬유소가 많아 변비 예방에 효과가 있다. 유럽에서는 혈액형성 촉진, 피부와 머리털을 강하게 하고 면역력을 증가시켜 정신력을 집중하고 세포 호흡과 산소공급을 촉진한다고 보고하고 있다. 이외에도 심장을 강하게 하여 스트레스 해소, 이뇨작용, 체중감소 효과가 있다.

[보존법]

콜라비는 잎을 붙여서 시장에 판매할 때는 하루 만에 잎이 시든다. 저장할 때는 잎자루를 바짝 가르고 둥근 콜라비를 랩으로 싸서 냉장고에 두면 1개월까지 저장이 가능하며 온도를 0～1℃로 하고 97% 습도를 유지하면 4개월까지 저장이 가능하다.

원추리

- 분 류: 대분류 → 채소류, 소분류 → 엽경채류
- 학 명: *Hemerocallis aurantiaca* Baker, *Hemerocallis fulva* L.
- 과 명: 배합과
- 영 명: Day lily, orange daylily, tawny daylily, kuansh
- 용 도: 식용(어린 순, 꽃봉오리), 약용(꽃, 뿌리)
- 수확기: 10월
- 에너지(100g 당): 42 kcal

[원산지 · 재배역사]

동아시아가 원산으로 흔히 관상용으로 심는다. 어린 순은 나물로 먹고 꽃은 중국요리에 사용한다. 뿌리는 이뇨, 지혈, 소염소로 쓴다. 꽃이 여러 겹인 것을 왕원추리라고 하며 한국, 중국 등지에 분포한다.

[주요 영양소(가식부 100g 당/괴근 · 생)]

- 수분: 86.1g
- 칼륨: 662 mg
- 칼슘: 97 mg
- β-Carotene: 31.26 μg
- 나이아신: 0.6 μg
- 비타민 C: 40 mg

[기대되는 작용]

이뇨작용, 강장작용, 진통효과, 지혈작용, 소염효과 등이 있으며 황달에도 효과가 있다.

[식물학적 특성]

넘나물이라고도 하며 산지에서 자란다. 높이는 약 1m이며 뿌리는 사방으로 퍼지고 원뿔모양으로 굵어지는 것이 있다. 잎은 두 줄로 늘어서고 약 80 cm, 나비 1.2~2.5 cm이며 끝이 처진다. 꽃은 7~8월에 피며 빛깔은 주황색이고 길이 10~13 cm, 작은 줄기는 1~2 cm이다.

[주요 생리기능 성분(추정기능)]

① Rhein, methylrhein : 항 미생물작용, 항 종양작용, 류머티즘 예방효과, 이뇨효과, 진통효과, 황달 예방효과, 지혈효과 등이 있다.

두 릅

- 분 류 : 대분류 → 채소류, 소분류 → 엽경채류
- 학 명 : *Aralia elata*(Miq.) Seemann
- 과 명 : 두릅나뭇과
- 영 명 Japanese anagelica tree
- 한문명 : 수룡아(水龍芽), 목두채(木頭菜)
- 이명(별명) : 참두릅
- 용 도 : 식용(어린 순), 약용(열매, 근피)
- 수확기 : 4~5월
- 에너지(100g 당) : 27 kcal

[원산지 · 재배역사]

두릅나뭇과 속하는 낙엽관목이다. 두릅나무에 속하는 나무는 전 세계에 600여 종이 있는데 한국에는 두릅나무, 오갈피나무, 옴나무, 황칠나무 등 10여 종이 있다. 8월에는 작은 꽃이 피고 10월에는 작은 공 모양의 검은 열매가 맺는다. 4월 하순부터 5월 상순경에 어린 순을 꺾어서 먹는다. 이를 그대로 물에 담가 쓴맛을 빼고 먹어도 좋고 데치는 대신 뜨거운 재속에 넣어 찌면 더욱 맛이 좋다.

[기대되는 작용]

당뇨병 예방, 암 억제, 변비개선, 동맥경화 예방, 고혈압 예방, 이뇨촉진, 면역력 강화, 피부·점막보호 등이 있으며 작은 싹에는 성장에 필요한 영양소가 축적되어 있다.

[식물학적 특성]

감칠맛과 쓴맛의 특징으로 옛날부터 귀중히 여겨왔다. 두릅나무는 낙엽 저목으로 가지나 줄기에 예민한 가시가 있다. 잎이 피기 전에 10 cm 정도로 신장한 싹을 채취한다. 겨울의 추위를 넘긴 나무가 출아하는 싹을 채취하므로 영양가가 높다. 특히 β-carotene, 비타민 E, C가 풍부하고 비타민 B_1, B_2도 약간 함유한다. 칼륨이 많고 이뇨작용이나 고혈압 예방에도 효과적이다. 이외에 줄기나 뿌리의 껍질도 당의 흡수를 제어하므로 옛날부터 당뇨병 약으로 다려서 이용하여 왔다. 현재는 하우스 등에서 널리 재배하고 있다.

[주요 영양소(가식부 100g 당/어린 잎·생)]

- 칼륨 : 460 mg
- 마그네슘 : 33 mg
- β-Carotene : 570 μg(retinol 당량 95 μg)
- 비타민 E : 2.6 mg
- 비타민 C : 7 mg

[주요 생리기능 성분(추정기능)]

① Elatoside(혈당치 상승 억제) : 두릅나무의 새싹에 함유되는 고미성분으로 산화작용이 있는 saponin의 일종이다. 당분이나 알코올의 흡수를 억제하는 작용이 있고 식후의 급격한 혈당치의 상승을 막아 당뇨병을 예방한다.

② 식이섬유(정장, 항암, 순환기질환 억제) : 장내 유익균의 증식을 촉진하여 장내 환경을 조정한다. 콜레스테롤이나 장내 노폐물을 배출하여 동맥경화, 당뇨병 등의 생활습관병을 예방한다.

[선별·보존법]

새싹이 방금 나온 것으로 굵고 신선한 것이 좋다. 딴 것은 쿠킨 페퍼로 휘감아 싸서 폴리주머니에 넣어 냉장고에 보관한다. 생 두릅의 경우에는 상온에서 2~3일 저장할 수 있다. 그러나 3~5℃ 저장은 12일, -10℃ 저장은 60일간, -15℃ 저장은 210일간 저장이 가능하다. 데친 두릅은 3~5℃에서 약 4일 저장이 가능하고, -5℃에서는 90일, -7.5℃ 저장은 150일, -10~-15℃ 저장은 210일간 저장할 수가 있다.

달 래

- 분 류: 대분류 → 채소류, 소분류 → 엽경채류
- 학 명: *Allium monanrgum* Maximowicz.
- 과 명: 백합과(나리과)
- 영 명: Wild onion, Korean wild chive
- 한문명: 소산(小蒜), 야산(野蒜)
- 용 도: 식용(어린 잎, 뿌리)
- 수확기: 봄~여름철
- 에너지(100g 당): 65 kcal

[원산지 · 재배역사]

전국의 산이나 논, 밭의 주변에 군생하고 있는 야초이다. 산(蒜)이란 마늘과 닮아 있으며 땅 속에 난형 또는 구형의 비늘줄기가 있고 그 아래에 수염뿌리가 있다. 전국에 널리 분포하여 있고 봄의 대표적인 나물인데 근래에는 온실 재배를 하기 때문에 이른 봄이나 겨울에도 공급되고 있다.

[기대되는 작용]

암 억제, 동맥경화 예방, 혈전방지, 감염증 예방, 항균작용, 세포노화 방지, 피부기능 유지 개선, 풍부한 비타민 C가 면역력을 높여 살결을 개선한다.

[식물학적 특성]

지중에 1 cm 정도의 작은 양파모양의 지하경이고 가는 잎이 양파와 같이 신장한다. 양파와 달래는 닮은 풍미가 있고 신미가 있으나 열을 통하면 달게 된다. 여름철에는 잎이 단단해지고 결국 시들지만 지하경은 1년 내내 이용된다. 비타민 C가

100g 중에 60 mg로 아주 풍부하여 활성산소를 억제하여 암이나 세포노화를 예방하는 효과가 기대된다. 비타민 C에는 면역력을 높여 살결을 젊게 하는 작용도 있다. Allicin의 분해생성물 allicin이 체내에서 비타민 B_1 흡수를 쉽게 하여 에너지 대사를 촉진함으로써 피로물질·유산을 분해하기 때문에 피로회복에도 도움이 된다.

[주요 영양소(가식부 100g 당/인경엽·생)]

- 칼륨: 590 mg
- 칼슘: 100 mg
- β-Carotene: 810 μg(retinol 당량 130 μg)
- 비타민 E: 1.3 μg
- 비타민 C: 60 mg

[주요 생리기능 성분(추정기능)]

① Diallylsulfide류(항산화): 황화합물의 일종이다. 항균작용이 있으며 암을 예방한다.
② S-Alkylcysteine sulfoxide(비타민 B_1 효력 유지·강화, 항콜레스테롤): 비타민 B_1의 흡수를 좋게 하여 효력을 높인다. 에너지 대사를 활성화하여 피로물질을 제거함으로써 피로회복을 촉진한다.

[선별·보존법]

잎을 먹으려면 줄기가 가는 것이 연하고, 지하경을 먹으려면 줄기가 굵은 것이 크다. 곧 상해지므로 먹을 양만 수확하는 것이 좋다.

고 비

- 분 류: 대분류 → 채소류, 소분류 → 엽경채류
- 학 명: *Osmunda japonica* Thumberg
- 과 명: 고비과
- 영 명: Royal fern, Japanese royal fern, Japanese flowering fern
- 한문명: 미(薇)
- 용 도: 식용(어린 잎), 약용(뿌리)
- 수확기: 봄철

- 에너지(100g 당) : 29 kcal

[원산지 · 재배역사]

고비과에 속하는 다년생 양치식물로 우리나라, 중국, 일본의 약간 습기가 있는 산과 들에 자생하고 있다. 4월경에 어린잎과 줄기를 채취하여 삶아서 물에 담구어 아린 맛을 우려낸 다음에 나물이나 국, 찌개를 만들어 먹거나 건조시켜 저장하여 물에 담가 불려서 이용하기도 한다.

[기대되는 작용]

암 억제, 동맥경화 예방, 변비개선, 피부 · 점막 보호, 빈혈개선, 이뇨작용 등이 있으며 변통을 좋게 하여 콜레스테롤이나 노폐물을 배출한다.

[식물학적 특성]

고사리의 일종으로 면모를 쓰고 있으면 궁굴게 된 어린잎을 식용으로 한다. 아린 맛이 강하므로 면모를 제거하고 염수와 중조를 삶아 아린 맛을 제거하여 사용한다. 시판의 건조품은 탕으로 삶아 조리한다. 고비는 건조함에 따라 생의 상태보다 영양분이 증가되어 가는 특징이 있다. β-Carotene, 칼슘, 칼륨, 식이서유 등이 풍부하다. β-Carotene은 면역력을 높여 노화방지에 작용한다. 식이섬유도 많아 변통을 촉진하여 체내의 여분 콜레스테롤을 배출한다. 칼륨은 체내의 나트륨(염분) 균형을 조정하여 고혈압을 예방한다. β-Carotene은 기름과 함께 섭취하면 흡수가 높아 볶거나 또는 샐러드로서 드레싱을 하여 식용으로 해도 좋다.

[주요 영양소(가식부 100g 당/어린 싹 · 생)]

- 칼륨 : 340 mg
- 마그네슘 : 17 mg
- β-Carotene C : 530 μg(retinol 당량 88 μg)
- 비타민 E : 0.6 mg
- 비타민 C : 24 mg

[주요 생리기능 성분(추정기능)]

① Polyphenol(항암) : 색소성분이거나 고미성분이다. 지질의 산화를 막아 세포의

암화를 방지하고 콜레스테롤을 줄여 동맥경화, 당뇨병, 고혈압 등을 예방한다.

② 식이섬유(정장, 항암, 순환기질환 억제) : 소화효소에 의하여 분해되지 않는 성분으로 장내 유익균의 증식을 활성화하므로 변의 양을 증가시켜 장내환경을 조정한다. 콜레스테롤이나 노폐물을 배출하여 동맥경화, 당뇨병 등의 생활습관병, 암을 예방한다.

[선별 · 보존법]

① 시판되고 있는 고비는 삶았을 때 굵고 검은 것이 좋다.

② 생것은 빨리 시들므로 일단 건조하여 먹을 때 되돌린다. 건조품도 많이 시판되고 있다.

풋마늘(마늘쫑 포함)

- 분 류 : 대분류 → 채소류, 소분류 → 엽경채류
- 학 명 : *Allium sativum*
- 과 명 : 백합과
- 영 명 : Garlic
- 한문명 : 대산(大蒜)
- 용 도 : 식용(뿌리, 마늘쫑)
- 수확기 : 봄~여름철
- 에너지(100g 당) : 134 kcal

[주요 영양소(가식부 100g 당)]

- 칼륨 : 220 mg
- 칼슘 : 54 mg
- β-Carotene : 36 μg(letinol 당량 310 μg)
- Folic acid : 110 μg
- 비타민 C : 31 mg

돌나물

- 분 류 : 대분류 → 채소류, 소분류 → 엽경채류

- 학 명: *Sedum sarmentosum* Bunge
- 과 명: 돌나뭇과, 꿩의 비름과
- 영 명: Stone crop, stringy stone crop
- 한문명: 수분초(垂盆草)
- 이명(별명): 반지련(半支蓮), 화건초(花建草), 불갑초(佛甲草)
- 용 도: 식용(어린 순)
- 수확기: 여름철
- 에너지(100g 당): 11 kcal

[원산지 · 재배역사]

원산지는 여러 나라로 다양한데 우리가 먹는 돌나물은 주로 중국, 일본, 한국에 분포한다. 우리나라에는 20여 종의 돌나물이 분포하고 있으며 돌나뭇과에 속하는 다년생 초본식물로서 돈마물, 석상채, 불갑초라고도 한다. 돌나물은 밑에서 가지가 갈라져 지면으로 뻗고 마디에서 뿌리를 내린다. 우리나라 각지에서 자라고 봄부터 여름에 걸쳐 어린잎과 줄기를 나물로 많이 무쳐서 먹는다.

[기대되는 작용]

항간독성 효과, 항산화 작용, 항암작용, 전염성 급만성 간염, 해열, 해독, 타박상, 화상 등에 효과가 있다.

[식물학적 특성]

돌나물은 우리나라 각지의 산에 자라는 다년생 초본으로 생육환경은 집 주변의 돌이나 양지바른 곳에서 자란다. 키는 약 15 cm이고 잎의 길이는 1.5~2.5 cm, 폭은 0.3~0.6 cm이며 보통 3장씩 돌아가며 올라가고 나형이다. 꽃은 황색이고 수술은 10개이다. 열매는 7~8월경에 달리고 흑갈색 씨방에 작은 종자가 많이 들어 있다.

[주요 영양소(가식부 100g 당)]

- 수분: 95.4%
- 단백질: 1.3g
- 탄수화물: 1.6g
- 칼륨: 154 mg

- 칼슘: 212 mg
- β-Carotene: 717 μg
- 나이아신: 0.3 mg
- 비타민 C: 26 mg

[주요 생리기능 성분(추정기능)]

① Samentosine: 항간독성 효과가 있다.
② Quercetin: 항산화 작용, 항암효과가 있다.

[선별 · 보존법]

돌나물은 물기가 없는 키친 타올로 느슨하게 감싸 밀폐용기에 담아 냉장고에 보관한다. 잎이 연해서 1주일 이상 보존하기 어렵다.

▶ 근채류

무(뿌리)

- 분 류: 대분류 → 채소류, 소분류 → 근채류
- 학 명: *Raphanus sativus* L.
- 과 명: 십자화과
- 영 명: Radish
- 한문명: 노복(蘆菔), 래복(來菔), 만청(蔓菁), 나복(蘿蔔), 내복근(來蔔根), 대근(大根), 채복(菜菔), 나백(羅白)
- 이명(별명): 무수, 무우
- 용 도: 식용(잎), 약용(꽃, 씨, 뿌리)
- 수확기: 가을철
- 에너지(100g 당): 18 kcal

[원산지 · 재배역사]

원산지는 여러 설이 있으나 지중해 연안지방이라는 설이 유력하다. 이집트 피라미드의 건설 노동자에게 지급된 기록이 있다. 전파 경로는 4세기경 중국 『이아(爾雅』)에 기록되어 있다. 국내 도입경로는 중국과 일본의 도입시기가 2400년 전과 1250년 전으로 추정하고 있어 우리나라에는 기원전에 들어왔을 것으로 추정된다. 고려때 『향약구급방(鄕藥救急方)』(1236년)과 『농상집여(農桑輯要)』(1372년)에 무라는 기록이 등장한다. 소화를 촉진하고 유해물질을 분해한다.

[기대되는 작용]

암 억제, 동맥경화 예방, 혈전방지, 소화촉진, 해독작용, 변비개선, 감염증 예방, 뼈의 강화 등에 유효하다. 소화를 촉진하고 유해물질을 분해한다.

[식물학적 특성]

무의 특징은 amylase나 diastase 등 복수의 소화효소를 풍부히 함유하고 있는 것이다. 소화효소는 위장의 작용을 도와 소화를 촉진하고 가슴 쓰리기와 위의 아픔을 방지하고 주취의 온화에도 효과가 있다. 같은 소화효소인 peroxidase에는 암의 원인인 유해성분을 분해하는 작용도 있다. 또한 mercaptan 등의 신미성분에는 혈전 방지작용이나 해독작용이 있고 암 예방에도 유효하다. 잎에는 강한 항산화력을 갖는 β-carotene이나 비타민 C가 많아 면역력을 높여준다. 칼슘도 풍부하여 뼈를 강화함과 동시에 정서불안을 개선하는 데 도움이 된다.

우리나라는 여러 품종 군을 재배하고 있으나 보통 조선무, 외무, 알타리무, 이십일 무 등으로 나눈다. 재배시기에 따라 봄무, 여름무, 가을무, 사계절 무로 분류한다.

[주요 영양소(가식부 100g 당 / 뿌리 · 껍질 있음 · 생)]

- 칼륨 : 230 mg
- 칼슘 : 24 mg
- 마그네슘 : 10 mg
- 비타민 B_6 : 1.5 mg
- Polic acid : 34 μg
- 비타민 C : 12 mg

[주요 생리기능 성분(추정기능)]

① Diastase(소화촉진) : 소화효소로서 전분의 가수분해를 촉진하여 소화를 돕는다.

위의 소화불량을 개선한다.

② Protease(소화촉진) : 단백질 가수분해를 촉진한다.

③ Methyl mercaptan(혈전방지) : 취기성분, 황화합물로서 평지과의 채소조직이 손상될 때 생성되는 신미성분이다. 암 예방, 혈전 방지작용이 있다.

④ Glucosinolate(해독기능 강화, 항암) : 해독기능을 강화하여 발암물질을 체외로 배출한다.

⑤ 식이섬유(정장, 항암, 순환기질환 억제) : 장내 유익균을 활성화시킨다.

[선별 · 보존법]

표면이 부드럽고 야무지고 무게가 있는 것이 좋다. 작은 뿌리가 많지 않은 것이 영양가가 높으며 잎이 붙은 것이 좋다. 잎이 뿌리의 물을 흡수하므로 잎과 뿌리를 분리하여 비닐주머니에 넣어서 냉장고 채소 수납실에 보관한다. 둥근 통째의 것은 상온에서 2～3일은 보존이 가능하다. 온도 0～3℃, 습도 95～98%에서 2～4개월간 저장이 가능하며 겨울철에는 물이 잘 빠지고 햇볕이 잘 드는 곳에 움을 파서 저장하기도 한다.

양 파

- 분 류 : 대분류 → 채소류, 소분류 → 근채류
- 학 명 : *Allium capa* L.
- 과 명 : 백합과
- 영 명 : Onion, onion plant
- 한문명 : 옥총(玉葱), 양총(洋葱), 총두(葱頭)
- 이명(별명) : 둥근파, 주먹파
- 용 도 : 식용(전초), 약용(비늘줄기)
- 수확기 : 통년
- 에너지(100g 당) : 37 kcal

[원산지 · 재배역사]

중앙아시아, 인도 북서부 근처가 원산지이다. 인도나 이집트는 원전부터 식용하였다는 기록이 있다. 우리나라는 조선 말 미국과 일본으로부터 도입한 것으로 짐작되며 일본에서 육성한 천주황 등의 종자를 도입하여 창녕지방을 중심으로 채종에 성공하여 보급되기 시작하였다. 1952년 처음으로 원예시험장에서 천주황을 계통분리하고 1962년에 원예 1호, 원예 2호 등 F1품종을 육종하였다.

[기대되는 작용]

혈전방지, 동맥경화 예방, 암 억제, 당뇨병 예방, 지방분해 촉진, 변개개선, 소화촉진, 항균·살균작용 등에 유효하다. 혈전을 예방하고 심신의 피로를 회복해준다.

[식물학적 특성]

양파를 벗기면 눈물이 나오는 것은 황화 allyl이라는 최류성분 때문이다. 황화 allyl에는 우수한 혈전 방지작용이 있으며 유익한 콜레스테롤을 증가시키고 유해 콜레스테롤 감소시켜 동맥경화나 암 예방에 유효한 작용이 있다. 황화 allyl은 체내에서 allicin으로 변화하여 바이러스에서 몸을 보호하는 이외에 비타민 B_1과 결합하여 그 효력을 증가·지속시키는 작용이 있다. 비타민 B_1은 에너지 대사를 활발히 하여 피로물질을 분해하므로 심신의 피로회복에 최적의 식품재료이다.

[주요 영양소(가식부 100g 당/인경·생)]

- 칼륨 : 150 mg
- 칼슘 : 21 mg
- 마그네슘 : 9 mg
- 비타민 B_6 : 0.16 mg
- 비타민 C : 8 mg

[주요 생리기능 성분(추정기능)]

① Allicin(피로회복) : 마늘의 자극취이며 황화합물의 일종이다. 비타민 B_1의 효과를 높여 피로회복을 촉진한다. 소화촉진, 혈전방지, 살균·항균작용, 암 예방 작용을 한다.

② Ajoene(혈전방지) : 혈전을 방지하고 생활습관병을 예방한다.

③ Diallylsulfide류(항산화) : 항화합물의 일종이다. 항균작용이 있으며 고혈압 예방, 암 등을 예방한다.

④ Quercetin(활성산소 소거) : 양파껍질의 색소성분이며 강한 항산화 작용이 있다.

⑤ Scordinin(세포대사 기능 활성화) : Allicin을 가열하면 분해·생성된다. 신진대사를 활발히 하여 지방을 분해한다.

[선별 · 보존법]

껍질이 건조하여 윤기가 있고 상처가 없으며 싹이 나오지 않은 것을 고른다. 그물주머니 등 통기가 좋은 것에 넣어 통풍이 잘 되는 장소에 매달아 둔다. 신년에 수확된 양파는 폴리주머니에 넣어 냉장고에 보관하여 가능하면 빨리 먹는다. 표피가 잘 마른 양파는 상온에서 상당기간 저장이 가능하다. 저장조건은 냉장고 온도에서 습도 70～75% 정도이다.

마 늘

- 분 류: 대분류 → 채소류, 소분류 → 근채류
- 학 명: *Allium sativum* L.
- 과 명: 백합과
- 영 명: Garlic
- 한문명: 대산(大蒜), 산(蒜), 호산(胡蒜), 호(葫)
- 이명(별명): 마눌
- 용 도: 식용(뿌리)
- 수확기: 봄～여름철
- 에너지(100g 당): 134 kcal

[원산지 · 재배역사]

원산지는 중앙아시아이다. 고대 이집트에서 피라미드 건설 노동자에게 강장제로 먹였다고 하며 그리스와 로마시대에도 병사들에게 먹였다고 한다. 중국 한나라 시대에서 서역으로 전해져 한국과 일본으로 전해졌다고 한다.

우리나라에서는 단군신화에 마늘(대산)이 등장하고 삼국시대에도 마늘 재배기록이 입추후 해일 산원제 후농(立秋後 亥日 蒜園祭 後農)이라는 내용이 있는 것으로 보아 이미 통일신라시대에 재배되었음을 알 수 있다. 조선 말기 『임원십육지』에는 마늘을 대산(大蒜), 소산(小蒜)으로 구분하여 기록하고 있으며 『동의보감』에는 대산을 여섯쪽 마늘, 소산은 쪽지라 기록하고 있다. 개성지방에서 재배되었던 쪽이 많은 장신마늘 또는 쉰쪽마늘은 고려대산이라 하였으며 야산(野蒜)은 달랑괴라 하여 지금의 달래로 구분하였으니 우리의 토종은 쪽지인 듯하다.

[기대되는 작용]

혈전방지, 항균·살균작용, 동맥경화 예방, 당뇨병 예방, 고혈압 예방, 체력증강, 암 억제, 비만억제 등에 유효하다.

[식물학적 특성]

황화합물의 일종인 allicin은 독특한 자극취를 내고 수용성 비타민 B_1을 지용성으로 변화시켜 그 효과를 강화·지속시키는 작용이 있다. 비타민 B_1은 당질의 에너지 변환을 촉진하므로 피로회복이나 체력증강에 역할을 한다. 이외에도 allicin의 효과는 혈전방지, 혈행 촉진, 콜레스테롤치 저하 등 수없이 많다. 항산화 작용이나 살균작용도 있으므로 바이러스나 세균으로부터 몸을 보호함과 동시에 위궤양이나 암 예방에도 효과가 있다. 미국 암연구소에서 발표한 『암 예방 가능성 식품』으로 섭취해야 할 채소로서 마늘이 최고라 하였다.

[주요 영양소(가식부 100g 당/인경·생)]

- 칼륨 : 530 mg
- 마그네슘 : 25 mg
- 비타민 B_6 : 1.5 mg
- Pantothenic acid : 0.55 mg
- 비타민 C : 10 mg

[주요 생리기능 성분(추정기능)]

① Allicin(비타민 B_1 효력유지·강화, 피로회복) : 마늘 특유의 자극취이며 황화합물의 일종이다. 비타민 B_1의 효과를 높인다. 피로회복, 소화를 촉진하고 암을 예방한다.

② Allixin(항암) : Allicin에서 생성되는 황화합물이다. 암을 예방한다.

③ Ajoene(혈전방지) : 황화합물의 일종으로 혈전을 방지한다.

④ Diallylsulfide류(항산화) : 황화합물의 일종으로 항균작용이 있으며 암을 예방한다.

⑤ Scordinin(지방분해 촉진) : Allicin이 열에 의하여 분해·생성된다. 신진대사를 활성화시켜 혈행을 촉진시킨다.

[선별·보존법]

외피가 야무지고 무게가 있으며 부푼 모양으로 발아하지 않는 것이 좋다. 새 마늘은 얇은 껍질로 희고 건조한 것은 절단 부위가 단단하다. 그물주머니에 넣어 통풍이 좋은 장소에 매달아 두면 오래 보관할 수 있다. 냉동하면 약간 물이 끼이나 향은 변하지 않는다. 냉동 시에는 박피를 제거하면 사용하기 편리하다. 껍질을 벗긴 것은 밀봉하여 냉장고에 보관한다.

당 근

- 분 류: 대분류 → 채소류, 소분류 → 근채류
- 학 명: *Daucus carota* L., *Daucus carota* L. var. *sativa* D.C
- 과 명: 산형과(미나리과)
- 영 명: Carrot
- 한문명: 당근(唐根), 당라복(唐蘿蔔), 홍대근(紅大根), 번라복(番蘿卜), 호라복(胡蘿蔔), 홍라복(紅蘿卜)
- 이명(별명): 홍당무
- 용 도: 식용(뿌리), 약용(종자, 뿌리)
- 수확기: 가을~겨울철
- 에너지(100g 당): 37 kcal

[원산지 · 재배역사]

원산지는 아프가니스탄이다. 유럽으로 전해지고 서양종이 되었으며 중국으로 전해지는 과정에서 동양종이 생겼다. 전파 경로는 중국에는 원나라(1280~1367년) 초기에 중앙아시아로 부터 화남을 거쳐서 화북지방에 도입되어 화주 및 복주에 이르는 지방, 기타 고원지대에서 배재가 시작되면서 각각 생태형을 달리 하는 오늘날의 유럽계 당근계와 동양계 당근으로 발전되었다. 학명의 carota(종명)는 그리스어의 '탄다'의 뜻이다. 우리나라의 도입 경로는 당나라에서 도입되어서 당근(唐根)이라고 부른다. 그러나 도입 경로와 시기는 분명하지 않다.

[기대되는 작용]

암 억제, 변비개선, 동맥경화 예방, 당뇨병 예방, 피부 · 점막보호, 시력유지 개선 등이 있으며 피부 점막을 튼튼히 하여 세포의 노화를 방지한다.

[식물학적 특성]

노화를 빠르게 하는 활성산소를 소거하는 β-carotene의 함유량이 채소 중에서 가장 많다. 또한 β-carotene보다 강한 항산화력을 가진 α-carotene도 함유하여 이들은 다 같이 작용하여 세포의 노화를 방지하여 암이나 생활습관병을 예방한다. β-Carotene은 체내에서 비타민 A로 변환되어 피부나 점막을 보호하여 면역력을 높이므로 얼굴살결을 아름답게 하고 감기 등의 감염증을 예방하고 칼륨은 혈압 예방에 도움이 된다. 서양종과 동양종에서 오렌지색의 서양종이 인기가 있다.

[주요 영양소(가식부 100g 당/뿌리 · 껍질 있음 · 생)]

- 칼륨 : 280 mg
- 칼슘 : 28 mg
- β-Carotene : 9,100 μg(retinol 당량 1,500 μg)
- 나이아신 : 0.7 mg
- 비타민 C : 4 mg

[주요 생리기능 성분(추정기능)]

① α-Carotene(항산화) : 항산화력이 β-carotene보다 강하며 암을 예방한다.
② Lycopene(항산화) : β-Carotene보다 강한 항산화력이 있다. 동맥경화, 당뇨병, 암을 예방한다.
③ Anthocyanin(항암, 혈당치 상승억제) : 붉은 anthocyanin계 색소이다. 강한 항산화 작용으로 암을 예방하고 생활습관병을 예방한다.
④ 백혈구 증가인자(면역기능 강화) : 백혈구의 면역기능을 높여 체력을 향상한다.
⑤ Terpene(자율신경 조절작용) : 방향성분이다.
⑥ 식이섬유(정장, 항암, 순환기질환 억제) : 콜레스테롤이나 유해물질을 배출하여 동맥경화, 당뇨병, 암을 예방한다.
⑦ Falcarindiol, falcarinolone : 항 진균성, 항 알레지 효과가 있으며 caffeic acid와 chlorogenic acid는 항간독성, 항산화, 항암작용이 있다.

[선별 · 보존법]

선명한 오렌지색으로 껍질이 야무지고 윤기가 있고 줄기의 절단부위가 좁은 것을 고른다. 성숙이 너무 지나치면 줄기가 커지고 단단해지므로 주의해야 한다. 물기를 잘 닦아내고 랩으로 싸거나 비닐주머니에 넣어 냉장고 채소 수납실에 보관한다. 겨울은 상온에서도 보존이 가능하므로 커튼상자에 넣어둔다. 비닐포장을 하여 저장온도 0℃, 습도 90~95%로 관리하면 4개월 정도 저장할 수 있다.

생 강

- 분 류: 대분류 → 채소류, 소분류 → 근채류
- 학 명: *Zingiber officinalis, Zingiber officinale* Rosc.
- 과 명: 생강과
- 영 명: Ginger
- 한문명: 생강(生薑), 생강(生姜), 강(薑), 강(姜), 강유(薑油)
- 이명(별명): 새앙, 새양
- 용 도: 식용(뿌리)
- 수확기: 여름철
- 에너지(100g 당): 33 kcal

[원산지 · 재배역사]

인도, 말레이 반도 등의 열대아시아가 원산지이다. 기원전부터 동아시아에서는 약용·향신료로서 사용되어 유럽으로 수출하였다. 중국에서는 2500여 년에 재배된 기록이 있으며 지금의 중국 쓰찬성이 생강의 산지로 추정하고 있다.

우리나라의 도입경로는 『고려사』에 현종 때(1018년) 생강이 왕의 하사품으로 쓰여졌다는 기록이 있는 것으로 보아 11세기 이전에 중국으로부터 전래된 것으로 추정된다. 일설에 의하면 1300년 전에 신만석이라는 사람이 중국에 사신으로 갔다가 보성현(鳳城縣)이라는 곳에서 새앙뿌리를 얻어 가지고 돌아와서 지금의 전라남도 나주와 황해도 봉산에 심었으나 실패하자 봉자가 들어간 지금의 봉상으로 내려와 재배에 성공, 오늘날의 봉상생강이 나게 되었다는 이야기가 있다.

[기대되는 작용]

항균·살균작용, 비만 억제, 암 억제, 식욕증진, 면역력 강화, 고혈압을 예방하고 냉한 체질 개선이 있어 몸의 온도를 올리고 신진대사를 활발하게 한다.

[식물학적 특성]

영양소로서는 혈압이나 근육 작용을 조정하는 칼륨 이외에 소량의 비타민류가 함유되어 있다. 그러나 옛날부터 생약으로서 활용되어 온 것과 같이 향과 우수한 약효가 있다. 향의 성분인 shogaol에는 항산화 작용이 있고 발암물질을 무독화는 기능을 높인다고 한다. 신미성분의 zingerone은 몸을 덥혀 혈행을 좋게 하고 냉한 체질이나 냉이 원인으로 일어나는 신우염이나 방광염의 개선에 효과적이다. 또 내장의 작용을 활발하게 하여 발한작용을 높이고 체지방의 연소를 촉진하여 콜레스테롤치를 저하시키는 효과도 있다. 감기의 초기 증상이나 월경통의 완화에도 유효하다. 생선 등의 생취를 소실하는 작용과 살균력도 있다.

[주요 영양소(가식부 100g 당/근경 · 생)]

- 칼륨 : 270 mg
- 칼슘 : 12 mg
- 망간 : 5.01 mg
- β-Carotene : 5 μg(retinol 당량 1 μg)
- 비타민 C : 2 mg

[주요 생리기능 성분(추정기능)]

① Shogaol(항암) : 향기의 성분으로서 terpenoid의 일종이다. 항산화 작용, 암 예방, 식욕증진, 항균 · 살균작용이 있다.

② Zingerone(항암) : 신미성분이다. 혈행 촉진, 지방의 연소를 촉진하고 항산화 작용을 한다.

③ 백혈구 증가인자(면역기능 강화) : 백혈구의 면역기능을 강화하여 체력을 향상시킨다.

④ 식이섬유(정장, 항암, 순환기질환 억제) : 장내 유익균을 활성화시킨다.

⑤ Zingiberol, zingiberene(방향유 성분으로 생체에 0.25～4.0% 함유) : 항산화효과, 항염증효과를 한다.

[선별 · 보존법]

큰 생강은 표면이 매끈매끈한 것을 고르고 새 생강은 살결이 희고 줄기와 뿌리가 붙은 것을 고른다. 잎 생강은 줄기가 너무 크지 않고 뿌리가 윤기가 있고 신선한 것이 좋다. 가을에 수확한 생강은 적당히 말린 다음 12～15℃ 되는 땅속 토굴에 저장하면 3～4개월 저장이 가능하다. 습한 신문지 등으로 싸서 상온에서 보존한다. 냉동하는 경우에는 갈아서 습한 랩에 포장하면 풍미에 손상을 받질 않아 장기간 저장이 가능하다.

연 근

- 분 류: 대분류 → 채소류, 소분류 → 근채류
- 학 명: *Nelumbo nucifera* Gaertner
- 과 명: 수련과
- 영 명: Lotus root, East Indian lotus
- 한문명: 연(蓮), 연화(蓮花), 연근(蓮根), 하(荷), 하화(荷花), 석연자(石蓮子), 연자(蓮子), 연실(蓮實)
- 이명(별명): 연(연꽃), 연밥
- 용 도: 식용(연근), 약용(잎, 연근, 열매, 씨)
- 수확기: 겨울철
- 에너지(100g 당): 66 kcal

[원산지 · 재배역사]

원산지는 중국, 인도, 이집트 등의 여러 설이 있다. 재배 역사는 동양에서는 다년생식물로 3000년 전부터 경작되었다. 중국에서는 기원전 400년경의 『이아(爾雅)』와 『시경(詩經)』에 연꽃의 기록이 있다. 전파 경로는 기원전 5세기 초 불교의 탄생과 동시에 연화사상이 받아들여지면서 연꽃은 불교와 함께 동으로 전파되었다. 일본은 5세기경 한반도로부터 전해졌다고 한다.

우리나라에 전래된 시기는 분명하지 않으나 불교의 전래가 빨랐던 점을 고려하여 상당히 일찍부터 도입되었을 것으로 추정한다. 『본초강목(本草綱目)』에 의하면 열매(연밥)는 자양강화, 피로회복, 정신안정 등에 유효하다고 기록되어 있다. 연근에서 얻은 녹말을 우분(藕粉)이라 하여 『증보산림경제』에서는 우분에 멥쌀을 섞어 지은 후 꿀을 섞어 먹는 것을 연자분이라 하고 있다.

[기대되는 작용]

암 억제, 변비개선, 고혈압 예방, 동맥경화 예방, 얼굴살결 효과, 면역강화, 위궤양 예방, 항균 · 살균작용 등에 유효하며 Collagen의 생성을 돕는 비타민 C도 풍부하다.

[식물학적 특성]

가는 실모양의 점조성 물질은 mucin이라는 수용성 식이섬유로 위의 점막을 보호하며 위궤양 예방과 동시에 단백질의 흡수를 높이는 자양강장에 효과가 있다. 풍부한 비타민 C가 collagen의 생성을 촉진하여 피부의 신진대사를 활발하게 하기 때문에 금버섯이나 거친 얼굴살결을 방지하는 효과도 기대된다. 비타민 C에는 지질의 산화를 방지하는 강한 항산화 작용이 있고 동맥경화와 당뇨병 등의 생활습관병을 예방한다. 절단부위를 변색시키는 polyphenol의 일종인 tannin에도 항산화 작용이 있다. 칼륨도 많아 고혈압 예방에도 도움이 된다.

[주요 영양소(가식부 100g 당/근경 · 생)]

- 탄수화물 : 15.5g
- 칼륨 : 440 mg
- 망간 : 0.78 mg
- Pantothenic acid : 0.89 mg
- 비타민 C : 48 mg

[주요 생리기능 성분(추정기능)]

① Mucin(면역기능 강화) : 점조성 물질이다. 다당류의 수용성 식이섬유, 위벽을 보호하여 콜레스테롤이나 당분의 흡수를 억제하고 단백질의 흡수를 높인다.

② Tannin(항암) : Polyphenol의 일종이다. 항산화 작용이 있고 활성산소를 소거하여 암을 예방하고 살균작용을 갖는다. 소염작용이 있다.

③ 식이섬유(정장, 항암, 순환기질환 억제) : 콜레스테롤을 배출하여 동맥경화, 당뇨병, 암을 예방한다.

④ Nuciferine, romerine(alkaloid 성분) : 진정 진통작용, 특히 nuciferine은 항경련, 항암, 저혈압 방지효과가 있다. 연밥에는 nelumbine이 함유되어 진정, 지혈, 강장작용이 있다.

[선별 · 보존법]

양단의 끝이 닫히고 상처가 없으며 무게가 있고 절단부위의 구멍이 작고, 건조되거나 오염되지 않은 것을 고른다. 진흙이 묻은 그대로 습한 신문지로 싸서 냉장고에 보관한다. 토막낸 것은 절단부위를 랩으로 밀봉하여 싸고 냉장고에 넣으면 1～2주일은 저장할 수 있다.

우 엉

- 분 류: 대분류 → 채소류, 소분류 → 근채류
- 학 명: *Actium lappa* L.
- 과 명: 국화과
- 영 명: Burdock, edible burdock, great burdock
- 한문명: 우방(牛蒡), 토대동자(土大桐子), 만파구(萬把구), 우채(芋菜), 우자(芋子), 흑풍자(黑風子), 구보(狗寶), 점창자(粘蒼子), 우방근(牛蒡根), 우방자(牛蒡子), 악실근(惡實根)
- 용 도: 식용(뿌리, 어린 잎), 약용(뿌리, 잎, 열매)
- 수확기: 가을~겨울철
- 에너지(100g 당): 65 kcal

[원산지 · 재배역사]

유라시아 대륙 북주가 원산지이다. 중국에서는 약초로서 사용한다. 고대 중국 하난성에서는 비옥한 토양에 재배하여 어린잎과 뿌리를 먹었다고 하며 일본에서는 1000년 전에 작물로서 개량되었으며 오래 전부터 식용으로 이용하여 왔다. 우리나라에 도입된 경로는 분명하지 않으나 그리 오래된 것 같지는 않다.

[기대되는 작용]

동맥경화 예방, 암 억제, 변비개선, 세포노화 방지, 이뇨촉진, 고혈압 예방, 당뇨병 예방, 비만 억제 등에 유효하다. 식이섬유가 많아 유해물질을 체외로 배출한다.

[식물학적 특성]

식이섬유가 많다. 수용성 식이섬유인 inulin은 혈당치 상승을 억제하고 콜레스테롤을 저하시킨다. 불용성 식이섬유인 lignin은 장내에서 유해물질을 흡착시켜 배출함과 동시에 혈당치 상승을 지연시키게 하는 효과가 있다. 이 두 가지의 식이섬유의 작용으로 동맥경화나 고지혈증, 당뇨병, 암 등의 생활습관병을 예방한다. 또 lignin은 장의 유동운동을 활발하게 하여 변비를 개선하므로 비만예방이나 얼굴살결에도 효과가 기대된다. Insulin은 신장 기능을 높이는 작용이 있고 이뇨촉진에도 유효하다고 한다.

[주요 영양소(가식부 100g 당/뿌리 · 생)]

- 칼륨: 320 mg
- 칼슘: 46 mg
- 마그네슘: 54 mg
- 철: 0.7 mg
- 비타민 C: 3 mg

[주요 생리기능 성분(추정기능)]

① Lignin(정장): 불용성 식이섬유이다. 유해물질을 배출하고 콜레스테롤치를 저하시킨다.
② Inulin(식이섬유 작용): 수용성 식이섬유로 다당류이다. 당뇨병을 예방한다.
③ Peroxidase(활성산소 소거): 효소의 일종으로 활성산소를 소거하여 발암, 노화를 방지한다.
④ Mocklactone(항암): 발안과정의 promotion 과정(정상세포에서 암 세포에 변이)을 억제한다.
⑤ Polyphenol(항암): 고미나 색소 성분이며 발암, 노화를 방지한다.
⑥ 셀렌(항암, 항노화): 활성산소를 소거하여 산화를 방지한다.

[선별 · 보존법]

직경이 2 cm 정도의 크기로 야무지고 껍질의 풍미를 유지하기 위하여 흙이 붙어 있는 것을 고른다. 흙이 붙은 것은 습한 신문지로 싸서 냉암소에 세워서 보관한다. 씻은 것은 폴리주머니에 넣어서 냉장고의 채소 수납실에서 가능하면 세워서 보관한다. 실온에서 수일간은 가능하나 0℃, 습도 90%에서는 2～4주 저장이 가능하다. 껍질을 벗긴 것은 polyphenol이 함유되어 갈변되므로 식초 물에 담구어 두면 변색을 방지할 수 있다.

도라지

- 분 류: 대분류 → 채소류, 소분류 → 근채류
- 학 명: *Platycodon grandiflorum*(s)(Jacq.) A. DC., *Platycodon grandiflorum*
- 과 명: 초롱꽃과
- 영 명: Balloon flower root, Chinese bell flower

- 한문명 : 길경(桔梗), 경초(梗草)
- 용 도 : 식용(뿌리, 어린 잎, 줄기), 약용(뿌리)
- 수확기 : 가을철
- 에너지(100g 당) : 생것(14 kcal), 마른 것(283 kcal)

[원산지 · 재배역사]

원산지는 동북아시아, 한국, 일본, 중국으로 추측된다. 우리나라에는 야생종이 많으나 근래에는 재배 생산하고 있다. 수확한 뿌리를 씻어 말린 것을 백기경(白桔梗)이라 한다.

[기대되는 작용]

항위궤양, 항알레지, 진정작용, 진통, 해열, 항염증, 진해 혈관확장, 용혈작용 등이 있다.

[식물학적 특성]

꽃의 색에 따라 백도라지와 청도라지로 나눈다. 우리나라에서는 어디든지 잘 자라나 물 빠짐이 좋은 유기질 토양을 좋아한다. 칼륨이 많아 나트륨의 흡수를 방해하여 혈압을 조절하고 과일보다 3배나 많은 식이섬유는 콜레스테롤을 낮추고 대장암 발병을 예방한다고 한다.

[주요 영양소(가식부 100g 당/뿌리 · 생)]

- 칼륨 : 453 mg
- 칼슘 : 35 mg
- 비타민 B_1 : 0.10 mg
- 나이아신 : 0.7 mg
- 비타민 C : 27 mg

[주요 생리기능 성분(추정기능)]

① Platycodin, platycodinin : 항위궤양, 항알레지, 진정작용, 진통, 해열, 항염증, 진해 혈관확장 등에 작용한다.

② Inulin : 항암작용을 한다.

③ Saponin : 용혈작용, 한방에서는 거담, 기관지 염, 인후통증, 편도염 등의 질환에 좋다고 한다.

[선별 · 보존법]

도라지 뿌리는 껍질을 벗기지 않은 상태로 비닐주머니 넣어 싸서 냉장고에 10℃ 이하의 온도를 유지하면서 저장하면 비교적 오래 동안 마르지 않고 보존할 수 있다.

더 덕

- 분 류: 대분류 → 채소류, 소분류 → 근채류
- 학 명: *Codonopsis lanceolata*(Sieb. et Zucc.) Trautv.
- 과 명: 초롱꽃과
- 영 명: White root bellflower, bonnet bellflower, lance Asia bell.
- 한문명: 양유근(羊乳根), 사삼(沙蔘), 노삼(奴蔘), 양유(羊乳)
- 용 도: 뿌리(식용, 약용)
- 수확기: 여름~가을철
- 에너지(100g 당) : 55 kcal

[원산지 · 재배역사]

원산지는 아시아 동북부, 중부로 추측되며 우리나라 전역의 산중에 자생한다. 예로부터 한약재와 산채로서 이용되었는데 최근에는 산악지대에서 대단위 재배를 한다.

[기대되는 작용]

항염작용, 진해, 암 발생 억제, 항 당뇨효과 등이 있다.

[식물학적 특성]

뿌리는 건강기능성 성분이 많아 오래 된 더덕은 인삼보다도 효과가 좋아 인기가 많다. 다년생 식물로 수십 년까지 자란다. 이용부위는 방추형의 뿌리부위이다. 뿌리는 잔주름이 많고 회백색이다. 굵기는 1년생은 연필정도의 굵기이나 10년 넘는 것은 당근보다 굵게 자란다. 신선한 뿌리는 식용으로 하고 약용으로 할 때는 건조하여 이용한다.

[주요 영양소(가식부 100g 당/뿌리 · 생)]

- 칼륨 : 203 mg
- 칼슘 : 25 mg
- 비타민 B_1 : 0.13 mg
- 비타민 B_2 : 0.2 mg
- 비타민 C : 6 mg

[주요 생리기능 성분(추정기능)]

① Luteolin : 항염작용, 진해, 암 발생 억제를 돕는다.
② Cycloartenol : 항염작용을 한다.
③ Inulin : 항 당뇨효과가 있다.

[선별 · 보존법]

더덕뿌리는 10℃ 이하의 온도를 유지하면서 신문지에 싸서 랩에 넣고 냉장고에 보관해 두면 비교적 오랫동안 마르지 않고 보존이 가능하다. 저장 중에 얼지 않게 주의를 해야 한다.

비트(사탕무)

- 분 류 : 대분류 → 채소류, 소분류 → 근채류
- 학 명 : *Beta vulgaris* L.
- 과 명 : 명아주과
- 영 명 : Sugar beet, table beet, bedet
- 용 도 : 식용(뿌리)
- 수확기 : 여름~가을철
- 에너지(100g 당) : 41 kcal

[원산지 · 재배역사]

지중해 연안이 원산지이다. 케르트 어로 붉은 것을 의미하는 bettle이 이름의 유래이다. 2~3세기경부터 식용으로서 이용하게 되어 일본으로 전래되었다고 한다. 우리나라에서는 1980년부터 재배되었으며 2000년대에 들어와서 쌈 채소가 유행되면서 잎은 쌈 채소로 이용하게 되었다. 우리나라는 세계 유일하게 비트 잎만을 쌈으로 이용하고 뿌리는 장식용 이외에 별로 이용하지 않는다.

[기대되는 작용]

암 억제, 고혈압 예방, 동맥경화 예방, 간 기능 강화, 장내 유산균군 증식, 변비개선, 당뇨병 예방, 빈혈개선 등에 유효하다.

[식물학적 특성]

신선한 붉은 색소 β-cyanin은 시금치나 계두(鷄頭)의 뿌리 등 식물 이외에는 함유되지 않은 것으로 높은 항산화 작용이 있는 것으로 알려져 있다. 비트는 β-cyanin이 풍부하고 암이나 병의 원인이 되는 활성산소를 억제하여 암 예방의 효과가 기대된다. 나트륨을 배출시키는 칼륨도 풍부하여 고혈압 예방에도 도움이 된다.

[주요 영양소(가식부 100g 당/뿌리 · 생)]

- 탄수화물 : 8.3g
- 나트륨 : 30 mg
- 칼륨 : 406 mg
- 칼슘 : 7 mg
- Folic acid : 110 μg
- 비타민 C : 23 mg

[주요 생리기능 성분(추정기능)]

① Raffinose(비피더스균 증식) : 사탕무에 함유된 당이다. 유익균으로 비피더스균의 영양원으로서 증식을 촉진한다. 장내 벽의 점막세포의 신진대사를 활발하게 하여 대장운동을 자극함으로써 변비개선, 콜레스테롤이나 노폐물을 배출하여 생활습관병을 예방한다.

② Betaine(간 기능 강화) : 감미, 지미에 관계 깊은 물질이다. 위액의 산도를 조정하여 간 기능 강화, 지방연소를 촉진한다.

③ β-Cyanin(항산화) : Anthocyanin 계의 수용성 색소 성분으로 강력한 항산화력을 갖는다.

[선별 · 보존법]

직경 7～8 cm의 뿌리가 둥글며 표면이 매끈매끈하고 상처가 없는 것이 좋다. 한랭지의 작물이므로 서늘한 곳에 보관한다. 상온에서 잎은 제거하고 저장하면 수일간 저장이 가능하며 상자에 담아서 저장고에 저장 할 때는 3～4℃에서 습도 90% 이상 유지하고 부직포를 덮어서 저장하면 2～3주간 저장이 가능하다.

순 무

- 분 류: 대분류 → 채소류, 소분류 → 근채류
- 학 명: *Bressica rapa, Bressica campestris* L. subsp. *rapa* Hook. et And.
- 과 명: 십자화과
- 영 명: Turnip, white turnip, rapini, seventop turnip
- 한문명: 무청(蕪菁), 만청(蔓菁), 원근(圓根), 편몽복(扁夢卜)
- 이명(별명): 쉿무우, 쉿무수
- 용 도: 식용(뿌리, 잎)
- 수확기: 봄과 가을철
- 에너지(100g 당): 20 kcal

[원산지 · 재배역사]

원산지는 남유럽의 지중해 연안 또는 중앙아시아라고 한다. 중국에는 1700년 전에 이미 『시경(詩經)』에 순무에 대한 기록이 있다. 중국을 경유한 아시아형과 유럽에서 한국을 경유하여 일본에 전해진 유럽형이 있다. 국내의 역사를 보면 『향약구급방』에 종자가 제로 쓰였다는 기록이 있고 『이아』에도 순무의 이름이 나타난다. 중국에서 도입되어 삼국시대부터 재배되었다는 설이 있다.

고려 중엽 이규보(李奎報)(168～1241년)의 『동국이상국집』에 나오는 가포육영(家圃六詠)에 오이, 가지, 순무, 파 아욱, 박의 여섯 가지 채소를 읊은 시가 있다. 강화도 출신 철종이 순무 맛을 잊지 못해 소주방(燒廚房)에서 순무김치를 담가 올렸다는 기록이 있다. 우리나라에서는 고려시대 이전에 중국을 통하여 들어 온 것으로 추정한다. 옛날에는 전국적으로 재배되었으나 현재는 강화, 김포 등지에서만 재배되고 있다.

[기대되는 작용]

변비개선, 암 억제, 동맥경화 예방, 소화촉진, 면역력 강화, 피부기능 유지 개선, 세포노화 방지 등에 유효하다. 뿌리와 잎에는 면역력을 상승시키는 효과가 있다.

[식물학적 특성]

보통 근경을 식용으로 하지만 잎도 우수한 성분을 함유하고 있다. 뿌리는 소화를 돕는 diastase를 많이 함유하여 위장 작용을 활발하게 함으로써 소화를 증진시킨다. 잎에는 비타민 C와 β-carotene이 풍부하고 무기질도 풍부하며 특히 칼슘은 100g 중에 250 mg이나 함유하므로 고혈압 예방이나 빈혈 개선에도 도움이 된다. 근경과 잎에 함유되어 있는 신미성분에는 혈전 방지작용과 해독작용이 있고 암 예방도 기대된다. 매운 맛은 isothiocyanate 때문이며 이는 일종의 황화합물로 입맛을 촉진하고 항암작용이 있다.

[주요 영양소(가식부 100g 당/뿌리 · 껍질 있음 · 생)]

- 칼륨 : 350 mg
- 칼슘 : 50 mg
- 나이아신 : 0.8 mg
- 비타민 C : 17 mg

[주요 생리기능 성분(추정기능)]

① Allylisothiocyanate(혈전 방지) : 신미성분으로 황화합물이다. 암 예방, 혈전 방지작용이 있다.

② Indole(해독작용) : 유취성분이다. 발암물질을 해독 및 소실시킨다.

③ Glucosinolate(해독기능 강화, 항암) : 해독기능을 강화하며 발암물질을 체외로 배출한다.

④ 식이섬유(정장, 항암, 순환기질환 억제) : 장내 유익균을 활성화시켜 변의 양을 증가시킴으로써 장내환경을 조정한다. 콜레스테롤을 배출하여 동맥경화, 당뇨병 등의 생활습관병, 암 등을 예방한다.

[선별 · 보존법]

잎이 신선하고 뿌리가 깨끗한 것이 좋다. 근경이 갈라진 것은 피한다. 근경과 잎을 끊어 나누고 수분이 증발되지 않게 랩으로 싸서 0～3℃ 내외로 냉장 보관한다.

파스닢

- 분 류: 대분류 → 채소류, 소분류 → 근채류
- 학 명: *Pastinaca sativa*
- 과 명: 산형과, 미나리과
- 영 명: Parsnip
- 이명(별명): 양방풍나물, 서양방풍나무
- 용 도: 식용
- 에너지(100g 당): 36 kcal(생것)

[원산지 · 재배역사]

유라시아가 양풍나무 원산지이다. 미나리과에 속하며 국내에서는 흰당근 또는 설탕당근이라 부른다. 뿌리는 달콤한 향내가 있는 크림색으로 길고 뾰족하다. 샐러드의 재료나 수프의 건더기로 쓴다. 고대 그리스인들이 재배하여 식용이나 약용으로 활용하였다.

[기대되는 작용]

이뇨작용, 항암효과, pheromone 분비 촉진으로 남성호르몬인 testosterone의 혈중 농도를 높여주는 작용이 있다.

[식물학적 특성]

16세기부터 채소로 보급되었다. 뿌리에 독특한 향기와 sucrose가 들어있어 단맛이 난다. 파스닢은 비타민 E, B_1 그리고 무기질이 풍부하여 영양가가 높다. 이뇨작용과 pheromone 분비촉진, 남성호르몬인 테스토스테론(testosterone)의 혈중 농도를 높여주며 이로 인하여 붕소 섭취에도 좋으며 지방이 들어있지 않고 비타민 C, 엽산, 섬유질이 풍부하여 항암효과가 탁월하다. 생식으로 적합하지 않고 주로 가열하여 먹는데 열을 가하면 단맛이 증가한다.

[주요 영양소(가식부 100g 당)]

- 칼륨: 530 mg
- 마그네슘: 25 mg
- 비타민 B_6: 1.5 mg

- Pantothenic acid : 0.55 mg
- 비타민 C : 10 mg

[주요 생리기능 성분(추정기능)]

① 이뇨작용과 pheromone 분비를 촉진한다.
② 항암효과가 있다.
③ 테스토스테론(testosterone)의 혈중 농도 상승효과가 있다.

야 콘

- 분 류: 대분류 → 채소류, 소분류 → 근채류
- 학 명: *Smallanthus sonchifolia*
- 과 명: 국화과
- 영 명: Yacon
- 한문명: 국서(菊薯), 설련서(雪蓮薯)
- 용 도: 식용(뿌리)
- 수확기: 10월
- 에너지(100g 당) : 62 kcal(생것)

[원산지 · 재배역사]

원산지는 열대 또는 아열대 남미 안데스지역이다 주로 남미와 동남아시아에서 많이 재배되며 국내에서는 1980년대 농촌진흥청에서 처음으로 시험 재배가 이루어졌고 그 후 일부 재배되다가 1990년대 말경부터 많이 재배되었다.

[기대되는 작용]

혈당을 조정하여 당뇨를 완화시키고 항산화 작용을 하여 각종 질병을 예방한다.

[식물학적 특성]

식물학적 특성을 보면 키는 1.5～2m까지 자라고 열대에서는 다년생이나 한국에서는 1년생 초본으로 잎은 얇고 장타원형이며 꽃은 황색이다. 줄기는 고구마처럼 길쭉하고 자색을 띠고 내부구조는 노란색이다. 길이는 20 cm, 직경은 3 cm로 작은 것은 100g에서 큰 것은 1000g까지의 것도 있다. 주된 성분은 fructooligo당, inulin, polyphenol 등이며 알칼리성 식이섬유 등도 많다.

[주요 영양소(가식부 100g 당) : 51 kcal]

- 칼륨 : 228 mg
- 칼슘 : 13 mg
- 비타민 B_1 : 0.05 mg
- 비타민 B_2 : 0.01 mg
- 나이아신 : 0.1 mg
- 비타민 C : 5 mg

[주요 생리기능 성분(추정기능)]

① Fructooligosaccharides(소화불가), inulin(소화불가) : 혈당을 조정하여 당뇨를 완화시키고 변비량을 증가시킨다.

② Portocatechuic acid, chlorogenic acid, caffeic acid, ferulic acid : 이들은 잎에 함유되며 항산화 작용을 하여 각종 질병을 예방한다.

[선별 · 보존법]

뿌리를 상온에서 얼지 않고 고구마처럼 저장할 수 있다. 시골에서는 생강처럼 토굴저장도 가능하나 아파트에서는 신문지에 싸서 10℃ 이하가 되지 않게 하면 장기보존이 가능하다. 야콘 잎은 3~4일 음건하거나 냉동 건조해서 가루로 만들어 장기저장이 가능하고 녹차로서 이용할 수 있다.

고추냉이(와사비 : 고추냉이의 뿌리에서 얻은 향신료)

- 분 류 : 대분류 → 채소류, 소분류 → 근채류
- 학 명 : *Wasabi koreana* Nakai, *Wasabi japonica*
- 과 명 : 십자화과, 평지씨과
- 영 명 : Horse radish,
- 한문명 : 산규(山葵)
- 이명(별명) : 겨자, 겨자무, 섬고추냉이
- 용 도 : 향신료(뿌리)

- 수확기 : 10월(통년)
- 에너지(100g 당) : 88 kcal

[원산지 · 재배역사]

일본의 사할린이 원산지이다. 헤이안 시대(平安時代)의 본초화명(本草和名)에 wasabi의 이름이 기록되어 있다. 우리나라에서는 본격적이 재배가 1990년 말부터 이루어졌고 그 이전에는 일본에서 수입하였다.

[기대되는 작용]

혈전방지, 항균 · 살균작용, 동맥경화 예방, 해독작용, 암 억제, 식욕증진, 세포노화 방지, 소취작용 등이 있으며 활성산소의 발생을 억제하여 준다.

[식물학적 특성]

고추냉이를 갈면 신미의 기본물질인 sinigrin이 효소에 의하여 분해되어 코를 쏘는 뜻한 자극성 가스가 발생한다. 이것이 isothiocyanate 등의 신미성분으로 소량으로도 강한 살균력이 있고 어패류의 기생충을 죽이고 생취성분을 중화한다. 이 신미성분은 활성산소를 소거하여 발암을 억제하는 효력도 기대된다. 신미성분은 뿌리의 하위보다 잎에 가까운 쪽에 많으므로 상단에서부터 간다. 휘발성 성분이므로 먹기 직전에 가는 것이 요령이다.

[주요 영양소(가식부 100g 당/근경 · 생)]

- 칼륨 : 500 mg
- 칼슘 : 100 mg
- 마그네슘 : 46 mg
- β-Carotene : 7 μg(retinol 당량 1 μg)
- 비타민 C : 75 mg

[주요 생리기능 성분(추정기능)]

① Allylthiocyanate(혈전방지) : 황화합물이다. 평지씨과의 채소 조직이 손상되므로 생성되는 신미성분이다. 암 예방, 혈전 방지작용이 있다.

② Glucosinolate(해독기능 강화. 항암) : 해독기능을 강화하여 발암물질을 체외로

배출한다. 생의 조직에 함유되는 효소에 의하여 allylthiocyanate로 변화한다.

③ 식이섬유(정장, 항암, 순환기질환 억제) : 소화효소에 의하여 분해되지 않는 성분으로 장내 유익균의 증식을 촉진시킨다.

[선별 · 보존법]

잎의 녹색이 살아서 싱싱하고 선단에 변색이나 상처가 없고 근경이 검으며 암 녹색이 아니고 벌레집이 있지 않은 것을 고른다. 전체가 굵고 울퉁불퉁한 것이 좋다. 갈고 나머지는 물을 넣은 컵에 부어 냉장한다. 매일 물을 바꾸어 주면 1주일 정도는 보존이 가능하다. 생것 그대로 냉동하면 색이나 향이 유지된다. 잎은 하루가 지나면 마른다. 생 뿌리를 비닐 백에 넣으면 상온에서는 1주일, 냉장고에서는 2주일 이상 보존이 가능하다.

치커리(뿌리)

- 분 류 : 대분류 → 채소류, 소분류 → 근채류
- 학 명 : *Cichorium intybus* L.
- 과 명 : 국화과
- 영 명 : Chicory, succory, chicory plant
- 한문명 : 국거(菊苣), 국거채(菊苣菜)
- 이명(별명) : 꽃상치
- 용 도 : 뿌리(차용), 어린 잎(식용)
- 수확기 : 겨울~봄철
- 에너지(100g 당) : 16 kcal

[원산지 · 재배역사]

유럽이 원산으로 현재도 재배하고 있다. 특히 벨기에에서 생산이 성행되고 있다. 국내에서는 강원도에서 1970년대에 뿌리를 커피 대용으로 제품생산을 하기 위하여 도입 재배하였으며 쌈 채소로서는 1980년대부터 자리를 잡게 되었다.

[기대되는 작용]

소화촉진, 이뇨촉진, 동맥경화 예방, 변비개선, 피로회복 등에 유효하다. 쓴맛이 식욕을 자극하여 소화를 촉진한다.

[식물학적 특성]

치커리는 프랑스어로 andive(엔디브)라고 하며 endive(엔다이브)와 혼돈되기 쉬우나 다른 종류이다. 고미는 레몬즙을 가하여 열탕으로 살짝 덥히면 떫은맛이 없어지고 연하게 된다. 생식으로 하는 이외에 끓여서 요리에 사용한다. 유럽에서는 뿌리를 삶은 것이나 찐 분말에 커피를 가하거나 한다. 당질을 에너지로 변하시키는 비타민 B_1을 함유하고 있어 심신의 피로회복이나 정신안정에 도움이 된다. 고미성분에는 식욕을 높이고 소화를 촉진하는 작용도 있다. 뿌리의 주성분은 inulin으로 이뇨작용이 있다.

[주요 영양소(가식부 100g 당/약아 · 생)]

- 칼륨 : 170 mg
- 칼슘 : 24 mg
- β-Carotene : 1 ㎍(retinol 당량 2 ㎍)
- 비타민 B_1 : 0.06 mg
- 비타민 C : 2 mg

[주요 생리기능 성분(추정기능)]

① 소화 촉진인자 : 소화를 촉진하는 성분을 함유한다.

② 보건간장인자 : 자양강장 효과를 갖는 성분을 함유한다.

③ 식이섬유(정장, 항암, 순환기질환 억제) : 소화효소에 의하여 분해되지 않는 성분으로 장내 유익균의 증식을 촉진하므로 변의 양을 증가시켜 장내환경을 조정한다. 콜레스테롤이나 노폐물을 배출하여 동맥경화, 당뇨병 등의 생활습관병, 암 등을 예방한다. 또 담즙산의 분비나 생성을 촉진하여 콜레스테롤치를 저하시킨다.

④ Chicoric acid : Lactucin, taraxasterol, caffeic acid, vanillic acid : 맛과 향의 성분으로 입맛과 소화를 돕고 볶으면 커피향이 난다.

[선별 · 보존법]

단단하게 잎이 휘감겨 무게가 있고 잎 끝이 열리지 않고 절단부위가 말려지지 않은 것이 좋다. 잎이 녹색인 것은 선도가 떨어지고 고미도 강하므로 피하는 것이 좋다. 건조되지 않게 랩으로 싸서 냉장고에 보관한다. 신선도가 떨어지기 쉬우므로 2~3일 내로 사용해야 한다.

인삼(장뇌삼 포함)

- 분 류: 대분류 → 채소류, 소분류 → 근채류
- 학 명: *Panax ginseng*(한국산 인삼, 북미산 인삼, 시베리안 인삼 등이 있다)
- 과 명: 두릅나무과, 오갈피나무과
- 영 명: Ginseng
- 한문명: 인삼(人蔘)
- 용 도: 뿌리(약용, 식용)
- 수확기: 통년
- 에너지(100g 당): 98 kcal

[원산지 · 재배역사]

우리나라와 중국이 원산지이다. 우리나라 전체에 자생 분포하고 있으며 옛날부터 중국과 한국에서 자양강장, 연명장수의 약으로서 귀중하게 여겨왔다. 인삼 재배지에 따라 특성이 달라 한국산, 중국산, 미국산 등으로 부르고 있다. 깊은 산속의 숲 속에 야생하는데 우리나라는 강원, 경기, 평북, 평양, 함남지방에 분포하고 중국의 동북부에 분포한다. 최근에는 주로 인공재배를 한다.

야생종은 산삼이라 하고 재배종은 가삼이라 하는데 한방에서는 뿌리를 강장제 약재로서 널리 재배한다. 인삼은 전통적으로 달여 먹었으나 최근에는 홍삼, 당삼, 인삼차, 인삼정, 인삼주 등으로 개발되어 있다. 인삼은 밭에서 수확한 그대로의 것을 수삼이라 하고, 대나무 칼로 표피를 제거하여 건조한 것을 백삼이라 하며, 잔뿌리를 미삼이라 한다. 수삼을 찐 것을 홍삼이라 한다. 당삼은 수삼 또는 백삼을 설탕용액이나 꿀에 재어 제조한 것이다.

[기대되는 작용]

소화촉진, 당뇨병 예방, 스태미나 증강, 고혈압 예방, 간 기능 강화, 노인성 인지증 예방 등이 있으며 건위, 체력을 향상시켜 당뇨병을 예방한다.

[식물학적 특성]

독특한 고미는 saponin으로 스트레스나 병에 대한 저항력을 높임과 동시에 위장이 약한 분이나 설사를 완화하는 데 유력하다. Insulin의 분비를 촉진하여 혈당을 조절하기 때문에 당뇨병의 예방과 개선에 도움이 된다. 또 강장작용이 있으므로 기초 체력이나 정력을 높이는 작용도 있다. 영양소도 풍부하여 엽산 등의 비타민, 칼륨이나 마그네슘 등의 무기질도 많이 함유한다. 달여서 차로 하거나 리쿠어에 담가 약용주로서 마시기도 한다. 요리에도 사용되어 한국에서는 인삼을 사용한 삼계탕(蔘鷄湯)은 자양강장의 목적으로 많이 먹고 있다.

[주요 영양소(가식부 100g 당 / 생)]

- 칼륨 : 324 mg
- 칼슘 : 113 mg
- β-Carotene : 0 μg
- 비타민 C : 15 mg

[주요 생리기능 성분(추정기능)]

① Saponin(항암) : 강한 항산화 작용이 있고 세포의 노화를 방지하여 발암을 억제한다. 지질의 산화를 억제하여 콜레스테롤치를 저하하고 고혈압, 당뇨병 등의 생활습관병을 예방하고 간 기능을 강화한다.

② Gensenoside : 인삼의 생리기능을 나타내는 배당체로 그 종류에 따라 다른 작용을 한다.

- Gensenoside Rb_1 : 중추신경 억제 및 진정효과, 학습저하에 대한 방어효과, 항 불안효과, 항 건망증 효과, 단백질 합성효과.
- Gensenoside Rb_2 : 혈당치 저하에 의한 당뇨 개선효과, 항고지혈 효과, 항산화효과.
- Gensenoside Rc : 중추신경 억제효과, 진통효과 및 항산화효과, 혈청단백질, 콜레스테롤, RNA, DNA 합성효과.
- Gensenoside Rd : 부신피질자극호르몬 분비효과, 마우스의 호전성 억제.
- Gensenoside Re : 간 손상 보호효과, 콜레스테롤 대사초진, ACTH 분비 촉진효과.
- Gensenoside Rf : 항 통증효과, 콜레스테롤 대사촉진, ACTH 분비효과.
- Gensenoside g_1 : 중추신경 흥분효과, 항 피로효과, 항 혈전효과, 기억학습효과, 성기능 개선효과, 혈관 확장효과.
- Gensenoside g_2 : 혈소판 응집억제에 의한 항 혈전효과.
- Gensenoside g_3 : NO 방출을 통한 혈관 이완효과.
- Gensenoside h_1 : 암세포의 정상세포로 분화유도.

- Gensenoside h_2 : 암세포 증식억제, 암세포의 정상세포로 분화유도, 암세포의 능동력 세포 사멸효과.

[약리작용과 임상효과]

① 노화억제
② 당뇨병에 대한 임상효과
③ 고혈압과 동맥경화증에 대한 효과
④ 항암효과 및 암 예방 효과
⑤ 면역기능 증진 및 암 치료 보조제로서 유용성
⑥ 성기능 장애 개선 효과
⑦ 뇌기능 촉진과 정신신경에 대한 작용
⑧ 간기능 보호작용과 알코올 해독 촉진작용
⑨ 만성질환 치료의 보조요법제로서의 유용성
⑩ 여성갱년기 장애 증상 개선효과
⑪ 피로회복 및 지구력 증진효과
⑫ 고려인삼과 체열과의 관계

[약리작용과 임상효능]

〈약리효능〉

① 뇌기능 증강작용
② 항 당뇨작용
③ 간 손상 보호효과
④ 위궤양 치료효과
⑤ 고지혈증 및 동맥경화 치료효과
⑥ 항 스트레스 및 항 피로작용
⑦ 항 염증작용 및 항 알레르기 작용
⑧ 신경계에 미치는 작용
⑨ 항암 및 면역기능 조절작용
⑩ 갱년기 장애 개선 및 골다공증 치료효과
⑪ 항 산화작용 및 노화 억제작용
⑫ 성기능 개선효과

〈임상연구 효능〉

① 항암효과
② 항 노화효과
③ 항 스트레스 효과
④ 항 바이러스 효과
⑤ 인지기능 개선 효과
⑥ 운동수행 능력 평가
⑦ 고지혈 개선 효과
⑧ 성기능 장애 효과

▶ 박과 과채류

오 이

- 분 류: 대분류 → 채소류, 소분류 → 박과 과채류
- 학 명: *Cucumis sativus* L.
- 과 명: 박과
- 영 명: Cucumber, common cucumber
- 한문명: 호과(胡瓜), 황과(黃瓜)
- 이명(별명): 외, 물외
- 용 도: 열매(식용)
- 수확기: 여름~가을철
- 에너지(100g 당): 14 kcal

[원산지 · 재배역사]

인도 히말라야 산록이 원산지로서 인도를 거쳐 한국으로 왔을 것이라고 한다. 통일신라시대에 오이(黃瓜)와 참외(胡瓜) 재배에 관한 『고려사(高麗史)』의 기록과 『해동역사(海東繹史)』의 기록 등으로 보아 오이가 도입된 시기는 1500년으로 추정한다.

[기대되는 작용]

이뇨작용, 동맥경화 예방, 변비개선, 암 억제, 당뇨병 예방 등에 유효하며 청취(靑臭)의 향 성분 pyrazine이 혈액을 잘 흐르게 한다.

[식물학적 특성]

오이의 95%는 수분으로 몸을 차게 하는 성질이 있으므로 더운 기를 잊고 여름철의 수분을 보급하는 데는 효과적이다. Isoquercitrin에는 강한 이뇨작용이 있고 부종이나 현기증을 개선하는 작용이 있다. 담색채소로서 항산화 작용을 가진 β-Carotene과 혈압을 내리는 작용이 있는 pyrazine에는 혈액을 잘 흐르게 하는 작용이 있고 뇌경색, 심근경색, 혈전예방에 역할을 한다.

머리 부분이 쓴 것은 cucurbitacin A, B, C, D라고 하는 고미성분을 함유하기 때문이며 cucurbitacin C에는 항암작용이 있다고 한다. 오이를 절단하여 얼굴이나 눈가에 붙이면 다양한 무기염류와 비타민은 많은 수분의 삼투현상이 일어나 피부를 팽팽하게 하고 화장품에 찌든 산성피부를 중화시키는 효과가 있다.

[주요 영양소(가식부 100g 당/과실 · 생)]

- 칼륨 : 200 mg
- 구리 : 0.11 mg
- β-Carotene : 330 ㎍(retinol 당량 55 ㎍)
- 비타민 E : 0.3 mg
- 비타민 C : 14 mg

[주요 생리기능 성분(추정기능)]

① Isoquercitrin(이뇨, 변통촉진, 소염) : Flavon계의 polyphenol 일종이다. 고미성분으로 노폐물과 독소를 배출하여 소화불량증을 해소한다. 이뇨작용, 진정작용, 변을 부드럽게 하여 변통을 촉진하다. 모세혈관을 튼튼하게 하는 작용을 가지고 있다.

② 식이섬유(정장, 항암, 순환기질환 억제) : 소화효소에 의하여 분해되지 않는 성분으로 장내 유익균의 증식을 촉진하여 변량을 증가시키고 장내환경을 조장한다. 콜레스테롤이나 노폐물을 배출하여 동맥경화, 당뇨병 등의 생활습관병과 암을 예방한다.

③ Cucurbitacin(오이의 쓴맛) : 항암과 이뇨작용이 있다.

④ Hypoxanthine(오이 씨앗의 alkaloid) : 구충효과가 있다.

[선별 · 보존법]

진한 녹색으로 표면이 야무지고 윤기가 있으며 작은 돌기가 우뚝 솟아 있으면 신선한 증거이다. 수분이 손실되지 않게 폴리주머니에 넣어 냉장고의 채소 수납실에 보관한다. 온도 10～13℃, 습도 90～95%인 상태에서 보관하는 것이 좋다.

호 박

- 분 류: 대분류 → 채소류, 소분류 → 박과 과채류
- 학 명: *Cucurbita pepo, Cucurbita moschata* Duchesne
- 과 명: 박과
- 영 명: Musk pumpkin, pumpkin, squash, gourd, melon pumpkin
- 한문명: 남과속(南瓜屬), 남과(南瓜), 금과(金果), 번과(蕃果), 북과(北瓜), 동과(冬果), 반과(飯果), 번남과(番南瓜), 홍남과(虹南瓜)
- 용 도: 열매, 씨(식용, 약용)
- 수확기: 봄과 겨울철
- 에너지(100g 당): 91 kcal

[원산지 · 재배역사]

원산지는 멕시코이며 포르트갈 사람이 기항지인 캄보디아에서 일본으로 가지고 와서 일본 사람이 kabocha라고 이름을 지었다고 한다. 국내 역사는 최남선 선생이 임진왜란 후 후추 등과 함께 일본을 통하여 처음으로 들어왔다고 하며 이춘녕 선생님은 도입년도를 1605년으로 추정하였다.

[기대되는 작용]

암 억제, 동맥경화 예방, 세포노화 방지, 변비개선, 당뇨병 예방, 피부 · 점막의 보호, 피로회복, 고혈압 예방 및 완화효과가 있으며 세포를 젊게 유지하고 에너지 대사를 활발하게 한다.

[식물학적 특성]

크게 나누어 동양호박(일본호박)과 서양호박으로 나눈다. 일반적으로 서양호박이 많이 출하되고 동양호박보다 영양가가 높다. 또한 호박의 혹 모양은 둥근 것, 긴 것

등 다양하며 목적에 따라 식용, 사료용, 종자용, 관상용으로 나눈다.

3대 항산화 비타민인 β-carotene, 비타민 C, E가 풍부하다. 특히 비타민 E는 채소 중에서 최고이다. 세 가지의 비타민이 상승적으로 작용하여 활성화 산소를 소거하여 세포를 젊게 유지한다. 동맥경화나 암 등의 생활습관병의 예방에 유효하다. 비타민 B_1, B_2도 균형 있게 함유하여 당질이나 지질의 에너지 대사를 활발하게 하여 혈행을 촉진하고 세포의 재생, 피로회복에 유익한 작용을 한다. 풍부한 식이섬유는 장내환경을 조성하여 변비를 개선한다.

[주요 영양소(가식부 100g 당/서양호박 · 과실 · 생)]

- 탄소화물 : 20.6g
- β-Carotene : 4,000 μg(retinol 당량 660 μg)
- 비타민 E : 5.1 mg
- 비타민 B_2 : 0.09 mg
- 비타민 C : 43 mg

[주요 생리기능 성분(추정기능)]

① 셀렌(항암, 항 노화) : 무기질의 일종이다. 항산화 작용이 있고 활성화 산소를 소거하여 암이나 동맥경화를 예방한다. 세포노화를 방지하는 비타민 E 작용을 강화한다.

② Polyphenol(항산화) : 강한 항산화 작용이 있고 암을 억제한다.

③ 식이섬유(정장, 항암, 순환기질환 억제) : 장내 유익균을 활성화한다. 변의 양을 증가시켜 장내환경을 조정한다. 콜레스테롤을 배출하여 동맥경화, 당뇨병 등의 생활습관병과 암을 예방한다.

④ Cucurbitacin(glucoside의 일종, 고미성분) : 이뇨작용이 있어 산모의 얼굴 붓기를 가라앉혀 준다. 특히 꽃가루에 많이 들어 있어 호박꽃을 먹으면 이뇨, 강장 등의 효과가 있다.

[선별 · 보존법]

무겁고 상피의 색이 없거나 단단한 것이 좋다. 절단 부분은 과육이 선명하고 황색으로 씨가 허물어지지 않고 가득 차 있으며 건조한 것이 없어야 한다. 호박은 열대채소이므로 저장할 때 저온을 유지하여 하며 10~12℃ 이상을 유지하지 않으면 상품이 손상된다. 호박은 둥근 그대로면 통풍이 잘 되는 암소에서 1~2개월 보존이 가능하다. 절단한 것은 종자와 솜 부분을 제거하여 랩으로 싸놓으면 냉장고에서 1주일은 보존이 가능하다.

참 외

- 분 류: 대분류 → 채소류, 소분류 → 박과 과채류
- 학 명: *Cucumis melo* L. var. *makuwa* Makino
- 과 명: 박과
- 영 명: Oriental melon
- 한문명: 첨과(甛瓜), 과제(瓜薺), 호과체(胡瓜蒂), 과과(果瓜), 향과(香瓜), 이과(梨瓜), 향과자(香瓜子), 이과(梨瓜)
- 이명(별명): 참외
- 용 도: 식용(열매), 약용(씨, 꼭지, 설익은 열매)
- 수확기: 여름철
- 에너지(100g 당): 26 kcal

[원산지 · 재배역사]

원산지는 서아프리카이며 실크로드를 통하여 중국을 거쳐 우리나라에 들어 왔다. 중국에서는 기원전 13세기경 저술한 『이아(爾雅)』의 기록에 있고 『예기(禮記)』(BC 475~221년), 『사기(史記)』(BC 91년), 『한서(漢書)』(BC 92년) 등에도 첨과(甛瓜)로 기록되어 있다. 고려청자에서 참외의 문양이 많은 것으로 보아 고려 이전 삼국시대부터 재배된 것으로 추측된다. 통일신라시대에 황과(黃瓜)와 첨과(甛瓜)에 기록이 있어서 이때부터 참외의 재배가 일반화 된 것으로 추정된다.

[기대되는 작용]

이뇨작용, 부종방지, 암 예방, 동맥경화 예방, 고혈압 방지, 시력유지 회복, 세포노화 방지 등에 유효하며 우수한 이뇨제 작용으로 부종이나 혈압을 예방한다.

[식물학적 특성]

참외는 1년생 초본으로 줄기는 2~3 m까지 자란다. 꽃은 암수가 같은 줄기에 따로 피는 자웅이화동주로서 충매화이므로 곤충의 비래가 없는 조건하에서 반드시 수

정이 필요하다. 과일은 초기에는 녹색이지만 익으면 황색, 백색, 얼룩무늬 등 다양하고 단맛이 난다. 보통 온천참외는 250~300g, 성환 참외는 0.8~1.0 kg 정도로 무겁다. 1960년도 이후부터 당도가 높은 온천참외를 많이 재배한다.

[주요 영양소(가식부 100g 당)]

- 수분 : 92.8g
- 탄소화물 : 5g
- 비타민 B_1 : 0.02 mg
- 비타민 B_2 : 0.05 mg
- 비타민 C : 15 mg

[주요 생리기능 성분(추정기능)]

Cucurbitacin(고미성분) : 항암작용, 혈압강화, 심장수축 감소, 혈당조절 등에 유효하다. 참외는 민간요법으로서는 진해거담 작용, 황달, 이뇨효과, 갈증해소, 피로회복 효과 등이 알려져 있다.

[선별 · 보존법]

최적의 저장온도는 2~13℃, 습도 90~95%에서 1주일 정도 저장이 가능하다. 최적 식용온도는 5~6℃이므로 가정에서는 냉장 보관하여 먹는 것이 좋다.

수 박

- 분 류 : 대분류 → 채소류, 소분류 → 박과 과채류
- 학 명 : *Citrullus battich* Forskal, *Citrullus vulgaris* Schrader, *Citrullus lanatus* Matsum. et. Nakai
- 과 명 : 박과
- 영 명 : Watermelon
- 한문명 : 서과(西瓜), 수과(水瓜), 한과(寒瓜), 시과(時瓜)
- 용 도 : 열매(식용, 약용), 씨(식용)
- 수확기 : 여름철
- 에너지(100g 당) : 37 kcal

[원산지 · 재배역사]

원산지는 여러 설이 있으나 열대 아프리카가 유력하다. 이집트의 벽화에서 발견된 재배 역사는 4000년으로 추정한다. 우리나라에는 고려시대에 몽골에서 전해온 것으로 추정되고 있고 한편으로는 허균이 지은 『도문대작』에 「고려를 배신하고 몽고에 귀화하여 고려 사람을 괴롭힌 홍다구(洪茶丘)가 처음으로 개성에다 수박을 심었다』라는 기록으로 보아 고려 때 도입된 것으로 추정된다.

[기대되는 작용]

이뇨작용, 부종방지, 암 억제, 동맥경화 예방, 고혈압 예방, 혈전방지, 시력유지 개선, 세포노화 방지 등에 유효하다.

[식물학적 특성]

수분의 비율은 약 90%로 다른 과실과 유사하다. 그러나 단번에 많이 먹으므로 여름철의 수분보급에 중요하다. 중동의 내륙 사막지대에서는 음료 대신으로 이용되고 있다고 한다. 이뇨를 촉진하는 칼륨이나 citrulline을 많이 함유하여 신장의 기능을 도와주므로 부종 해소나 고혈압 예방에 효과가 높다. 적육 종은 lycopene과 β-carotene이 풍부하여 특히 β-carotene의 함유량은 녹황색 채소에 필적할 정도이다. 이들 성분은 황육 종에는 적기 때문에 영양 면에서 적색종 쪽이 우수하다고 할 수 있다.

[주요 영양소(가식부 100g 당/적육종 · 생)]

- 칼륨 : 120 mg
- 마그네슘 : 11 mg
- β-Carotene : 830 ㎍(retinol당량 140 ㎍)
- 비타민 B_6 : 0.07 mg
- 비타민 C : 10 mg

[주요 생리기능 성분(추정기능)]

① Citrulline(이뇨) : 간 기능 강화, 해독작용을 활성화시킨다. 신장 기능을 강화하여 이뇨를 촉진한다.

② Anthocyanin(항암, 혈당치 상승 억제, 시력개선) : 수용성 색소 성분이다. 항산

화 물질로서 간 기능 강화, 당뇨병 예방, 시력을 향상시킨다.

③ Lycopene(항산화, 항암) : β-Carotene보다 강력한 항산화 작용을 갖는다. 전립선 예방과 노화를 방지한다.

④ Inositol(콜레스테롤치 저하, 간 기능 강하) : 뇌세포를 만드는 인지질의 성분으로서 지방의 대사를 촉진한다.

⑤ 식이섬유(정장, 항암, 순환기질환 억제) : 장내 유익균을 활성화시킨다.

[선별 · 보존법]

야무지고 윤기가 있으며 줄무늬가 뚜렷한 것이 상품이다. 잘라서 파는 것은 과육의 색이 신선한 것이 좋다. 종자는 진한 검정색이고 둘레에 간극이 있는 것이 맛이 있다. 실내에서 저장이 가능하나 오래 저장하면 속이 공도와가 된다. 대체로 12℃ 정도에서 저장하면 1주일 정도 가능한데 너무 저온에서 저장하면 육색과 광택이 나빠지므로 온도를 내리지 말아야 한다.

멜 론

- 분 류: 대분류 → 채소류, 소분류 → 박과 과채류
- 학 명: *Cucumis melo* L., *Cucumis melo* L. var. *meticulatus*
- 과 명: 박과
- 영 명: Melon, musk melon
- 한문명: 호과(胡瓜), 양향과(洋香瓜)
- 용 도: 식용(열매)
- 수확기: 여름철
- 에너지(100g 당) : 42 kcal

[원산지 · 재배역사]

야생종은 북아프리카가 원산지이다. 고대 이집트에서도 이미 재배되고 있었다고 하며 중앙아시아로 전해지면서 품종의 진화가 진행된 것으로 생각한다. 국내에서는 멜론(melon)이라 부르는 것은 주로 그물무늬모양이 나타나는 net melon을 말하며 그 외에 미국에서 많이 먹는 cantaloupe melon과 winter melon 등이 있다.

[기대되는 작용]

피로회복, 이뇨촉진, 당뇨병 예방, 암 억제, 동맥경화 예방, 고혈압 예방, 혈전방지, 세포노화를 방지하고 뇌 내의 혈행을 촉진하여 뇌의 작용을 활성화시킨다.

[주요 영양소(가식부 100g 당/온실 멜론 · 생)]

- 칼륨 : 340 mg
- 칼슘 : 8 mg
- β-Carotene : 33 μg(retinol 당량 5 μg)
- 비타민 B_6 : 0.1 mg
- 비타민 C : 18 mg

[주요 생리기능 성분(추정기능)]

탄수화물(당질)이 많고 식이섬유가 적기 때문에 감기 등으로 소화력이 저하될 때 에너지 보급에 좋다. 풍부한 칼륨이 이뇨를 촉진하여 혈압을 안정시킨다. 혈액의 응고를 막고 adenosined과 함께 동맥경화나 뇌졸중의 예방효과가 기대된다. 재배법이나 과육의 색에 따라 영양면이 상당히 다르다. β-Carotene은 실온보다 노지 쪽의 것이 많으며 노지의 백색종은 140 μg 함유하고 적육종은 3600 μg이나 함유한다. 비타민 C도 노지의 것이 상회하고 칼슘 등의 무기질은 비교적 온실의 것이 많다.

[선별 · 보존법]

크기가 작지만 무게가 있고 과실에서 신장된 과병은 1 cm 정도로 약간 두터우며 과피의 net가 가늘고 조밀한 것이 좋다. 과피를 두들겨 둔한 소리가 나는 것이 먹기 좋은 시기이다. 지나친 냉각은 맛이 떨어지므로 먹기 전에 차게 한다. 한여름은 5시간 이내로 한다. 네트 멜론의 보관온도는 3～7℃ 정도이며 15일간 저장이 가능하며, 캔터로프 멜론은 3～5℃에서 10～14일 저장이 가능하다.

서양호박(단호박)

- 분 류 : 대분류 → 채소류, 소분류 → 박과 과채류
- 학 명 : *Cucurbita pepo*의 한 종류
- 과 명 : 박과
- 영 명 : Zucchini, zucchini sqush, courgette

- 용 도: 식용(열매)
- 수확기: 통년
- 에너지(100g 당): 66 kcal

[원산지 · 재배역사]

쿠르젯(courgette): Pop 호박의 일종이다. 서양호박은 아메리카 대륙이 원산지이다. 신대륙 정복을 통해 유럽으로 유입되었다. 엽산이 풍부하며 칼륨, 비타민 A, 마그네슘 함유량도 많다.

[식물학적 특성]

호박은 멕시코 남부 열대 아메리카 원산의 ① 동양계 호박(*Cucurbita moschata*), ② 라틴아메리카 원산의 서양계 호박(*Cucurbita maxima*), ③ 멕시코 북부와 북아메리카 원산의 pepo계 호박((*Cucurbita pepo*) 3종류로 나눈다. 단호박은 이 가운데 쪄서 먹거나 건강식으로 먹는 서양계 호박을 일컫는다. 맛이 밤처럼 달아 밤호박이라 한다.

[주요 생리기능 성분(추정기능)]

단호박은 비장(지라)의 기능을 돕고 식욕을 증진시키기 때문에 비장이 약한 사람들이 즐겨 먹는다. 그러나 소화시간이 길기 때문에 뱃속에 가스가 잘 차는 사람, 위장 장애가 있는 사람은 피하는 것이 좋다.

▶ 박과 이외 과채류

토마토

- 분 류: 대분류 → 채소류, 소분류 → 박과 이외 과채류
- 학 명: *Lycopersicon esculentum* Mille
- 과 명: 가짓과
- 영 명: Tomato, tomato plant
- 한문명: 번가(蕃茄), 번시(蕃柿), 서홍시(西紅柿), 소금과(小金瓜)

- 이명(별명): 일년감
- 용 도: 열매(식용)
- 수확기: 여름철
- 에너지(100g 당): 19 kcal

[원산지 · 재배역사]

원산지는 아메리카 대륙이다. 처음에는 관상용이었으나 이탈리아 사람들이 식용으로 재배하였으며 15세기 말 콜럼버스가 들여와 유럽 각지에 전하였다고 한다. 우리나라는 17세기 초에 중국을 거쳐 들어 왔다. 국내 역사를 보면 이수광의 『지봉유서(1613년)』에 남만시라고 기록된 것으로 보아서 1613년 이전에 중국에 갔던 사신이 들여온 것으로 짐작한다.

근대에는 1907년에 일본으로부터 좌토원종(佐土原種)이 도입된 것을 처음으로 1912년에는 개선(凱旋), 극대(極大), 훼보릿드 외에 7품종이 도입되었으며 그 후 수백 종이 도입되었다. 그러나 일반화 된 것은 오래 되지 않았다. 우리나라 품종은 주로 일본을 거쳐 들어온 도색 품종이 토착하게 되었다. 미국 품종은 적색종이 주가 되고 번식력이 강하고 내병성이 강하다. 가공용 품종의 빨간 것은 lycopene이 7~12 mg 들어 있으나 생식용 품종인 핑크색은 2~4 mg에 지나지 않는다.

[기대되는 작용]

암 억제, 동맥경화 예방, 피로회복, 피부 · 점막의 보호, 세포노화 방지, 변비개선, 당뇨병 예방, 고혈압 예방 등에 유효하며 lycopene이 암이나 생활습관병을 예방한다.

[식물학적 특성]

3대 항산화 비타민인 β-carotene, 비타민 C · E가 풍부하다. 세 가지의 상승효과로 활성산소를 소거하고 혈관이나 혈액의 상태를 건강하게 유지하여 동맥경화나 암을 예방한다. 노화를 방지하여 얼굴살결을 아름답게 하는 효과가 있다. 토마토의 붉은 색소 lycopene에도 강력한 항산화 작용이 있고 그 효과는 β-carotene의 두 배, 비타민 E의 100배라고 한다.

체내의 나트륨(염분)의 양을 적정으로 유지하는 칼륨도 많고 혈압 안정에 유효하게 작용한다. 산뜻한 맛의 구연산은 위의 작용을 촉진한다. 식이섬유의 pectin은 변비를 개선한다. 토마토는 익지 않으면 아린 맛의 alkaloid인 tomatine이 들어 있다.

익어지면 이 물질은 변환되어 없어진다.

[주요 영양소(가식부 100g 당/서양호박 · 과실 · 생)]

- 칼륨 : 210 mg
- 칼슘 : 9 mg
- β-Carotene : 540 μg(retinol 당량 90 μg)
- 비타민 E : 0.9 mg
- 비타민 C : 15 mg

[주요 생리기능 성분(추정기능)]

① Lycopene(항산화, 항암) : 붉은 색소 성분이다. β-Carotene보다도 강력한 항산화 작용을 갖는다. 활성산소를 소거하여 암이나 노화를 방지한다.

② β-Carotene(활성산소 소거, 항암) : 발암을 방지하고 세포를 젊게 유지한다. 동맥경화를 예방한다.

③ α-Linolenic acid : 동맥경화를 억제한다.

④ 구연산(피로회복) : 유기산의 일종이다. 피로물질의 유산을 대사 분해하여 근육에의 축적을 방지한다.

⑤ Lutein : 시력을 보호하고 혈관을 튼튼하게 하며 혈압을 내리는 역할을 하기 때문에 고혈압 환자에게 좋다.

[선별 · 보존법]

붉은 색이 진할수록 lycopene이 풍부하다. 전체가 균일하게 색이 들고 배꼽의 절단면이 윤가가 있고 무게가 있는 것이 좋다. 녹색 토마토의 경우에는 18～20℃ 사이에서 보관하는 것이 좋으며 익는 것을 지연시키기 위하여 13～16℃로 보관하는 것이 좋다. 익은 토마토의 경우에는 13～18℃에서 1～2주일 저장이 가능하다. 완숙한 것은 폴리주머니에 넣어 냉장고에 보관하고 푸른 미숙과는 상온에서 숙성시킨다.

감미고추

- 분 류 : 대분류 → 채소류, 소분류 → 박과 이외 과채류
- 학 명 : *Capsicum annum* L.

- 과 명: 가짓과
- 영 명: Sweet pepper, pepper, red pepper, chili, hot pepper
- 한문명: 랄초(辣椒), 번초(蕃椒), 당초(唐椒)
- 용 도: 열매(향신료)
- 수확기: 여름철
- 에너지(100g 당): 27 kcal

[원산지 · 재배역사]

원산지는 고추와 마찬가지로 남미이다. 고추 중에서 매운맛이 강하지 않은 군의 총칭으로 대과 종의 피망, 소과 종의 시시고추 등이 포함된다. 비타민이 많은 채소로 일식, 양식, 중국식의 각 요리에 쓰인다.

[기대되는 작용]

비만억제, 건위, 암 억제, 동맥경화 예방, 당뇨병 예방, 고혈압 예방, 변비개선, 피로회복 등에 유효하다.

[식물학적 특성]

신미가 강한 적색고추에 대하여 채소로서 키운 감미종이다. 식용되고 있는 것은 성숙되기 전에 수확하는 것으로 녹색이 진할수록 β-carotene을 많이 함유한다. 강한 항산화 작용을 갖는 β-carotene, 비타민 C 등이 풍부하다. 면역력 강화나 암의 예방, 미기(美肌)효과에 유효하다. 여름철에 얼굴살결 손실을 방지하여 피부보호에도 효과가 있다. 칼륨은 나트륨(염분)을 배출하는 작용이 있으므로 고혈압 예방에 유효하다. 매운맛의 근본이 되는 capsaicin에는 대사를 촉진하고 지방을 연소하는 작용이 있으므로 비만개선에도 도움이 된다.

[주요 영양소(가식부 100g 당 / 과실 · 생)]

- β-Carotene: 530 μg(retinol 당량 88 μg)
- 나이아신: 1.4 mg
- 비타민 B_6: 0.39 mg
- 비타민 C: 57 mg

[주요 생리기능 성분(추정기능)]

① Capsaicin(신미, 지방대사 촉진. 항산화) : 신미성분이며 부신교감 신경을 자극하여 피하 지질대사를 촉진한다. 항산화 작용으로 지질의 산화를 방지하고 비만 억제, 건위작용이 있고 피로회복을 촉진한다.

② Chlorophyll(콜레스테롤치 저하) : 푸른 색소이며 콜레스테롤치를 감소한다. 장내 균의 살균, 건위작용을 하며 피로회복, 감기예방에 유효하다.

③ 식이섬유(정장, 항암, 순환기질환 억제) : 콜레스테롤을 배출하여 동맥경화, 당뇨병, 암 등을 예방한다.

[선별 · 보존법]

색이 선명하고 껍질은 윤기가 있으며 향이 강하고 작아도 부드럽고 단단한 것이 좋다. 절단면이나 꼭지가 검은 것은 피한다. 냉장고나 기온이 10℃ 정도의 냉암소에 보존해야 한다. 주머니에 들어 있는 것은 부패되기 쉬므로 보존용 폴리주머니에 옮겨 보존해야 한다.

고 추

- 분 류 : 대분류 → 채소류, 소분류 → 박과 이외 과채류
- 학 명 : *Capsicum annum* L.
- 과 명 : 가짓과
- 영 명 : Pepper, red pepper, hot pepper, cayenne, cilli, sweet pepper
- 한문명 : 랄초(辣椒), 당초(唐椒), 고초(苦椒), 번초(蕃椒)
- 용 도 : 열매(향신료)
- 수확기 : 여름철
- 에너지(100g 당) : 37 kcal

[원산지 · 재배역사]

원산지는 남아메리카이다. 고추 속 전체적인 변이는 안데스산맥 동부의 아마존강 상류지역, 즉 페루와 볼리비아의 접경지 또는 파라과이와 브라질이 접하는 유역이 유전적 변이가 집중되어 있다고 한다. 콜럼버스의 신대륙 발견 이후 1493년 스페인에 도입, 15세기 영국과 중부 유럽으로 전파되었다. 중국에는 명조 말경에 전해졌으며 일본에는 1542년 포르투갈 인에 의해 담배와 함께 전파되었다는 남방도입설과 임진왜란 때 조선에 쳐들어온 왜장 가토기요사마가 우리나라에서 가져갔다는

북방 도입설이 있다.

임진왜란 전후 중국과 일본의 교류가 잦은 때 호박, 담배와 함께 들어온 것으로 보인다. 도입 시기를 최남선 선생은 1597년경, 이충녕 교수는 1615년, 장지현 교수는 『지봉유설』에 나타난 고추 재배상황과 고추 식용상식으로부터 고추 도입 시기를 임진왜란(1592~1598년) 이전으로 추정하였다. 전 세계적으로 25종이 있는데 그 중 5종만 재배되고 있고 나머지 20종은 야생종으로 분류된다.

[기대되는 작용]

비만억제, 건위, 암 억제, 동맥경화 예방, 당뇨병 예방, 고혈압 예방, 변비개선, 피로회복 등에 유효하다. Capsaicin은 신진대사를 활발하게 하여 체지방을 연소시킨다.

[식물학적 특성]

고추는 1년생이나 열대에서는 영년생으로 취급한다. 꽃은 작고 흰색이며 자가수정을 한다. 고추의 크기는 2~20 cm로 적색, 자주색, 자색 등 다양하다. 열매가 달리는 형태에 따라 보통고추와 하늘고추(열매가 하늘로 향해 자람)로 나누며 맛에 따라 매운 고추, 단 고추로 구분하고 용도에 따라 생식용, 가공용, 관상용으로 구분한다. 한국인 1인당 고춧가루 섭취량은 2.2 kg으로 세계에서 가장 높다.

[주요 영양소(가식부 100g 당)]

- 칼륨 : 284 mg
- 칼슘 : 16 mg
- β-Carotene : 6,466 μg(retinol 당량 67 μg)
- 비타민 A : 1,078 R.E.
- 나이아신 : 2.1 mg
- 비타민 C : 116 mg

[주요 생리기능 성분(추정기능)]

① Capsaicin(신미, 지방대사 촉진, 항산화) : 신미성분이며 부교감신경을 자극하여 피하지방을 촉진한다. 항산화 작용으로 지방의 산화를 방지하여 비만억제, 건위작용, 피로회복을 촉진한다.

② Chlorophyll(콜레스테롤치 저하) : 푸른 색소이며 콜레스테롤 감소, 위장내의 살

균, 건위작용이 있다. 피로회복, 감기예방에 효력이 있다.

③ 식이섬유(정장, 항암, 순환기질환 억제) : 콜레스테롤을 배출시켜 동맥경화, 당뇨병, 암을 예방한다.

[선별 · 보존법]

풋고추는 비닐봉지에 넣어 10℃에 약 1주일 저장이 가능하다. 건조 고추는 수분 함량을 14% 정도로 낮춘 후에 온도 0~2℃, 습도 67~70%로 저장하면 오래 보관할 수 있다.

피망(파프리카 포함)

- 분 류 : 대분류 → 채소류, 소분류 → 박과 이외 과채류
- 학 명 : *Capsicum annuum, Capsicum annum* var. *grossum*
- 과 명 : 가짓과
- 영 명 : Paprika, pimento pepper, bell pepper
- 한문명 : 서양고추, 호초(胡椒)
- 용 도 : 열매(식용)
- 수확기 : 여름철
- 에너지(100g 당) : 22 kcal

[원산지 · 재배역사]

원산지는 남미이다. 고추의 감미종으로서 발달하여 피망은 불어의 piment로 고추의 의미이다. 파프리카는 서양고추 또는 단고추(sweet pepper)라고 부르는데 맵지 않고 달기 때문이다. 우리나라는 1990년 중반에 수경배재가 시작되면서 네덜란드를 통해서 수입되었다. 일반적으로 매운맛이 나고 육질이 질긴 것을 피망, 단맛이 많고 아삭아삭하게 씹히는 것을 파프리카라고 부른다. 파프리카와 피망의 구별은 정확하지 않아 「한국원예학회」에서 발간한 『원예학용어집』에는 모두 「단고추」로 분류하고 있다.

[기대되는 작용]

암 억제, 동맥경화 예방, 비만억제, 모세혈관 기능강화, 변비개선, 당뇨병 예방, 고

혈압 예방 등에 유효하다.

[식물학적 특성]

고추속으로 신미가 없으며 큰 품종을 말한다. 녹색피망은 미숙과로 완숙이 될수록 적색이나 황색으로 변한다. 완숙과는 감미가 있고 영양가도 높다. 풍부한 β-carotene, 비타민 C는 다 같이 활성산소를 소거하여 암 예방과 면역력을 강화한다. 모세혈관을 튼튼하게 하는 비타민 P와 나트륨(염분)의 배출을 도와 고혈압을 예방하는 칼륨도 함유되어 있다. 녹색피망의 향 성분인 pirazine에는 혈전을 막고 혈액을 잘 흐르게 하는 효과도 있다. β-Carotene보다 항산화력이 있는 capsaicin은 녹색 피망보다 유색 피망에 더 풍부하다.

[주요 영양소(가식부 100g 당/녹색피망 · 과실 · 생)]

- 칼륨 : 190 mg
- 마그네슘 : 11 mg
- β-Carotene : 400 μg(retinol 당량 67 μg)
- 비타민 E : 0.8 mg
- 비타민 C : 76 mg

[주요 생리기능 성분(추정기능)]

① Capsanthin(항산화, 항암) : 적색이나 오렌지색의 carotenoid계 색소이다. β-Carotene 보다 강한 항산화 작용을 가지며 유색 피망에 많다.

② Chlorophyll(콜레스테롤치 저하) : 녹색 색소로서 항산화 작용이 있고 발암을 예방하며 녹색 피망에 많다.

③ Capsaicin(지질대사 촉진) : 신미성분으로 살균 · 건위작용이 있으며 피로회복, 감기를 예방한다.

④ Terpene(자율신경 조절작용) : 방향성분으로 자율신경 조절작용이 있다.

⑤ Rutin(모세혈관 기능강화) : 모세혈관을 튼튼히 하고 고혈압이나 동맥경화, 뇌혈관 장해를 예방한다.

[선별 · 보존법]

녹색이 진하고 탄력과 윤기가 있으며 손으로 만져 보아 부드럽고 두터운 육질의 것이 좋다. 겨울에는 상온에서 보존한다. 상온에서 저장하면 2~3일 지나면 신선도가 급격하게 떨어진다. 여름에는 비닐주머니에 넣어 냉장고에 보관하면 1주일 정도는 보관이 가능하다.

가 지

- 분 류: 대분류 → 채소류, 소분류 → 박과 이외 과채류
- 학 명: *Solanum melongena*
- 과 명: 가짓과
- 영 명: Eggplant, aubergine
- 한문명: 가자(茄子), 가(苛), 낙소(落蘇), 조채자(弔菜子)
- 이명(별명): 까지
- 용 도: 열매(식용)
- 수확기: 여름~가을철
- 에너지(100g 당): 22 kcal

[원산지 · 재배역사]

원산지는 인도이며 중국으로는 5세기경에 전해졌다고 한다. 우리나라는 중국으로부터 전해져 신라 때부터 재배된 것으로 추측된다.

[기대되는 작용]

동맥경화 예방, 암 억제, 면역력 증강, 뇌기능 유지 개선, 변비개선, 당뇨병 예방, 고혈압 예방 등에 유효하다. 자색의 색소 성분이 노화를 방지하고 암을 예방한다.

[식물학적 특성]

진한 녹색 색소의 anthocyanin에는 콜레스테롤치를 저하시키는 작용이 있고 동맥경화나 고혈압, 당뇨병 등의 생활습관병의 예방에 유효하다. 이 색소에는 강한 항산화 작용도 있고 노화나 암을 예방하는 작용도 기대된다. 절단 부위를 갈색으로 변색시키는 chlorogenic acid에도 항산화 작용이 있다. 또 고미성 병원균에 대한 저항력을 높이는 작용이 있으므로 피로할 때나 여름살결을 보호하는 식재로서 도움이 된다. 혈압을 정상으로 하는 칼륨도 풍부하고 이뇨작용이 있다. 옛날부터 민간요법에서는 열을 식히고 현기증을 개선하는 작용이 인정되고 있다.

[주요 영양소(가식부 100g 당/과실 · 생)]

- 칼륨 : 220 mg
- 마그네슘 : 18 mg
- β-Carotene : 100 μg(retinol 당량 17 μg)
- 비타민 E : 0.3 mg
- 비타민 C : 4 mg

[주요 생리기능 성분(추정기능)]

① Nasunin(항산화) : 청자의 색소 성분 anthocyanin이다. 강한 항산화 작용으로 암이나 고혈압을 예방한다.

② Alkaloid(면역 조절작용) : 아린 맛이나 고미성분이다. 면역력을 높이고 병원충이나 독소를 체외로 배출한다.

③ Choline(뇌 기능 유지 개선) : 신경전달의 근본이 되는 물질이다. 뇌 내 choline의 농도를 높여 기억력을 향상시킨다. 콜레스테롤을 감소시키고 지방간을 예방한다. 고혈압과 동맥경화를 예방한다.

④ 적혈구 증가 인자(면역기능 강화) : 면역기능을 갖는 혈액인자의 백혈구를 증가시키고 몸의 방어기능을 높인다.

⑤ Scopoletin, scoparone(근육경련 완화) : 신경의 안정작용을 한다.

[선별 · 보존법]

진한 자감색으로 윤기가 있고 표면에 주름이 없으며 야무진 것이 좋다. 절단부위가 윤기가 있고 신선한 것이 선도가 좋다. 상온에서 2~3일 정도 보존이 가능하다. 냉장고에 보관하면 단단해지는 수가 있으므로 피해야 한다. 보통 8~10℃에서 상대습도 95%를 유지하여 저장하면 10일 정도 저장이 가능하다. 그러나 8℃ 이하에서는 가지 속살이 갈변되므로 주의해야 한다.

오크라

- 분 류 : 대분류 → 채소류, 소분류 → 박과 이외 과채류
- 학 명 : *Hibiscus esculentus, Abelmoschus esculentus*
- 과 명 : 아욱과
- 영 명 : Okra, guimbo, lady's finger

- 한문명: 추계(秋季)
- 용 도: 열매(식용)
- 수확기: 여름철
- 에너지(100g 당): 30 kcal

[원산지 · 재배역사]

원산지는 아프리카 북동부이다. 18세기에 미국 남부에서 재배가 시작되었다고 한다. 독특한 청취 때문에 당시는 좋아하지 않았으나 현재는 건강채소로서 주목되어 일반적으로 보급되고 있다. 우리나라에서는 1980년대에 소개되었으며 2000년대 말부터 제주도에서 시험재배하고 있는 새로운 채소이다. 오크라는 1년생 초본으로서 열대성 채소로 월동이 안 되며 서리에 민감하다.

[기대되는 작용]

동맥경화 예방, 암 억제, 당뇨병 예방, 변비개선, 피로회복, 면역력 증가, 피부·점막보호 등이 있으며 끈적끈적한 성분이 콜레스테롤이나 당분의 흡수를 억제한다.

[식물학적 특성]

특유의 점질 성분은 수용성 식이섬유의 pectin이나 다당류의 mucin이다. Pectin은 당분의 소화흡수 속도를 완만하게 하여 혈당치를 안정시킴과 동시에 소장에서는 콜레스테롤의 체내 흡수를 억제하여 혈중 콜레스테롤을 감소시키는 작용을 한다. 또 위벽을 보호하여 단백질의 흡수를 도와 스태미나를 강화한다.

이들 성분에는 공통하여 정장작용이 있고 변비개선에도 유력하다. β-Creotene이나 비타민 B_1, C, 칼슘, 철 등도 균형 있게 함유되어 피로회복이나 운동 후의 무기질 공급에도 도움이 된다. 오크라 일부 종은 독특한 사향 냄새를 이용하여 향수를 만들기도 한다. 익은 종자는 볶아서 커피 대용으로 사용하기도 한다. 종자에는 60%가 향신료로 되어 있고 아프리카에서는 짜서 참기름처럼 조미료로 사용한다.

[주요 영양소(가식부 100g 당/과실 · 생)]

- 칼륨: 260 mg
- 칼슘: 92 mg
- β-Carotene: 670 μg(retinol 당량 110 μg)
- 비타민 B_1: 0.09 mg

- 비타민 C : 11 mg

[주요 생리기능 성분(추정기능)]

① Mucin(면역기능 강화) : 다당류의 수용성 식이섬유이다. 위벽을 보호하여 콜레스테롤이나 당분의 흡수를 억제한다.

② 식이섬유(정장, 항암, 순환기질환 억제) : 소화효소에 의하여 분해되지 않는 성분으로 장내 유익균의 증식을 촉진하므로 변의 양을 증가시키고 장내환경을 조정한다. 콜레스테롤이나 노폐물을 배출하여 동맥경화, 당뇨병 등의 생활습관병, 암을 예방한다. 담즙산의 분비나 생산을 촉진하고 콜레스테롤치를 저하시킨다.

[선별 · 보존법]

길이가 5~6 cm 정도의 작은 뿌리의 것, 콩꼬투리의 각이 뚜렷하고 절단면이 깨끗하며 녹색이 진하고 신선한 털이 부드럽고 균일한 것이 좋다. 건조에 약하므로 폴리주머니에 꼭 봉하여 채소 수납실에 보관한다. 저온에 약하므로 5℃ 이하로 되면 저온장해를 일으키므로 주의를 요한다.

[버섯류의 칼럼]

1. 버섯류의 개요

버섯은 균류의 속칭으로 버섯을 위하여 만든 포자의 생성방법에 따라 담자균류(擔子菌類)와 자낭균류(子囊菌類)로 분류되는데 대부분은 담자균류에 속한다. 그 종류는 수천 종으로 현재 실용되고 있는 것은 약 180여 종이 넘고 있다. 실용적으로 식용버섯, 약용버섯, 독버섯의 세 가지로 나눈다. 식용버섯은 천연버섯과 재배버섯으로 나눈다. 또 재배될 수없는 천연버섯에는 송이(버섯), 밤버섯, 싸리버섯, 송로(松露) 등이 있으며 재배버섯에는 표고(버섯), 느타리(버섯), 목이(버섯), 양송이(버섯) 등이 있으며 약용버섯에는 영지버섯 등이 있다.

2. 버섯류의 특징

① 일반 성분으로는 채소류와 흡사하다.
② 생것의 수분이 약 90%이며 고형분의 약 반은 탄수화물로 이 중에서도 비소화성 당질이 많다. 소량의 glycogen을 함유한다.
③ 버섯류의 조단백질 양은 2～3%로서 이 중 반은 비단백질 상태로서 요소나 유리 아미노산, 핵산관련 물질을 함유한다.
④ 지질은 0.2～0.6%로 극히 적으나 이 중에는 provitamin D_2인 ergosterol 함량이 많은 점이 특징이다.
⑤ 버섯에는 효소류가 많으므로 변질되기 쉽다. 따라서 건조하거나 염장을 한다.
⑥ 버섯류의 식품적 가치는 그 독특한 풍미(향기, 맛)가 있는 기호성이 강한 식품이다. 한편으로는 표고버섯, 양송이를 비롯하여 특수한 생리효과가 있는 성분이 함유되어 있다.

3. 버섯류의 생리활성

포식시대인 오늘날 버섯은 저칼로리식품이며 특유의 향기와 지미 그리고 씹히는 맛이 아주 좋아 밥상에 자주 오른다. 또한 버섯이 나타내는 생리특성(약리효과)으로서 생체방어(면역부활), 생체 동적평행(homeostasis ; 항상성), 체조절 리듬의 조절, 질병 회복능 그리고 암, 뇌졸중, 심장병 등의 성인병에 대한 예방과 개선효과가 지적되고 있다. 이외에 콜레스테롤 저하작용, 고지혈장 개선, 항혈전, 혈압강하, 노인성 치매증 개선 등에 이르기까지 여러 유효한 성분의 증명이 계속되고 있다. 따라서 건강지향식품의 소재로서 주목되어 여러 가지 이용방법이 모색되고 있다.

1) 항종양 활성

*In vitro*로 암세포의 증식을 억제하는 물질(화학요법제)로서 영지로부터 terpenoid류, 좀구멍버섯(*Polyporus versiporas*)이나 아가리쿠스(*Agaricus blazei*)로부터 steroid류가 분리되었고, 화경버섯(*Lampteromyces japonicus*)에서는 lampterol(illudine-S)이 발견되었다. 버섯에는 게르마늄(Ge) 함량이 높은 것으로 알려져 있다. 버섯에 함유된 게르마늄(Ge)이 제암효과와 함께 진통작용에 관여하고 있다고 하지만 자세한 것은 알 수가 없다.

한편 구멍장이버섯과(Polyporacease), 송이과(Tricholomataceae), 주름버섯과(Agaricaceae) 등 대부분의 버섯류로부터 sarcoma 180/mouse, ip 또는 po법을 사용하여 screening 함으로써 *in vivo* 시험에서 현저한 항종양활성을 나타내는 다당체가 몇 개 분리되었다. 이들이 나타내는 항종양활성은 숙주의 면역기능 부활에 기초가 되는 biological response modifiers(BRM)의 일종이라고 생각된다. 이 본체는 어느 것이나 β-(1→3)-D-glucan이었다.

이들 다당체는 항원성이 약하고 부작용이 없는 것이 특징이다. 구름버섯(균사체), 표고(자실체) 그리고 치마버섯(배지 생산물)으로부터 다당체 제암제(면역요법제)가 개발, 실용화되었다. 버섯의 세포벽 성분으로서 널리 존재하는 β-(1→3)-D-glucan과 함께 chitin질(chitin과 chitosan)과 그 화학수식 유도체에도 항종양, 감염증 예방 등의 면역활성이 지적되었다. 아가리쿠스로부터 얻어진 β-(1→6)-D-glucan-protein 복합체(다당 : 단백질 = 50.2 : 43.3, w/w)에도 현저한 항종양활성이 발견되었다. 이외에 아가리쿠스로부터 분자량 약 10,000의 RNA-protein 복합체(75 : 25, w/w)가 얻어졌으며 이것에도 현저한 활성이 인정되었다. 표고의 배양균사체로부터 열수 가용성의 항종다당 KS-2(α-mannan peptide)가 분리되었다.

2) 면역증강 · 항염증작용

버섯으로부터 얻어진 항종양활성을 나타내는 β-D-glucan에는 광범위하고 비특이적인 면역증강활성이 알려져 있다. 영지로부터 분리된 heterogalactan-protein 복합체 등에도 항염증작용, 항allergy 작용이 있다고 한다.

3) 혈당 강하작용

영지에서 얻은 다당 ganoderan A, B, C와 그 단백질 복합체는 마우스의 혈당치를 강하하는 작용이 발견되었다. 또한 영지로부터 알칼리 추출된 다당에서도 역시 혈당강하능이 있다는 것이 판명되었다.

4) 강심작용

토끼, 개, 개구리 등의 심장을 사용한 실험에서 영지를 물로 추출한 추출물에는 강심작용이 있다는 보고가 있으나 버섯으로부터 분리된 순물질에 관해서 증명된 성과는 적다. 풀버섯(*Volvariella volvacea*)에서 활성단백질 volvatoxin, 팽나무버섯(*Flammulina velutipes*)으로부터 flammtoxin이 보고된 것에 지나지 않는다.

5) 혈압 강하작용

영지의 추출물에는 혈압의 강압과 승압의 작용을 조절하여 혈압을 정상으로 하는 성분이 함유되어 있다. 이것은 terpenoid 성분인 granoderic acid B, D, F, H, K, S, Y 이외에 ganoderal A, B 등이며 이들이 antiotensin I 변환효소의 저해제로서 작용하기 때문이다. 또 혈압 강하작용을 나타내는 peptidoglucan, fucofructoglucan 등의 고분자 성분이 보고되어 있다.

6) 콜레스테롤 저하작용

표고에서 얻은 eritadenine(lentinacin, lentysine이라고도 한다)에는 쥐 혈중 콜레스테롤과 중성 지방값을 저하시키는 작용이 있으며 동시에 혈압 강하작용도 확인되었다.

7) 항혈전작용

영지의 물 용해 저분자성분을 silica gel column에 의한 분획에서 얻은 nucleotide AMP와 GMP에 마우스 혈소판 응집저지활성이 인정되어 여기에서 상당히 강한 활성을 나타내는 물질이 얻어졌지만 본체의 동정은 하지 못하였다. 한편 표고에 존재하는 nucleoside나 nucleotide 중에서 lentinacin, deoxylentinacin, 5'-AMP, 5'-GMP는 강한 항혈전 활성이 인정되었다.

8) 항바이러스 작용

표고의 포자로부터 항바이러스 활성(Influenza 감염증)이 있는 당단백질이 보고되었다. 표고에서 분리된 제암성 작용을 나타내는 β-D-glucan(lentinan 등)과 균상 재배된 표고균사체의 자기소화 산물에서 분리된 가용성의 lignin-당단백질 복합체는 AIDS virus(HIV)에 유효하다는 보고도 있다.

느타리

- 분 류: 대분류 → 버섯류
- 학 명: *Pleurotus ostreatus*
- 과 명: 느타리과
- 영 명: Oyster mushroom
- 한문명: 평용(平茸), 평고(平菇), 금화고(金華菇)
- 이명(별명): Hiratake
- 용 도: 자실체(식용)
- 수확기: 봄~가을철
- 에너지(100g 당): 20 kcal

[원산지 · 재배역사]

열대에서 아열대까지 광범한 지역에 분포하고 있다. 옛날부터 식용되어 왔으며 손을 편 모양과 유사하므로 붙여진 이름이라 한다. 느타리는 원래 늦가을 활엽수의 고목에 발생하는 반원형 또는 부채꼴 버섯이다. 재배방법이 개발되어 인공재배가 이루어지는데 톱밥이나 폐 솜을 넣은 병에서 배재하는 병재배, 볏짚을 이용한 다단 재배를 하기도 한다.

[기대되는 작용]

암 억제, 면역력 강화, 동맥경화 예방, 고혈압 예방, 빈혈개선 등에 유효하며 칼슘의 흡수를 촉진한다.

[식물학적 특성]

버섯 중에서 비타민 B군이 많다. 특히 숙취의 원인이 되는 acetaldehyde를 분해하는 niacin이 많으므로 삶아서 술안주로 하면 숙취 예방에 효과가 있다. 천연의 것은 광엽수의 절단부위에서 많이 생겨나며 갓은 육질이 두껍고 맛이 좋다. 인공 재배한 느타리버섯은 갓이 작고 천연의 것과는 맛과 향이 전혀 다르다. 대만, 한국, 유럽에서도 재배되고 있으나 어리고 부드러운 것을 좋아한다.

[주요 영양소(가식부 100g 당/생)]

- 칼륨: 340 mg

- 비타민 D : 1 μg
- 비타민 B_1 : 0.419 mg
- 비타민 B_2 : 0.4 mg
- 나이아신 : 10 mg

[주요 생리기능 성분(추정기능)]

① β-Glucan(면역기능 증강, 항암, 철 흡수 촉진) : 버섯의 중요 성분으로 다당류의 식이섬유의 일종이다. 바이러스에서 몸을 보호하는 백혈구의 면역세포의 작용을 활발하게 작용하여 면역기능을 증강한다. 발암, 암의 증식을 억제한다. 생활습관병을 예방하고 철의 흡수를 촉진한다.

② 식이섬유(정장, 항암, 순환기질환 억제) : 장내 유익균의 증식을 촉진하여 장내 환경을 조정하고 암을 예방한다.

[선별 · 보존법]

갓의 색이 균일하고 윤기가 있는 것이 좋다. 황색으로 되어 있거나 늘어뜨리어 밑으로 쳐져 있는 것은 성장이 지나친 것이므로 피해야 한다. 건조하면 식감이 떨어지므로 랩으로 싸서 폴리주머니에 넣어 냉장고의 채소 수납실에 보관한다. 냉동 보존도 가능하다.

송 이

- 분 류 : 대분류 → 버섯류
- 학 명 : *Teicholoma matsutake*
- 과 명 : 송이과
- 영 명 : Tree ear, pine musroom
- 한문명 : 송이(松栮)
- 이명(별명) : Matsutake
- 용 도 : 자실체(식용)
- 수확기 : 가을철
- 에너지(100g 당) : 23 kcal

[원산지 · 재배역사]

세계 각지에서 재배되고 생산량은 버섯 중에서 최고이다. 주로 적송 산림에서 생육하는 버섯이다. 인공재배를 할 수 없어 송림지대에서 채취하는 향기 좋은 송이의 원산지는 한반도를 포함한 동북아의 송림지대로 소나무 뿌리에 공생하는 식물이다. 기록으로 미루어 보아 한반도에서는 삼국시대부터 이용한 것으로 추정한다. 송이의 주산지는 경북 울진, 영주, 봉화 지방과 강원도 강릉, 양양이다.

[기대되는 작용]

암 억제, 면역력 강화, 빈혈개선, 변비개선, 비만억제 등에 유효하다.

[식물학적 특성]

송이는 재배법이 확립되어 있지 않아 대부분 천연의 것이다. 특유한 향 성분은 주로 octenol과 계피산 methyl ester 등의 성분으로 식욕을 증진시키고 살결이나 머리털을 만드는 단백질 합성을 돕는 비타민 B_6을 함유한다. Niacin은 지질이나 당질의 대사를 돕고 중성지방을 줄이는 효과가 있다. 또 면역기능을 활성화하는 β-glucan은 높은 항암작용이 있다는 보고도 나오고 있다.

[주요 영양소(가식부 100g 당/생)]

- 칼륨 : 410 mg
- 아연 : 0.8 mg
- 비타민 D : 4 μg
- 비타민 B_6 : 0.15 mg
- 나이아신 : 8 mg

[주요 생리기능 성분(추정기능)]

① Matsukateol, isomatsuakeol : 송이의 특유 성분이다.

② β-Glucan(면역기능 증강, 항암, 철 흡수 촉진) : 버섯의 주성분이며 다당류의 식이섬유 일종이다. 바이러스에서 몸을 보호하는 백혈구의 면역세포 작용을 활발하게 하여 면역력을 증강한다. 발암, 암의 증식을 억제하고 생활습관병을 예방한다. 철의 흡수를 촉진한다.

③ 식이섬유(정장, 항암, 순환기질환 억제) : 장내 유익균을 활성화하여 변의 양을 증가시켜 장내환경을 조정한다.

[선별 · 보존법]

축이 크고 단단하며 탄력이 있는 것을 고른다. 부드러우면 벌레가 먹을 가능성이 있다. 갓이 반 정도 열리고 이면이 주름이 희고 습기를 띠고 있는 것이 좋다. 신문지 등으로 싸서 냉장고에 보관한다. 둥근 그대로 랩으로 싸고 다시 알루미늄 호로 밀폐하여 냉동 보존하면 오래 갈 수 있다. 요리 시는 반해동하여 사용한다.

표 고

- 분 류: 대분류 → 버섯류
- 학 명: *Lentinus edodes, Lentinula edodes*
- 과 명: 느타리과
- 영 명: Oak mtsutake
- 한문명: 추이(椎栮)
- 이명(별명): Shiitake
- 용 도: 자실체(식용/생)
- 수확기: 봄과 가을철
- 에너지(100g 당): 18 kcal

[원산지 · 재배역사]

최초로 식용한 것은 광엽수가 많은 중국의 남부지방이라고 한다. 한국, 일본, 중국, 파푸아뉴기니, 뉴질랜드, 인도 등에 고루 분포하기는 하지만 이 중 파푸아뉴기니가 원산지인 것으로 추정한다. 일본과 중국에서는 1930년대부터, 한국은 1960년대부터 재배가 이루어졌다. 이 버섯은 사물 기생균으로서 나무류에 기생하는 목재부후균이다.

[기대되는 작용]

암 억제, 면역력 증가, 동맥경화 예방, 뼈의 강화, 고혈압 예방, 빈혈개선 등에 유효하다. 표고 특유의 항암성분인 lentinan이 풍부하다.

[식물학적 특성]

자외선을 받으면 비타민 D로 변하는 ergosterol을 풍부히 함유하고 있다. 비타민

D에는 칼슘 흡수를 돕는 작용이 있고 뼈를 튼튼히 하여 골다공증 예방에 도움이 된다. 신진대사를 활발하게 하는 eritadeine은 콜레스테롤의 체외 배출을 촉진하는 작용이 있다고 한다. 풍부한 식이섬유에 의하여 고혈증이나 동맥경화 예방에도 기대된다. 또한 면역력을 높이는 다당류의 β-glucan이나 LEM도 알려져 있다. 또 다른 버섯에는 없는 항암성분인 lentinan을 풍부히 함유하여 암 예방 식품소재로서 그 효과가 기대되고 있다.

[주요 영양소(가식부 100g 당/생표고・생)]

- 칼륨 : 280 mg
- 비타민 D : 2 μg
- 비타민 B_1 : 0.4 mg
- 비타민 B_2 : 0.19 mg
- 나이아신 : 3.8 mg

[주요 생리기능 성분(추정기능)]

① Eritadeine(콜레스테롤의 저하) : 표고의 특유 성분이다. 콜레스테롤을 감소하여 혈압을 강하한다.
② Lentinan(면역기능 증강) : 면역력을 높여 철 흡수를 촉진한다.
③ β-Glucan(면역기능 증강, 항암, 철 흡수 촉진) : 백혈구의 면역세포 작용을 활발하게 하여 면역력을 증가하고 발암을 억제한다.
④ LME(면역기능 증강) : 표고 균사체이며 면역력을 높여 암을 억제한다.
⑤ Ergosterol(뼈의 강화) : 일광에 닿으면 비타민 D로 변환되고 칼슘의 흡수를 돕는다.
⑥ 식이섬유(정장, 항암, 순환기질환 억제) : 노폐물을 배출한다.

[선별・보존법]

육질이 두껍고 갓이 크고 열리지 않은 것이 좋다. 선도가 떨어지면 갓이 열린다. 갓의 이면이 희고 주름의 털이 나와 상처나 얼룩이 생기지 않은 것을 고른다. 젖으면 상하기 쉬우므로 물기에 접촉되지 않게 냉장고 채소 수납실에 보관한다.

PE나 랩으로 포장하면 봄 표고는 1℃에서 30일간, 가을 표고는 60일간 저장이 가능하다.

양송이

- 분 류: 대분류 → 버섯류
- 학 명: *Agaricus bisporus*
- 과 명: 주름버섯과
- 영 명: Button mushroom, white mushroom, common white
- 한문명: 서양송이(西洋松栮), 마고(蘑菇)
- 이명(별명): Mushroom
- 용 도: 자실체(식용)
- 수확기: 가을철
- 에너지(100g 당): 11 kcal

[원산지 · 재배역사]

세계 각지애서 재배되고 생산량은 버섯 중에서 최고이다. 원산지는 전 세계에 분포하는데 서구에서는 1700년대 무렵에 인공재배에 성공하였다. 우리나라는 일본으로의 수출을 위하여 1960년대 말부터 재배를 시작하였으나 이윤 비율이 낮아 1980년대부터는 국내 소비량에 맞추어 생산하고 있다. 양송이의 갓 색깔에 따라 백색, 크림색, 갈색 등으로 나누는데 육성한 계통에 따라 다소 모양이나 색에 따라 차이가 있다. 가공용으로는 주로 백색종을 많이 사용한다.

[기대되는 작용]

암 억제, 동맥경화 예방, 면역력 강하, 당뇨병 예방, 고혈압 예방, 세포노화 방지, 비만억제, 뼈의 강화 등에 유효하다.

[식물학적 특성]

갓의 색이 브라운, 크림, 화이트의 3종류가 있으며 성분의 차이는 거의 없다. 지질대사를 촉진하여 피로회복에 도움을 주는 비타민 B_2가 풍부하다. 식이섬유도 많고 에너지가 낮으므로 고지혈중, 당뇨병, 비만 예방에 유효하다. 칼륨은 나트륨(염분)을 배출하여 고혈압을 예방한다. 장내의 이상발효를 방지하는 물질을 함유하여 구취나 체취, 배설물의 냄새를 억제하는 작용이 있다. 세계에서 가장 많이 재배되는 버섯으로 독특한 텍스쳐가 좋아 샐러드나 조림요리 등 요리에 다각도로 사용된다.

[주요 영양소(가식부 100g 당)]

- 칼륨 : 350 mg
- 인 : 100 mg
- 구리 : 0.32 mg
- 비타민 D : 1 μg
- 비타민 B_1 : 0.4 mg
- 비타민 B_2 : 0.29 mg

[주요 생리기능 성분(추정기능)]

① Glutamic acid(뇌신경 기능 유지) : Glutamic acid의 일종으로 지미성분이다. 세포재생을 촉진한다.

② β-Glucan(면역기능 증강, 항암, 철 흡수 촉진) : 버섯의 주성분이며 다당류의 식이섬유 일종이다. 바이러스에서 몸을 보호하는 백혈구의 면역세포 작용을 활발하게 하여 면역력을 증강한다. 발암, 암의 증식을 억제하고 생활습관병을 예방한다. 철의 흡수를 촉진한다.

③ 식이섬유(정장, 항암, 순환기질환 억제) : 장내 유익균을 활성화시켜 변의 양을 늘리고 장내환경을 정비한다.

④ L-Ergothioneine(항산화제) : 강한 항산화제이다.

[선별 · 보존법]

갓이 열리지 않고 둥글며 반들반들하는 것이 좋다. 축이 굵고 야무지며 탄력이 있는 것을 고른다. 백색종에서 지나치게 흰 것은 표백을 한 가능성이 있다. 생의 백색종은 자르면 변색되므로 자른 부위에 레몬 즙 등의 산미의 것을 뿌려둔다. 랩으로 포장하여 3℃에서 냉장 보관하면 2～3주일, 6℃에서는 15일간 저장이 가능하다.

싸리버섯

- 분 류 : 대분류 → 버섯류
- 학 명 : *Ramaria botrytis*(Pers. ex Fr)
- 과 명 : 싸리버섯과
- 영 명 : Clustered coral
- 용 도 : 자실체(식용)

- 수확기 : 여름철
- 에너지(100g 당) : 278 kcal

[원산지 · 재배역사]

한국, 일본, 유럽, 아메리카, 북반구 온대지방에서 재배되고 있다. 가을에 활엽수림 땅 위에서 군생 또는 단생한다.

[기대되는 작용]

거풍(祛豊), 화위기(和胃氣), 활혈(活血) 등에 유효하며 한방에서는 항종양, 항그램음성세균(*Salmonella typhi*)에 응용한다.

[주요 영양소(가식부 100g 당)]

- 단백질 : 2.8%
- 지방 : 0.6%
- 탄수화물 : 4.3%
- 섬유소 : 1.4%
- 나이아신 : 46.3 mg
- 엽산 : 23.2 μg

[주요 생리기능 성분(추정기능)]

① Ergosterol : 구루병 예방효과가 있다.

② Pectin(식이섬유의 일종) : 콜레스테롤 강하작용, 항 혈전작용, 항암작용을 한다.

③ Lignin(불용성 식이섬유의 성분) : 대변 양의 증가, 소화관에서 음식물의 체류시간을 단축한다.

팽이버섯

- 분 류 : 대분류 → 버섯류
- 학 명 : *Flamulina velutipes*(Curt. ex Fr) Sing
- 과 명 : 송이과
- 영 명 : Winter mushroom, Enokitake

- 이명(별명) : 동고(冬菇)
- 용 도 : 자실체(식용)
- 수확기 : 겨울철
- 에너지(100g 당) : 22 kcal

[원산지 · 재배역사]

세계 각지에서 분포가 넓게 재배되고 있다. 늦가을부터 이듬해 봄에 걸쳐 감나무, 뽕나무, 아카시아, 포플러 등 각종 활엽수의 고목이나 그루터기에 다수 속생한다. 눈이 쌓이는 겨울에도 발생하는 내한성 균이다.

[기대되는 작용]

암 억제, 동맥경화 예방, 골의 강화, 면역력 강화, 고혈압 예방, 빈혈개선, 피로회복 등에 유효하다. 콜레스테롤을 줄이고 얼굴살결이 거치러지는 것을 예방한다.

[식물학적 특성]

비타민 D와 같이 ergosterol이 풍부하다. 지질대사를 촉진하는 비타민 B_2도 많다. Glyhorin, neoglyhorin에도 콜레스테롤치를 낮추어 주는 작용이 있으므로 고지혈증, 동맥경화 등의 예방에 효과적이다. 감기나 근육회복을 방지하는 비타민 B_1이 생표고에 많고 피로회복에도 도움이 된다. 습진이나 살결을 거칠게 하는 것을 해소하는 niacin도 풍부하다. 천연의 것은 겨울철에 수확한 것이 맛이 좋고 색은 황색을 띠면서 갈색화 된다. 백색의 것이 대부분이나 갈색의 것도 있다.

[주요 영양소(가식부 100g 당)]

- 칼륨 : 340 mg
- 인 : 110 mg
- 비타민 D : 1 μg
- 비타민 B_1 : 0.24 mg
- 나이아신 : 68 mg

[주요 생리기능 성분(추정기능)]

① β-Glucan(면역기능 증강, 항암, 철 흡수 촉진) : 버섯의 주성분이며 다당류의

식이섬유 일종이다. 바이러스 등 몸을 지키는 백혈구의 면역세포 활동을 활발하게 하여 면역력을 증강한다. 발암, 암의 증식을 억제하고 생활습관병을 예방한다. 철의 흡수를 촉진한다.

② Eritadenine(콜레스테롤치 저하): 혈중 콜레스테롤을 감소시켜 동맥경화나 고혈압을 예방한다.

③ 식이섬유(정장, 항암, 순환기질환 억제): 장내 유익균을 활성화하여 변의 양을 늘리고 장내환경을 조정한다. 콜레스테롤이나 노폐물을 배출하여 생활습관병이나 암을 예방한다.

[선별 · 보존법]

재배품은 전체적으로 보아 변색된 것이 없어야 하고 축(기둥)은 튼튼하고 갓이 열리지 않은 것이 좋다. 뿌리가 변색된 것이나 갓이 상처받은 것은 선도가 떨어진 것이므로 피해야 한다. 시장에 출하되고 있는 것은 냉장고에 보관이 가능하다.

목이버섯

- 분 류: 대분류 → 버섯류
- 학 명: *Auricularia auricula*
- 과 명: 목이과
- 영 명: Black mushroom, judas-ear, woody ear, tree ear(Kikurage)
- 한문명: 목이(木耳)
- 이명(별명): Kikurage
- 용 도: 자실체(식용)
- 수확기: 여름~가을철
- 에너지(100g 당): 167 kcal

[원산지 · 재배역사]

유럽이나 아시아를 위시하여 세계 각지에 분포한다. 광엽수의 마른 가지에 군생한다. 나무에 기생하여 귀와 같이 보이므로 목이(木耳)라 이름 지었다. 목이버섯은 전 세계적으로 10여 종이 분포되어 있으며 우리나라에서는 7종이 자생하고 있다. 근래에 와서 인공재배도 하고 있다.

[기대되는 작용]

암 억제, 동맥경화 예방, 면역력 강화, 뼈의 강화, 빈혈개선, 고혈압 예방, 비만억제, 변비개선 등에 유효하다.

[식물학적 특성]

칼슘, 철분, 칼륨 등의 무기물이 풍부하여 빈혈이나 고혈압을 예방하는 작용이 있다. 풍부히 함유되어 있는 ergosterol은 일광 건조에 따라 비타민 D로 변환되고 칼슘의 흡수를 촉진하므로 골다공증의 예방에 효과적이다. 건조품은 식이섬유의 함유량은 버섯 중에서 제일 많다. 비만이나 변비를 개선하고 정장작용이나 대장암 등의 예방효과도 기대된다. 그리고 콜레스테롤의 흡수를 억제하므로 동맥경화 등의 예방에 효과적이다. 또 비타민 B_1, B_2, E 등도 풍부하여 여름철 거친 얼굴살결 노화방지와 피로회복, 노화방지에 도움이 된다.

[주요 영양소(가식부 100g당/건조)]

- 칼륨 : 1,000 mg
- 칼슘 : 310 mg
- 망간 : 6.18 mg
- 비타민 D : 440 μg
- 비타민 B_1 : 0.19 mg

[주요 생리기능 성분(추정기능)]

① β-Glucan(면역기능 증강, 항암, 철 흡수 촉진) : 버섯의 중요 성분이며 다당류의 식이섬유 일종이다. 바이러스로부터 몸을 보호하는 백혈구의 면역세포 작용을 활발하게 작용하여 면역기능을 증강한다. 발암, 암의 증식을 억제하고 생활습관병을 예방한다. 철의 흡수를 촉진한다.

② 식이섬유(정장, 항암, 순환기질환 억제) : 소화효소에 의하여 분해되지 않으므로 장내 유익균의 증식을 촉진하여 변의 양을 증가시켜 장내환경을 조정한다. 콜레스테롤이나 노폐물을 배출하고 동맥경화, 당뇨병 등의 생활습관병과 암을 예방한다.

[선별 · 보존법]

생것은 색이 진하고 전체적으로 건조품은 야무지게 건조되어 크고 가벼우며 표면이 검은 것을 고른다. 생것은 랩으로 싸서 폴리주머니에 넣어 냉장고에 보관한다. 건조한 것은 곰팡이가 생기지 않게 건조제를 넣어 밀폐용기에서 보존한다.

영지버섯

- 분 류: 대분류 → 버섯류
- 학 명: *Ganoderma lucidum*(Leyss. ex Fr.) Karst.
- 과 명: 불로초과
- 한문명: 불로초, 색깔에 따라 적지(赤芝), 흑지(黑芝), 청지(青芝), 자지(紫芝)
- 이명(별명): 만년버섯
- 용 도: 자실체(식용, 약용)
- 수확기: 가을철
- 에너지(100g 당): 289 kcal

[원산지 · 재배역사]

온대성으로 천연물은 초여름에서 여름에 걸쳐 잡목림이나 과수원의 광엽수 절단 나무통, 넘어진 나무 등에서 자란다. 1937년 일본에서는 인공배양에 성공하여 연구가 시작되었고 1971년에는 세계에서 처음으로 재배가 이루어졌다. 중국의 고전『신농본초경(神農本草經)』에「적흑청백황자지(赤黑青白黃紫芝)」로 기재되어 있다.

[기대되는 작용]

고혈압 예방, 동맥경화 예방, 고지혈증 개선, 노화예방, 항종양효과, 항 에너르기 작용, 강장, 진정, 자보(滋補), 양신익정(養神益情), 면역, 소염, 정혈(精血), 심부전증, 뇌졸중, 불면증 등에 유효하다.

[식물학적 특성]

자실체는 옻칠을 한 것처럼 광택 나는 버섯으로 1년생이다. 표면은 각피로 덮이고 적자갈색이며 동심상의 얕은 고리홈이 있다. 재배 · 약용하며 시기는 1년 중, 장소는 활엽수의 뿌리 밑둥이나 그루터기에 난다. 한국, 북반구 온대 이북에 분포한다.

[주요 영양소(가식부 100g 당/건조)]

- 칼륨 : 279 mg
- 칼슘 : 109 mg
- β-Carotene : 2 μg
- 인 : 126 mg
- 나이아신 : 4.6 mg

[주요 생리활성 성분]

① Coumarin : 항암효과가 있다.
② Glucosamine : 관절 연골보호, 항 염증작용, 관절염 치료 및 예방한다.
③ Betaine : 항산화 작용을 한다.

[주요 생리기능 성분(추정기능)]

① 부신피질 기능의 개선효과
② 만성기관지와 천식치료 효과
③ 백혈구 증가 효과
④ 망상내피계에 대한 작용
⑤ 항 에네르기 작용
⑥ 항암효과
⑦ 동맥경화증 예방
⑧ 노화 예방효과
⑨ 고지혈증 개선

새송이

- 분 류 : 대분류 → 버섯류
- 학 명 : *Pleurotus eryngii*(DC ex Fr.) Quel.
- 과 명 : 느타리과
- 영 명 : King oyster mushroom
- 이명(별명) : 큰 느타리, 새 느타리, 히말리야 느타리
- 용 도 : 자실체(식용)
- 수확기 : 통년

- 에너지(100g 당) : 24 kcal

[원산지 · 재배역사]

아열대지방의 대초원에서 시작으로 유럽 남부, 중앙아시아, 아프리카 북부, 러시아 남부에서 자생하는 버섯으로 우리나라에서는 『새송이』이라 불리며 맛과 향이 좋아 그 수요가 늘고 있다.

[기대되는 작용]

암 억제, 면역력 강화, 동맥경화 예방, 변비개선, 고혈압 예방, 당뇨병 예방, 빈혈개선, 비만억제 등에 유효하다.

[식물학적 특성]

식이섬유가 많고 지방을 추출하므로 지방의 섭취 과잉에 의한 지방간이나 비만 예방에 효과적이다. 또 식이섬유는 수분을 흡수하여 장의 벽을 자극하므로 변비를 예방한다. 칼륨도 많이 함유하여 나트륨(염분) 배출을 촉진함으로써 고혈압 예방에도 도움이 된다. 열을 가열하여도 성분이 손실하지 않으므로 볶음이나 지짐 등 각종 요리에 이용된다.

[주요 영양소(가식부 100g 당)]

- 칼륨 : 460 mg
- 인 : 120 mg
- 비타민 D : 2 μg
- 비타민 B_1 : 0.14 mg
- 나이아신 : 8.1 mg

[주요 생리기능 성분(추정기능)]

① β-Glucan(면역기능 증강, 항암, 철 흡수 촉진) : 버섯의 주성분이며 다당류의 식이섬유 일종이다. 바이러스 등에서 자기를 지키는 백혈구의 면역세포 작용을 활발하게 하여 면역력을 증강하여 발암과 암의 증식을 억제한다. 생활습관병을 예방하고 철의 흡수를 촉진한다.

② 식이섬유(정장, 항암, 순환기질환 억제) : 장내 유익균의 증식을 촉진하여 변의

양을 증가시켜 장내환경을 조정한다. 콜레스테롤이나 노폐물을 배출하여 동맥경화, 당뇨병 등의 생활습관병이나 암을 예방한다.

[선별 · 보존법]

전체적으로 시들어서 쭈그러지거나 변색되지 않고 싹이 두텁고 탄력이 있는 것이 좋다. 갓은 엷은 갈색으로 갓이 다 열리지 않은 것을 고른다. 랩으로 싸서 냉장고의 채소 수납실에 보관한다. 그다지 유통기간이 길지 않으므로 빨리 먹는 것이 좋다.

목질진흙버섯(상황버섯)

- 분 류: 대분류 → 버섯류
- 학 명 : *Phellinus linteus*(Berk, et Curt.) Teng, *Phellinus yucatensis*(Murr.) Imaz.
- 과 명: 소나무비늘버섯과
- 한문명: 상황(桑黃)
- 이명(별명): 상황버섯
- 용 도: 자실체(식용, 약용)
- 수확기: 통년
- 에너지(100g 당): 182 kcal

[원산지 · 재배역사]

다년생 활엽수 특히 뽕나무, 산벚나무 등 입목 혹은 고목 위에서 자라는 목재 백색 부후성 버섯이다.

[기대되는 작용]

한방에서는 소화기계 암, 건위, 자궁출혈 및 대하, 장출혈, 해독, 정장에 자실체를 탕으로 이용한다.

[식물학적 특성]

갓은 목질로 너비 6~15 cm, 두께 2~5(10)cm이며 반원형 또는 말굽형이다. 표면은 초기에 암갈색 털이었으나 차차 없어지며 특히 뽕나무, 산벚나무 등 입목 혹은 고목 위에 단생하는 목재 백색 부후성 버섯이다.

[주요 영양소(가식부 100g 당)]

- 칼륨 : 463 mg
- 칼슘 : 35 mg
- 비타민 B_2 : 268 mg
- 나이아신 : 5.2 mg

[주요 생리기능 성분(추정기능)]

Succinic acid, *p*-hydroxyphenylacetic acid methyl ester, *n*-acetyl tyramine 분리된다.

갓버섯

- 분 류 : 대분류 → 버섯류
- 학 명 : *Lepiota procera*(Scop. ex Fr.) S. F. Gray, *Macrolepiota procera*(Scop. ex Fr.) Sing
- 과 명 : 주름버섯과
- 이명(별명) : 말똥버섯(제주도)
- 용 도 : 자실체(식용)
- 수확기 : 여름~겨울철

[원산지 · 재배역사]

여름부터 가을에 산림, 대나무 숲, 풀밭, 목장 등에서 단생 또는 군생하는 외생균근성 버섯이다.

[기대되는 작용]

한방에서는 구강 통증, 입술 통증, 소화촉진 등에 응용하고 민가에서는 볶아서 건강증진에 복용하다. Isoleucine, leucine, lysine methionine, phenylalnine, threonine, tryptophan, valine 등 아미노산 20여 종이 확인되었다.

나도팽나무버섯(맛버섯)

- 분 류: 대분류 → 버섯류
- 학 명: *Pholiota nameko*
- 과 명: 독창버섯과
- 일 명: Nameko
- 한문명: 활자(滑子)
- 이명(별명): 맛버섯
- 용 도: 자실체(식용)
- 수확기: 가을철
- 에너지(100g 당): 26 kcal

[원산지 · 재배역사]

중국이나 대마도에도 분포되나 식용으로 하는 나라는 일본과 한국 정도이다. 표면이 점질물질로 덮어져 있다. 가을 활엽수의 그루터기, 고목 위에 군생 또는 속생한다.

[기대되는 작용]

위궤양 예방, 면역력 강화, 당뇨병, 고혈압, 빈혈예방, 동맥경화 예방 등에 유효하다. 위의 점막을 배출하고 유해물질을 배출한다.

[식물학적 특성]

전체를 덮은 점조성 물질은 최대의 특징이다. 이 점질물의 주성분은 mucin이라는 수용성 다당류이다. Mucin은 콜레스테롤이나 발암물질을 흡착하여 변으로 배출시키므로 동맥경화나 암의 예방에 유효하다. 체내에 들어온 유해물질을 배출시키는 작용이 있고 dioxane이나 O157 등에 대한 효과도 기대된다. 또 위의 점막을 보호하여 위궤양 등의 예방에도 도움이 되는 외에 자양강장 작용도 기대된다. 천연의 것은 늦은 가을에서 겨울에 걸쳐 광엽수의 넘어진 나무에서 군생한다. 어릴 때 수확한 것은 재배 품에 비하여 성장하여 갓이 열린 천연 쪽이 맛과 향이 좋다.

[주요 영양소(가식부 100g 당/생)]

- 칼륨: 230 mg

- 마그네슘 : 10 mg
- 철 : 1.2 mg
- Folic acid : 58 μg
- 비타민 B_2 : 0.1 mg

[주요 생리기능 성분(추정기능)]

① Mucin(면역기능 강화) : 점질성 물질 성분으로 위벽을 보호하고 콜레스테롤, 당분의 흡수를 억제한다. 단백질 흡수를 도와 간장·신장 기능을 강화한다.
② β-Glucan(면역기능 강화, 항암, 철 흡수 촉진) : 백혈구의 면역세포 작용을 활발하게 하여 면역력을 강화함으로써 발암, 암의 증식을 억제하고 생활습관병을 예방한다. 철의 흡수를 촉진한다.
③ 식이섬유(정장, 항암, 순환기질환 억제) : 노폐물 배출을 돕는다.

[선별·보존법]

육질이 단단하고 야무진 것, 색이 진하고 윤기가 있으며 강한 것이 좋다. 갓이 열리면 상하기 쉽다. 포장 그대로 냉장고의 채소 수납실에 보관하고 2～3일 안에 먹는다. 뿌리가 붙은 것으로 폴리주머니에 나누어 냉장고에 보관하면 좋다.

황금뿔나팔버섯

- 분 류 : 대분류 → 버섯류
- 학 명 : *Chantharellus aureus*
- 과 명 : 꾀꼬리버섯과
- 용 도 : 자실체(식용)

[원산지·재배역사]

가을철 소나무 숲의 땅에 무리를 지어 자란다. 버섯 갓은 지름 1～3 cm이고 깔때기 모양이며 갓 가장자리는 물결모양이다. 갓의 표면은 연한 장미색 또는 연한 주등색이며 버섯 갓의 아랫면은 얕은 주름살이 있고 흰색에 가깝다. 버섯 대는 굵기 2～4 mm이고 원기둥 모양이며 주황색이다. 한국, 중국, 일본 등에 분포한다.

동충하초

- 분 류: 대분류 → 버섯류
- 학 명: *Cordyceps militaris*(붉은 동충하초), *Coeyeps sinenis*, *Cordyceps sobolifera*(매미 동충하초), *Cordyceps sphecocephala*(벌 동충하초)
- 과 명: 동충하초과
- 영 명: Plant worm
- 한문명: 동충하초(冬虫夏草)
- 용 도: 자실체(식용, 약용)
- 수확기: 여름~가을철)
- 에너지(100g 당): 265 kcal

[원산지 · 재배역사]

자낭균의 포자가 곤충(벌, 나비, 나방, 매미, 갑층류의 우충, 성충)에 기생하여 그 체내에서 균핵을 충만시키고 나서 시기가 오면 그 두부나 관전부에서 막대모양의 자실체를 신장하는 것의 총칭이다. 전체를 음건하여 응용한다. 동충하초의 마른 여름이 되어 충(虫)이 버섯으로 변하는 모양을 나타내고 중국에서는 충초(虫草)라고 한다. 세계적으로 350~400종이 알려져 있다.

[기대되는 작용]

① 중추신경에 대한 작용: 진정작용, 항 경련작용, 체온 강화작용을 한다.
② 호흡계통에 대한 작용: 기관지 확장작용, 담 제거작용을 한다.
③ 심장혈관 계통에 대한 작용: 심장박동 완만작용, 혈압 강화작용, 콜레스테롤 강하작용, 산소결핍 내구작용, 항혈소판 응축작용 등이 있다.

[식물학적 특성]

인시류(나비 · 나방)에 기생한다. 자실체는 번데기의 사체 머리 부분에서 나며 곤봉상이고 높이 3~6 cm로 율질이다. 자낭각은 머리 부분의 표피 하에 파묻히고 술병모양이다. 분포는 한국, 일본, 전 세계적이다.

[동충하초의 효과]

① 남성의 강정효과(면역력 증강작용)가 있다.
② 여성의 생리와 부인병에 효과가 있다.
③ 당뇨병에 효능이 있다.
④ 항암효능과 피로회복에 효과가 있다.
⑤ 중추신경계통에 효과가 있다.

흰들버섯(신령버섯)

- 분 류: 대분류 → 버섯류
- 학 명: *Agaricus blazei* Murill
- 과 명: 주름버섯과
- 영 명: Sun mushroom
- 이명(별명): Shimeji(일명), Hime matsutake, Kawariharatake, 아가리쿠스버섯
- 용 도: 자실체(식용)
- 수확기: 가을철
- 에너지(100g 당): 14 kcal

[원산지 · 재배역사]

향송이버섯 또는 맛버섯이라고도 하며 버섯 중에서 맛이 좋다고 한다. 특히 천연의 흰들버섯은 재배가 곤란하여 아주 비싸다.

[기대되는 작용]

암 억제, 면역력 강화, 고혈압 예방, 세포노화 방지, 뼈의 강화, 빈혈개선 등이 있으며 혈압을 상승시키는 효소의 작용을 억제한다.

[식물학적 특성]

천연의 흰들버섯은 가을에 산의 미근(尾根: 산등성이)에 가까운 적송과 잡목이 섞인 수풀에서 자생하며 재배가 어려워 입수하기 어렵다. 일반적으로 shimeji류에는 혈압 상승의 원인으로 되는 효소의 작용을 억제하는 성분이 함유되어 고혈압 예방에 유효하다. 세포를 활성화시키는 비타민 B_2도 많고 얼굴을 거칠게 하는 것을 개선하여 미용에도 좋다고 한다.

[주요 영양소(가식부 100g 당/흰들버섯 · 생)]

- 칼륨 : 300 mg
- 철 : 1.1 mg
- 구리 : 0.36 mg
- 비타민 B_2 : 0.5 mg
- 비타민 D : 4 ㎍

[효능과 효과]

① 면역기능 악화가 원인인 모든 질병에 효과가 있다 : 항 종양효과, 제암효과, 암 예방 효과와 전이 방지효과, 당뇨병 개선 효과(혈당 강하), 콜레스테롤 저하, 동맥경화 개선(혈압 강하) 효과가 있다.

② 그 외의 효능 : 순환기계통, 소화기계통, 내분비계통, 뇌신경계 계통, 호흡기계통, 생식기계통, 비뇨기계통, 피부계통, 기타 작용 등이 있다.

[주요 생리기능 성분(추정기능)]

① Guanylic acid(세포기능 활성화) : 아미노산의 일종으로 지미성분이다. 세포 재생을 촉진한다.

② β-Glucan(면역기능 강화, 항암, 철 흡수 촉진) : 버섯의 주성분이며 다당류의 불용성 식이섬유의 일종이다. 바이러스로부터 몸을 지키는 백혈구의 면역세포 작용을 활발하게 하여 면역력을 증강시킴으로써 발암, 암의 증식을 억제한다. 생활습관병을 예방하고 철의 흡수를 촉진한다.

③ 식이섬유(정장, 항암, 순환기질환 억제) : 노폐물을 배출한다.

[선별 · 보존법]

갓이 둥글고 든든하고 뿌리부분이 희고 부드럽게 부푼 모양으로 되어 있는 것이 좋다. 젖으면 상처가 곧 생기므로 랩으로 밀폐하여 냉장고의 채소 수납실에 보관한다. 너무 오래 저장하지 않아야 한다.

잎새버섯

- 분 류 : 대분류 → 버섯류

- 학 명: *Grifola frondosa*(Dicks. ex Fr.) S. F. Gray
- 과 명: 구멍장이 버섯과
- 영 명: Maitake(일명)
- 한문명: 무용(舞茸), 회소화(灰樹花 : 중국명)
- 이명(별명): Maitake
- 용 도: 자실체(식용)
- 수확기: 가을철
- 에너지(100g 당): 16 kcal

[원산지 · 재배역사]

한국, 중국, 일본, 북반구 온대 이북에서 분포하고 있다. 여름과 가을에 활엽수 특히 늙은 물참나무의 밑 등에서 발생하는 심재 백색 부후성 버섯이다. 자실체는 1개의 대기부에서 생긴 몇 대의 대가 다시 여러 번 분지한다. 대 상부에 갓이 있어 꽃다발형이 된다. 갓이 중합(重合)되어 춤을 추고 있는 것 같이 보인다고 하여 이름을 지었다 한다.

[기대되는 작용]

암 억제, 동맥경화 예방, 면역력 강화, 고혈압 예방, 뼈의 강화, 빈혈개선, 미기(美肌)효과, 당뇨병 예방 등에 유효하다.

[식물학적 특성]

면역력을 높이는 β-glucan이 단백질과 결합하여 물에 녹지 않는 형으로 함유되어 있으므로 암의 예방효과가 주목되고 있다. X-fraction에서는 insulin의 작용을 정상으로 유지하는 작용이 있고 당뇨병 등의 예방에 유효하다. 혈당치나 혈압을 정상화시키고 고혈압, 동맥경화, 뇌경색, 심근경색 등의 생활습관병의 예방에도 도움이 된다. 또 풍부한 비타민 D가 칼슘의 흡수를 도움으로 뼈나 근육을 튼튼하게 한다. Tyrosinase의 저해물질은 피부에 멜라닌(melanin) 색소가 되는 것을 막아 주므로 검버섯, 주근깨를 예방하여 미기(美肌)에도 효과적이다.

[주요 영양소(가식부 100g 당/생)]

- 칼륨: 300 mg
- 나이아신: 9.1 mg

- 비타민 B_1 : 0.25 mg
- 비타민 B_2 : 0.49 mg
- 비타민 D : 3 μg

[주요 생리기능 성분(추정기능)]

① D-Fraction(면역기능 증강) : 면역기능을 강화하여 암을 억제한다.

② X-Fraction(항암) : 콜레스테롤을 합성하는 효소작용을 억제하고 당뇨병, 암을 억제한다.

③ Glyboran(항암) : 잎새버섯에 함유되어 있는 lentinan에 뒤지지 않는 항암작용이 있다.

④ β-Glucan(면역세포 증강, 항암, 철 흡수 촉진) : 백혈구의 면역세포 작용을 활발하게 하여 면역력을 증강시킴으로써 발암을 억제한다.

⑤ 식이섬유(정장, 항암, 순환기질환 억제) : 노폐물을 배출한다.

[선별 · 보존법]

축이 튼튼하여 야무지고 갓에 윤기가 있으며 갈라지지 않은 것이 좋다. 습해 있는 것, 시들어진 것은 피한다. 공기가 접촉되지 않게 밀봉하여 냉장고에 보관한다. 버섯 중에서도 저장일수가 좋아 3～10일은 보존이 가능하다.

[향신료]

겨 자

- 분 류: 대분류 → 향신료
- 학 명: *Brassica nigra*
- 과 명: 십자화과
- 영 명: Mustard, leaf mustard
- 한문명: 개자(芥子), 신채(辛菜), 개채(芥菜)
- 이명(별명): 겨저, 상갓
- 용 도: 식용(잎)
- 수확기: 8～9월(캐나다)
- 에너지(100g 당): 384 kcal

[원산지 · 재배역사]

남유럽 지중해 연안, 중앙아시아, 중국이 원산지이다. 고대 로마에서는 포도주 양조 시에 발효전의 포도액에 mustrard 분말을 섞은 것을 mustum ardens(매운 포도주)라 부른 것이 이름의 유래라 한다. 우리나라에서는 1980년대부터 일부 시험재배가 되다가 1990년대 이후부터 노지에서 재배되고 있다.

[기대되는 작용]

혈전방지, 항염증, 살균작용, 진통작용 등에 유효하고 염증을 진정시키며 이뇨를 촉진한다.

[식물학적 특성]

겨자류의 종은 white type, black type, brown type(일본겨자)로 세 가지로 대별한다. 종자 그 자체는 신미도 향도 없으나 분말을 온수로 갈았을 때에 맵게 된다. 간 것이나 건조하여 분말로 한 것, 포도주나 식초 등을 가한 것은 조제 mustard가 된다. 방향유(정유)는 수백 년 전부터 흥분제, 이뇨제 등으로 이용하여 왔다. 소염작용이 있기 때문에 옛날부터 겨자의 분말에 물을 가하여 이긴 것을 타박상, 요통, 신경통 등의 약으로서 사용하여 왔다. 단 자극성이 강하므로 피부가 약한 사람에는 맞지 않다. 이는 sinigrin(흑겨자), sinarbin(백겨자)이라는 황 함유 배당체에 효소인 myrosinase의 가수분해에 의하여 allylisothiocyanate, hydroxybenzyl isothiocyanate 라는 성분이 생성되기 때문이다.

[주요 영양소(가식부 100g 당)]

- 수분 : 89.3g
- 단백질 : 3.1g
- 탄수화물 : 4.7g
- 칼륨 : 590 mg
- 칼슘 : 47 mg
- β-Carotene : 1,934 μg
- 비타민 C : 137 mg

[주요 생리기능 성분(추정기능)]

① *p*-Hydroxybenzyl isothiocyanate(white type) : 신미성분이다.

② Allylisothiocyanate(black type) : 신미성분이며 혈전방지, 살균작용, 항산화 작용, 항암작용 등이 있다.

[선별 · 보존법]

뿌리가 딱딱해서 -1～0℃로 수분 증발을 막아 주면 1개월 정도 저장할 수 있으며 신문지 등으로 싸서 비닐주머니 넣어서 냉장고에 저장하면 수개월도 저장이 가능하다.

[종 류]

① White mustard(*Sipaps alba*) : 엷은 황토색으로 알이 크고 은은한 신미로 약간의 지미도 있다.

② Black mustard(*Brassica alba*) : 흑색으로 자극적인 신미가 있다. 인도요리에서 자주 사용되고 있다.

③ Brown mustard(*Brassica nigra*) : 자색으로 희미한 고미와 자극취가 있는 신미가 특징이다. 일본겨자는 황색 또는 황토색이나 Brown mustard의 일종으로 분류되어 일본요리의 양념으로 사용된다.

《Mustard로 재산을 이야기 한 클레멘트 부인》

겨자의 잎 부분은 겨자채로 하여 담금에 사용하고 종자 부분은 일본겨자로서 일본요리에 없어서는 안 되는 양념의 하나이다. 유럽에서는 고대부터 약과 식사의 약미로서 사용되어 왔다. 현재와 같은 타입의 mustard가 확립된 것은 18세기 이후이다. 영국의 다함 주의 클레멘트 부인이 껍질을 벗긴 mustard를 분쇄하여 체로 쳐서 건조 mustard 가루를 발명하였으며 이를 다함 mustard로 판매되어 왕실에서도 인정하여 재벌이 되었다고 한다.

계피(육계)

- 분 류: 대분류 → 향신료
- 학 명: *Cinnamomum cassia* Blume, *Cinnamomum verum*
- 과 명: 녹나무과
- 영 명: Cinnamon
- 한문명 : 계피(桂皮), 육계(肉桂), 옥계(玉桂), 대계(大桂)
- 용 도: 껍질(약용, 식용)
- 수확기: 2~12월(인도네시아)
- 에너지(100g 당): 311 kcal

[원산지 · 재배역사]

원산지는 스리랑카이다. 역사는 오래 되었고 구약성서나 고대 로마의 기록에 남아 있다. 중국에서 일본으로 전해졌다고 하며 수목은 18세기 전반에 중국에서 수입하였다고 한다. 우리나라에서는 제주도에서 시험재배하고 있다.

[기대되는 작용]

식욕증진, 진통작용, 건위작용, 항균 · 살균작용, 월경불순 개선, 이뇨작용 등에 유효하다.

[식물학적 특성]

시장에서 눈에 띄는 것은 관상의 스테이크 타입과 파우더 타입이다. 고미와 감미가 섞인 청량감이 있는 향으로 스테이크 타입은 씹으면 신미가 느껴진다. 청량감은 향의 성분 cinnamaldehyde에 의한 것이다. 위의 작용을 활발하게 하여 위액 분비를 왕성하게 하고 위를 건강하게 유지하는 것으로 알려져 있다. 해열, 진통이나 혈행, 발한을 촉진하여 두통이나 비염, 감기 증상을 완화하는 작용이 있다. Clove나 nutmeg와 유사한 향은 eugenol을 함유하기 때문이다. 감미를 증진시키므로 케이크 등의 과자에 사용한다. 과실과도 궁합이 좋고 시럽조림에 최적이다. 미국에서는 사과잼에 사용되고 파인애플에서는 없어서는 안 될 향신료이다.

[주요 생리기능 성분(추정기능)]

① Cinnamaldehyde : 방향성분이며 살균작용, 진정작용이 있다.
② Eugenol : 방향성분이며 진정작용이 있다.
③ α-Pinene : 방향성분이며 강장작용이 있다.
④ β-Pinene : 방향성분이며 강장작용이 있다.
⑤ Caryophyllene : 방향성분이다.

《폭군 네로가 시나몬을 태운 이야기》

고대 로마에서 시나몬은 왕후 귀족의 여성 사이에서 향수로서 사용되고 그 감미나 향은 사랑하는 사람에게 최고의 선물로서 사용되었다. 또 기원전 1세기경의 로마제국에서는 향수가 큰 붐으로 로마 시 반수의 가게가 향수집이었다고 한다. 이와 관련하여 폭군으로 알려진 로마제국 제5대 황제 네로에 관한 전설이 남아 있다.

「네로 황제가 제일 사랑하는 처를 잃었을 때 아주 깊은 슬픔에 쌓여 처에게의 깊은 사랑의 증표를 보이기 위하여 로마의 시나몬을 모두 모아 태워버렸다고 한다.」

고수열매

- 분 류 : 대분류 → 향신료
- 학 명 : *Coriandrum sativum*
- 과 명 : 산형과, 미나리과
- 영 명 : Coriander
- 한문명 : 호유(胡荽), 유(荽)
- 이명(별명) : 고수풀
- 용 도 : 열매(식용, 향신료)
- 수확기 : 여름철

• 에너지(100g 당) : 44 kcal

[원산지 · 재배역사]

남유럽과 지중해 연안이 원산지이다. 기원전 이집트의 고서에 에베루스 파삐루스의 기록이 있고 구약성서에도 등재될 정도로 역사가 오래이다. 향이 남경충(南京蟲)의 악취와 유사하다. 이름은 남경충의 의미를 갖는 그리스어 Koris에서 유래한 것이라 한다.

[기대되는 작용]

식용증진, 건위작용, 소화촉진, 항균 · 살균작용, 해독작용, 거담작용, 진통작용 등에 유효하다. 우수한 소화작용으로 피로나 여름살결을 건강하게 유지시킨다.

[식물학적 특성]

향신료로 이용되고 있는 것은 잎과 완숙된 종자이다. 잎은 남경충(南京蟲)의 악취에 비유하면 독특한 향이 있어 아시아 요리에서는 귀중한 존재이다. 중국에서는 향채(香菜), 태국에서는 빠쿠치라 부르고 생 그대로 장식을 하거나 잘게 썰어서 수프에 뿌리는 등 요리의 끝마무리에 자주 사용된다. 잎에는 강력한 소화 촉진작용, 식욕증진 효과가 있는 것으로 알려져 있다.

완숙한 종자에는 anise 같은 감미로운 향을 방출하고 주로 유럽에서 사용된다. 알맹이 그대로 피클이나 부케가루에 분말로 하여 고기의 냄새를 없애는 데 이용된다. 종자에는 위의 기능을 높이는 작용이 있다고 하며 또 으깬 것은 류마티스나 관절의 통증에 파프제로 이용된다.

[주요 영양소(가식부 100g 당)]

• 수분 : 85.6g
• 탄수화물 : 10.7g
• 칼륨 : 560 mg
• 칼슘 : 48 mg
• β-Carotene : 379 μg
• 비타민 C : 48 mg

[주요 생리기능 성분(추정기능)]

① Geraniol : 방향성분이며 항감염작용, 강장작용이 있다.
② Pheranthrene : 방향성분이며 강장작용이 있다.
③ Limonene : 방향성분이며 강장작용이 있다.
④ α-Pinene : 방향성분이며 암 억제작용이 있다.
⑤ β-Pinene : 방향성분이며 강장작용이 있다.
⑥ Linalool : 방향성분이며 항감염작용, 진정작용, 장내가스 배출을 촉진한다.

[선별 · 보존법]

잎은 밀봉하여 보관하면 3~5일 정도 보관이 가능하며 열매는 건조하여 밀폐봉지에 담아 빛이 없는 곳으로 습도와 온도가 낮은 곳에서 보관하면 장기간 품질을 유지할 수 있다.

[종류와 무리]

① 대립 타입 : 산지는 인도, 인도네시아, 말레이시아 등이다.
② 중립 타입 : 산지는 터키, 이스라엘 등이다.
③ 소립 타입 : 산지는 러시아, 동유럽, 아르헨티나, 멕시코, 미국, 중국 등이다.

《 중국에서는 장수의 약, 천야일야(千夜一夜) 전설에서는 사랑의 아첨 약(媚藥) 》

고수는 일본에서는 그 독특한 향에서 경원(敬遠)되는 수가 많으나 세계에서 가장 많이 이용되고 있는 스파이스의 하나이다. 구미나 중국, 동남아시아에서는 좋아서 사용되고 있다. 역사는 오래 되어 이미 기원전 1500년경 이집트에서는 의약으로 이용되었고 고대 그리스 의학서에는 장수의 약으로서 등재되었고, 중세기에서는 미약(媚藥)과 최음제로서 채용되었다고 한다. 이는 천야일야(千夜一夜) 전설에서 함렘의 왕후 귀족이 미녀를 만족시키기 위하여 사용하였다는 이야기가 실려 있다.

고추냉이

- 분 류 : 대분류 → 향신료
- 학 명 : *Wasabi koreana, Wasabi japonica*
- 과 명 : 평지씨과
- 영 명 : Wasabi, horse radish
- 한문명 : 산규(山葵)

- 용 도 : 근경(식용, 향신료)
- 수확기 : 여름철
- 에너지(100g 당) : 88 kcal

[원산지 · 재배역사]

원산지는 일본 사할린이다. 식용의 역사는 오래 되었으며 헤이안(平安) 시대(794～1192년)의 『본초화명(本草和命)』에 와사비의 이름이 기록되어 있다. 우리나라에서 본격적인 재배는 1990년대 말부터 이루어졌고 그 이전에는 일본에서 수입하여 먹었다.

[기대되는 작용]

혈전방지, 식욕증진, 항균 · 살균작용, 소화촉진, 고혈압 예방, 이뇨촉진 등에 유효하다.

[식물학적 특성]

일본 와사비(Wasabi)에 비하여 상쾌감이 있는 신미가 특징이다. 생선이나 고기와 궁합이 좋고 로스비프, 스테이크, 생선요리에 첨가함으로써 맛을 이끌어 낸다. 소스류에 혼합하여 풍미를 내거나 초나 버터, 크림, 마요네즈 등과 조합하여 소스의 재료로서도 좋다.

주로 사용되는 것은 뿌리와 줄기의 부분이나 생잎을 샐러드에 가하여도 좋다. 신미성분 allylisothiocyanate는 혈전 예방효과 이외에 식욕증진 작용, 위의 활동을 활발하게 하여 소화불량을 예방하는 작용도 알려져 있다. 또 염증이나 고혈압의 예방도 기대된다.

[주요 영양소(가식부 100g 당/생, 뿌리)]

- 수분 : 71.5g
- 탄수화물 : 23.7g
- 칼륨 : 570 mg
- 칼슘 : 41 mg
- β-Carotene : 16 μg
- 비타민 C : 19 mg

[주요 생리기능 성분(추정기능)]

① Allylthiocyanate(신미성분, 혈전방지) : 황화합물로서 평지과의 채소에의 조직이 손상되므로 생성되는 신미성분이다. 암 예방과 혈전 방지작용이 있다.

② Glucosinolate(해독기능 강화, 항암) : 해독기능을 강화하여 발암물질을 체외로 배출한다. 생의 조직에 함유되어 있는 효소에 의하여 allylthiocyanate로 변한다.

[선별 · 보존법]

생 고추냉이는 변태줄기이므로 상온에서도 3~4일 보관할 수 있다. 생 뿌리를 비닐 백에 넣어두면 상온에서는 1주일, 냉장고에서는 2주일 이상 보관이 가능하다. 만일 건조시켜 분말로 만들어 사용하려면 휘발성의 매운 맛 성분을 유지하기 위해서는 반드시 밀폐된 공기에 습기를 막아 냉암소에 보관해야 한다. 잎은 하루가 지나면 마르기 때문에 비닐 팩에 넣고 냉장 보관하면 1주일은 저장이 가능하며 간장에 절여 잎장아찌를 만들면 수개월 보관할 수 있다.

로즈마리

- 분 류 : 대분류 → 향신료
- 학 명 : *Rosmarinus officinalis*
- 과 명 : 꿀풀과
- 영 명 : Rosemary
- 한문명 : 미질향(迷迭香)
- 용 도 : 잎(식용, 향신료)
- 수확기 : 가을~겨울철
- 에너지(100g 당) : 331 kcal

[원산지 · 재배역사]

지중해 연안이 원산지이다. 고대 희랍시대부터 널리 친숙하여 왔다. 학명은 라틴어의 「바다의 이슬(海의 露)」이라는 말에서 유래되었으며 해안을 따라 많이 자생하고 있었기 때문이라 한다. 우리나라에서는 1980년대 초에 수입해서 재배하였다.

[기대되는 작용]

리락스(이완) 효과, 항염증, 항균·살균작용, 감염증 예방, 진통작용, 소화촉진 등에 유효하다.

[식물학적 특성]

녹색 짙은 산림과 같이 순한 향이 있고 고기 냄새를 없애주는 데 최적이다. 향료로서 옛날부터 사용되어 왔고 현재에도 향수로서 인기가 있다. 정유(방향유)에는 살균작용이나 염증을 억제하는 작용도 있으며 화장수나 마사지 오일, 비누, 샴푸 등의 미용관계 재료로서 폭넓게 사용하고 있다. 마음을 가라앉게 하고 정신을 진정시키는 작용이 있는 linalool을 함유하므로 마음이 불안정 할 때 기분을 갈아 앉히는 refresh 상태에 사용되는 허브이다.

[주요 영양소(가식부 100g 당)]

- 수분 : 9.0g
- 단백질 : 4.9g
- 탄수화물 : 64.1g
- 칼륨 : 955 mg
- 칼슘 : 1,280 mg
- 마그네슘 : 220 mg
- 비타민 C : 61 mg

[주요 생리기능 성분(추정기능)]

① Cineol : 방향성분이며 항균작용을 한다.
② α-Pinene : 방향성분이며 강장작용이 있다.
③ β-Pinene : 방향성분이며 강장작용이 있다.
④ Camphor : 방향성분이며 점액 용해작용, 항바이러스 작용을 한다.
⑤ Linalool : 방향성분이며 항감염작용, 진정작용, 장내 가스배출을 촉진한다.
⑥ Rosmarinic acid : 항산화, 항염증, 천식, 간질병, 심장질환에 효과가 있다.
⑦ Acetylcholine : 기억력 감퇴 예방, 뇌기능 촉진, 치매예방에 도움이 된다.

[선별·보존법]

밀봉하여 냉장 보관하면 3~5일 정도 보관이 가능하며 건조시켜 밀폐용기에 담아 빛이 없고 온도와 습도가 낮은 곳에 보관하면 장기간 품질을 유지할 수 있다.

《시험의 지킴이로 사용되는 향》

로즈마리(rosemary)의 향은 한 번 마시면 영원히 기억에 남는다는 특징이 있다. 고대 그리스 시대에 이 향의 자극으로 기억력을 높인다 하여 시험을 보는 학생들에게 중요시 되었다. 또 좋은 향에 두 사람의 사랑이 영원히 마음에 남는다는 의미로 결혼식에서 신부가 몸에 붙이거나 초대 손님에게 배분하는 등의 관습도 있다. 또 장례식 때 오래도록 마음에 남아 있는 의미로 로즈마리(rosemary)와 함께 고인을 보냈다고 한다.

몰 약

- 분 류: 대분류 → 향신료
- 학 명: *Commiphora myrrha*
- 과 명: 감람과
- 영 명: Myrrh
- 용 도: 줄기의 수지(식용), 교소지(膠樹脂)가 몰약이다.
- 수확기: 여름철

[원산지 · 재배역사]

열대 아프리카가 원산지이다. 3 cm 길이의 관목 또는 교목으로 개화기는 여름이다. 이 작은 관목 줄기 껍질에서 얻은 삼출물로부터 분리한 적갈색의 수지 물질이 몰약이다.

[기대되는 작용]

방부제, 살균제, 거담제, 탈취작용이 있다. 면역 분비계와 위액분비를 자극하고 점막을 자극한다. 천식, 기관지염, 감기, 독감, 부비강염, 인후염, 단순포진과 궤양에 좋으며 종기염증, 상처에도 유용하다.

[주요 생리기능 성분(추정기능)]

방향의 특성 때문에 많은 향수와 향에 사용된다. 인도 무쿨(Mukul)의 몰약나무(Myrrth tree)의 표준화된 추출물인 구굴(Gugul)은 콜레스테롤과 트리글리세리드(triglyceride) 값은 모두 낮춘다.

바실(바질)

- 분 류: 대분류 → 향신료
- 학 명: *Ocimum basilicum*
- 과 명: 꿀풀과
- 영 명: Basil, St josephwort
- 한문명: 어향(魚香), 나근(羅勤)
- 이명(별명): 나륵풀
- 용 도: 잎, 줄기(식용, 향신료)
- 수확기: 여름~가을철
- 에너지(100g 당): 41 kcal

[원산지 · 재배역사]

원산지는 인도이며 열대 아시아, 중동, 아프리카, 북미에 토착화 되었다. 힌두교의 크리슈나 신에게 바치는 식물로서 사원 주위에 심었다. 또 수호신으로서 죽은 사람의 가슴에 놓아 주었다. 이것이 4000년 전에는 이집트로 전해져 그로부터 로마나 유럽 남부로 넓혀졌다. 우리나라에서는 1984년 고려대학교에서 처음 재배하였으며 최근에는 허브농장에서 수입해서 재배하고 있다.

[기대되는 작용]

암 억제, 면역력 강화, 항균 · 살균작용, 진통작용, 알레르기 억제, 설사 완화, 건위작용, 미기(美肌)효과 등이 있다.

[식물학적 특성]

한국인의 모든 음식에 마늘을 넣는 것과 같이 이탈리아 요리에 가장 많이 넣는 것이 바실이다. 바실은 잎에 따라 녹색과 적자색으로 나누고 잎의 모양에 따라 대엽, 소엽, 오글거리는 잎형 등으로 나눈다. 국내에서 재배되어 유통되는 바실은 잎이 큰 녹색의 바실이다. 잎은 생으로 각종 채소 샐러드에 첨가하거나 건조해서 요리에 이용한다. 잎을 요리하면 향기가 소실되므로 신선하게 사용하는 것이 좋다.

[주요 영양소(가식부 100g 당)

- 수분: 85.3g

- 단백질 : 2.6g
- 탄수화물 : 8g
- 칼륨 : 42 mg
- 칼슘 : 180 mg
- 비타민 C : 32 mg

[주요 생리기능 성분(추정기능)]

① Anethole : 향향성분이며 여성호르몬작용, 강장작용, 소화기능 촉진, 월경불순 개선에 유효하다.
② Methylchavicol : 향향성분이며 진정작용, 항감염작용이 있다.
③ Linalool : 향향성분이며 항감염작용, 진정작용, 장내가스 배출을 촉진한다.
④ Cineol : 향향성분이며 항균작용을 한다.
⑤ Camphor : 향향성분이며 점액 용해작용, 항균작용을 한다.
⑥ Geraniol : 향향성분이며 항감염작용, 강장작용이 있다.
⑦ Saponin : 고미물질이며 항산화 작용, 혈압 저하작용, 노화방지, 활성산소 소거, 콜레스테롤치 저하, 암 억제작용이 있다.

[선별 · 보존법]

바실 잎은 비닐주머니에 밀봉하여 냉장 보관하면 3～5일 정도 저장이 가능하다.

《유럽 안에서 널리 알려져 있는 바질의 일화》

가장 오래 전부터 알려져 있는 허브이며 바질(basil)에 관한 이야기는 남유럽을 중심으로 아주 많이 남아 있다. 프랑스에서는 바질(basil)이 왕의 허브라고 부르고 있는 것은 그리스어의 basileus(왕)이라는 말에서 유래한다. 고대 그리스에서는 basil의 종자를 심을 때 큰소리로 저주의 말을 외쳤다고 한다. 프랑스 어로 basil을 심는다고 하면 중상을 한다는 의미로 된다. 한편 이태리에서는 구혼의 상징으로서 잎을 머리에 꽂고 프로포즈 하는 습관이 있다.

박 하

- 분 류 : 대분류 → 향신료
- 학 명 : *Mentha arvensis* var. *piperascens, Mentha piperita*

- 과 명: 자소과
- 영 명: Mint, pepper mint,
- 한문명: 박하(薄荷), 인단초(仁丹草)
- 이명(별명): 번하채(蕃荷菜), 승양채(昇陽菜)
- 용 도: 지상부(식용)
- 수확기: 봄~여름철
- 에너지(100g 당): 44 kcal

[원산지·재배역사]

지중해 연안과 동아시아가 원산지이다. 고대 이집트시대부터 사용하였다는 문헌이 남아 있다. 고대 그리스나 로마시대에는 식용이나 약용 이외에 향을 약으로서 사용하여 많은 사람들로부터 친숙되어 있다. 2000년 전부터 가꾸어 온 허브로서 전 세계에 40여 종이 있다.

[기대되는 작용]

소화촉진, 식욕증진, 진통작용, 리락스(이완) 효과, 항균·살균작용, 거담작용, 건위작용 등이 있다. 상처를 완화시키고 기분전환에 효과가 있다.

[식물학적 특성]

번식력이 강하고 재배되고 있는 것만도 수십 종류가 있으며 대별하면 spearmint, peppermint, coolmint의 3종으로 된다. Peppermint, coolmint 향의 주성분인 menthol에는 위의 작용을 활발하게 하는 작용이 있고 소화불량의 개선이나 식욕증진에 효과적이다. 또 살균작용이 있고 벌레에 쏘였을 때의 가려움에 효과가 있고 아픔을 완화시키는 작용에 의하여 타박상, 신경통에도 도움이 된다. 리락스 효과에 의한 기분전환으로 불면증을 개선한다. Spearmint 향의 주성분인 α-carbon에도 위의 작용을 활발하게 함으로써 소화액의 분비를 촉진하여 위를 건강하게 하는 효과가 있다.

[주요 영양소(가식부 100g 당)]

- 수분: 895.6g
- 단백지: 3.3g
- 탄수화물: 8.4g
- 칼륨: 460 mg

- 칼슘 : 200 mg
- 철 : 11.9 mg
- 비타민 A : 4.054 IU

[주요 생리기능 성분(추정기능)]

① Menthol : 방향성분이다. 항감염작용, 진장작용, 건위작용, 구충작용, 간 기능 강화 등이 있으며 장내가스 배출을 촉진한다.
② Menthone : 점액 용해작용, 항바이러스 작용이 있다.
③ Sabinene : Monoterpene 탄화수소류이며 강장작용이 있다.
④ Menthfurane : 거담작용을 한다.

[선별 · 보존법]

박하의 어린 순은 랩으로 포장하여 냉장고에 넣어 두면 1주일 정도 보존이 가능하다. 컵에 물을 담아서 두면 2～3주일 보존되며 때에 따라서는 뿌리도 내린다. 잎은 연간 2～3회 채취하여 음건 후에 투명한 밀폐용기에 담아 빛이 없는 곳에 보관하고 온도와 습도가 낮은 곳에 공기접촉을 최대한 피해서 보관하면 장기간 품질을 유지할 수 있다.

《잎을 밑에 깔고 손님에게 호광을 받은 고대의 사람들》

부드러운 바람과 같이 불쑥 불어대는 청량감을 가진 mint는 고대부터 향료로서 중요시 하여 왔다. 고대 로마시대에는 손님을 환대하기 위하여 mint 잎을 비벼서 좋은 향을 방에 충만시켜 놓는다. 또 고대 이스라엘 사람들은 사람이 모이는 장소에서는 마루에 mint 잎을 깔고 발로 밟아서 방향을 자욱하게 하였다는 이야기도 있다. 그만큼 향이 강하다는 것이다. 요리와 마시는 것에도 이용되나 지나친 사용은 재료의 풍미까지 손상되는 수가 있으므로 적량을 이용해야 한다.

백리향

- 분 류 : 대분류 → 향신료
- 학 명 : *Thymus vulgaris*
- 과 명 : 꿀풀과
- 영 명 : Thyme

- 한문명: 백리향(百里香), 목립백리향(木立百里香)
- 용 도: 지상부(식용)
- 수확기: 봄~여름철
- 에너지(100g 당): 276 kcal

[원산지 · 재배역사]

남유럽의 지중해 연안이 원산지이다. 현재에도 주산지이며 기후에 대한 적응성이 우수하여 아열대에서 온대까지 생육한다. 변종은 100여 종 이상이 있고 형태도 여러 가지이다. 우리나라도 고산지대나 울릉도에 섬 백리향이 자생하고 있다. 1980년대 초에 고려대학교에서 처음으로 시험 재배한 것으로 추정된다.

[기대되는 작용]

진해작용, 알레르기 억제, 항균 · 살균작용, 이뇨촉진, 소화촉진, 거담작용 등이 있으며 고기나 생선요리에 없어서는 안 된 상쾌한 향과 강한 신미를 가지고 있다.

[식물학적 특성]

독특하고 상쾌하며 시원한 방향과 엄청나게 쓰고 혀가 저리는 신미가 특징이다. 육류의 생취를 소실시키는 데 최적이고 특히 어패류와의 궁합이 좋아 향 부여에 사용한다. 프랑스 요리에 사용되는 부케가루니(향초 묶음)에 없어서는 안 되며 햄, 소시지, 웨터소스, 토마토케첩, 피클, 드레싱 등의 가공품에도 사용된다. 향의 주성분인 thymol와 carvacrol에는 기관의 섬모운동을 촉진하는 작용이 있다. 유럽에서는 옛날부터 민간약으로서 기침 치료약으로 널리 사용하여 왔다. 항알레르기 작용이 있는 flavone도 함유되어 있다.

[주요 영양소(가식부 100g 당)]

- 수분: 7.8g
- 단백질: 9.1g
- 탄수화물: 63.9g
- 칼륨: 814 mg
- 칼슘: 1,890 mg
- 마그네슘: 220 mg
- 비타민 C: 50 mg

[주요 생리기능 성분(추정기능)]

① Thymol : 방향성분이며 항균작용, 항감염작용, 강장작용이 있다.
② Carvacrol : 방향성분이며 항균작용, 항산화작용, 항감염작용, 강장작용이 있다.
③ Geraniol : 방향성분이며 항감염작용, 강장작용이 있다.
④ *p*-Cymene : 방향성분이며 진통작용, 강장작용, 근육통을 완화한다.
⑤ Borneol : 방향성분이며 항감염작용이 있다.
⑥ Linaool : 방향성분이며 항감염작용, 진정작용, 장내가스 배출작용을 한다.

[선별 · 보존법]

밀봉하여 냉장하면 3~5일 정도 보관이 가능하다.

[종류와 무리]

① Lemon thyme : 강한 레몬향으로 요리나 허브 티(herb tea), spice에 이용한다.
② Golden lemon thyme : 달고 신 레몬향으로 잎에 황색의 반점이 들어 있다. 요리나 허브 티(herb tea)에 사용한다.
③ Silver thyme : 순한 레몬의 향으로 잎에 은색의 반점이 들어 있다. 식용보다 낚시대 등 관상용으로 사용하는 수가 많다.
④ Creeping thyme : 잎의 향은 약간 약하며 요리나 허브 티(herb tea)로 사용되고 화단의 녹색 장식으로서 원예용으로도 사용된다.
⑤ Caraway thyme : Caraway와 유사한 향이며 요리나 허브 티로서 사용된다.

《최고로 칭송된 말로서 "Thyme의 향이 난다"고 표현한다.》

벌은 thyme의 향을 아주 좋아하고 향을 찾아 수없이 날아든다. 이 습관을 이용하여 벌꿀 채집에 thyme의 꽃이 사용된다. 영국에서는 벌이 일단 thyme의 향냄새를 맡아 찾아 들면 뒷걸음질 하지 않는다고 전해지고 있다. 이 벌의 행동 때문에 활력이나 용기, 힘을 강하게 결속하여야 하는 로마의 병사들은 thyme을 담근 물로 목욕을 하고 나서 전쟁에 임하였다고 한다. 유럽에서는 "당신에게서 thyme의 향이 난다"고 하면 남성에의 최고로 영광의 말이 된다고 한다.

사프란

• 분 류 : 대분류 → 향신료

- 학 명: *Crocus sativus* L.
- 과 명: 붓꽃과
- 영 명: Saffron
- 용 도: 암술머리와 암술대(약용, 향신료)
- 수확기: 봄과 가을철

[원산지 · 재배역사]

남유럽과 서아시아가 원산지이다. 유럽에서는 옛날부터 염료나 향료로서 사용하였다. 고대 그리스에서는 왕후 귀족 로얄 칼라로서 귀중히 여겨왔다.

[기대되는 작용]

진통작용, 갱년기장해 완화, 월경불순 개선, 리락스(이완) 효과, 건위, 이뇨작용에 유효하다.

[식물학적 특성]

가을에 엷은 자색의 꽃을 맺으며 스파이스(spice)로 되는 것은 신선한 오렌지색의 암꽃을 건조한 것으로 한 바퀴에서 취하는 양은 아주 소량이다. 1kg의 spice에는 약 16만 본의 꽃을 요하고 세계에서 가장 고가인 spice라고 한다. 특유의 색소 성분 crocin은 기름에 녹지 않고 물에 잘 녹는 성질을 가진다. 물에 녹으면 강력한 착색력을 발휘하여 선명한 황금색으로 된다. 주로 착색성을 목적으로 사용되며 남불 요리의 푸이야 베스, 스페인 요리의 파에리아 등에서는 없어서는 안 될 존재이다. 또 옛날부터 부인병의 약으로서 월경불순에 유효하고 진정 · 진통작용도 있다고 하여 월경통 완화에 사용되어 왔다.

[주요 생리기능 성분(추정기능)]

① Crocin: Carotenoid계 색소 성분이다.

② β-Carotene: 당뇨병 예방, 활성산소 억제, 암 억제작용을 한다.

③ Lycopene: 붉은 carotenoid계 색소 성분으로 당뇨병 예방과 암 억제작용을 한다.

④ Zeaxanthin: 황색의 색소 성분으로 항산화 작용을 하고 지질산화 방지, 암 억제작용을 한다.

⑤ Hypocrocin: 고미 배당체이다.

《십자군이 가지고 들어와 유럽으로 보급하다.》

옛날 향신료는 무역으로 가질 수 있는 귀중품으로 왕후 귀족이 사용되었던 것이며 전쟁에 의하여 대중으로 널리 보급된 수많은 것 중 하나가 사프란(saffron)이다. 11세기 초의 십자군 원정시대에 병사가 아랍 지역에서 사프란(saffron) 구근을 갖고 들어와서 유럽으로 보급되었다. 이후 왕에 의하여 재배가 장려되고 민중 사이에서 옷감의 염색 등에 사용하게 되었으며 널리 보급됨에 따라 조악한 위조물이 출하하게 되어 악질적인 상인은 극형에 처였다고 한다.

산 초

- 분 류: 대분류 → 향신료
- 학 명: *Zanthoxylum shinofolium* Set. Z., *Zanthoxylum piperitum*
- 과 명: 운향과
- 영 명: Japanese pepper
- 한문명: 산초(山椒), 화초(花椒), 천초(川椒)
- 이명(별명): 초피나무
- 용 도: 과실(약용, 식용)
- 수확기: 봄철

[원산지 · 재배역사]

한국, 중국, 일본이 원산지이다. 역사는 오래되어 일본은 석기시대의 패총에서 종자가 발견되었다 한다. 중국요리에서 오향이라는 혼합 향신료는 산초, 회향, 계피, 정향, 진피의 다섯 가지를 혼합한 것이다.

[기대되는 작용]

건위, 항염증, 이뇨촉진, 어깨 결림을 개선하고 방향과 신미가 식욕을 증진하여 신진대사를 촉진한다.

[식물학적 특성]

일본에서 생산되는 스파이스로 어린 잎 이외에 숙성된 과실을 건조한 것, 미숙의 푸른 과실, 수피 등 여러 가지 형으로 이용된다. 산추(山椒)라고 부르는 중국산은 신미가 약간 강하고 짜릿한 신미와 순한 방향이 특징이다. 산초는 위장을 자극하여 신진대사를 높이는 작용이 알려져 있고 옛날부터 건위작용, 식욕증진, 소염, 이뇨작용, 장내가스 배출에 사용되었다. 벌레 물린 자리는 잎을 간 즙액을 상처 부위에 바르면 효과가 있고 입욕제로서 사용하면 어깨 결림이나 신경통, 류머티즘 등의 증상을 완화시킨다.

[주요 생리기능 성분(추정기능)]

① Diterpene : 항바이러스 작용, 위산과다 억제작용을 한다.
② Phellandrene : 방향성분이며 강장작용이 있다.
③ Geraniol : 방향성분이며 항감염작용, 강장작용이 있다.
④ Limonene : 방향성분이며 암 억제작용을 한다.
⑤ Sanshool : 방향성분이며 건위작용, 복부의 냉성을 해소한다.
⑥ Citronellal : 방향성분이다.

서양박하

- 분 류 : 대분류 → 향신료
- 학 명 : *Melissa officinalis* L.
- 과 명 : 꿀풀과
- 영 명 : Lemon balm, sweet balm, melissa
- 이명(별명) : 레몬밤
- 용 도 : 잎(약용, 향신료)
- 수확기 : 봄~여름철

[원산지 · 재배역사]

남유럽에서 지중해 연안이 원산지이다. 재배가 시작된 것은 기원전으로 2000년 이상이나 되며 중세기에 로마 사람에 의해 영국으로 전해지고 지금에는 프랑스, 독일, 스페인 등에서도 재배되고 있다.

[기대되는 작용]

리락스(이완) 효과, 감염증 예방, 소화촉진, 진통작용, 항균 · 살균작용이 있으며 순한 향은 우울한 기분을 해소한다.

[식물학적 특성]

향은 레몬과 비슷하나 보다 순하고 과실을 착즙한 주스나 아이스 티 등에 사용하는 것이 최적이다. 사탕이나 시럽에 담아 과자나 케이크 재료로서도 사용되는 외에 방향제나 입욕제로서 이용된다. 레몬 밤(balm)은 정신을 안정시키는 작용이 있으므로 스트레스나 정신안정, 우울증 개선에도 효과를 발휘한다. 신경의 긴장에서 오는 두통에도 효과적이다. 발한의 촉진을 돕는 작용도 있고 발열 억제에 일익을 담당한다. 또 소화를 돕거나 몸 전체를 원기 있게 하는 작용도 있다. 항바이러스 작용도 있다고 하며 연고로서 외용약에도 사용된다.

[주요 생리기능 성분(추정기능)]

① Citronerol : 방향성분이며 항감염작용, 강장작용이 있다.
② Geraniol : 방향성분이며 항감염작용, 강장작용이 있다.
③ Linalool : 방향성분이며 항감염작용, 진정작용, 장내가스 배출을 촉진한다.
④ Nerol : 방향성분이며 항감염작용, 강장작용, 피부기능을 유지 개선한다.

《꿀벌을 불러들이는 귀중한 식물이다.》

지금도 약효가 널리 알려져 있는 레몬 밤(balm)이 재배가 시작되고 나서 오랫동안 약효보다 꿀벌을 불러들이는 식물로서 중요시 하였는데 이는 미국 대륙이 발견되기 전까지는 유럽의 당원은 벌꿀이었기 때문이다. 학명의 *Melissa*는 라틴어의 꿀벌이라는 말에서 온 것이다. 유럽에 꿀벌이 좋아하는 꽃들은 많이 있으나 특히 당시의 꿀벌은 레몬 밤(balm)의 향이 기분에 들었던 모양이다.

월계잎

- 분 류 : 대분류 → 향신료
- 학 명 : *Laurel nobilis*
- 과 명 : 녹나뭇과
- 영 명 : Laurel, bay
- 한문명 : 월계수(月桂樹)
- 용도 : 잎(약용, 향신료)
- 수확기 : 봄~가을철

[원산지 · 재배역사]

지중해 연안의 그리스, 터키 주변이 원산지이다. 유럽에서는 옛날부터 사용되어 왔다. 일본에서는 1905년경에 프랑스에서 이입하여 그 후 일로전쟁의 승리기념으로 토쿄 히비야(日比谷)공원에 식재되었다는 기록이 있다고 한다.

[기대되는 작용]

소화촉진, 리락스(이완) 효과, 건위, 소화작용, 항염증, 진통작용, 감염 예방증, 관절염 예방에 유효하다.

[식물학적 특성]

고대 그리스, 로마시대에 영광의 상징으로서 승리자에게 바치는 관(冠)으로 사용되어 왔다 향의 주성분은 cineol로 상쾌하고 약간 고미를 함께 하는 향이다. 고기나 생선의 생취를 없애주는 효과가 우수하여 이상한 맛이 있는 고기나 생선, 내장의 요리에는 없어서는 안 될 재료이다.

스튜나 수프 등의 조림 요리에서는 소재의 맛을 잘 내기 위해서 좋은 역할을 한다. 햄이나 소시지 등에도 향 부여에 사용된다. 소화촉진 작용이 있고 위약이나 소화불량 개선에도 도움이 되며 진통 · 소염작용도 있으므로 류머티즘이나 관절염 생리통의 완화에도 사용되어 왔다. 방충효과가 있으므로 건조한 잎은 몇 장 쌀통이나 밀가루용기에 넣어두면 벌레가 기생하지 않는다.

[주요 생리기능 성분(추정기능)]

① Cineol : 방향성분이며 항균작용을 한다.
② Linaool : 방향성분이며 항감염작용, 진정작용, 장내가스 배출을 촉진한다.
③ Eugenol : 방향성분이며 진정작용을 한다.
④ Phellandrene : 방향성분이며 강장작용이 있다.
⑤ Geraniol : 방향성분이며 항감염작용, 강장작용이 있다.

[사용법]

보통 삶은 요리에 사용하는 경우에는 건조한 잎 한 장을 소재와 함께 삶는다. 그러나 향이 아주 강하므로 반 정도만 사용하여도 좋다. 분말은 고미가 있으므로 알맞게 조절해야 한다.

육두구

- 분 류: 대분류 → 향신료
- 학 명: *Myristica fragrans* Houttuyn
- 과 명: 육두구과
- 영 명: Nutmeg
- 한문명: 육두구(肉荳蔻)
- 용 도: 종자(약용, 식용, 향신료)
- 수확기: 연중(서인도제도)

[원산지 · 재배역사]

동인도 제도와 모르쓰카 제도가 원산지이다. 기원전 6세기경 nutmeg는 mace와 함께 이집트로 전해지고 12세기 말에 유럽으로 전해졌다고 한다. 처음에는 약용으로 사용되었으며 열매의 종피를 제거, 건조한 것이 nutmeg이고 그 가종피를 mace라고 한다.

[기대되는 작용]

건위, 소화불량, 장내가스 배출촉진, 해열작용, 최면작용, 흥분작용 등에 유효하며 달콤한 향과 심한 쓴맛이 소화를 촉진한다.

[식물학적 특성]

Nutmeg와 mace는 육두구과와 같은 식물이다. Nutmeg는 살구와 같은 과실의 종자 핵 부분을 말하며 그 표면을 망목상으로 덮여있는 오렌지색의 가종피를 mace라고 한다. Nutmeg와 mace는 감미로운 향과 심한 쓴맛이 특징이다. 강렬한 향을 가진 nutmeg에 비하여 mace의 방향은 은은하다. 어느 것이나 소화촉진 작용이 있으며 옛날부터 건위제로서 사용되어 복통, 소화불량 등의 증상에 효과가 있다 하여 생약에 조합되었다. 다만 대량으로 섭취하면 잠에 취하고 도취감을 일으키기 쉬우므로 주의가 필요하다.

[주요 생리기능 성분(추정기능)]

① α-Pinene : 방향성분이며 강장작용이 있다.
② β-Pinene : 방향성분이며 강장작용이 있다.

③ Geraniol : 방향성분이며 항감염작용, 강장작용이 있다.
④ Myricetin : 방향성분이며 소화를 촉진한다.
⑤ Eugenol : 방향성분이며 진정작용이 있다.
⑥ Limonene : 방향성분이며 암 억제작용을 한다.
⑦ Tavineol : 방향성분이다.
⑧ Lianool : 방향성분이며 항감염작용, 진정작용이 있다.

《Nutmeg 1파운드로 양 세 마리를 산다.》

중세 유럽에서 nutmeg는 소독이나 방향제로서 귀중히 여기고 영국에서는 mace 1 파운드당 양 세 마리를 살 수 있는 정도의 고가이었다. 17세기에 오란다(네덜란드)가 spice 무역을 독점하게 될 때 모록카 제도에 나무의 채벌을 명령하였다. 당시 mace쪽이 높게 팔리므로 nutmeg 나무를 채벌하여 mace 나무를 식수하라는 지시를 하였다. 오란다(네덜란드) 사람은 같은 나무에서 얻어지는 pice라는 것을 알지 못하였다.

정 향

- 분 류 : 대분류 → 향신료
- 학 명 : *Syzgium aromaticum*
- 과 명 : 정향과, 도금양과(학회)
- 영 명 : Clove
- 한문명 : 정향(丁香)
- 용 도 : 꽃, 싹, 정유(약용, 향신료)
- 수확기 : 10~12월(인도네시아)

[원산지 · 재배역사]

인도네시아의 모르쓰카 제도가 원산지이다. 중국이 자국의 산물을 보이기 위하여 유럽으로 수출하고 있었다. 현재는 인도네시아 이외에 말레이시아, 인도, 스리랑카, 남미 아프리카에서도 재배하고 있다.

[기대되는 작용]

항균 · 살균작용, 진정작용, 소취작용, 소화촉진. 항균성이 우수하고 감미로운 향은 자극적인 꽃봉오리에서 온 것이다.

[식물학적 특성]

개화 전의 봉오리를 건조하여 스파이스로 한다. 수많은 spice 중에서 봉오리를 사용하는 것은 신기하다. 쇠못과 같은 모양이 특징으로 이름은 쇠못을 의미하는 라틴어의 clavus가 어원이다. 일본에서도 정(釘)의 원자가 정(丁)라는 한자에 닮아 있으므로 정(丁)라고 부르게 되었다고 한다. 자극이 있는 부드러운 향이 특징으로 그 주성분은 eugenol이다.

살균작용과 가벼운 마취작용이 있고 치통의 완화에 효력이 있어 치통이 있을 때는 입에 머금고 몇 번 씹으면 좋다. 자극이 강한 향이나 장미 풍미의 감미로운 향 성분도 함유하므로 케이크나 쿠킹을 만들 때 바닐라 에센스와 함께 사용하면 방향이 한층 살아난다.

[주요 생리기능 성분(추정기능)]

① Eugenol : 방향성분이며 진정작용이 있다.
② Methylsalicylate : 항염증작용을 한다.
③ Acetyleugenol : 방향성분이다.
④ Vanillin : 방향성분이다.

《전쟁의 나라의 무장(武將)은 철모에 향을 스며들게 하여 출전하였다.》

기원전 3세기경 중국 한나라 시대에 궁정의 관리가 황제를 알현할 때는 구취를 제거하여 토취(吐臭)의 향을 좋게 하기 위해서 정향을 입에 머금는 예의를 하였다고 한다. 일본의 전국시대에 무사는 철모에 정향을 스며들게 하여 출전하였다고 한다. 상쾌한 향으로 전의를 높이는 것으로 생각된다. 또 정향의 기름은 칼의 녹 방지하는 데도 이용하였다. 현재에도 식탁에 자주 사용되는 웨스타 소스의 주요 향미성분으로서 널리 이용되고 있다.

차조기(자소)

- 분 류 : 대분류 → 향신료
- 학 명 : *Perilla frutescens* var. *crispa* D.C
- 과 명 : 꿀풀과

- 영 명: Perilla leaf
- 한문명: 자소(紫蘇), 소엽(蘇葉)
- 이명(별명): 자소
- 용 도: 잎(식용)
- 수확기: 여름~가을철
- 에너지(100g 당): 37 kcal

[원산지 · 재배역사]

중국 중남부, 미얀마와 히말라야 산록이 원산지이다. 일본은 2500년 전의 토기와 함께 자소의 종자가 출토되었다. 헤이안(平安)시대(794~1192년)의 『본초화명(本草和名)』 등에는 약이나 침채류로서 이용되었다는 기록이 있다.

[기대되는 작용]

항균 · 살균작용, 암 억제, 동맥경화 예방, 알레르기 억제, 이뇨촉진, 세포노화 방지, 식욕증진 등에 유효하며 청색 자소 한 장은 브로콜리의 약 13배의 β-carotene을 함유한다.

[식물학적 특성]

상쾌한 향기는 perillaldehyde, limonene, pinene 등의 휘발성 terpene류에 의한 것이다. 후각(嗅覺)을 자극하여 식욕을 증진함과 동시에 소화흡수를 돕고 강한 살균 · 방부작용이 있으며 식중독 예방에도 유효하다. 항암작용도 기대되고 있으며 또 아토피성 피부염 등 알레르기 증상의 개선에도 유효한 α-linolenic acid를 함유하고 체내에서 eicosapentaenoic acid(IPA)로 변하여 혈류의 흐름을 좋게 하므로 노화나 심근경색 예방에 유효하다. β-Carotene의 양은 브로콜리의 13배나 많고 비타민 C와 함께 활성산소를 억제한다.

[주요 영양소(가식부 100g 당/잎 · 생)]

- 칼륨: 500 mg
- 칼슘: 230 mg
- β-Carotene: 11,000 μg(retinol 당량 1800 μg)
- 비타민 E: 3.9 mg
- 비타민 C: 26 mg

[주요 생리기능 성분(추정기능)]

① α-Linolenic acid(동맥경화 억제) : 발암방지와 알레르기를 예방한다.
② Perillaldehyde(방부작용) : 향의 성분이며 limonene, pinene과 함께 살균・방부 작용이 있다.
③ 오레아노르산(이뇨, 충치예방) : 신경계, 내분비계에 작용하여 이뇨를 촉진하고 충치균을 억제한다.
④ 백혈구 증가인자(면역기능 증강) : 백혈구의 면역기능을 높여 체력을 향상시킨다.
⑤ Cytokine 생산인자(면역기능 유지) : 세포의 면역기능을 유지하는 cytokine의 생성을 활발하게 한다.
⑥ Polyphenol(항암) : 고미나 색소 성분이며 항산화 작용, 발암방지, 노화방지 등에 유효하다.

[선별・보존법]

청색 자소는 아름다운 녹색으로 줄기의 절단면이 검정치 않고 잎에 반점이 없는 것이 좋다. 줄기 자소는 줄기가 건강하고 개화하지 않은 것이 좋으며, 화수 자소는 꽃이 많이 붙어 있는 것이 좋다.

회 향

- 분 류 : 대분류 → 향신료
- 학 명 : *Foeniculum vulgare* Miller
- 과 명 : 미나리과
- 영 명 : Fennel
- 한문명 : 회향(茴香)
- 용 도 : 식용(잎)
- 수확기 : 여름철

[원산지・재배역사]

남유럽에서 서아시아의 지중해 연안지역이 원산지이다. 역사는 오래 되었고 고대 이집트시대부터 재배되어 왔으며 고대 로마시대에는 약초로서 귀중히 여겼고 널리 식용되었다.

[기대되는 작용]

소화작용, 기미(美肌)작용, 항염증, 진해작용, 건위, 거담작용, 이뇨작용, 월경불순 개선, 진통작용 등에 유효하다. 잎의 추출액은 얼굴살결에 윤기를 주고 피부에 탄력을 준다.

[식물학적 특성]

위의 활동을 활발하게 하여 소화를 촉진하는 작용이 있으므로 과식을 하거나 소화불량에 효과를 발휘한다. 또 복통이나 장내에 가스가 체류할 때 팽만감의 개선도 기대된다. 기침을 진정시키는 작용도 있으므로 감기 등의 증상 개선에도 도움이 된다. 잎을 세절하여 추출한 엑기스는 피부를 활성화시켜 노화를 방지하며 긴장이 있는 얼굴살결을 유지한다. 종자에는 염증을 진정시키는 작용이 있고 성분을 추출한 액으로 눈을 씻으면 좋다고 한다. 프랑스와 이태리에서는 줄기가 샐러드 등에 사용된다.

[주요 생리기능 성분(추정기능)]

① Anethole : 방향성분이며 강장작용, 소화기능 촉진, 월경불순을 개선한다.
② Phencone : 방향성분이며 면역강화, 점액과다를 개선한다.
③ Camphene : 방향성분이며 점액 용해작용, 항균작용을 한다.
④ Methylshavicol : 방향성분이며 진정작용, 항감염작용을 한다.
⑤ Limonene : 방향성분이며 암 억제작용을 한다.
⑥ Camphor : 방향성분이며 점액 용해작용, 항바이러스 작용을 한다.

[사용법]

생선과의 궁합이 아주 좋다. 건조한 잎 위에 얹어 향초 구이로 하거나 생의 잎을 잘게 썰어서 생선요리의 소스에 넣는 여러 가지 사용법이 있다. 향이 생선이나 고기의 생취를 없애므로 함께 끓여도 좋다. 종자를 간 것은 감미로운 향이 나서 빵, 쿠킹의 풍미를 내는 데 사용한다.

후 추

• 분 류 : 대분류 → 향신료

- 학 명 : *Piper nigrum*
- 과 명 : 후추과
- 영 명 : Pepper
- 한문명 : 호초(胡椒)
- 용 도 : 식용(열매)
- 수확기 : 8～9월(브라질)

[원산지 · 재배역사]

인도 남서부 말라발 연안지역이 원산지이다. 호초(胡椒)의 호(胡)는 중국 한시대의 북방 또는 서방의 이민족을 말한다. 호초(胡椒)란 호(胡)에서 전한 따끔한 자극을 갖는 초(椒)를 의미한다. 일본에서는 나라(奈良)시대에 전래되었다는 기록이 있다.

[기대되는 작용]

식욕증진, 에너지대사 촉진, 항균 · 살균작용, 소화촉진, 이뇨촉진, 건위 등에 유효하며 여러 가지 대사를 활발하게 하여 지방을 연소한다.

[식물학적 특성]

덩굴성 식물의 과실로 수확기와 가공방법에 따라 black, white, green으로 나눈다. 신미성분의 piperine, shavicine 등에 의한 자극적인 신미가 특징이다. 이들의 성분에는 발한 · 이뇨 · 항균 · 진정작용 이외에 위액의 분비를 촉진하여 소화를 도와 식욕을 촉진하거나 감기 초기에 효과를 발휘한다고 한다. 인도의 전통의학 Ayurveda에서는 몸의 노폐물이나 지방을 배출하고 혈액을 정화하는 약으로 사용된다. 최근의 연구에 있어서도 후추의 성분이 간장이나 지방조직에 작용하여 에너지 대사를 높이는 효과가 확인되고 있다. 한방에서는 위장이 약하고 복부팽만, 소화불량, 설사, 복통 등의 증상에 처방된다.

[주요 생리기능 성분(추정기능)]

① Piperine : 신미성분이며 강장작용, 방부작용, 살충작용을 한다.
② α-Pinene : 방향성분이며 암 억제작용을 한다.
③ Limonene : 방향성분이다.
④ α-Phyllandrene : 방향성분이다.

⑤ β-Caryophyllene : 방향성분이다.
⑥ Isopiperine : 신미성분이다.
⑦ Shavicine : 신미성분이다.
⑧ Isoshavicine : 신미성분이다.

《Black과 white는 어떻게 다른가?》

Black pepper는 미숙한 종자를 건조한 것이다. White pepper는 열매가 검게 될 때까지 완숙한 것을 물을 가하여 발효시키고 표피를 제거하여 건조한 것이다. 후추의 신미성분은 잎에 많이 함유되어 있기 때문에 black pepper쪽이 신미가 강하여 고기요리나 계란 프라이, 샐러드 볶음, 메밀국수 등의 요리풍이고 white pepper는 크림조림, 라탕요리 소재의 색을 살려서 mild한 맛을 즐기는 요리풍이다.

쿠 민

- 분 류: 대분류 → 향신료
- 학 명: *Cumium cymnum*
- 과 명: 미나리과
- 영 명: Cumin
- 한문명: 마근(麻根)
- 용 도: 식용(종자)
- 수확기: 3～4월(인도)

[원산지 · 재배역사]

Anise와 같이 가장 옛날부터 사용한 spice의 하나이다. 원산지인 이집트에는 미일라에 보존에 사용하였다 한다. 문명이 발달됨에 따라 뉴라시아 대륙으로 전해지고 대항해시대에는 남미로 도래되어 각지의 요리에 큰 영향을 주었다.

[기대되는 작용]

식욕증진, 소화촉진, 암 억제, 건위 등에 유효하며 고대 그리스에서는 식욕증진의 상징이었다.

[식물학적 특성]

종자를 건조한 것으로 whole은 그대로 혹은 whole를 잘게 썬 상태 또는 분말로 하여 사용한다. 모양이 caraway의 종자를 닮았으나 cumin쪽이 향이 강하고 자극적인 풍미로서 그윽이 풍기는 신미와 고미가 있다. 이 독특한 방향을 한마디로 설명하면 카레의 냄새이다. 향의 성분 cumin aldehyde에 의하여 소화기관을 자극하여 식욕을 일으킨다. 카레에 첨가하여 담근 것으로는 챠쓰네, 멕시코의 칠리 콘칸, 구미의 cumin 등이 치즈 등에 사용되는 외에 카레가루나 칠리가루의 주원료로서 세계 각지에서 요리에 사용되는 spice이다.

[주요 생리기능 성분(추정기능)]

① α-Pinene : 방향성분이며 강장작용이 있다.
② β-Pinene : 방향성분이며 강장작용이 있다.
③ Limonene : 방향성분이며 암 억제작용을 한다.
④ Phyllandrene : 방향성분이다.
⑤ β-Caryophyllene : 방향성분이며 강장작용이 있다.
⑥ Cumin aldehyde : 방향성분이다.

《남녀 사이를 중매하여 사랑을 지킨다.》

중세 유럽에서는 남자는 전쟁이 있을 때 cumin을 몸에 붙이고 있었다고 한다. Cumin은 연인의 마음변화를 막아 준다고 전해지고 있으며 결혼식에서 신랑 신부가 호주머니에 cunin을 숨겨 놓는다는 풍습이 있다. 처는 cumin을 좋은 솜씨로서 요리를 하고 남편은 cumin 요리의 재료를 가지고 처가 기다리는 집으로 곧 돌아가지 않으면 안 된다는 것을 의미한다. 이와 같이 cumin은 남녀의 정절(貞節)의 상징이 되고 있다.

카 퍼

- 분 류 : 대분류 → 향신료
- 학 명 : *Capparis spinosa, Larrea tridentata* L.
- 과 명 : 풍첩초과
- 영 명 : Caper, chaparral ,
- 이명(별명) : 떡갈나무
- 수확기 : 6~8월(스페인)

- 식용부위: 꽃봉오리와 열매(식용)

[원산지 · 재배역사]

지중해 연안지방이 원산지이다. 남유럽 각지에 자생하고 수술이 길고 감미로운 향이 나는 핑크 꽃이 핀다. 시판되고 있는 것은 꽃봉오리가 연한 재배종이다. 현재에는 이태리 이외에 스페인이나 프랑스 등에서 재배되고 있다.

[기대되는 작용]

해독작용, 해열작용, 건위 등에 유효하고 capric acid의 방향, 고기나 생선 냄새를 없애준다.

[식물학적 특성]

남유럽에서 자생하는 소관목으로 스파이스(spice)에는 꽃봉오리가 이용되고 있다. 야생종의 꽃봉오리는 적자색이고 재배종은 그린이다. 구형으로 capric acid에 의한 특유한 방향을 가지며 약간의 신미가 있다. 생의 그대로는 고미가 있어 먹을 수가 없으나 수확하여 곧 염지하면 고미가 소실된다. 쓴맛이 순할수록 풍미가 좋다. 크기는 콩알 정도의 여러 가지가 있으나 소립일수록 양질이라 한다.

[주요 생리기능 성분]

① Capric acid: 방향성분이다.

[사용법]

요리에는 일반적으로 소금절임과 초담금한 것을 사용한다. 세절한 것을 사용하면 capric acid의 효과가 높아지고 독특한 풍미를 즐길 수 있다. 훈연고기 요리나 백신어의 요리에 사용한다.

강황(울금)

- 분 류: 대분류 → 향신료
- 학 명: *Curcuma longa*
- 과 명: 생강과

- 영 명: Turmeric
- 한문명: 울금(鬱金)
- 용 도: 뿌리줄기(식용, 향신료)
- 수확기: 1~2월(인도)

[원산지 · 재배역사]

열대 아시아, 인도지나 반도가 원산지이다. 기원전 600년경의 『앗시리아 식물지』에 착색식물로서 등장하고 있다. 유럽에서는 14~15세기, 일본에서는 8세기 전반에 전해지고 울금(鬱金), 우금(芋金)의 이름으로 알려졌다.

[기대되는 작용]

간 기능강화, 항균 · 살균작용, 소화촉진, 동맥경화 예방, 혈전방지, 암 억제, 항염증, 진정작용이 있으며 활성산소를 소거하여 간 기능을 강화한다.

[식물학적 특성]

생강과 닮은 타원형의 근경부를 자비하여 건조하여 분말로 한 것이다. 약간의 흙냄새와 고미가 있는 curcumin이라는 색소 성분에 의한 강열한 황색의 착생성이 특징이다. 카레가루의 재료로서 없어서는 안 될 스파이스(spice)이다. 단무지의 착색에도 사용되고 세계 각지에서 명주나 양모, 피혁 등의 염료로서 사용되고 있다. Curcumine에는 강한 항산화 작용이 있으며 간 기능을 높여 담즙산의 분비를 촉진하고 항균 · 소화 촉진작용이 있다는 것이 알려져 있다. 건위, 항균, 혈중 콜레스테롤치 저하작용, 항혈전작용도 기대된다.

[주요 생리기능 성분(추정기능)]

① Cineol: 방향성분이며 항균작용을 한다.
② Curcumin: 색소 성분이며 항산화작용, 건위작용, 이뇨작용, 간 기능 강화, 혈전방지, 암 억제작용을 한다.
③ Tamerone: 방향성분이다.
④ Curcumol: 방향성분이다.

《봄 울금(강황)과 가을 울금(강황)은 식물의 종류가 다르다.》

일본에서 출회하고 있는 울금계는 가을 울금과 봄 울금의 두 종류가 있다. 가을 울금은 turmeric의 원료로 간 가능 강화나 활성산소 제거효과가 있다고 한다. 여기에 대하여 봄 울금은 쿄오우라는 중국 식물이 원료로 소화기계·순환기계의 건강유지에 유효하다고 한다. 그러나 효능에는 여러 설이 있어 명확한 것은 없다. 구입하는 경우는 울금의 종류보다 품질을 중요시하는 것이 요령이다. 이 중에는 조악한 소재를 사용한 물품도 있으므로 신뢰가 되는 가게에서 양질의 것을 택해야 한다.

아니스

- 분 류: 대분류 → 향신료
- 학 명: *Pimpinella anisum* L.
- 과 명: 미나리과(산형과)
- 영 명: Anise
- 한문명: 나근(羅根)
- 수확기: 7～8월(스페인)
- 식용부위: 열매(식용)

[원산지·재배역사]

남지중해 지역이 원산지이다. 기원전 3세기의 고대 로마에서 소화불량의 대책으로서 anise 케이크를 연회의 장식으로 내놓는 습관이 있었다. 현재 결혼식 피로연에서 weeding 케이크가 등장하는 것은 여기에서 유래된 것이다.

[기대되는 작용]

소화불량, 월경불순 개선, 진통작용, 건위, 거담작용 등에 유효하다.

[식물학적 특성]

주로 건조한 종자를 사용한다. 단맛이 강한 방향이 특징으로 열을 가하여도 향이 날아가지 않으므로 케이크나 쿠키 등 굽는 과자 또는 수프 향을 곁들인 드레싱, 치즈의 풍미를 부여하는 데 사용한다. 향의 성분으로서 anethole에는 소화촉진과 건위, 장내가스의 배출을 촉진하는 작용이 있다.

여성호르몬과 마찬가지 작용이 있고 월경주기의 안정이나 생리통의 완화에도 유효하다고 한다. Anise에는 알코올에 녹기 쉬므로 리큐르에도 사용되어 유명한 것은 물을 가하면 백탁되는 프랑스의 파스티스나 그리스의 우소 등이 있다.

[주요 생리기능 성분]

① Anethole : 방향성분이며 여성호르몬 작용, 건위작용, 소화기능 촉진, 월경불순 개선, 장내가스 배출을 촉진한다.
② Methyl chavicol : 방향성분이며 진정 촉진작용, 항감염작용이 있다.

[사용법]

케이크나 쿠키 등의 구은 과자에는 aniseed를 그대로 반죽에 이겨서 사용한다. 혹은 분말 상으로 하거나 칼로 다져도 좋다. 분말상의 것을 수프나 스츄에 가하는 경우 방치하면 향이 약해지므로 사용 직전에 분말로 해야 한다. 또 하이트 리큐르나 소주에 아니스를 그대로 담가두면 수제의 아니스 술로도 즐길 수 있다.

올스파이스

- 분 류 : 대분류 → 향신료
- 학 명 : *Pimenta dioica*
- 과 명 : 도금양과
- 영 명 : Allspice
- 이명(별명) : Pimento
- 수확기 : 8～9월(자메이카)
- 식용부위 : 열매(식용)

[원산지 · 재배역사]

자메이카, 멕시코가 원산지이다. 16세기 후반에 스페인의 탐험가 프랑시스코 페르난데스에 의하여 발견되어 유럽으로 전파되었다. 다른 열대지방에 이식시험도 성공하지 못하고 현재에도 자메이카를 중심으로 생산되고 있을 뿐이다.

[기대되는 작용]

식욕증진, 항균 · 살균작용, 진통작용, 소화촉진, 리락스 효과, 건위작용 등이 있다.

[식물학적 특성]

높이가 7m 이상이나 되는 상록수로 미숙한 과실을 딴 후에 적갈색이 될 때까지 건조한 것이다. 상쾌한 향과 약간의 감미나 쓴맛이 있다. 미숙과의 과실에는 정유(방향유)가 3~5% 함유하고 있으므로 완숙 전에 건조시키는 것이 향이 강하게 된다. 유통되고 있는 것은 whole type과 powder type이 있고 whole은 스튜나 수프, 소스, 고기의 로스트, 피클, 마리네 등에 그대로 사용한다. Powder는 햄버거나 미트로프, 케이크 등의 반죽에 이기나 어느 것이나 끝내기가 아니고 조리중에 가하면 맛이 깊이 들어가 맛이 난다. 햄이나 소시지 등의 육가공품에서 햄, 케찹의 부여 등 폭넓게 사용되는 스파이스(spice)로 구미에서는 생 청어요리에도 사용된다.

[주요 생리기능 성분]

① Eugenol : 방향성분이며 진정작용이 있다.
② Cineol : 방향성분이며 항균작용이 있다.
③ Phellandrene : 방향성분이며 강장작용이 있다.
④ Thymol : 방향성분이며 항균작용, 항감염작용, 강장작용이 있다.
⑤ Methyleugenol : 방향성분이다.
⑥ Caryophyllene : 방향성분이다.

[사용법]

향을 살리면서 강한 향을 많게 하지 않기 위해서는 사용 분량을 줄이기보다는 같은 향 성분을 갖는 clove를 합해서 사용하는 것이 좋다. 결과적으로 사용하는 스파이스(spice)의 양은 증가되나 향의 균형이 좋아져 사용하기 쉽다. 이것을 스파이스의 브렌드 효과라고 한다.

오레가노

- 분 류 : 대분류 → 향신료
- 학 명 : *Origanum vulgare* L.
- 과 명 : 꿀풀과
- 영 명 : Oregano
- 수확기 : 여름철

• 식용부위: 잎, 줄기(식용)

[원산지 · 재배역사]

원산지는 지중해 동부에서 유럽 중남부이다. Cumin이나 anise와 같이 옛날부터 요리에 사용되어 왔다.

[기대되는 작용]

소화촉진, 리락스(이완) 효과, 항균 · 살균작용, 진통작용. 두통이나 생리통을 완화시켜 안절부절을 진정시킨다.

[식물학적 특성]

Oregano의 성분 대부분을 차지하는 carvacrol은 여러 가지 병의 원인이 되는 활성산소를 억제하여 면역력의 증강에 도움이 된다. Oregano의 다음으로 많은 thymol은 강장작용이 있고 몸 전체를 원기 있게 유지하고 감기의 초기증상을 진정시키는 효과가 있다.

위장의 작용을 활발하게 하여 소화불량을 개선하는 이외에 진정작용도 있으므로 두통이나 생리통 등의 완화에도 일역을 한다. 또 정유(방향유)에는 마음을 가라앉히는 작용이 있고 방향제나 입욕제, 마사지용 오일로 이용하며 불면의 개선에도 도움이 된다. 살균작용도 있고 여드름이나 피부의 트러블 등에도 효과적이다. 가벼운 장뇌와 같은 향과 약간 쓴맛은 토마토 요리나 치즈와의 궁합도 맞다. 잎을 건조한 것은 피자나 스파게티, 토마토소스 등의 향 부여에도 사용된다.

[주요 생리기능 성분]

① Carvacrol : 방향성분이며 항균작용, 항산화작용, 항감염작용, 강장작용이 있다.
② Thymol : 방향성분이며 항균작용, 항감염작용, 강장작용이 있다.
③ Borneol : 방향성분이며 항감염작용이 있다.

[사용법]

Pegano에는 교취(矯臭)효과가 있으므로 이 효과를 살려 고기나 청어요리 등에 사용해도 좋다. 드레싱의 재료로 하는 경우에는 어느 종류의 허브와 혼합하면 Oregano의 돌출된 향을 억제할 수가 있어 향이 깊어진다.

캐모마일

- 분 류: 대분류 → 향신료
- 학 명: *Anthemis nobilis* L. = *Chamaemelum nobile* L.(독일)
  Matricaria recutita L. = *Chamaemila recutia* L.(독일)
- 과 명: 국화과
- 영 명: Camomile, chamomil
- 수확기: 여름철
- 식용부위: 꽃잎(식용, 향신료)

[원산지 · 재배역사]

원산지는 유럽으로 옛날부터 유명한 약제였다. 사과의 향이 나므로 고대 그리스 사람들이 "카마이 멜론(대지의 사과)"이라고 불러 이것이 이름의 유래로 되었다고 한다.

[기대되는 작용]

식욕증진, 소화촉진, 진정작용, 리락스 효과, 위산분비 억제, 감염증 예방, 미기(美肌)효과 등이 있으며 몸을 덥게 하여 발한을 촉진하여 정신을 안정시킨다.

[식물학적 특성]

Chamomile은 위장의 작용을 활발하게 하여 소화를 촉진하고 장내가스를 배출하여 불쾌감을 개선하는 작용이 있다. 또 마음을 가라앉히는 작용이 있고 불면 개선에 도움이 된다. 몸을 덥게 하여 발한의 촉진을 돕기 때문에 감기가 시작하기 전이나 냉성에 의한 복통, 생리통 등에도 유효하다. 염증을 억제하는 작용도 알려져 있고 벌레에 물리거나 피부염 등으로 가려움과 여드름의 개선에도 기대된다. 요리에서는 거의 사용하지 않으나 허브 티(herb tea)로서는 잘 알려져 있다. 또 향으로서는 인기가 높아 정유는 화장품이나 방향제, 입욕제 등으로 폭넓게 사용되어 유럽에서는 민간약으로 옛날부터 애용하고 있었다.

[주요 생리기능 성분]

① Angelica acid : 방향성분이며 고미성분, 식욕을 증진한다.

② Angelica acid ester : 방향성분이며 진통작용이 있다.

[사용법]

음식용으로서는 거의 허브 티(herb tea)로서 사용된다. 컵 한 잔에 꽃을 3~4개 넣고서 탕을 부으면 몇 분으로 엷은 황색의 차가 된다. 소화를 돕는 작용이 있으므로 식후에 마시는 수가 많다. 또 리락스(이완) 효과가 있으므로 취침 전에 마시면 깊은 잠을 잘 수 있다고 한다.

카다몬

- 분 류: 대분류 → 향신료
- 학 명: *Elettaria cardamomom*
- 과 명: 생강과
- 영 명: Cardamon
- 한문명: 소두구(小豆寇)
- 수확기: 8~10월(인도)
- 식용부위: 과시과 씨(식용, 향신료)

[원산지 · 재배역사]

스리랑카, 인도 남부가 원산지이다. 원래 동양의 스파이스(spice)이나 고대 로마 시대에 이미 유럽에 전해져 당시에는 주로 향료로서 사용하였다. 기원전 4세기경의 인도 의학서적에는 약용 스파이스(spice)로서 소개되고 있었다.

[기대되는 작용]

식욕증진, 소화촉진, 항균 · 살균작용, 건위, 소취작용, 이뇨촉진 등에 유효하며 주성분 cineol이 소화를 돕고 구취를 예방한다.

[식물학적 특성]

높이 2~5 m가 되는 다년초이다. 식용에 사용되는 것은 과실(콩깍지)과 종자이다. 과실은 직경 1.5cm 전후의 계란 모양으로 안에 암갈색의 참깨 알맹이 크기의 종자가 수십 개 들어 있다. 장뇌에 유사한 강한 향미는 과실과 종자에 함유되는 정유성분에 의한 것으로 수십 종류의 성분이 확인되고 있다. 주성분의 cineol은 특히 소화기계의 부조에 효과적으로 작용하여 타액 분비를 촉진하는 것으로 알려져 있다.

방부나 구취방지에도 도움이 되고 유럽이나 인도에서는 음식 후에 입에 머금는 습관이 있다. 또 강한 방향을 살려 약제의 특유의 냄새를 없애는 의약품에도 배합되고 있다. 사우디아라비아나 인도에서는 정력증진에도 효력이 있다고 이용하고 있다.

[주요 생리기능 성분]

① Cineol : 방향성분이며 항균작용을 한다.
② α-Pinene : 방향성분이며 강장작용이 있다.
③ Savinene : 방향성분이며 탄화수소류이다.
④ Myrcene : 방향성분이며 간기능 강화, 신장기능을 강화한다.
⑤ Limonene : 방향성분이며 암 억제작용을 한다.
⑥ Linaool : 방향성분이며 항감염작용, 진정작용, 장내가스 배출을 촉진한다.
⑦ Geraniol : 방향성분이며 항감염작용, 강장작용이 있다.

[사용법]

향이 날아가므로 whole 그대로 보존하고 필요에 따라서 손으로 분쇄하여 사용한다. 고기의 냄새를 없애는 데는 효과적으로 인도요리를 위시하여 햄버거나 미트로푸드의 간 고기에 숨긴 맛으로 가한다. 드레싱, 피클, 애플파이 등의 향 부여에 사용한다.

[종류와 같은 무리]

① Green cardamon : 레몬과 같은 향이 있다.
② White cardamon : 날카롭고 순한 향이 특징이다.
③ Brown cardamon : 장뇌에 유사한 향이 있다.

캐러웨이

- 분 류 : 대분류 → 향신료
- 학 명 : *Carum carvi* L.
- 과 명 : 산형과
- 영 명 : Caraway
- 이명(별명) : 회향풀
- 수확기 : 가을철

• 식용부위 : 열매(식용)

[원산지 · 재배역사]

유럽 동부와 아시아 서부가 원산지이다. 터키 서부라는 설도 있다. 중세에서는 마약으로서 사용하였고, 현재는 캐나다나 미국에서도 생산되며 네덜란드산이 양질이라 한다.

[기대되는 작용]

이뇨작용, 항염증, 고혈압 예방, 항균 · 살균작용, 진통작용이 있으며 만병의 근원이 되는 활성산소를 소거한다.

[식물학적 특성]

종자를 건조시켜 caraway seed를 스파이스로서 사용한다. 상쾌한 향으로 씹으면 연한 단맛과 약간의 쓴맛이 있다. 정유 성분을 3～6% 함유하고 있으며 항균 · 구취정지 작용이 있으므로 마늘이나 기름기 많은 것을 먹은 후에 caraway를 씹으면 청량제나 소취제의 대체가 된다. 또 복부의 하리나 위장장해를 개선하는 효과가 있다. 외관이 cumin과 유사하므로 구입할 때 확인이 필요하다.

[주요 생리기능 성분]

① *d*-Carbon : 방향성분이며 점액 용해작용을 한다.
② *d*-Limonene : 방향성분이며 강장작용, 담석용해, 암 억제작용을 한다.
③ Dihydrocarbon : 방향성분이다.
④ Dihydrocarbenol : 방향성분이다.
⑤ Carbenol : 방향성분이다.

[사용법]

그대로 먹어도 맛이 난다. 희미한 산미가 있으므로 샐러드나 드레싱에 어울리는 독일요리의 사워크라우트에는 없어서는 안 된다. 면양고기 등의 향이 강한 고기냄새를 없애는 데 최적이다. 시나몬과 함께 사용하면 보다 효과적이다. 어느 것이나 분말하여 고기에 잘 섞어서 사용한다. 구우면 향기롭게 되므로 빵이나 쿠키 등의 풍미 부여에도 좋다.

치 자

- 분 류: 대분류 → 향신료
- 학 명: *Gaedwnia jasminoides* Ellis
- 과 명: 꼭두서닛과
- 영 명: Gardenia
- 수확기: 가을철
- 사용부위: 열매(식용색소, 약용)

[원산지·재배역사]

중국, 일본이 원산지이다. 중국에서는 옛날부터 한방약의 원료로 하였고 일본에서는 나라 말엽(710∼1192년)부터 천이나 목공제품의 염료로서 사용하였다 한다.

[기대되는 작용]

이뇨작용, 항염증, 고혈압 예방, 항균·살균작용, 진통작용 등이 있으며 만병의 근원이 되는 활성산소를 소거한다.

[식물학적 특성]

일본, 중국, 대만 등의 온난지대의 산중에서 자생하는 상록수이며 Jasmine에 유사한 강한 감미로운 향을 가진 흰 꽃을 피우고 원예식물로서 사용되고 있다. Spice로서 사용하는 것은 완숙한 과실을 건조시킨 것이다. 황색의 carotenoid계 색소 crocin을 풍부히 함유하므로 식품의 색소로서 사용된다. 또 crocin은 활성산소를 소거하는 작용이 우수하고 담즙산의 분비를 조정하거나 혈압을 안정화 시키는 작용이 있다고 한다. 한방에서는 건조한 종자를 산치자라고 부르며 소염제로거 타박상 습포로 사용한다. 이외에 구내염, 불면증, 두통에도 효과가 있다고 하며 신경 진통약이나 이뇨, 지혈약으로서 생약으로 처방된다.

[주요 생리기능 성분]

① Crocin: Crotenoid계 색소 성분이다.

② Mannit: 지미성분이며 염분 배출작용, 콜레스테롤치를 저하한다.

[사용법]

치자 색소는 물에는 녹으나 기름에는 녹지 않으므로 표면에 상처를 내어 물에 담그거나 열탕으로 삶은 액을 요리에 사용한다. 밤이나 고구마 요리를 선명하게 마무리 하거나 허브 티, 단무지, 젤리, 쌀이나 두부요리 등을 황색으로 마무리 하는 데 이용된다. 이 착색작용은 고대부터 천을 염색하는 경우에도 이용되어 왔다.

세이지

- 분 류: 대분류 → 향신료
- 학 명: *Salvia officinalis* L.
- 과 명: 꿀풀과
- 영 명: Sage
- 수확기: 6~12월(여름)
- 식용부위: 잎, 전초(식용)

[원산지 · 재배역사]

지중해 연안이 원산이다. 고대 그리스나 로마에서는 약효를 가진 식물로서 높이 평가되어 널리 이용되었다.

[기대되는 작용]

식욕증진, 항균 · 살균작용, 진통작용, 이뇨촉진, 피로회복, 소화촉진, 세포노화 방지, 항염증 등이 있으며 쑥과 같은 향이 나고 고기냄새를 완화시켜 준다.

[식물학적 특성]

소시지 등의 고기요리의 냄새를 제거하는 데 없어는 안 될 스파이스(spice)이다. Salvia의 무리로 옛날부터 약용으로 사용되어 왔다. 쑥과 같은 향과 다른 삽미와 고미가 있다. 잎을 건조시켜 사용하기 때문에 녹색의 잎이 은회색으로 변화될 때까지 곰팡이가 생육하고 있는 것 같이 보인다.

Sage에는 강한 항균력을 위시하여 진통 · 이뇨작용 알려져 있으며 세포노화나 감기예방, 소화불량 해소 등에도 도움이 된다. 허브티는 입안 헹구기 약으로도 되고 구내염이나 목의 진통에 유효하다. 정유에는 근육 피로를 회복하는 작용이 있고 류머티즘이나 신경통 등의 완화에 사용되어 왔다.

[주요 생리기능 성분]

① Cineol : 방향성분이며 항균작용을 한다.
② Camphor : 방향성분이며 점액 용해작용, 항바이러스 작용을 한다.
③ Borneol : 방향성분이며 항감염작용이 있다.
④ Thuzone : 방향성분이다.
⑤ Pinene : 방향성분이다.
⑥ Carnosolic acid : 방향성분이다.
⑦ Carnosol : 방향성분이다.

[사용법]

고기의 지질 냄새나 고기냄새를 제거하는 데는 최적이다. 특히 돼지고기의 가공품과는 궁합이 좋다. 삶은 요리에는 건조한 잎을 그리고 조림한 것은 건조한 잎의 분말의 것을 이용한다.

[종류와 무리]

① Pine apple sage : Pinaple apple과 같은 향이다. 요리나 herb tea에 사용한다.
② Tricolor sage : 잎은 유백색. 선홍색, 푸른 반점이 있으며 주로 식용이다.
③ Golden sage : 잎은 황금색이나 녹색의 반점이 있으며 소형으로 요리에 사용되는 것은 거의 없고 주로 관상용이다.
④ Purple sage : 소형으로 잎은 선홍색이다. 요리에 사용되는 것은 거의 없고 관상용이다.
⑤ Clary sage : 대형으로 엷은 자색이나 핑크색의 꽃이 피며 주로 향에 사용된다.
⑥ Mexican fruit sage : 꽃은 적자색으로 lavender와 유사하다. 멕시코가 원산이며 관상용으로 dry flower로 한다.

골 파

- 분 류 : 대분류 → 향신료
- 학 명 : *Allium schenoprasum* L., *Allium fistulosum* var. *caespitosum*
- 과 명 : 백합과
- 영 명 : Chive
- 한문명 : 세총(細葱), 세향총(細香蔥)

- 이명(별명) : 골파
- 수확기 : 여름철
- 식용부위 : 잎(식용)

[원산지 · 재배역사]

원산지는 북반구 전역에 분포하고 있고 현재 유럽 재배종은 알프스 지방에서 자라는 야생종이 가장 재배종에 가깝다. 식용의 역사는 5000년이나 되고 최초로 이용된 것은 중국이라는 것이 유력하다. 고대 그리스에서 전해져 16세기에는 유럽에서 일반적으로 재배된 허브의 하나이다. 국내에서는 1980년대 고려대학에서 재배한 것이 효시가 되고 있다.

[기대되는 작용]

항균 · 살균작용, 고혈압 예방, 혈전방지, 식욕증진, 냉성체질 개선, 당뇨병 예방, 피로회복 등에 유효하다. 줄기, 꽃 그리고 뿌리도 먹을 있는 파와 유사한 채소이다.

[식물학적 특성]

양파와 같은 구근식물로서 잎은 쪽파와 유사하다. 유럽과 미국에서는 잎을 세절하여 오므렛이나 스튜, 수프 등에 자주 사용한다. 또 마요네즈나 고기 · 새우요리의 소스, 버터에 섞는 수도 많다. 흰 구근부분이 작은 장방형으로 단단하고 자색의 껍질로 싸여 있으며 프랑스 요리에서는 꽃을 이용하는 수가 많다. 다른 파속의 스파이스(spice)보다 황화합물을 풍부히 함유하고 있고 소독약이나 고혈압의 치료에 사용되어 왔다. 또 흑점병이나 흑성병, 흰가루병 등의 식물병의 예방에도 유효하다.

[주요 생리기능 성분]

① 황화 allyl(prophyl alliin, methyl alliin) : 방향성분이다. 특이취 성분이며 당뇨병 예방, 혈행 촉진, 냉성체질 개선, 피로회복 등에 유효하다.

[사용법]

양파나 파, 쪽파의 향과 유사하기 때문에 이것과 같은 방법으로 사용하는 수가 많다. 잎부분을 이용하는 것이 많다. 프랑스 요리에서는 마조람(marjoram)이나 타라곤 등의 향신료와 함께 사용한다. 꽃은 샐러드나 계란요리에도 사용한다.

[보존법]

일정한 길이로 절단하여 묶어서 판매하는 데 자른 잎을 저장할 경우에 1~2일 지나면 시들게 된다. 잘라서 씻지 말고 랩으로 포장하여 냉장고에 두면 수일은 저장되나 절단부위가 물러지므로 필요시마다 수확하여 이용하는 것이 좋다.

서양자초

- 분 류: 대분류 → 향신료
- 학 명: *Anethum graveolens* Linn.
- 과 명: 미나리과
- 영 명: Dill
- 수확기: 여름철
- 식용부위: 잎, 열매(식용)

[원산지 · 재배역사]

지중해 연안지방이 원산지이다. 기원전 4000년대에 메소포타미아지방을 정복한 슈멜 사람들에 의하여 재배되고 그 후 중근동이나 유럽으로 넓혀졌다. 5400년 전의 이집트 의학서에 그 이름을 볼 수 있다.

[기대되는 작용]

건위, 장내가스 배출 촉진, 진통작용, 이뇨촉진, 경련 진정, 유즙분비 촉진작용, 리락스 효과, 해열작용 등이 있으며 오이의 피클이나 감자요리의 향 부여에 사용된다.

[식물학적 특성]

잎은 순한 방향을 가지며 산뜻하여 고미도 적다. 다른 스파이스(spice)와 마찬가지로 생으로 사용되거나 혹은 조리의 마무리에 가하는 수가 많다. 북유럽이나 러시아의 생선요리에 없어서는 안 될 존재이다. 또 산미가 있는 크림소스나 감자샐러드와 궁합이 맞다. 종자는 자극적인 강한 향이 특징이고 감자요리의 악센트나 케이크 중의 풍미 부여에도 사용된다.

미숙한 오이의 악센트나 케이크 등의 풍미 부여에도 사용된다. 미숙한 종자와 꽃은 비네가나 피클에 가하면 향이 좋게 된다. 특히 오이의 피클과는 궁합이 맞다. 건위나 장내가스 배출의 촉진제로서도 옛날부터 사용되어 왔다. 정유(방향유)에는 순한 촉진작용이 있고 dill 차는 이뇨제, 유즙분비 촉진, 구토 방지, 히스테리 억제 등의 작용이 있고 항문 궤양의 외용약으로서도 이용된다.

[주요 생리기능 성분]

① *d*-Carbone : 방향성분이며 점액 용해작용, 항바이러스 작용을 한다.
② *α*-Pinene : 방향성분이며 강장작용이 있다.
③ *d*-Limonene : 방향성분이며 강장작용, 암 억제작용을 한다.
④ Dihydrocarbon : 방향성분이다.
⑤ *d*-Phyllandrene : 방향성분이다.

[사용법]

줄기, 잎, 꽃, 종자 어느 것이나 향이 있으나 잎, 줄기와 종자와는 향미가 상당히 다르다. 생잎의 산뜻한 향기에 비하여 종자에서는 자극적인 향이 난 후부터 타는 듯한 신미가 난다.

스타아니스

- 분 류 : 대분류 → 향신료
- 학 명 : *Illicium uerum*
- 과 명 : 목련과
- 영 명 : Star anise
- 한문명 : 팔각(八角)
- 이명(별명) : 대회향(大茴香)
- 수확기 : 10월(중국)
- 식용부위 : 열매(식용)

[원산지 · 재배역사]

원산지는 중국이다. 유럽에서는 16세기에 전해져 anise 대용품으로서 사용되었다. 동양에서는 옛날부터 종교에 관련된 향료로서 사용되었다.

[기대되는 작용]

소화촉진, 건위, 진통작용, 항균·살균작용, 장내가스 배출촉진, 흥분작용 등이 있으며 소화를 돕고 체력을 상승시키는 감미로운 향이다.

[식물학적 특성]

6~8개의 대과가 있으며 서양에서 star anise라고 부르는 것은 별의 모양과 anise가 유사하기 때문이다. Anise와 같은 향 성분인 anethole을 함유하나 보다 향이 강하고 약간의 삽미와 고미가 있다. Anethole은 소화를 촉진하는 작용이 있어 소화불량 개선에 도움이 되며 위가 약한 체질을 개선하는 작용이 있다. 중국요리에서는 없어서는 안 될 스파이스로 특히 돼지나 오리고기 요리에 사용되는 것으로 유명하다. 짙고 강한 맛 스파이스의 작용이 명치 언저리가 쓰리고 아픈 증상, 위통을 예방해 준다. 또 과자의 향 부여에 사용되고 조합의 오향분(五香粉) 재료로도 이용된다.

[주요 생리기능 성분]

① Anethole : 방향성분이며 여성호르몬 작용, 강장작용, 소화기능 촉진, 월경불순을 개선한다.
② α-Pinene : 방향성분이며 강장작용이 있다.
③ β-Pinene : 방향성분이며 강장작용이 있다.
④ Phyllandrene: 방향성분이며 강장작용이 있다.
⑤ Limonene : 방향성분이며 암 억제작용을 한다.
⑥ Cineol : 방향성분이며 항균작용이 있다.
⑦ Linalool : 방향성분이며 항감염작용, 진정작용, 장내가스 배출을 촉진한다.

[사용법]

고기를 푹 끓일 때 함께 넣으므로 중국요리의 풍미 부여가 손쉽게 할 수 있다. 고기 냄새를 직접 제거하는 효과는 없으나 고기를 로스로 할 때 냄새를 억제하고 식욕을 그대로 향미를 강조한다. 향이 강하므로 whole을 작게 썰어서 소량씩 사용해도 좋다.

바닐라

• 분 류: 대분류 → 향신료

- 학 명: *Vanilla planifolia* L.
- 과 명: 난초과
- 영 명: Vanilla
- 수확기: 7～9월(마다가스카루)
- 식용부위: 열매(식용, 향신용)

[원산지 · 재배역사]

원산지는 중앙아메리카이다. 먼 옛날부터 멕시코의 아스테카 인디오는 vanilla를 향료로서 사용하였다. 16세기에 스페인에 이입되어 유럽 전역으로 전파되었다.

[기대되는 작용]

리락스(이완) 효과, 월경불순 개선, 감염증 예방, 장내가스 배출촉진 등에 유효하며 발효에 의하여 생성되는 감미로운 좋은 맛의 향기이다.

[식물학적 특성]

길이 12～25cm의 미숙한 콩꼬투리를 발효 · 건조한 것을 스파이스(spice)로 사용한다. 원래 향은 없으나 발효가 되면서 농갈색으로 변하고 방향성분의 vanillin이 생기고 감미의 방향이 나온다. 소재의 감미를 재기시키는 효과가 있으므로 과자 등에 사용하면 설탕의 양을 줄일 수가 있다. Vanilla beans(콩꼬투리)를 사용하는 것이 좋으나 생산에 손이 많이 가므로 고가이다. 일반적으로 엑기스를 추출하여 알코올에 녹인 vanilla 에센스나 유지에 녹인 vanilla oil이 사용된다.

[주요 생리기능 성분]

① Vanillin: 방향성분이다.
② Phyllandrene: 방향성분이며 강장작용이 있다.
③ Linaool: 방향성분이며 항감염작용, 진정작용, 장내가스 배출을 촉진한다.

[사용법]

초콜릿, 아이스크림, 푸린 등 과자류 전반에 사용된다. Vanilla 에센스는 알코올 성분이 많고 가열하면 향이 비산해 버리므로 드링크류나 아이스크림 등에 사용한다. 케이크나 쿠키 등의 구운 과자에 사용하는 경우에는 기름에 친숙한 향이고 안정성이 있는 vanilla oil이 알맞다.

장 미

- 분 류: 대분류 → 향신료
- 학 명: 장미과
- 과 명: *Rosa cannina* L.
- 영 명: Rose
- 한문명: 장미(薔薇)
- 수확기: 5~6월
- 식용부위: 열매, 꽃잎(식용)

[원산지 · 재배역사]

고대 이집트부터 이용되었다. 고대 그리스나 로마에서는 약용만이 아니고 여러 가지 용도로 사용되었다. 원예용의 품종이 유럽에 전해진 것은 13세기경이라 한다.

[기대되는 작용]

암 억제, 면역력 강화, 미기(美肌)작용, 항염증, 리락스(이완) 효과 , 감염증 예방, 해독작용, 갱년기장해 완화 등이 있으며 풍부한 비타민 C가 감기를 예방하고 아름다운 얼굴살결을 만든다.

[식물학적 특성]

원예용을 포함하여 몇 만 종이 있으나 약이나 음식용으로 사용되는 것은 수 종류뿐이다. 등장미의 열매는 rose hip라고 부르고 차로 만들어 마신다. 오렌지나 레몬 등의 감귤보다 비타민 C가 풍부히 함유하고 그 항산화 작용으로 암 등의 원인이 되는 활성산소의 생성을 억제한다. Collagen의 생성도 촉진하여 피부나 뼈를 강화하므로 미기(美肌)효과도 기대된다. 소염작용도 있고 목이 시거나 코 막힘 등의 개선에도 도움이 된다. 정유의 향에는 스트레스를 완화하거나 불면을 개선하는 작용도 있다. 또 꽃술이나 봉오리는 차나 잼, 과자의 재료가 된다.

[주요 생리기능 성분]

① Parnesol : 방향성분이며 혈행 촉진, 암 억제작용을 한다.
② Nerol : 방향성분이며 항감염작용, 강장작용, 피부기능 유지를 개선한다.
③ Citroneol : 방향성분이며 항감염작용, 강장작용이 있다.
④ Geraniol : 방향성분이며 항감염작용, 강장작용이 있다.
⑤ Geranic acid : 방향성분이다.

[사용법]

식용에는 꽃술이나 꽃봉오리를 차나 잼에 사용한다. Rose hip라 불리는 장미의 열매는 비타민 C가 풍부하다. 차로서 마시면 감기나 피로에 효과가 있다. 꽃술에서 추출액을 만들어 증류수에 희석한 rose water는 화장품이나 방향제 등에 폭넓게 사용된다.

마조람

- 분 류: 대분류 → 향신료
- 학 명: *Origanum majorana* Linne(sweet), *Origanum vulgare*(wild)
- 과 명: 꿀풀과
- 영 명: Majoram
- 수확기: 봄철
- 식용부위: 잎(식용)

[원산지 · 재배역사]

원산지는 지중해 연안지방이다. 고대 이집트 시대부터 사용되어 고대 그리스나 로마시대에는 널리 친숙하였다. 또 marjoram은 행운의 상징으로 하여 신랑 · 신부의 관으로 하는 데 사용하였다.

[기대되는 작용]

암 억제, 고혈압 예방, 리락스 효과, 면역력 증가, 소화촉진, 항균 · 살균작용, 진통작용, 거담작용 등이 있으며 스트레스를 완화시켜 고혈압 예방에도 도움이 된다.

[식물학적 특성]

풍부히 함유된 β-carotene이 면역기능을 높여 암 예방 효과가 기대된다. 칼륨을 풍부히 함유하므로 고혈압 예방에 작용하고 칼슘은 정신 안정이나 스트레스 완화에도 도움이 된다. 위의 작용을 활발하게 하여 소화불량 등에도 효과적이다. 허브 티는 정력을 상승시키고 배 멀미에도 좋다고 한다. 정유의 향은 잠을 유도하여 불면 개선과 더불어 마음을 안착시키는 작용이 있다. 살균작용이나 강장작용, 미기(美肌) 효과도 기대된다. 마사지나 입욕 시에 사용하면 피로회복에도 도움이 된다. 현재에도 프랑스에서는 민간약으로 감기치료에 사용한다.

[주요 생리기능 성분]

① Terpinen-4-ol : 방향성분이며 강장작용이 있다.
② γ-Terpinen : 방향성분이며 강장작용이 있다.
③ α-Terpinen : 방향성분이며 강장작용, 항균작용, 항바이러스 작용, 항염증, 피부기능 유지를 개선한다.
④ α-Terpineol : 항감염작용이 있다.
⑤ Linaool : 방향성분이며 항감염작용, 진정작용, 장내가스 배출을 촉진한다.

[사용법]

샐러드에 넣거나 양념이나 주된 요리에 곁들이는 채소나 해초 드레싱의 향 부여에도 보물이다. 건조한 것은 분말상으로 하여 삶는 요리에도 사용한다. 고기냄새를 없애거나 소시지 등의 풍미 부여에도 사용된다. 가열에 의하여 향이 소실되므로 끝내기 직전에 가한다.

라벤다

- 분 류 : 대분류 → 향신료
- 학 명 : *Lavandula angustifilia*
- 과 명 : 꿀풀과
- 영 명 : Lavender
- 이명(별명) : 동의초(童衣草)
- 수확기 : 봄~여름철
- 식용부위 : 꽃, 잎(식용)

[원산지 · 재배역사]

지중해 연안지역이 원산지이다. 고대 그리스, 로마시대에는 식용으로 재배되었으며 이태리 요리에서 없어서는 안 될 재료이다.

[기대되는 작용]

암 억제작용, 항균 · 살균작용, 혈전방지, 면역력 강화, 피로회복, 빈혈개선, 뼈의 강화, 식욕증진 등이 있으며 β-carotene이나 비타민 C가 풍부하여 영양가도 높은 허브이다.

[식물학적 특성]

씹으면 약간의 참깨와 같은 풍미가 난다. 향이 우수하므로 생 그대로 샐러드나 손으로 만든 스시 등의 구(具 : 건더기)로 사용하면 가벼운 악센트로 되어 맛이 있다. 항산화 작용을 갖는 β-carotene을 풍부히 함유하여 활성산소의 발생을 억제하므로 암 예방도 기대된다. β-Carotene에는 면역력을 높이는 작용이 있으므로 감기 등에 잘 걸리지 않게 된다. 비타민 C는 시금치의 약 2배로 많고 피로회복이나 미용에도 도움이 된다. 뼈나 치아를 든든하게 하는 데 도움이 되는 칼슘, 빈혈예방에도 유효한 철분을 함유한다.

[주요 생리기능 성분]

① Allylisothiocyanate : 신미성분이며 혈전을 방지한다.
② Glucosinolate : 해독기능 강화, 암 억제작용을 한다.

[사용법]

독특한 향이 매력이다. 성숙하면 향이 강하므로 생으로 먹으려면 어린잎을 식용으로 한다. 샐러드, 샌드위치, 파스타 등의 풍미 부여에 알맞으며 생선이나 고기요리에 곁들이면 좋다.

레몬그라스(개솔개)

- 분 류 : 대분류 → 향신료
- 학 명 : *Cymbopogon atrtatus, Cymbopogon flexosus* 또는

Andropogon nardus(동인도 레몬그라스)
Cymbopogon citratus(서인도 레몬그라스)

- 과 명: 벼과(화본과)
- 영 명: Lemongrass
- 이명(별명): 개솔개
- 수확기: 여름철
- 식용부위: 잎과 줄기(식용)

[원산지 · 재배역사]

인도, 아시아, 아프리카, 중남미의 열대지역이 원산지이다. 아열대 지역에 널리 자생하고 있다. 인도의 역사는 수천 년이 넘으며 전통의학 『Ayurveda』에서도 소개되어 있다. 지금은 중남미나 아시아에서 널리 재배되고 있다.

[기대되는 작용]

소화촉진, 리락스(이완) 효과, 항염증, 항균 · 살균작용, 식욕증진, 이뇨작용 등이 있으며 레몬과 같은 향으로 citral이 정신 안정에 도움을 준다.

[식물학적 특성]

레몬과 같은 신향이 특징이다. 이 향의 성분은 레몬과 같이 citral로 위의 작용을 활발하게 하여 소화를 촉진하거나 식욕을 증진시키는 작용이 있고 소화불량이나 피로, 식욕부진 등의 개선에 도움이 된다. 진정효과가 있으므로 심신을 리락스(이완)하여 정신을 안착시키는 작용도 있다. 정유(방향유)에는 citral이 약 70%나 함유되어 있고 마사지나 입욕제로 사용해도 좋다.

[주요 생리기능 성분]

① Geraniol: 방향성분이며 항감염작용, 강장작용이 있다.
② Nerol: 방향성분이며 항감염작용, 강장작용, 피부기능 유지를 개선한다.
③ Citronerol: 방향성분이며 항감염작용, 강장작용이 있다.
④ Limonene: 방향성분이며 암 억제작용을 한다.
⑤ Myrcene: 방향성분이며 간 기능 강화, 신장 기능을 강화한다.
⑥ Citral: 방향성분이다.

[사용법]

태국, 말레이시아, 인도네시아 등의 에스닉크 요리에 필수품이라 해도 좋은 재료이다. 레몬과 같은 산미가 마늘의 강력한 냄새나 고추의 신미와 맞으므로 매운 수프나 카레 등에 넣으면 순한 맛이 난다. 유럽에서는 수프나 삶는 요리의 풍미 부여에 사용된다.

레몬밤

- 분 류: 대분류 → 향신료
- 학 명: *Melissa officinalis* Linn.
- 과 명: 민트과
- 영 명: Lemon balm
- 이명(별명): 서양박하, 꿀벌 밤, 멜리사(Melissa)
- 수확기: 봄~여름철
- 식용부위: 잎(식용)

[원산지 · 재배역사]

남유럽에서 지중해 지방이 원산지이다. 재배가 시작된 것은 기원전이며 2000년 이상의 역사를 가진다. 중세에 로마사람에 의하여 영국으로 전해지고 지금은 프랑스, 독일, 스페인에서도 재배하고 있다.

[기대되는 작용]

리락스(이완) 효과, 감염증 예방, 소화촉진, 진통작용, 항균 · 살균작용 등이 있으며 순항 향은 우울한 기분을 해소해 준다.

[식물학적 특성]

향은 레몬과 유사하나 보다 순하여 과일을 착즙한 주스나 아이스 티 등에 사용하는 것이 최적이다. 설탕이나 시럽 등에 담가서 과자나 케이크의 재료로서 사용하는 외에 방향제나 입욕제로서도 이용된다.

Lemon balm에는 정신을 안정시키는 작용이 있으므로 스트레스나 우울한 기분의 개선에 효과를 발휘한다. 전신의 긴장에서 오는 두통에도 효과적이다. 발한의 촉진을 돕는 작용도 있고 발열의 억제에도 일역을 맡고 있다. 또 소화를 돕거나 몸 전체에 원기를 주는 작용도 있다. 항바이러스 작용도 있으며 연고제로 하여 외용약으로도 사용된다.

[주요 생리기능 성분]

① Citroneol : 방향성분이며 항감염작용, 강장작용이 있다.
② Geraniol : 방향성분이며 항감염작용, 강장작용이 있다.
③ Linalool : 방향성분이며 항감염작용, 진정작용, 장내가스 배출을 촉진한다.
④ Nerol : 방향성분이며 항감염작용, 강장작용, 피부기능 유지를 개선한다.

[사용법]

고기요리, 생선요리, 드레싱, 맑은 레몬향기 부여에 알맞다. 건조한 잎도 용도는 같다. 열이 통과되지 않게 끝내기에 넣는 것이 요점이다. 생잎에서 샐러드, 젤리나 샤벳트 blue juce의 향 부여에도 좋다.

[차]

구기자차

- 분 류: 대분류 → 차류
- 학 명: *Lycium chinensis* Miller, *Lycium bqrbqrum*
- 과 명: 가짓과
- 영 명: Lycium berries
- 한문명: 구기(拘杞)
- 용 도: 열매(식용)
- 주원재료: 구기 잎
- 수확기: 여름~가을철

[원산지 · 재배역사]

원산지는 중국, 일본, 한국이다. 구기자차는 구기자나무의 잘 익은 열매를 말려 차로 만든 것이 구기자차이다. 우리나라에는 전국적으로 분포되어 있으며 중국 본초학의 고전 『신농본초경(神農本草經)』에 한방으로 기재되어 있다.

[기대되는 작용]

동맥경화 예방, 간 기능 강화, 소화촉진, 피로회복, 암 억제, 비만억제, 뼈의 강화, 빈혈개선, 항균 · 살균작용 등이 있으며 지방 축적을 억제하고 체력을 증강시킨다.

[식물학적 특성]

연명차(延命茶)라고 하며 옛날부터 연명 장수의 한방차로서 알려져 있다. 유효성분 betaine에는 소화효소의 분비를 촉진하여 위장의 작용을 활발하게 함과 동시에 지방의 연소를 촉진하여 간장에 지방이 축적되는 것을 방지하는 작용이 있다고 한다. 혈관기능 유지에 작용하는 rutin이나 강한 항산화 작용으로 동맥경화를 예방하는 구기 타닌 또는 면역력을 높이는 비타민 C를 함유하고 있다.

약선 요리에 자주 사용되는 구기의 붉은 열매, 즉 구기자(拘杞子)는 자양강장이나 눈의 피로회복에 좋다고 한다. 색소 성분의 zeaxanthin에는 콜레스테롤치의 저하나 피로·권태감을 해소하는 작용이 기대되고 있다. 구기자는 달고 맛이 있으므로 디저트나 드링크 등에 첨가되는 수가 많다.

[주요 생리기능 성분(추정기능)]

① Betaine(간 기능 강화) : 감미·지미에 깊이 관여하는 물질이다. 위액의 산도를 조정하고 지방연소를 촉진한다.
② β-Sitosterol(콜레스테롤치 저하) : 콜레스테롤 흡수를 억제하는 식물성 steroid로서 동맥경화를 예방한다.
③ 구기 타닌(항산화) : Poyphenol의 일종으로 암 예방과 살균작용이 있다.
④ Rutin(모세혈관 기능강화) : Poyphenol의 일종으로 고혈압 예방과 살균작용이 있다.
⑤ Zeaxanthin(항산화) : 황색의 색소 성분이며 carotenoid의 일종이다. 동맥경화나 당뇨병, 암을 예방한다.

녹 차

- 분 류 : 대분류 → 차류, 불발효차
- 학 명 : *Camellia sinensis* O. Ktze.
- 과 명 : 차나무과
- 영 명 : Green tea
- 한문명 : 녹차(綠茶)
- 용 도 : 잎(식용, 차)
- 수확기 : 초봄~초여름
- 에너지(100g 당) : 2 kcal

[원산지·재배역사]

우리나라의 차는 828년 당나라에서 차 종자가 들어온 후에 지리산을 중심으로 영남과 호남지방이 우리나라 차의 본고장이 되었다. 찻잎의 발효 여부에 따라 비발효차, 반발효차, 발효차로 나눈다. 녹차는 비발효차로서 찻잎은 증기로 쏘이거나(찐차, 증제차), 덖음(덖금차, 부초차)에 의하여 제조한다.

[기대되는 작용]

동맥경화 예방, 암 억제, 각성작용, 항균·살균작용, 면역작용, 고혈압 예방, 피로회복, 리락스(이완) 효과 등이 있다.

[식물학적 특성]

찻잎을 쪄서 수분을 증발시킨 다음 비벼서 건조시켜 만든 불발효차이다. 발효에 의하여 catechin이 손실되지 않으므로 홍차나 우롱차보다 세균의 번식이나 바이러스의 활동이 억제하는 힘이 강하다. Catechin은 일광에 바래서 자란 잎에 많이 함유되므로 녹차 중에서도 옥로(玉露)나 줄기가 많은 번차(番茶)보다 전차(煎茶)에 많다.

β-Carotene이나 비타민 C를 풍부히 함유하고 이들의 항산화 작용에 의하여 암 예방이나 면역력 증강 강화에 유효하게 작용한다. 무기질과 식이섬유도 많고 변과 함께 노폐물을 배설하므로 미용에 좋고 향에는 리락스(이완) 효과가 있다. 성분의 대부분이 탕으로 녹아 나오는 것은 아니므로 찻잎 그 자체나 차각(茶殼)을 이용한 요리나 과자에 사용하나 차 그대로는 섭취되지 않는다.

[주요 영양소(가식부 100g 당/전차)]

- 칼륨 : 27 mg
- 칼슘 : 3 mg
- 마그네슘 : 2 mg
- 망간 : 0.31 mg
- 비타민 C : 6 mg

[주요 생리기능 성분(추정기능)]

① Catechin(항산화, 혈압상승 억제, 혈당치 상승 억제) : 녹차에 함유되는 삽미성분으로 flavonoid계 polyphenol의 일종이다. 항산화 작용이 있고 면역력을 강화하여 발암을 억제, 고혈압, 동맥경화를 예방, 지방이나 당분 흡수를 억제, 세균 번식을 억제한다.

② Theanine(뇌내 신경기능 조절, 리락스 효과) : 녹차에 함유된 지미성분으로 아미노산의 일종이다. 혈압을 조절하여 스트레스를 완화, 자율신경의 균형을 조정한다.

③ Tannin(항산화, 항암) : Polyphenol의 일종이다. 항산화 작용이 있고 암을 예방, 살균작용이 있다.

일본 사람들은 녹차를 세계적으로 제일 많이 마시는 국민이다. 따라서 차에 대한 연구도 많다. 여기에 차의 건강에 관한 효과를 열거한다.

항산화효과, 항돌연변이와 항암효과, 암 예방 효과와 항종양작용, 혈중 콜레스테롤 저하작용, 혈당상승 억제작용, 항균·항충치·항바이러스 작용, 혈압상승 억제작용, 혈소판응집 억제작용, 지방간 억제작용, 항당뇨효과, 면역증가 효과, 항알레르기 효과, 노화 억제효과, 염증치료 효과, 구취제거 효과, 금속제거 효과, 담배 해독효과, 주독 해독효과, 다이어트 효과, 피부미용 효과, 체질개선 효과, 기억력과 판단력 증진, 방사능 해독효과, 향기의 살균효과 등이 있다.

[선별 · 보존법]

향이 좋고 색이 선명한 것으로 잘 건조된 것을 고른다. 고급차는 찻잎이 균일하여 눈으로 보아 깨끗한 것이 양질이다. 습기를 함유하면 변질되기 쉬므로 가능하면 공기를 빼고 밀봉한다. 열이나 광으로도 변질의 원인이 되어 맛이 떨어지므로 직사일광을 피하여 서늘한 장소에서 보관한다.

[종 류]

① 전차(煎茶) : 일반적으로 잘 마시는 차이며 노지에서 재배한 찻잎을 쪄서 솥에서 덖거나 가열한 다음 건조한 것

② 번차(番茶) : 제법은 전차(煎茶)와 같으며 6월 중순경에 딴 큰 잎을 쓰는 수가 많다.

③ 배초차(焙炒茶) : 번차나 전차를 강한 열로 삶으면 향이 나온 것

④ 현미차(玄米茶) : 번차나 전차에 볶은 현미를 가한 것

⑤ 옥로(玉露) · 피복차(被覆茶) : 나무를 갈대발로 덮고 직사광선을 피하여 재배한다. 전차보다도 고미가 적고 아미노산이 많다.

⑥ 말차(抹茶) : 옥로(玉露)와 마찬가지로 일광을 피하여 자란 잎을 사용한다. 쪄서 건조한 엽맥을 제거하고 절구에서 찧어 분상으로 한 것. 비타민 E가 풍부하다. 찻잎을 마시므로 영양성분이 무리 없이 섭취되며 아미노산이 많다.

⑦ 경차(莖茶) : 전차나 옥로 등의 찻잎을 선별할 때 나오는 줄기부분을 모은 것

⑧ 아차(芽茶) : 제조 중에서 나오는 가장 맛있다고 하는 어린 부분을 모은 것

⑨ 분차(粉茶) : 차 가공 중 문지르거나 쳐부수어서 나오는 분상의 찻잎을 모은 것

[조류의 칼럼]

1. 조류(藻類)의 개요

해조류의 종류는 많으나 식용으로 쓰이는 종류는 비교적 적다. 이들 해조류를 색깔에 따라 분류하면 다음과 같다.

2. 조류(藻類)의 특징

① 일반적으로 풍건하면 10~20%의 무게로 된다.

② 건조 해조류에는 당질이 30~50%로 종류에 따라 그 성분에 차이가 있으며 일반적으로 소화에 좋지 않은 다음과 같은 당류 등을 함유한다.

- 녹조류: Cellulose, hemicellulose, starch
- 갈조류: Alginic acid, cellulose, mannitol
- 홍조류: Galactan, mannan, 녹말(홍조 녹말)

③ 조단백질의 함량은 대체로 적으며 건조한 김, 미역에는 20~30%이다. 전체 질소의 10~30%는 유리아미노산을 함유한다.

④ 조지방의 함량은 극히 적어서 건조물의 1.5% 이하이다.

⑤ 회분량이 많으며 특히 칼슘은 400~1,000 mg로 많고 요오드를 함유한다. 해조류는 알칼리도가 큰 염기성 식품이다.

⑥ 식품으로의 가치는 무기질(Ca, P, Fe, I, Br), 비타민(carotene, B_1, B_2, C)의 공급원이며 정장작용이 있다.

3. 조류(藻類)의 특수 성분

위의 특징 이외에 해조류에 따라 다음과 같은 특수 성분을 함유하고 있다.

① 색소류

- 녹조류(파래, 청각, 클로렐라): Carotene, chlorophyll 등이 많아서 녹색을 띤다.
- 갈조류(미역, 다시마, 톳): Fucoxanthin(xanthophyll계 carotenoid의 일종)이 많아서 갈색 또는 녹갈색을 띤다.
- 홍조류(김, 우뭇가사리): Phycocyanin(phycocyan), phycoerythrin)이란 색소단백질이 많아서 적색을 띤다.

② 유리아미노산: 전체 질소의 10~30%가 유리아미노산으로 김, 다시마에는

glutamic acid, alanine, glycine, proline 등이 함유되어 있다.

③ 맛 성분: 맛에 관여하는 성분은 다시마의 맛 성분이라는 glutamic acid를 비롯하여 alanine, taurine, aspartic acid, glycine 등 약 20여 종의 아미노산이 있고 또한 당알코올로서 mannitol 등 핵산관련 물질로서 guanylic acid, inosinic acid가 있으며 이들의 상승효과에 의하여 미묘한 맛을 낸다.

④ 향기성분: 향기성분은 아래와 같이 황화합물, 유기산을 비롯한 여러 물질이 있고 이들의 복잡한 구성에 의하여 독특한 향기를 낸다. 또 한 예로서 건조하거나 가열했을 경우에는 이들의 향기 성분 이외에도 아미노산과 당과의 가열반응에 의하여 향기가 가해져 한층 복잡한 것이 된다.

- 황화합물: Dimethylsulfate, methanethiol
- 유기산: Formic acid, acetic acid, propionic acid butyric acid 등 10여 종 불포화지방산
- Amine류: Trimethylamine
- Aldehyde류: Furfural
- Alcohol류: 가열에 의하여 2차적으로 생성
- Terpene류: Geraniol
- Phenol류 등

⑤ 비타민류: 해조류에는 채소류나 과실류처럼 비타민 C를 함유하고 있으나 비타민 B_{12}를 함유한다는 것은 채소류, 과실류와는 다른 점이다.

4. 조류(藻類)의 생리활성

1) 항균 및 항바이러스성 성분

① 지방산 관련 물질: Acrylic acid의 항균작용이 있다.

② Phenol, bromophenol류: *p*-Cresol, phloroglucine, *p*-hydroxybenzyl alcohol은 세균과 곰팡이의 생육을 저지한다.

③ 황화합물: Lenthionene, 4-htdroxy-1,2,4,6-tetrathiepane의 항균작용이 있다.

④ Terpenoid: Monoterpene laurinterol은 세균과 곰팡이에 항균활성이 있다.

⑤ Halogen 화합물 Bromobedckerekelide, dichloroacetamide, haloketone는 항균성이 있다.

⑥ 다당류: Carrageenan은 항바이러스 작용이 있다.

2) 항종양활성 성분

(1) 다당류

① Alginic acid : 미역, 다시마의 다당질인 alginic acid는 Sarcpoma 180 고형종양을 이식한 쥐의 복강 내에 주사하면 이 세포의 생육이 50% 이상 저지된다.

② Fucoidan : 갈조류에 존재하며 Sarcoma 180 고형종양을 이식한 후 쥐의 복강에 투여한 경우 60% 이상의 종양증식 억제효과를 나타낸다.

③ Porphyran : 김에서 추출한 porphyran은 대장암세포에 대하여 세포독성을 나타낸다.

3) 요오드의 성분

해조류 중의 요오드 함량은 녹조 130ppm, 홍조 890ppm, 갈조 4,300ppm으로 thyroxin의 구성성분이며 이는 호르몬으로서 중요한 역할을 한다.

4) 혈압 조절작용

(1) 혈압 저하작용 성분

① 아미노산류: 갈조류에서 분리한 laminin이라는 특수한 아미노산은 일과성으로 혈압을 저하시키는 작용이 있다.

② Alginic acid : 식염을(1%) 함유한 사료에 Na-alginate를 첨가하여 고혈압 쥐에 투여하면 혈압 상승이 억제된다고 한다.

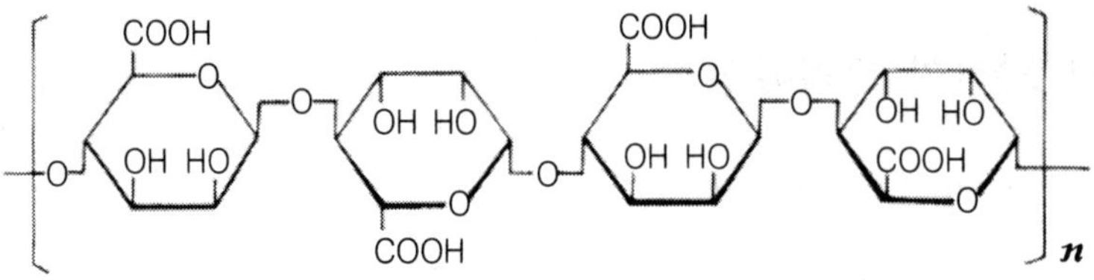

그림 1-9. Alginic acid의 구조

(2) 콜레스테롤 저하작용 성분

① Alginic aid, agar : 콜레스테롤 함량이 높은 사료에 투여한 쥐에 3% Na-alginate를 첨가해 투여하면 혈장 콜레스테롤이 대조구에 비하여 25% 정도 저하한다는 보고가 있다.

② Betaine, amino acid : 녹조인 파래와 홍조인 김에는 betaine이 함유되어 있으며 그 중 homobetaine은 콜레스테롤 저하작용이 있다.

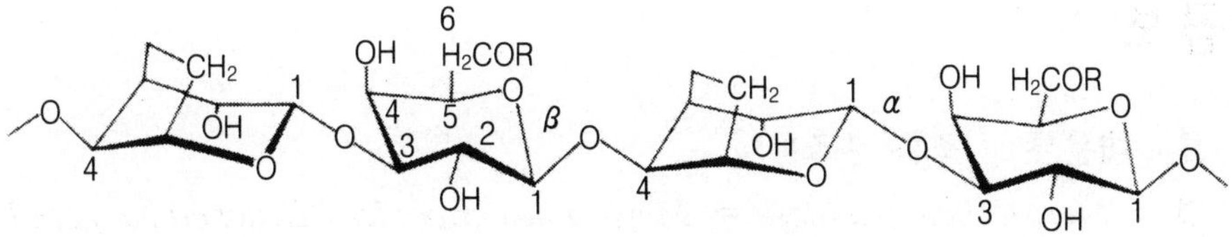

3,6-A-L-Gal D-Gal 3,6-A-L-Gal D-Gal

그림 1-10. Agar의 구조

(3) 항혈액 응고물질

한 갈조류에서 추출한 sartgassan은 혈액응고 활성이 heparin의 72배에 이른다고 한다.

5) 기타 생리활성 성분

① 구충작용 성분: 해인초에서 구충작용을 가진 kainic acid와 α-allo-kainic acid를 함유하여 이 물질은 회충, 편충 등의 기생충을 구제할 수 있다.

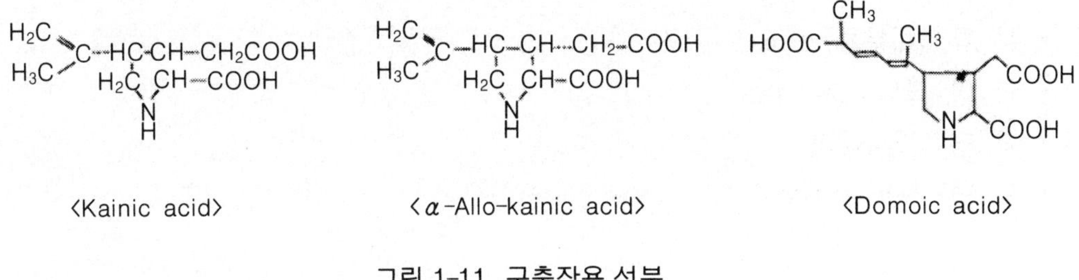

그림 1-11. 구충작용 성분

② 유해 중금속의 제거 배설 성분: 해조 다당류는 대부분 carboxyl기나 황산기를 가지고 있으므로 방사성으로 오염된 Cd, Sr을 염으로 하여 배설을 촉진한다고 한다.

③ 효소화성의 저해작용과 성분

- 다당류: Alginic acid를 식품과 같이 섭취하면 amylase나 protease의 활성이 증가하는 것으로 알려져 있다.
- Terpene류: 톳에서 분리한 phytol은 carboxyesterase의 활성화 작용이 있다.
- Sterol: Fucosterol은 갈조류에 50~200mg을 함유하고 있어 혈전 생성방지 또는 혈전용해 효과가 기대된다.

갈래곰보

- 분 류: 대분류 → 조류(홍조류)
- 학 명 : *Meristothea papulosa*(= *Meristothea japonica, Ecucheuma papulosa*)
- 과 명: 솔리에리아과
- 영 명: Seaweed papulosa

[주요 영양소(가식부 100g 당/생)]

- 수분: 93.5g
- 단백질: 0.9g
- 칼륨: 48 mg
- 칼슘: 79 mg
- 나트륨: 380 mg

갈파래

- 분 류: 대분류 → 조류
- 학 명: *Ulva lactuca*
- 과 명: 갈파래과
- 영 명: Sea lettuce

곰 피

- 분 류: 대분류 → 조류(갈조)
- 학 명: *Ecklonia stoloiera*
- 과 명: 미역과
- 영 명: Gompi

[주요 영양소(가식부 100g 당/건조)]

- 수분: 15.8g
- 단백질: 12.9g
- 칼슘: 921 mg

- 철: 20.6 mg
- β-Carotene: 18 μg

김

- 분 류: 대분류 → 조류
- 학 명: *Pophyra tenera*(참김), *Polphyra yezoensis*(방사무늬돌김)
- 과 명: 김파래과
- 영 명: Laver
- 한문명: 해태(海苔), 감태(甘苔)
- 수확기: 겨울철
- 에너지(100g 당): 14 kcal

[분포 · 생태 · 역사]

김은 인류가 이용한 해조 중에서 가장 오래된 것 중의 하나로 우리나라에는 10여 종이 서식하고 있는 것으로 알려져 있다. 생산량은 전남이 전체 생산량의 약 4/5를 차지하여 가장 많고 충남, 경남의 순위이다. 전남의 완도 부근은 특히 김 양식으로 유명하다. 양식 종은 참김과 방사무늬돌김이며 다른 종류의 김들도 다소 섞이게 된다.

[기대되는 작용]

암 억제, 빈혈개선, 혈전방지, 동맥경화 예방, 피부 · 점막의 보호, 세포노화 방지, 고혈압 예방, 빈혈방지 효과가 있으며 매일 섭취하여야 할 건강식품 재료이다.

[식물학적 특성]

우리나라에는 약 10여 종의 김이 분포한다고 한다. 비타민 C · E를 위시하여 비타민류도 많이 함유하고 β-carotene을 특히 많이 함유하고 있으므로 피부나 점막을 든든하게 하여 병에 대한 저항력을 높이는 외에 암 예방효과를 기대한다. 발육촉진에 불가결한 요오드, 태아의 정상한 발육에 없어서는 안 될 엽산도 풍부하다. 몸의 상태를 조정하는 칼륨과 마그네슘, 빈혈을 방지하는 철분 등의 무기질이나 식이섬유도 많고 더욱이 저에너지이다. 매일의 건강 더욱이 생활습관병의 예방을 위해서라도 적극적으로 식탁에 올리고 싶은 식품 중의 하나이다.

[주요 영양소(가식부 100g 당/김 · 건조)]

- 칼륨: 3,100 mg
- 마그네슘: 340 mg
- 철: 10.7 mg
- β-Carotene: 43,000 ㎍(retinol 당량 7,200 ㎍)
- 엽산: 1,200 ㎍

[주요 생리기능 성분(추정기능)]

① 요오드(대사조절호르몬): 체내대사를 촉진하는 갑상선호르몬인 thyroxine의 재료가 되는 무기질로서 발육촉진, 심신의 건강에 불가결의 물질이다.

② IPA(EPA)(혈전방지): 불포화지방산이며 혈전 유동성을 높인다. 동맥경화, 고혈압 예방, 혈액 유동성을 높인다. 아토피성 피부염, 천식 등의 알레르기 증상을 완화 · 개선하고 암을 억제한다. 항 혈전작용이나 콜레스테롤치 저하작용은 DHA보다 강하다고 한다.

[선별 · 보존법]

두께가 있고 광택이 있는 것을 택한다. 품질에 따라서 여러 가지이나 값이 싼 것이라도 곳곳에 구멍이 있는 것은 피하는 것이 좋다. 건조된 냉암소에서 밀폐용기에 넣어서 보존한다. 완전히 습기가 찬 경우에도 조림으로 할 수 있으므로 버리지 말고 이용할 것이다.

꼬시래기

- 분 류: 대분류 → 조류(홍조류)
- 학 명: *Gracilaria verrucosa*
- 과 명: 꼬시래깃과
- 영 명: Garcilaria, sewing thread, sea string

[식물학적 특성]

따뜻한 지역의 깊지 않은 잔잔한 바다에 서식하는 홍조류로서 꼬시래깃과에 속한다. 꼬시래기는 단백질 1.8%, 지방 0.2%, 탄수화물 5.9%, 섬유질 0.3%, 무기질 2.7%로서 무기질 중 칼슘이 특히 많고 철분도 풍부하다. 비타민 A가 많고 비타민 B_2와 C도 많은 편이다.

[주요 영양소(가식부 100g 당/생)]

- 수분 : 89.1g
- 단백질 : 1.8g
- 칼슘 : 630 mg
- 철 : 6.9 mg
- β-Carotene : 234 µg

다시마

- 분 류 : 대분류 → 조류(갈조류)
- 학 명 : *Lamiaria japonia* Aresh
- 과 명 : 다시마과
- 영 명 : Tangle, sea tangle
- 한문명 : 곤포(昆布), 다시마(多仕麻)
- 수확기 : 여름철
- 에너지(100g 당) : 145 kcal

[분포 · 생태 · 역사]

다시마는 삼국시대부터 이미 널리 식용해온 해조류로서 2～3년생의 갈조류이다. 대개 짧고 굵은 줄기로 간조선의 바위에 붙어서 산다. 거제도와 제주도, 흑산도 등지에서 많이 난다.

[기대되는 작용]

암 억제, 동맥경화 예방, 변비개선, 당뇨병 예방, 혈전방지, 간 기능 강화, 면역력 강화 등에 유효하고 무기질이 몸의 균형을 조정하고 정장에도 효과가 있다.

[식물학적 특성]

마곤포는 곤포 중에서도 가장 맛있는 대표 종이다. 혈압을 안정시키는 칼륨, 뼈나 치아를 튼튼하게 하는 칼슘과 마그네슘 등의 풍부한 무기질을 함유하고 몸의 균형을 조정한다. 이 외에도 면역력을 높이고 암 예방에 유효한 β-carotene이 많으며 β-carotene보다 항암작용이 강한 fucoxanthin을 함유한다. 점조성 성분은 수용성 식이섬유의 alginic acid와 fucoidan으로 장내환경을 조정한다.

[주요 영양소(가식부 100g 당/곤포 · 건조)]

- 칼륨 : 6,100 mg
- 칼슘 : 710 mg
- 마그네슘 : 510 mg
- 철 : 3.9 mg
- β-Carotene : 1100 μg(retinol 당량 190 μg)

[주요 생리기능 성분(추정기능)]

① Alginic acid(콜레스테롤치 저하) : 점조성 성분으로 수용성 식이섬유이다. 콜레스테롤이나 당질의 흡수를 저해, 동맥경화, 당뇨병 예방, 암세포 증식을 억제, 위장의 점막을 보호한다.

② Fucoidan(항암) : 수용성 식이섬유이다. 항암 · 항균작용, 면역력 기능향상, 간기능 강화, 혈압상승 억제, 혈전 방지작용을 한다.

③ Fucoxanthin(활성산소 소거) : Caotenoid계 색소의 일종이다. 활성산소를 소거하고 암을 억제하며 항암작용은 β-carotene보다 강하다.

[선별 · 보존법]

살이 두껍고 검은 것으로 잘 건조한 것을 고른다. 주머니 조림한 경우에는 주머니 안에 물방울이 있는 것은 피한다. 건조한 냉암소에 밀폐용기에 넣어서 보존하고 습도가 높은 지역에서는 용기 중에 식품용 건조제를 넣어두는 것이 좋다.

돌가사리

- 분 류 : 대분류 → 조류

- 학 명: *Gigartina stellata*
- 과 명: 돌가사리과
- 영 명: Tenella

뜸부기

- 분 류: 대분류 → 조류(갈조류)
- 학명: *Pelvetia siliqucosa*
- 과 명: 뜸부깃과
- 영 명: Tteumbigi, seaweed wrightii

[주요 영양소(가식부 100g 당/건조)]

- 수분: 18.1g
- 단백질: 6.1g
- 칼슘: 1,090 mg
- 철: 23.9 mg
- β-Carotene: 324 μg

매생이

- 분 류: 대분류 → 조류(홍조류)
- 학 명: *Capsosiphon fulvescens*
- 과 명: 매생이과
- 영 명: Seaweed fulvesens
- 에너지(100g 당): 14 kcal

[식물학적 특성]

외해에 면한 간조선 부근의 바위에 붙어서 사는 홍조류로서 몸은 연하고 끈끈하며 원기둥 모양이다. 식용으로 하며 단백질이 20.6%로 매우 많고 지방 0.5%, 탄수화물 35.4%, 섬유 1.5%, 무기질이 22.7%로 매우 많고 칼슘과 철분이 특히 풍부하다.

[주요 영양소(가식부 100g 당/건조)]

- 수분 : 15.6g
- 단백질 : 20.6g
- 칼슘 : 574 mg
- 철 : 43.1 mg

모자반

- 분 류 : 대분류 → 조류
- 학 명 : *Sargassun fulvellum*
- 과 명 : 모자반과
- 영 명 : Gulf weed

[주요 영양소(가식부 100g 당/건조)]

- 수분 : 10.2g
- 단백질 : 15.2g
- 칼슘 : 935 mg
- 철 : 67.3 mg

미 역

- 분 류 : 대분류 → 조류(갈조류)
- 학 명 : *Undaria pinnatifida*
- 과 명 : 미역과
- 영 명 : Sea mustard, wakame, mimyeok
- 한문명 : 해채(海菜)
- 이명(별명) : Wakame(若布)
- 수확기 : 봄철, 여름철
- 에너지(100g 당) : 11 kcal

[분포 · 생태 · 역사]

미역은 갈조류의 곤포과에 속하는 1년생 해조로 뿌리는 섬유상이고 줄기는 한 개의 편상형이며 다시 그 위에 10 cm 가량 뻗어 잎의 중맥을 형성한다. 미역의 미끈미끈한 점성물질은 alginic acid라는 것인데 이것은 소화되지 않는 성분이나 해조류에서 채취되어 공업용 풀이나 아이스크림, 면류, 과자 등 끈기를 주는 데 많이 이용되고 있다.

[기대되는 작용]

동맥경화 예방, 암 억제, 혈전방지, 고혈압 예방, 당뇨병 예방, 면역력 강화, 세포노화방지 등에 유효하며 풍부한 무기질은 심신의 건강을 유지하고 암이나 노화를 예방한다.

[식물학적 특성]

넓게 펴진 엽체(葉体)와 쿠키와카메라 불리는 주기(莖), 성숙할 때의 포자엽(胞子葉)의 메카부를 식용한다. 유통되고 있는 것의 대부분은 건조・저장 등의 처리를 한 잎의 부분이다. 고혈압 예방과 개선에 작용하는 칼륨이나 뼈나 치아를 튼튼히 하는 칼륨, 빈혈방지에 도움이 되는 철을 많이 함유한다. β-Carotene도 풍부하므로 점막이나 피부를 튼튼히 하여 저항력을 높이고 시력을 개선하는 효과도 기대된다. 대사를 촉진에 불가결의 요오드, 암이나 노화의 예방에 유효한 셀렌도 함유한다. 높은 항암작용을 갖는 fucoidan은 특히 메카프에 많다.

[주요 영양소(가식부 100g 당/유통되고 있는 염장・탈염)]

- 칼륨: 12 mg
- 칼슘: 42 mg
- 마그네슘: 19 mg
- 철: 0.5 mg
- β-Carotene: 250 μg(retinol 당량 41 μg)

[주요 생리기능 성분(추정기능)]

① Alginic acid(콜레스테롤치 저하): 점질 성분이며 동맥경화, 당뇨병 예방, 암세포증식을 억제한다.

② 요오드(대사조절호르몬 원료): 체내대사를 조절하는 갑상선 호르몬인 thyroxin의 재료가 되는 무기질로서 발육촉진, 심신의 건강에 불가결의 물질이다.

③ Fucoxanthin(암 억제) : Carotenoid계 색소의 일종이다. 항암작용은 β-carotene보다 강하다.

④ Fucoidan(항암) : 수용성 식이섬유이다. 면역기능 향상, 혈압상승 억제, 혈전 방지작용이 있다.

[선별 · 보존법]

건조품은 충분이 건조되어 있으나 습기가 차거나 곰팡이가 피웠는지를 확인한다. 삶은 것은 긴 그대로도 좋으나 절단한 미역도 손쉽게 다룰 수 있다. 완전히 건조한 것이나 염장품은 건조한 냉암소에서 밀폐용기에 넣어 보존한다. 염장품은 냉장고의 채소실에서 보존한다.

불등(풀)가사리

- 분 류: 대분류 → 조류
- 학 명: *Gloiopeltis furcata*
- 과 명: 풀가사리
- 영 명: Seaweed furcata

[주요 영양소(가식부 100g 당/건조)]

- 수분: 11.7g
- 단백질: 16.5g
- 칼슘: 481 mg
- 철: 28.4 mg

석 묵

- 분 류: 대분류 → 조류
- 학 명: *Campylaephora hypnaoeoide*
- 과 명: 비단풀과
- 영 명: Seokmuk, seaweed hypnaeoides

[주요 영양소(가식부 100g 당/건조)]

- 수분 : 15.3g
- 단백질 : 9.6g
- 칼슘 : 215 mg
- 철 : 7.6 mg
- β-Carotene : 18 μg

스피룰리나

- 분 류 : 대분류 → 조류
- 학 명 : *Spirulina platensis*
- 과 명 : Spirullaceae
- 영 명 : Spirulina

[분포 · 생태 · 역사]

세계 각지의 강알칼리성의 염호에 자생하고 있다. 16세기경 멕시코 아스테카 왕국에서 부근의 염호에 자생하고 있는 것을 항시 먹어 왔다고 한다. 건강식품으로 주목된 것은 1960년대 이후이며 *Spirulina*는 라틴어로 '나선모양'의 의미이다.

[기대되는 작용]

동맥경화 예방, 암 억제, 당뇨병 예방, 세포노화 방지, 고혈압 예방, 알레르기 억제, 피로회복 등이 있으며 엽록소가 풍부하고 모든 필수아미노산이 함유되어 있다.

[식물학적 특성]

스피룰리나(*Spirulina*)는 식용 조류의 일종이다. 식품으로서 섭취해도 소화흡수가 좋으므로 효율 좋은 영양보급이 되나 보통은 인공 배양한 것을 보조식품으로서 섭취한다. 단백질이 풍부하고 더욱이 필수아미노산을 거의 함유하므로 여름철에 땀해소나 피로회복에 유효하다. 항산화 작용이 있는 β-carotene, hemoglobin의 합성을 도와주는 비타민 B_{12}도 많다.

콜레스테롤치나 혈당치를 내리는 γ-linolenic acid를 풍부히 함유하므로 당뇨병 예방도 기대된다. 푸른 녹색은 chlorophyll이나 carotenoid, phycocyanin 등으로 현대인에게 부족하기 쉬운 녹색 채소계의 영양보급에도 알맞다. 칼슘, 철, 아연 등의 무기질도 풍부히 함유되어 있다.

[주요 생리기능 성분(추정기능)]

① β-Carotene(활성산소 소거, 항암) : 활성산소를 소거하여 발암을 방지하고 세포를 젊게 유지한다. 콜레스테롤을 줄이고 동맥경화, 당뇨병을 예방한다.
② Linolenic acid(콜레스테롤치 저하, 아토피성 피부염 억제) : 필수지방산의 하나이며 체내에서 합성된다. 생체조정 호르몬의 재료로 되어 체 조직 전체의 기능을 유지・조절하고 콜레스테롤치를 저하시켜 혈행을 촉진, 혈당치, 혈압을 정상으로 유지한다.
③ Chlorophyll(콜레스테롤치 저하) : 녹색 색소이며 콜레스테롤치를 줄인다. 위장내의 살균작용과 건위작용이 있다.

우뭇가사리

- 분 류 : 대분류 → 조류(홍조류)
- 학 명 : *Gelidium amansii, Gelidium pacificum, Gelidium japonicum, Gelidium linoides, Gelidium subfatigiatum*
- 과 명 : 우뭇가사릿과
- 영 명 : Agar
- 수확기 : 가을철
- 에너지(100g 당) : 14 kcal

[분포・생태・역사]

우뭇가사릿과의 검붉은 해조류속이다. 전 세계에 40종이 알려져 있다. 건량의 25~30%의 우무물질을 함유하고 있으며 해저바위에서 자생하고 경북 연안에 많다.

[기대되는 작용]

하제 완하효과가 있다. 섬유소와 같이 많은 양의 수분을 흡수하고 보유하여 장에서 팽창된다. 점액성의 성분은 장 내용물의 부피를 증가시켜 장 근육을 자극하여 연동작용을 돕는다.

[식물학적 특성]

간조선 보다 깊은 곳에 군서하는 우뭇가사리과에 속하는 홍조류이다. 줄기와 잔가지로 형성된 나뭇가지 모양을 하고 있으며 키는 7~9cm 정도 자란다. 일반 성분은 단백질 4.2%, 지방 0.2%, 탄수화물 18.5%, 섬유질 3.0%이고 무기질이 3.8%로 칼슘이 많고 비타민 A가 특히 많다. 우무의 원료가 된다. 우뭇가사리의 광합성 색소로서 chlorophyll, carotienoid, phycobilin을 함유한다. 우뭇가사리에 물을 가하여 가열한 다음 여과 냉각시키면 우무가 된다. 즉 한천(寒天)의 제조 원료이다.

[주요 영양소(가식부 100g 당/생)]

- 수분: 70.3g
- 단백질: 4.2g
- 칼슘: 183 mg
- 철: 3.9 mg
- β-Carotene: 2,160 μg

진두발

- 분 류: 대분류 → 조류
- 학 명: *Chondrus ocellatus*
- 과 명: 돌가사리과
- 영 명: Chondrus, carragheem, curly moss, jelly moss, rock moss, Irish moss
- 이명(별명): 아일랜드이끼

[분포·생태·역사]

영국 해협의 바위가 많은 해변에 분포한다. 북 러시아, 스페인의 바다, 북미, 일본의 바다에서도 분포하며 150mm 정도 자란다.

[기대되는 작용]

항염증효과, 완화효과, 진해효과, 거담효과, 혈압 강하효과, 거담효과, 면역억제효과, 분비촉진효과, 이뇨효과, 진해효과, 진통효과, 항종양효과, 피부 연화효과 등에 유효하다.

[주요 영양소(가식부 100g 당/생)]

- 수분 : 3.7g
- 단백질 : 2.5g
- 칼슘 : 535 mg
- 철 : 320.0 mg

청 각

- 분 류 : 대분류 → 조류(녹조류)
- 학 명 : *Codium fragile*
- 과 명 : 청각과
- 영 명 : Sea staghorn, green seafinger, lead man's ingers
- 한문명 : 청각(靑角)

[분포 · 생태 · 역사]

얕은 바닷가의 바위에 붙어서 사는 녹조류로서 높이는 14~40 cm이며 전체가 진한 초록색을 띠며 매끄러운 촉감을 준다. 파도의 영향을 적게 받는 깊은 바다에서 자라는데 전 세계에 널리 분포한다. 김치의 고명 등에 이용된다.

[기대되는 작용]

김장용 김치 등에 이용하며 일반성분은 단백질 1.7%, 지방 0.3%, 탄수화물 2.2%, 섬유 0.2%, 무기질 0.5%를 함유하며 칼슘과 인의 함량비가 좋다.

[주요 영양소(가식부 100g 당/생)]

- 수분 : 92.1g
- 단백질 : 1.4g
- 칼슘 : 37 mg
- 철 : 2.5 mg
- β-Carotene : 270 μg

클로렐라

[기능성 성분 또는 지표성분의 함량]

① 클로렐라 원말 : ㉮ 최종 제품의 조단백질의 함량이 50.0% 이상이어야 한다. ㉯ 최종 제품의 엽록소의 함량이 1,000 mg/100g 이상이어야 한다. ㉰ 최종 제품의 비타민 B_2의 함량이 2.0 mg/100g 이상이어야 한다. ㉱ 최종 제품의 철의 함량이 10.0 mg/100g 이상이어야 한다.

② 클로렐라 제품 : ㉮ 최종 제품의 조단백질의 함량이 25.0% 이상이어야 한다. ㉯ 최종 제품의 엽록소의 함량이 500 mg/100g 이상이어야 한다. ㉰ 최종 제품의 비타민 B_2의 함량이 1.0 mg/100g 이상이어야 한다. ㉱ 최종 제품의 철의 함량이 5.0 mg/100g 이상이어야 한다.

[생리활성 작용]

CGF와 β-glucan의 작용

- 세균을 잡아먹는 망내계 세포를 활성화하여 항균작용이 강하다.
- 강력한 해독작용으로 방사선, 중금속 등의 부작용에 대해 신체 방어작용을 한다.
- 적혈구 회복을 추진한다.
- 혈중 콜레스테롤 수치를 저하한다.
- 간장, 신장 등 장기의 기능을 향상한다.
- 단백질의 합성과 지방대사를 증진한다.
- 식물 다당체가 종양세포 억제작용을 한다.
- 세포의 기능을 활성화한다.

[식물학적 특성]

탄산가스를 산소로 바꾸는 역할을 한다. 식물 전체를 먹을 수 있으며 아미노산 조성비가 우수한 고단백질 함유(60% 이상) 식품이다. 고비타민, 무기질 함유 식품이다. 엽록소 함유량이 높으며 항산화 성분인 카로틴을 다량 함유하고 있다. 미생물과 동물에 대한 발육촉진 물질(CGF : Chlorella growth factor)을 함유하고 있다. 이외에도 유화작용과 항 궤양물질 등을 함유하고 있는데 이 중에서도 클로렐라의 효능은 CGF에 의해서 상승한다고 할 수 있다.

[생리활성 성분]

클로렐라의 함유성분 50% 이상 양질의 단백질, 5% 이상의 엽록소, 그리고 풍부한 핵산(DNA, RNA), 그 외 스피룰리나와 비슷한 무기질을 함유하고 특효 성분으로 CGF(Chlorella factor)와 β-glucan이 있다.

[주요 기능성]

① 단백질 공급원, 체질개선, 영양보급, 건강 증진 및 유지한다.

② 핵산 및 단백질, 엽록소, 섬유소 등의 성분을 함유한다.

톳

- 분 류: 대분류 → 조류
- 학 명: *Hizikia fusiforme*
- 과 명: 모지반과
- 영 명: Seaweed fusiforme
- 한문명: 녹미채(鹿尾菜)
- 수확기: 겨울철

[분포·생태·역사]

녹미채는 우리나라 남부지방의 해안 청정지역에서 성장하는 식용식물로 약용식물 자원으로 가치가 매우 높고 건강식품으로 애용하는 해산 식품 중의 하나이다. 모자반은 갈조식물 모자반과의 바다말로 조간대 하부에서 서식하며 경남에서는 톳나물, 고창에서는 따시래기 등으로 부른다. 제주도에서는 톨이라 한다.

[기대되는 작용]

암 억제, 빈혈개선, 혈전방지, 동맥경화 예방, 고혈압 예방, 피부·점액의 보호, 시력유지 개선 등에 유효하며 칼슘의 함량은 해조 중에서 최고이다.

[식물학적 특성]

삽미가 많으므로 채취한 그대로는 생식은 되지 않는다. 생 녹미채로서 팔고 있는 것은 수시간 물에서 삶아 삽미를 빼고 나서 건조시킨 건조 녹미채를 찐 것이다. 또

싹 녹미채는 녹미채의 싹이 아니고 작은 가지의 부분을 가리킨다. 건조하면 장기보존을 할 수 있고 건강식품으로서 일상적으로 이용할 수 있다. 무기질이 풍부하고 특히 칼슘의 함량은 해조 중에서 최고이다.

칼슘은 마그네슘과 함께 뼈나 치아를 튼튼히 하여 골다공증 예방에 도움이 된다. 이외에 혈압을 안정화 시키는 칼륨이나 빈혈방지에 도움을 주는 철도 많이 함유한다. β-Carotene도 많아 피부나 점막을 튼튼히 하여 저항력을 높여 암을 예방한다. 많은 식이섬유가 변통을 촉진하여 장의 건강을 유지한다.

[주요 영양소(가식부 100g 당/건조)]

- 칼륨 : 4,400 mg
- 칼슘 : 1,400 mg
- 마그네슘 : 620 mg
- 철 : 55 mg
- β-Carotene : 3,300 μg(retinol 당량 550 μg)

[주요 생리기능 성분(추정기능)]

① Fucoxanthin(암 어제) : Carotenoid계 색소의 일종이며 활성산소를 소거하여 암을 억제한다.

② Chloroglucinol(항산화) : Polyphenol의 일종이며 활성산소를 소거하여 암을 예방한다.

③ Angiotensin I (변환효소 저해인자, 혈압조절) : 혈압을 올리는 호르몬의 생성을 억제하여 고혈압을 예방한다.

[선별 · 보존법]

건조품은 잘 건조한 것을 고른다. 건조한 냉장고에 밀폐용기에 넣어서 보존한다. 습도가 높은 지역에서는 용기 중에 식품의 건조제를 넣어 둔다.

파 래

- 분 류 : 대분류 → 조류
- 학 명 : *Enteromorpha prolifera*
- 과 명 : 갈파랫과

- 영 명: Sea lettuce
- 이명(별명): 상경이
- 수확기: 12~2월

[분포 · 생태 · 역사]

녹조류 · 파래과의 총칭으로 남해 연안과 서해 연안에 분포하고 약간 깊은 장소의 바위 위나 다른 해조에 부착하여 자란다.

[기대되는 작용]

영양성분은 홍조류과 같이 비타민 무기질의 보고이며 전신의 저항력을 높이는 작용이 있다. 특히 칼슘은 100g 중 720 mg로 홍조류의 2~5배 이상이나 함유하고 뼈에서 칼슘을 용출하는 것을 억제하고 새로운 뼈의 형성을 돕는 호르몬의 분비를 촉진한다. 파래는 담배의 nicotine을 정화하는 작용을 가지는 물질이 함유되어 있다.

[식물학적 특성]

파래에는 가시파래갈파래, 납작파래 등이 있으며 단물이 섞인 바다의 바위, 장대 따위에 뭉쳐서 서식하는 파래과에 속하는 해조류이다.

[주요 영양소(가식부 100g 당/생)]

- 수분: 90.5g
- 단백질: 2.4g
- 칼슘: 22 mg
- 철: 13.7 mg

[기타 식물류]

사탕수수

- 분 류: 대분류 → 기타 식물류(감미료)
- 학 명: *Saccharum officinarum*
- 과 명: 화본과
- 영 명: Sugar cane
- 에너지(100g 당): 14 kcal
- 수확기: 가을철

[원산지 · 재배역사]

옥수수와 매우 비슷한 식물로 줄기의 굵기는 2.5~5cm, 높이는 3m 이상으로 되는 벼과의 숙근식물이다. 설탕생산을 위한 열대 · 아열대 지방의 중요 작물이다. 줄기에 14~17%의 자당분을 함유하여 이것을 압착하여 원료당이 만들어진다. 압착박은 바가스라고 부르며 원료당 공장의 보일러 연료나 펄프원료로 된다. 수확 후에는 자당 함량이 떨어지므로 되도록 일찍이 제당공장으로 나르고 처리한다.

[주요 영양소(가식부 100g 당/생)]

- 수분: 77.3g
- 단백질: 1.1g
- 칼슘: 26 mg
- 칼륨: 328 mg

단수수

- 분 류: 대분류 → 기타 식물류(감미료)
- 학 명: *Sorghum biscolor*
- 과 명: 화본과
- 영 명: Sorgo, sweet sorghum
- 에너지(100g 당): 14 kcal

사탕무

- 분 류: 대분류 → 기타 식물(감미료)
- 학 명: *Beta vulgaris* L.
- 과 명: 명아주과
- 영 명: Rable beet, sugar beet
- 한문명: 화염채(火焰菜)
- 수확기: 여름~가을철
- 에너지(100g 당): 14 kcal

[원산지 · 재배역사]

원산지는 지중해 연안이다. 케루토 어로 적(赤)을 의미하는 bette가 이름의 유래이다. 2~3세기경에 식용으로 이용되었다고 하며 당시에는 그렇게 널리 보급되지 않았으나 최근 샐러드 등에 이용되어 소비가 늘고 있다고 한다. 우리나라는 1980년대부터 재배되었으며 2000년대 들어서 쌈 채소가 유행하면서 잎을 쌈 채소로 이용하게 되었다. 우리나라는 세계에서 유일하게 잎만을 쌈으로 이용하고 있다.

[기대되는 작용]

암 억제, 고혈압 예방, 동맥경화 예방, 간 기능 강화, 장내 유산균군 증식, 변비개선, 당뇨병 예방, 빈혈개선 등에 유효하며 새로이 주목되는 적색 색소의 항산화 작용이 주목된다.

[식물학적 특성]

선명한 붉은 색소 betacyanin은 시금치 뿌리나 맨드라미 뿌리 등 아주 일부의 식물에만 함유된 것으로 높은 항산화 작용이 있다고 한다. 비트에는 betacyanin이 풍부하여 암이나 병의 원인이 되는 활성산소를 억제하여 암 예방의 효과가 기대된다. 나트륨(염분)을 배출하는 칼륨도 풍부하여 고혈압을 예방하는 역할도 있다. 러시아의 전통요리, 보르시치에는 정반(定飯)의 채소이다. 삶으면 감미가 나므로 삶아서 샐러드로 하거나 초절임을 하는 등 여러 가지 요리에 이용되고 있다.

[주요 영양소(가식부 100g 당/뿌리 · 건조)]

- 탄수화물: 9.3g

- 나트륨 : 30 mg
- 칼륨 : 460 mg
- 비타민 C : 5 mg
- 엽산 : 10 μg

[주요 생리기능 성분(추정기능)]

① Raffinose(*Bifidus*균 증식) : 장내의 유익균인 *Bifidus*균의 영양소로서 증식을 촉진한다. 장내 벽의 점액세포의 신진대사를 활발하게 하여 대장의 운동을 자극한다. 변비개선, 콜레스테롤이나 노폐물을 배출하고 생활습관병을 예방한다.

② Betaine(간 기능 강화) : 감미・지미에 깊이 관여하는 물질이다. 위액의 산도를 조정하고 간 기능 강화, 지방의 연소를 촉진한다.

③ Betacyanin(황산화) : Anthocyanin계의 수용성 색소 성분이다. 강력한 항산화력을 갖는다.

[선별・보존법]

뿌리의 직경이 7~8 cm의 둥근 것, 표면이 매끄럽고 상처가 없는 것이 좋다. 한냉지역의 작물이므로 서늘한 곳에 보존한다.

제 2 부

동물성 원료

1. 육산동물성(陸産動物性) 식품류

[육 류]

선사시대부터 수렵을 통하여 얻은 사슴, 멧돼지 등 야생동물은 고급 단백질과 모피의 근원으로서 중요한 역할을 해왔음을 알 수 있다. 『삼국지』 위지 동이전에는 부여(夫餘)사람들이 동물을 기르는 데 익숙하다는 기록이 나오며 말, 소, 돼지, 개, 닭 등을 사육하였음을 집작케 한다. 삼국시대(500~600년)에도 목축과 수렵으로 육류식품을 공급하고 있었으며 점차 목축의 비중이 커져 고려시대(910~1400년)에 이르러서는 말과 소를 기르는 목장이 많아졌다. 불교를 국교로 정해져 고려 광종, 문종, 예종 때에는 일시적으로 도살 금지령에 의하여 고기를 먹을 수 없는 시기도 있었다. 조선조 전기에도 쇠고기는 귀한 식품이었으며 일반인은 돼지고기나 닭 또는 개를 많이 먹었다. 조선조 후기에는 쇠고기의 소비가 크게 늘었다고 한다. 일제시대에는 일본의 수탈로 서민이 육류를 접하기 어려웠다.

육류는 농작물의 재배와는 비교할 수 없을 정도로 생산에 노력과 에너지가 많이 드는 식품이다. 이런 이유로 육류의 이용역사는 매우 오래 되었으나 일반인은 좀처럼 얻기 어려웠던 것이다. 이러한 육류를 일반 서민들이 풍족히 섭취하게 된 것은 경제상으로 국민소득이 증가된 1970년대 후반부터라 할 수 있다. 육류는 맛도 좋을 뿐만 아니라 농산식량이 갖지 못하는 고급 단백질과 풍부한 지방을 가지고 있다.

육류 소비량의 증가는 곡류를 주식으로 하던 우리나라 사람들의 영양의 균형 및 향상에 크게 기여하여 국민의 영양 상태를 크게 개선하고 체위도 크게 향상되었다. 그 뿐만 아니라 최근에는 소아비만, 성인병의 증가 등 과다영양과 불균형한 식생활로 인한 문제가 발생하기 시작하여 균형이 잡힌 식생활에 유의를 하여야 하는 시점에 있는 것이다.

2. 수산동물성(水産動物性) 식품류

[어패류]

선사시대의 유적에서 조개무지와 수산물의 채취에 사용된 뼈칼이나 골제 작살 등이 발견되고 있다. 인류의 식생활에서 해산물은 중요한 식량자원으로서 수렵, 채취의 시기부터 그 오랜 역사와 함께 해온 것으로 여겨진다. 우리나라에서도 부족국가시대에 특히 해안지방을 중심으로 하여 어로가 발달되어 김해 회현리의 조개무지에선 30여 종의 조개류가 출토되었고 도미, 삼치, 고래, 섬게 등의 어류를 식용한 흔적과 함께 해조류의 이용도 발견되고 있다.

삼국시대(4세기 초에서 7세기 중기까지)에 이르러서는 신라에서 다시마를 중국에 수출하였다는 기록을 볼 수 있으며 『해동역사』 물산지에 이 시대에 기록된 어류와 조개를 보면 웅어, 새우, 조기, 상어, 붕어 등 다양해서 수산물이 비교적 풍부하였다는 것을 짐작케 한다. 이어지는 고려시대에는 조선과 해양기술이 더욱 발달되었으며 식품으로 이용된 해산물이 더욱 널리 섭취되었으리라 짐작되고 있다. 이 시대의 기록에 등장하는 것으로 미꾸라지, 전복, 조재, 새우, 굴, 미역 등이 있었다.

조선시대(1832～1910년)에는 50여 종의 어류, 패류 및 해조류가 각각 십 수종씩 기록되어 있으며 오늘날 어획되고 있는 대부분의 어류가 거의 등장한다. 명태라는 어명이 처음으로 등장한 것도 조선시대이며 멸치잡이가 성행하였던 것도 이때부터라고 보고 있다. 17세기의 『음식디미방』이나 19세기의 『규합총서』는 조리법을 대성한 것으로 여기에는 수산물을 포함한 각종 재료를 이용한 조리법이 소개되어 있기도 하다. 또한 조선 후기의 상차림에는 생선류가 항상 한자리를 차지하고 있었다.

이와 같이 오랜 역사를 가지며 발달되어 온 수산물의 이용은 고래로부터 우리 민족의 중요한 양양공급원 특히 육류가 부족하였던 옛사람들에게 중요한 동물성 단백질, 무기질, 비타민을 공급하여 왔던 것이다. 현재에 와서도 어패류는 곡물을 주식으로 하는 우리의 식생활에 중요한 동물성 단백질의 급원으로서의 역할을 하고 있다. 최근 우리나라의 수산물 생산량은 괄목할 만큼 증가하여 세계의 상위권 수산국으로 발돋움하였으며 특히 원양어업의 발전은 눈부시다.

어패류는 단백질의 함량과 질에서 육류에 비하여 손색이 없으며 지방함량이 육류에 비하여 적게 들어 있고 특히 패류는 무기질의 보고이며 각종 비타민도 풍부하다. 즉 고단백질 저칼로리이며 풍부한 무기질과 비타민 등 이 어패류가 갖는 영양적 특성으로서 향후 우리의 식생활에 중요성을 더해 가리라 생각한다.

[육류의 칼럼]

1. 육류의 개요

우리나라에서 식용으로 하는 축육과 가금 및 야생 수육류는 다음과 같다.

① 축육류: 돼지고기(pork), 쇠고기(beef), 양고기(mutton meat), 개고기(dog meat) 등
② 가금 및 야생 수육류: 닭고기(chicken), 오리고기(duck meat), 꿩고기(pheasant meat), 토끼고기(rabbit meat), 산토끼고기(hare meat) 등
③ 육류의 가공품에는 소시지(sausage), 햄(ham), 베이컨(bacon) 등이 있다.

2. 육류 성분의 특색

1) 식육의 근육

식육은 그 근육 중에서도 주로 가로무늬근(横紋筋, straited muscle)이다. 이밖에도 정육(精肉)할 때 버리는 수가 있는 흰무늬 힘살(平滑筋, smooth muscle), 심근(心筋, cardiac muscle)도 있다.

① 가로무늬근(横紋筋): 뜻대로 움직이게 할 수 있는 근육으로 골격에 연결된 골격근, 뜻대로 움직이는 수의근(隨意筋)이다.
② 흰무늬 힘살(平滑筋): 내장의 근육(소화기관, 혈관 등의 구성)으로 뜻대로 움직이게 할 수 없는 근육이다.
③ 심근(心筋): 심장의 근육으로 구조적으로는 가로무늬근과 흡사하나 기능적으로는 뜻대로 움직이게 할 수 없는 근육이다.

가로무늬근은 근육의 최소단위인 근섬유가 많이 집합하여 이루어진 근육으로 근섬유의 성분은 다음과 같다.

2) 근육의 단백질

식육을 압착하면 60～80%의 즙액인 근형질(근장)과 나머지 고형물인 근섬유막(육기질)으로 나누어진다. 또한 위의 근섬유의 구성에서 볼 수 있는 것과 같이 섬유상 단백질로서는 myosin, actin 그리고 이들의 결합한 상태의 actomyosin 등이 있고 이밖에 구상 단백질로서는 globulin에 속하는 myosin, 색소단백질에 속하는

myoglobin 등이 있다. 앞서 섬유상 단백질은 육류 단백질의 약 50%이다.

근섬유막(육기질)의 단백질은 albuminoid에 속하는 collagen이나 elastin 등이며 이들은 결합조직을 이루고 있다. 일반적으로 결합조직이 많은 육류는 질기고 특히 elastin이 많은 부분이 힘줄(인대)이다. Collagen, elastin은 소화되기 어렵고 물과 같이 가열하면 collagen이 용출되어 변성으로 gelatin이 된다. Gelatin은 glycine, proline, hydroxyproline이 과반 이상을 차지하고 tryptophan, 황함유 아미노산이 없으므로 구성 아미노산이 불균형인 단백질이다.

근형질(근장)에는 냉수에 용해되는 단백질이 존재하는데 이를 myogen(albumin에 속한다)이라 한다. 이것은 해당계의 여러 효소 등이 이에 속하며 육류를 숙성할 때 glycogen이 소실되는 것은 이 때문이다. 결합조직은 피부, 인대, 건, 골막 등에 분포하여 장기나 세포 등과 연결하는 역할을 한다.

① 비단백질 상태 질소화합물 : 근육에는 비단백질 상태의 질소화합물로서 대사물질인 creatine, 인산, creatinine, AMP, ADP, ATP, glutathionine, carnosine, inosinic acid, 요소, 여러 유리아미노산 등이 존재하며 육류의 맛을 내는 성분이 된다.

② 식육단백질의 아미노산 조성과 영양가 : 식육류의 아미노산 함량, 단백질 값, EAA index는 식육의 부위에 따라 다르다. 소의 24부위, 돼지의 10부위에 대하여 아미노산 조성을 측정하여 단백질 값을 구한 예에 따르면 쇠고기는 85±7.9, 돼지고시는 90±8.5이다. 이와 같은 경우 쇠고기의 제1 제한아미노산이 황함유 아미노산인 곳이 12부위, isoleucine인 곳이 5부위, tryptophan, valine인 곳이 1부위, 나머지 다른 부위의 단백질 값은 100이다. 생물가는 쇠고기, 돼지고기, 닭고기 모두 같이 74이며 소화율은 95~98%로서 전체적인 면에서 식육의 단백질 영양가는 양호하다.

3) 식육의 지질

축육의 지질은 그 생체의 각 부위에 붙어 있는 축적지방(피하, 장간막, 내장, 근간 지방 등)과 근육이나 장기내 조직에 함유되어 있는 조직지방으로 구별된다.

① 축적지방 : 축적지방의 90%가 중성지방으로서 지방산과 glycerol의 ester로 이루어진 acylglycerol(glyceride)이다. 지방산 조성은 동물에 따라 차이가 있다. 그 주성분은 포화지방산인 palmitic acid나 stearic acid 등과 불포화지방산인 oleic acid나 linoleic acid 등이다. 축적지방에는 이밖에 수분이 7~8%, 단백질이 3~4%를 함유한다.

② 조직지방 : 조직지방의 함량은 동물의 종류에 따라 또 같은 종류에 있어서도 성별, 나이, 비육조건, 부위 등에 따라 큰 차이가 있다. 일반적으로는 축적지방과 같이 포화지방산에 있어서는 palmitic acid, stearic acid가 많고 불포화지방산에 있어서는 oleic acid, 다음으로는 linoleic acid가 많다. 소, 양에 있어서는 linoleic acid가 적다. 이것은 제1위에서 미생물의 작용으로 포화되기 때문이라 한다. 조직지방에는 중성지질 이외에 인지질, 콜레스테롤이 비교적 많다. 식육지질의 소화율은 95～97%이다.

4) 식육의 당질

육속의 당질은 주로 glycogen이다. 그러나 이 glycogen도 도살 후에는 급격히 감소되어 0.3% 이하로 된다. 예외적으로 말고기 중에는 비교적 많아 1～2% 존재한다. 이 glycogen의 정량으로 다른 육류와 감별할 수 있다. Gylcogen은 도살 직후의 해당작용으로 젖산이 생성되어 식육 중에 함유된다.

5) 무기질과 비타민

무기질은 칼륨, 황, 인이 많고 나트륨, 칼슘, 마그네슘, 철 등은 적다. 이들 무기질은 전체적으로 알칼리도보다는 산도가 크므로 식육 전체로서는 산성식품에 속한다. 비타민은 내장 특히 간에 비타민 A, D가 많다. 근육 속에 존재하는 것은 비타민 B군으로 그 양은 많지 않다. 단 돼지고기 속의 비타민 B_1은 많은 편이다(0.95 mg).

6) 식육의 엑기스분

식육을 물과 같이 끓였을 때 녹아 나오는 성분을 엑기스분(추출물)이라 한다. 이 엑기스분은 총 고형분의 약 2%이고 이의 반은 유기물질이고 나머지는 무기물질이다.

7) 식육의 색깔

식육의 색깔은 주로 근육색소인 myoglobin과 혈색소인 hemoglobin이다. Hemoglobin은 육색 본질의 색소가 아니며 근육 내에 발달된 모세혈관 속에 도살 방혈 후 남아 있는 혈액에 함유된 색소이다. 모세혈관이 발달된 말고기나 쇠고기 그리고 방혈이 불충분한 고기는 적색이 짙으나 송아지고기나 돼지고기에는 모세혈관이 적으므로 육색이 엷다. 도살 방혈 후 일반적으로 식육 내의 95% 이상이 myoglobin에 의한 색소이다.

3. 육류 식용성분의 변화

1) 사후강직과 숙성

동물의 도살 직후에는 그 근육이 뻣뻣해진다. 이런 현상을 사후강직이라 한다. 이때의 고기는 맛이 없기 때문에 일정시간을 경과시키므로 자가소화가 일어나 연화되어 식용으로 알맞게 되는 데 이것을 숙성이라 한다.

2) 연화시의 변화 숙성

강직된 고기는 점차 연화된다. 근육의 이완 때와는 달리 근육단백질의 가수분해, actomysin의 해리, 이온화의 변화에 의하여 수화도의 증가가 일어난다. 식육이 연화하면 자기소화의 작용으로 단백질이 산성, 중성 peptidase의 작용으로 분해하여 아미노산류, peptide 등을 생성한다. 또한 ATP, IMP의 변화가 일어나 맛내는 성분이 증가한다. 이 기간을 숙성기라고 한다. 저장온도가 높으면 부패하므로 저온에서 서서히 진행케 한다. 보통의 경우에 쇠고기는 0℃에서 10일, 8～10℃에서 3일이다.

4. 육류 및 부산물의 생리활성

1) Chondroitin sulfate

가축의 연골, 골(뼈), 연골종(軟骨種), 경인대(經靭帶) 각막(角膜) 혈관벽, 힘줄 등의 결합조직에 널리 분포되는 mucopolysacharide의 일종으로 생체 내에서는 단백질과 결합하여 chondromucoprotein으로 존재한다. A, B, C의 세 종류가 있으며 연골에는 A와 C가, 피부에는 B가 함유되어 있다. 대대 연골을 건조시키는 경우 20～40%를 얻을 수 있으며 축종, 부위에 따라 chondroitin sulfate의 종류나 함량이 다르다.

① 생리활성 및 효능: 시력회복과 보호작용, 저항장력, 탄력 증진작용

2) Taurine

유리상태로 동물조직에서 발견되는 데 특히 소의 담즙 중 다량 존재하며 hypotaurine이 산화에 의하여 생성된다. 담즙 중에는 cholic aid와 축합형태인 taurocholic acid로 존재한다.

① 생리활성 및 효능: 간장의 보호와 치료 예방작용

3) Ferritin

동물의 비장, 간장, 소장막, 골수, 근육조직 등에 존재하는 분자량 460,000의 수용성 단백질인 apoferritin 1분자가 2,000개의 삼가철과 결합한 철단백질로서 ferritin 분자가 집합, 부분적으로 변성하여 단백질을 잃은 것을 hemosiderin이라고 한다. 생체 내의 총 철(Fe) 함량의 27%는 ferritin과 hemosiderin으로 저장되어 있다.

① 생리활성 및 효능: 철분의 흡수, 저장 증진작용

4) Heparin

Mucopolysaccharide 중 황산기를 가장 많이 함유하고 있으며 처음으로 개의 간장에서 발견되었는데 근육, 폐장 비장, 소장에 많고 피부나 흉선 등에도 존재한다.

① 생리활성 및 효능

- 항혈액 응고 활성작용: Thromboplastin의 생성과 thrombin의 작용을 억제
- 혈액 청정작용: 혈청의 lipoprotein을 분해하는 lipase를 동물체 내에 유도적으로 생성하게 된다.

5) Thiamin

비타민 B_1, aneurin과 antiberberi factor라고 불린다. Thiamin은 동물조직에서 생합성되지만 섭취된 thiamin은 각 조직에서 thiamin pyrophosphokinase에 의하여 thiamin pyrophosphate(TPP)로 합성되어 많은 작용을 한다.

① 생리활성 및 효능: 각기예방 기능, 보효소작용, 항신경염 기능

6) Hyaluronic acid

Glycosaminoglycan의 일종으로 처음으로 동물의 눈의 유리체에서 발견되었으나 제재(臍帶 ; 배꼽), 관절활액(關節滑液), 혈관폐막, 위점막 등 일반적으로 결합조직과 닭의 벼슬에 널리 분포하고 있다.

① 생리활성 및 효능

- 조직구조의 유지, 활용: 체내에서 단백질과 함께 점조한 용액이나 겔을 형성
- 세균의 침입 방어작용

7) Uronic acid

Momosaccharide의 C_6 위치의 alcohol group이 산화에 의하여 생성되는 uronic acid는 천연 heteropolysaccharide의 중요한 구성성분으로서 조직 내에 들어 있다.

① 생리활성 및 효능: 해동작용, 근육 강화작용

8) Immunoglobulin G(IgG)

동물체애서는 주로 분만 직후의 초유나 혈액에 존재하며 혈액을 이용한 IgG의 생산은 20 mg/㎖ 정도이다.

① 생리활성 및 효능: 위장병 치료작용, 증량제 증가효과

소와 쇠고기

- 분 류: 식육류(食肉類), 육류(肉類), 수육(獸肉)
- 학 명: *Bos indicus*(인도 소), *Bos taurus*
- 과 명: 솟과
- 영 명: Cattle(소), beef(쇠고기)
- 한문명: 우(牛), 우육(牛肉), 황육(黃肉)
- 맛이 좋은 시기: 통년
- 에너지(100g 당): 250 kcal

[기대되는 작용]

빈혈개선, 고혈압 예방, 면역력 강화, 미각기능 유지 개선, 당뇨병 예방, 뇌기능 유지 개선, 뼈를 강화한다. 비타민, 무기질이 풍부한 양질의 단백질 자원이다.

[기원과 역사]

문명의 발달과 함께 육식의 습관은 점차 확대되었으나 쇠고기 등의 식육이 서민으로 본격적으로 보급된 것은 제2차 세계대전 후일 것이다. 도살우로서 좋은 것은 4~5세의 거세된 것으로 흑색종의 육용종이 좋다. 쇠고기 맛의 성분은 고기의 숙성도에 따라 다르다. 냉장고 넣어둔 상태라면 잡은 후 7~13일 사이의 것이 가장 맛이 좋고 연하다. 쇠고기는 부위에 성분 차이가 심하여 맛이 각각 다르다.

[특 징]

단백질, 지방이 아주 많고 특히 적신(赤身)은 철을 필두로 하여 여러 가지 무기질이 풍부하다. 철은 흡수되기 쉬운 heme철로 흡수율이 식물성 식품에 함유되는 비heme철에 비하여 약 7배나 높고 빈혈이나 냉성체질을 예방·개선하는 데에 높은 효과가 기대된다.

아연도 많고 미각을 정상으로 유지하는 외에 단백질 합성에 관여하여 성장을 촉진하는 작용이 있다. 현재 한국에서 소비되는 약 70%가 수입 우육이고 나머지 30%가 국산 우육(3개월 이상 한국 국내에서 사육한 소의 고기)으로 그 중 약 60%가 홀스타인 등의 유용종(乳用種)을 육우용으로 비육한 소(유용 비육우), 나머지 40%가 한우와 한우교잡종이다.

[주요 영양소(가식부 100g 당/한우 · 어깨로스 · 피하지방 없음 · 생)]

- 단백질: 14g(amino acid score 100, 비계 제거)
- 지질: 36.5g
- 철: 0.7 mg
- 아연: 4.6 mg
- 비타민 B_2: 0.17 mg

[주요 생리기능 성분(추정기능)]

① Heme철(빈혈 억제): 체내에서의 흡수가 좋고 이용성이 아주 높은 철 화합물이며 조혈촉진을 한다.

② Collagen(피부기능 유지 개선): 세포를 결합시켜 피부의 신진대사를 활성화하고 혈관을 강화하여 노화를 예방한다.

③ Choline(뇌기능 유지 개선): 기억력을 향상시키며 혈관을 확장하여 혈압, 동맥경화를 예방한다.

④ Peptide(혈압 저하작용): 혈압을 올리는 호르몬의 생성을 저해하고 혈압을 내리는 작용이 있다.

⑤ Carnosine(항산화): 활성산소를 소거하여 세포를 산화 손상에서 보호하고 동맥경화, 당뇨병을 예방한다.

[선별법 · 보존법]

적신(赤身)은 윤기가 있는 선홍색으로 지방은 백색에서 유백색이고 적신(赤身)과 지방과의 경계가 확실한 것이 좋다. 랩에 싸서 밀폐용기에 넣어 냉장고에 보존한다. 덩어리고기나 엷게 한 고기는 3~7일 보존이 가능하다. 기계로 간 고기는 되도록 다음날 먹는다. 냉동하면 1개월 정도 보존이 가능하다.

[종류와 무리]

① 한우(韓牛): 한국산 전통 한우이다.

② 홀스타인 종: 유용종(乳用種)으로서 유명하다.

③ 수입 쇠고기: 주된 수입 쇠고기는 미국과 호주이다. 대부분은 각 부위별로 해체되어 냉동 또는 냉장된 상태로 수입된다. 품종은 안가스, 헬레호드 등이다.

돼지와 돼지고기

- 분 류: 고기류(肉類), 식육류(食肉類), 수육(獸肉)
- 학 명: *Sus scrofa domesticus*(돼지)
- 과 명: 멧돼짓과
- 영 명: 돼지(Swine), 돼지고기(pork),
- 한문명: 돈(豚), 돈육(豚肉), 저육(豬肉)
  성숙한 수퇘지(boar), 거세한 성숙한 수퇘지(hog), 성숙한 암퇘지(sow), 어린 암퇘지(gilt), 10주 이내의 새끼인 애저(piglet)
- 맛이 좋은 시기: 통년
- 에너지(100g 당): 263 kcal

[기대되는 작용]

피로회복, 고혈압 예방, 피부기능 유지 개선, 면역력 강화, 뼈의 강화, 안정 피로 개선, 뇌기능 유지 개선, 피로회복을 촉진하고 비타민 B군의 보고이다.

[기원과 역사]

중국에서는 기원전 2200년경부터 사육되었고 중국요리에 없어서는 안 될 식품재료의 하나이다. 한국에서는 돼지의 사육역사는 소나 말과 마찬가지로 대단히 오래되었고 식육공급의 주를 이루고 있다. 돼지는 기후 풍토에 대한 적응성이 강하고 새끼가 자라서 도살될 때까지는 5개월 정도 걸리며 평균 하루에 600g씩 체중이 증가되므로 생산성이 좋고 도체율도 다른 가축에 비하여 높다. 고문헌 『규합총서』에 보면 애저탕 요리에 대한 것이 있다. 원래는 어미돼지의 자궁에 들어 있는 새끼돼지를 양념하여 통째로 찐 것으로 맛이 그지없이 아름답다고 하였으나 얻기가 어렵고 일부러 잡기는 음덕(陰德)에 해로우니 연한 새끼돼지를 이용함이 좋다고 하였다. 이것은 광주 지방의 명물로 지금도 이어져 오고 있다.

[특 징]

돈육은 부위에 따라 다소 차이가 있으나 100g 중 14~23%가 단백질로 필수아미노산이 균형 좋게 함유된 식육이다. 그 하나의 tryptophan은 체내에서 seretonin이라는 신경전달물질을 생성하여 정신안정에 작용하는 것으로 안다. 비타민 B_1이나 비타민 B_2는 다른 식육에 비하여 단연 많이 함유하여 피로회복이나 다이어트, 여름

얼굴 탐을 방지하는 효과가 있다.

지방에는 콜레스테롤치를 내리는 oleic acid이나 lenoleic acid가 많다. 또 lever에는 철이 풍부하고 빈혈의 예방이나 개선에 유효하다. 돈육에는 선모충(旋毛虫)이라는 기생충이 있을 수가 있으니 60℃ 이상에서 가열하면 문제는 없다. 비타민 B_1은 쇠고기보다 10배량이 많다. 족발은 돼지의 발목을 끓여서 수프로 하여 그 육질을 식용으로 한다. 이 수프에는 gelatin이 많으므로 졸인 국물은 엉겨지기도 한다. 한국요리에서는 이들을 식용으로 하며 산모에 좋다고 전해져 왔다.

[주요 영양소(가식부 100g 당/대형종 · 로스 · 비계 붙은 살 · 생)]

- 단백질 : 19.3g(amino acid score 100, 비계 제거)
- 지질 : 19.2g
- 철 : 0.3 mg
- 비타민 B_1 : 0.69 mg
- 비타민 B_2 : 0.15 mg

[주요 생리기능 성분(추정기능)]

① Collagen(피부기능 유지 개선) : 세포를 결합시켜 피부 신진대사를 활성화시키고 칼슘의 뼈 조직에 흡수를 촉진한다. 관을 강화하여 면역력을 강화하고 안정피로 개선, 골다공증을 예방한다.

② Choline(뇌기능 유지 개선) : 기억력을 향상시키고 혈관을 확장하여 고혈압, 동맥경화를 예방한다.

③ Heme철(빈혈 억제) : 적신(赤身)의 고기나 어패류에 함유되는 철로서 채소나 곡물에 함유된 비heme철에 비하여 흡수율이 3~5배 높다. 조혈을 촉진하여 빈혈을 예방한다.

④ Linoleic acid(콜레스테롤 조절) : 혈중의 유해 콜레스테롤만을 줄이고 유익 콜레스테롤을 증가시킨다.

[선별법 · 보존법]

고기는 묽은 핑크색으로 축축하여 윤기가 있는 것이 양질이다. 지방은 희고 건조하지 않는 것을 고른다. 비계와 고기가 야무지게 붙어 있는 것이 좋다. 2~3일 정도라면 랩으로 싸서 밀폐용기에 넣어 냉장한다. 적은 양이면 냉동하면 약 1개월 정도 보존이 가능하다.

[종류와 무리]

① 랜드레스 종: 덴마크가 원산인 가공육종이다. 모색은 백색으로 체중이 300 kg 넘는 대형 종으로 번식력도 우수하여 현재 가장 널리 사육되고 있는 종이다.
② 요크샤 종: 유럽계의 대표적인 생육종이다. 모색은 백색으로 성질이 온순하고 성숙이 빠른 것이 특징이다. 중형의 돼지로 체중은 200～350 kg 정도이다.
③ 바크샤 종: 영국이 원산인 생육종이다. 전신이 검정 털로 보통 흑돼지라고 부르는 품종으로 성숙이 빠르고 육질이 좋다.

멧돼지와 멧돼지고기

- 분 류: 고기류(肉類), 식육류(食肉類), 수육(獸肉)
- 학 명: *Sus scrofa*(멧돼지)
- 과 명: 멧돼짓과
- 영 명: Wild boar(meat)(멧돼지), wild boar meat(멧돼지고기)
- 한문명: 산저(山猪), 야저(野豬)
- 맛이 좋은 시기: 겨울철
- 에너지(100g 당): 149 kcal

[기원과 역사]

아시아, 유럽에 걸쳐 분포하고 있으며 크기는 1.3m 정도가 된다.

[기대되는 작용]

돼지고기와 큰 차이가 없으며 특유한 악취가 나지만 맛은 좋다.

[특 징]

산림에 떼를 지어 야행성으로 밤에 활동하며 농작물, 과실, 나무뿌리, 작은 동물을 먹는다. 모피와 어금니는 세공용으로 쓰이며 고기는 식용으로, 쓸개는 약용으로 이용한다. 관능적으로 멧돼지고기는 고기색이 짙고 질기며 특유한 냄새를 가진다. 돼지고기와 같은 방법으로 조리하며 특유한 냄새를 가진다. 돼지고기와 같은 방법으로 조리하며 간장과 포도주를 섞은 것에 재워두었다가 요리하면 나쁜 냄새를 제거할 수 있다. 겨울철에는 나쁜 냄새도 적고 맛이 있다고 한다.

[주요 영양소(가식부 100g 당)]

멧돼지의 일반성분은 단백질 21%, 지방 5.1%, 무기질 1% 정도이며 지방함량은 대체로 돼지보다 적다는 점 이외는 돼지고기와 기본적으로 큰 차이가 없다.

[주요 생리기능 성분(추정기능)]

돼지고기와 거의 같다.

[선별법 · 보존법]

돼지고기와 거의 같다.

양과 양고기

- 분 류: 육류(肉類), 식육류(食肉類), 수육(獸肉)
- 학 명: *Ovis aries*(양)
- 과 명: 솟과
- 영 명: Sheep(양), sheep meat(양고기), mutton(양고기)
  lamb(1세 미만의 새끼양고기)
- 한문명: 양(羊), 양육(羊肉), 면양고기(緬羊肉)
- 맛이 좋은 시기: 통년
- 에너지(100g 당): 236 kcal

[기대되는 작용]

빈혈개선, 고혈압 예방, 미각기능 유지 개선, 동맥경화 예방, 당뇨병 예방 등에 유효하며 몸을 덥혀 얼굴살결을 유지하므로 여성을 위한 고기이다.

[기원과 역사]

가축화된 것은 약 8000년 전이라 한다. 오늘날에도 기독교도나 이슬람교도 사이에서는 축연(祝宴)의 음식이다.

[특 징]

생후 1세 미만의 것을 lamb, 그 이후의 것은 mutton이라 한다. 독특한 냄새는

mutton의 특유의 것이고 lamb에서는 별로 냄새가 안 난다. 옛날에는 양고기 하면 mutton이 주류였지만 오늘날에는 lamb이 주류로 되었다. Mutton은 부드럽게 하기 위하여 수컷은 거세한다. 양의 품종은 200여 종이 있다고 한다. 비타민 B_2와 아연이 풍부히 함유되어 있기 때문에 얼굴살결의 젊음을 유지하고 세포를 건강하게 유지한다. 비타민 B_1, B_2 및 철분이 많다. 동양의학에서는 몸을 덥히는 작용이 있다고 하여 중국과 몽골에서는 「성을 위한 고기」라고 한다고 한다. 양고기의 특이한 냄새는 주로 caprylic acid, pelargonic acid 등에 의한 것으로 가공원료로는 부적당하다. 이 특이한 냄새를 제거하기 위하여 열탕으로 씻거나 마늘, 고추 등의 향신료 용액을 삼투시키는 방법을 쓴다.

[주요 영양소(가식부 100g 당 / mutton · 로스 · 비계 붙은 것 · 생)]

- 단백질 : 17.9g(amino acid score 100, 비계 제거)
- 지질 : 17g
- 철 : 2.3 mg
- 아연 : 2.9 mg
- 비타민 B_2 : 2.3 mg

[주요 생리기능 성분(추정기능)]

① Heme철(빈혈 억제) : 적신(赤身)의 고기나 어패류에 함유되는 철로서 채소나 곡물 등의 식물성 식품에 함유된 비heme철에 비하여 흡수율이 3~5배 높다. 조혈을 촉진하여 빈혈을 예방한다.

② Peptide(혈압 저하작용) : 혈압을 올리는 호르몬의 생성을 저해하여 혈압을 내리는 작용이 있다.

③ Carnosine(항산화) : 세포기능의 산화 손상에서 보호하고 동맥경화, 당뇨병을 예방한다.

[선별법•보존법]

선명한 적색에서 선명한 벽돌색으로 살결이 가는 것이 양질이다. 지방은 희고 적신(赤身)층이 뚜렷하게 나누어 있는 것을 고른다. 랩으로 싸서 냉장 보관한다. 2~3일 중으로 사용이 가능하다. Lamb은 선도가 떨어지기 쉬우므로 곧 먹어야 하며 장기 보존하려면 밀봉하여 냉동한다.

[종류와 무리]

① 사프오크 종: 영국이 원산인 육용종이며 양질의 lamb 고기로 된다. 털이 없는 두부와 족부가 흑색이 특징으로 세계 각지에서 다수 사육되고 있다.
② 사우스다운 종: 영국이 원산인 육용종이며 육용종 중에서는 최고급이라 한다.
③ 코리데르 종: 뉴질랜드가 원산으로 모용(毛用) 겸용종(兼用種)이다.

염소와 염소고기

- 분 류: 육류(肉類), 식육류(食肉類), 수육(獸肉)
- 학 명: *Capra hircus*(염소)
- 과 명: 솟과(Bovidae)
- 영 명: Goat(염소), goat meat(염소고기)
- 한문명: 산양(山羊), 야양(野羊) 완양(羱羊)
- 맛이 좋은 시기: 통년
- 에너지(100g 당): 180 kcal

[기원과 역사]

반추동물로서 페르시아 지방에서 가축화 되었으며 이미 석기시대부터 고기와 모피를 이용한 것으로 알려져 있다. 우리나라의 경우 백제 말엽에 일본에 염소 두 마리를 보냈다는 기록으로 보아 1400년 전에 이미 사육되었거나 제물 등의 용도로 쓰였던 듯하다. 우리나라에서 많이 사용되고 있는 염소는 육용종(肉用種)인 재래종과 유용종(乳用種)인 Saanen종이다. 염소는 고기뿐만 아니라 젖도 귀중한 식품으로 이용되어 왔다. 염소젖은 우유보다도 소화가 잘 되며 염소젖으로 만든 kefir라는 유주는 가장 오래된 술의 하나이다.

[기대되는 작용]

뼈의 강화, 고혈압 예방, 보혈효과 등이 있으며 임신부, 회복기 환자, 어린이에게 아주 좋은 식품이다.

[특 징]

염소는 산양(山羊)이라고도 불리며 솟과의 양아고(羊亞科)에 속하는 짐승으로 양 즉 면양(綿羊)과 비슷한데 턱수염이 있고 성질이 활발하고 민첩하며 젖과 고기를 이용하는 점이 다르다. 양고기보다는 단백질, 지질함량이 많으므로 에너지 량이 많고 비타민 A를 함유한다. 염소고기는 특유한 냄새가 나는 것이 흠이다. 따라서 향신료가 들어가야 먹기가 좋으며 염소고기는 강한 불에 구워서 먹는다. 염소고기는 삶아서 먹을 때는 냄새를 제거하기 위하여 각종 향신료를 사용한다.

[주요 영양소(가식부 100g 당 / 생)]

- 단백질 : 19.5%
- 지질 : 10.3%
- 철 : 3.8 mg
- 칼륨 : 310 mg
- 비타민 B_2 : 0.28 mg

[주요 생리기능 성분(추정기능)]

양고기와 거의 같다.

토끼와 토끼고기

- 분 류 : 육류(肉類), 식육류(食肉類), 수육(獸肉)
- 학 명 : *Oryctolagus cuniculus* var. *domestic* L.
- 과 명 : 토낏과(Leporidae)
- 영 명 : Rabbit(토끼), rabbit meat(토끼고기), cony meat(토끼고기)
- 한문명 : 토(兎), 토육(免肉)
- 맛이 좋은 시기 : 가을~겨울철
- 에너지(100g 당) : 146 kcal

[기대되는 작용]

빈혈개선, 고혈압 예방, 동맥경화 예방, 당뇨병 예방 등에 유효하며 저지방으로 건강에 좋고 풍부한 칼륨이 고혈압을 예방한다. 『동의보감』에서는 갈증을 치료하고 비장을 튼튼하게 하거나 성질이 냉하므로 많이 먹으면 원기를 손상시키고 혈액이 통하지 않아 생활이 나태해진다고 기록되어 있다.

[기원과 역사]

원산지는 유럽과 북아메리카이다. 설치목 토끼과에 속하는 포유동물로 집토끼(home rabbit), 굴토끼(wild rabbit) 및 산토끼(hare)의 3종으로 구분한다. 야생의 굴토끼가 가축화된 연대는 불명이다. 집토끼는 11～12세기경에 야생토끼가 가축화된 것이라 한다.

중국에서는 유사 이전부터 사육되었다고 한다. 번식력이 아주 강하여 1회에 4～5마리를 출산한다. 우리나라는 많은 품종이 구입되어 농가부업으로 사육되고 있는데 특히 중요 생산물인 모피와 토끼털은 외국으로 수출하고 있다. 그밖에 집토끼는 의학, 약학, 생물학의 기초연구에 실험동물로 사용된다.

[특 징]

사람이 사육하는 집토끼와 산야에서 서식하는 들(야생)토끼로 나눈다. 시장에 유통되고 있는 것은 대부분 집토끼로 특이한 것은 없고 닭고기와 같이 담백한 맛이다. 3개월 미만의 것이 특히 연하고 생후 8개월경의 암컷이 맛이 있다고 한다. 지질이 아주 적어 저에너지이고 칼륨이 다른 육류에 비하여 많으므로 고혈압 예방이 기대된다. 기계로 간 고기는 끈기가 있으므로 소시지의 결착제로서 이용된다. 한편 들토끼의 고기는 맛에 독특한 냄새가 있으므로 냄새를 제거하기 위하여 향초나 향신료를 사용하여 요리하는 수가 많다.

[주요 영양소(가식부 100g 당/집토끼 · 적육 · 생)]

- 단백질 : 20.5g(amino acid score 100)
- 지질 : 6.3g
- 칼륨 : 400 mg
- 철 : 1.3 mg
- 비타민 B_2 : 0.19 mg

[주요 생리기능 성분(추정기능)]

① Heme철(빈혈 억제) : 적신(赤身)의 고기나 어패류에 함유되는 철이다. 채소나 곡물 등의 식물성 식품에 함유된 비heme철에 비하여 흡수율이 3～5배 높다. 조혈을 촉진하여 빈혈을 예방한다.

② Peptide(혈압 저하작용) : 혈압을 올리는 호르몬의 생성을 저해하여 혈압을 내리는 작용이 있다.

③ Carnosine(항산화) : 활성산소를 소거하는 peptide이다. 세포기능을 산화 손상에서 보호하고 동맥경화, 당뇨병을 예방한다.

[선별법 · 보존법]

고기는 엷은 핑크색으로 두께가 있는 것을 고르고 끓이거나 수프로 하려면 지방이 많고 부드러운 집토끼를 고른다. 냉장고에 보관하면 빨리 사용해야 하며 풍미가 떨어지므로 냉동 보존해야 한다.

[종류와 무리]

① Lapanese white : 몸 털은 희고 눈이 붉은 일반적인 토끼이다. 고기와 모피의 겸용종으로 체중은 3~5 kg 이상 정도의 중형 품종이다.

② Bercian : 체중은 3.5 kg 정도로 몸 털은 희갈색이고 뒷다리와 귀가 긴 것이 특징인 육용종이다.

③ Premish : 프랑스가 원산으로 집토끼류 중에서 가장 큰 품종이다. 체중은 9 kg에 달하며 몸 털의 색은 회색, 흑색, 백색 등 여러 가지로 육용종이다.

④ New Zealand : 미국이나 유럽에서 식용으로 사육되는 대형 품종으로 체중은 6 kg 정도이다.

말과 말고기

- 분 류 : 육류(肉類), 식육류(食肉類), 수육(獸肉)
- 학 명 : *Equus caballus*(말)
- 과 명 : 말과(Equidae)
- 영 명 : Horse(말), horse meat(말고기)
- 한문명 : 마(馬), 마육(馬肉)
- 맛이 좋은 시기 : 통년
- 에너지(100g 당) : 110 kcal

[기대되는 작용]

빈혈개선, 고혈압 예방, 스태미나 증강, 동맥경화 예방, 당뇨병 예방 등에 유효하다.

[기원과 역사]

옛날부터 세계 각국에서 농경이나 이동 수단으로만 이용되었으며 식용으로 하는 것을 반대하는 나라도 있었다. 말고기는 우리나라에서는 식용으로 하지 않으나 구미에서는 지방분이 적으므로 미식용 또는 가공육으로 이용한다. 말고기는 특유한 냄새가 있는데 이 냄새는 가열로 더욱 나타난다. 어린 말고기는 부드러우나 일반적으로 일을 많이 하기 때문에 좋은 육질의 고기는 얻기 어렵다. 말고기가 단것은 glycogen을 많이 함유하기 때문이다.

[특 징]

일반적으로 경주마와 같은 경종마(輕種馬)가 아닌 체격이 큰 중종마(重種馬)가 주로 식용으로 사육된다. 일본 구마모도 현에서는 쇠고기와 마찬가지로 일반적으로 다루고 있다. 고기는 커틀릿이나 스테이크로서 먹고 있다. 말고기의 감미는 glycogen 때문이고 스포츠나 트레이닝 시에는 효율이 좋은 에너지원이 된다. 지질이 적으며 양질의 단백질이 풍부하다. 철이나 비타민 B_{12}도 풍부히 함유하고 빈혈의 예방 효과가 있다.

[주요 영양소(가식부 100g 당/적육 · 생)]

- 단백질 : 20.1g(amino acid score 100)
- 지질 : 2.5g
- 철 : 4.3 mg
- 비타민 B_2 : 0.24 mg
- 비타민 B_{12} : 7.1㎍

[주요 생리기능 성분(추정기능)]

① Glycogen(에너지원) : 포도당으로 변화하여 에너지로 된다. 간장의 해독작용을 강화하고 피로회복을 촉진하며 스태미나를 강화한다.

② Heme철(빈혈 억제) : 적신(赤身)의 고기나 어패류에 함유되는 철이다. 채소나 곡물 등의 식물성 식품에 함유된 비heme철에 비하여 흡수율이 3~5배 높다. 조혈을 촉진하여 빈혈을 예방한다.

③ Peptide(혈압 저하작용) : 혈압을 올리는 호르몬의 생성을 저해하여 혈압을 내리는 작용이 있다.

④ Carnosine(항산화) : 활성산소를 소거하여 세포기능을 산화 손상에서 보호하고

동맥경화, 당뇨병을 예방한다.

[선별법 · 보존법]

어린 말의 고기나 절단 직후의 고기는 벚꽃 색이며 공기에 접촉하면 곧 암적색으로 변한다. 손으로 만지면 탄력과 점질성이 있고 부드러운 것을 고른다. 공기 접촉이 되지 않게 랩으로 단단히 밀폐하여 냉동 보존한다.

사슴과 사슴고기

- 분 류 : 육류(肉類), 식육류(食肉類), 수육(獸肉)
- 학 명 : *Cervus nippon*
- 과 명 : 사슴과(Cervidae)
- 영 명 : Deer(사슴), venison(사슴고기)
- 한문명 : 녹(鹿), 녹육(鹿肉)
- 맛이 좋은 시기 : 가을~겨울철
- 에너지(100g 당) : 110 kcal

[기대되는 작용]

빈혈개선, 고혈압 예방, 미각기능 유지 개선, 당뇨병 예방 등에 유효하다. 사슴고기는 지방이 적고 비타민, 무기질이 풍부하다. 한방에서 사슴고기의 약성(藥性)은 온(溫), 약미(藥味)는 감(甘), 신(辛)이다. 사슴고기는 내장 여러 기관의 작용을 보하고 피로를 회복하고 몸을 따뜻하게 하는 효과가 있다.

가장 약성이 높고 귀중하게 여기는 것은 수사슴의 어린 뿔(幼角)인 녹용이다. 강정(强精), 피로회복, 위장기능의 촉진 등에 효과가 있고 두통, 현기증, 귀울음, 성교불능증(impotence) 등에 쓰인다. 얇게 잘라 술에 담가 사용한다고 전해져 왔다. 이밖의 녹각(鹿角), 녹신(鹿腎), 아킬레스건, 녹미(鹿尾) 등도 각각의 효능이 있다고 한다.

[기원과 역사]

수렵의 역사는 오래인 것 같다. 고기는 물론 껍질이나 뿔도 이용한다. 특히 어린 대각(袋角)은 중국에서는 녹용(鹿茸)이라 부르며 고가의 한방약으로서 취급된다.

특히 녹용은 사슴 수컷의 뿔을 말하며 한방에서는 강장제로 쓰이며 고기(鹿肉)는 맛이 좋고 피혁은 부드러워 뿔과 공예용으로 사용한다.

[특 징]

다른 식육에 비하여 저지질, 저에너지이면서 필수아미노산, 비타민류, 무기질이 풍부하다. 고기는 식용으로 하는 외로 껍질이나 뼈도 생활용품으로서 여러 가지로 이용되고 있다. 적신(赤身) 육은 비타민 B군을 많이 함유하므로 신진대사를 활발하게 하여 피로회복을 촉진하는 외에 얼굴살결이나 점막의 건강유지에 도움이 된다. 빈혈이나 냉한 체질을 예방하는 철이나 세포건강을 유지하는 미각을 민감하게 하는 아연도 많이 함유한다. 서양에서는 로스트, 끓임 요리 등에 많이 사용된다. 특히 프랑스에서는 야생조수(鳥獸) 요리의 고급식재로 된다.

[주요 영양소(가식부 100g 당 / 적육 · 생)]

- 단백질 : 22.3g
- 지질 : 1.5g
- 철 : 3.1 mg
- 아연 : 3.1 mg
- 비타민 B_2 : 0.35 mg

[주요 생리기능 선분(추정기능)]

① Heme철(빈혈 억제) : 적신(赤身)의 고기나 어패류에 함유되는 철이다. 채소나 곡물 등의 식물성 식품에 함유된 비heme철에 비하여 흡수율이 3～5배 높다. 조혈을 촉진하여 빈혈을 예방한다.

② Peptide(혈압 저하작용) : 혈압을 올리는 호르몬의 생성을 저해하여 혈압을 내리는 작용이 있다.

③ Carnosine(항산화) : 활성산소를 소거하여 세포기능을 산화 손상에서 보호하고 동맥경화, 당뇨병을 예방한다.

[선별법 · 보존법]

비계가 적고 색이 좋은 어린 사슴고기가 양질이다. 표면에 검정빛이나 심줄이 적은 것을 선정한다. 소나 돼지와 같이 취급하면 좋으나 냉동할 때는 키틴 페퍼로 싼 다음 랩으로 싸서 건조를 막는다. 냉동으로 1개월간은 맛있게 먹을 수 있다.

닭과 닭고기

- 분 류: 식육류(食肉類), 육류(肉類), 가금류(家禽類)
- 학 명: *Callus domesticus*
- 과 명: 닭목(galliformes)
- 영 명: Chicken(닭), chicken meat(닭고기), hen meat(암탉의 고기),
- 한문명: 계(鷄, 닭), 계육(鷄肉, 닭고기), 성계육(成鷄肉), 연계육(軟鷄肉 : broiler),
- 맛이 좋은 시기: 통년
- 에너지(100g 당): 191 kcal

[기원과 역사]

식육 중에서 오랜 역사를 가진다. 기원전 3000년경에 인도에서 사육되었다는 기록이 남아 있다. 기원전 2~3세기경에 중국에서 한국으로 전해진 것으로 알려져 있다. 닭의 품종은 용도에 따라 난용종, 육용종, 난육용종, 애완용종으로 나뉘며 각기 다양한 품종이 있다.

육용종으로서 대표적인 것이 브로일러 종이다. 닭고기는 수육보다 섬유소가 가늘고 연한 것이 특징이다. 그리고 쇠고기처럼 지방이 근육 속에 섞여져 있지 않기 때문에 맛이 단백하고 소화흡수가 잘 되는 고기이다. 서양에서는 닭고기를 치킨이라고 하는데 이것은 알을 낳기 전의 병아리를 말한다. 본래 닭은 생후 6개월이면 알을 낳기 시작하기 때문에 식용으로는 그 이전의 것이 이용되고 있다. 닭고기는 소화흡수가 우수하고 영양가가 높은 고기이다.

[기대되는 작용]

동맥경화 예방, 피부기능 유지 개선, 면역력 강화, 뼈의 강화, 안정 피로개선 등에 유효하다.

[특 징]

계육은 연하고 지질이 적기 때문에 소화가 좋고 소화흡수율은 95% 이상으로 아주 높다. 또 단백질에는 필수아미노산이 균형 좋게 함유되어 있으므로 유아나 고령자에게도 추천하고 싶은 식품재료이다. 피부나 뼈 주위의 고기에는 collagen이 많고 살결의 신진대사를 촉진하여 체조직을 싱싱하게 한다. 풍부한 비타민 A는 피부나 점막을 든든하게 하여 눈의 피로를 풀어준다. 비타민 B_6나 niacin도 많아 이들도 점막을 강화하여 면역력을 높인다. 다른 육류와 달라 지방이 집중하여 붙기 때문에 껍질을 벗기면 지질이나 콜레스테롤을 상당히 억제할 수가 있다. 다이어트 중의 단백질원으로도 좋다.

닭고기는 양질의 단백지질이 많고 지질은 불포화지방산이 많이 함유한다. 동맥경화나 비만에 걱정하는 사람의 단백질 자원으로 알맞은 식품이다. 다른 영양적 성분도 골고루 함유되어 있다. Purine체를 많이 함유하므로 통풍이나 고 요산증의 사람은 식용을 피해야 한다.

[주요 영양소(가식부 100g 당/어린 닭고기 · 가슴살 · 껍질 있음 · 생)]

- 단백질 : 19.5g
- 지질 : 11.6g
- 철 : 0.3 mg
- 비타민 A : 32㎍
- 비타민 B_6 : 0.45 mg

[주요 생리기능 성분(추정기능)]

① Collagen(피부기능 유지 개선) : 세포 간을 결합시켜 피부의 기능을 유지하고 칼슘의 골 조직 흡수를 촉진한다. 혈관을 강화하여 면역력을 높임으로써 노화를 예방하고 안정 피로개선에 유효하다.

② Oleic acid(콜레스테롤 조절) : 혈중의 유해 콜레스테롤을 줄이고 유익 콜레스테롤을 증가시켜 동맥경화를 예방한다.

③ Linoleic acid(콜레스테롤치 저하) : 콜레스테롤을 줄이나 과잉 섭취하면 혈전, 암의 염려가 있다.

④ Heme철(빈혈개선) : 체내의 흡수 이용성이 아주 높은 철 화합물이다.

[선별법 · 보존법]

근육이 두껍고 윤기가 있으며 약간 단단한 정도의 탄력이 있는 것으로 고른다, 껍질은 모공이 높이 솟아 있어 오글오글한 주름이 있는 것이 신선한 것이다. 다른 고기에 비하여 선도가 떨어지기 쉬므로 구입 후는 냉장 보관하여 다음날에는 사용해야 한다. 냉동하려면 소분하여 보관하고 보존 가능기간은 대략 1개월이 목표이다.

꿩과 꿩고기

- 분 류: 식육류(食肉類), 육류(肉類), 가금류(家禽類)
- 학 명: *Phasianus colchicus*
- 과 명: 꿩과(Phasianidae)
- 영 명: Pheasant(꿩), pheasant meat(꿩고기),
- 한문명: 치(雉, 꿩), 치육(雉肉, 꿩고기), 산계(山鷄), 산계육(山鷄肉), 화충(華蟲), 화충육(華蟲育), 산량(山梁), 산량육(山梁肉)
- 맛이 좋은 시기: 겨울철
- 에너지(100g 당): 108 kcal

[기대되는 작용]

미기(美肌)효과, 빈혈개선 등에 유효하다.

[기원과 역사]

유럽에서도 식용으로 옛날부터 좋아하였고 아시아 대륙반도, 한반도에서 서식하는 꿩을 일본에서는 고려 꿩이라 지칭하며 주로 이 꿩을 식용으로 한다. 꿩은 꿩과에 속하는 새로서 한국을 비롯하여 극동아시아의 산야에 사는데 수컷은 장끼라고 하며 크고 꽁지가 길고 아름다우며 보통 목에 백색 띠의 윤문이 있고 암컷은 까투리라고 하며 수컷보다 작다. 고기는 0.5～1 kg으로 대부분이 가슴에 있다.

[특 징]

꿩과에 속하는 새로서 아시아가 원산으로 일본의 국조(國鳥)이다. 일본에서도 1100년경부터 엽조(獵鳥)로서 친숙되어 왔다. 고기는 지질이 적고 저에너지로 비타민 B군을 많이 함유한다. 그 중에서도 비타민 B_{12}는 세포의 재생을 촉진하고 비타민 B_6는 피부를 든든하게 하는 작용이 있다. 꿩고기는 2～4일 숙성시키면 지미가 증가한다.

[주요 영양소(가식부 100g 당/껍질 제거・생)]

- 단백질: 23g
- 지질: 1.1g
- 철: 1 mg

- 비타민 B_2 : 0.24 mg
- 비타민 B_6 : 0.65 mg

[선별법 · 보존법]

육질이 단단하게 죄어져 있어 색이 진한 것이 좋다. 야생과 번식의 종류가 있으나 야생은 고기가 단단하고 냄새가 있으므로 번식한 것이 먹기 좋다. 건조하면 맛이 떨어지므로 랩으로 싸고 밀폐용기에 넣어 보존한다. 계육보다 보존기간이 약간 짧고 냉장에서 1주간은 보존된다. 냉동보존에서는 3～5개월이다.

오리와 오리고기

- 분 류 : 식육류(食肉類), 육류(肉類), 가금류(家禽類)
- 학 명 : *Anas platyrhyncha* var. *domestic* L.
- 과 명 : 오릿과(Anatidae)
- 영 명 : Duck, wild aigamo(오리), duck meat(오리고기), aigamo(合鴨)
- 한문명 : 압(鴨), 합압(合鴨)
- 이명 : 가압(家鴨), 가부(家鳧), 집오리
- 맛이 좋은 시기 : 겨울철
- 에너지(100g 당) : 128 kcal(오리), 333 kcal(合鴨 : 물오리와 집오리와의 튀기)

[기대되는 작용]

빈혈개선, 피부기능 유지 개선 등에 유효하다.

[기원과 역사]

오리는 오릿과에 속하는 가금으로 청둥오리를 길들여 개량한 것이다. 몸집은 야생보다 약간 크며 수컷은 아름답고 목에 흰 띠가 있고 크게 운다. 꽁지기부에 기름샘에 기름을 깃에 바르며 발가락 사이에 물갈퀴가 있어 물에 잘 들어간다. 요리법은 닭고기와 비슷하나 프랑스에서는 간을 고급요리의 재료로 사용하고 중국에서는 통째로 구운 오리고기 요리가 유명하다.

[특 징]

오리는 가슴살을 주로 사용한다. 살이 부드러운 10～12주간 정도의 어린 오리가 상품으로서 출하되고 있다. 프랑스에서는 최고급의 가금류 고기라고 한다. 철분이 많으므로 빈혈기미의 사람에서는 특히 권하고 싶다. 합압(合鴨 : aigamo)은 오리와 집오리의 교배종이다.

어린 새끼를 논에 방사하여 잡초나 해충을 구제하는 오리농법이 최근 주목을 모으고 있다. 식용으로 사용되는 것은 다 자란 오리로 집오리 고기보다는 야생미가 있고 오리고기보다는 연하다. 집오리도 마찬가지로 비타민 B_2를 많이 함유하고 당질이나 지질의 대사를 촉진하여 피로회복에 도움이 된다. 오리는 육용종, 난용종으로 나누기도 한다.

[주요 영양소(가식부 100g 당/오리 · 껍질 없음 · 생)]

- 단백질 : 23.6g
- 지질 : 3g
- 칼륨 : 400 mg
- 철 : 4.3 mg
- 비타민 B_2 : 0.69 mg

[주요 생리기능 성분(추정기능)]

① Collagen(피부기능 유지 개선) : 세포와 세포를 연결하여 피부기능의 유지에 필수의 성분이다. 피부세포의 노화를 억제하여 윤기가 있고 싱싱한 얼굴살결을 유지한다. 또 혈관의 세포를 든든하게 하여 체조직을 활성화하여 면역력을 높여 체조직의 노화를 예방한다. 칼슘의 뼈 조직으로의 흡수를 촉진하여 뼈를 강화하고 노안이나 안정피로 개선, 노인성 백내장을 예방한다.

② Heme철(빈혈 억제) : 적신(赤身)의 고기나 어패류에 함유되는 철이다. 채소나 곡물 등의 식물성 식품에 함유된 비heme철에 비하여 흡수율이 3～5배 높다. 조혈을 촉진하여 빈혈을 예방한다.

[선별법 · 보존법]

고기는 깨끗한 적신(赤身)의 고기를 택한다. 스테이크 할 때는 가슴살을 택한다. 오리나 aigamo(合鴨)는 다른 가금육과 마찬가지로 당일로 사용하는 것이 좋다. 보존할 경우에는 가열하고 나서 냉장한다.

거위와 거위고기

- 분 류: 식육류(食肉類), 육류(肉類), 가금류(家禽類)
- 학 명: *Anser domesticus*(거위)
- 과 명: 오릿과(Anatidae)
- 영 명: Goose(거위), goose meat(거위고기)
- 한문명: 가안(家鴈), 당안(唐雁), 백아(白鵝), 서안(舒雁), 아조(鵝鳥)
- 맛이 좋은 시기: 통년
- 에너지(100g 당): 161 kcal

[기원과 역사]

오릿과에 속하는 새로서 기러기의 변종이다. 몸 색깔은 희고 목이 길며 부리는 황색이다. 헤엄을 잘 치나 날지는 못한다.

[기대되는 작용]

동맥경화 예방, 피부기능 유지 개선, 면역력 강화, 뼈의 강화, 안정 피로개선 등에 유효하다.

[특 징]

12월부터 1월에 걸쳐 10～20개의 알을 낳는다. 수명은 40～50년 이하이며 밤눈이 밝아서 개 대신으로 사육한다. 우리나라에서는 시장성이 없다.

[주요 영양소(가식부 100g 당/생)]

- 단백질: 21.0g
- 지질: 3.0g
- 철: 1.3 mg
- 칼슘: 16 mg

[주요 생리기능 성분(추정기능)]

거위고기는 닭고기와 거의 같다.

칠면조와 칠면조고기

- 분 류: 식육류(食肉類), 육류(肉類), 가금류(家禽類)
- 학 명: *Meleagris gallopavo*(칠면조)
- 과 명: 꿩과(Phisianidae)
- 영 명: Turkey(칠면조), turkey meat(칠면조 고기)
- 한문명: 칠면조(七面鳥)
- 맛이 좋은 시기: 가을~겨울철
- 에너지(100g 당): 106 kcal

[기대되는 작용]

빈혈개선, 피부기능 유지 개선 등에 유효하다.

[기원과 역사]

칠면조는 꿩과에 속하는 새로서 멕시코와 중미지방이 원산으로 알려져 있으며 한편 북아메리카 원산으로 콜럼버스의 신대륙 발견과 함께 가금화 되었다고 한다. 16세기 초에 스페인 사람이 들여와 유럽으로 전파되었다고 한다. 사육이나 조리법은 닭과 같으며 고기 맛이 좋을 뿐만 아니라 생김새도 기이해서 애완용으로 사랑받고 있다. 머리와 목에는 털이 없고 그 색채가 청색, 적색 청백색 등의 여러 색으로 바뀌지므로 칠면조란 이름이 붙게 되었다.

가금류 중에서 가장 큰데(10~15 kg) 수컷이 암컷보다 더 커서 110 cm 가량이 된다. 식용용으로는 생후 1년 내의 5~5 kg로 거세한 수컷을 쓴다. 고기는 지방이 적은(6.5~10.5%)편이고 기름기가 가장 많은 성탄절 때의 것이 가장 맛이 있다. 영양성분은 다른 조류와 흡사하다. 고기는 가슴에 있으며 이 부위의 것을 선택한다. 7~8월에 16~30개의 알을 낳는데 곤충이나 곡식을 잘 먹는다.

[특 징]

머리에서 목에 걸쳐 살결이 노출되어 있고 흥분하면 적색에서 청색이나 자색으로 변화되는 수가 있으므로 칠면조(七面鳥)라고 부른다. 다른 가금에 비하여 몸집이 크고 수컷은 15 kg나 된다. 식용으로 가장 적당한 것은 수컷의 어린 것으로 육질이 연하고 섬유가 가늘다.

계육에 비하여 지질이 적고 저에너지로 깨끗하다. 비타민으로서는 단백질이나 지질의 대사를 촉진하고 세포의 재생을 촉진하는 비타민 B_2, 피부나 머리털을 건강하게 유지하고 발육을 촉진하는 비타민 B_6가 많다. 빈혈을 예방하는 철도 함유하므로 다이어트 중에 먹는 고기로서 최적이라 한다.

[주요 영양소(가식부 100g 당/껍질 없음 · 생)]

- 단백질 : 23.5g
- 지질 : 0.7g
- 철 : 1.1 mg
- 비타민 B_2 : 0.24 mg
- 비타민 B_6 : 0.72 mg

[선별법 · 보존법]

윤기가 있고 싱싱한 핑크색을 띤 것이 양질이다. 생후 7개월에서 8개월의 수컷의 어린 것이 맛이 있다. 겨울이 가까워짐에 따라 기름이 끼여서 맛이 난다. 냉동 보존하는 경우에는 가열하고 나서 냉장고에 넣는다. 냉동하는 경우에는 건조되지 않게 랩으로 싸고 다시 밀봉용기 등에 넣는다.

메추리와 메추리고기(메추라기)

- 분 류 : 식육류(食肉類), 육류(肉類), 가금류(家禽類)
- 학 명 : *Coturnix japonica, Coturnix coturnix*
- 과 명 : 꿩과(Phasianidae)
- 영 명 : (Japanese) quail : 메추라기=메추리, (Japanese) quail meat : 메추라기 = 메추리고기
- 맛이 좋은 시기 : 가을~겨울철
- 에너지(100g 당) : 155 kcal

[기대되는 작용]

빈혈개선, 뼈의 강화, 피부기능 유지 개선 등에 유효하며 칼슘의 흡수를 돕고 뼈를 강하게 하는 비타민 K가 풍부하다.

[기원과 역사]

원산지는 아시아 또는 아프리카이다. 가금으로서는 긴 역사를 가져 고대 이집트에서는 이미 사육되었다고 한다. 메추리는 꿩과에 속하는 작은 새로 세계 각지에 분포한다. 한때 우리나라에서는 스태미나 식품으로서 고기와 알이 크게 유행한 적이 있다. 수컷은 목부분이 붉은 밤색, 암컷은 갈색을 띤 황백색이다. 몸은 병아리와 비슷한데 꽁지가 짧다. 메추리는 1년에 100～300개의 알을 낳는다.

[특 징]

날개 길이 10 cm 정도의 철새이다. 식용의 수렵조(狩獵鳥)로서 고기는 냄새가 없고 맛이 좋아 구어 먹거나 가슴살을 로스트로 하거나 뱃속에 재료를 넣어 구어 먹기도 한다. 닭고기에 비하여 철이 많고 빈혈예방에 효과적이다. 성장촉진에 작용하는 비타민 B_2도 닭고기보다 많다. 뼈의 형성을 돕는 비타민 K도 많아 골다공증의 예방도 기대된다.

[주요 영양소(가식부 100g 당/껍질 붙음 · 생)]

- 단백질 : 20.5g
- 지질 : 12.9g
- 철 : 2.9 mg
- 비타민 K : 53 μg
- 비타민 B_2 : 0.5 mg

[주요 생리기능 성분(추정기능)]

① Collagen(피부기능 유지 개선) : 몸의 조직을 형성하는 단백질의 하나이다. 세포와 세포를 연결하여 피부기능의 유지에 필수의 성분이다. 피부세포의 노화를 억제하여 윤기가 있고 싱싱한 얼굴살결을 유지한다. 또 혈관의 세포를 든든하게 하여 체조직을 활성화하여 면역력을 높여 체조직의 노화를 예방한다. 칼슘의 뼈조직으로의 흡수를 촉진하여 뼈를 강화한다. 골다공증이나 관절염의 예방에도 도움이 된다. 노안이나 안정피로 개선, 노인성 백내장을 예방한다.

② Heme철(빈혈 억제) : 체내의 흡수가 좋고 이용성이 아주 높은 철 화합물이다.

[선별법 · 보존법]

야생의 것은 기름이 어울리는 가을에 맛이 난다. 번식의 것은 연중 입수되고 뼈가 붙은 가슴살이 있으므로 용도에 맞추어서 골라야 한다. 소분으로 하여 냉동하거나 가공하여 냉동해 두면 편리하다.

참새와 참새고기

- 분 류: 식육류(食肉類), 육류(肉類), 가금류(家禽類)
- 학 명: *Passer montanus*
- 과 명: 참샛과
- 영 명: Sparow(참새), sparow meat(참새고기)
- 한문명: 빈작(賓雀), 와작(瓦雀), 의인작(依仁雀), 황작(黃雀)
- 맛이 좋은 시기: 겨울철

[기대되는 작용]

뼈의 강화, 고혈압 예방 등에 유효하다. 『동의보감』에서는 양기를 돋아 주고 정력을 강하게 한다고 기록되어 있다.

[기원과 역사]

참새는 참새과에 속하는 새로 우리나라 전국 어디에서나 살고 있다. 날개 길이는 7 cm, 꽁지 길이 5.5 cm 정도이며 부리는 거무스름하고 머리는 적갈색, 등은 흑갈색이며 배 부위는 희백색이다. 참새는 옛날부터 구이로 사랑을 받아 왔다.

[특 징]

참새는 뼈째로 먹기 때문에 칼슘이 다량 함유되어 인과의 비율이 다른 고기류와 달리 역전된다. 또한 뼈 속에 들어 있는 엑기스 분도 함께 섭취할 수 있으므로 참새는 옛날부터 강장제, 환자나 몸이 약한 어린이 등에 특히 좋다고 전해진다.

촌락의 인가 근처에 번식하므로 사람과 가장 밀접한 관계가 있으며 가을에 벼, 조, 수수 등 농작물을 해치지만 여름에는 해충을 구제하므로 유익하기도 하다. 참새고기는 붉은 색을 띠고 약간의 산미가 있으며 뼈는 연하므로 날개와 내장을 제외하고는 전체를 식용으로 한다. 우리나라를 비롯하여 일본, 중국 등지에 분포한다.

[주요 영양소(가식부 100g 당/생)]

- 단백질 : 22.4g
- 지질 : 4.8g
- 무기질 : 4.0g
- 칼슘 : 1.100 mg(뼈째 먹을 때)
- 인 : 660 mg

개구리와 개구리고기

- 분 류 : 육류(肉類), 식육류(食肉類)
- 학 명 : *Rana esculenta*(식용의 큰개구리)
- 과 명 : 개구릿과(Ranidae)
- 영 명 : Bullfrog, frog
- 한문명 : 규(蛙)
- 맛이 좋은 시기 : 여름철
- 에너지(100g 당) : 75 kcal

[기대되는 작용]

단백질 자원이 풍부하다.

[기원과 역사]

식용 개구리라 불리는 것은 주로 황소개구리로 육량과 맛은 말할 나위도 없다. 일본에서는 다이쇼(大正)시대(1912~1926년) 동물학자에 의하여 미국에서 가지고 들어온 것이 야생화 되었다. 세계 각국에서 식용되고 있다.

[특 징]

우리나라에서는 그렇게 친숙하지 않으나 유럽이나 동남아시아, 특히 중국에서는 많이 먹고 있다. 운동을 하기 때문에 고기는 지방이 거의 없는 것이 특징이다. 근육질은 연하고 담백하며 남새가 없고 계육의 상등급과 같은 맛을 가진다. 중국에서는 식용 개구리를 전계(田鷄)라고 한다. 저에너지로 고단백질 때문에 다이어트나 생활습관병의 예방에도 효과적이다. 현재는 북아메리카 원산의 황소개구리가 주류를 이루고 있으며 구이, 볶음, 튀김 등의 요리로 한다.

[주요 영양소(가식부 100g 당/황소개구리 · 생)]

- 단백질 : 22.3g
- 지질 : 0.4g
- 철 : 0.4 mg
- 비타민 B_2 : 0.13 mg
- 비타민 B_6 : 0.22 mg

[선별법 · 보존법]

근육이 붙어 있고 신선한 것이 좋다. 냉동된 수입품이 대부분이며 수입 연월일 등을 확인할 것이다. 다른 고기에 비하여 유통기간이 없으므로 해동 후에는 가능한 한 빨리 사용해야 한다.

오골계와 오골계고기

- 분 류 : 육류(肉類), 식육류(食肉類)
- 과 명 : 닭과
- 영 명 : Chicken(black bone)
- 한문명 : 오골계(烏骨鷄), 오계[烏鷄(이명)]
- 맛이 좋은 시기 : 통년
- 에너지(100g 당) : 137 kcal

[기대되는 작용]

한방에서는 약성은 평(平), 약미는 감(甘)이다. 고기와 알은 모두 내장의 여러 기관을 온화하게 하고 체력의 증강, 피로회복에 좋다고 전해져 왔다. 특히 부인의 대하(帶下)가 많을 때나 임부 태아로의 영양 보급에도 많이 이용되고 있다.

[기원과 역사]

오골계는 아시아 원산의 닭의 일종으로서 살(고기), 가죽(껍질), 뼈 등이 모두 암자색이며 체질이 약하고 산란 수가 적다. 오랜 옛날부터 풍병, 습증, 허약체질에 좋다하여 이를 고아 먹었다.

[특 징]

일반 닭고기와 큰 차이가 없다.

[주요 영양소(가식부 100g 당/생)]

- 단백질 : 19.0g
- 지질 : 6.1g
- 칼슘 : 22.0 mg
- 철 : 1.2 mg
- 비타민 A : 30 mg
- 비타민 B_6 : 0.22 mg

소시지

- 분 류 : 육류 가공품(肉類加工品)
- 영 명 : Sausage
- 주원재료 : 돼지고기, 우육, 소나 돼지의 소장
- 에너지(100g 당) : 321 kcal

[기대되는 작용]

단백질 자원, 빈혈개선 등에 유효하다.

[기원과 역사]

소시지의 등장은 고대 그리스의 시대라고 한다.

[특 징]

소금과 향신료로 맛을 들인 돼지나 소의 간 고기를 양이나 돼지, 소의 소장 등 케이싱이라 부르는 얇은 대롱에 채운다. 그 후 건조, 훈연, 보일(삶거나 찌고) 등의 공정을 거쳐서 프레쉬(생) 소시지, 스모크소시지, 보일드소시지, 드라이소시지 등의 제품으로 된다. 간단하면서 맛있게 먹는 단백질 자원으로서 우수하며 지질이나 소금이 많으므로 생활습관병의 예방을 위해서는 적량을 섭취해야 한다.

케이싱은 유럽에서는 소장만 아니고 대장이나 위장도 이용되며 채울 고기의 종류나 부위, 고기의 혼합방식, 향신료의 혼합 등 다양하여 천변만화(千變萬化)하고 있다. 소시지는 아침식사나 도시락에 손쉽게 섭취되는 양질의 단백질 자원이다

[주요 영양소(가식부 100g 당/돼지 · 소시지류 · 윈너)]

- 단백질 : 13.2g
- 지질 : 28.5g
- 철 : 0.8 mg
- 비타민 B_1 : 0.26 mg
- 비타민 B_2 : 0.13 mg

[선별법 · 보존법]

신선하고 탄력성이 있는 것을 고른다. 포장지가 배가 불러오거나 진공포장에 공기가 들어있는 것은 선도가 떨어져 있으므로 피할 것이다. 냉장보관이 원칙이다. 냉동도 가능하나 해동 시에 수분 등으로도 지미가 손실되므로 병들어 있지 않는 경우를 제외하고 냉동을 하지 않는 것이 좋다.

살라미

- 분 류 : 육류 가공식품(肉類加工食品)
- 영 명 : Salami
- 주원재료 : 돼지고기, 돼지기름, 우육, 돼지나 소의 소장 등
- 에너지(100g 당) : 497 kcal

[기대되는 작용]

단백질 자원, 빈혈개선 등에 유효하다.

[기원과 역사]

유럽에서는 서리가 내리기 시작하는 11월 1일, 예수교에서 말하는 성 마루테누스의 날에 돼지를 도축하여 보존용의 식품제품을 만드는 풍습이 있었다. 드라이 소시

지는 추운 겨울을 지나기 위하여 필요한 생활의 지혜로서 만든 것이라 한다.

[특 징]

보존성을 높인 'dry sausage'라 불리는 일종이다. 돼지나 쇠고기의 만육(挽肉)을 소금과 향신료로 조미하여 케이싱에 채우고 가열하지 않고 저온다습의 환경에서 60~90일간 건조시킨다. Salami는 수분함량이 소시지의 약 반으로 장기보존이 가능하다. 유명한 것은 이태리 이외에 독일, 호주, 헝가리, 스위스, 덴마크산이다. 세절하여 양주의 안주로 하거나 피자나 샐러드에 사용되는 기호성이 높은 식품이다. 고기의 만육방법이나 숙성기간 등의 차이에 따라 여러 가지 종류가 있다.

[주요 영양소(가식부 100g 당/돼지 · 소시지류 · 드라이)]

- 단백질 : 25.4g
- 지질 : 43g
- 철 : 2.5 mg
- 비타민 B_1 : 0.19 mg
- 비타민 B_2 : 0.3 mg

[선별법 · 보존법]

실온 10℃ 전후에서 자연 건조한 것이 좋다. Salami의 정의는 원료가 돈육과 우육이었으나 양 등을 사용한 경우도 있으므로 원재료 난을 보고 선택할 것이다. 보존성이 높고 미개봉에서는 실온에서 3~6개월의 보존이 가능하다. 개봉 후는 랩으로 싸서 냉장고에 보관한다.

생 햄

- 분 류 : 육류 가공품(肉類加工品)
- 영 명 : Uncooked ham(별명 dry ham)
- 주원재료 : 돼지 대퇴살, 소금
- 에너지(100g 당) : 247 kcal

[기대되는 작용]

단백질 자원, 피로회복, 빈혈개선 등에 유효하다.

[기원과 역사]

스페인의 이베리아반도, 이태리아의 파르마 등 발상지는 여러 설이 있다. 약 2000년 정도 전에는 이미 유럽 각국에서 보존식품으로 만들고 있었다.

[특 징]

생햄은 dry ham이라 부르며 장기 보존용으로 만든다. 소위 햄과의 차이는 제조공정에서 가열살균하지 않는다는 점이다. 돼지의 대퇴살을 뼈가 붙은 그대로 염지하여 건조, 숙성시킨 것이다. 장기보존에 적합하지 않는 것으로 생각되었으나 숙성중에 유산균이 증식하여 부패를 방지하는 작용이 생긴다. 단백질이나 지질 이외에 피로회복에 효과가 있는 비타민 B_1, 머리털이나 살결의 건강을 유지하는 데 도움이 되는 비타민 B_2 등을 함유한다.

지질에는 불포화지방산의 일종인 oleic acid가 많으므로 콜레스테롤을 줄이는 효과가 있다. 또 단백질은 효소에 의하여 분해되어 흡수되기 쉬어 소화도 우수하다. 스페인이나 이태리 등에서 유명한 상품이 있는 외에 중국에도 화퇴(火腿)라는 생햄이 있다. 생햄은 성숙에 의하여 증가되는 유산균이 향이나 지미를 증가시켜 준다.

[주요 영양소(가식부 100g 당/돼지・햄류・생햄・촉성)]

- 단백질: 24g
- 지질: 16.6g
- 철: 0.7 mg
- 비타민 B_1: 0.92 mg
- 비타민 B_2: 0.18 mg

[선별법・보존법]

슬라이스한 시판품은 색이 신선하고 비계가 흰 것이 신선한 것이다. 덩어리의 것이거나 표면에 붉게 변색된 부분이 없는 것을 고른다. 건조하면 맛이 떨어지므로 랩으로 싸서 냉장한다. 냉동보존도 가능하므로 소분하여 랩으로 싸서 냉동하고 먹을 양만큼 해동하는 것이 좋다.

햄

- 분 류: 육류 가공품(肉類加工品)
- 영 명: Ham
- 주원재료: 돼지 대퇴살, 소금
- 에너지(100g 당): 196 kcal

[기대되는 작용]

단백질 자원, 피로회복 등에 유효하다.

[기원과 역사]

햄의 기원은 오래 되었으며 기원전 1000년경에는 햄의 원형이라는 고기의 염지나 훈제가 고대 그리스에서 만들어졌다. 그리고 이와 관련하여 햄은 갈리아 사람이 로마 사람에 돈육을 팔기 위하여 염지 육을 훈제하여 만든 것이라 한다.

[특 징]

염지한 돈육을 가열(삶기, 찌기)한 것이다. 숙성시킨 생햄과는 다른 것은 장기보존은 되지 않으나 가열한 것만의 보일 햄도 훈연 후에 가열·건조하는 훈연 햄이 있다. 원래 햄이란 돼지 대퇴고기의 뜻이고 유럽에서는 돼지의 대퇴고기를 사용한 것만을 햄이라 하였다. 우리나라에서는 대퇴고기는 물론 로스나 어깨고기로 만든 것을 햄이라 한다.

햄류는 소시지에 비하여 단백질이 많고 지질이 적으므로 에너지를 주의하는 사람은 조식에는 햄을 먹는 것이 좋다. 돼지고기 자체도 비타민 B_1, B_2도 많이 함유하여 피로회복에 효과가 있고 머리털이나 얼굴살결의 건강유지에 도움이 된다. 그리고 돈육 유래의 비타민이 얼굴살결이나 머리털을 아름답게 한다.

[주요 영양소(가식부 100g 당/돼지·햄류·로스)]

- 단백질: 16.5g
- 지질: 13.9g
- 철: 0.5 mg
- 비타민 B_1: 0.6 mg
- 비타민 B_2: 0.12 mg

[선별법 · 보존법]

옅은 핑크색으로 향이 좋은 것을 택하고 유통기간을 확인하여 새로운 것을 고른다. 절단부위를 랩으로 싸서 냉장고에 보존한다. 한 개의 햄은 냉동으로 4개월 정도 보존이 가능하다. 슬라이스한 상품은 개봉 후에 밀폐용기에 넣어서 냉장고에 보관한다.

[종류와 무리]

① Regular ham : 본래의 햄으로서 돼지의 퇴육을 사용한 햄
② Boneless ham : 퇴육에서 뼈를 제거하여 감아진 햄
③ Roast ham : 돼지의 등 부위 고기, 로스트(oast)를 소형으로 감아진 햄
④ Shoulder ham : 앞다리 전신부위의 고기를 이용한 햄 등이다.

프와그라(Foie gras)

- 분 류: 육류 가공품(肉類加工品)
- 영 명: Foie gras(프와그라)
- 주원재료: 거위, 오리, 집오리
- 에너지(100g 당) : 510 kcal

[기대되는 작용]

빈혈개선, 시력 유지 개선, 면역력 강화, 피부 · 점막의 보호 등에 유효하다.

[기원과 역사]

간장을 비대시키는 특별한 사육법은 고대 이집트 시대부터 존재하였다고 한다. 고대 그리스, 로마에는 당시 이집트에서 노예였던 헤브라이 사람에 의하여 전해졌다고 한다.

[특 징]

프와그라는 특별히 살찌운 거위의 간장을 요리한 진미식품이다. 강제적으로 사료를 많이 주어 운동을 시키지 않고 사육한 거위(기러기의 가금)나 오리, 집오리(오리의 가금)의 비대한 간장을 말한다. 철새인 기러기나 오리는 장거리 비행에 견디기

위하여 간장에 영양을 비축하는 성질이 있다. 이 성질을 이용하여 간장을 비대시킨 것이 프와그라(foie gras)이다. 전체의 약 반이 지방이나 다른 동물의 레바와 같이 비타민이나 무기질을 풍부히 함유하고 이 중에서도 비타민 A와 엽산이 많다.

비타민 A는 피부를 든든하게 하고 시력의 개선이나 면역력을 향상시키는 데 도움이 되고 조혈작용이 있는 엽산은 빈혈예방에 작용한다. 그러므로 엽산은 임신 중의 여성에는 특히 필요하여 부족하면 태아에 영향이 나타날 가능성도 있는 비타민이다. 철새의 간장을 이용한 비타민의 보고이다.

[주요 영양소(가식부 100g 당/삶은 것)]

- 단백질: 8.3g
- 지질: 49.9g
- 철: 2.7 mg
- 비타민 A: 1000 μg
- 엽산: 220 μg

[선별법·보존법]

탄력이 있는 것, 색은 맑은 상아색에서 약간 황색이 있는 것, 또는 핑크색의 것이 좋다. 가능한 한 그 날 중으로 사용하는 것이 좋다. 먹고 남은 것은 랩으로 싸서 밀봉용기에 넣어서 냉장고에 보관한다. 냉동하면 1개월은 보존이 가능하다.

베이컨

- 분 류: 육류 가공품(肉類加工品)
- 영 명: Bacon
- 주원재료: 돼지 낱살, 소금
- 에너지(100g 당): 405 kcal

[기대되는 작용]

단백질 자원, 피로회복 등에 유효하다.

[기원과 역사]

염지의 돈육은 고대 로마시대부터 존재하였으나 11세기 후반에 노르만 사람의 영국 정복에 따라 베이컨의 기술이 확대되었다. 베이컨이라 부르는 이름은 14세기경부터 시작되었다.

[특 징]

돼지의 날 살코기를 장방형으로 조정하여 염지한 다음 훈연한 것이다. 로스나 어깨고기에 지방을 가하여 만드는 수도 있다. 훈연에 사용하는 윗트 칩의 차이에 따라 풍미가 다르다. 지질과 단백질이 주성분으로 소시지나 햄에 비하여 지질이 많다. 돈육 본체의 비타민 B군도 함유하므로 피로회복 효과가 기대되나 햄류에 비하면 함유량은 약간 떨어진다.

가열하면 지방이 용출하여 풍미도 더해지므로 지질과 궁합이 좋은 채소나 버섯류와 합하여 볶음이나 스프 등으로 하는 수가 있다. 특히 지용성 비타민의 β-carotene을 함유하는 채소와 함께 섭취하면 맛이 좋아질 뿐만 아니라 β-carotene의 흡수율도 높아진다.

[주요 영양소(가식부 100g 당/돼지 · 베이컨/베이컨)]

- 단백질 : 12.9g
- 지질 : 39.1g
- 철 : 0.6 mg
- 비타민 B_1 : 0.47 mg
- 비타민 B_2 : 0.14 mg

[선별법 · 보존법]

적신(赤身)과 비계가 선명한 층으로 되어 있는 것을 고른다. 진공 팩의 경우 공기가 들어 있는 것은 가능한 한 피한다. 건조되지 않게 랩으로 싸서 냉장에서 보존하는 것이 요망된다. 베이컨은 비계가 많으므로 냉동할 때는 소분하여 냉동하고 먹을 분량만 해동한다.

[우유의 칼럼]

1. 우유의 개요

우유는 유우의 유선(乳腺)으로부터 분비되는 액체로서 특유한 향기와 감미가 있다. 유즙에는 casein이 casein calcium으로서 colloid 상태로 분산되어 있으므로 우유는 백색 불투명의 겉모양을 나타낸다.

2. 우유의 성분

우유에는 수분, 단백질, 지질, 탄수화물, 무기질, 비타민, 효소, 색소, 가스 등이 함유되어 있다. 또한 세균은 착유 당초부터 존재할 뿐만 아니라 착유 중 혹은 그 후 섞일 기회가 많다. 우유의 성분 조성은 우유의 품종, 연령, 비유기, 착유법, 유방의 위치, 계절, 사료, 환경조건 등에 의하여 변화된다.

1) 단백질

우유의 단백질의 함량은 2.41～3.89%로서 주로 casein(76～86%), lactoalbumin (9～18%), lactoglobulin(3.4～9.1%), 기타 proteose, pepton(2～6%) 등이 존재한다. Casein은 영양상 중요한 인단백질로서 구성 아미노산으로서 필수아미노산 8종을 전부 함유한다.

산 또는 rennet에 의하여 응고한 요구르트, 치즈 등의 제조에 중요한 관계가 있다. 산에 의한 경우는 casein calcium의 형으로부터 칼슘이 제거되어 casein으로 응고 침전하고(casein의 등전점 pH 4.6) 또 rennet에 의한 경우에는 casein 중의 주로 casein이 paracasein이 되고 더 한층 칼슘과 결합하여 calcium paracaseinate로 되어 응고 침전한다. Lactoalbumin, lactoglobulin은 casein과는 달리 수용성의 단백질로서 산을 가하여도 응고하지 않지만 가열(75℃)하면 응고한다. 이들은 우유(탈지유)로부터 casein을 제거한 유청(whey)의 단백질을 형성한다.

우유에는 위와 같은 성분 이외에도 질소성분으로서 creatinine 유리아미노산 그 밖에 효소도 포함한다. 효소는 살균조작으로 그 활성은 없어지게 된다.

2) 지 질

우유의 지질함량은 3.2～3.4%이며 이의 98～99%가 중성지방으로 대부분이 triacylglycerol이며 지방구의 크기는 0.1～10㎛이다. 이의 구성 지방산은 palmitic acid, stearic acid, oleic acid, 그밖에 butyric acid 등의 저급지방산이 많고 linoleic acid는 적다. 그리고 lecithin, cepahalin 등 인지질(0.2～0.4%)도 약간 포함하며 유리지방산(0.1～0.4%)도 함유한다.

3) 당 질

우유의 당 질량은 4.4～4.5%로 모유(약 7.1%)에 비하여 대부분이 유당이다. 이 유당은 α-lactose와 β-lactose의 비가 1 : 2로서 평형을 이룬다(β-형이 α-형보다 단맛이 강하고 설사를 일으키지 않는다). 그리고 lactose는 우유의 열처리 과정 중 이성질체화 등에 의하여 lactulose를 생성하여 존재한다. 그밖에 포도당도 소량 존재한다.

4) 무기질

우유에는 영양적으로 필요한 모든 무기물을 함유하고 있으며 회분함량은 약 0.7%로 인유의 0.2%에 비하여 많다. 이 밖의 미량의 무기질로서는 아연, 규소, 알루미늄, 붕소, 브롬, 플루오르, 몰리브덴, 구리, 만간, 요오드, 코발트 등을 함유한다. 회분의 성분 원소 조성상 우유 전체로서는 중성에 가까운 염기성 식품이다. 우유의 무기질 중 특히 칼슘과 인은 중요하며 칼슘은 그의 함량도 많고 소화흡수율도 50% 전후로 높은 편으로 우유는 칼슘의 좋은 공급원이 된다.

5) 비타민

우유 속에 함유된 비타민은 25종 이상으로 현재까지 발견된 것은 거의 존재한다. 이 중에는 비타민 C는 불안정하여 음용 시에는 거의 없고 비타민 D의 함량은 적다. 그러나 비타민 A, B_2는 좋은 급원이 된다.

6) 효 소

우유 중에 함유되는 효소는 선세포로부터 만들어진 것과 오염세균으로부터 만들어진 것이 있다. 우유를 가열하면 효소가 파괴된다. 우유 중의 효소는 lipase, alkaline phosphatase, catalase, xanthine oxidase, peroxidase, acidic phosphatase의 차례로 열에 대한 내성이 증가한다.

3. 우유의 보존 및 포장과 살균법

우유는 변질되기 쉬우므로 그의 포장과 생유의 살균에 유의하여야 한다. 생유의 살균법에는 저온살균, 고온단시간살균, 초고온가열살균 등이 있다. 즉 62~65℃에서 단시간 가열하여 이상발효를 방지한 프랑스의 미생물학자 Pasteur의 이름으로부터 pasteuriztion이라 불리게 되었다. 또 다른 방법으로는 생유를 130~160℃, 0.5~4초간 고온순간처리한 초고온가열살균법으로 UHT(ultrahigh temperature process)라 불리운다. 이 방법은 유질을 파괴하지 않고 종래의 살균법으로는 불가능했던 내열성 포자형성 세균 등을 사멸할 수 있다.

4. 우유의 가공제품

젖소로부터 생산된 우유는 생유 또는 원료유라 하며 이를 적절한 균질화 및 살균처리, 가공공정을 통하여 다양한 유제품을 제조할 수 있다(그림 2-1).

5. 우유의 생리활성

1) Lactoferrin

우유에 들어있는 lactoferrin 분자량은 약 80,000으로 각 동물에 있어서 거의 유사하다. Lactoferrin은 2개의 lobe(N-lobe, C-lobe)로 구성되어 있고 각 lobe 안에

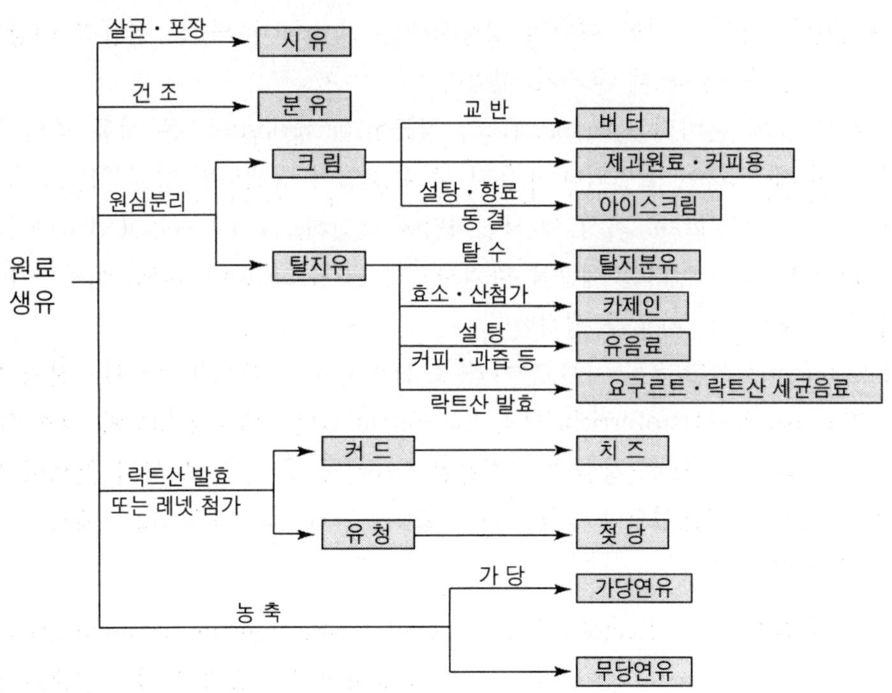

그림 2-1. 우유의 가공제품들

각각 한 개의 철 결합부위가 존재하고 있다. N-lobe와 C-lobe는 유사한 구조를 가지고 있으며 각각의 아미노산의 상동성이 약 40%나 된다.

Lactoferrin은 당단백질로 사람 lactoferrin 1차 구조에 3개의 glycosylation site가 존재하며 소 lactoferrin 1차 구조에는 54개의 glycosylation site가 존재한다. Lactoferrin이 pepsin에 의하여 분해되면 사람 lactoferrin에서 47개의 아미노산(1~47잔기)으로 구성된 peptide(lactoferrincin H)가 생성되고 소 lactoferrin에서는 이들 lactoferrin은 latoferrin보다 항균성이 강한 것으로 알려지고 있다. 오늘날까지 각종 동물의 lactoferrin 1차 구조가 peptide분석, cDNA cloning에 의하여 밝혀졌다.

(1) 생리활성 및 효능

Lactoferrin은 생체방어 작용에 관여하고 있다. Lactoferrin이 젖, 침, 눈물, 콧물, 정액 등의 이외 분비물뿐만 아니라 호중구에도 존재하고 있어 유해한 미생물과 바이러스의 공격으로부터 생체를 보호하고 있다. 이에 관련 있는 각각의 생리활성은 다음과 같다.

① 항균작용: 연유 중의 lactoferrin은 6~8%의 철을 함유하고 있다. 불포화(apo) lactoferrin은 gram 양성과 음성 세균의 성장을 저해시키며 이는 불포화 lactoferrin이 철(Fe)을 결합하므로 세균이 철을 이용하는 하는 것을 제한한다는 것으로 해석된다. 사실 이러한 형태의 성장저해는 lactoferrin의 철 결합력 이상으로 과다한 철을 첨가하였을 때 효과가 없었다.

소의 유선 중에 분비되는 lactoferrin의 항균성(bacteriostasis)은 상유 중의 높은 농도의 citrate에 의하여 소멸되나 비유기 중 유방염이 발생되면 항균성은 증가된다. 불포화 lactoferrin은 gram 음성 세균의 외막에 결합하므로 lipopolysaccharide를 방출시켜 궁극적으로는 이러한 세균을 파괴시키게 된다. Lactoferrin의 pepsin 가수분해 산물은 cationic peptide를 생성한다.

사람 lactoferrin N말단(1~47) 잔기와 소 lactoferrin N말단(17~41) 잔기로 구성된 각각의 peptide(lactoferricin H와 lactoferrin B)는 세균의 LPS와 상호작용에 의하여 막을 파괴시키므로 강한 항균작용은 lysozyme을 필요로 하지 않으며 또한 철의 존재 유무와 관계없으나 고농도의 칼슘(Ca^{2+})과 마그네슘(Mg^{2+})에서 감소되는 것으로 알려져 있다.

② 항바이러스작용: Lactoferrin은 friend virus, human immunodeficiency virus(HIV) 그리고 human cytomegalorivus에 항바이러스 효과가 있는 것으로 보고되고 있다.

표 2-1. 우유 단백질에서 유래하는 생리활성물질 및 역할

단백질 성분	생리활성물질	역 할
카제인 (Casein)	Casein phosphopeptide (CPP)	칼슘 흡수촉진, 무기질 운반
	Opiod agonist peptide (OPP)	진통, 호흡, 박동, 체온조절, 호르몬 분비조절, 진정, 안정작용
	β-Casomorphin-7	
	β-Casomorphin-6	
	β-Casomorphin-5	
	β-Casomorphin-4	
	Exorphins	
	Morphiceptin	
	Casoxins(Casoxin A, B, C, D)	
	Casokinins	항고혈압 작용
	Casoplatelins	항혈전증 작용
	Glycomacropeptides	장내 비피더스균의 증식, 정장기능
	Immunopeptides	면역성 자극 및 촉진
	Angiotensin 전환효소 저해제	혈압의 정상 유지
	Phagocytosis peptides	면역기능 증강, 식세포 기능
	Antithromic peptides	항응혈작용 촉진
알파-락트알부민 (α-Lactalbumin)	Opioid peptide	진통작용, 인슐린 분비촉진, 혈압강하
	α-Lactorphin	진정, 호흡박동 및 체온조절, 소화관 기능촉진, Angiotensin 전환효소 억제
베타-락토글로블린 (β-Lactoglobulin)	Opioid peptide	진통작용, 호르몬 분비촉진
	β-Lactorphin	호르몬 분비조절, 소화관 기능촉진
	β-Lactotensin	회장 수축
	Casokinins	진통작용
	평활근 수축 Peptide	평활근 수축 활성 촉진
혈청 알부민 (Serum albumin)	Albutensin	Angiotensin 전환효소 억제, 회장 수축
	Serophorin (Serorphin)	진통작용
락토훼린 (Lactoferrin)	Opioid agonist peptide	철분 흡수 촉진, 혈압 강하작용, 진통작용, 항균작용, 세균성 설사 방지
	Lactoferroxins	진통작용
	Lactoferricin	항균작용
	Casoplatelins	진통 길항작용
면역글로블린 (Immunoglobulins)	Immunoglobulin A, E, G, M	면역기능, 건강유지

③ Hydroxy radical 형성저해 : 불포화 lactoferrin free iron을 결합하므로 superoxide와 H_2O_2로부터 iron catalyze된 hydroxy radical 형성을 저해한다. 그러므로 염증부위에 불포화 lactoferrin이 존재하게 되면 활성산소에 의한 세포와 세포외 구성물질의 손상이 저해된다.

④ Natual killer(NK) cell 활성과 항암효과 : Lactoferrin은 NK세포를 자극, 활성화시키므로 생쥐에 있어서 solid tumor의 성장을 저해하며 metastic lung lesion의 수를 감소시키는 효과도 보여 주었다. 최근 일본에서는 lactoferrin이 colon cancer에 큰 효과가 있음이 보고되고 있다.

⑤ 면역 조절작용 : Lactoferrin은 성숙한 leukocyte의 기능과 hemopoitic progenitor cell의 분화와 증식을 조절하는 것으로 조절 복합체 network의 성분으로서 역할을 한다.

⑥ 면역기능 : 소장 상피세포의 성장촉진, 항 응고효과가 있다.

2) Milk protein

유단백질은 전통적으로 casein과 whey의 두 부분으로 구분된다. Casein 부분은 서로 다른 amino acid sequence의 subtype casein(α_{s1}-(αs_1-, β-, κ-casein in bovine milk)과 amino acid sequence는 같지만 각각의 phosphorylated serine기를 갖고 있는 casein(α_{s1}-, α_{s1}-casein) 혹은(α_{s1}-, α_{s3}-, α_{s4}-, 그리고 α_{s6}-caseins in bovine milk)으로 구성되어 있다.

액체 중에 용해되어 있는 정제된 α_{s1}-과 β-casein은 다른 구상 단백질과는 달리 확실히 고정된 구조를 가지고 있지 않고 어느 정도까지는 유동적이고 정형되지 않는 구조를 갖고 있는 반면에 미셀(micelle)은 우유 속의 casein으로 형성된다. Whey 부분은 β-lactoglobulin, serum albumin과 immunoglobulin올 구성되어 있다. 우유는 또한 milk fat gobulin membrane(MFgM) 단백질과 다른 소수 단백질(lactoferrin, transferrin, β_2-microglobulin, folate-binding 단백질 등)과 다른 효소와 cytpokine으로 구성되어 있다.

(1) 생리활성 및 효능

① 면역 증강효과, 무기질의 용해성과 이용성 증진

② 설사 방지 : 소장과 대장에서 수분과 전해질의 흡수 강화

우유단백질에서 유래되는 생리활성물질과 그 역할은 표 2-1에 요약하였다.

우 유

- 분 류: 우유류(牛乳類)
- 영 명: Milk(cow milk)
- 한문명: 유(乳), 우유(牛乳)
- 주원재료: 생유(生乳)
- 에너지(100g 당): 66 kcal

[기대되는 작용]

성장촉진, 뼈의 강화, 면역력 증가, 자율신경 기능조절, 리락스(이완) 효과, 고혈압 예방 등에 유효하다. 『동의보감』에서 우유죽은 우유 한 되에 쌀을 조금 넣어 끓여 죽을 쑤어 상복하면 노인의 건강에 가장 좋다고 하였다.

[기원과 역사]

고대 이집트 제6왕 초대의 왕인 테티의 재상 삭카라의 묘에는 소의 착유를 그린 그림이 있고 적어도 4000년 전에는 우유가 사용된 것으로 추정된다.

[특 징]

우유는 유우의 유선(乳腺)으로부터 분비되는 액체로 특유한 향기와 감미가 있다. 유즙에는 casein이 casein-calcium으로서 콜로이드 상태로 분산되어 있으므로 우유는 백색, 불투명의 겉모양을 나타낸다. 우유에는 수분, 단백질, 지질, 탄수화물, 무기질, 비타민 등 일반 영양적 성분이외에 효소, 색소, 가스 등이 함유되어 있다. 또한 세균은 착유 당초부터 존재할 뿐만 아니라 착유 중 혹은 그 후 섞일 기회가 많다. 우유의 성분 조성은 유우의 품종, 연령, 비유기, 착유법, 유방의 위치, 계절, 사료, 환경조건 등에 의하여 변화된다.

일반적으로 골아세포의 생성이나 뼈의 강화에 불가결의 칼슘은 흡수 이용되기 어려우나 우유에는 그 흡수를 돕는 유당과 caseinphosphopeptide가 함유되어 있고 효율 좋게 섭취될 수 있다. 성장기 아이의 뼈의 형성이나 골다공증 예방뿐만 아니고 칼슘부족에 의한 정신안정이나 불면증 개선에도 유효하다. 시금치, 대두, 녹미채 등 칼슘의 작용을 돕는 마그네슘을 함유하는 식품과 함께 섭취하면 더욱 효과가 상승된다. 양질의 단백질, 비타민 A・B・E・D도 균형 좋게 함유하기 때문에 몸 전체의 조정을 정리하고 체력향상에 도움이 된다.

[주요 영양소(가식부 100g 당/생유 · 홀스타인종)]

- 단백질 : 3.2g(amino acid score 100)
- 지질 : 3.7g
- 칼슘 : 110 mg
- 비타민 A : 37 μg
- 비타민 B_2 : 0.15 mg

[주요 생리기능 성분(추정기능)]

① Lactoferrin(항균작용, 면역기능 조절, 세포증식, 항산화) : 다기능 단백질로서 세균 증식과 감염을 저지하며 면역력 강화와 암을 예방한다.
② Lactose(*Bifidus*균 증식, galactose 공급) : 변통을 촉진하고 칼슘의 흡수율을 높인다.
③ Caseinphosphopeptide(칼슘흡수 촉진) : 칼슘의 흡수율을 높인다.
④ Opioid 관련 peptide(진통, 혈압조절, 신경조절) : 단백질에서 생성되며 동통(疼痛)을 완화하여 신경을 진정시키고 혈압을 정상으로 한다.
⑤ Oligopeptide(혈압조절) : Angiotensin I 변환효소 저해인자로서 혈압상승에 작용하는 호르몬의 생성을 억제하여 고혈압을 예방한다.

[선별법 · 보존법]

가능한 신선한 것을 고른다. 저지방유나 특농우유 등 지방분이 다른 것이 있으므로 맛이 좋고 건강상의 관점에서 고르는 것이 좋다. 냉장고에 보관하고 세균이 번식하기 쉽기 때문에 병입에 손이 닿지 않게 주의하고 개봉 후는 2일 이내에 사용해야 한다.

[종류와 무리]

① 성분 무조정 우유 : 짠 생유를 그대로 가열 살균한 우유
② 저지방유 : 유지방분을 0.5∼1.5%로 조정한 가공유
③ 특농우유 : 유지방분이 3.8% 이상의 우유
④ 소 명칭 붙인 우유 : 저지 등 특정 유우의 젖을 80% 이상 사용한 우유
⑤ 산지 한정 우유 : 특정 산지의 유우에서 짜낸 지명이 들어 있는 우유
⑥ 저온살균우유 : 62∼65℃, 30분간 살균한 우유. 우유 본래의 맛이 살아 있다.
⑦ Melatonin milk : Melatonin이 많이 분비되는 야간에 착유하여 수면 도입에

효과가 있다고 한다.

산양유(山羊乳)

- 분 류: 우유류(牛乳類)
- 영 명: Goat's milk
- 한문명: 산양유(山羊乳)
- 이명(별명): 고력유(羖攊乳), 영양유(羚羊乳), 야양유(野羊乳)
- 에너지(100g 당): 63 kcal

[기대되는 작용]

우유와 거의 같다.

[기원과 역사]

우유와 거의 같다.

[특 징]

산양(염소)은 사육하기 쉬운 동물이다. 젖소를 사육할 수 없는 곳에서 사육하였으나 경제적 가치가 적어서 근래 와서는 사육하는 곳은 적다. 하루 2 ℓ 정도의 채유가 가능하다. 산양유는 우유보다 지질이 약간 많고 무기질도 많이 함유된다. 그러나 albumin이 응고하므로 유제품 제조에는 기술적으로 어려운 점이 있다. Albumin, globulin이 많고 모유에 가까우며 또한 지방구가 잘고 소화 흡수되기 쉽다.

산양유는 특유한 냄새를 풍기는데 이것은 산양유에 함유된 지방산에 의한 냄새이다. 산양은 자기의 요를 직접 먹거나 몸에 문지르는 습관이 있으며 특히 자웅을 같은 곳에서 사육할 경우에는 그 냄새가 더욱 강하므로 각각 분리하여 별실에서 사육하는 것이 좋다.

[주요 영양소(가식부 100g 당/생)]

- 단백질: 3.1~3.4g
- 지질: 3.6~3.8g
- 철: 120 mg

- 인산 : 110 mg

[주요 생리기능 성분(추정기능)]

우유와 거의 같다.

크 림

- 분 류 : 우유 가공류(牛乳加工類)
- 영 명 : Cream
- 주원재료 : 생유
- 에너지(100g 당) : 433 kcal

[기대되는 작용]

뼈의 강화, 면역력 강화, 자율신경 기능조절, 리락스(이완) 효과, 고혈압 예방, 변비개선, 감염증 예방, 암 억제 등에 유효하다.

[기원과 역사]

원래는 착유한 후 방치하여 뜬 지방을 떠내고 사용하였다. 버터나 치즈도 이 크림을 거쳐 만들고 있다. 서양과자의 인기와 더불어 급속하게 수요가 늘어나 업무용, 일반용으로 소비가 증가되었다.

[특 징]

짜낸 그대로의 우유를 방치하면 지방분이 떠올라 층이 생긴다. 이것이 크림이다. 시판의 것은 공업적으로 분리하여 만든다. 양질의 단백질이나 칼슘, 비타민 A를 풍부히 함유하는 고지방, 고에너지 식품이다. 최근에는 크림에도 건강지향이 반영되어 발효 타입의 sour cream이나 35% 정도의 저지방으로 가공된 제품이 인기가 있다. 크림의 종류는 지질의 함량에 따라 여러 제품이 있다. 지질함량 18~25%는 커피와 요리용, 30% 이상은 아이스크림, 버터 제조용, 40%는 과자 제조용이다.

[주요 영양소(가식부 100g 당/유지방)]

- 단백질 : 2g(amino acid score 100)

- 지질 : 45g
- 철 : 60 mg
- 비타민 A : 380 ㎍
- 비타민 B_2 : 0.09 mg

[주요 생리기능 성분(추정기능)]

① Lactoferrin(항균작용, 면역기능 조절, 세포증식, 항산화) : 다기능 단백질이며 세균 증식과 감염을 저지하고 면역력 강화, 암을 예방한다.
② Lactose(*Bifidus*균 증식, galactose 공급) : 변통을 촉진하고 칼슘의 흡수율을 높인다.
③ Caseinphosphopeptide(칼슘흡수 촉진) : 칼슘의 흡수율을 높인다.
④ Opioid 관련 peptide(진통, 혈압조절, 신경조절) : 단백질에서 생성되고 동통(疼痛)을 완화하여 신경을 진정시키며 혈압을 정상으로 한다.
⑤ Oligopeptide(혈압조절) : Angiotensin Ⅰ 변환효소 저해인자이며 혈압상승에 작용하는 호르몬의 생성을 억제하여 고혈압을 예방한다.

[선별법 · 보존법]

가능한 한 신선한 것을 고른다. 사용 전에 흔들면 유화상태가 개어져 기름이 뜨므로 조심스럽게 다루는 것이 중요하다. 깔끔하게 뚜껑을 닿고 냉장고에 보관한다. 심하게 진동을 주면 유화상태가 파괴되어 기름이 뜨는 원인이 되므로 door pocket에는 넣지 않는다.

가당연유(加糖煉乳)

- 분 류 : 우유 가공류(牛乳加工類)
- 영 명 : Sweetened condensed milk
- 한문명 : 가당연유(加糖煉乳)
- 주원재료 : 우유, 설탕
- 에너지(100g 당) : 331 kcal

[기대되는 작용]

뼈의 강화, 면역력 강화, 자율신경기능 조절, 리락스(이완) 효과, 고혈압 예방, 변비개선, 감염증 예방, 암 억제 등에 유효하다.

[기원과 역사]

7세기 중의 백제의 소(酥)가 연유에 가깝다고 한다. 최초에는 냄비에서 바짝 졸았으나 그 후 미국에서 발견된 진공농축부에서 공업적으로 생산이 가능하게 되었다.

[특 징]

우유에 설탕을 가하여 농축하여 만든다. 자당을 40～45% 함유함으로써 부패되기 어렵고 장기보존이 가능하다. 우유를 농축한다는 발상은 세계 각지에서 볼 수 있고 프랑스에서는 잼과 같이 취급하는 가당연유가 있으며 인도에서는 우유를 끓여서 고형으로 하고 건져 내어 시럽에 담긴 과자가 있다. 원래는 영양가가 높은 우유를 끓인 것이므로 칼슘이나 피부·점막을 든든히 하는 비타민 A가 풍부하다. 과자 등에 사탕 대신으로 사용하면 칼로리를 줄일 수 있다. 단것을 가하지 않는「무당연유」, 지방분을 제외한「무당탈지연유」등도 있다.

[주요 영양소(가식부 100g 당/가당연유)]

- 단백질 : 7.8g
- 칼슘 : 300 mg
- 철 : 0.2 mg
- 비타민 A : 55 μg
- Pantothenic acid : 1.29 mg

[주요 생리기능 성분(추정기능)]

① Lactoferrin(항균작용, 면역기능 조절, 세포증식, 항산화) : 다기능 단백질로서 세균 증식과 감염을 저지하고 면역력 강화, 암을 예방한다.

② Lactose(Bifidus균 증식, galactose 공급) : 변통을 촉진하고 칼슘의 흡수율을 높인다.

③ Casinephosphopeptide(칼슘흡수 촉진) : 칼슘의 흡수율을 높인다.

④ Opioid 관련 peptide(진통, 혈압조절, 신경조절) : 단백질에서 생성되며 동통(疼痛)을 완화하여 신경을 진정시키고 혈압을 정상으로 한다.

⑤ Oligopeptide(혈압조절) : Angiotensin I 변환효소 저해인자이며 혈압상승에 작용하는 호르몬의 생성을 억제하여 고혈압을 예방한다.

[선별법 · 보존법]

캔들이와 튜브들이, 무당과 가당이 있으므로 용도에 따라서 고른다. 미개봉이면 상온보존이 가능하다. 개봉 후에는 냉장고에 보존하여 빨리 사용한다. 캔들이의 것은 남으면 반드시 캔에서 내어서 밀폐용기 등으로 옮겨 바꾼다.

탈지분유(脫脂粉乳)

- 분 류: 우유 가공류(牛乳加工類)
- 영 명: Non-fat dried milk, dried skim milk, skim milk powder
- 한문명: 탈지분유(脫脂粉乳)
- 주 원재료: 생유
- 에너지(100g 당): 360 kcal

[기대되는 작용]

뼈의 강화, 면역력 강화, 자율신경 기능조절, 리락스(이완) 효과, 고혈압 예방, 변비개선, 빈혈개선, 감염증 예방 등에 유효하다.

[기원과 역사]

6.25동란 이후 탈지분유가 미국 구호원조로 들어와 학교급식에 사용되고 학생들의 단백질, 비타민 부족해소, 체위향상에 크게 공헌하였다. 현재에는 저지방의 건강지향 식품재료로서 주목되고 있다.

[특 징]

탈지유의 농축 · 건조 분말된 분유를 말한다. 생유에서 지방분을 분리시켜 제거하고 수분을 제거한 분말상의 것이다. 성분 규격은 유고형분 95.0% 이상, 수분 5.0% 이하로 정해져 있다. 지방분이 거의 없으므로 우유와 비교하면 저에너지로 칼슘이나 단백질이 풍부하다. 단백질은 casein이 주이고 필수아미노산을 균형 좋게 함유한다. Casein은 칼슘의 흡수를 좋게 하므로 골다공증 예방에 유효하다. 우유와 마찬가지로 면역력 향상이나 혈압조절에 작용하는 성분도 많이 함유한다. 식품으로 보충할 수 없는 필수아미노산을 손쉽게 섭취할 수 있으므로 커피나 홍차 등에 우유 대신으로 넣어도 좋다.

[주요 영양소(가식부 100g 당/액상유류 · 탈지유)]

- 단백질 : 3.4g
- 지질 : 0.1g
- 칼슘 : 100 mg
- 철 : 0.1 mg
- 비타민 B_2 : 0.15 mg

[주요 생리기능 성분(추정기능)]

중요 생리기능 성분은 크림, 가당연유와 같다.

[선별법 · 보존법]

시간 경과에 따라 풍미가 손상되므로 가능한 한 제조 연월일이 새로운 것을 고른다. 흡습성이 높으므로 밀폐용기에 넣어서 실온에서 보존한다. 개봉 후 3주간을 목표로 하고 사용한다. 그 후는 기름진 냄새가 나고 녹기 어렵게 된다.

[종류와 무리]

① 부분탈지유 : 생유에서 만든다. 무지유고형분 8.0% 이상, 유지방분 0.5% 이상 3.0% 미만으로 조정한 것. 일반적으로 「저지방유」라고 한다.
② 탈지분유 : 탈지유를 순간 건조시켜 과립으로 한 것. 무지유고형분 95.0% 이상, 수분 5.0% 이하이다. 습기에 조심하면 장기보존이 가능하다.
③ 탈지연유 : 탈지유를 농축한 당분을 가한 가당 탈지연유가 시판되고 있다.

발효유(醱酵乳)

- 분 류 : 우유 가공류(牛乳加工類)
- 영 명 : Yogurt
- 주원재료 : 생유, 유산균
- 에너지(100g 당) : 62 kcal

[기대되는 작용]

변비개선, 동맥경화 예방, 고혈압 예방, 암 억제, 면역력 강화, 뼈의 강화, 감염증 예방, 피부・점막보호 등에 유효하다.

[기원과 역사]

요구르트의 어원은 여러 설이 있으나 불가리아 어로 「산미」를 의미하는 Jaurt이라 한다. 약 7000년 전부터 병에 효력이 있는 약으로서 먹은 것 같다. 『구약성서』에도 등장되어 있고 기원전 4～3세기의 이집트의 벽화에도 기록이 남아 있다.

[특 징]

소 등의 젖을 유산균 균으로 발효시킨 것이다. 우리나라 시판의 제품은 「발효유」로 표시되어 있고 소위 「요구르트」는 통칭이다. 우리나라에서는 우유에서 만드는 것이 대부분으로 우유와 동등의 양질의 단백질과 지질, 칼슘, 비타민류를 균형 좋고 풍부하다. 발효에 의하여 단백질이 아미노산이나 peptide로 분해되어 우유보다 소화흡수되기 쉽다는 것이 최대의 특징이다. 유산균에 의하여 유당도 분해되므로 마시면 설사가 나는 유당불내증의 사람도 섭취하기 쉽다. 요구르트 제조에 사용하는 균은 Bulgaris균, *Acidophilus*균, *Thermophilus*균 등이다. 각각의 성질이 다르기 때문에 풍미나 향, 건강에 도움이 되는 기능에도 차이가 보이나 기본적으로는 Bifidus균 등의 장내 유용 균을 증식시키고 유해균의 증식을 억제하는 작용을 갖는다. 장내환경을 조정하므로 변비개선, 미기(美肌), 발암이나 노화예방에 도움이 된다. 정장과 칼슘보급에 도움이 되는 유산발효 식품이다.

[주요 영양소(가식부 100g 당/plain)]

- 단백질 : 3.6g
- 지질 : 3g
- 칼슘 : 120 mg
- 비타민 A : 33 ㎍
- 비타민 B_2 : 0.14 mg

[주요 생리기능 성분(추정기능)]

① 유산균(정장, 혈압상승 억제, 콜레스테롤치 저하, 항균작용, 항암, 감염방지) : 유용세균이며 장내의 작용을 잘 하여 통변을 촉진하고 노폐물이나 콜레스테롤을 배출하여 유해물질의 생성을 억제하고 동맥경화, 고혈압, 암을 예방한다. 면역력을 높여 바이러스나 세균 등의 감염에서 몸을 보호한다.

② Caseinphosphopeptide(칼슘흡수 촉진) : 소장에서 칼슘의 흡수를 높인다.

[선별법 · 보존법]

제조일부터 1～2주간은 맛있게 먹을 수 있다. 최근 사용하고 있는 균을 표시하고 있는 제품도 많고 선택 시 기준으로도 된다. 0～10℃에서 냉장하면 유산균은 살아 있으나 서서히 발효가 진행되어 쉬어지므로 빨리 먹을 것이다. 개봉 후 2일째가 목표이다.

[종류와 무리]

① Plain yogurt : 원료유에 유산균을 가하여 발효시킨 것. Yogurt는 주로 *Bulgaris*균, *Acidophilus*균, *Thermophilus*균 등을 조합하여 만든다.

② Hard yogurt : 원료유에 설탕이나 과즙, 젤라틴, 한천 등을 가하여 발효시켜 굳게 한 것

③ Soft yogurt : 발효유의 커드(응유)을 교반하여 감미나 향, 과육이나 잼을 가하여 연하게 한 타입이다.

④ Frozon yogurt : 원료유에 감미나 과즙 등을 가하여 발효 후에 냉동한다. 유산균이 살아 있고 입안에서 녹으면 활동을 재개한다. 저지방의 디저트로서 먹을 수 있다.

⑤ Drink yogurt : 커드를 교반하여 연하게 액상으로 한 것

[세계의 yogurt]

① 키세로 무리야코 : 「시어 빠진 밀크」라는 뜻의 의미이다. 소나 양의 젖으로 만든다.

② Leben(lebben : 레벤 : 사우스 아라비아는 처음에는 아라브 지방) : 낙타의 젖으로 만든다. 물로 희석하여 마신다.

③ Dahi(다히 : 인도) : 산양이나 수우, 야크의 젖으로 만든다.

④ 타라그(몽골) : 소뿐만 아니고 말과 산양, 낙타 젖으로 만든다.

⑤ Kefir(케피르 : 러시아 코카사스 지방) : 산양이나 양, 소의 젖으로 만든다. 유산균과 함께 효모균이 모인 kefir 입자의 작용으로 만들어진다. 알코올을 마시므로 옳은 것은 유주(乳酒)이다.

[요구르트의 건강기능]

1. 유산균과 Bifidus균은 유익균의 대표

대장에는 약 100종류의 약 100조 세균이 존재하여 포도상구균이나 대장균 등 유해균, 연쇄상구균이나 대장균 등의 중간 균, 유산균이나 Bifidus균 등의 유익균으로 대별한다. 유익균의 대표인 유산균은 당 대사의 결과로서 유산을 생성하는 균의 총칭으로 유산만을 생성하는 호모유산균과 유산 이외에 초산이나 알코올을 생성하는 헤테로 유산균이 있다. 유산균 자체의 발견은 1857년의 Pasteur(프랑스 세균학자)에 의하여 균의 존재가 밝혀지는 사이 요구르트를 먹어 왔다.

2. 살아서 장에까지 이르게 하는 Probiotics균]

최근 요구르트의 새로운 가능성으로 probiotics가 주목되고 있다. Probiotics란 장내에 사는 100조의 세균의 균형을 조정하여 몸에 플러스의 효과를 내는 살아있는 미생물을 말한다. 유산균도 미생물의 하나로 거의 대부분은 장에 도달되기 전에 강한 살균력을 갖는 위산이지만 담즙산에 의하여 사멸되고 만다. 그러면서도 살아서 장에 도달하여 우수한 정장작용을 발휘하는 것이 있다. 최근 연구에서는 병원성 균이나 바이러스의 침입을 저지하는 작용이나 알레르기 증상을 개선한다는 기능을 갖는 유산균도 확인되고 있다.

현재 시판 요구르트에 주로 사용되고 있는 Probiotics균의 최대 특징은 위산에 강하고 살아서 장에 까지 도달하는 것이다. 이 때문에 장내의 유익균을 증가시켜 장내환경을 조정하는 효과가 기대된다. 요구르트에 사용되고 있는 유산균은 종류에 따라서 작용이 다르기 때문에 증상이나 목적에 맞게 선정하는 것이 좋다. 또 장내의 상태는 사람에 따라서 여러 가지이므로 우선 한 종류를 1일 하나씩 1～2주간 계속 먹어 보고 자신에 맞는 균을 선택하는 것이 중요하다.

3. 유익균과 Bifidus균의 작용

유산균과 같이 유익균으로서 대표되는 Bifidus균은 포도당을 대사하여 유산과 초산을 생성하고 요구르트를 만드는 균으로서 널리 이용되고 있다. 1899년에 Pasteur 연구소의 연구원이 모유(母乳)로 자라고 있는 건강한 유아의 변에서 발견하였다. 이래 유산균의 일종으로서 취급되어 왔으나 1965년에 *Bifidobacterium*속으로 독립되었고 학술적인 분류는 유산균과 다르다

4. Bifidus균의 작용

① 면역기능을 높여 콜레스테롤의 증가를 억제한다.
② 당 대사의 결과로 생기는 유산과 초산이 장내를 약산성화 하여 유익균이 살기 좋은 환경으로 조정한다.

5. Bifidus균을 늘리는 방법

① Bifidus균이 들어 있는 요구르트를 먹는다.
② 올리고당이 많은 식품재료 보기로서 콩이나 양파 등을 섭취하여 장내에 있는 Bifidus균을 증가시킨다.

6. 살아있는 유산균을 섭취하기 위한 요구르트의 이상적인 섭식법

① 비어 있는 상태의 위에서는 유산균이 위산에 지고 말기 때문에 살아 있는 유산균을 장에 까지 도달하기 위해서는 식후에 디저트로서 먹는 것이 효과적이다
② 당분이 없는 plain type을 1일 200~400g 먹는 것이 이상적이다.
③ 감미를 첨가하려면 Bifidus균을 증식시키는 올리고당 감미료를 쓰는 것이 좋다. 이외에 gluconic acid 작용으로 Bifidus균을 늘리거나 벌꿀을 먹는 것을 권한다.

[치즈 분류의 칼럼]

유즙 중 카세인 단백질과 지방을 효소나 발효기법에 의해 응고시키고 이들에 식염, 향료 등을 첨가하여 발효 숙성시킨 고형제품을 치즈라고 한다. 칼슘, 비타민 등이 풍부하게 함유되어 있으며 사용된 유즙의 선택과 처리법 즉 지방성분 조정, 가열, 저온살균, 효소·배양세균·곰팡이·이스트 첨가 등에 따라 다양한 종류가 있다. 응유 형성은 응고 시 온도, 시간, 산도, 레넷과 산의 비율, 유청 제거 속도와 정도에 따라 달라진다. 숙성과 저장은 치즈에서 일어나는 일련의 생물학적·화학적 변화에 의해 이루어진다. 이 변화는 치즈의 수분함량·산도·질감·모양·규격·미생물 등에 의해 영향을 받고, 치즈의 풍미는 물론 굳기를 변화시킨다.

일반적인 내추럴 치즈의 제조공정은 다음과 같다. 먼저 우유의 부패미생물을 제거하기 위해 파스테르 살균 조건보다 낮은 온도에서 가열한 후 식히고 유산균을 접종한다. 일정기간 발효시킨 후 레넷 효소를 첨가하여 커드(curd)를 형성한다. 커드가 pH 6.4 정도 될 때까지 발효시킨 후 38℃까지 가열한다. 유청을 분리 후 소금

혹은 소금물을 첨가하여 유산균의 성장을 억제하고 숙성 과정을 균일하게 도와준다. 성형 및 압착하고 건조 숙성한다. 참고로 우유의 응고물을 제조하는 방법으로 산을 첨가하여 pH를 4.6 정도로 낮추는 방법이 있다. 이 방법으로 제조된 커드는 응집력이 없고 부서지기 쉬워 효소작용에 의해 생성된 탄력성이 있는 커드와 차이가 있다.

치즈는 수분함량에 따라 표 2-2와 같이 분류될 수 있다. 소프트 치즈, 즉 연질치즈는 수분함량이 약 50~80%로 코티지, 크림, 모차렐라치즈가 대표적이다.

수분함량 39~50%인 반경질치즈로는 블루, 림버거, 브릭치즈가 있고, 최대 39%의 수분함량을 갖는 경질치즈로는 체더, 콜비, 스위스치즈가 있다. 최대 34%의 수분함량을 갖는 경질치즈로는 파머산, 로마노치즈 등이 있다. 또한 제조방법에 따라 내추럴 치즈(natural cheese)와 가공치즈(process cheese)로 나뉠 수 있으며 내추럴 치즈는 아래의 기준에 따라 표 2-3에 나타낸 바와 같이 분류가 가능하다.

표 2-2. 수분함량에 따른 치즈의 분류

소프트 치즈 (50~80% 수분)	반경질치즈 (39~50% 수분)	경질치즈 (최대 39% 수분)	경질치즈 (최대 34% 수분)
코티지	블 루	체 더	아시아고 올드
크 림	림버거	콜 비	파머산
모차렐라	고르곤졸라	스위스	로마노
카망베르	브 릭	고우다	파르미자노
페 타	파스타 필라타	에 담	그라나
브 리	프로볼론	스틸톤	사르도

표 2-3. 내추럴 치즈의 분류

분 류		종 류
경질치즈	가스공이 없는 치즈	체더치즈(Cheddar cheese), 고우다치즈(Gouda cheese), 에담치즈(Edam cheese)
	가스공이 있는 치즈	에멘탈치즈(Emmental cheese 혹은 Emmenthaler cheese), 파머산치즈(Parmesan cheese)
반경질치즈	푸른곰팡이 숙성	로크포르치즈(Roquefort cheese)
	세균 숙성	브릭치즈(Brick cheese)
연질치즈	숙성시킨 것	카망베르치즈(Camembert cheese), 림버거치즈(Limburger cheese)
	숙성시키지 않은 것	코티지치즈(Cottage cheese), 크림치즈(Cream cheese)

신선치즈

- 분 류: 우유 가공류(牛乳加工類)
- 영 명: Fresh cheese, Cottage cheese(코티지즈)
- 주원재료: 생유, 탈지유, 응유효소, 유산균,
- 에너지(100g 당): 105 kcal

[기대되는 작용]

뼈의 강화, 고혈압 예방 등에 유효하다.

[기원과 역사]

원래는 생유가 유산발효로 굳어진 커드(응유)에서 훼이(유청)을 제거한 것의 초보적인 것이다. 현재에는 응유효소(rennet)를 가하여 굳어진 것도 plain type으로 취급한다.

[특 징]

원료유는 유산균이나 응유효소(rennet)를 가하여 굳히고 수분을 가볍게 제거한 것만의 치즈이다. 숙성을 하지 않고 생긴 상태이므로 fresh type이라 부른다. 생선식품으로서 취급되므로 반드시 상미기간을 표시하는 것으로 되어 있다. 수분의 비율이 많으므로 부드럽고 지방분의 함유량의 차이에 따라 산뜻한 것과 황홀하여 넋을 잃을 정도로 creamy한 것 여러 가지 종류가 있다. 지방분이 적고 산뜻한 것은 샐러드나 빵에 첨가하고 지방분이 더 높은 것은 디저트로 하거나 그대로 잼이나 벌꿀을 첨가하여 먹어도 맛이 있다.

[주요 영양소(가식부 100g 당/Cottage)]

- 단백질: 13.3g
- 지질: 4.5g
- 칼슘: 55 mg
- 비타민 A: 35 μg
- 비타민 B_2: 0.15 mg

[선별법 · 보존법]

제조 연월일을 반드시 확인하고 가능한 한 새로운 것을 고른다. 백색의 깨끗한 것이 좋다. 황색미가 있는 것은 선도가 떨어진 것이므로 피해야 한다. 구입 후에는 곧 냉장고에 보관한다. 개봉 후에는 용기 그대로 혹은 밀폐용기에 넣어 냉장고에 넣고 1주일 이내에 먹는다. 냉동보존은 안 된다.

[종류와 무리]

① Cottage cheese(코티지치즈) : 네덜란드가 원산으로 탈지유에서 만든다. 크림을 가하여 부드럽게 한 것이며 비교적 수분이 많다.

② Muscarbonet(마스카르보네) : 이태리가 원산으로 우유 소재의 크림이 원료이며 지방분이 높고 농후한 맛이 있다.

③ Cream cheese(크림치즈) : 원유에 크림을 가하여 살균 후 유산 발효시킨다. 가장 옛날 치즈라고 한다.

숙성치즈(흰곰팡이 치즈)

- 분 류 : 우유 가공류(牛乳加工類)
- 영 명 : Ripened cheese, Camembert cheese(카망베르치즈)
- 주원재료 : 생유, 응유효소, 유산균, 소금
- 에너지(100g 당) : 310 kcal

[기원과 역사]

노르만디에는 카망베르의 창시자라고 하는 농부(農婦) 마리 알레루의 동상이 세워져 있다. 흰곰팡이는 현재 치즈를 틀에서 꺼내어 소금을 가한 다음에 접종하는 것이다. 제법도 약간 변하여 옛날보다 맛과 향도 순하게 되었다.

[특 징]

흰곰팡이의 작용으로 숙성시킨 연질 치즈의 일종이다. 작은 원반상으로 형성하여 자연으로 탈수시킨 다음에 소금을 섞어 흰곰팡이를 분무하여 저온 다습의 환경에서 2~3주간 숙성시킨다. 흰곰팡이의 번식과 더불어 단백질이 분해되어 숙성이 진행됨에 따라 내부는 엷은 황색의 페이스트 모양으로 되고 감칠맛이 난다. 칼슘이나 인이 풍부하여 골다공증의 예방 등에 효과가 있다. 카망베르 이외에도 blue cheese나

뉴샤텔르는 흰곰팡이로 숙성시킨 치즈는 많고 숙성정도에 따라 표면이 적에서 황색, 다갈색으로 되는 것도 있다.

[주요 영양소(가식부 100g 당/카망베르)]

- 단백질 : 19.1g
- 지질 : 24.7g
- 칼슘 : 460 mg
- 비타민 A : 230 μg
- 비타민 B_2 : 0.48 mg

[선별법 · 보존법]

제조일에서 3~4주간의 것이 먹는 시기로 심부까지 연하게 숙성된 것이 좋다. 표면에 움푹 들어가 눈에 띄는 것은 오래된 것이므로 피해야 한다. 절단부위를 랩으로 싸거나 또는 물에 담가 짠 키친 페퍼로 싸서 밀폐용기에 넣어 냉장고에 넣는다. 습도가 높은 채소실이 좋다.

블루치즈

- 분 류 : 우유 가공류(牛乳加工類)
- 영 명 : Blue cheese
- 주원재료 : 생유, 응유효소, 유산균, 소금
- 에너지(100g 당) : 349 kcal

[기원과 역사]

프랑스의 록크폴 촌콘바르 산 북편의 붕락에 의하여 생긴 동굴에서 양치기가 잊고 두고 온 치즈에 푸른곰팡이가 붙은 것이 시작이라는 전설이 있다. 현재에도 대부분의 록크폴이 그 동굴에서 숙성된다고 한다.

[특 징]

균이나 곰팡이로 표면에서 숙성시킨 치즈가 많은 것 중에서 내부에 곰팡이를 번식시켜 내측에서 숙성시키는 신기한 형태이다. 생유를 커드(응고한 젖)와 훼이(유청)로 분리하고 커드를 틀에 넣을 때 푸른곰팡이를 접종한다. 독특한 지미와 알알한 자극이 특징의 개성이 강한 치즈이다. 같은 곰팡이를 사용해서도 숙성시키는 환경에 따라 각각 다르게 된다. 3대 blue cheese라 불리는 것은 프랑스의 로케포르(Roquefort), 이태리의 고르곤졸라(Gorgonzola), 영국의 스틸톤(Stilton)이다. 푸른곰팡이 치즈는 칼슘이나 비타민 A가 많이 함유되고 노화방지나 골다공증 예방에 효과가 되나 전체적으로 보아 염분과 지질이 많으므로 지나치게 많이 먹는 것에 주의해야 한다.

[주요 영양소(가식부 100g 당/Blue)]

- 단백질 : 18.8g
- 지질 : 29g
- 칼슘 : 590 mg
- 비타민 A : 270 μg
- 비타민 B_2 : 0.42 mg

[선별법 · 보존법]

푸른곰팡이는 얼룩 없이 들어가 절단부위의 모양이 아름다운 것을 고른다. 푸른곰팡이가 황이나 녹, 갈색의 것은 산이 부족한 상태임으로 공기에 접촉되면 푸르게 된다. 허물어지기 쉬우므로 순하게 다루어야 한다. 다른 식품에 푸른곰팡이가 옮겨지지 않도록 랩으로 싸서 밀폐용기에 넣어 냉동 보존한다.

[종류와 무리]

① Roquefort : 프랑스 루에르그 지방의 Roquefort 마을 산물이다. 우유로 만들며 잘게 썬 파슬리를 뿌린 것과 같은 모양이 특징이다.
② Gorgonzola : 이태리 밀라노의 동북에 있는 Gorgonzola 마을 산물이다. 감미가 있는 도르치에와 염신의 피칸테 두 타입으로 나눈다.
③ Stilton : 영국 레스타 주, 노테인감 주의 3주에서 만들며 대리석과 같은 모양이 특징이다.
④ 프룸 단베르 : 프랑스 오벨뉴 지방 안베르 마을 산물이다. 「고귀한 blue」의 이름을 갖는다.

산양유치즈

- 분 류: 유가공류(乳加工類)
- 영 명: Goat cheese
- 주원재료: 양유, 응유효소, 유산균, 소금
- 에너지(100g 당): 63 kcal

[기대되는 작용]

뼈의 강화, 고혈압 예방 등에 유효하다.

[기원과 역사]

산양유 치즈의 역사는 오래 되었으며 근원은 아라브 지역이라 한다. 8세기경에 스페인에서 프랑스로 침공할 때 이슬람교가 산양과 농민을 데리고 가 그들이 패주할 때 두고 온 농민이 산양유 치즈를 만드는 방법을 전했다고 한다. 우유보다 역사가 오래고 감칠맛이 있는 치즈이다.

[특 징]

양유를 프랑스 어로 시에불이라 한다. 우유와 달리 색이 희고 독특한 냄새와 가벼운 풍미가 특징이다. Cream cheese와 같이 연하고 신선한 것에서 숙성 타입까지 여러 가지 종류가 있다. 숙성이 진행됨에 따라 단단해 지므로 좋은 단계의 것을 선택하면 좋다.

기본적으로 만드는 방법은 가열·압착하지 않고 틀에 넣어 자연으로 물 빼기를 한다. 그 후 표면에 목탄가루를 붙이는 타입, 아무것도 붙이지 않는 타입으로 신선한 그대로 먹는 타입, 자연의 곰팡이가 표면에 붙어서 숙성하여 가는 타입 등 여러 가지가 있다.

[주요 영양소(가식부 100g 당/참고 값 양유)]

- 단백질: 3.1g
- 지질: 3.6g mg
- 칼슘: 120 mg
- 비타민 A: 36 μg
- 비타민 B_2: 0.14 mg

[선별법 · 보존법]

Fresh는 수입 연월일이 가까운 것을 고른다. 목탄가루에 대한 타입은 완숙한 쪽이 풍미가 강하다. 숙성도가 좋은 것을 고르면 좋다. Fresh는 가능한 한 빨리 먹는다. 기본은 건조를 막고 냉장고에 넣으나 랩은 넉넉히 하여 밀폐용기에 넣는 것이 좋다.

왓시치즈

- 분 류 : 우유 가공류(牛乳加工類)
- 영 명 : Washed-rind cheese
- 주원재료 : 생유, 응유효소, 유산균, 소금
- 에너지(100g 당) : 310 kcal

[기대되는 작용]

뼈의 강화, 고혈압 예방 등에 유효하다.

[기원과 역사]

수많은 washed-rind cheese란 숙성시키는 과정에서 치즈의 표면을 염수나 술(포도주나 증류주)로 씻는 작업을 행한 치즈를 말한다. 씻는 것은 수분을 보급하고 숙성을 촉진한다. 씻을 때 치즈의 표면에 부착한 리넨스 균(효모의 일종)의 작용으로 색이 점차 갈색으로 변하고 끈적거리는 독특한 강한 냄새를 방출하게 된다. 균은 치즈의 표면에서만 번식하므로 특이한 냄새는 치즈 안에 까지 이르지 못하고 농후하여 creamy한 맛으로 즐긴다.

[특 징]

Washed rind cheese이란 숙성시키는 과정에서 치즈의 표면을 염수나 술(포도주나 증류주)로 씻는 작업을 하는 치즈를 말한다. 씻는 것으로 수분을 보급하고 숙성을 촉진한다. 씻을 때 치즈의 표면에 부착된 리넨스균(효모의 일종)의 작용으로 색이 점차 갈색으로 변하여 끈적거리는 독특한 강한 냄새를 방출하게 된다. 균은 치즈 표면에서만 번식하므로 냄새는 치즈의 안쪽까지 들어가 농후한 creamy 맛이 난다. 개성이 강하나 나쁜 습관이 들어 못 버린 사람도 적지 않으나 좋은 치즈이다.

[주요 영양소(가식부 100g 당/참고 값 Camamber)]

- 단백질 : 19.1g
- 지질 : 24.7g
- 칼슘 : 460 mg
- 비타민 A : 230 μg
- 비타민 B_2 : 0.48 mg

[선별법 · 보존법]

수입 연월일에서 4~8주간이 먹은 시기이다. 표면이 건조하지 않는 것을 고른다. 암모니아 냄새가 나거나 껍질이 단단한 것은 피한다. 절단부위는 랩으로 싸거나 물에 담가 짠 키친페퍼로 싸서 다시 밀본용기에 넣어서 냉장고에 넣는다. 균은 살아 있으므로 건조에는 충분한 주의를 해야 한다.

반경질치즈

- 분 류 : 유가공류(乳加工類)
- 영 명 : Semi-hard cheese, Godha cheese
- 주원재료 : 생유, 응유효소, 유산균, 소금
- 에너지(100g 당) : 380 kcal

[기대되는 작용]

뼈의 강화, 고혈압 예방 등에 유효하다.

[기원과 역사]

신석기시대에 중동에서 목축이 이루어져 젖이 이용되기 시작하였다. 그 후 어린 가축의 위에 젖을 덩어리로 하는 작용이 있다는 것이 우연히 발견되어 젖의 응고되는 기술을 획득하여 수분을 제거하여 보존하게 된 것이 hard cheese의 원리로 생각되고 있다.

[특 징]

순한 맛과 매끈매끈한 살결의 특징이 반경질치즈이다. 생유를 응고시킨 커드(응고한 젖)를 가늘게 절단하여 틀에 넣고 press하여 형을 조정하여 만든다. 형성하기 전이나 후에 소금을 뿌리거나 또는 식염수에 담가 잡균의 번식을 막는다. 숙성 중에도 표면의 곰팡이를 브러싱하거나 닦아서 떨어뜨린다. 숙성기간은 네덜란드의 Gouda cheese에서는 3～4개월, 영국의 Cheddar cheese에서는 6개월에서 1년이다. 생성기간이 길수록 풍미는 농후하게 된다. 비타민 A가 많이 함유하여 있으므로 눈의 피로회복에 유효하다. 칼슘이 많고 100g당의 단백질은 우육을 상회한다. 특이한 냄새가 없는 맛이므로 성장기 아이들의 조식 메뉴로도 알맞다.

[주요 영양소(가식부 100g 당/Gouda)]

- 단백질 : 25.8g
- 지질 : 29g
- 칼슘 : 680 mg
- 비타민 A : 260 μg
- 비타민 B_2 : 0.33 mg

[선별법 · 보존법]

숙성이 서서히 진행하므로 먹을 때 기간이 긴 것이 특징이다. 절단부위가 상아색으로 윤기가 있는 것을 골라야 한다. 랩으로 싼 다음 밀폐용기에 넣어 냉장 보관한다. 가능하면 습도가 높은 채소실에 넣는다. 구입 후에는 2～3주간 내에 먹게 한다.

[종류와 무리]

① Gouda cheese : 네덜란드의 Gouda 지방이 원산이다. 원료는 우유이며 현재는 각국에서 만들고 있다. 조화된 풍미와 감칠맛이 특징이다.

② Cheddar cheese : 영국의 서머세트주 Cheddar 마을이 원산이다. 원료는 우유이며 현재는 각국에서 만들고 있다. 특이한 냄새가 적고 샌드위치나 샐러드 등에 사용된다.

③ Lacred : 스위스의 웨레주가 원산이다. 절단부위를 덥여 녹는 부위를 칼로 깎아 삶은 감자에 첨가하여 먹는 요리의 이름이기도 하다. 그대로 먹어도 맛이 있다.

④ Kesomanchigo : 스페인 원산의 양유치즈이다. 12～15개월 숙성의 것이 최고이며 풍미가 아주 좋고 감칠맛이 있다. 빵에 벌꿀을 발라서 조식으로 한다.

(초)경질치즈

- 분 류: 유가공류(乳加工類)
- 영 명: Hard cheese, Harmesan cheese
- 주원재료: 생유, 응유효소, 유산균, 소금
- 에너지(100g 당): 475 kcal

[기대되는 작용]

뼈의 강화, 고혈압 예방 등에 유효하다.

[기원과 역사]

초경질 타입의 치즈의 역사는 오래 되었고 기원전으로 소급된다고 한다. 가축이 맨 처음에 젖을 내는 시기에 치즈로 하여 두면 상하기 쉬운 것도 장기간 보존이 되므로 겨울 준비와 원정하는 병사의 식량으로서 이용되어 제조나 숙성의 기술이 발달하였다.

[특 징]

이태리의 대표되는 초경질 치즈이다. 서서히 가열하여 가는 제법을 사용하여 수분이 없는 젖을 만들어 큰 북모양으로 형성한 포화식염수 중에서 4주간 담근 다음 숙성시킨다. 숙성은 짧아도 1년, 긴 것은 3년 이상 시간이 걸린다. 숙성에 따라서 우유의 단백질이 분해되어 소화가 잘 됨과 동시에 순한 지미와 풍미가 갖추어진다. 다른 치즈에 비하여 칼슘이 아주 많아 그 함유량은 press type의 10배 이상이나 된다. 가루치즈로서 지목하는 수가 많으나 슬라이스로 하여 먹거나 깎아서 샐러드에 뿌리거나 리소트에 넣어도 맛이 있다.

[주요 영양소(가식부 100g 당 Harmesan)]

- 단백질: 44g
- 지질: 30.8g
- 칼슘: 1300 mg
- 비타민 A: 230 μg
- 비타민 B_2: 0.68 mg

[선별법 · 보존법]

숙성이 서서히 진행되므로 먹는 기간이 긴 것이 특징이다. 절단부위가 상아색으로 윤기가 있는 것을 고른다. 랩으로 싸서 밀폐용기에 넣어 냉장 보관하되 가능하면 습도가 높은 채소실에 넣는다. 건조하여 단단해지면 깎아서 그라탕이나 리소트로 사용한다.

[종류와 무리]

① Grana cheese · padano cheese : 이태리의 포하 유역이 원산이다.
② Pecorino cheese · Romano cheese : 이태리가 원산으로 양유로 만든다. 소금기가 비교적 강하고 찌르르한 품미가 있다.
③ Emmental cheese : 스위스의 베룬주가 원산으로 큰 구멍이 있는 치즈이다. 치즈 폰듀에서는 없어는 안 된다.
④ Gruyere cheese : 스위의 후리블루주 그뤼예르 마을이 원산으로 킷슈에 최적이다.

프로세스치즈

- 분 류 : 유가공류(乳加工類)
- 영 명 : Process cheese,
- 주원재료 : Natural cheese
- 에너지(100g당) : 339 kcal

[기대되는 작용]

뼈의 강화, 고혈압 예방 등에 유효하다.

[기원과 역사]

1910년 스위스에서 상품화되었다. 1964년 개최된 도쿄 올림픽 개최 후에 널리 보급되었다고 하며 일본에서는 소비량도 많이 늘어났다고 한다.

[특 징]

한 종류 혹은 수 종류의 natural cheese를 가늘게 마쇄하여 유화제를 가하여 가열하여 녹여 혼합한 것이다. 일본에서는 유고형분 40% 이상의 것을 process라고 정하고 있다. 가열 살균되어 있으므로 발효치즈로서의 풍미가 없어지고 유산균이나 효소도 줄어지나 칼슘이나 비타민류는 다른 치즈와 마찬가지로 풍부하고 보존성도 우수하다. 또 스테이크나 슬라이스 타입, 빵에도 바를 수 있는 연한 타입으로 종류가 많고 용도에 맞추어서 택하므로 편리하다. 가공에 알맞게 되어 있으므로 풍미를 내거나 다른 재료와 혼합하는 수가 많다. 혼합한 재료의 영양소가 더해져 보다 영양균형이 갖추어진 식품으로 된다. 영양가가 높고 보존성이 우수한 편리한 치즈이다.

[주요 영양소(가식부 100g 당)]

- 단백질 : 22.7g
- 지질 : 26g
- 칼슘 : 630 mg
- 비타민 A : 2430 ㎍
- 비타민 B_2 : 0.38 mg

[선별법 · 보존법]

유통기간을 보고 가능한 한 새로운 것을 택하고 용도에 맞추어 타입을 고른다. 포장의 파손이 없는가를 확인한다. 건조되지 않게 밀폐용기에 넣어 냉장고에 보관한다.

[종류와 무리]

① Process cheese : 장방형으로 잘 알려져 있는 치즈이다. 한 장씩 필름으로 휘감아 싼 편리한 것도 있다.

② Sliced cheese : 엷으므로 빵 위에 얹어 굽거나 샌드위치를 만들 때 편리하다. 한 장씩 필름 포장되어 있으며 가열하면 녹는 타입도 있다.

③ Spread cheese : 빵에 발라 먹는 타입의 치즈이다. 냉장고에서 꺼낸 직후에도 부드러운 상태로 만들어져 있다.

④ Smoke cheese : Process cheese를 훈연한 것으로 향이 좋고 아미노산, 감미, 신맛의 조화된 맛도 있고 술안주로서 인기가 있다.

[어패류의 칼럼]

1. 어패류의 개요

우리나라는 3면이 바다로 둘러싸여 있어 옛날부터 어류와 패류는 중요한 식량자원으로 양질의 단백질, 지질의 중요한 공급자원이고 또한 비타민 A, D, B_2, 무기질의 칼슘 등의 공급원이 되고 있다.

2. 어패류의 종류

식용으로 사용하는 어패류에는 많은 종류가 있으므로 이를 담수(淡水)와 해수(海水) 등의 서식 및 동물학상의 분류에 따라 구별하면 다음과 같다.

① 담수어: 담수(민물)에서 서식하는 어류를 말한다. 붕어(crusian carp), 잉어(carp), 은어(sweet fish, sweet smelt), 가물치(snake head), 뱀장어(eel, water eel), 메기(cat fish), 미꾸라지(loach) 등

② 해수어: 바다에서 서식하는 바닷물고기를 말한다. 도미(sporgy, sea bream), 고등어(mackerel), 꽁치(pacific saury), 농어(sea bass), 대구(cod), 명태(Alaska po-lack), 복어(globe fish), 상어(shark), 참치(tuna meat) 등

③ 연체동물(軟體動物): 형태학상 두족류(頭足類), 복족류(腹足類), 이매패류(二枚貝類)로 분류할 수 있다.

- 두족류: 낙지(octopuses), 오징어(squid), 꼴뚜기(beka squid) 등
- 복족류: 소라(top shell), 전복(abalone), 우렁이(pont snail) 등
- 이매패류: 대합(clam), 모시조개(채규 shell), 굴(otster) 등

④ 절족동물(節足動物): 갑가류(甲殼類), 무각류(無角類), 후문류(後門類), 전문류(前門類), 곤충류(昆蟲類)로 분류할 수 있다.

- 갑각류(甲殼類): 게류(crabs), 새우(shrimp)

⑤ 극피동물(棘皮動物): 7종의 강(綱)으로 분류한다. 이 중 식용으로 하는 대표적인 것은 해삼(sea cucumber), 식용 성게(운단, sea urchi)이다.

3. 어패류 식품의 분류

바다에서 생산되는 어류, 갑각류, 연체동물, 해조류, 기타 수산식품을 분류하면 그림 2-2와 같이 나타낼 수 있다.

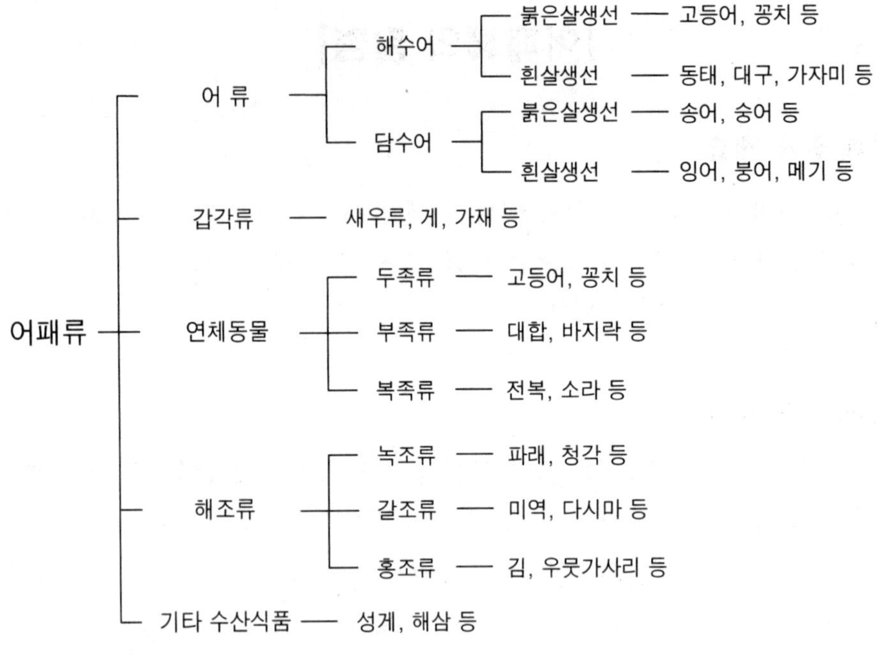

그림 2-2. 어패류 식품의 분류

4. 어패류의 특징

어패류는 육류와 비교할 때 그 육질의 영양가는 대체로 같으나 신선한 것일수록 우수하고 축육과 같은 숙성을 필요로 하지 않고 생선 그대로 식용으로 하는 점에 차이가 있다.

어패류의 성분은 그 종류, 연령, 자웅, 계절 등에 따라 큰 차이가 있는데 특히 수분과 지질 함유량의 변동이 심하다. 지질은 초겨울의 산란 또는 방정(放精)전의 어류에서는 수컷보다 암컷에, 등보다 복부에 많고 또한 다량의 먹이를 먹고 곧 활발히 활동하는 시기에 지질의 함량이 많다.

5. 어패류의 성분

1) 단백질

어패류는 육류에서와 같이 육장(肉奬)과 유기질(肉基質)로 나눌 수 있으며 단백질의 육장 단백질과 육기질 단백질의 주성분은 다음과 같다.

① 육장 단백질: 식용의 주가 되며 다음과 같은 단백질로 이루어져 있다.

- Albumin에 속하는 myogen : 근단백질 중의 수용성 부분, myoalbumin 등
- 색소단백질에 속하는 myoglobulin, hemoglobin 등을 함유한다.

② 육질 단백질 : 어류의 결합조직을 이루고 있는 단백질로서 albuminoid에 속한 collagen, elastin 등이 있다.

③ 어란 단백질 : 어란(roe)의 단백질은 주로 globulin, albumin, 복합단백질에 속하는 당단백질, 인단백질이다. 그리고 난각은 albuminoid에 속한 kertin 등이다.

2) 아미노산의 조성

어패류는 분류학상 다양하지만 다음과 같은 공통점이 있다.

① 필수아미노산 중 lysine이 많다(고등어 746 mg, 숭어 2,218 mg, 전복 1,037 mg, 오징어 1,523 mg, 게 1,504 mg, 문어 994 mg, 해삼 177 mg)

② 단백질 값은 어류 75±11.8 mg, 해삼 86 mg, 문어 85 mg, 게류 82±2.2 mg, 오징어 80 mg, 패류 74±2.7 mg, 명란젓 56 mg, 연어젓 46 mg

③ 소화율은 95~99%로 어란을 제외하고는 어패류의 단백질은 양질이다.

3) 어육의 엑기스분

단백질 이외에 다음과 같은 유리아미노산, 유리염기 등이 주성분이다.

① 유리아미노산 : Histidine(적색 어육에 많음), arginine, lysine, glycine 등

② Purine 염기 : Hypoxanthime, inosinic acid

③ 그 밖의 질소 함유 유기화합물 betaine : 오징어, 낙지, 문어, 새우류의 엑기스분에 5~10% 함유, glycine 같이 맛의 주성분이 된다.

4) 산화트리메틸아민

담수어에는 존재하지 않지만 바닷물고기에는 널리 분포되어 있다. 산화 methylamine은 약간의 단맛을 띠고 있으나 어획 후에는 세균의 작용으로 환원되어 휘발성의 methylamine으로 변하여 어류의 비린내를 풍기는 원인이 된다.

5) 지 질

어패류의 지질은 대부분이 중성지방이며 그 구성 불포화지방산이 많으므로 요오드 값(140~190)이 많고 실온에서 액체 상태인 경우가 많다. 담수어의 경우는 C_{16}, C_{18}의 불포화산이 많고 C_{20}, C_{22}의 불포화산이 적으나 바닷물고기의 경우는 이와 반대로 C_{16}, C_{18}이 적고, C_{20}, C_{22}인 불포화지방산이 많다. 인지질은 주로 lecithin으로

특히 어란에 많다(지질 중 40∼50%를 함유). Sterol은 콜레스테롤이 대부분으로 어류에는 50∼300 mg, 어란에는 비교적 많이 함유되어 있다. 연어 알 370 mg, 청어 알 244 mg 또한 상어의 간유에는 squalene이 특이하게 많이 함유한다. 그 밖의 어간유에는 비타민 D, A 등이 많이 함유된다.

6) 당 질

어패류의 당질 양은 극히 소량이며 다른 동물에서와 같이 글리코겐(glycogen)이다. 근육 속에는 1% 전후로 볼 수 있으나 시판 중의 어육에는 거의 존재하지 않는다. 그러나 패류에는 glycogen의 비율이 높다. 굴의 경우는 시기에 따라 그 함량이 증감된다.

7) 무기질

어패류의 무기질은 약 1% 전후로 그 조성은 수육과 흡사하지만 미량원소인 구리, 아연, 코발트 등을 특별히 함유한 점이 수육류와는 다른 점이다.

8) 비타민

어패류의 비타민은 지용성의 비타민이 육질부에 약간 존재하나 특히 간유에 많이 함유되어 있다. 수용성인 비타민인 B_1은 안구에 많고 또 뱀장어(water eel), 미꾸라지의 껍질에는 비타민 B_2가 비교적 많다. 특수 성분으로서 thiaminase Ⅰ·Ⅱ가 담수어 및 패류의 내장에 존재하고 있다. 그러나 굴, 피조개에는 존재하지 않는다고 한다.

9) 색 소

어육의 색소는 수용성의 색소단백질과 지용성의 carotenoid 등이 있다. 빨간 색깔을 띤 어육은 주로 근육 색소인 myoglobin에 의한 것으로 혈액색소인 hemoglobin 색소도 함유되어 있다. 연어(salmon), 송어(송어) 등에는 지용성의 astaxanthin (xanthophyll류)을 함유하는데 이것이 단백질과 결합하여 이룬 ovoverdin은 청록색을 띤다. 게(crab), 새우(spiny lobster) 등 갑각류 중에는 ovoverdin이 존재하는 데 이를 가열하면 그 단백질이 변성하여 적색인 astaxanthin을 유리하고 이어서 산화물인 astacin을 생성하여 적색이 된다.

어류의 피부 색깔은 다양하여 흑색, 황색, 적색, 백색 등으로 그의 중요한 것은 다음과 같다.

① Melanin : 어피, 오징어의 먹통 등에 존재하며 단백질과 결합하여 산화와 중합에 의하여 흑색~갈색을 띠고 다른 색소와 결합하여 남청색이 된다.
② Carotenoid : 피부(껍질)의 적색, 황색은 주로 carotenoid로 적색은 astaxanthin, 홍색은 lutein 등에 의한다.
③ Pterin : 2-Amino-4-hydroxypteridine의 유도체로서 청색 형광을 내는 황색 색소로서 껍질에 주로 존재한다.
④ Biliverdin : Biliverdin : 꽁치 비늘과 녹색다랑어(tuna)의 뼈에서 볼 수 있는 청색 색소로 담즙색소의 bilverdin이다.

10) 독성분

어패류를 식용했을 때 중독을 일으키는 성분이로서 복어의 유독성분인 tetrodotoxin으로 복어의 난소나 간은 10 ㎍/ kg 이하에서도 치명적 독성을 나타낸다. 패류에도 유독성분이 함유되어 있는 수가 있는 데 모시조개, 굴, 홍합 등은 계절 혹은 지역에 따라 식중독을 일으킬 수 있다.

11) 신선도 판정법

어패류의 신선도 판정법은 다음과 같다.

① 화학적 방법: 자기소화 또는 부패에 의하여 생성되는 물질의 양을 측정한다. Trimethylamine, 휘발성 염기성 물질, 핵산분해 생성물 등을 측정한다.
② 세균학적 방법: 어패류에 부착된 세균수가 어패류 1g 당 10^5개 이하일 때를 신선한 어패류라고 한다.
③ 관능적 방법: 근육의 경도(큰 것), 아가미(담적색 또는 암적색, 단단해 보이고 냄새가 없는 것), 안구(맑고 정상 위치), 껍질(광택이 있고 비늘이 단단히 붙어 있는 것), 어육(투명하고 탄력이 있는 것), 냄새(악취가 적은 것) 등을 관측한다.

6. 어패류의 보존

어패류는 수조육류에 비하여 수분이 많고 근육의 조직이 약하며 자기소화효소의 작용을 받기 쉬어 세균 오염의 기회가 많으므로 일반 축산물보다 부패되기 쉽다. 따라서 보존방법으로 생성의 품질을 유지할 수 있는 저온보존법인 냉장(0~15℃), 냉도(동결보존), 저온동결(-18℃ 이하) 등이 있다. 냉장은 세규이나 효소의 작용을 방지할 수 없으나 동결에 의한 조직의 파괴나 변질이 없고 건조도 적으므로 단기

보존에 알맞다. 가공 보존방법으로는 건제품으로는 건제품, 염장품, 통조림 등으로 한다.

7. 어패류의 생리활성

1) 고도불포화지방산

(1) EPA(Eicosapentaenoic acid)

EPA는 참치, 정어리, 고등어, 방어, 꽁치 등 등푸른 생선에 다량 함유되어 있으며 장어, 가자미, 넙치와 같은 백색육 어류와 잉어, 은어 등 담수어류에도 소량 함유되어 있다

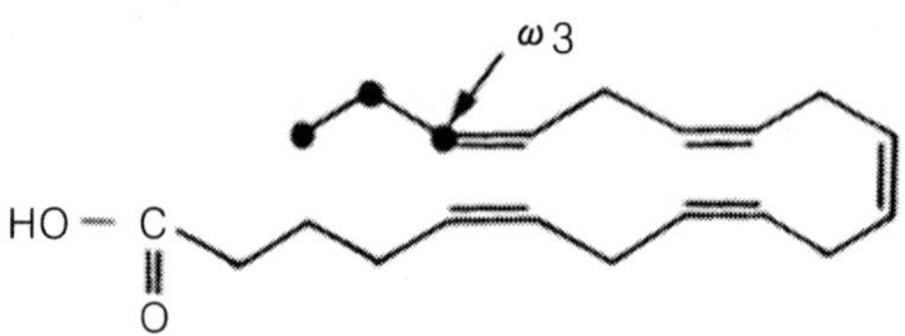

그림 2-3. EPA(Eicosapentaenoic acid)의 구조

[생리활성 및 효능]

① 고지혈증 개선작용: 중성지방을 저하시키므로 고지혈증 개선작용이 있다.
② 심혈관 개선작용: 혈압 저하작용, 혈액의 점도를 저하시키는 작용이 있다.
③ 콜레스테롤 저하작용이 있다.
④ 혈소판응집 억제작용이 있다.
⑤ 적혈구 변형능의 항진작용이 있다.
⑥ 암(유방암, 대장암, 대장암, 전립선암) 억제작용이 있다.
⑦ 면역 증가작용이 있다.

(2) DHA(Docosahexaenoic acid)

DHA는 EPA와 마차가지로 등푸른 생선에 다량 함유되어 있다

[생리활성 및 효능]

① 고지혈증 개선작용: 혈중 콜레스테롤 함량을 저하시키므로 고지혈증을 개선

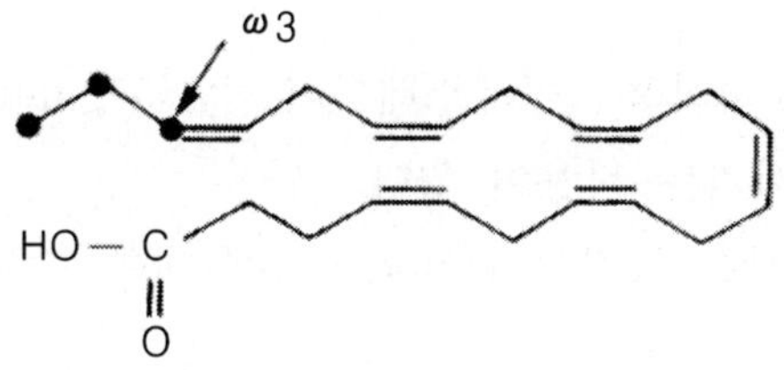

그림 2-4. DHA(Docosahexaenoic acid)의 구조

하는 작용이 있다.

② 중추시경의 개선작용: 학습능력의 향상, 건뇌(健腦)작용, 시력개선 작용이 있다.
③ 세포막 유도성 개선작용이 있다.
④ 혈소판응집 억제작용이 있다.
⑤ 칼슘의 세포내 유입 억제작용이 있다.
⑥ Arachidonic acid 대사조절작용이 있다.
⑦ 항암작용이 있다.
⑧ 노인성치매 개선작용이 있다.
⑨ 학습기능 향상작용이 있다.
⑩ 시력 향상작용이 있다.
⑪ 항염증작용이 있다.

2) Taurine

Taurine은 연체류(문어, 오징어), 어류(참치, 고등어, 도미), 갑각류(새우, 게), 어패류(소라, 바지락, 굴) 등의 수산물에 많이 함유된다.

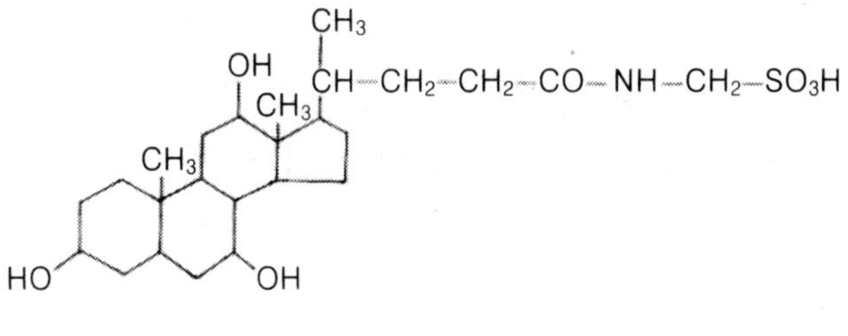

그림 2-5. Taurine

[생리활성 및 효능]

① 혈중 콜레스테롤의 저하작용: 콜레스테롤이 glycine, taurine과 결합, 담즙산으로 합성되어 배설시키는 작용이 있다.

② 혈압 강하작용: 혈압상승 물질인 angiotensin에 대한 길항작용에 의하여 혈압 강하작용이 있다.

③ 항부정맥작용: 심근세포의 칼슘 결합능을 증가시키므로 항부정맥 작용이 있다.

④ 항동맥경화 항혈전작용: HDL-콜레스테롤을 증가시키므로 항동맥경화, 항혈전작용이 있다.

⑤ 경련작용: Taurine을 중추신경계에서 신경전달물질로 항경련작용이 있다.

⑥ 시각능력 향상작용: Taurine은 망막의 구성분성으로 시각의 암 적응능력을 향상시키는 작용이 있다.

3) 혈압강하 peptide

참치, 정어리, krill 등 어패류의 효소 가수분해물과 멸치젓갈, 정어리 간장 등 수산발효식품에 함유된다.

① 정어리: Leu-Lys-Val-gly-Val-Lts-gln-Tyr
Tyr-Lys-Ser-Phe-Ile-Lys-gly-Tyr-Pro-Val-Met

② 참치: Pro-Thr-His-Ile-Lys-Trp-gly-Asp

③ Krill: Leu-Lys-Tyr

④ 멸치간장: Threonine, glutamic aid, lysine이 풍부한 획분과 serine과 proline이 풍부한 획분을 함유한다.

⑤ 정어리간장: Glutamic acid, alanine, lysine, leucine 함량이 높은 획분을 함유한다.

[생리활성 및 효능]

① 혈압 강하작용: 위와 같은 peptide류는 angiotensin converting enzyme(ACE)의 형성을 저해하므로 혈압 강하작용을 하는 것으로 알려져 있다.

[등푸른 생선의 영양 칼럼]

등푸른 생선을 먹으면 건강에 좋은 이유는 일반적으로 등푸른 생선으로 불리는 생선에는 전갱이, 청어, 가다랑이, 고등어, 삼치, 참치 등이 있다. 특히 지방이 많고 비린내가 강해서 꺼리는 생성이다. 생선 지방의 주성분은 glycerol이라는 물질로 지방산이 부착되어 있다.

모든 생선은 지방산 있으며 IPA(에이코사텐타엔산)와 DHA(도토사헥사엔산)가 주목되고 있다.

1. 성인병의 예방과 개선에 IPA와 DHA 효과

① 혈중 콜레스테롤에서 동맥의 벽에 침착하여 LDL-콜레스테롤(저비중 리포단백질)을 줄이고 반대로 동맥벽에서 간으로 돌아오는 HDL-콜레스테롤(고비중 리포단백질)을 늘려 준다.
② 혈액 중의 중성지질 수치를 낮추어 준다.
③ 혈액이 응고하는 하는 것을 방지, 혈전의 생성을 억제한다.
④ 적혈구의 변형 능력을 높여준다. 그 결과 고혈압증, 동맥경화증, 뇌 경련, 심근경색 등을 방지한다.

2. 암 예방 효과가 있는 IPA와 DHA

특히 IPA와 DHA는 항종양효과, 유방암, 대장암, 전립선암 등의 발생, 증식, 전이를 억제하는 작용이 있는 것을 알 수 있다. 암의 발생은 지방의 섭취량과 관계가 있으며 지방을 많이 섭취하는 지역 등은 발생률이 높다. 그러나 여기에서 말하는 지방은 포화지방산이 많이 들어 있는 지방은 반대로 암을 억제하는 효과가 있으므로 많이 섭취하여야 할 지방이다.

3. 머리를 좋아지게 하는 DHA

IPA보다 먼저 연구된 것이 DHA이며 최근에는 DHA만이 독자적으로 효과를 나타낸다고 설명하고 있다. DHA연구로 잘 알려진 영국의 클로포스 교수는 일본의 어린이들이 지능지수가 높은 것은 DHA를 풍부하게 가지고 있는 생선을 일상적으로 먹기 때문이라고 설명하였다.

IPA와 DHA는 매우 비슷한 구조를 가진 고도불포화지방산이다. IPA와 달리 DHA는 혈액을 타고 뇌막을 통과하므로 뇌세포의 운동을 활발하게 하는 것을 알 수 있다. 뇌의 인지질로 존재하는 DHA는 정보 전달을 원활하게 할 수 있도록 뇌세포의 성장을 촉진하는 역할을 하고 있다. 그러므로 뇌세포가 형성되는 유아기부터 뇌세포가 급속하게 성장하는 사춘기, 두뇌 노동이 필요한 성인에 있어서 DHA는 필수 가결한 성분이라는 것을 알 수 있다.

4. 치료가 불가능한 노인성 치매에 기대

또한 DHA는 노인성 치매에도 효과가 있다고 한다. 노인성 치매 중에서 뇌혈관장해형이 전체의 약 60%를 차지하므로 항혈전작용이 있는 DHA의 힘을 발휘시키자. 노인성 치매의 약 25%를 차지하는 알츠하이머 형에도 사멸하지 않는 건강한 신경세포의 돌기를 늘려 준다고 생각되는 DHA의 효과가 기대되고 있다.

그 외에 DHA를 투여하게 되면 아토피성 피부염 환자의 증상이 개선되며 당 혈당치가 내려가고 세포막의 움직임이 활발해져 감염이나 지방간의 예방에도 효과가 있다는 보고도 있다. 앞으로도 질병의 치료나 예방에도 폭넓게 응용될 것으로 기대된다.

표 2-4. IPA와 DHA를 많이 함유한 생선류

어패류의 종류	IPA	DHA	어패류의 종류	IPA	DHA
참치(흰부위)	1972	2877	다가랭이	78	310
방 어	898	1785	도 미	157	297
고등어	1241	1781	가자미	210	202
꽁 치	844	1398	광 어	108	176
장 어	742	1332	은 어	201	136
청 어	1381	1136	참치(붉은 살)	27	115
송 어	247	983	흑 돔	57	103
연 어	492	820	대 구	37	72
전갱이	408	748	오징어	56	152
붕장어	472	661	문 어	42	71
정어리	275	633	바지락	21	34
까나리	545	615	가막조개	31	48

[DHA와 EPA의 칼럼]

DHA(docosahexaenoic acid)와 EPA(eicosapentaenoic acid)는 수산동물성 식품중에 특이하게 많이 함유되며 구조상으로는 다가불포화지방산이다. 다가불포화지방산을 정리하면 표 2-5와 같으며 이 표에서 DHA와 EPA 구조를 알 수 있다.

간단한 차이는 DHA가 APA보다 분자량이 큰 것이다. 이 지방산은 α-linolenic acid 유래의 성분이고 체내에서는 필수 성분이다. 다소이기는 하지만 EPA가 DHA로 변화되거나 반대로 DHA가 EPA로 변화될 수 있으므로 거의 같은 작용을 하는 것으로 알려져 있다.

1. DHA의 정체

DHA는 docosahexaenoic acid의 약자로 여기에서 더 상세히 풀이한다.

DHA =	Docosa	+	Hexaenoic	+	Acid
	탄소 22개		6개의 이중결합		산

표 2-5. 다가불포화지방산

포화일가불포화지방산	수육의 지방산
ω-6(n-6)계 지방산	• Linoleic acid (불가결의 탄소수 18의 이가불포화지방산, 9, 12위치에 *cis*-이중결합이 있다. 이중결합 2개) • γ- Linolenic acid (불가결의 탄소수 18의 삼가불포화지방산. γ-Linolenic acid는 6, 9, 12위치에 *cis*- 이중결합이 있다. 이중결합 3개 있다. 이중결합 3개) • Arachidonic acid (5, 8, 11, 14-eicosatetraenoic acid. 탄소수 20의 사가불포화지방산. Prostaglandin의 출발물질. 이중결합 4개)
ω-3(n-3)계 지방산	• α- Linolenic acid (불가결의 탄소수 18개의 삼가불포화지방산. α- Linolenic acid는 9, 12, 16위치에 *cis*-이중결합이 있다.) EPA(이중결합 5개), DHA(이중결합 6개)

즉 탄소 22개로 아중결합이 6개를 가진 고도불포화지방산이라는 뜻이다. 그리고 화학적으로 간단히 $C_{22:6,\ n-3}$로 표시한다. 즉 DHA는 docosahexaenoic acid의 머리글자를 따서 만든 복합어이다. 특히 지방산 중에서 이중결합이 많은 지방산을 고도(다가)불포화지방산이라 한다. 그런데 고도불포화지방산(다가불포화지방산)에서 ω-3(오메가-3), ω-6(오메가-6)라는 것을 설명하면 원래 ω(오메가)란 그리스어의 맨 끝에 있는 글자로서 영어의 알파벳의 26자모 중 맨 마지막 글자인 Z와 같은 순서에 있는 글자이다.

여기에서 ω-3(오메가-3)란 말은 이중결합의 위치가 맨 끝의 3번째 탄소로부터 시작된다는 뜻이고 ω-6란 말도 이중결합의 위차가 맨 끝이므로 6번째 탄소로부터 시작된다는 뜻이다. 그런데 ω-3(오메가-3)의 표시방법은 엔-3(n-3)란 기호로 표시하는 수도 있다. ω-3계 지방산은 ω-6계 지방산보다 이중결합이 많다. DHA를 화학적으로 $C_{22:6,\ n-3}$로 표시하는데 이때 뒤에 적은 n-3란 ω-3와 같은 뜻을 가진다.

EPA는 eicosapentaenoic acid(에이코사펜타엔산)의 머리글자이다. 즉 탄소 수 20개로서 이중결합을 5개 가진 고도불포화지방산이다. $C_{20:5,\ n-5}$로 표시되며 EPA와 DHA를 비교하면 표 2-6과 같다.

2. 물고기 중의 DHA와 EPA 함량

DHA는 자연계의 담수 중 해수 중에서 서식하는 식물성 플랑크톤으로서 해조류에서만 합성되는 것으로 알고 있다. 어패류는 자신이 DHA를 합성할 수 없기 때문에 DHA는 필수지방산이고 DHA를 함유하는 먹이를 섭취하므로 체내에 축적된다. 결국 DHA라는 지방산은 식물성 플랑크톤 → 작은 물고기 → 중간 물고기 → 큰 물고라는 먹이사슬에 따라 식물성 플랑크톤이나 작은 해초에 들어 있는 DHA가 큰

표 2-6. EPA와 DHA의 비교

	탄소 수	산소 수	수소 수	이중결합
EPA ($C_{20:5,\ n-3}$) ($C_{20:5,\ \omega-3}$)	20	2	30	5개
DHA ($C_{22:5,\ n-3}$) ($C_{22:5,\ \omega-3}$)	22	2	32	6개

물고기로 이행된 것으로 볼 수 있다. 따라서 물고기 중의 DHA 함량은 어종, 물고기의 크기, 자웅, 어획장소, 어획시기, 어령 따라 변동된다.

우리 인체에서는 DHA는 전구물질(α-linolenic acid)이나 EPA와 같은 지방산이 간에서 일부의 DHA로 합성되지만 그 양이 예상 외로 적다. 그런데 유리 체내에서 DHA가 가장 많은 곳은 눈과 뇌이고 정자와 심장, 태반에고 비교적 많은 편이다. 특히 눈의 망막에 세포에 들어 있는 DHA는 일반 세포에 비하여 50배나 되고 뇌의 신경세포에는 25~30배나 많다고 한다(표 2-7, 2-8).

3. DHA 요리 중의 변화

실제 어패류의 조리・가공에 따라 DHA의 함량과 품질이 변화되기 때문에 어패

표 2-7. 해산물 유지 중의 DHA와 EPA의 함량(안호지방)

유 지	DHA(%)	EPA(%)
눈다랑어 1)	30.4	6.9
2)	35.3	7.6
3)	30.6	7.8
흑다랑어	28.5	6.1
황다랑어 1)	40.1	6.2
2)	28.9	4.5
가다랭이 1)	42.5	9.5
2)	32.8	6.9
3)	30.3	11.9
4)	34.7	10.2
청새치	28.4	3.9
황새치	9.6	3.4
부시리	10.8	3.3
쟀방어	20.5	6.5
전갱이	15.3	15.3
괭이상어	12.1	22.6
두툽상어	29.0	3.0
정어리	12.1	22.6
대구간유	8.9	13.8
오징어간유	29.3	16.4
연어알(절임)	21.6	14.4
성 개	1.1	3.9
남극새우	8.7	12.3

표 2-8. DHA를 많이 함유하는 물고기류(어육 100g 중의 함유량)

물고기	DHA(mg)	EPA (mg)
참다랑어(참치)	2877	1288
방 어	17685	899
고등어	1781	1214
꽁 치	1398	844
장 어	1332	742
정어리	1136	1381
무지개송어	983	247
연 어	820	492
전갱이	748	408
붕장어	661	472

류 섭취에 충분한 주의가 필요하다. 정어리기름은 고농도의 DHA를 함유하는 물고기이다. 정어리를 굽거나 삶으면 가식부 100g당 DHA함량이 생선에서는 3.17g인 것에 대하여 구우면 2.718g, 삶으면 3.22g로 된다.

DHA는 고도불포화지방산이다. 따라서 공기에 의하여 산패되기 쉬운 지방산이다. 저온저장 실험의 결과를 보면 정어리를 비닐봉지에 밀폐하여 냉장고(0～5℃)에서 2개월 동안 저장하면 DHA함량이 조금씩 감소하였다. 한편 정어리를 -30℃ 냉동고에서 보관하면 DHA함량은 6개월 동안 아무런 변화가 없었다.

소금에 적당히 절이면 저장성도 있고 맛도 있을 뿐만 아니라 DHA함량의 감소는 줄일 수 있다고 한다. DHA의 손실 없이 먹는 방법은 생선회가 가장 좋지만 이는 신선도가 문제가 되고 일반화되기 어렵다. 따라서 물고기의 DHA함량 감소와 산패 방지를 위하여 저온처리, 항산화제, 산소와의 차단, 광 차단, 저온보관 등의 대책이 필요하다.

[Taurine의 칼럼]

1. Taurine의 개요

Taurine은 아미노산의 일종으로 포유류의 생체 내 거의 모든 조직에 함유되어 있다. 체액보다는 조직과 세포내에 농축되어 있고 특히 수명에 직접 관련된 심장, 골격근, 뇌, 장기에 따라 다르기는 하지만 건강한 상태일 때는 어떤 한 종의 한 장기 내에서 항상 일정치를 유지하고 있으며 큰 변동을 보이지 않는다. 이는 생체가 생리적 기능을 유지하는 데 있어서 taurine이 중요한 역할을 하고 있음을 시사하는 것이다.

2. Taurine의 합성과 대사

대부분의 포유류는 taurine을 체내에서 생합성 한다. 이제까지 밝혀진 taurine의 생합성 경로는 다섯 가지로 알려져 있다. 이 중 생합성의 주경로는 methionine이라는 아미노산을 전구물질로 하여 cysteine, hypotaurine을 거쳐 taurine에 이르는 것이고 이밖에 cysteine을 출발물질로 하는 생합성 경로도 알려져 있다. 한편 체내에 분포되어 있는 taurine의 일부는 음식에서 섭취된 것이다.

성인의 경우 1일 평균 taurine의 섭취량은 100 mg 정도이며 물고기, 조개, 오징어, 게 문어 등의 어패류는 비교적 많이 함유되어 있다. 사람의 경우 taurine이 소변과 담즙 중으로 1일 200~500 mg 정도 배설된다. 생체 내에서 taurine이 분해되는 양은 극히 적고 담즙산 포합체 또는 미 변화체를 그대로 배설되기 때문에 음식으로부터 섭취된 양을 웃도는 배설량은 체내에서 생합성된 양으로 볼 수 있다. 이렇게 보면 1일 생합성 되는 taurine의 양은 100~400 mg 정도이다.

3. Taurine을 꼭 약으로 섭취해야 하나?

Taurine은 생체 내에서 상당량이 합성되고 음식물에서 섭취될 수 있다면 굳이 taurine을 약으로 투여할 필요가 있을까라는 의문이 생기게 된다. 하지만 건강상태에서는 항상 일정치를 유지하는 taurine도 외부로부터 어떤 자극을 받으면 체내 동태에 변화가 생기게 된다. 예를 들어 스트레스를 받거나 세균에 감염되거나 수술이나 방사선조사를 받거나 과도한 알코올을 섭취하게 되면 소변으로 배설되는 taurine 양은 평상시의 2~4배로 급격하게 증가된다. 결국 taurine의 체내 함량은 감소하게 되고 taurine에 의해 조절되던 생리적 균형은 깨지게 되어 각종 질환으로 이어지게 된다.

이러한 경우 다시 건강시의 생리적 균형을 유지하기 위해 외부에서 보충되어야 할 taurine 양은 200~1,000 mg 정도가 되며 만일 질병상태라면 질환에 따라 다르겠지만 하루 1,000 mg 이상이 필요하게 된다. 보통 taurine의 체내 생합성 능력은 한정되어 있기 때문에 taurine의 보충을 위해 우선 음식에서 섭취를 늘이는 방법을 생각할 수 있다.

그러나 일시에 다량의 taurine을 식품에서 섭취한다는 것은 쉽지 않을 뿐만 아니라 불행히도 taurine이 많이 함유된 식품에는 콜레스테롤을 역시 다량 함유하고 있다. Taurine의 생리작용을 연구하는 학자들은 식품 중에 taurine의 함량이 콜레스테롤 함량의 4배 이상일 경우 taurine 자체가 콜레스테롤을 저하작용을 갖고 있기 때문에 혹시 콜레스테롤이 있다고 해도 걱정할 바가 아니라고 한다. 그러나 이는 어디까지나 체내에 taurine 수치가 정상을 유지하고 있을 때의 경우이고 또 그와 같은 식품이 있는지 조차 밝혀져 있지 않는다. 그렇기 때문에 외부로부터 받는 자극이나 장애를 극복하거나 노화현상으로 나타나는 성인병을 예방하고 치료하기 위하여 약물로서의 taurine을 투여할 필요가 있는 것이다.

4. Taurine의 신비의 생리활성

최근 taurine이 동맥경화, 고혈압, 뇌졸중, 심부전 등의 성인병에 유효하다는 연구결과가 속속 보고됨에 따라 그 중요성이 재조명되고 있다. 중요한 것만의 제목만을 소개한다. 피로회복에 탁월한 효과, 항스트레스 작용, 고혈압 발생을 억제, 간경화 치료에 유용, 콜레스테롤치 강하, 간장의 손상 예방, 지방간 치료에 유용, 심장보호에 적절한 작용, 동맥경화 치료에 유용, 시력관리에 필수적인 역할, 암 발생 억제 효과 등이 있다.

표 2-9. Taurine이 많이 들어 있는 어패류

어패류	함유량 (mg/100g)	어패류	함유량 (mg/100g)
소 라	1536	피조개	389
갑오징어	1212	무당게	372
굴(껍질이 붙은 것)	1163	금눈돔	339
참치(혈액이 응고된 것)	954	대 하	317
대 합	889	갈고등어(혈액이 응고된 것)	293
문 어	871	정어리	256
마른 오징어	766	옥 돔	230
방어(혈액이 응고된 것)	673	갈전갱이	206
털 게	550	보리새우	199
가리비	543	꽁 치	187
바다참게	450	방 어	187
전 복	543	가다랭이	167

▶ 어 류

가다랑어

- 분 류 : 어류
- 학 명 : *Katsuwonus pelamis*
- 과 명 : 농어목, 고등엇과
- 영 명 : Skipjack tuna, arctic bonito, oceanic bonito, striped tuna, victor fish
- 방 언 : 가다리, 여다랭이, 강고등어(경남), 소용치, 목맨중이, 가다랭이, 다랭이(포항)
- 어획기 : 봄과 가을철
- 에너지(100g 당) : 114 kcal

[기대되는 작용]

동맥경화 예방, 혈전방지, 뇌기능 유지 개선, 빈혈개선, 뼈의 강화, 고혈압 예방, 알레르기 억제, 암 억제, 시력저하 예방, 발육부진 예방, 불면해소 효과 등이 있다.

[분포 · 생태 · 역사]

총 길이 약 1m로서 난해성의 계절 회유어(回遊魚)이다. 우리나라 남해와 제주도 연안, 일본, 미국 서해안 일대 등 따뜻한 바다에 분포한다. 5월경 먹이를 찾아 북상하는 가다랑어를 초여름에 맛을 볼 수 있다. 북쪽바다에서 먹이를 먹고 성장한 가다랑어는 가을이 되면 산란을 위하여 남쪽으로 내려오기 때문에 초여름의 가다랑어에 비하여 지방이 몇 배나 많고 DHA함량도 풍부하다.

[특 징]

헤엄치는 속도는 생성 중에서 가장 빠르고 시속 100 km에 달한다고 한다. 단백질은 다랑어의 적신어(赤身魚) 다음으로 많으며 Taurine이 풍부하다. 뼈의 강화에 없어서는 안 될 비타민 D는 가다랑어 100g로 1일의 목표량이 섭취되는 정도이다. 혈합육(血合肉)은 에너지대사를 활발하게 하여 피로회복을 촉진하는 비타민 B_1, B_2, B_{12}, niacin 등을 함유한다. 빈혈을 예방하는 철이나 구리도 많고 특히 여성에 권유하고 싶은 생선이다.

여러 종류의 비타민, 무기질을 풍부히 함유하는 등푸른 생선이다. 포획시기에 따라 지질(1.8~3.0%)의 함량에 차이가 있다. 지질이 가장 많은 계절은 가을이다. 고단백질, 저칼로리, 나이아신은 식욕부진이나 불면을 개선한다. 다이어트 식품이다. Trimethylamine oxide도 많이 함유되어 있으므로 선도의 저하에 따라 trimethylamine을 생성하므로 강한 냄새를 풍긴다.

[주요 영양소(가식부 100g 당/봄에 잡히는 것 · 생)]

- 단백질 : 25.8g(amino acid score 100)
- 지질 : 0.5g
- 철 : 1.9 mg
- 비타민 E : 0.3 mg
- 비타민 B_{12} : 8.4 μg

[주요 생리기능 성분(추정기능)]

① IPA(EPA)(혈전방지) : 불포화지방산이다. 혈전의 형성을 억제하고 혈액의 유동성을 높여 동맥경화, 고혈압을 예방하고 아토피 증상을 완화 · 개선시키며 암을 예방하고 항 혈전작용이나 콜레스테롤치 저하작용은 DHA보다 강하다고 한다.

② DHA(뇌신경세포 기능의 유지) : 불포화지방산이다. α-Linolenic acid에서 IPA를 개재하여 생성한다. 뇌세포를 발달 · 활성화시켜 기억력, 학습력을 향상시키고 콜레스테롤치 저하, 아토피성 피부염 등의 알레르기 증상을 완화 · 개선시키며 암을 예방한다.

[선별법 · 보존법]

등 쪽의 청색이 선명하고 가슴에서 꼬리에 걸쳐 선이 뚜렷한 것이 좋다. 몸체는 선명하고 적색의 광택이 있는 것이 좋으며 옥충색(玉虫色)으로 되어 있는 것은 선도가 떨어진 것이므로 피하는 것이 좋다. 생으로는 보존이 곤란하므로 먹고 남는 부분은 찌거나 덩어리로 보관하는 것이 좋다.

가물치

- 분 류 : 어류
- 학 명 : *Channa argus*

- 과 명: 가물치과
- 영 명: Snake fish, Snake head, Chinese snake head, Nothern snake head
- 한문명: 동어(銅魚), 뇌어(雷魚), 수염(水厭), 흑어(黑魚), 여어(蠡魚)
- 에너지(100g 당): 86 kcal

[분포 · 생태 · 역사]

가물치과에 속하는 민물고기로 몸길이는 60 cm 내외이고 몸 색깔은 짙은 암청갈색이며 배는 백색 또는 황백색이다. 체측 위아래에 한 줄의 가로로 된 불규칙한 무늬가 있고 등지느러미의 양쪽에 여덟 개의 무늬가 있다. 진흙물에서 살고 생식시기에는 물가의 얕은 곳으로 이동하는 데 아시아, 동남부에 널리 분포한다. 가물치의 성질은 거칠며 붕어, 잉어 등 담수어를 포식한다.

[특 징]

몸길이는 큰 것이 60 cm 가량 된다. 몸빛은 등 쪽이 암청갈색이고 등지느러미의 양쪽에 8개의 반점 무늬가 있고 체측의 가로로 한 줄의 붉은 색을 띤 백색이다. 가물치는 동물성의 먹이를 즐기는 매우 공격성의 강한 어종으로 어린 새끼를 잡아먹는다. 우리나라에서는 옛날부터 산부의 보혈 약으로 전해져 왔다. 단백질의 함량이 19.8%로 많고 질이 우수하며 소화성도 좋다. 지방은 0.6%로 낮으며 칼슘의 함량이 많아 인 함량의 2배나 된다.

이런 면에서 발육기의 청소년이나 임산부에 아주 좋은 보신식품이다. 보신용으로는 푹 고와서 만든 곰탕이 좋고 별미를 위해서는 가물치회가 있다. 가물치회는 껍질을 벗기고 살만 도려내어 막걸리로 빨아낸 다음 고추장에 버무려 만든다. 민간요법으로 이뇨와 부종에 이용하여 왔다.

[주요 영양소(가식부 100g 당/생)]

- 단백질: 19.8g(amino acid score 100)
- 지질: 0.4g
- 철: 2.0 mg
- 칼슘: 260 mg
- 나이아신: 10 mg

가오리

- 분 류: 어류
- 학 명: *Raja fusca*(묵가오리), *Dasyatis alaiei*(노란가오리), *Urolophy auurantiacus*(흰가오리), *Mobula japonica*(쥐가오리), *Gymura japonica*(나비가오리)
- 과 명: 홍어목, 흰가오릿과
- 영 명: Ray, sting ray, skates and rays
- 한문명: 요어(鰩魚), 해요어(海鰩魚), 분어(鱝魚), 홍어(紅魚)
- 방 언: 가부리(부산), 가오리(전남)
- 어획기: 여름철
- 에너지(100g 당): 84 kcal

[기대되는 작용]

피부기능 유지 개선, 세포노화 방지, 간 기능 강화, 면역력 강화, 뼈의 강화, 관절염 예방, 안정 피로개선 등에 유효하다.

[분포 · 생태 · 역사]

가오리과에 속하는 바닷물고기를 총칭하는데 몸이 가로로 넓적하고 꼬리가 긴 근해어이다. 전장 1m 이상의 것이 많다. 북해도 이남의 일본 해안에 분포한다. 상하로 펄럭이는 꼬리가 떡 모양으로 되어 있다. 일부의 가오리는 상부에 유독의 가시를 가지고 있다. 우리나라 특히 호남지방에서는 생선회 또는 구이로 하며 또는 알맞은 온도에서 발효시켜 막걸리의 안주로 이용한다. 이때 심한 암모니아 냄새가 난다. 숙성된 홍어는 거담효과가 있다고 한다.

[특 징]

가오리는 종류가 많고 세계적으로 약 500여 종이 분포하고 있다. 삶아서 먹으나 선도가 떨어지기 쉽고 독특한 강한 냄새가 나기 때문에 건어나 연제품 등의 가공품으로 하는 수가 많다. 수분이 많고 지방분이 적다. 큰 특징은 collagen이 아주 많다는 것이다. Collagen은 세포와 세포를 연결하여 피부나 체조직의 신진대사를 활발하게 하고 면역력을 강화한다. 미기(美肌)를 만들고 혈관을 낭창낭창하게 하는 collagen이 풍부하다. Trimethylamine oxide도 많이 함유되어 있으므로 선도의 저하에 따라 trimethylamine을 생성하므로 강한 냄새를 풍긴다.

[주요 영양소(가식부 100g 당/생)]

- 단백질 : 19.1g
- 지질 : 0.3g
- 나트륨 : 270 mg
- 비타민 D : 3 μg
- 비타민 E : 0.7 mg

[주요 생리기능 성분(추정기능)]

① Collagen(피부기능 유지 개선) : 몸의 지질을 형성하는 단백질의 하나이다. 세포와 세포를 연결하여 피부 기능의 유지에 필수의 성분이다. 피부세포의 노화를 억제하고 윤기가 있고 싱싱하고 신선한 살결을 유지하게 한다. 또 혈관의 세포를 든든하게 하여 체조직을 활성화하여 면역력을 높이고 몸 조직의 노화를 예방한다. 칼슘의 뼈 조직에의 흡수를 촉진하여 뼈나 치아를 튼튼히 하는 작용이 있고 골다공증이나 관절염의 예방에도 도움이 된다. 노안이나 안정피로 개선, 노인성 백내장의 예방효과도 기대된다.

[선별법 · 보존법]

상어와 마찬가지로 선도가 떨어지면 독특한 냄새가 생기므로 암모니아 냄새가 나지 않는 것이 좋다. 이 냄새는 체내에서 요소가 분해되는 것으로 특히 대형의 것이 암모니아 냄새가 강하다. 껍질을 벗긴 가슴지느러미가 선명하고 적색을 띠고 있는 것이 선도가 좋은 것이다.

[종류와 무리]

■ 노란가오리

학 명 : *Platyrhina akjei*

과 명 : 홍어목, 색가오리과

영 명 : Red stingray, red skate, Japanese stingray

방 언 : 가부리(부산), 청가오리, 간재미, 가오리(전남), 딱정가오리, 딱정가부리

■ 흰가오리

학 명: *Urolophus aurantiacus*

과 명: 홍어목, 흰가오리과

영 명: White ray, sepia stingray

방 언: 흰가오리(부산)

■ 매가오리

학 명: *Myliobatis tobijei*

과 명: 홍어목, 매가오리과

영 명: Kite ray, eagle ray

방 언: 매가오리(흑산도), 매가부리(부산),

■ 전기가오리

학 명: *Narke japonica*

과 명: 홍어목, 전기가오리과

영 명: Electric ray, Japanese sleeper ray

방 언: 사끈가오리, 잰개비(서해안)

■ 목탁가오리

학 명: *Platyrhina sinensis*

과 명: 홍어목, 거래상어과

영 명: Panary thomback ray

방 언: 목대기(전남), 박대(평북), 목대가오리(정주)

가자미

- 분 류: 어류
- 학 명: *Laeops lanceolata*(넙치가자미), *Pserttina iijimae*(동백가자미), *Limanda herzensteini*(참가자미), *Aenoglossus japonica*(목탁가자미), *Clidodoerma asperimum*(줄가자미), *Platichthys flesus*(유럽가자미), *Versaper moseri*(가자미)
- 과 명: 가자밋과
- 영 명: Flounder, flat fish
- 한문명: 접어(鰈魚), 가어(加魚),
- 이 명: 간재미
- 어획기: 봄~여름철

- 에너지(100g 당): 107 kcal

[기대되는 작용]

피부기능 유지 개선, 세포노화 방지, 혈전방지, 동백경화 예방, 뼈의 강화, 면역력 강화, 체력회복, 스트레스 해소 등에 유효하다.

[분포 · 생태 · 역사]

가자미과에 속하는 바닷물고기를 가리켜 모두 가자미류라 한다. 대개 몸이 위아래로 납작하며 타원형에 가깝고 두 눈이 오른편에 붙어 있다. 명칭의 유래는 한반도 근해에 생식하는 가오리에 유사하다는 생선이라는 의미에서 유래되었다고 한다. 우리나라의 남부 근해를 비롯하여 일본 근해에 분포하고 있다.

[특 징]

'왼쪽(左) 넙치'이고 '오른쪽(右) 가자미'라 할 수 있을 정도로 광어류는 배 쪽을 밑으로 했을 때 왼쪽에 눈이 있으며 가자미는 오른쪽으로 눈이 있어 구별하는 기준이 된다. 가자미는 아미노산 균형이 좋은 양질의 단백질을 함유하고 소화 · 흡수도 우수하다. 담백한 맛과 몸의 부드러움 그리고 지질이 적으므로 병인식이나 이유식에 알맞은 식품재료이다.

혈중 콜레스테롤을 감소시키는 taurine도 많이 함유한다. Taurine은 심장의 작용을 잘 하는 작용이 있고 뇌졸중이나 동맥경화 예방에 도움이 된다. 단백질 · 지질 · 당질의 대사를 촉진하는 비타민 B_2도 함유하고 있다. 물고기의 지느러미와 아가미의 언제리살이라 부르는 지느러미 근처살 부분은 collagen이 풍부하여 살결이 윤기를 나게 하고 탄력성을 주며 미기(美肌)를 유지하는 효과가 있다. 특히 간질환 등으로 지질이 제한되어 양질의 단백질을 필요로 하는 사람에게 알맞은 식품이다. 그리고 세포를 좋게 하는 데 효과가 있는 collagen을 많이 함유한 것이 특징이다.

[주요 영양소(가식부 100g 당/누마가레이 · 생)]

- 단백질: 19.6g(amino acid score 100)
- 지질: 1.3g
- 비타민 B_2: 0.35 mg
- 비타민 D: 13 μg
- 비타민 E: 1.5 mg

[주요 생리기능 성분(추정기능)]

① IPA(EPA)(혈전방지) : 불포화지방산이다. 혈전형성을 억제하여 혈액의 유동성을 높이고 동맥경화, 고혈압을 예방하며 아토피성 피부염 등의 알레르기 증상을 개선시키고 암을 예방한다.

② DHA(뇌신경세포 기능의 유지) : 불포화지방산이다. 뇌 세포를 발달・활성화시켜 기억력을 향상시키고 콜레스테롤치 저하, 알레르기 증상을 개선시키며 암을 예방한다.

③ Collagen(피부기능 유지 개선) : 몸의 조직을 형성하는 단백질의 하나이다. 세포간을 연결시켜 피부의 기능을 유지하는 작용이 있다. 칼슘의 뼈 조직에의 흡수를 촉진하고 혈관을 강화하여 면역력을 높여 노화를 예방하고 안정피로 개선, 골다공증을 예방한다.

[선별법・보존법]

배에 푸르게 보이는 것은 선도가 떨어져 있으므로 피해야 한다. 몸이 두껍고 체표면의 색깔이 윤기가 있으며 배 쪽이 흰 것을 선택해야 한다.

[종류와 무리]

■ 물가자미

학 명: *Eopsetta grigorjewi*
과 명: 가자미목, 가자미과
영 명: Skatted halibut
방 언: 김중어, 물가재미(함북)

■ 기름가자미

학 명: *Glyptocephalus stelleri*
과 명: 가자미목, 가자미과
영 명: Korean flounder
방 언: 기름가재미(함북)

■ 돌가자미

학 명: *Kareus biocolatus*
과 명: 가자미목, 가자미과
영 명: Stone flounder

방 언: 돌가자미(황해도, 부산)

- 참가자미

학 명: *Pleuronectes herzensteini*

과 명: 가자미목, 가자미과

영 명: Brown sole, small mouth sole

- 층가자미

학 명: *Pleuronectes punctatissima*

과 명: 가자미목, 가자미과

영 명: Sand flounder, longsnout flounder

방 언: 층거리가재미, 층거리(강원)

- 문치가자미

학 명: *Pleuronectes yokohamae*

과 명: 가자미목, 가자미과

영 명: Marbled scale

방 언: 문치가재미

- 찰가자미

학 명: *Microstomus achne*

과 명: 가자미목, 가자미과

영 명: Slime flounder

방 언: 찰가재미(순천)

- 갈가자미

학 명: *Tanakius kitharai*

과 명: 가자미목, 가자미과

영 명: Willowy flounder

방 언: 갈가재미 남세(부산)

갈 치

- 분 류: 어류
- 학 명: *Trichiurus lepturus*
- 과 명: 농어목, 갈칫과

- 영 명: Cutlass fish, atlantic cutlass fish, pacific cutlass fish, large head, hairtail, beltfish
- 한문명: 도어(刀魚)
- 방 언: 칼치(경상, 경기, 강원, 충남, 전라도의 방언), 빈쟁이(통영), 풀치(전남에서는 새끼를 말한다.)
- 어획기: 봄~여름철
- 에너지(100g 당): 149 kcal

[기대되는 작용]

혈전방지, 동맥경화 예방, 뇌기능 유지 개선, 세포노화 방지, 면역력 강화, 뼈의 강화, 알레르기 억제 등에 유효하다.

[분포 · 생태 · 역사]

갈치과에 속하는 바닷물고기이다. 몸은 홀쭉하고 길고 얄팍한 띠 모양으로 길이는 1~1.54m이다. 입은 크고 양턱과 구개골에 강대한 이가 있다. 등지느러미는 후두에서 꼬리까지 온 등 쪽을 차지하고 있으며 배지느러미 및 꼬리지느러미가 없고 뒤 지느러미는 피하에 묻혀 있다. 온몸에 비늘이 없고 은백색의 가루 같은 것이 덮여 있는데 이것은 진주의 광택을 내는 데 쓰인다. 난류 해역의 수심 100~200m의 대륙붕에서 무리를 지어 생식한다.

옛날부터 한반도 연해에서 많이 잡혔으며 맛이 좋고 싸서 서민들이 즐겨 찾던 고기이다. 칼같이 생겼다고 해서 갈치 또는 칼치라고 하며 도어(刀魚), 갈치어라고 한다. 신라시대에는 칼을 갈이라 불렀다 하니 칼치라는 이름은 이미 신라시대에 생긴 것으로 생각한다. 새끼는 풀치라고도 하며 통영에서는 빈쟁이라고 한다. 우리나라의 전 연해, 특히 남해에서 많이 서식하며 일본 중부 이남 그리고 각 해양의 열대부에 서식한다.

[특 징]

갈치과에 속하는 바닷물고기이다. 온몸에 비늘이 없고 은백색의 가루 같은 것이 덮여 있는데 이것은 인공진주의 광택을 내는 데 쓰인다고 한다. 이 은색가루에는 guanine이 결정이 침착되어 있다. 갈치 표피의 은백색 분말에서 비린내가 나므로 신선도 낮은 것은 분말을 없앤다.

[주요 영양소(가식부 100g 당/96)]

- 단백질: 16.5g(amino acid score 96)
- 지질: 20.9g
- 칼륨: 290 mg
- 비타민 D: 14 μg
- 비타민 E: 1.2 mg

[주요 생리기능 성분(추정기능)]

① IPA(혈전방지): 불포화지방산이다. 혈전의 형성을 억제하고 혈액의 유동성을 높여 동맥경화, 고혈압 예방, 암을 예방한다. 항혈전작용이나 콜레스테롤치 저하작용은 DHA보다 강하다고 한다.

② DHA(뇌신경세포 기능의 유지): 불포화 지방산. α-Linolenic acid에서 IPA를 개재하여 생성된다. 뇌세포를 발달·활성화시켜 기억력, 학습능력을 향상시키고 콜레스테롤치를 저하한다. 정보전달·신경조직의 기능을 유지시키고 노인성 인지증을 개선한다. 아토피성 피부염 등의 알레르기 증상을 완화·개선시키고 암을 예방한다.

[선별법 · 보존법]

맛이 있는 시기는 봄에서 여름이며 생선을 토막으로 하여 팔리는 경우가 많다. 체표의 은분이 떨어지지 않는 것, 은색으로 빛나는 것을 고른다.

강달이(눈강달이)

- 분 류: 어류
- 학 명: *Collichthys niveatus*
- 과 명: 농어목, 민어과
- 영 명: Bighead croaker, croa
- 한문명: 강달어(江達魚)
- 방 언: 강달이(전남), 청강달어(평남)
- 에너지(100g 당): 110 kcal

[분포 · 생태 · 역사]

민어과에 속하는 바닷물고기이다. 길이는 9 cm 가량으로 몸 색깔과 모양이 황강달이와 비슷하나 눈이 비교적 크고 등 쪽이 밋밋하다. 서해안 일대에 분포하고 특히 진남포 부근에서 참조기의 치어와 같이 많이 잡힌다. 산란기에 강을 거슬러 올라오는데 이때 살도 찌며 맛도 좋다. 이 물고기의 어유는 눈병치료에 효과가 있다고 한다. 우리나라, 남해, 황해, 동중국해에 분포한다.

[특 징]

내만이나 강 하구보다도 약간 깊은 곳에 주로 서식한다. 우리나라 서해 남부에서 산란기는 6~7월이며 이 시기가 되면 무리를 지어 연안에서 울음소리를 낸다. 체장 15cm 내외의 소형종으로 요각류, 젓새우류, 오징어류, 새우류, 갯가재류 등을 먹으며 특히 요각류를 포식한다.

[주요 영양소(가식부 100g 당 / 생)]

- 단백질 : 19.3g
- 지질 : 3.0g
- 칼슘 : 28 mg
- 철 : 7.0 mg

[종류와 무리]

■ 웅 어

학 명 : *Colia nasus*

과 명 : 청어목, 멸치과

영 명 : Estuary taifin anchovy, estuary tapertail anchovy

방 언 : 산에(행주), 깨나리(경기도), 난서(행주), 당다리(아산), 세화(강경)

■ 황강달이

학 명 : *Collichtys lucidus*

과 명 : 농어목, 민어과

영 명 : Croaker

방 언 : 민강달이(한어)

고등어

- 분 류: 어류
- 학 명: *Scomber scombrus* (대서양 고등어),
  Scomber japonicus (평양 고등어, 참고등어)
- 과 명: 농어목, 고등어과
- 영 명: Mackerel, mackerel ere, common mackerel, chub mackerel
- 한문명: 고도어(古刀魚, 高刀魚, 高道魚)
- 방 언: 고동어(함남), 고망어(강원도), 고도어, 고도리, 열소고도리, 소고도리
- 어획기: 가을철
- 에너지(100g 당): 183 kcal

[기대되는 작용]

혈전방지, 동맥경화 예방, 뇌기능 유지 개선, 세포 노화방지, 빈혈개선, 노인성 인지증 예방, 암 예방, 구각염, 시력저하 예방, 골 연화 예방 등에 유효하다.

[분포 · 생태 · 역사]

고등어과에 속하는 바닷물고기이다. 전장 약 50 cm으로 등 쪽은 청회색이고 배 쪽은 은백색이다. 동해, 태평양, 동지나해의 세 계통으로 분류되고 각각의 생활권에서 무리를 지어 생식하고 있다. 우리나라 연안, 일본, 중국, 연해에 널리 분포한다. 수온 15℃ 전후를 좋아하는 회유어로 수온의 변화에 따라 여름은 북상, 겨울은 남하한다. 우리나라 『동국여지승람』에 의하면 약 450년 전부터 고등어를 중요 생선으로 이용해 왔음을 알 수 있다.

고등어의 이름은 아주 다양하여 한문명으로는 고도어(古刀魚), 청(鯖) 등이 있으며 함경도 지방에서는 고망어(高亡魚), 고도리라고 하며, 강원도에서는 고동어(古同魚)라고 부르고 있다.

[특 징]

일 년을 통하여 잡히지만 기름이 끼인 가을 고등어가 가장 맛이 좋다. 선도가 떨어지기 쉬운 난점이 있다. 보통 지질은 12% 정도이나 10~12월에는 20%를 넘는다. 지질에는 불포화지방산이나 IPA나 DHA가 풍부히 함유되고 특히 DHA의 함유량은 같은 청어의 정어리나 꽁치보다 많고 단백질도 청어 중에서 최고이다. Inosinic acid 등 지미성분도 풍부히 함유하고 혈합육(血合肉)에는 철, 비타민 A, B_1, B_2가 많다.

고등어는 어체(魚體)의 대소, 계절, 어장 등에 따라 수분과 지질의 함량이 크게 변동한다. 특히 혈합육(血合肉) 100g 중에 0.54 mg로 아주 많고 세포 재생의 촉진 역할을 한다. 선도가 떨어지기 쉬우므로 생식할 때는 선도에 충분한 주위를 해야 한다. 고등어 알레르기 체질인 사람은 알레르기 증상을 유발하는 수가 있으므로 주의해야 한다. 이 증상의 원인은 변질되기 쉬운 고등어에 histamine이라는 유해물질에 인한 것이다. 그러나 최근에는 chilled food의 상태로 보존, 유통되고 있어 안정성이 높다. 제철에는 풍부한 DHA로 치매예방과 껍질 중의 비타민 B_2가 많아 구강염에 효과가 있고 야맹증이나 침침한 눈병에도 효과가 있다.

[주요영양소(가식부 100g당/고등어·생)]

- 단백질 : 20.7g
- 지질 : 12.1g
- 철 : 1.1 mg
- 비타민 B_{12} : 10.6 μg
- 비타민 D : 11 μg

[주요 생리기능 성분(추정기능)]

① IPA(EPA)(혈전방지) : 불포화지방산이다. 혈전억제. 동맥경화 예방, 고혈압 예방, 암 등을 예방한다.

② DHA(뇌신경 세포기능의 유지) : 불포화지방산이다. 뇌세포를 발달·활성화시키고 콜레스테롤치를 저하시킨다.

③ Taurine(동맥경화 억제) : 아미노산의 일종으로 지미성분이다. 콜레스테롤을 대사하여 체외배출을 촉진하고 심장기능 강화, 동맥경화 예방, 혈압조절, 간장의 해독기능을 강화한다.

④ Inosinic acid(대사기능 촉진) : 동물성 식품 중에 함유되는 핵산계 지미의 성분으로 세포 대사기능 유지에 불가결의 물질이다.

[선별법·보존법]

눈이 맑고 몸 색이 선명하고 광택이 있으며 몸체가 단단하고 아가미가 붉은 것을 고른다. 어체가 큰 것이 기름이 쪄 있어 맛이 있다. 배 쪽에 은색의 힘줄이 보이는 것은 선도와 지방도가 최고이다. 생의 그대로를 냉동하면 해동 시에 비지가 없어지므로 된장찜으로 하여 냉동한다.

[종류와 무리]

- 망치고등어

  학 명: *Scomber australasicus*

  과 명: 농어목, 고등어과

  영 명: Stopped mackerel, slime mackerel, blue mackerel

  방 언: 점고등어(부산)

꽁 치

- 분 류: 어류
- 학 명: *Hyporhamphus sajori, Cololabis saira*(학회사전)
- 과 명: 동갈치목, 꽁칫과
- 영 명: Pacific saury, mackerel pike, saury mackerel pike
- 한문명: 추도어(秋刀魚), 추광도(秋光魚)
- 이 명: Saury pike
- 어획기: 가을철
- 에너지(100g 당): 183 kcal

[기대되는 작용]

동맥경화 예방, 혈전방지, 고혈압 예방, 뇌기능 유지 개선, 알레르기 억제, 암 억제 등에 유효하고 노인성 치매, 악성빈혈, 구내염, 구각염 등의 예방, 피로회복 등에 좋다.

[분포 · 생태 · 역사]

꽁치는 꽁치과에 속하는 바닷물고기이다. 한대성어로 외양을 군영(群泳)하고 가을에 산란을 위하여 우리나라 및 일본의 연안에 모인다. 몸길이는 약 40 cm이며 아래턱이 바늘과 같이 길게 돌출하여 이것을 수구로 하여 플랑크톤을 잘 빨아들인다. 등부분은 푸르고 배 쪽은 은백색이다.

[특 징]

찬 물을 좋아하여 여름에는 오호츠크 해를 회유한다. 가을이 되어 한류가 남부까지 이르면 남하를 시작한다. 체지방이 20%까지 이를 때에 가장 좋고 12월경에는 5%로 줄어들면 맛은 떨어진다.

양질의 단백질이나 비타민류, 칼슘 등의 무기질이 풍부하고 그 중에서도 비타민 B_{12}를 특히 많이 함유한다. 그리고 DHA, EPA도 많이 함유하고 그리고 창자에는 비타민류와 철, 칼슘, 마그네슘, 구리 등의 무기질이 풍부하므로 창자까지 먹는 것이. 좋다.

[주요영양소(가식부 100g 당 / 생)]

- 단백질 : 20.2g
- 지질 : 10.4g
- 철 : 26 mg
- 비타민 D : 19 μg
- 비타민 B_{12} : 17.7 μg

[주요 생리기능 성분(추정기능)]

① IPA(EPA) : 불포화지방산이다. 혈전 형성을 억제하고 동맥경화, 고혈압 등을 예방한다.

② DHA(뇌신경 세포기능의 유지) : 불포화지방산이다. 뇌세포를 발달·활성화시켜 기억력을 향상시키고 콜레스테롤치를 저하, 알레르기 증상을 개선하고 암을 예방한다.

③ Taurine(동맥경화 억제) : 아미노산의 일종으로 지미성분이다. 콜레스테롤을 대사하여 체외 배출을 촉진하고 심장기능 강화, 동맥경화 예방, 혈압조절, 간장의 해독기능을 강화한다.

④ Inosinic acid(대사기능 촉진) : 동물성 식품 중에 함유되는 핵산계 지미의 성분으로 세포 대사기능 유지에 불가결의 물질이다.

[선별법·보존법]

꼬리가 붙은 부분과 입 끝이 황색의 것은 기름이 붙어 맛이 있다. 광택이 있고 눈이 충혈하지 않는 것이 신선하다. 냉동한 것은 내장을 먹지 않는 것이 좋다.

날 치

- 분 류: 어류
- 학 명: *Cypselurus agoo*(날치), *Exocoetus volitans*(상날치), *Crypselurus californicus*(캘리포니아 날치)
- 과 명: 동갈치목, 날칫과
- 영 명: Flying fish
- 한문명: 비어(飛魚)
- 방 언: 비치, 날치어, 날치(전남), 날치고기(강원)
- 어획기: 봄~가을철
- 에너지(100g 당): 99 kcal

[기대되는 작용]

혈전방지, 동맥경화 예방, 뇌기능 유지 개선, 세포노화 방지, 면역력 강화, 뼈의 강화, 알레르기 억제 등에 유효하다.

[분포·생태·역사]

상날치과 속하는 바닷물고기이다. 세계 온대에서 열대에 걸쳐 50여 종 이상 생식하고 있다. 흑조(黑潮)에 실려 무리를 지어 북상하여 봄에서 여름에 걸쳐 연안에 산란하고 간다. 이름은 해면을 나는 능력에서 유래되었다. 눈은 크며 가슴지느러미가 대단히 커서 마치 날개모양을 이루어 공중으로 비행하는 데 알맞다. 한 번에 나는 거리는 약 10m 가량이다. 우리나라 중남부 연안, 일본 중부 이남, 대만 연해에 분포한다.

[특 징]

긴 활공거리는 400m 가깝다고 한다. 그 중에서는 배지느러미도 넓혀 네 날개로 날아가는 것도 있다. 가슴지느러미를 날개와 같이 넓혀 해면을 날아 그 높이는 7~8m에 이른다. 결과적으로 운동량이 아주 많기 때문에 지방량이 적고 저에너지이다. 뼈의 형성에 없어서는 안 되는 인과 고혈압을 예방하는 칼륨 등의 무기질이 풍부하다.

[주요 영양소(가식부 100g 당 / 생)]

- 단백질 : 22.2g
- 지질 : 0.5g
- 인 : 340 mg
- 비타민 D : 2 μg
- 비타민 E : 2.3 mg

[주요 생리기능 성분(추정기능)]

① IPA(EPA : 혈전방지) : 불포화지방산이다. 혈전의 형성을 억제하고 혈액의 유동성을 높여 동맥경화, 고혈압을 예방하고 알레르기 증상을 완화·개선시키며 암을 예방한다.

② DHA(뇌신경 세포기능의 유지) : 불포화지방산이다. 뇌세포를 발달·활성화시켜 기억력을 향상시키고 정보전달·신경조직의 기능을 유지한다. 노인성 인지증을 개선하고 콜레스테롤치를 저하시키며 아토피성 피부염 등의 알레르기 증상을 개선하고 암을 예방한다.

③ 셀렌(항암, 항노화) : 무기질의 일종이다. 항산화 작용이 있고 암 예방, 동맥경화 예방, 노화를 방지한다. 모유에 많이 함유된 성분이다.

[선별법 · 보존법]

등지느러미 부근이 흑색으로 빛나고 눈이 검게 비치고 있는 것이 좋다.

넙치(광어)

- 분 류 : 어류
- 학 명 : *Paralichthys olivaceus*
- 과 명 : 가자미목, 넙칫과(가자미과)
- 영 명 : Bastard, bastard halibut, false halibut, olive flounder, flat fish
- 한문명 : 광어(廣魚), 비목어(比目魚)
- 방 언 : 광어(남한 일대), 넙치고저
- 어획기 : 가을~겨울철
- 에너지(100g 당) : 109 kcal

[기대되는 작용]

피부기능 유지 개선, 혈전방지, 동맥경화 예방, 뇌기능 유지 개선, 뼈의 강화, 안정피로 개선, 암 억제 등에 유효하다.

[분포 · 생태 · 역사]

가재미과에 속하는 바닷물고기이다. 몸길이는 20~80 cm이며 위 아래로 넓적한 긴 타원형이다. 왼쪽(左) 광어, 오른쪽(右) 가자미라고 하는 것과 같이 광어의 눈은 몸(체)의 좌측에 있다. 입은 가자미보다 크고 수심 10~200 m의 사니저(砂泥底)에 생식하고 갑각류나 오징어 등을 먹는다. 몸 색깔은 암갈색이며 왼쪽은 백색, 꼬리자루와 지느러미는 등황색인 것이 많다. 근해어로 우리나라, 일본, 대만 등의 연해에 산다. 여름에 맛이 좋으며 겨울철에는 심해에서 산다.

[특 징]

고단백질 · 저지방의 건강식품의 어종이다. 지방이 적은데도 맛이 좋은 것은 단백질의 아미노산 균형이 좋고 지미성분 inosinic acid를 많이 함유하고 있기 때문이다. 특히 1, 2월의 겨울 광어는 기름이 알맞게 쪄서 아주 맛이 있다. 봄에는 기름이 빠져나가 맛이 떨어진다. 무기질, 비타민류를 균형 좋게 함유하고 소화흡수가 좋으므로 병후나 피로회복, 고령자에 권유하고 싶다. 수시(sushi) 종으로서 인기 있는 지느러미와 아가미 언저리 살은 목 지느러미와 배지느러미의 뿌리에 있는 근육으로 세포조직을 연결하는 collagen이나 지방이 풍부하다. 얼굴살결에 윤기와 탄력성을 주어 미기(美肌)를 유지하는 효과가 있고 골다공증이나 관절염, 노안의 예방이 기대된다.

[주요 영양소(가식부 100g 당 / 천연 · 생)]

- 단백질 : 20g
- 지질 : 2g
- 비타민 B_6 : 0.33 mg
- 비타민 D : 3 μg
- 비타민 E : 0.6 mg

[주요 생리기능 성분(추정기능)]

① IPA(EPA)(혈전방지) : 불포화지방산이다. 혈전의 형성을 억제하여 동맥경화,

고혈압, 암 등을 예방한다.

② DHA(뇌신경 세포기능의 유지) : 불포화지방산이다. 뇌세포를 발달·활성화시키고 콜레스테롤치를 저하시킨다.

③ Callagen(피부기능 유지 개선) : 피부기능 유지에 불가결하고 칼슘의 골 조직에의 흡수를 촉진한다. 혈관을 강화하고 면역력을 높여 노화를 예방하며 안정피로 개선, 골다공증을 예방한다.

④ 셀렌(항암, 항노화) : 활성산소를 소거하고 과산화 지질을 분해하여 발암을 억제한다. 비타민 E를 함께 섭취할 때 작용이 높아진다.

[선별법·보존법]

겨울시기의 것이 맛이 좋으며 특히 겨울 광어라고 하는 1~2월의 것이 맛이 있다. 3 km을 넘지 않는 것이 좋다.

[종류와 무리]

■ 별넙치

학 명 : *Pseudorhombus cinnamoneus*

과 명 : 가자미목, 넙치과

영 명 : Cinnmon flounder

■ 점넙치

학 명 : *Pseudorhombus pentophthalmus*

과 명 : 가자미목, 넙치과

영 명 : Fivestop flounder

방 언 : 점넙치

노가리

- 분 류 : 어류
- 학 명 : *Teragra chalcogramma*
- 과 명 : 대구과
- 영 명 : Alaska pollack, walleye pollack
- 한문명 : 명태(明太)

- 이 명: 명태새끼
- 에너지(100g 당): 80 kcal

[분포 · 생태 · 역사]

우리나라 동 · 서해, 오호츠크해, 베링해, 북태평양에 분포한다. 냉수성 어류로 수심 50m~450m 되는 수층에서 수컷은 중층, 암컷은 저층에서 떼를 지어 다니며 생활환다. 겨울에는 우리나라 동해안 포항 근해까지 남하하였다가 봄이 되면 일본 북해도 서쪽 해안이나 더 깊은 수층으로 이동한다. 산란기는 12월~익년 2월이고 산란기가 되면 연안으로 이동하여 수심 50~100m인 바닥이 평탄하고 모래와 진흙이 섞인 지대에 산란하고 산란수는 체장 40~60 cm이면 약 25만~100만 개 정도이다. 탐식성으로 작은 갑각류, 어류, 곤쟁이류, 오징어류 등 닥치는 대로 먹는다.

[특 징]

몸 빛깔은 등 쪽은 갈색, 배 쪽은 흰색이며 몸 옆구리에도 불규칙한 갈색의 세로줄이 있다. 등지느러미는 3개, 뒷지느러미는 2개이다.

[주요 영양소(가식부 100g 당)]

- 단백질: 17.5g
- 지질: 0.7g
- 칼슘: 109 mg
- 철: 293 mg
- 비타민 B_2: 0.13 mg
- 나이아신: 2.3 mg

노래미

- 분 류: 어류
- 학 명: *Hexagrammos agrammus*
- 과 명: 쏨뱅이목, 쥐노래밋과
- 영 명: Spotty belly greenling
- 방 언: 노르매, 노랭이, 놀래기졸락(제주도)

- 에너지(100g 당) : 95 kcal

[분포 · 생태 · 역사]

우리나라 전 연안, 일본, 황해, 동중국해에 분포하고 서식처는 연안 정착성 어류로서 수심 5m 이내의 해조류나 바위들이 많은 연안에서 단독 생활을 한다. 산란기는 10~1월로서 연안의 다소 얕은 곳의 해조류나 암초가 있는 곳에서 산란하며 산란 후 수컷은 알이 부화될 때까지 보호한다. 새우류, 게류 등 작은 갑각류와 갯지렁이류, 작은 어류 등을 먹는다.

[특 징]

몸 빛깔은 서식장소와 개체에 따라 다르지만 일반적으로 암갈색 바탕에 눈보다 큰 담색 반점들이 많이 있다. 몸은 가늘고 길며 측편되어 있고 머리부분은 뾰족한 편이다. 눈의 위쪽과 머리 뒷부분에 육질의 돌기가 1쌍 있다. 양 턱의 길이는 거의 같으며 양 턱의 이빨은 작지만 바깥쪽 이빨은 다소 크다. 몸 전체에 작은 빗비늘이 덮여 있고 뺨과 아가미 뚜껑, 가슴지느러미 앞부분에는 둥근 비늘이 덮여 있다. 등지느러미의 가시부와 연조부의 경계는 깊이 패여 있다. 꼬리지느러미의 뒤끝 가장자리는 둥글며 옆줄은 1개뿐이다.

[주요 영양소(가식부 100g 당)]

- 단백질 : 17.5g
- 지질 : 1.3g
- 칼슘 : 42 mg
- 철 : 2.9 mg
- 비타민 B_1 : 0.12 mg
- 나이아신 : 26 mg

[종류와 무리]

■ 쥐노래미

학 명 : *Hexagrammos otakii*

과 명 : 쏨뱅이목, 쥐노래미과

영 명 : Greeling fat cod

방 언: 선반어(평남), 거르치(부산)

농 어

- 분 류: 어류
- 학 명: *Lateolabrax japonicus*
- 과 명: 농어목, 농엇과
- 영 명: Common seabass, seabass, suzuki, Japanese seabass, Japanese seaperch, grouper
- 한문명: 농어(濃魚), 노어(鱸魚), 거구세린(巨口細鱗)
- 방 언: 농에(통영), 까지맥이(부산), 깔가구(춘천), 껄떡이(완도)
- 어획기: 여름철
- 에너지(100g 당): 96 kcal

[기대되는 작용]

시력유지 개선, 혈전방지, 동맥경화 예방, 뇌기능 유지 개선, 피부·점액의 보호, 빈혈개선, 뼈의 강화, 골다공증 예방, 노화 개선 등에 유효하다.

[분포·생태·역사]

농엇과에 속하는 바닷물고기이다. 전장 약 80∼100 cm 정도이며 몸은 가늘고 등은 회청록색, 배는 은백색이다. 근해어로 우리나라에서 가장 많고 흔한 물고기의 하나이다. 입이 크고 아래턱이 위턱보다 더 튀어나온 것이 특색이다. 육지에 가까운 얕은 바다에서 산다. 가을이나 겨울철에 민물과 바닷물이 섞이는 하구에 와서 산란하고 유어는 봄과 여름에 하천을 거슬러 올라가 생활을 하다 첫가을과 겨울에 다시 바다로 내려간다. 우리나라에서 흔한 근해어 물고기로 여름에 맛이 좋다. 일본, 대만 연안에도 분포한다.

[특 징]

성장되어 감에 따라 이름이 변하고 3∼4년 이상이 되면 60 cm 이상으로 성장하여 농어라 한다. 겨울철에는 내만(內灣)에서 산란하고 여름에는 강을 따라 올라간다. 그 중에는 8∼10 km 이상이나 상류에 이른다고 한다. 저지방·고단백질의 백신어(白身魚)로 몸은 탄력이 풍부하고 여름철의 식품으로 아주 좋다. 영양성분은 도미와 유사하고 비타민 A, D가 풍부하다. 특히 비타민 A는 어류 중에서 많다. IPA, DHA 쪽이 oleic acid를 함유한다. 감기예방에 균형이 있는 영양식으로 철과 단백질로 빈혈을 예방한다.

[주요 영양소(가식부 100g 당 / 생)]

- 단백질 : 19.8g
- 지질 : 4.2g
- 비타민 A : 180 μg
- 비타민 D : 10 μg
- 비타민 E : 1.2 mg

[주요 생리기능 성분(추정기능)]

① IPA(EPA)(혈전방지) : 불포화지방산이다. 혈전의 형성을 억제하고 혈액의 유동성을 높여 동맥경화, 고혈압을 예방한다. 아토피 증상을 완화·개선시키고 암을 예방한다. 항 혈전작용이나 콜레스테롤치 저하작용은 DHA보다 강하다고 한다.

② DHA(뇌신경 세포기능의 유지) : 불포화지방산이다. α-Linolenic acid에서 IPA를 개재하여 생성한다. 뇌세포를 발달·활성화시켜 기억력, 학습력을 향상시키고 콜레스테롤치를 저하한다. 아토피성 피부염 등의 알레르기 증상을 완화·개선시키고 암을 예방한다.

③ Inosinic acid(대사기능 촉진) : 동물성 식품 중에 함유되는 핵산계 지미의 성분으로 세포대사 기능 유지에 불가결의 물질이다.

[선별법·보존법]

성장됨에 따라 기름이 늘어나 맛이 있게 되므로 크고 살찐 것이 좋다. 특히 꼬리의 뿌리가 부드럽게 부푼 모양의 것을 고른다.

[종류와 무리]

■ 점농어

학 명 : *Lacteolabrax maculatus*

과 명 : 농어목, 농어과

영 명: Korea sea bass, spotted sea bass
방 언: 농어

다랑어(참치)

- 분 류: 어류
- 학 명: *Thunnus alaluga* (날개 다랑어), *Thunnus obesus* (눈다랑어), *Thunnus albacares*(황다랑어)
- 과 명: 고등엇과
- 영 명: Tuna
- 이 명: 참다랑어, 참다랭이, 참치(다랑어의 살을 식용으로 일컫는 용어)
- 어획기: 봄철
- 에너지(100g 당): 125 kcal

[기대되는 작용]

혈전방지, 동맥경화 예방, 뇌기능 유지 개선, 세포노화 방지, 빈혈개선, 알레르기 억제, 암 억제 등에 유효하다.

[분포 · 생태 · 역사]

태평양, 대서양, 인도양의 온대 그리고 열대의 해역에 분포한다. 떼를 지어 외양성(外洋性) 회유어(回遊魚)이다. 다랑어의 속명은 참치이다. 영명은 tuna이고 또는 닭고기와 맛이 비슷하다고 하여 sea chicken이라고도 한다. 일본사람들은 마구로라고 한다. 다랑어는 우리나라 동해에도 회유하여 들어온다.

[특 징]

전 세계 전체로 어획되는 다랑어의 약 55%를 일본사람들이 먹는다고 한다. 다랑어란 다랑어류의 총칭이다. 가장 맛있다고 하는 대표 종인 검정다랑어는 전장 3m이상, 체중은 500 kg에 달한다. 부위마다 부르는 이름이 다르고 영양성분도 다르다.

등에서 체측부(体側部)까지를 적신(赤身), 배측을 중(中)토로(toro : 기름살), 가장 기름이 찐 배의 부분을 대(大)토로(toro) 등으로 나눈다. 이런 점에서 다랑어고기를 복부로부터 등으로 향하여 큰 toro(큰 기름살), toro(기름살), 중 toro(중 기름살), 붉은 살로 분류되어 큰 toro에 가까울수록 지질(지방)의 함량이 많게 된다. 지질의 조성은 고도불포화지방산이 많고 DHA, EPA는 모든 어류 중 다랑어의 기름살(toro)이 최고의 가치를 나타낸다. 겨울의 대 toro는 지질이 40%나 되고 고 에너지이며 몸을 건강하게 유지하는 불포화지방산의 IPA, DHA가 풍부하다. 적신은 단백질이 25%로 어육 중에서 가장 많다. 단백질의 분해로 생성된 peptide는 혈압을 낮추는 효능이 있다고 한다. 세포노화를 방지하는 셀렌도 풍부하다.

[주요 영양소(가식부 100g 당 / 다랑어 · 적신 · 생)]

- 단백질 : 26.4g
- 지질 : 1.4g
- 철 : 1.1 mg
- 비타민 B_1 : 0.1 mg
- 비타민 D : 5 μg

[주요 생리기능 성분(추정기능)]

① IPA(EPA)(혈전방지) : 불포화지방산이다. 혈전의 형성을 억제하고 혈액의 유동성을 높여 동맥경화, 고혈압을 예방한다. 아토피 증상을 완화 · 개선시키고 암을 예방한다. 항 혈전작용이나 콜레스테롤치 저하작용은 DHA보다 강하다고 한다.

② DHA(뇌신경 세포기능의 유지) : 불포화지방산이다. α-Linolenic acid에서 IPA를 개재하여 생성한다. 뇌세포를 발달 · 활성화시켜 기억력, 학습력을 향상시키고 콜레스테롤치를 저하한다. 아토피성 피부염 등의 알레르기 증상을 완화 · 개선시키고 암을 예방한다.

③ Inosinic acid(대사기능 촉진) : 동물성 식품 중에 함유되는 핵산계 지미의 성분으로 세포대사 기능 유지에 불가결의 물질이다.

[선별법 · 보존법]

생선토막은 주름이 종으로 평행으로 들어 있으나 비스듬하게 들어 있는 것도 있다. 적신은 단단하여 색이 선명한 것을 고른다.

[종류와 무리]

- 황다랑어

학 명: *Thummus albacares*

과 명: 농어목, 고등어과

영 명: Yellowfin tuna, pacific yellowfin tuna

방 언: 황다랭이

■ 참다랑어

학 명: *Thunnus thynus*

과 명: 농어목, 고등어과

영 명: Blue fin tuna, albacore

방 언: 참다랭이, 다랭이, 다랑어, 삼치(강원)

■ 눈다랑어

학 명: *Thunnus obesus*

과 명: 농어목, 고등어과

영 명: Bigeye tuna

방 언: 눈다랭이

대 구

- 분 류: 어류
- 학 명: *Gadus macrocephalus*(대서양 대구: gadus morhua, 그린랜드 대구: gadus ogac, 북극대구: Boreogadus saida 등이 있다)
- 과 명: 대구목, 대구과
- 영 명: Cod fish, cod, pacific cod, Alaska pollack, Alaska cod fish
- 한문명: 대구어(大口魚), 설(鱈)
- 방 언: 대구어(통영), 대기(함남)
- 어획기: 겨울철
- 에너지(100g 당): 80 kcal

[기대되는 작용]

동맥경화 예방, 간 기능 강화, 혈전방지, 고혈압 예방, 뇌기능 유지 개선, 알레르기 억제, 암 억제, 성기능 개선, 노화방지 등에 유효하다.

[분포 · 생태 · 역사]

대구과에 속하는 바닷물고기이다. 전장 약 1m이며 입이 커서 대구(大口) 또는 머리가 크기 때문에 대두어(大頭魚)라고도 한다. 대구과에 속하는 한류성 물고기로 겨울철 산란기에는 연안 내만으로 이동하는데 우리나라의 동해, 일본 서해 등의 연안까지 분포한다. 북태평양과 북대서양의 넓은 수역에 분포하고 있어서 연근해보다는 원양에서의 어획량이 많다. 우리나라 연해에는 동해대구와 황해대구 2품종이 있는데 황해대구는 왜대구라고 하며 전남 흑산도 근해에서부터 이북 황해도에 이르기까지 최저 수심 100m 해저를 중심으로 서식하는 것으로 몸체가 적다. 동해대구는 동해 일대로 남해의 경남, 진해만을 경유하여 전남 광양만까지 회유하며 진해만은 유명한 산란장으로 알려져 있다.

[특 징]

지방분이 적은 건강 백신어로 다이어트 중의 단백질원이 아주 좋다. 칼슘, 칼륨, 철, 아연 등의 무기질을 균형 있게 함유한다. 몸이 부드럽고 소화흡수도 좋기 때문에 이유식이나 병인식으로도 좋은 식재료이다. 강력한 항산화 작용으로 암을 예방하는 glutathione, 지미성분의 inosinic acid를 풍부히 함유한다. 저지방 저칼로리의 흰색 살생선, 간, 지라는 비타민 A, D의 보고이며 민간요법에서는 쓸개를 소화제로 사용하고 대구 알은 노화방지와 회춘에 도움을 준다고 한다.

[주요 영양소(가식부 100g 당 / 참돔 · 생)]

- 단백질 : 19.5g
- 지질 : 0.3g
- 칼륨 : 35 mg
- 비타민 D : 1 μg
- 비타민 E : 0.8 mg

[주요 생리기능 성분(추정기능)]

① IPA(EPA)(혈전방지) : 불포화지방산이다. 혈전의 형성을 억제하고 혈액의 유동성을 높여 동맥경화, 고혈압을 예방한다. .

② DHA(뇌신경 세포기능의 유지) : 불포화지방산이다. 뇌세포를 발달 · 활성화시켜 기억력, 학습력을 향상시키고 콜레스테롤치를 저하한다. 아토피성 피부염 등

의 알레르기 증상을 완화・개선시키고 암을 예방한다.

③ Inosinic acid(대사기능 촉진) : 동물성 식품 중에 함유되는 핵산계 지미의 성분으로 세포대사 기능 유지에 불가결의 물질이다.

④ Glutathionine(항산화 스트레스) : 강한 항산화 작용으로 발암물질을 해독하고 노화를 방지한다.

⑤ Taurine(동맥경화 억제) : 아미노산의 일종이다. 콜레스테롤을 대사하여 체외 배출을 촉진하고 심장기능 강화, 동맥경화 예방, 혈압저하, 간장의 해독작용을 강화한다.

[선별법・보존법]

윤기가 있고 눈이 검고 맑은 것이 좋으며 고기토막은 투명감이 있고 몸이 묽은 핑크색으로 되어 있는 것이 좋다. 대구에 함유되어 있는 inosinic acid는 분해가 빠르고 시간이 경과하면 특유한 냄새를 발휘한다. 냄새가 나는 것은 선도가 떨어져 있는 것으로 피해야 한다.

도루묵

- 분 류 : 어류
- 학 명 : *Arctoscopus japonicus*
- 과 명 : 농어목, 도루목과
- 영 명 : Sailfin sand fish, Japanese sand fish
- 한문명 : 목어(木魚), 환맥어(環麥魚)
- 방 언 : 도루목이, 도루매이, 언어, 도루맥이(함남)
- 어획기 : 초겨울
- 에너지(100g 당) : 133 kcal

[분포・생태・역사]

도루묵은 양도루묵과에 속하는 물고기로 몸길이는 15~26 cm 정도이며 몸빛은 등 쪽이 황갈색에 불규칙한 흑갈색의 유문(流紋)이 있고 옆과 배 쪽은 은백색이며 몸에 비늘이 없다. 우리나라 동해 연안과 일본의 홋카이도 동부, 쿠릴 등에 분포하며 수심 150m 내외의 해저에 서식하나 초겨울의 산란기에는 수심 1m 내외의 해초가 무성한 연안으로 옮겨와 알을 낳을 후 외양으로 다시 나간다.

[특 징]

외관은 대구와 비슷하지만 성분으로는 수분이 약간 적고 지질이 비교적 많다.

[주요 영양소(가식부 100g 당)

- 단백질 : 16g
- 지질 : 4.3g
- 칼슘 : 18 mg
- 철 : 0.4 mg

도미(류)

- 분 류 : 어류
- 학 명 : *Pagrus major*(참돔)
- 과 명 : 농어목, 도밋과
- 영 명 : Pory, sea bream, red seabream
- 한문명 : 동분어(銅盆魚), 해즉(海鯽)
- 방 언 : 도미어, 돔(도미의 준말), 참도미, 진도미어,
- 어획기 : 봄철
- 에너지(100g 당) : 113 kcal

[기대되는 작용]

혈전방지, 뇌기능 유지 개선, 동맥경화 예방, 세포노화 방지, 시력유지 개선, 알레르기 억제, 암 억제, 피부미용, 스트레스 해소 등에 유효하다.

[분포 · 생태 · 역사]

감성돔과에 속하는 바닷물고기를 모두 가리켜 도미(류)라 한다. 몸길이 약 50 cm 이며 참돔의 경우 1m 정도까지 커지지만 너무 큰 것은 요리에 사용하기 어렵다. 기제 시에 수어로서 사용된다. 우리나라 남해, 일본 전역 등의 바다 밑에서 서식한다.

[특 징]

도밋과의 바닷물고기를 통틀어 도미라고 하며 고급 어류로서 종류가 많다. 우리

나라 동해에서 잡히는 도미의 종류는 참돔, 감성돔, 황돔, 옥돔, 샛돔 등 20여 종이 있다. 도미는 일 년 내내 나지만 산란기인 봄철이 맛이 제일 좋다. 보통 때는 50~100m의 깊은 곳에서 살지만 산란기에는 얕은 곳으로 이동한다. 도미는 수분이 적고 살이 단단하여 부패하지 않는다.

도미의 맛은 풍부히 함유된 지미성분인 inosinic acid와 taurine이다. Taurine은 콜레스테롤치 저하작용이 있고 동맥경화 예방에 유효하다. 조리 후에도 맛이 그다지 변화하지 않는 것은 산화가 빠른 지방이 적고 inosinic acid의 분해속도가 늦기 때문이다. 에너지 대사를 촉진하는 비타민 B_1, B_2, niacin도 풍부하다. 영양가가 높으므로 병후 환자에게 좋다. 맛의 근본 물질은 inosinic acid와 taurine이다. 도미의 눈알은 몸을 부드럽게 하는 muco다당류가 많고 지방분이 적어 산화가 잘 되지 않는다.

[주요 영양소(가식부 100g 당 / 참도미 · 천연 · 생)]

- 단백질 : 16g
- 지질 : 4.6g
- 칼슘 : 18 mg
- 비타민 B_2 : 0.12 mg
- 철 : 0.4 mg
- 나이아신 : 1.7 mg

[주요 생리기능 성분(추정기능)]

① IPA(EPA)(혈전방지) : 불포화지방산이다. 혈전 형성을 억제하여 동맥경화, 고혈압, 암 등을 예방하고 아토피성 피부염, 천식 등의 알레르기 증상을 완화 · 개선한다.

② DHA(뇌신경세포 기능의 유지) : 불포화지방산이다. α-Linolenic acid에서 IPA를 개재하여 생성한다. 뇌세포를 발달 · 활성화시켜 기억력, 학습력을 향상시키고 정보전달 · 신경조직의 기능을 유지하고 노인성 인지증을 개선한다. 콜레스테롤치를 저하시키고 아토피성 피부염 등의 알레르기 증상을 완화 · 개선하고 암을 예방한다.

③ Inosinic acid(대사기능 촉진) : 동물성 식품 중에 함유되는 핵산계 지미성분으로 세포대사 기능에 불가결의 물질이다.

④ Taurine(동맥경화 억제) : 아미노산의 일종이다. 혈중 콜레스테롤을 대사하여

체외 배출을 촉진시켜 심장기능 강화, 동맥경화 예방, 혈압저하, 간장의 해독작용 강화 등에 유효하다.

[선별법 · 보존법]

선도가 떨어지면 체색이 맑은 적색에서 도색으로 변화되기 때문에 색이 선명한 것이 좋다. 또 눈이 맑고 몸체는 단단한 것이 좋다.

[종류와 무리]

■ 붉은 돔

학 명: *Evynnis japonica*

과 명: 농어목, 도미과

영 명: Red porgy, crimson sea breams

방 언: 도미, 상사리, 풋잎상사리(전남)

■ 감성돔

학 명: *Acanthopagus schlegelii*

과 명: 농어목, 도미과

영 명: Black porgy, blacksea bream

방 언: 감셍어, 감상어(전남), 감성도미(경북), 감셍이(부산), 구릿(제주도)

■ 황 돔

학 명: *Dentex tumifrons*

과 명: 농어목, 도미과

영 명: Yellow porgy, yellow sea bream, golden bai

방 언: 오돔(완도), 발서청어, 발전청어(남해안), 벨조쟁이 생선(제주도)

돌돔(일본)

- 분 류: 어류
- 학 명: *Oplegnathus fasciatus*
- 과 명: 농어목, 돌돔과

- 영 명: Striped beakfishy, striped breakperch, rock bream, Japanese parrot fish
- 한문명: 호조(縞鯛)
- 이 명: 줄무늬 돔
- 방 언: 청돔(충남), 아홉동가리(경남)
- 어획기: 봄~여름철
- 에너지(100g 당): 86 kcal

[기대되는 작용]

혈전방지, 뇌기능 유지 개선, 동맥경화 예방, 간 기능 강화, 세포노화 방지, 피부·점막 보호, 뼈의 강화 등에 유효하다.

[분포·생태·역사]

돌돔과에 속하는 바닷물고기이다. 남 일본의 수심 30~500m의 암초지역에 생식한다. 몸길이 약 50 cm으로 회색의 체색에 7개의 가로무늬가 있는 것이 특징이나 성장됨에 따라 묽어진다. 우리나라 중남부 연해 및 일본 연해에 분포한다. 호기심이 강하여 바다 중에서 인간의 유영에 따라 오는 수가 있다.

[특 징]

돌돔은 힘이 강하여 낚시 물고기로서 인기가 있다. 유어(幼魚)에는 7개의 맑은 무늬 중에 검은 무늬가 있으나 성장하면서 묽어진다. 노어(老魚)가 되면 무늬가 없어지나 이상하게도 수컷은 없어지지 않는다. 사람에게 쉽게 숙달되므로 수족관에서 인기가 있다. 뼈의 강화에 작용하는 비타민 D나 인, 여분의 나트륨을 배출하는 칼륨, 노화예방에 유효한 비타민 E가 풍부하다. 최근에는 일본에서 양식한다고 한다.

[주요 영양소(가식부 100g 당 / 생)]

- 단백질: 20.8g
- 지질: 0.9g
- 칼슘: 51 mg
- 비타민 D: 3 μg
- 비타민 E: 2.1 mg

[주요 생리기능 성분(추정기능)]

① IPA(EPA)(혈전방지) : 불포화지방산이다. 혈전 형성을 억제하여 혈액의 유동성을 높여 동맥경화, 고혈압, 암을 예방하고 알레르기 증상을 완화・개선한다.

② DHA(뇌신경세포 기능의 유지) : 불포화지방산이다. 뇌세포를 발달・활성화시켜 기억력, 학습력을 향상시키고 콜레스테롤치를 저하시킨다. 아토피성 피부염, 천식 등의 알레르기 증상을 완화・개선하고 암을 예방한다.

[선별법・보존법]

체표의 점액이 투명감이 있고 몸체가 단단한 것이 좋다. 선도가 좋은 절단 토막은 몸체가 대모갑 색을 하고 있고 모세혈관이 매끄럽지 않다. 오래 된 것은 혈합부분이 검게 되어 있으나 선도가 있는 것은 혈합이 선명하고 적색이다.

[종류와 무리]

■ 범 돔

학 명: *Microcanythus strigatus*
과 명: 농어목, 황줄깜정이과
영 명: Strippey, foodhaller
방 언: 범돔(전남)

■ 벵어돔

학 명: *Girella punctata*
과 명: 농어목, 황줄깜정이과
영 명: 없음
방 언: 깜정이, 깜정고기(전남)

■ 황줄돔

학 명: *Histioptperus typus*
과 명: 농어목, 황줄돔과
영 명: Saifin boarhead, borfish, saifin amourhead
방 언: 없음

■ 세동가리돔

학 명: *Chaetodon modestus*
과 명: 농어목, 나비고기과

영 명: Brown banded butterfly fish
방 언: 세동가리돔(경남)

망둥어

- 분 류: 어류
- 학 명: *Phathygobius fuscus* (무늬망둑어), *Acabnthogobius flavimanus* (문절망둑어), *Chaeturichthys hexanema* (도화망둥어), *Periophthalmus modestus* (말뚝망둑어)
- 과 명: 농어목, 망둑엇과
- 영 명: Goby, mudhopper
- 이 명: 망어, 망동어
- 에너지(100g 당): 77 kcal

[분포 · 생태 · 역사]

몸 빛깔은 연한 회갈색 바탕에 몸 옆구리에 약 5줄의 희미한 암갈색 반점이 세로로 줄지어 있다. 몸은 가늘고 긴 편이며 앞부분은 원통형에 가깝고 뒷부분은 측편한다. 눈은 작고 위쪽에 있으며 양 턱의 길이는 같다. 입은 크고 양 턱에 좁은 이빨띠가 있으며 가장 바깥 줄의 이빨들이 크다. 뺨과 아가미 뚜껑에는 둥근 비늘, 그 외는 빗비늘로 덮여 있다. 좌우의 배지느러미는 서로 붙어서 흡반을 형성한다. 꼬리지느러미는 그 뒷끝이 둥글고 반점이 있다.

[특 징]

망둑엇과에 속하는 물고기의 총칭이다. 망독어, 망어, 망동어 등으로 부르기도 한다. 문절망둑-망둑어과에 속하는 물고기로 한국의 전 연안 및 일본에 널리 분포한다. 내만성 어종으로 기수에 산다. 몸길이는 10～20 cm 정도이고 길쭉하며 앞쪽은 원통형이다. 몸빛은 담황갈색 또는 회황색이며 옆구리에 5개 정도의 불분명한 희흑색의 줄무늬가 있다.

[주요 영양소(가식부 100g 당)]

- 단백질: 18.9g

- 지질: 1.0g
- 무기질: 1.3g
- 칼슘: 44 mg
- 나이아신: 3.5 mg

[종류와 무리]

■ 문절망둑

학 명: *Acabnthogobius flavimanus*

과 명: 농어목, 망둥어과

영 명: Common brackish, tellowfin goby

방 언: 문절이, 망둥어, 망동어, 범치, 운저리(경남), 고생이, 문주리, 꼬시래기(경남)

■ 풀망둑

학 명: *Acabnthogobius hasta*

과 명: 농어목, 망둥어과

영 명: Javeline goby

방 언: 망둥이(평양), 꼬시래기(부산)

■ 도화망둑

학 명: *Amablychaeturis chthys*

과 명: 옹어목, 망둥어과

영 명: Pinkgray goby

방 언: 없음

메 기

- 분 류: 어류
- 학 명: *Silurus asotus*(= *Parasilurus asotus*)
- 과 명: 메깃과
- 영 명: Catfish
- 한문명: 언어(鰋魚), 점어(鮎魚)
- 어획기: 가을철

• 에너지(100g 당) : 114 kcal

[기대되는 작용]

동맥경화 예방, 간 기능 강화, 고혈압 예방, 시력유지 개선, 피부·점막 보호, 암을 억제한다.

[분포·생태·역사]

메깃과에 속하는 민물고기로 큰 것은 몸길이 약 50～60 cm까지 자란다. 머리는 납작하고 입이 몹시 크며 입 주위에 4개의 수염이 있다. 몸에 비늘이 없고 끈끈한 물질이 있어 매끄럽다. 머리와 배 쪽은 담황색이나 담회색 또는 흰색이다. 수명은 긴 것은 60년이라 한다. 동해안을 제외한 우리나라, 중국, 일본, 대만 등지의 하천과 호수에 분포한다. 바다에서 사는 물메기도 있다.

[특 징]

단백질이 풍부하며 무기질의 균형도 좋다. 칼슘의 흡수를 촉진하는 비타민 D나 세포막을 보호하는 비타민 E 이외에 당질을 빨리 에너지로 변화시키는 비타민 B_1이 풍부하다. 한방에서는 부기를 빼고 소변을 잘 나오게 하는 식품으로 이용하고 있다.

강에서 사는 큰 놈을 여메기라 하는데 이 여메기는 4개의 수염이 있고 생김새는 메기와 비슷하나 동자개과에 속하는 것으로 먹을 것도 있고 맛이 일품이라서 한문명으로는 종어(宗魚)라 불린다. 조선시대에는 왕에게 바치는 진상물로 유명하다. 에너지 대사를 촉진하는 비타민 B_1이 풍부하다.

[주요 영양소(가식부 100g 당 / 생)]

• 단백질 : 15.1g
• 지질 : 5.3g
• 비타민 B_1 : 0.20 mg
• 비타민 D : 4 μg
• 비타민 E : 6.3 mg
• 칼슘 : 26 mg
• 철 : 0.8 mg

[주요 생리기능 성분(추정기능)]

① IPA(EPA)(혈전방지) : 불포화지방산이다. 혈전 형성을 억제하여 동맥경화, 고혈압, 암을 예방하고 아토피성 피부염 등의 알레르기 증상을 완화·개선시킨다.
② DHA(뇌신경세포 기능의 유지) : 불포화지방산이다. 뇌세포를 발달·활성화시켜 기억력, 학습력을 향상시키고 콜레스테롤치를 저하한다. 아토피성 피부염, 천식 등의 알레르기 증상을 완화·개선시키고 암을 예방한다.

멸 치

- 분 류 : 어류
- 학 명 : *Engraulis encrasicolus* (유럽멸치), *Engraulis mordax* (북멸치), *Engraulis japonica* (일본멸치)
- 과 명 : 청어목, 멸칫과
- 영 명 : Anchovy, Japanese anchovy
- 한문명 : 행어(行魚)
- 방 언 : 행어(제주), 멸오치(남해), 명치어(제주도), 면(전남), 열치(황해도)
- 에너지(100g 당) : 114 kcal

[분포·생태·역사]

멸치는 청어목, 멸칫과에 속하는 바닷물고기이다. 연안 회유어로 행어(行魚)만을 지칭하기도 하고 정어리, 곤어리, 운어리 등을 합쳐서 불리는 경우도 있다. 몸은 길고 원통형이며 등 쪽에 암청색이고 배 쪽은 은백색이다. 체측에 은백색의 가로줄이 있다. 몸길이는 13 cm 정도로 우리나라에서는 동·남·서해안에 널리 분포하고 주산지로는 경남, 전남북 지역이며 특히 통영과 추자도 연안에서 많이 잡힌다. 말리거나 젓조림으로 만들어 먹는다.

[특 징]

멸치의 지방은 불포화도가 매우 커 영양적으로 그다지 질이 우수하지 못한데 삶게 되면 지방이 빠진다. 어패류 중에서 칼슘의 함량이 가장 많은데 소화 흡수율은 그다지 좋지 않다. 그렇기 때문에 멸치를 말릴 때는 이 무기질의 손실을 적게 하고 저장성을 높이기 위하여 묽은 소금물에서 삶아 말린다. 소금물을 이용해야 살이 단단하고 윤기가 나며 민물에 삶으면 윤기도 없어지고 살이 연해져서 잘 부서진다. 생멸치는 어획하여 바로 끓인 후 건조한 마른멸치 그리고 소금을 많이 첨가하여 5~10℃에서 성숙한 멸치젓 그리고 액체 상태인 액젓으로 만들어 주로 천연 조미료로 이용한다.

[주요 영양소(가식부 100g 당 / 생)]

- 단백질 : 17.7g
- 지질 : 5.4g
- 칼슘 : 496.0 mg
- 인 : 202 mg
- 비타민 B_2 : 0.26 mg
- 비타민 E : 2.1 mg

[주요 생리기능 성분(추정기능)]

① Inosinic acid(대사기능 촉진) : 동물성 식품 중에 함유되는 핵산계 지미성분으로 세포대사 기능에 불가결의 물질이다.

② Glutathionine(항산화 스트레스) : 강한 항산화 작용으로 발암물질을 해독하고 노화를 방지한다.

③ Taurine(동맥경화 억제) : 아미노산의 일종이다. 콜레스테롤을 대사하여 체외 배출을 촉진하여 심장기능 강화, 동맥경화 예방, 혈압저하, 간장 해독작용 한다.

[종류와 무리]

■ 청 멸

학 명 : *Thryssa kammalensis*
과 명 : 청어목, 멸치과
영 명 : Kammal thyyssa
방 언 : 멸치, 멸

명 태

- 분 류 : 어류

- 학 명: *Theregra chalcogramma*
- 과 명: 대구목, 대구과
- 영 명: Pollack, Alaska pollack, walleye pollack
- 한문명: 명태(明太)
- 이 명: 명태어(明太魚), 태어(駄魚), 강태(江太), 동태(凍太), 북어(北魚)
- 방 언: 북거(강원도), 도태(동해안), 선태, 조태, 왜태, 매태, 애기태, 강태(강원도), 은어바지, 산달바지(함남), 명태어, 노가리(부산)
- 어획기: 11～4월
- 에너지(100g 당): 80 kcal

[분포 · 생태 · 역사]

명태는 대구과에 속하는 바닷물고이다. 수온 1～10℃, 수심 200～300m의 찬 바다에서 사는 한류성 물고기로 연근해 및 원양어업의 주요 어획대상 어류이다. 북부 베링해를 비롯하여 오오츠카호와 일본 북부, 우리나라 동해에서 많이 서식하고 있다. 겨울철에는 우리나라의 포항까지 남하하기도 한다. 모양은 대구와 비슷하나 그보다 가늘고 길다. 등은 갈색이고 옆구리의 위쪽은 청갈색 또는 황갈색을 띤다. 명태는 옛부터 우리 민족에게 많은 사랑을 받아온 서민적인 물고기의 하나로 관혼상제에도 빠뜨릴 수 없는 것이었다.

명태라는 이름은 조선조 중엽 함경도 관찰사로 부임한 민 아무개가 초도순시 차 함북 명천군(明川郡)에 들렀을 때 태모(太某)라는 어부가 잡아 요리로 올린 것을 맛보고 명천군의 명(明)자와 어부의 성인 태(太)자를 합쳐서 이름 지었다고 전한다. 그리고 명태의 이름은 다양한데 생명태(生明太)의 이름으로서는 선태(鮮太), 망태(網太), 강태(江太), 북어(北魚) 등 19가지나 되며 제품의 이름으로는 건태(乾太), 동태(凍太), 북어, 노가리(새끼) 등의 이름이 있다.

[특 징]

명태는 다른 생선보다 지방함량이 적어 비린내가 적고 맛이 개운하면서도 좋다. 명태는 영양적으로 단백질이 약 17.5%로 많으며 지방은 1% 내외로 아주 적다. 그러나 명태에는 methionine, lysine, tryptophan 같은 필수아미노산이 많기 때문에 영양적으로 뛰어나며 예로부터 간을 보호하기 위한 술국으로 많이 이용되어 왔다. 명태는 육질이 희고 가열하면 풀어지기 쉬운 것이 특징이다. 요리법으로는 북어무침, 북어전, 적, 조림, 찌개, 찜, 포, 냉국, 구이 등 매우 다양하다.

[주요 영양소(가식부 100g 당 / 생)]

- 단백질 : 17.5g
- 지질 : 0.7g
- 칼슘 : 109 mg
- 인 : 210.0 mg
- 칼륨 : 293.0 mg
- 비타민 B_1 : 0.13 mg
- 비타민 E : 1 mg
- 나이아신 : 2.3 mg

미꾸라지

- 분 류 : 어류
- 학 명 : *Misgurnus mizolepis*
- 과 명 : 미꾸라짓과
- 영 명 : Loach, Chinese mud loach
- 한문명 : 이추(泥鰌)
- 이 명 : 이추(泥鰍), 추어(鰍魚), 미꾸리(준말)
- 어획기 : 여름철
- 에너지(100g 당) : 96 kcal

[기대되는 작용]

간 기능 강화, 빈혈개선, 뼈의 강화, 면역력 강화, 세포노화 방지, 안정피로 개선, 미기(美肌)효과 등에 유효하다.

[분포 · 생태 · 역사]

아시아 대륙에 많은 미꾸라짓과의 민물고기로 논도랑, 늪의 얕은 흙탕바닥에서 살며 이따금 수면에 올라 숨을 쉰다. 우리나라, 일본, 중국, 대만 등지에 분포한다. 겨울에는 흙속에서 동면을 한다. 몸길이는 10∼20 cm로 가늘고 길며 매우 미끄럽다. 수염은 5쌍(10개), 체중은 100g 정도에 이르는 큰 것도 있다.

[특 징]

아가미 호흡과 함께 피부에서도 장에서도 호흡하며 몸을 꾸불꾸불 하면서 헤엄을 친다. 동면의 시기는 살이 빠지고 맛도 떨어지나 이른 봄부터는 산란을 위한 사료를 먹어 여름에는 알을 가져 몸매가 통통하다. 기름도 찌므로 그래서 여름 탐의 스태미나 원으로서 미꾸라지를 먹는다. 미꾸라지는 칼슘이 아주 많고 통채로 먹음으로 100g당 (생)의 함유량은 장어(양식·생)의 8배 이상이나 된다. 철분도 10배를 넘고 시금치를 상회하는 정도로 풍부하다.

칼슘은 장어의 8배 이상이고 철분은 10배 이상이다. 그러나 체표의 점질물질에는 세균이 번식하기 쉬므로 반드시 살아 있는 것을 이용해야 한다. 그리고 미꾸라지에는 thiamin을 분해하는 효소인 thiaminase(aneurinase)를 함유하고 있으므로 절대로 생식을 금한다.

[주요 영양소(가식부 100g당/생)]

- 단백질 : 16.1g
- 지질 : 1.2g
- 칼슘 : 736 mg
- 철 : 8.0 mg
- 나이아신 : 7.9 mg

[주요 생리기능 성분(추정기능)]

① Chondroitin sulfate(관절염 완화, 피부기능 유지 개선) : 식이섬유의 일종으로 collagen과 함께 몸의 조직을 구성한다. 피부, 관절, 연골, 안구, 장기의 탄력성을 유지하고 조직의 기능을 유지하고 노화를 예방한다.

② Collagen(피부기능 유지 개선) : 피부기능의 유지에 불가결의 물질이다. 칼슘의 골 조직에의 흡수를 촉진하고 혈관을 강화하며 면역력을 높여 노화를 예방한다. 안정피로 개선, 골다공증을 예방한다.

③ Taurine(동맥경화 억제) : 아미노산의 일종으로 콜레스테롤을 대사하여 체외 배출을 촉진한다. 심장기능 강화, 동맥경화 예방, 혈압저하, 간장의 해독작용을 강화한다.

[선별법·보존법]

미꾸라지는 포장하여 팔고 있으나 생 그대로를 요리하는 것이 더 맛이 있다. 복부가 크고 살아 있는 것이 좋고 큰 것이 좋다. 살아 있는 미꾸라지는 큰 물통에 넣어서 진흙을 토하게 하여 진흙 냄새를 토하게 한다. 수돗물도 좋으니 매일 물을 갈아준다.

민 어

- 분 류: 어류
- 학 명: *Miichthys miiuy*
- 과 명: 민엇과
- 영 명: Brown croaker, miiuy croaker, drums
- 한문명: 면어(鮸魚), 회어(鮰魚)
- 방 언: 개우치, 홍치(전남), 불등거리, 보굴치, 가리, 상민어, 어스래기
- 에너지(100g 당): 86 kcal

[분포 · 생태 · 역사]

민어과에 속하는 바닷물고기이다. 몸길이는 40∼90 cm로 길쭉하고 주둥이는 둔하고 아래턱이 위턱보다 짧다. 짧은 수염이 있고 등지느러미의 앞쪽이 잘록하다. 우리나라의 서남연해, 일본 중부 이남 등에 분포한다.

[특 징]

수심 40∼120m 되는 근해의 바닥이 펄질인 곳에 주로 서식하며 낮에는 저층에, 밤에는 약간 부상하는 수직이동을 한다. 우리나라 서해, 발해, 중국 산동반도에 서식하는 무리는 가을이 되면 남하하여 제주도 서방해역에서 월동하다가 봄이 되면 다시 북쪽으로 이동한다.

12∼3월에 제주도 남방해역에서 월동한 무리는 봄이 되면 북서방향으로 이동하여 중국 연안에서 서식하고 가을이면 남동방향으로 이동한다. 산란기는 7∼9월의 여름철로서 남쪽이 빠르고 북쪽일수록 늦으며 우리나라에서는 인천, 덕적도 앞바다가 주 산란장이다. 전장 40cm 이하에서는 성숙하지 않으며 50cm 이상 되어야 성숙하고 50∼65cm 크기면 약 72∼216만 개의 알을 가진다.

1∼5월에는 거의 성장하지 않고 6∼12월에는 급속히 성장하며 만 1년이면 전장 33cm, 2년이면 43cm, 3년이면 51cm, 4년이면 56cm, 5년이면 60cm, 6년이면 63cm로 자란다. 전장 90cm, 수명은 12∼13년이다. 새우류, 게류, 작은 어류, 두족

류 등을 잘 먹으며 특히 저서성 동물을 포식한다.

[주요 영양소(가식부 100g당/생)]

- 단백질 : 18.0g
- 지질 : 0.8g
- 칼슘 : 22 mg
- 철 : 0.3 mg

박 대

- 분 류 : 어류
- 학 명 : *Cynoglosus semilaevis*
- 과 명 : 참서댓과
- 영 명 : Tongue sole
- 에너지(100g 당) : 90 kcal

[주요 영양소(가식부 100g당/생)]

- 단백질 : 19.2g
- 지질 : 0.7g
- 칼슘 : 15 mg
- 철 : 0.3 mg

방 어

- 분 류 : 어류
- 학 명 : *Seriola quinqueradiata*
- 과 명 : 농어목, 전갱잇과
- 영 명 : Yellow tail, Japanese amberjack, amberjack
- 한문명 : 방어(魴魚)
- 방 언 : 무태방어, 마래미(함남), 마르미, 떡마르미, 방치미르미(강원), 사배기(경북)

• 어획기 : 겨울철
• 에너지(100g 당) : 101 kcal

[기대되는 작용]

혈전방지, 동맥경화 예방, 뇌기능 유지 개선, 뼈의 강화, 고혈압 예방, 알레르기 억제, 암 등을 억제하고 뇌의 발육 촉진, 뇌졸중, 골연화증, 골다공증 등을 예방한다.

[분포 · 생태 · 역사]

전갱잇과에 속하는 해안성 회유어로 우리나라의 동해안, 일본, 대만 등에 분포한다. 몸길이는 1～1.5m 정도이고 모양은 긴 방추형이고 주둥이는 원추형이다. 등 쪽이 금속광택을 내는 푸른색이며 배 쪽은 은백색을 띤다. 성어는 12～2월의 것이 맛이 좋다.

[특 징]

단백질과 지방이 풍부하고 무기질, 비타민을 균형이 있게 함유한다. 간 기능을 강화하는 taurine이 많다. 고도불포화지방산인 DHA는 다랑어, 정어리, 참돔(참도미) 다음으로 많고 그리고 EPA의 함유율이 많은 것이 특징이다. 지방분이 많기 때문에 DHA, IPA, POA(팔미트올레인산) 등의 고도불포화지방산의 함유량이 많고 거무스름한 살에는 taurine이 풍부하다. 생선회, 소금구이 등 요리는 다채롭다. 천연의 것은 귀하고 양식의 것이 지방이 많으나 영양적으로는 변하지 않는다.

[주요영양소(가식부 100g 당 / 성어 · 생)]

• 단백질 : 21.4g(amino acid score 100)
• 지질 : 0.8 mg
• 칼슘 : 16 mg
• 철 : 0.7 mg
• 나이아신 : 7.8 mg

[주요 생리기능 성분(추정기능)]

① IPA(EPA)(혈전방지) : 불포화지방산이다. 혈전의 형성을 억제하고 혈액의 유동

성을 높여 동맥경화, 고혈압을 예방한다. 아토피 증상을 완화·개선하고 암을 예방한다. 항 혈전작용이나 콜레스테롤치 저하작용은 DHA보다 강하다고 한다.

② DHA(뇌신경세포 기능의 유지) : 불포화지방산이다. α-Linolenic acid에서 IPA를 개재하여 생성한다. 뇌세포를 발달·활성화시켜 기억력, 학습력을 향상시키고 콜레스테롤치를 내린다. 아토피성 피부염 등의 알레르기 증상을 완화·개선하고 암을 예방한다.

③ Taurine(동맥경화 억제) : 아미노산의 일종으로 콜레스테롤을 대사하여 체외 배출을 촉진한다. 심장기능 강화, 동맥경화를 예방하고 혈압저하, 간장의 해독작용을 강화한다.

[선별법·보존법]

겨울 방어는 1m 이상의 대형으로 몸은 단단한 것을 고른다. 그리고 천연의 고기토막은 엷은 핑크색이 섞인 것이 좋다.

밴댕이

- 분 류 : 어류
- 학 명 : *Sardinella zunasi*
- 과 명 : 청어목, 청엇과
- 영 명 : Japanese sardinella, Japanese big eyed herring
- 방 언 : 반댕이, 빈징어, 순뎅이, 뒤파리, 뒤포리, 반전어, 지구리, 순정이, 띠푸리, 반담이, 반지매
- 어획기 : 5~6월
- 에너지(100g 당) : 225 kcal

[분포·생태·역사]

청엇과의 연해어로 우리나라의 서 남해에서 5~6월에 많이 잡힌다. 몸길이는 12 cm 정도로 전어와 비슷한 생김새를 하고 있으나 등지느러미에 실모양의 줄기는 없다. 몸빛은 등 쪽이 푸른기가 도는 붉은 빛이고 옆과 배는 은백색이다.

[특 징]

봄부터 가을까지는 수심이 얕은 만이나 하구 부근에 머물다가 겨울이 되면 수심 20～50m인 연안, 만 중앙부로 이동하여 월동하며 담수의 영향을 받는 하구 부근에 자주 출현한다. 바깥 바다와 면해 있는 연안 또는 내만의 모래바닥에 주로 서식하며 강 하구 부근까지 올라간다. 전장 15cm이며 육식성으로 주로 동물성 플랑크톤을 먹는다.

[주요 영양소(가식부 100g당)]

- 단백질 : 16.3g
- 지질 : 16.5g
- 칼슘 : 175 mg
- 철 : 1.9 mg
- 비타민 B_2 : 0.24 mg
- 나이아신 : 1.9 mg

뱀장어

- 분 류 : 어류
- 학 명 : *Anguilla japonica*
- 과 명 : 뱀장어목, 뱀장엇과
- 영 명 : Eel, commone eel, Japanese eel, anguilla glass eel
- 한문명 : 만(鰻)
- 이 명 : 추어(鰻魚), 약어(若魚)
- 방 언 : 민물장어, 꾸모장어, 참장어, 드물장어, 배미장어, 군장어, 장치, 비암치, 먹장어
- 어획기 : 여름～가을철
- 에너지(100g 당) : 223 kcal

[기대되는 작용]

동맥경화 예방, 혈전방지, 간 기능 강화, 고혈압 예방, 시력 유지 개선, 피부・점막의 보호, 뇌기능 유지 개선에 유효하다.

[분포・생태・역사]

우리나라 전 연안, 일본, 중국에 분포하고 서식장은 강이나 저수지, 도랑, 늪 등지에 서식하며 낮에는 물밑이나 풀 속에 숨어 있다. 민물에서 5～12년간 서식하다가 성숙되면 8～10월경 산란하러 깊은 바다로 내려가 알을 낳고 죽으며, 부화된 새끼는 난류를 따라 이동하여 각 연안의 하천을 따라 올라가 담수생활을 한다. 산란기는 2～5월로 추정되며 산란장은 필리핀 북쪽의 루손(Luzon)섬 부근 수역으로 높은 수온과 높은 염분도를 가진 깊은 바다로 추정되며 700～1,270만 개의 알을 낳고 죽는다.

부화된 새끼는 렙토세팔루스라는 반투명한 버들잎 모양의 유생으로 난류를 따라 북상하여 우리나라 강 하구에서 실뱀장어로 변태하여 강이나 하천으로 올라간다. 부화 직후 렙토세팔루스는 전장 25～54mm, 변태 직후에는 전장 50～80mm로 강으로 올라가며 강에는 1년 정도 자라면 전장 20～25cm로 된다. 전장 1m까지 자란다. 먹이는 물속에 사는 갑각류, 작은 어류 등을 잡아먹으며 겨울동안이나 산란하러 바다로 내려갈 때는 먹이를 전혀 먹지 않는다.

[특 징]

뱀장어과에 속하는 바닷물고기이다. 양질의 단백질이나 비타민 A・D・E 그리고 비타민 B_1・B_2・칼슘 등을 균형 있게 풍부하게 함유한다. 면역력을 높이는 비타민 A는 특히 많고 생선묵 한 코치(약 120g)는 성인의 섭취목표량의 3일분을 취할 수 있는 정도의 양이다. 그리고 간에 함유되는 양은 어패류 중에서 최고이다. 양식의 것은 천연의 것보다 지방이 많고 고에너지이나 사료에 정어리나 꽁치 등의 청어(靑魚)를 사용하므로 뱀장어 자체에도 이들의 지방산이 축적되어 생활습관병 예방에도 기대된다. 조리의 방법에 따라서 영양가는 별로 차이가 없다고 한다. 풍부한 비타민 A와 지방산이 면역력을 높여서 체력을 강화한다.

[주요 영양소(가식부 100g 당 / 양식・생)]

- 단백질 : 14.4g
- 지질 : 17.1g
- 칼슘 : 157 mg
- 철 : 1.6 mg
- 나이아신 : 4.5 mg
- 비타민 A : 2,400 ㎍
- 비타민 D : 18 ㎍

- 비타민 E : 7.4 mg

[주요 생리기능 성분(추정기능)]

① Mucin(면역기능 강화) : 체표에서 분비되는 점질성분이다. 당을 함유한 단백질로 수용성 식이섬유의 유연물질로서 면역력을 높여 위의 점막을 보호하고 자양강장, 리포회복에 유효하다.
② IPA(EPA)(혈전방지) : 불포화지방산이다. 혈전의 형성을 억제하고 고혈압을 예방한다. 알레르기 증상을 완화·개선하고 암을 예방한다. 항 혈전작용이나 콜레스테롤치 저하작용은 DHA보다 강하다고 한다.
③ DHA(뇌신경세포 기능의 유지) : 불포화지방산이다. α-Linolenic acid에서 IPA를 개재하여 생성한다. 뇌세포를 발달·활성화시켜 기억력, 학습력을 향상시키고 콜레스테롤치를 저하한다. 아토피성 피부염 등의 알레르기 증상을 완화·개선시키고 암을 예방한다.

[선별법 · 보존법]

양식의 것이라면 150g 이내의 것이. 맛이 좋다. 체표에 광택이 있고 몸체가 튼튼하여 꼬리에 상처가 적은 것을 고른다.

뱅 어

- 분 류 : 어류
- 학 명 : *Salangichthys microdon*
- 과 명 : 뱅엇과
- 영 명 : Ice fish, glass fish, white fish, Japanese ice fish
- 한문명 : 백어(白魚)
- 에너지(100g 당) : 68 kcal

[분포 · 생태 · 역사]

뱅엇과의 근해어의 바닷물고기로 우리나라의 동해안에서 많이 난다. 강을 거슬러 올라와 산란하는 특성을 가지고 있다. 대가리는 뾰족하고 입이 나와 있으며 몸길이는 10 cm 정도이고 몸빛은 누런색이 도는 은빛으로 약간 투명하고 배에는 작고 검은 점이 흩여져 있다.

[특 징]

연어, 송어에 가까운 바닷물고기이지만 소형 반투형으로 죽으면 희게 된다. 성분적으로 수분함량이 많고 단백질의 함량이 적으며 맛이 담백하다.

[주요 영양소(가식부 100g 당 / 생)]

- 단백질 : 13.3g(amino acid score)
- 지질 : 1.1g
- 칼슘 : 60～120 mg
- 철 : 0.4 mg

병 어

- 분 류 : 어류
- 학 명 : *Pampus argenteus*
- 과 명 : 농어목, 병엇과
- 영 명 : Silver pomfret, white pomfret, pomfret, butter fish
- 한문명 : 창어(鯧魚)
- 방 언 : 병치(전남), 편어(서해안), 벵어(철산), 병단이(진남포), 벵어(경남)
- 어획기 : 여름철
- 에너지(100g 당) : 130 kcal

[기대되는 작용]

혈전방지, 뇌기능 유지 개선, 동맥경화 예방, 세포노화 방지, 피부・점막 보호, 뼈의 강화, 고혈압 예방 등에 유효하다.

[분포・생태・역사]

병어과 속하는 외양어의 바닷물고이다. 산란기에는 육지 가까이 접근하는데 우리나라의 전 연안에서 잡힌다. 몸길이는 60 cm 정도, 몸길이가 46 cm 정도로 세로로 납작하고 전체적으로 마름모꼴을 하고 있다. 몸빛은 등 쪽이 푸른빛을 띤 은백색,

배 쪽은 은백색이다. 몸 전체가 벗겨지기 쉬운 잔 비늘로 덮여 있고 눈과 입이 작다. 일본 칸사이(關西)에서는 회석요리(懷石料理 : 만든 차례대로 한 가지씩 손님에게 내놓는 고급 일본요리)에도 사용되는 고급 물고기이다.

[특 징]

가다랑어의 이름이 붙지만 실제는 농엇목으로 분류된다. 참돔은 근연종이다. 맛이 있는 계절은 여름철이나 통년 어획된다. 몸체는 담백하나 지방이 흠뻑 붙어 맛이 난다. 단백질과 지방도 풍부하다. 또 점막이나 피부를 든든하게 하는 비타민 A, 유전자의 합성에 필요한 비타민 B_{12}도 풍부하다. 무기질로는 뼈나 치아의 강화에 불가결한 칼슘, 마그네슘, 인을 많이 함유한다.

[주요 영양소(가식부 100g 당 / 생)]

- 단백질 : 16.4g
- 지질 : 6.3g
- 칼슘 : 22 mg
- 철 : 0.4 mg
- 비타민 A : 90 μg
- 나이아신 : 3.2 mg

[주요 생리기능 성분(추정기능)]

① IPA(EPA)(혈전방지) : 불포화지방산이다. 혈전의 형성을 억제하고 혈액의 유동성을 높여 동맥경화, 고혈압을 예방한다. 아토피성 피부염이나 천식의 알레르기 증상을 완화·개선하고 암을 예방한다. 항 혈전작용이나 콜레스테롤치 저하작용은 DHA보다 강하다고 한다.

② DHA(뇌신경세포 기능의 유지) : 불포화지방산이다. α-Linolenic acid에서 IPA를 개재하여 생성한다. 뇌세포를 발달·활성화시켜 기억력, 학습력을 향상시킨다. 정보전달·신경조직의 기능을 유지하고 노인성 인지증을 개선한다. 콜레스테롤치를 저하한다. 아토피성 피부염 등의 알레르기 증상을 완화·개선하고 암을 예방한다.

[선별법·보존법]

고기가 긴장되어 있고 몸이 은색으로 빛나고 있는 것이 선도가 좋은 것이다. 비늘이 떨어지지 않는 것을 고른다.

복어(류)

- 분 류: 어류
- 학 명: *Fugu vermicularis porphyreus*(검복어)
- 과 명: 참복과
- 영 명: Puffer fish, genuine puffer, glober fish, puffer
- 한문명: 복어(鰒魚), 기포어(氣泡魚), 폐어(肺魚), 앵무어(鸚鵡魚), 황복(黃鰒), 강복(江鰒)
- 방 언: 복장어, 복쟁어, 복쟁이, 복어, 참복(경남, 전남), 복류, 하돈(河豚)
- 어획기: 겨울철
- 에너지(100g 당): 84 kcal

[기대되는 작용]

피부기능 유지 개선, 세포노화 방지, 뼈의 강화, 면역력 강하, 안정피로 개선, 알레르기 억제, 암 등을 억제하고 성기능 개선, 갱년기 장해를 예방한다.

[분포 · 생태 · 역사]

복어는 참복과에 속하는 바닷물고기를 총칭한다. 복류는 연안어로서 많은 종류가 있다. 복어(鰒魚)는 전 세계적으로는 100종류 이상이 있고 우리나라에는 18종의 복어가 알려져 있다. 한명으로는 기포어(氣泡魚), 폐어(肺魚), 앵무어(鸚鵡魚) 등이 있으며 황복(黃鰒)과 같이 담수 복어는 강복(江鰒) 또는 하돈(河豚)이라고도 한다. 몸이 똥똥하고 등지느러미가 작으며 이가 날카롭다. 수면에서 위협을 받으면 공기를 들여 마셔 배를 불룩하게 내밀어 공처럼 몸을 부풀리는 성질이 있다. 복어를 식용으로 하는 나라는 우리나라, 일본 중국, 동남아 및 이집트 등이다

[특 징]

복어는 맛이 좋아 예로부터 식용으로 이용되었으나 tetrotoxin이라는 무서운 독이 있는 물고기이다. 이 독은 맹독성으로 청산칼리(KCN)의 10배 이상의 독성을 나타내며 복어의 일종인 30 cm 크기의 가지복 한 마리는 30여 명의 목숨을 앗을 수 있

는 정도로 독물성 자연 독으로는 제일 강한 것이다. 복어의 부위 중 난소, 간장, 내장, 혈액에 이 독이 많이 함유되어 있다. 근육에는 독이 없으나 죽은 뒤에 다른 부위로부터 오염될 수 있다. 이 독소는 열, 소화효소, 산 등에 파괴되지 않으므로 단순이 가열요리를 한다고 해서 식중독을 예방할 수 없다.

제철은 가을부터 봄까지로 겨울에 잡은 것이 살과 일의 맛이 좋다. Taurine은 혈관, 심장, 간 기관지 등 다양한 장기, 기관장애에 효과가 있고 그 중에서도 중장년층 이상의 사람들이 걸리기 쉬운 동맥경화, 고혈압의 개선에 효과적이다. 복어의 껍질에 함유된 gelatin은 피부탄력을 유지하는 데 효과적이라 한다.

[주요 영양소(가식부 100g당 / 복어 · 생)]

- 단백질 : 18.9g(amino acid score 100)
- 지질 : 3.1g
- 비타민 B_6 : 0.5 mg
- 비타민 D : 6 μg
- 비타민 E : 0.6 mg

[주요 생리기능 성분(추정기능)]

① IPA(EPA)(혈전방지) : 불포화지방산이다. 혈전의 형성을 억제하고 혈액의 유동성을 높여 동맥경화, 고혈압 등을 예방한다. 아토피성 피부염이나 천식의 알레르기 증상을 완화 · 개선하고 암을 예방한다.

② DHA(뇌신경세포 기능의 유지) : 세포를 발달 · 활성화시켜 기억력을 향상시키고 콜레스테롤치를 저하한다. 알레르기 증상을 완화 · 개선하고 암을 예방한다.

③ Callagen(피부기능 유지 개선) : 피부기능의 유지에 불가결의 물질이다. 칼슘의 골 조직에의 흡수를 촉진하고 혈관을 강화하고 노화를 예방한다. 복어껍질에 많이 함유되어 있다.

[선별법 · 보존법]

가정에서는 머리와 껍질, 내장을 제거하여 식용으로 한다. 식용으로 구입할 때는 가시복, 점복, 꺼끌복, 매리복, 밀복, 황복, 흰점복을 택할 것이다.

[종류와 무리]

■ 검 복

학 명: *Takifugus porohyreus*

과 명: 복어목, 참복과

영 명: Purple puffer, genuine puffer

방 언: 복장어, 복쟁이, 복어, 참복(경남, 전남)

■ 자주복

학 명: *Takifugus rubrips*

과 명: 복어목, 참복과

영 명: Tiger puffer, ocellate puffer

방 언: 참복(부산), 가지복(동해안), 점복(여수), 복복어, 북북어(함남)

■ 졸 복

학 명: *Takifugus pardalis*

과 명: 복어목, 참복과

영 명: Panther pufer

방 언: 밀복, 노랑복

■ 흰점복

학 명: *Takifugus poecilonotus*

과 명: 복어목, 참복과

영 명: Fine patterned puffer

방 언: 없음

■ 황 복

학 명: *Takifugus obscurus*

과 명: 복어목, 참복과

영 명: Yellow puffer

방 언: 하돈

■ 섬 복

학 명: *Takifugus niphobles*

과 명: 복어목, 참복과

영 명: Grass puffer

방 언: 복쟁이, 복어새끼(부산)

■ 참 복

학 명: *Takifugus chinensis*
과 명: 복어목, 참복과
영 명: Eye spot puffer
방 언: 없음

■ 자주복
학 명: *Takifugus rubripes*
과 명: 복어목, 참복과
영 명: Tiger puffer, ocellate puffer
방 언: 참복(부산), 가시복(동해안), 점복어(여수), 복북어, 북북어(함남)

■ 까치복
학 명: *Takigus xanthopterus*
과 명: 복어목, 참복과
영 명: Striped puffer, yellowfin puffer
방 언: 없음

■ 가시복
학 명: *Diodon holocanthus*
과 명: 복어목, 가시복과
영 명: Porcupine fish, spiny puffer, balloonfish
방 언: 충복(충남)

볼기우럭

- 분 류: 어류
- 학 명: *Malakichthys wakiyae*
- 과 명: 반딧불 게르칫과
- 영 명: Temperate bass
- 에너지(100g 당): 129 kcal

[주요 영양소(가식부 100g 당)]

- 단백질: 18.7g
- 지질: 5.3g

- 칼슘 : 84 mg
- 철 : 0.7 mg
- 나이아신 : 4.1 mg

볼 락

- 분 류 : 어류
- 학 명 : *Sebastes inermis, Sebastes matsubarae, Sebastes baramenuke*
- 과 명 : 쏨뱅이목, 양볼락과
- 영 명 : Black rockfish, darkbanded rockfish, rockfish
- 한문명 : 목장(目張), 안장(眼張)
- 이 명 : 두부어(杜夫魚), 황유어, 천징어
- 방 언 : 뽈낙이, 뽈낙구, 열기, 순볼래기(전남), 꺽저구(경북), 열광어, 우레기
- 어획기 : 봄~여름철
- 에너지(100g 당) : 93 kcal

[기대되는 작용]

혈전방지, 동맥경화 예방, 뇌기능 유지 개선, 뼈의 강화, 고혈압 예방, 위궤양 예방, 활성산소 소거, 암 억제 등에 유효하다.

[분포 · 생태 · 역사]

양볼락과에 속하는 물고기로서 바다 깊이(200m) 서식한다. 볼락은 우럭볼락, 황점볼락, 누루시 볼락 등이 있다. 볼락은 근해어로 몸길이 20~30 cm 정도이며 모양은 실복형이다. 주둥이 끝이 뾰족하고 이가 밖으로 뻗어 나와 있으며 눈이 불거져 나왔으며 크다. 옆구리에 대여섯 줄의 희미한 검은 띠가 있고 온대성 근해 어종으로 연안의 암초에 지역에 산다. 한국, 일본 홋카이도 이남 등지에 분포한다. 새끼를 낳는 특성이 있으며 고기 맛이 좋다.

[특 징]

우리나라 연안에 생식하는 몸길이 약 20~30 cm 정도로 아래턱이 나와 있는 것이 특색이다. 옛날부터 서민들의 식탁에 오르는 대중 어이다. 생식장소에 따라 색이

달라진다. 볼락의 몸은 담백으로 봄에서 여름에 걸쳐 몸이 단단하고 겨울은 기름이 쪄 맛이 증가된다. 고혈압을 예방하는 칼륨, 뼈의 강화에 작용하는 인이 풍부하다

[주요 영양소(가식부 100g 당 / 생)]

- 단백질 : 19.3g
- 지질 : 1.0g
- 칼슘 : 42 mg
- 철 : 0.6 mg
- 나이아신 : 1.8 mg

[주요 생리기능 성분(추정기능)]

① IPA(EPA)(혈전방지) : 불포화지방산. 혈전의 형성을 억제하고 혈액의 유동성을 높여 동맥경화, 고혈압 등을 예방한다. 알레르기 증상을 완화·개선하고 암을 예방한다. 항 혈전작용이나 콜레스테롤치 저하작용은 DHA보다 강하다고 한다.

② DHA(뇌신경세포 기능의 유지) : 불포화지방산이다. 뇌세포를 발달·활성화시켜 기억력, 학습력을 향상시키고 정보전달·신경조직의 기능을 유지한다. 노인성 인지증을 개선하고 콜레스테롤치를 저하한다. 알레르기 증상을 완화·개선시키고 암을 예방한다.

③ Astaxanthin(활성산소 소거, 항암) : 껍질부분에 함유되는 붉은 색소 성분이다. 활성산소를 소거하여 동맥경화를 예방하고 스트레스성 면역저하를 억제한다. 항암, 백내장, 위궤양 등을 예방한다.

[선별법·보존법]

몸길이 20 cm 정도의 중형의 것이 좋다. 몸에는 장력이 있고 눈이 검고 맑으며 광택이 있는 것. 아가미는 선명하고 붉은 색을 띠고 있는 것을 고른다.

붕 어

- 분 류 : 어류
- 학 명 : *Carassius auratus*
- 과 명 : 잉엇과

- 영 명: Crucian carp
- 한문명: 부어(鮒魚), 즉어(鯽魚)
- 어획기: 겨울철
- 에너지(100g 당): 94 kcal

[기대되는 작용]

피로회복, 빈혈개선, 면역력 강화, 암 억제 등에 유효하다.

[분포 · 생태 · 역사]

잉엇과에 속하는 민물고기로 몸길이는 10～15 cm에 달하는 것도 있다. 잉어에 비하여 납작하고 수염이 없는 것이 특징이다. 잡식성 물고기로 닥치는 대로 먹으며 번식력도 왕성하다 붕어는 산지에 따라서 크기와 맛이 다르다. 몸빛도 살고 있는 물의 종류에 따라서 다소 다르다. 흐린 물에 사는 것은 누런빛을 띤다. 이 물고기의 사양변종이 금붕어이다. 한국을 비롯한 일본, 중국, 등의 아시아뿐만 아니라 유럽에까지 널리 분포한다.

[특 징]

붕어는 옛날부터 식용한 것으로 안다. 고단백질 · 저지방이고 조혈에 부가결의 철이나 세포의 신진대사를 촉진하는 아연이 풍부하다. 피로회복을 빨리하는 비타민 B_1도 많다.

일본의 붕어초밥은 유산발효의 작용으로 뼈가 소화되어 쉽게 먹을 수 있다. 또한 발효로 아미노산에 까지 분해되어 있으므로 소화흡수가 우수하다. 붕어, 잉어, 미꾸라지 등 담수어에는 비타민 B_1의 분해효소인 thiaminase가 함유되어 있으므로 가열처리하여 식용하여야 한다.

[주요 영양소(가식부 100g 당 / 생)]

- 단백질: 18.2g
- 지질: 1.8g
- 칼슘: 56 mg
- 철: 2.4 mg
- 나이아신: 2.6 mg

[주요 생리기능 성분(추정기능)]

① Rectin(감염방지, 면역기능 증강) : 단백질의 일종이며 면역기능을 강화하여 암을 억제한다.

붕장어

- 분 류: 어류
- 학 명: *Conger myriaster, Astroconger myriaster, Ango anago*
- 과 명: 붕장어목, 붕장엇과
- 영 명: White spotted conger, common conger, congerell
- 한문명: 용자(穴子 : 아나고), 해만(海鰻), 해장풍어(海長風魚)
- 이 명: 아나고
- 방 언: 붕어지(충남, 황해도), 꾀장어(전남), 장관 벵찬(함남), 참장어(진도)
- 어획기: 여름철
- 에너지(100g 당) : 135 kcal

[기대되는 작용]

혈전방지, 뇌기능 유지 개선, 동맥경화를 예방한다. 피부・점막 보호, 시력유지 개선, 뼈의 강화, 세포노화 방지, 시력저하, 노화, 골다공증 예방, 피부질환 예방 등에 유효하다.

[분포・생태・역사]

먹붕장엇과에 속하는 바닷물고기로서 뱀장어와 비슷하나 몸길이는 60~90 cm로 가드라란 원통모양이며 꼬리는 측편이며 주둥이는 크고 날카롭다. 내해 또는 내만에 생식한다. 낮에는 해저에 구멍을 파고 들어가고 밤에는 먹이를 찾아 나온다. 우리나라와 일본에 분포되어 있는 중요한 어종의 일종으로 맛이 좋다.

[특 징]

붕장어의 지방은 장어의 약 반 정도로 낮고 식미도 가볍다. 비타민 A가 특히 많고 찜 붕장어라면 100g로 1일의 목표 섭취량을 취할 수 있다. 노화예방에 유효 비타민 E, 뼈를 강화하는 칼슘도 풍부히 한유한다. IPA가 풍부하여 붕장어 요리로 고혈압을 예방하고 나이가 많은 사람에게는 장어보다 붕장어를 추천하고 여름철의 갯장어 요리로 스태미나를 향상시키고 변비해소, 깨끗한 피부를 만드는 데 '붕장어 우엉말이'를 권하다.

[주요 영양소(가식부 100g 당 / 생)]

- 단백질 : 17.3g
- 지질 : 6.4g
- 칼슘 : 35 mg
- 비타민 A : 500 ㎍
- 비타민 E : 2.3 mg
- 철 : 0.5 mg
- 나이아신 : 3.1 mg

[주요 생리기능 성분(추정기능)]

① IPA(EPA)(혈전방지) : 불포화지방산이다. 혈전의 형성을 억제하고 혈액의 유동성을 높여 동맥경화, 고혈압을 예방한다. 아토피성 피부염이나 천식의 알레르기 증상을 완화・개선하고 암을 예방한다. 항 혈전작용이나 콜레스테롤치 저하작용은 DHA보다 강하다고 한다.

② DHA(뇌신경세포 기능의 유지) : 불포화지방산이다. α-Linolenic acid에서 IPA를 개재하여 생성한다. 뇌세포를 발달・활성화시켜 기억력, 학습력을 향상시키고 정보전달・신경조직의 기능을 유지한다. 노인성 인지증을 개선하고 콜레스테롤치를 저하시킨다. 아토피성 피부염 등의 알레르기 증상을 완화・개선하고 암을 예방한다.

[선별법・보존법]

1년 중 출회되고 있으나 맛있는 시기는 여름철이다. 체색은 물엿색이거나 퇴색되지 않는 것이 좋다. 투명감이 있고 몸에 탄력이 있는 것을 고른다.

빙 어

- 분 류 : 어류

- 학 명 : *Hypomesus olidus*(빙어), *Hypomesus nipponensis*
- 과 명 : 바다빙엇과
- 영 명 : Spont smelt, smelt, ice fish
- 한문명 : 빙어(氷魚)
- 이 명 : 공어(空魚)
- 어획기 : 겨울~봄철
- 에너지(100g 당) : 85 kcal

[기대되는 작용]

뼈의 강화, 노화, 골연화증, 빈혈, 미각장해를 예방하고 성기능 개선, 다이어트 등에 유효하다.

[분포 · 생태 · 역사]

바다 빙어과에 속하는 물고기(바다 빙어, 민물 빙어)이다. 몸길이는 10~15 cm가량으로 가늘고 길며 조금 측편이다. 보통 하천의 하류나 하구부근의 바다에 사는데 우리나라 북부, 일본 중부에 분포한다. 호리호리한 몸으로 엷은 황회색, 복 측은 은백색, 체표에는 흑색의 선이 있다. 1년으로 성어로 되고 봄에 하천을 헤어 올라가 수초에 알을 낳고 일생을 끝낸다. 해를 넘긴 빙어는 20 cm 정도 크게 된다.

[특 징]

빙어는 지질이 적고 담백한 맛으로 굽거나 찜으로서 먹는다. 통째로 먹을 수 있어 임신 중이나 수유중의 사람, 골다공증에 걱정되는 사람, 발육이 왕성한 아이들의 칼슘의 자원으로서 이상적인 식품이다. 칼슘은 뼈를 튼튼한 것만이 아니고 혈액이나 정신을 안정시키거나 근육세포의 작용을 조정하는 작용도 있다. 또 칼슘과 협력하여 치아나 뼈를 강화하는 인이나 혈액중의 칼슘과 인의 균형을 조정하는 비타민 D도 함유한다.

특히 셀렌과 비타민 E의 상승작용으로 노화방지에 효과를 나타내고 칼슘 량도 풍부하여 갱년기 전후의 건강에 아주 중요한 역할을 한다. 그리고 철분 부족으로 인한 빈혈에도 도움을 준다.

[주요 영양소(가식부 100g 당 / 생)]

- 단백질 : 18.4g(amino acid score 90)
- 지질 : 0.8g
- 칼슘 : 78 mg
- 철 : 0.9 mg
- 비타민 B_{12} : 7.9 μg
- 비타민 D : 2 μg
- 나이아신 : 2.6 mg

[선별법 · 보존법]

은백색으로 비치며 몸은 긴장이 있는 것, 복부는 조금 오래 되면 갈라지므로 아주 신선한 것을 고른다. 비늘은 떨어지기 쉬우므로 선도의 목표로는 되기 어렵다.

삼 치

- 분 류 : 어류
- 학 명 : *Scomberomorus niphonius*
- 과 명 : 고등엇과
- 영 명 : Spanish mackerel, Japanese eer fish, spotted mackerel
- 한문명 : 춘(鰆 : 상어춘)
- 이 명 : 마교(馬鮫), 마어(麻魚), 망어(亡魚)
- 어획기 : 가을~겨울철
- 에너지(100g 당) : 108 kcal

[기대되는 작용]

혈전방지, 뇌기능 유지 개선, 동맥경화 예방, 고혈압 예방, 알레르기 억제, 암 억제 등에 유효하다.

[분포 · 생태 · 역사]

동갈 삼칫과에 속하는 바닷물고기이다. 몸길이 1m 정도. 몸체 중량은 4 kg의 대형 어이다. 우리나라 근해에 널리 분포한다. 몸빛은 청색의 푸른 갈색의 얼룩무늬가 있고 배는 희다. 살결이 가늘고 단단한 육질로 소금구이 등으로 요리한다. 단백질과 불포화지방산 IPA가 풍부하다. 신진대사를 촉진하는 비타민 B_1이나 niacin, 혈압을 내리는 칼륨도 많다.

[특 징]

삼치는 춘(鰆)이라고 하는 것과 같이 난류를 회류하다가 봄이 되면 산란은 내만에 들어오는 등푸른 물고기이다. 가을부터 봄철에 특히 맛이 좋다. 기생충 위험이 있으므로 생식은 피한다.

[주요 영양소(가식부 100g 당 / 생)]

- 단백질 : 19.0g
- 지질 : 2.7g
- 칼슘 : 9.0 mg
- 비타민 D : 7 μg
- 비타민 E : 0.3 mg
- 나이아신 : 8.9 mg

[주요 생리기능 성분(추정기능)]

① IPA(EPA)(혈전방지) : 불포화지방산이다. 혈전의 형성을 억제하고 혈액의 유동성을 높여 동맥경화, 고혈압을 예방한다. 아토피성 피부염이나 천식의 알레르기 증상을 완화 · 개선하고 암을 예방한다. 항 혈전작용이나 콜레스테롤치 저하작용은 DHA보다 강하다고 한다.

② DHA(뇌신경세포 기능의 유지) : 불포화지방산이다. α-Linolenic acid에서 IPA를 개재하여 생성한다. 뇌세포를 발달 · 활성화시켜 기억력, 학습력을 향상시키고 정보전달 · 신경조직의 기능을 유지한다. 노인성 인지증을 개선하고 콜레스테롤치를 저하한다. 아토피성 피부염 등의 알레르기 증상을 완화 · 개선하고 암을 예방한다.

[선별법 · 보존법]

어체가 부드러운 것은 피한다. 배를 만져봐 단단한 것을 고른다. 아가미가 깨끗하고 몸에 광택이 있고 체측에 있는 반점이 신선한 것이 좋다.

상어(류)

- 분 류: 어류
- 학 명: *Mustelus manazo*(별상어)
- 과 명: 흉상어목, 까치상어과
- 영 명: Shark, star spoted smooth-hound, star spotted shark, gummy shark
- 방 언: 참상어(부산), 민도상어, 점상어, 점배기상어(전남), 거문기지(강원도), 게상어(충남), 저울도기, 저울상어(제주)
- 이 명: 교어(鮫魚), 사어(沙魚)
- 어획기: 가을철
- 에너지(100% 당): 85 kcal

[기대되는 작용]

뼈의 강화, 관절염 예방, 피부기능 유지 개선, 안정피로 개선, 고혈압 예방, 면역력 강화, 백내장 예방 등에 유효하다.

[분포 · 생태 · 역사]

악상엇목의 바닷물고기를 통틀어 이르는 말. 상어는 교류(鮫類)에 속하는 바닷물고기로서 고래상어, 팽이상어, 돌상어, 악상어, 수염상어, 별상어, 철갑상들을 모두 가르켜 상어(류)라 한다. 세계 중에 약 400종류가 존재하고 몸길이는 40 cm에서 1.8 이상인 것까지 다양하다. 유영성(遊泳性)의 것은 아가미에 해수를 통과시킴으로써만 호흡을 할 수 없으므로 헤엄을 멈추면 죽어 버린다. 수저에서 생활하는 저생성의 상어는 분수공이라는 호흡기관을 가지고 있어 언제나 헤엄칠 필요는 없다.

[특 징]

물고기 중에서 후각이 잘 발달해 있는 것과 다른 물고기와 달리 부레가 없는 것이 특징이다. 대개는 태생(胎生)이고 성질이 몹시 사나우며 민활하다 온대, 열대의 바다에서 산다. 상어류는 보통 경골어류와는 다른 육질이다. 골질이 부드러운 점과 육질이 특이한 냄새가 특징이다. 이 냄새는 상어류에 함유되어 있는 요소와 trimethylamine oxide가 사후 부패균에 의하여 분해되어 생성되는 암모니아와 trimethylamine에 의한다. 그리고 지느러미에는 피부의 탄력을 유지하는 collagen이나 elastin 등의 경단백질이 풍부하다. 또 상어의 간장에 함유되는 불포화탄화수소의

squalene은 화장품이나 건강식품에 이용된다. 열골에 함유되는 chondroitin 황산은 통풍의 치료약으로서 이용된다.

[주요 영양소(가식부 100g 당 / 상어 · 생)]

- 단백질 : 18.9g
- 지질 : 0.6g
- 비타민 B_1 : 0.11 mg
- 비타민 B_2 : 0.11 mg
- 비타민 E : 0.9 mg

[주요 생리기능 성분(추정기능)]

① Collagen(피부기능 유지 개선) : 체의 조직을 형성하는 단백질의 하나. 세포를 결합시켜 피부의 신진대사를 활성화하고 칼슘의 골 조직에의 흡수를 촉진한다. 혈관을 강화하여 면역력을 높여 노화를 예방하고, 안정피로를 회복하고 골다공증을 예방한다.

② Chondroitin(피부기능 유지) : 복합다당류의 일종이다. 피부 세포간의 결합조지에 분포, 피부기능을 유지한다.

③ Elastin(혈관 강화) : 혈관 벽, 건, 인대의 결합조직을 구성하는 단백질이다. 혈관기능을 유지한다.

④ Squalene(호르몬 원료) : 상어류의 간유에 많다. 성 호르몬 등의 steroid계 기능성분의 원료이다.

[선별법 · 보존법]

암모니아 냄새가 나는 것은 선도가 떨어져 있으므로 피할 것이다. 암모니아 냄새를 내기전의 신선한 것을 냉장한다. 냄새를 없애는 데는 물에 헹구거나 끓는 물에 데쳐낸다. 처절임 등으로 하면 냄새를 줄일 수 있다.

[종류와 무리]

■ 까치상어

학 명 : *Triakis scyllium*

과 명 : 흉상어목, 가치상어과

영 명: Icense bunner, banbed dofshark
방 언: 까치상어(전남, 경기도), 죽상어(통영, 부산, 흑산도)

- 청상아리

학 명: *Isurus rinchus*
과 명: 악상어목, 악상어과
영 명: Shortfin mako, blue pointer
방 언: 생아리, 청상아리, 청사리, 모두리, 죽두

- 꼬리기름상어

학 명: *Heptranchias perlo*
과 명: 신락상어목, 신락상어과
영 명: Seven gilled shark
방 언: 없음

- 곱상어

학 명: *Squalus scanthias*
과 명: 돌발상어목, 돌발상어과
영 명: Picked dogfish, spotted spiny dogfish
방 언: 곱바리(통영), 곰바리(경남), 돌바리상어(전남)

- 모조리상어

학 명: *Squalus megalops*
과 명: 돌발상어목, 돌발상어과
영 명: Shortnose, dogfish
방 언: 모조리상어(강원도)

- 표범상어

학 명: *Proscyllium habereri*
과 명: 흉상어목, 표범상어과
영 명: Graceful cat shark, tiger shark
방 언: 없음

- 은상어

학 명: *Chimaera phantasma*
과 명: 은상어목, 은상어과
영 명: See cat, elephat fish, silver chimaera

방 언: 없음

■ 괭이상어

학 명: *Heterodontus japonicus*

과 명: 괭이상어목, 괭이상어과

영 명: Bullhead cat shark, port jacklson shark

방 언: 애몽상어, 괭상어(충남), 고양이상어(경기), 전등이, 도렝이(제주도), 꼬내기(부산), 고동무치, 도롱상어(봉암도)

■ 삿징이상어

학 명: *Heterodontus zebra*

영 명: Spriped cat shark, spriped bullbead shark

방 언: 방어삿장이상어(부산)

■ 불범상어

학 명: *Halaelurus buergeri*

과 명: 홍상어목, 두툽상어과

영 명: Black spotted dogfish, black spotted catshark

방 언: 불범상어(전남)

이외에도 고래상어, 팽이상어, 돌상어, 악상어, 수염상어, 별상어, 철갑상어 등이 있다.

새치(류)

- 분 류: 어류
- 학 명: *Makaria indica, Makaria nigricans*(백새치), *Terapturus audax*(청새치)
- 과 명: 돛새칫과
- 영 명: Marlins, swordfishes

[분포 · 생태 · 역사]

새치류는 청새치(marlin), 황새치(swodfish) 등의 바닷물고기의 총칭이다. 다랑어와 비슷하나 턱이 길게 튀어 나와 있다. 청새치는 어니스트 헤밍웨이의 노인과 바다에 등장하는 물고기로 강하고 긴 모양의 턱이 특징이며 몸길이는 2~4m, 몸무게는 100～200 kg이나 나간다. 외양성 어류로서 고기 맛이 좋다. 육색은 종류에 따라 적색, 황적색, 백색 등 여러 가지이며 고기에 무늬가 있는 것도 있다.

[특 징]

육색은 종류에 따라 적색, 황적색, 백색 등 여러 가지이며 고기에 근육의 무늬가 있는 것도 있다. 수분이 비교적 적고 단백질의 함량은 적은 편이고 나이아신, 비타민 C의 함량이 많은 편이다.

[주요 영양소(가식부 100g 당/생)]

- 단백질 : 23.4g
- 지질 : 3.0g
- 칼슘 : 10 mg
- 철 : 0.5 mg
- 나이아신 : 8.0 mg
- 비타민 C : 2 mg

서 대

- 분 류 : 어류
- 학 명 : *Zebrias fasciatus*(노랑각시서대)
- 과 명 : 가자미목, 납서댓과
- 영 명 : Sole, many-banded sole
- 방 언 : 노라악시서대(한어)
- 에너지(100% 당) : 112 kcal

[특 징]

태평목의 양서댓과의 바다 물고기의 총칭이 서대이다. 나뭇잎처럼 납작한 모양을 하고 있으며 두 눈이 몸의 외쪽에 몰려 있고 눈 있는 쪽의 입술에 수염이 다수 붙어 있다. 바다의 밑바닥 땅속에 묻혀 산다.

[주요 영양소(가식부 100g 당)]

- 단백질 : 18.6g
- 지질 : 1.5g
- 당질 : 0.5%
- 무기질 1.2%

[종류와 무리]

- 용서대
  학 명 : *Cynoglossus abbreviatus*
  과 명 : 가자미목, 참서대과
  영 명 : Shortnose tongue sole
  방 언 : 용서대(여수)
- 참서대
  학 명 : *Cynoglossus joyneri*
  과 명 : 가자미목, 참서대과
  영 명 : Red tongue sole
  방 언 : 참머대
- 개서대
  학 명 : *Cynoglossus robustus*
  과 명 : 가자미목, 참서대과
  영 명 : Robust tongue fish
  방 언 : 대서대(한어)
- 흑대기
  학 명 : *Paraplagusia japonica*
  과 명 : 가자미목, 참서대과
  영 명 : Black tonguefish, black cow tongue
  방 언 : 흑대기, 서덕이(서해), 서대(남해)

송 어

- 분 류 : 어류
- 학 명 : *Oncorphynchus masou*

- 과 명 : 연어과
- 영 명 : Cherry salmon, masus salmon, Japanese char, trout
- 한문명 : 송어(松魚)
- 이 명 : 준어(鱒魚)
- 어획기 : 가을철
- 에너지(100g 당) : 121 kcal

[기대되는 작용]

혈전방지, 뇌기능 유지 개선, 동맥경화 예방, 세포노화 방지, 피부・점막의 보호, 알레르기 억제, 암 억제 등에 유효하다.

[분포・생태・역사]

송어는 연어과의 속하는 바닷물고기이다. 연어와 송어는 비슷하여 연어와 송어의 명확한 구별은 없다고 한다. 산란은 하천의 상류영역에서 이루어지고 유어기를 하천에서 지나 바다로 내려가 3~6년에 성어로 되어 다시 하천으로 돌아와 번식기를 맞는다. 경상북도 이북의 동해안에 분포한다. 송어류는 민물고기도 있고 바닷물고기도 있다.

[특 징]

송어는 연어와 같은 무리로 연어과에 속한다. 몸길이는 60 cm 정도이며 등은 짙은 푸른색, 배는 은백색이다. 옆구리에 밤색의 반점이 많다. 여름철 산란기에 강으로 거슬러 올라와 알을 낳는다. 한국, 중국 러시아 일본 등지에 분포한다. 송어 살은 오렌지색을 띤 핑크색으로 고기는 연하고 풍미가 좋다. 양질의 단백질과 지질이 풍부하고 칼륨이나 인, 비타민 D, B_1, B_2 등을 균형 있게 함유한다.

[주요 영양소(가식부 100g당/생)]

- 단백질 : 21.0g(amino acid score)
- 지질 : 3.4g
- 칼슘 : 35 mg
- 철 : 1.3 mg
- 비타민 B_1 : 0.25 mg

- 비타민 D : 22 ㎍
- 비타민 E : 0.7 mg
- 나이아신 : 9.8 mg

[주요 생리기능 성분(추정기능)]

① IPA(EPA)(혈전방지) : 불포화지방산이다. 혈전의 형성을 억제하고 혈액의 유동성을 높여 동맥경화, 고혈압을 예방한다. 아토피성 피부염이나 천식의 알레르기 증상을 완화·개선하고 암을 예방한다. 항 혈전작용이나 콜레스테롤치 저하작용은 DHA보다 강하다고 한다.

② DHA(뇌신경세포 기능의 유지) : 불포화지방산이다. α-Linolenic acid에서 IPA를 개재하여 생성한다. 뇌세포를 발달·활성화시켜 기억력, 학습력을 향상시키고 정보전달·신경조직의 기능을 유지한다. 노인성 인지증을 개선하고 콜레스테롤치를 저하한다. 아토피성 피부염 등의 알레르기 증상을 완화·개선하고 암을 예방한다.

[선별법 · 보존법]

토막생선은 색이 선명하고 절단면이 야무지고 흰 연륜의 모양이 뚜렷한 것. 표면이 수분이 많지 않는 것을 고른다.

숭 어

- 분 류 : 어류
- 학 명 : *Mugil cephalus*
- 과 명 : 숭어목, 숭엇과
- 영 명 : Mullet, gray mullet, flathead mullet, striped mullet
- 한문명 : 숭어(崇魚)
- 이 명 : 수어(秀魚), 치어(鯔魚), 수어(水魚)
- 방 언 : 모치(작은 놈), 모갱이
- 어획기 : 가을~겨울철
- 에너지(100g 당) : 107 kcal

[분포 · 생태 · 역사]

숭어과에 속하는 물고기이다. 몸의 길이는 70~80 cm이고 머리는 비교적 작고 폭이 넓으며 머리 위가 평평하다. 숭어는 전 세계의 온대와 열대수역에 널리 분포하는 세계적인 어종이다. 우리나라에서는 동 서남에 흘러드는 강구부근 어디에서나 서식하나 이 중에서도 유명한 곳은 전남의 영산강 하류인 몽탄강이다. 숭어는 수어(秀魚) 또는 수어(水魚)라고 한다.

[특 징]

숭어는 봄에 강 하류와 내호로 들어와 10월경까지 지내고 늦가을에 깊은 바다로 들어간다. 산란은 가을에서 겨울에 걸쳐 내만연안에서 행한다. 생후 4년이 지나면 몸길이가 약 45 cm까지 자란다.

[주요 영양소(가식부 100g 당 / 생)]

- 단백질 : 21.7g
- 지질 : 1.5g
- 칼슘 : 42 mg
- 인 : 217 mg
- 비타민 B_2 : 0.16 mg
- 나이아신 : 3.0 mg

[주요 생리기능 성분(추정기능)]

① Taurine(동맥경화 억제) : 아미노산의 일종으로 콜레스테롤을 대사하여 체외 배출을 촉진한다. 심장기능 강화, 동맥경화 예방, 혈압저하에 유효하고, 간장의 해독작용을 강화한다.

② Phospholipid(인지질) : 뇌의 구성성분이다.

쌍동가리

- 분 류 : 어류
- 학 명 : *Parapercis sexfasciata*
- 과 명 : 농어목, 양동미리과
- 영 명 : Saddle weever

- 이 명: 아홉동가리(경남)
- 에너지(100g 당): 101 kcal

[주요영양소(가식부 100g 당)]

- 단백질: 20.8g
- 지질: 1.4g
- 칼슘: 56 mg
- 철: 1.3 mg
- 비타민 B_2: 0.15 mg

[종류와 무리]

■ 열쌍동가리

학 명: *Parapercis multifasciata*

과 명: 농어목, 양동미리과

영 명: Bicolor barred weever

방 언: 없음

쏘가리

- 분 류: 어류
- 학 명: *Siniperca scherzeri*
- 과 명: 농엇과
- 영 명: golden mandarin fish, aucha perch
- 한문명: 궐어(鱖魚), 금린어(錦鱗魚), 수돈(水豚)
- 어획기: 1~2월
- 에너지(100g 당): 111 kcal

[분포 · 생태 · 역사]

농엇과에 속하는 민물고기이다. 몸길이는 40~50 cm로 길고 납작하며 머리가 길고 입도 크며 아래턱이 조금 길다. 쏘가리는 압록강에서 낙동강에 이르는 서남해의 하천에 서식하는 농엇과에 속하는 육식성 민물고기이다. 아름다운 자태로 인하여 예로부터 시문(詩文)과 그림 등에 자주 등장하는 물고기이기도 하다. 한문명으로는 금린어(錦鱗魚), 궐어(鱖魚) 등으로 불린다.

[특 징]

쏘가리는 한강을 중심으로 해서 남쪽이로는 낙동강, 서쪽으로는 압록강에 이르는 서 남해에 흘러드는 각 하천에서 서식한다. 몸 크기는 4~6년 성숙한 것이 30 cm 내외이나 큰 것은 50 cm를 넘는 것도 있다.

[주요 영양소(가식부 100g)]

- 단백질 : 17.2g(amino acid score)
- 지질 : 4.1g
- 칼슘 : 71 mg
- 철 : 2.1 mg
- 나이아신 : 3.0 mg

[주요 생리기능 성분(추정기능)]

① IPA(EPA)(혈전방지) : 불포화지방산이다. 혈전의 형성을 억제하고 혈액의 유동성을 높여 동맥경화, 고혈압을 예방한다. 아토피 증상을 완화·개선하고, 암을 예방한다. 항 혈전작용이나 콜레스테롤치 저하작용은 DHA보다 강하다고 한다.

② DHA(뇌신경세포 기능의 유지) : 불포화지방산이다. α-Linolenic acid에서 IPA를 개재하여 생성한다. 뇌세포를 발달·활성화시켜 기억력, 학습력을 향상시키고 콜레스테롤치를 저하한다. 아토피성 피부염 등의 알레르기 증상을 완화·개선하고 암을 예방한다.

③ Inosinic acid(대사기능 촉진) : 동물성 식품 중에 함유되는 핵산계 지미의 성분으로 세포 대사기능 유지에 불가결의 물질이다.

양미리

- 분 류 : 어류
- 학 명 : *Hypoptychus dybowskii*
- 과 명 : 양머릿과

- 영 명: Sand eel, sand launce
- 한문명: 양사어(洋絲魚)
- 에너지(100g 당): 123 kcal

[분포 · 생태 · 역사]

양미리는 양미릿과의 바닷물고기, 연해어로 우리나라 동해안에서 많이 잡힌다. 몸길이는 15 cm 정도로 가늘고 길며 배지느러미가 없다. 몸 색깔은 등 쪽은 밤빛, 배는 은빛이다. 우리나라 동해, 일본 해양에 분포한다.

[특 징]

연안의 약간 깊은 곳에서 무리를 지어 서식한다. 성어가 되면 4~7월경 산란기에 깊은 곳에서 연안 가까이로 이동해 온다. 산란기는 4~7월로서 이 시기에 만조시 수심 2~3m 되는 해조류가 무성한 바위나 암초지대에 떼를 지어 몰려와 총 2~3회 점착성의 난을 산란하며 산란 수는 1회에 35~55개로 해조류 등에 붙이며 수컷은 알을 보호한 후 죽는다. 산란기에 암컷은 체장 6.5~8.5 cm, 수컷은 5.5~7.0 cm로 암컷이 훨씬 크며 전장 약 9 cm로서 작은 편이다. 작은 갑각류나 요각류 등을 주로 먹는다.

[주요 영양소(가식부 100g 당 / 생)]

- 단백질: 21.5g
- 지질: 3.4g
- 칼슘: 69 mg
- 철: 1.7 mg
- 나이아신: 4.9 mg
- 비타민 B_2: 1.30 mg

연 어

- 분 류: 어류
- 학 명: *Oncorhynchus keta*(연어),
  Salmon salar(대서양연어),

Oncorhychus kisutch(은연어),
Oncorhychus nerka(붉은연어),
Oncorhychus tschaw tscha(왕연어)

- 과 명: 연어목, 연엇과
- 영 명: Salmon, chun salmon, keta salmon, dog salmon
- 한문명: 연어(鰱魚)
- 방 언: 연어사리
- 어획기: 가을철
- 에너지(100g 당): 106 kcal

[기대되는 작용]

혈전방지, 동맥경화 예방, 노인성 인지증 예방, 피부·점막 보호, 백내장 예방, 위궤양 예방, 암 억제 등에 유효하고, 체력회복, 감기, 골다공증, 불면증을 개선한다.

[분포·생태·역사]

연어과에 속하는 바닷물고기이다. 몸길이는 50~70 cm이며 방추형으로서 색깔은 등 쪽이 남회색, 배 쪽이 은백색, 살은 적색이다. 연어와 송어는 깊은 바다와 하천을 회유하는 냉수성 물고기로 3~5년간 바다에서 생활하면서 성체가 되면 자신이 태어난 모천(母川)인 강물을 찾아 올라가 산란하고 산란 후에는 일생을 마감한다. 9, 10월 가을부터 1월 사이에 산란을 목적으로 찾아온다. 연어의 생김새는 송어와 비슷하나 체폭이 좁다. 몸길이는 약 70 cm이며 몸빛은 등 쪽이 남회색, 배 쪽은 은백색이다. 연어와 송어는 찬물에만 사는 기름지고 맛있는 물고기로 동서양이 좋아하는 물고기이다.

[특 징]

하천에서 바다로 나가 성어로 되고 산란기에는 다시 그 하천으로 되돌아오는 모천회귀(母川廻歸)의 습성이 유난히 강하다. 우리나라와 일본의 연해에 분포하고 있으며 일본 해안에는 약 7종의 연어가 살고 있다고 한다. 일본 사람들은 연어를 좋아하여 가공법, 조리법이 다양하다. 몸체의 색으로는 적신어로 생각되지만 실은 백신어(白身魚)이다.

연어는 가열하여도 적색으로 변하지 않고 적색 그대로 유지된다, 이는 항산화 작용을 하는 물질이 함유되기 때문이다. 즉 몸체의 색은 강력한 항산화 작용을 갖는

astaxanthin이라는 붉은 색소와 carotenoid 색소를 함유한다. 그 항산화력은 비타민 E의 500~1,000배라고 하며 노화나 동맥경화, 암, 백내장 등의 예방에 유효하다. 불포화지방산이나 각종 비타민과 무기질도 풍부히 함유하고 심신을 건강하게 유지한다. 연어는 비린 냄새가 없고 영양적인 균형도 뛰어나 남녀노소를 불문하고 좋아하는 생선이다. 소화흡수가 좋아 회복기 환자에게 알맞고 연어 알에는 비타민 E가 많아 '젊음을 되돌리는 비타민'이라 한다.

[주요 영양소(가식부 100g 당 / 연어 · 생)]

- 단백질 : 21.5g
- 지질 : 3.4g
- 칼슘 : 69 mg
- 철 : 1.7 mg
- 나이아신 : 5.3 mg
- 비타민 B_1 : 0.15 mg
- 비타민 E : 1.2 mg

[주요 생리기능 성분(추정기능)]

① IPA(EPA)(혈전방지) : 불포화지방산이다. 혈전의 형성을 억제하고 혈액의 유동성을 높여 동맥경화, 고혈압, 암 등을 예방한다.

② DHA(뇌신경세포 기능의 유지) : 불포화지방산이다. 뇌세포를 발달 · 활성화시켜 기억력, 학습력을 향상시키고 콜레스테롤치를 저하한다. 알레르기 증상을 완화 · 개선하고 암을 예방한다.

③ Astaxanthin(활성산소 소거, 항암) : Carotenoid의 일종으로 껍질부분에 함유되는 붉은 색소 성분이다. 동맥경화를 예방하고 스트레스성 면역저하를 억제한다. 백내장, 위궤양을 예방한다.

[선별법 · 보존법]

가을에서 겨울철이 가장 맛이 있는 계절이다. 맛은 수컷이 맛이 더 있다고 한다. 주박절임이나 된장절임은 보존기간이 연장된다고 한다. 구어서 뼈와 껍질을 벗기고 고기 살을 술에 담가 맛이면 별미가 나는 술이 된다.

우럭볼락

- 분 류: 어류
- 학 명: *Sebastes hubbsi*
- 과 명: 쏨뱅이목, 양볼락과
- 영 명: Amorclad rockfish
- 방 언: 우럭볼락(황해도), 쑤기미, 또새기(통영), 우레기(강원도)
- 에너지(100g 당): 88 kcal

[분포 · 생태 · 역사]

양볼락과에 속하는 바닷물고기이다. 몸길이는 20 cm가량으로 모양은 볼락과 비슷한데 몸 색깔은 회적색이고 체측에 넉 줄의 부정형 가로띠가 있으며 가슴지느러미 기부는 검다. 암초성 연안에 사는 어종으로 우리나라 중남부, 일본 해양에 분포한다.

[특 징]

몸 빛깔은 적갈색으로 몸 옆구리에 불규칙한 암갈색의 가로 띠가 있으며 지느러미에 작은 검은 점들이 많이 흩어져 있다. 몸은 타원형으로 측편하며 머리에 각종 가시가 잘 발달되어 있다. 입은 크고 위턱의 뒤끝은 눈 뒤 가장자리까지 도달한다. 양 턱은 같은 길이이며 양 턱에는 융털모양의 이빨 띠가 있다. 가슴지느러미의 뒤끝은 항문까지 이르며 꼬리지느러미 뒤끝 가장자리는 수직형이다. 두 눈 사이는 좁고 깊은 홈이 패여 있다. 아래턱과 눈 앞부분에는 비늘이 없다.

[주요 영양소(가식부 100g 당 / 생)]

- 단백질: 18.2g
- 지질: 1.1g
- 칼슘: 28 mg
- 철: 0.9 mg
- 나이아신: 4.1 mg
- 비타민 B_1: 0.15 mg

[종류와 무리]

■ 볼 락

학 명 : *Sebastes inermis*

과 명 : 쏨뱅이목, 양볼락과

영 명 : Black rockfish, rock fish, darkbanded rockfish

방 언 : 뽈나기, 뽈낙구, 열기, 순불래기(전남), 꺽지구(강구), 열광어, 우레기, 구럭(함남), 열갱이(강원)

■ 황해볼락

학 명 : *Sebastes*

과 명 : 쏨뱅이목, 양볼락과

영 명 : Korea rockfish

방 언 : 빨갱이(백령도)

■ 개볼락

학 명 : *Sebastes pachycephalus*

과 명 : 쏨뱅이목, 양볼락과

영 명 : Spot bell rockfish, blass bloched rockfish

방 언 : 없음

■ 조피볼락

학 명 : *Sebastes schlegeli*

과 명 : 쏨뱅이목, 양볼락과

영 명 : Jacopever, schlegelis black rockfish

방 언 : 조피(강릉), 똥새기(통영), 우럭

■ 불볼락

학 명 : *Sebastes thompsoni*

과 명 : 쏨뱅이목, 양볼락과

영 명 : Gold eye rockfish

방 언 : 동감펭볼락, 동감펭(함북), 열기(남해안)

은대구

• 분 류 : 어류

• 학 명 : *Anoplopoma fimbria*

- 과 명: 은대구과
- 영 명: Sablefish, butter fish, black cod, bluefish, candlefish, coal cod, coalfish
- 한문명: 은설(銀鱈)
- 에너지(100g 당): 130 kcal

[기대되는 작용]

시력저하, 감기, 피부장애의 예방, 성기능 개선, 뼈와 이를 든든하게 한다.

[분포 · 생태 · 역사]

은대구과의 바닷물고기로 몸은 가늘고 길며 몸길이는 60～80 cm이다. 두 개의 등지느러미를 가지며 등과 옆면은 어두운 회색. 배는 흰색이다. 북태평양의 수심 300～2,700m의 깊은 바다 진흙 바다에서 발견된다. 고기는 부드럽고 맛이 단백하다. ω-3 지방산의 함량이 높다.

[특 징]

원양의 저인망에서 어획되기 때문에 시장에 나와 있는 것은 대부분 영국이나 캐나다에서 수입한 것이다. 대구라는 이름이 붙어 있으나 대구라기보다 쥐노래미의 일종으로 담백한 대구와 비교하여 지방이 많은 것이 특징이다. 대구와 달리 고지방 저단백질식품이고 채소를 곁들여서 감기를 예방하는 식품이고 비티민 A의 과잉섭취에 주의를 해야 할 것이다.

[주요 영양소(가식부 100g 당 / 냉동품)]

- 단백질: 13.0g
- 지질: 7.9g
- 칼슘: 105 mg
- 철: 2.2 mg

[주요 생리기능 성분(추정기능)]

① ω-3(omga-3 지방산): 대장암의 발생억제, 동맥경화의 억제효과, 알레르기에 대한 예방효과, 학습능력 향상효과, 노인성 치매증 방지효과, 콜레스테롤치를

저하시킨다.

은어

- 분 류: 어류
- 학 명: *Plecoglossus altivelis*
- 과 명: 바다잉어목, 바다잉엇과
- 영 명: Sweet fish, sweet smelt
- 한문명: 은어(銀魚)
- 이 명: 은구어(銀口魚), 은조어(銀條魚)
- 방 언: 은광어, 은구어, 차리, 열광어(함남)
- 어획기: 여름~가을철
- 에너지(100g 당): 114 kcal

[기대되는 작용]

동맥경화 예방, 간 기능 강화, 고혈압 예방, 혈전방지, 알레르기 억제, 암 억제 등에 유효하다.

[분포 · 생태 · 역사]

바다잉엇과의 바닷물고기이다. 몸길이는 20～30 cm 정도이며 등은 푸르고 배는 희다. 새끼 때는 바다에서 살다가 봄에 강의 상류로 올라와 살다가 가을에 다시 하류로 내려가 알을 낳는다. 은빛을 가져서 붙은 이름이다. 두만강을 제외한 한국의 각 하천과 제주 및 일본 해양에 분포한다.

[특 징]

은어는 수명은 1년이다. 은어는 흙탕물에서 살 수 없고 맑은 물에서만 산다. 하천에서는 일정한 수역을 정해 놓고 그 범위를 지키면서 생활하는 특성이 있다. 은어는 산란 전인 여름철에 그 맛이 가장 좋으며 영양가도 이때가 높다. 최근에는 양어장에서 양식되는 은어도 있다. 천연은어는 대체로 유리아미노산이 많고 저금 peptide인 anserine의 함량이 많은 점이 특징이다. 은어의 내장류는 옛날부터 그 맛을 중요시하여 왔다. 성분으로는 지질을 많이 함유하고 비타민 A의 급원이 된다.

[주요 영양소(가식부 100g 당 / 천연 · 생)]

- 단백질 : 16.7g
- 지질 : 4.5g
- 칼슘 : 31 mg
- 비타민 B_{12} : 10.3 μg
- 비타민 D : 1 μg
- 비타민 E : 1.2 mg
- 나이아신 : 3.1 mg

[주요 생리기능 성분(추정기능)]

① Taurine(동맥경화 억제) : 아미노산의 일종이다. 콜레스테롤을 대사하여 체외 배출을 촉진하고 심장기능 강화, 동맥경화 예방, 혈압저하, 간장의 해독작용을 강화한다.

임연수어

- 분 류 : 어류
- 학 명 : *Pleurogrammus azonus*
- 과 명 : 쏨뱅이목, 쥐노래미과
- 영 명 : Atka fish, atka marckerel, arabesque greenling atka
- 한문명 : 임연수어(林延壽魚)
- 방 언 : 이면수(함북), 새치, 청새치, 가르쟁이, 다롱치(강원), 찻치(함남)
- 에너지(100g 당) : 152 kcal

[기대되는 작용]

쥐노래미와 유사하다.

[분포 · 생태 · 역사]

쥐노래미과에 속하는 바닷물고기이다. 몸길이는 45 cm 가량으로 모양이 쥐노래미와 비슷하나 꼬리가 가늘고 머리가 작으며 몸 색깔은 노랑바탕에 다섯줄의 흑색 띠가 있다. 한해성(寒海性) 어종으로 청진, 성진을 비롯한 우리나라 동해 및 일본 북부 아류산 열도에 분포한다.

[특 징]

고기의 명칭은 이 물고기를 잘 낚았다는 관북지방의 사람의 이름(이 면수)에서 유래되었다고 한다.

[주요 영양소(가식부 100g 당 / 생)]

- 단백질 : 20g
- 지질 : 7.1g
- 칼슘 : 13 mg
- 철 : 7.9 mg
- 비타민 B_1 : 1.7 mg
- 나이아신 : 1.2 mg

잉 어

- 분 류 : 어류
- 학 명 : *Cyprinus carpio*
- 과 명 : 잉엇과
- 영 명 : Carp, common carp
- 한문명 : 이어(鯉魚)
- 어획기 : 겨울철
- 에너지(100g 당) : 113 kcal

[기대되는 작용]

동맥경화 예방, 혈전방지, 간 기능강화, 고혈압 예방, 면역력 강화, 피로회복, 암 억제 등에 유효하다.

[분포 · 생태 · 역사]

잉어과에 속하는 민물고기이다. 잉어는 민물고기의 왕으로서 지칭한다. 몸빛이 대개 주홍빛이 섞인 갈색이고 배 쪽은 엷다. 입가에 두 쌍의 수염이 있다. 번식력이 좋고 아무거나 잘 먹어 성장이 빠르다. 몸길이는 1m이상인 것도 있다. 세계적으로 널리 분포하며 아시아 극동지방에 많다. 우리나라의 남쪽 하천과 제주도 및 일본 등에 분포한다. 12월부터 다음해 3월까지 가장 맛이 좋다고 한다. 그러나 식용으로 하는 나라는 많지 않다. 균형이 좋은 영양소가 피로회복을 촉진한다.

[특 징]

잉어의 수명은 약 20년이나 사육 잉어에서는 100년 이상 장생의 기록이 있다. 물에서 나와도 쉽게 죽지 않는 생명력이 강하므로 담수어의 왕자라 칭한다. 해산의 백신 어에 비하면 양식 잉어의 지질이 많으나 옛날부터 모유를 잘 나오게 한다는 무기질이나 비타민을 균형 있게 함유한다. 그 중에서도 당질대사를 촉진하는 비타민 B_1이 많고 정신을 안정시키는 피로회복을 빨리하는 효과가 기대된다. 천연은어의 지질에는 EPA와 DHA를 함유하고 있다. 단 비타민 B_1의 분해효소 aneurinase를 함유하여 생식을 하면 비타민 B_1의 일부가 분해되므로 가열조리를 권유한다. 기생충을 가지고 있을 수 있으니 생식은 피할 것이다.

[주요 영양소(가식부 100g 당 / 양식 · 생)]

- 단백질 : 17.7g
- 지질 : 4g
- 칼슘 : 50 mg
- 철 : 1.4 mg
- 비타민 B_1 : 0.46 mg
- 비타민 D : 14 μg
- 비타민 E : 2 mg
- 나이아신 : 3.3 mg

[주요 생리기능 성분(추정기능)]

① Lectin(Rectin : 감염방지, 면역기능 증강) : 단백질의 일종이다. 면역기능을 강화하여 암을 억제한다.

② IPA(EPA)(혈전방지) : 불포화지방산이다. 혈전의 형성을 억제하고 혈액의 유동성을 높여 동맥경화, 고혈압, 암 등을 예방한다.

③ DHA(뇌신경세포 기능의 유지) : 불포화지방산이다. 뇌세포를 발달 · 활성화시켜 기억력, 학습력을 향상시키고 콜레스테롤치를 저하한다. 알레르기 증상을 완

화·개선하고 암을 예방한다.

[선별법 · 보존법]

700~1,000g 정도의 것이 제일 맛이 좋다. 전체가 긴장하고 아가미의 색이 선명한 것. 냉동하면 맛이 극단으로 떨어지므로 먹을 양만큼 구입하고 냉동보존은 피한다.

장 어

- 분 류: 어류
- 학 명: *Anguilla japonica*
- 과 명: 뱀장어목, 뱀장엇과
- 영 명: Japanese eel, eel, common eel, anguilla glass eel
- 한문명: 백선(白鱓), 만리(鰻鱺), 만리어(鰻鱺魚)
- 방 언: 민물장어, 꾸모장어, 참장어, 드물장어, 배미장어, 뺄두적이
- 어획기: 여름철
- 에너지(100g 당): 210 kcal

[기대되는 작용]

일사병 해소, 감기, 시력저하, 피부장애, 미각장애, 뇌졸중 예방, 체력회복 등에 유효하다.

[분포 · 생태 · 역사]

뱀장엇과의 민물고기이다. 장어라고 한다. 몸길이는 60~100 cm 정도로 몸은 거의 원뿔꼴로 누런색 또는 검은색이다. 어린 뱀장어는 1~2년을 바다에서 살다가 봄에 강을 거슬러 올라와 산다. 양식하기도 한다. 강, 호수, 늪, 논에서 산다. 일본, 중국, 대만, 필리핀, 유럽 등지에 분포한다.

[특 징]

고지방, 고칼로리로 비타민 A가 풍부한 장어는 체력이 저하되기 쉬운 여름철에 스태미나의 공급원의 역할을 한다. 일본에서는 여름철 일사병 방지를 위하여「장어

먹는 날」이 있으며 비타민 A는 육류의 200배나 된다. IPA와 DHA의 함유량도 많고 비타민 B_1, B_2, D, E, 아연도 많아 노인이나 환자의 적합한 음식이다. 그러나 비타민 A의 과잉 섭취는 체력에 악영향을 주는 수가 있으므로 주의 할 것이다.

장어의 단백질은 아미노산이 골고루 들어 있어 영양가가 매우 높다. 장어의 지방에는 필수지방산이라 불리는 우리 몸에 꼭 필요한 성분이 많이 함유하고 있기 때문에 모세혈관을 튼튼하게 해주며 몸에 생기를 완성하게 해준다. 비타민 A는 장어 100g이면 성인이 하루에 필요한 비타민 A를 충족시킬 수 있다. 비타민 A는 항암효과가 있어서 화제가 되고 있고 그리고 비타민 E는 불포화지방산의 산화를 억제해주고 혈관의 탄력을 불어 넣어주고 피부가 거칠게 되는 것을 예방하고 노화방지에도 큰 효과가 있다.

[주요 영양소(가식부 100g 당 / 생)]

- 단백질 : 16.2g
- 지질 : 16.1g
- 칼슘 : 70 mg
- 나이아신 : 3.7 mg
- 비타민 B_1 : 0.5 mg

[주요 생리기능 성분(추정기능)]

① IPA(EPA)(혈전방지) : 불포화지방산. 혈전의 형성을 억제하고 혈액의 유동성을 높여 동맥경화, 고혈압을 예방한다. 알레르기 증상을 개선하고, 암을 예방한다.
② DHA(뇌신경세포 기능의 유지) : 불포화지방산이다. 뇌세포를 발달·활성화시켜 기억력, 학습력을 향상시키고 콜레스테롤치를 저하한다. 아토피성 피부염, 천식 등의 알레르기 증상을 완화·개선시키고 암을 예방한다.

[종류와 무리]

대표적인 것으로는 갯장어, 뱀장어, 및 붕장어가 있다.

[종류와 무리]

- 갯장어

  학 명 : *Muraenesox cinereus*

과 명: 뱀장어목, 갯장어과

영 명: Purple pike conger, sharp toothed ell, conger pike

방 언: 개장어, 놋장어, 뱀장어(부산, 김천), 갯붕장어(가대포), 이장어(통영), 참장어(여수), 노장(포항)

갯장어는 갯장어과의 연해 바닷물고기로 몸길이 120～200 cm 정도로 뱀장어 모양이다. 주둥이는 길고 입이 몹시 크며 앞쪽이 날카로운 송곳니가 나와 있다. 비늘은 없고 옆구리에 여러 줄의 돌기가 세로로 나와 있고 등은 황갈색이며 배는 은백색이며 등지느러미와 뒷지느러미의 끝은 검다. 등지느러미와 뒷지느러미가 꼬리까지 늘어져 있는데 꼬리지느러미와 배지느러미는 없다. 바다 밑층에서 주로 활동하며 새우, 지렁이, 연체동물 등을 잡아먹는다. 우리나라의 주요 어종의 하나이고 여름철에 잡힌 것이 가장 맛이 있다.

■ 붕장어

학 명: *Conger myriaster*

과 명: 뱀장어목, 붕장어과

영 명: White spotted conger, common conger

방 언: 붕어지(충남 황해도), 꾀장어(전남), 장관, 벵찬(함남), 참장어(진도)

붕장어는 우리나라의 전 연해와 일본 홋카이도 이남, 연해에 분포한다. 아나고라고 하는 데 이 말은 일본 말이다. 몸은 거의 원추형으로 장어와 비슷하며 등 쪽은 다갈색, 배 쪽은 흰색이다. 등지느러미, 꼬리지느러미, 뒷지느러미의 가장자리는 아주 검다. 모래나 진흙바닥에 많고 밤에 활동하며 겨울에는 100m 수심의 깊은 곳으로 이동한다. 특히 여름에 맛이 있다.

■ 뱀장어

학 명: *Anguila japonica*

과 명: 뱀장어목, 뱀장어과

영 명: Eel, common eel, anguilla glass eel, Japanese eel

방 언: 민물장어, 꾸무장어, 참장어, 드물장어, 배미장어, 배암장어, 뻘두적이

뱀장어는 장어(長魚)하면 이 뱀장어를 가리키며 한문명으로는 만(鰻)이라 한다. 참장어과에 속하는 물고기로 전 세계적으로 19종이 알려져 있으며 한국을 포함한 태평양 북반구에는 2종이 알려져 있다. 뱀장어는 우리나라를 비롯한 일본, 중국 등 극동아시아는 물론이고 구미 각국과 아프리카, 동남아시아 및 호주에 이르는 각국에 널리 분포해 있는 물고기이다.

뱀장어는 몸이 가늘고 길고 뒤쪽에이 납작하여 뱀과 비슷하나 피하에 묻힌 잔 비늘로 덮였고 옆줄이 분명하다. 배지느러미가 없고 등지느러미, 뒷지느러미, 꼬리지 느러미가 완전히 붙어 있다. 몸빛은 등 쪽이 보통 암갈색이도 배 쪽은 은백색이다. 그러나 아주 누런빛을 띤 것, 검은빛 만인 것 등 여러 가지가 있다. 성어의 크기는 50 cm이다. 장어의 생태는 아직도 신비에 싸여 있다. 장어는 깊은 바다에 산란하는 것으로 알려져 있다.

담수어는 6～12년 살다가 산란을 위하여 8～10월경에 바다로 내려간다. 높은 수온과 염도가 높은 심해에서 산란하며 어린 새끼는 해류를 따라 회유하여 육지 연안에 접근한다. 정어리 새끼를 즉 실뱀장어를 백자(白仔)라고 하는데 3월 경까지는 강구에 모이게 되고 4월 말부터는 강을 거슬러 올라간다. 민물로 올라온 장어는 일생을 지나고 산란을 위하여 다시 수천마일에 이르는 산란장으로 회유를 하게 된다. 산란을 마친 장어는 죽는 것으로 알려져 있다.

전갱이(류)

- 분 류: 어류
- 학 명: *Trachurus japonicus*
- 과 명: 농어목, 전갱잇과
- 영 명: Horse mackerel, fellofin horse mackerel, Japanese horse mackerel, jack and horse mackerel
- 한문명: 소(鰺)
- 이 명: 아지(류), 매가리(류), 전광어(류)
- 방 언: 전광어(경남), 메가리(부산), 가라지(완도), 빈쟁이(함남), 각재기(제주)
- 어획기: 봄～가을철
- 에너지(100g 당): 131 kcal

[기대되는 작용]

혈전방지, 뇌기능 유지 개선, 동맥경화 예방, 뼈의 강화, 알레르기 억제, 간 기능 강화, 암 억제 등에 유효하다.

[분포 · 생태 · 역사]

전갱이과에 속하는 바닷물고이다. 몸은 방추형이고 몸빛은 동쪽이 암록색, 배 쪽은 은백색이며 몸길이는 약 40 cm 정도이다. 온대성의 물고기로 근해의 깊은 곳에 살다가 4～7월의 산란기가 되면 얕은 곳으로 온다. 우리나라의 전 연안, 일본의 중부 이남에 분포하는 물고기로 민정갱이, 술전갱이, 술전갱이, 유전갱이 등 다양한 종류가 있다.

[특 징]

전갱이는 정어리, 꽁치, 고등어, 꽁치등과 같이 등 푸른 물고기의 대표격이다. 지질이 적기 때문에 단백질이 100g 중 20.7%로 많다. 더욱이 필수아미노산을 균형좋게 함유하여 한다. 전갱이 특유의 맛은 지미성분인 glutamic acid와 taurine에 의한 것이다. 특히 taurine의 함유량은 고등어나 꽁치 보다 많다. 칼슘과 비타민 B_1, B_2, 혈행을 촉진하는 niacin도 많다. 비타민 B_2는 껍질부분에 특히 많으므로 껍질을 남기지 않고 먹는 것이 좋다.

[주요 영양소(가식부 100g 당 / 말고등어 · 생)]

- 단백질 : 20.7g(amino acid score 100)
- 지질 : 4.8 mg
- 칼슘 : 24 mg
- 철 : 0.9 mg
- 비타민 D : 2 μg
- 비타민 E : 0.4 mg
- 나이아신 : 5.3 mg

[주요 생리기능 성분(추정기능)]

① IPA(EPA)(혈전방지) : 불포화지방산이다. 혈전의 형성을 억제하고 혈액의 유동성을 높여 동맥경화, 고혈압을 예방한다. 알레르기 증상을 개선하고, 암을 예방한다.

② DHA(뇌신경세포 기능의 유지) : 불포화지방산이다. 뇌세포를 발달 · 활성화시켜 기억력, 학습력을 향상시키고 콜레스테롤치를 저하한다. 아토피성 피부염, 천식 등의 알레르기 증상을 완화 · 개선하고 암을 예방한다.

③ Taurine(동맥경화 억제) : 아미노산의 일종이다. 콜레스테롤을 대사하여 체외배출을 촉진하고 심장기능 강화, 동맥경화를 예방한다. 혈압조절, 간장의 해독

기능을 강화하고 안정피로를 회복한다.

[선별법 · 보존법]

눈이 맑으면서 선홍색의 것. 비늘이 긴장되어 있고 양쪽 배에 있는 가시 같은 단단한 비늘이 야무지고 배가 둥글게 높이 솟아 있는 것이 좋다. 스페인 절임이라면 1주간 정도의 냉장보존의 가능하다. 원칙은 신선한 사이에 먹는다.

[종류와 무리]

■ 실전갱이

학 명: *Alectis ciliaris*

과 명: 농어목, 전갱이과

영 명: Ciliated threadfish, threadfish mirrofish

방 언: 실전갱이(통영)

■ 줄전갱이

학 명: *Caranx sexfasciatus*

과 명: 농어목, 전갱이과

영 명: Bigeye kingfish

방 언: 줄전갱이(경남)

전 어

- 분 류: 어류
- 학 명: *Konosirus punctatus, Clupanodon punctans*
- 과 명: 청어목, 청어과
- 영 명: Gizzard shad, dotted gizzard shad, spotted sadine
- 한문명: 전어(錢魚)
- 방 언: 대전어, 엿사리, 전어사리(강원도), 새갈치(강릉)
- 어획기: 가을철
- 에너지(110g 당): 107 kcal

[기대되는 작용]

혈전방지, 동맥경화 예방, 노인성 인지증 예방, 세포노화 방지, 빈혈개선, 알레르기 억제, 뼈의 강화에 유효하다.

[분포 · 생태 · 역사]

전엇과에 속하는 바닷물고기이다. 밴댕이와 비슷한데 몸길이는 25~30 cm 정도로 옆으로 납작하고 몸빛은 검푸른 바탕에 누른빛이 있고 배는 희다. 살에는 가시가 많다. 한국, 일본, 중국, 등지에 분포한다. 근해성 어류로 봄부터 여름까지 우리나라 삼면의 바다에 온다.

[특 징]

성장과 더불어 이름이 변하는 출세어. 성어는 전어로 그 전의 이름은 지방에 따라 다르다. 단백질과 지방도 풍부하다. 무기질은 뼈를 강화하는 칼슘이 특히 많다. 조혈에 불가결한 철, 철분 흡수를 촉진하는 구리도 풍부하다. 지질의 산화를 방지하고 세포막을 지켜 젊음을 유지하는 비타민 E도 풍부하다.

[주요 영양소(가식부 100g 당 / 생)]

- 단백질 : 19g
- 지질 : 2.7 mg
- 칼슘 : 141 mg
- 철 : 1.3 mg
- 비타민 D : 9 μg
- 비타민 E : 2.5 mg
- 나이아신 : 61 mg

[주요 생리기능 성분(추정기능)]

① IPA(EPA)(혈전방지) : 불포화지방산이다. 혈전의 형성을 억제하고 혈액의 유동성을 높여 동맥경화, 고혈압을 예방한다. 아토피성 피부염이나 천식의 알레르기 증상을 완화 · 개선하고 암을 예방한다. 항 혈전작용이나 콜레스테롤치 저하작용은 DHA보다 강하다고 한다.

② DHA(뇌신경세포 기능의 유지) : 불포화지방산이다. α-Linolenic acid에서 IPA를 개재하여 생성한다. 뇌세포를 발달 · 활성화시켜 기억력, 학습력을 향상시키고 정보전달 · 신경조직의 기능을 유지한다. 노인성 인지증을 개선하고 콜레스

테롤치를 저하한다. 아토피성 피부염 등의 알레르기 증상을 완화・개선하고 암을 예방한다.

[선별법・보존법]

맛이 있는 철은 가을철이다. 비늘이 떨어지지 않는 것. 눈이 맑고 몸에 광택기 있는 것이 좋다.

정어리

- 분 류: 어류
- 학 명: *Sardinops sagax*(정어리), 이외도 *Sardina melanostictus*(일본정어리), *Sardina pilchardus*(유럽정어리), *Sardina sagax*(남아메리카 정어리) 등이 있다.
- 과 명: 청어목, 청어과
- 영 명: Japanese sardine, pilchard sardine, round herring, anchovies, spotted sardine, Japanese pilchard
- 한문명: 온어(鰮魚), 사딘(sardine)
- 방 언: 눈치(강릉), 순붕어(평북)
- 어획기: 여름~가을철
- 에너지(100g 당): 171 kcal

[기대되는 작용]

혈전방지, 동맥경화 예방, 뇌기능 유지 개선, 뼈의 강화, 고혈압 예방, 안정 피로 개선, 암 억제, 피부장애, 스트레스 해소 등에 유효하다.

[분포・생태・역사]

정어릿과의 작은 청어를 닮은 바닷물고기를 통틀어 이르는 말이다. 정어리의 영어는 지역에 따라 다르나 일반적으로 길이가 15 cm보다 작은 것은 sardine, 이보다 큰 것은 pildhard라고 한다. 대표적인 것은 유럽정어리, 남아메리카 정어리, 일본정어리 따위이다. 한국에서 잡히는 정어리는 일본정어리로서 한국의 동해와 일본의 태평양 연안에 분포한다. 예로부터 섬사람들의 귀중한 단백질 섭취자원으로 알려진

정어리는 대중적인 생선 중의 하나라 할 수 있다. 생선의 사료로도 사용할 수 있기 때문에「바다의 목초」,「바다의 쌀」이라 불리운다.

[특 징]

정어리는 멸치류 중에서 가장 크고 기름진 물고기이다. 우리나라 동해안 일대와 남서해안 일대를 비롯한 중국해 및 미국 연안 등의 태평양 동・서양 연해 및 대서양에서도 분포한다. 정어리는 우리나라에서 어획되는 가장 풍부한 어족의 하나이다. 몇 년 전에는 많이 줄었으나 최근에는 다시 증가하는 경향이 있다고 한다. 회유성 어족으로서 봄철의 난류를 따라 우리나라 동해로 들어와 연해주까지 올라갔다가 가을철에 다시 남해로 내려간다. 번식력이 매우 강한 물고기로서 몸길이는 약 25 cm이고 몸빛은 등 쪽이 암청색이고 배 쪽은 은백색이다.

어느 것이나 양질의 단백질과 지질을 풍부히 함유하고 칼슘, 마그네슘, 인등 뼈 형성에 불가결한 무기질을 풍부히 함유하고 있다. IPA가 풍부하여 뇌졸중, 동맥경화에 큰 효과를 나타낸다. IPA는 혈액 속의 여분의 덩어리인 혈전을 예방하여 뇌졸중을 방지할 뿐만 아니라 LDL(저비중 리포단백질)이라 불리는 유해 콜레스테롤을 줄여 HDL(고비중 리포단백질)이라 불리는 유익 콜레스테롤을 줄어들지 않게 하는 작용이 있어 총 콜레스테롤치를 걱정하는 사람에게서는 그 효과를 기대할 수 있다. 또 정어리는 비타민 D의 함유량이 어패류 중에서도 가장 많다. 그래서 골다공증에 칼슘의 흡수를 촉진한다. 셀렌도 함유하므로 노화방지, 암 예방에도 효과를 기대한다.

[주요 영양소(가식부 100g 당 / 정어리・생)]

- 단백질 : 19.8g
- 지질 : 9.1g
- 칼슘 : 94 mg
- 철 : 1.8 mg
- 비타민 E : 0.7 mg
- 나이아신 : 81 mg

[주요 생리기능 성분(추정기능)]

① IPA(EPA)(혈전방지) : 불포화지방산이다. 혈전형성을 억제하고 혈액의 유동성

을 높여 동맥경화, 고혈압을 예방한다.

② DHA(뇌신경세포 기능의 유지) : 불포화지방산이다. 뇌세포를 발달・활성화시켜 기억력, 학습력을 향상시키고 콜레스테롤치를 저하한다. 아토피성 피부염 등의 알레르기 증상을 완화・개선하고 암을 예방한다.

③ Taurine(동맥경화 억제) : 아미노산의 일종이다. 콜레스테롤을 대사하여 체외 배출을 촉진하고 심장기능 강화, 동맥경화를 예방한다. 혈압조절, 간장의 해독 기능을 강화하고 안정피로를 회복한다.

④ Peptide(Angiotensin 변환효소 저해인자) : 혈압상승을 유발하는 angiotensin I 변환효소의 작용을 저해하여 고혈압을 예방한다.

[선별법・보존법]

배는 단단하고 전체가 윤기가 있는 것, 몸이 푸르게 빛나고 눈이 맑은 것이 좋다. 선도가 떨어지기 쉬므로 생식하는 경우에는 집에 들어 왔으면 곧 냉수 중에서 개복하여 신속하게 처리한다.

조기(류)

- 분 류 : 어류
- 학 명 : *White croaker*(보구치), *Larimichthy poly actis, Spotted marigre, Argyrosomus argentatus, Yellow tailrunner*(참조기), *Pseudosciaena manchurica, Nibea albiflora, Yellow drum*(수조기)
- 과 명 : 민엇과
- 영 명 : Croaker, yellow corvina, yellow tailrunner
- 한문명 : 조기(助氣),
- 이 명 : 석수어(石首魚), 석어(石魚), 부세(富世), 황석수어(黃石首魚), 황석어(黃石魚),
- 에너지(100g 당) : 169 kcal

[기대되는 작용]

조기(助氣)라는 이름은 사람에게 기운을 돕는다는 뜻에서 붙여진 이름이다. 죽을 쑤거나 굽거나 맛이 매우 좋은 물고기로 영양적으로도 단백질이 약 18%로 풍부하면서도 질이 좋다. 그래서 예로부터 일반인은 물론 특히 노인과 어린이의 원기회복과 발육에 좋다고 전해왔다. 소화를 돕는 식품으로도 알려져 왔으며 한방에서는 배탈이나 설사하는데, 배가 부글부글 끓어오르는 소화불량에 순채와 함께 끓여 먹었다. 또한 머릿속의 돌 같은 뼈는 갈아서 결석증을 치료하는 데 이용되었다.

[분포 · 생태 · 역사]

조기는 보구치, 참조기, 수조기의 총칭이다. 조기는 우리나라에서 예로부터 고급생선으로 쳐서 제사상에는 꼭 올라가는 생선이었다. 조기는 민엇과에 속하는 바닷물고기이다. 성어는 몸길이는 약 30 cm, 몸 전체가 길쭉한 유선형으로 옆이 납작하다. 꼬리가 가늘고 몸 색깔은 희색을 낀 황금색이다. 입술에 연분홍색을 띤 점이 큰 특징이다. 두개골 속에 돌 같은 단단한 은황색의 뼈가 있다는 것에서 한문명으로 석수어(石首魚), 석어(石魚)라고 부르며 봄철에 바닷물을 따라 연안에 회유해 온다는 뜻에서 유수어(流水魚)라고도 불린다.

조기류는 전 세계에 약 160종이 알려져 있다. 연해에는 11종이 알려져 있다. 우리나라 서남해 일대 특히 전남 위도, 홍해고 연평도, 평북의 대화도 간척지에 많이 살며 발해만, 대만, 근해에도 분포한다. 참조기는 3월 초에 흑산도 근해에 회유 진입하여 황해 연안을 따라 북상하여 4월 하순부터 5월 중순에 연평도 근해에 집결되는데 이때가 어획의 결정을 이룬다. 참조기, 보구치, 흑조기, 민어, 강달이, 부세(富世), 황석어(黃石魚) 등이 조기류에 속한다. 이 중 가장 흔하고 맛이 있는 것이 참조기인데 참조기는 별명으로 노랑조기, 황조기라고 부른다.

[특 징]

조기는 봄과 가을에 걸쳐 회유하는 물고기인데 봄철에는 산란을 위하여 서해를 통하여 북상하는 것이고 가을철에는 월동을 위하여 남하하는 것이다. 우리나리 서해안에는 주로 잡히는데 특히 연평도와 전라도의 위도 등지가 많이 잡히는 곳으로 유명하다. 조기라는 이름은 사람에게 기운을 돕는 다는 뜻에서 붙여진 이름이다. 조기를 소금에 절여 말린 것을 굴비(굴비)라 하는데 굴비 중에서도 전남 영광 굴비가 가장 유명하다.

[주요 영양소(가식부 100g 당 / 생)]

- 단백질 : 15.8g
- 지질 : 9.5g

- 칼슘: 175 mg
- 철: 0.5 mg
- 비타민 B_2: 0.1 mg
- 나이아신: 0.6 mg

보구치

- 분 류: 어류
- 학 명: *Argyrosomus argentata, Pennahia argentata*
- 과 명: 민어과
- 영 명: White tailrunner, white corvina
- 에너지(100g 당): 119 kcal

[분포 · 생태 · 역사]

조기류(참조기) 민어과에 속하는 바닷물고기이다. 몸길이는 30 cm 가량으로 참고기와 비슷하나 몸 색깔은 희고 가슴지느러미가 길며 아래턱이 위턱을 덮는다. 경북 이남의 서해 및 중국, 인도, 아프리카 연안 등지에 분포한다. 특히 6월 말경에 다도해에 많이 나는데 맛은 조기보다 못하다.

[특 징]

수심 40~100m 되는 근해의 바닥이 모래나 펄인 곳에 서식한다. 우리나라 서해안의 경우 가을철에 발해, 중국 연안에서는 황해 중심부를 지나 점차 남하하여 1~3월에는 제주도 서남방 해역에서 월동하고, 봄이 되면 서해안 및 중국 연안으로 북상한다. 산란기는 5~8월로서 중국 연안과 우리나라 서해안에서 산란한다.

만 1년생은 약 30%가 성숙하고 산란기 동안에 1회 산란(약 2만 개)하지만 2년이 되면 대부분 산란에 참가하고 여러 번 산란한다. 산란 수는 만 2년생의 경우 약 6만 개, 3년생은 12만 개, 4년생은 18만 개이다. 부화 후 만 1년이면 전장 15~16cm, 2년이면 23cm, 3년이면 27cm, 4년이면 29~30cm, 5년이면 31cm, 6년이면 32cm로 자란다. 체장은 약 40cm, 수명은 약 10년 전후로 추정된다. 새우류, 갯가재류, 게류, 오징어류, 작은 어류 등을 포식한다.

[주요 영양소(가식부 100g 당 / 생)]

- 단백질 : 18.3g
- 지질 : 3.9g
- 칼슘 : 15 mg
- 철 : 0.4 mg
- 비타민 B_2 : 0.13 mg
- 나이아신 : 3.0 mg

준 치

- 분 류 : 어류
- 학 명 : *Ilisha elongata*
- 과 명 : 청어목, 준칫과
- 영 명 : Chinese herring, slender shad
- 한문명 : 시어(鰣魚), 전어(箭魚), 준어(俊魚), 진어(眞魚).
- 방 언 : 준어(충남), 왕눈이(평남)
- 에너지(100g 당) : 129 kcal

[분포 · 생태 · 역사]

청어과에 속하는 바닷물고기이다. 몸길이는 50 cm 남짓한데 모양은 밴댕이와 비슷하며 심이 측편한 대형어로 몸 색깔은 등 쪽이 청황색이고 배 쪽은 은백색이다. 배지느러미가 작고 뒤 지느러미는 길다. 우리나라 서남해, 남일본에서 많이 나고 말레이의 여러 섬, 인도양에도 분포한다. 맛은 좋으나 살 사이에 가시가 많다.

[특 징]

우리나라에 회유해 오는 무리는 겨울철에 제주도 서남 해역에서 월동하다가 봄이 되면 북쪽으로 이동하여 강하구나 기수역에서 산란하고 그 후 서해안 및 남해안에 흩어져 서식하다가 가을이 되면 남쪽으로 이동하여 월동한다. 산란기는 4~7월로 남쪽일수록 빠르고, 북쪽으로 갈수록 늦다.

산란장은 바닥이 모래나 펄질인 수심 12m 이내의 염분이 낮은 해역 또는 강하구 부근이다. 산란성기에 강 입구에서 상류 쪽으로 15km까지 산란장이 형성되며 이때 투명도는 거의 0에 가깝고 수온은 24~25℃ 정도이다. 소형 어류, 두족류, 갯지렁이류, 새우류, 게류 등을 주로 먹는다. 잔가시가 많이 있으나 예부터 “썩어도 준치”

라는 속담이 있듯이 맛이 좋은 생선이다.

[주요 영양소(가식부 100g 당 / 생)]

- 단백질 : 20.1g
- 지질 : 4.7 mg
- 칼슘 : 78 mg
- 철 : 0.8 mg
- 비타민 B_1 : 0.27 mg
- 비타민 B_2 : 0.15 mg
- 나이아신 : 7.9 mg

쥐 치

- 분 류 : 어류
- 학 명 : *Stephanolepis cirrhifer*
- 과 명 : 복어목, 쥐칫과
- 영 명 : Threadsail file fish, skin peeler
- 한문명 : 피박(皮剝)
- 방 언 : 쥐치어(전남), 객주리(제주도), 가치(포항), 쥐고기(부산)
- 어획기 : 여름철
- 에너지(100g 당) : 83 kcal

[기대되는 작용]

뼈의 강화, 혈전방지, 동맥경화 예방, 뇌기능 유지 개선, 고혈압 예방, 알레르기 억제, 암 억제, 간 기능 강화 등에 유효하다.

[분포 · 생태 · 역사]

쥐칫과에 속하는 바닷물고기로서 몸길이는 25 cm 정도이며 마름모 모양이고 눈 위에는 한 개의 가시가 있고 배지느러미가 없다. 홋카이도 이남, 동지나해에 분포한다. 200m보다 얕은 암초 주위의 모래땅에서 군생하고 있다. 껍질은 아주 단단하고 꺼칠꺼칠하여 이것을 벗기고 요리를 한다. 그래서 피박(皮剝)이라 이름이 되었다.

한국, 일본, 대만 등에 많이 분포한다.

[특 징]

담백한 맛이 나는 백신 어이다. 맛과 식감이 복어와 유사하고 독은 없고 다루기 쉬어 북의 대용으로 된다. 종류는 많다. 입은 작으나 단단한 치아를 가지고 갑각류나 패류를 먹는다. 지질이 아주 저어 저에너지이다. 지용성의 비타민 D가 풍부하다. 비타민 D는 칼슘의 흡수를 좋게 하여 뼈에로의 흡착을 도와 뼈나 치아를 튼튼히 하는 외에 혈중의 칼슘농도를 조절하여 마음의 초조함을 억제하는 작용도 있다. 비타민 B_6은 지질을 분해하여 에너지대사를 활성화 한다. Insulin 분비를 촉진하는 작용도 있으므로 당뇨병의 예방・개선에 도움이 된다.

[주요 영양소(가식부 100g 당 / 생)]

- 단백질 : 18.8g(amino acid score)
- 지질 : 0.1g
- 칼슘 : 56 mg
- 철 : 0.4 mg
- 비타민 B_6 : 0.45 mg
- 비타민 D : 43 μg
- 비타민 E : 0.6 mg
- 나이아신 : 35 mg

[주요 생리기능 성분(추정기능)]

① IPA(EPA)(혈전방지) : 불포화지방산이다. 혈전형성 억제, 혈액의 유동성을 높여 동맥경화, 고혈압을 예방한다. 아토피성 피부염 등의 알레르기 증상을 완화・개선하고 암을 예방한다.

② DHA(뇌신경세포 기능의 유지) : 불포화지방산이다. α-Linolenic aicd에서 IPA를 개재하여 생성한다. 뇌세포를 발달・활성화시켜 기억력, 학습력을 향상시키고 노인성 인지증을 개선하며 콜레스테롤치를 저하한다. 아토피성 피부염, 천식 등의 알레르기 증상을 완화・개선하고 암을 예방한다.

[선별법・보존법]

선도가 떨어지기 쉬므로 내장을 제거하고, 두꺼운 껍질을 벗긴 상태에서 판매되는 수가 많다. 몸은 긴장도어 있고 투명 감의 있는 것을 고른다. 껍질을 벗기지 않은 것은 껍질이 꺼칠꺼칠하고 간이 크고 눈이 검게 맑고 몸 모양이 선명한 것이 좋다. 선도가 좋을수록 껍질을 벗기기 쉽다.

[종류와 무리]

- 말쥐치
  학 명: *Thamnaconus modestus*
  과 명: 복어목, 쥐치과
  영 명: File fish, black scraper
  방 언: 없음

참붕어

- 분 류: 어류
- 학 명: *Pseudorasbora parva*
- 과 명: 잉엇과
- 영 명: Stone moroko, topmouth gudgeon
- 에너지(100g 당): 118 kcal

[주요 영양소(가식부 100g 당)]

- 단백질: 16.4g
- 지질: 5.1g
- 칼슘: 983 mg
- 철: 2.5 mg
- 비타민 B_2: 0.14 mg
- 나이아신: 3.4 mg

청 어

- 분 류: 어류
- 학 명: *Pacific herring*(태평양청어), *Clupea pallasii*

- 과 명 : 청어목, 청엇과
- 영 명 : Herring, pacific herring
- 한문명 : 청어(靑魚)
- 이 명 : 비어(鯡魚), 관목(貫目), 비웃
- 방 언 : 등어(동해안), 비웃, 구구대(서울), 고심청어(전남), 푸주치, 눈감쟁이 (포항)
- 어획기 : 봄철
- 에너지(100g 당) : 213 kcal

[기대되는 작용]

혈전방지, 동맥경화 예방, 간 기능 유지 개선, 고혈압 예방, 세포노화 방지, 뼈의 개선, 빈혈개선, 암 억제. 콜레스테롤 저하, 악성 빈혈, 알레르기성 피부염 예방 등에 유효하다.

[분포 · 생태 · 역사]

청어과에 속하는 바닷물고기이다. 우리나라의 청어는 주로 태평양에서 잡히는 동해청어와 서해청어의 바닷물고기로 몸길이는 35 cm로 옆으로 납작하며 둥근 비늘로 덮여 있다. 등은 청색, 옆구리와 배는 은빛을 띤 흰색이다. 우리나라 경상북도 이북의 동해 및 사할린, 알래스카, 캐나다, 미국북부의 근해에 분포한다. 가을부터 봄에 걸쳐 잡히며 고기 맛이 좋다. 『명물약기』에 의하면 청어는 값이 싸고 맛이 있어 가난한 선비들의 잘 먹는 물고기라 하였으며 한문명으로는 비유어(肥儒魚) 즉 선비들을 살찌우는 물고기라 하였다.

[특 징]

동해 청어는 역시 기름지고 맛있는 물고기이다. 그러나 최근 시장에 나는 청어의 우리나라 연해산보다 북태평양의 원양어선에서 잡아오는 것으로 맛이 훨씬 떨어진다. 현재는 동해에서는 매우 적은 양만이 잡히고 있을 뿐이다. 불포화지방산의 IPA와 DHA가 풍부하다 점막을 단단히 하는 비타민 A, 뼈를 형성하는데 불가결한 비타민 D, 젊음을 되찾는 비타민 E가 많다. 특히 비타민 B_{12}의 다양한 효과로 최근 신경질환, 당뇨병의 치료약으로서 이용되고 있으며 치매방지 효과도 기대된다. 그리고 HDA는 알레르기 피부염에도 효과적이라 한다.

[주요 영양소(가식부 100g 당 / 생)]

- 단백질 : 16.3g
- 지질 : 15.1g
- 칼슘 : 35 mg
- 철 : 1 mg
- 비타민 D : 22 ㎍
- 비타민 E : 3.1 mg
- 나이아신 : 6.3 mg

[주요 생리기능 성분(추정기능)]

① IPA(EPA)(혈전방지) : 불포화지방산이다. 혈전형성 억제, 혈액의 유동성을 높여 동맥경화, 고혈압을 예방한다. 아토피성 피부염, 천식 등의 알레르기 증상을 완화·개선하고 암을 예방한다. 항 혈전작용이나 콜레스테롤치 저하작용은 DHA보다 강하다고 한다.

② DHA(뇌신경세포 기능의 유지) : 불포화지방산이다. α-Linolenic acid에서 IPA를 개재하여 생성한다. 뇌세포를 발달·활성화시켜 기억력, 학습력을 향상시키고 콜레스테롤치를 저하한다. 정보전달·신경조직의 기능을 유지하고 노인성 인지증을 개선한다. 아토피성 피부염 등의 알레르기 증상을 완화·개선하고 암을 예방한다.

[선별법 · 보존법]

체표는 은색으로 빛이고 몸은 긴장되고 배가 갈러져 있지 않은 것. 아가미에 피가 나지 않은 것. 눈이 붉거나 검정의 것, 큰 비늘이 남아 있는 것 등을 기준으로 하여 고른다.

향 어

- 분 류 : 어류
- 학 명 : *Plecoglossus altivelis*
- 과 명 : 바다방어목, 바다방어과
- 영 명 : Leather carp, sweet fish, sweet smelt

- 한문명 : 은구어(銀口魚), 은조어(銀條魚)
- 이 명 : 이스라엘잉어
- 방 언 : 은구어, 치리, 열광어(함남)
- 어획기 : 여름철
- 에너지(100g 당) : 114 kcal

[기대되는 작용]

피부트러블, 구순염, 구각염, 노화, 암, 골연화증 예방, 스트레스, 일사병 해소 등에 유효하다.

[분포 · 생태 · 역사]

잉어과에 속하는 담수어로 몸길이는 20~30 cm로 모양이 가늘고 길다. 몸 색깔은 암록황색 바탕에 배 쪽으로 갈수록 담백색이고 눈 위는 흰 황색, 위턱은 백색, 아래턱은 녹색이다. 치어는 바다에서 지나고 이른 봄에 강을 거슬러 올라 급류에서 서식한다. 우리나라 남쪽의 각 하천과 제주도 및 일본 등지에 분포한다. 향기가 있고 맛이 좋은 민물고기로서 특히 초 여름철부터 여름에 걸쳐서 독특한 향기와 맛을 낸다. 최근에는 향어는 양식하기도 한다. 잉어의 한 품종으로 이스라엘잉어라고도 한다.

[특 징]

미끈하게 잘 빠진 모습에 향기까지 풍부한 고급스러운 맛의 언어는 청청수의 여왕이라 불리기도 한다. 자연산과 양식 산으로 구별되는데 7월에 가장 맛이 좋으며 양식 은어는 4~5월경부터 나오기 시작한다. 지방이 많아 배 부위가 불룩하고 전체적으로 검은 청색을 띠고 있는 것이 특징이다. 내장에는 비타민 D가 많아서 머리까지 전부 먹으면 이가 든든해진다. 비타민 B_1이 많아서 일사병의 불쾌한 증상을 해소한다. 비타민 E의 함유량은 어류 중에서 최고라고 한다.

[주요 영양소(가식부 100g 당 / 생)]

- 단백질 : 19.2g
- 지질 : 1.6g
- 칼슘 : 37 mg

- 철 : 1.2 mg
- 비타민 B_1 : 0.13 mg
- 비타민 B_2 : 0.15 mg
- 나이아신 : 4.3 mg

홍어(류)

- 분 류 : 어류
- 학 명 : *Okameiji kenojei*(*Raja fusca, Raja kenojei, Raja porosa*)
- 과 명 : 가오릿과
- 영 명 : Skate ray, occellate spot skate, thorn back, sting ray
- 한문명 : 홍어(洪魚), 요어(鰩魚), 해요어(海鰩魚), 분어(鱝魚)
- 방 언 : 고동무치(전남), 물개미(함남), 나무가부리(포항), 간쟁이(산미도)
- 에너지(100g 당) : 87 kcal

[분포 · 생태 · 역사]

홍어는 가오릿과의 바닷물고기를 총칭하는데 종류에는 25종 이상이 있으며 그 중에는 홍어도 이에 포함된다. 몸길이는 1.5m 정도이며 가오리와 비슷하나 더 둥글고 가로 퍼진 마름모꼴이다. 등은 갈색이고 크고 작은 둥근 무늬가 있다. 한국, 동중국해, 일본 등지에 분포한다. 우리나라는 서해 흑산도 홍어가 유명하다. 가오리는 등이 누렇고 살색도 노르스름한데 비해 홍어는 등이 거무스름하고 살색이 희다. 홍어는 제철이 아니면 질기고 맛이 싱거워 겨울과 이른 봄 산란기에 먹어야 연하고 맛이 있다.

[특 징]

상어, 가오리, 홍어에는 몸에 이로운 betaine, taurine도 있으며 칼슘도 많다. 특이하게 요소의 함량이 높은데 홍어살 100g 중에는 약 2.6g의 요소가 들어 있다. 홍어가 삭으면 코를 자극하는 강한 냄새가 나는데 이유는 고기 중의 요소와 3-methyl-amine oxide가 미생물에 의하여 분해되어 암모니아와 3-methylamine으로 바뀌기 때문이다. 식성에 따라서는 이러한 자극적인 맛을 좋아하는 사람이 있다.

가오리나 홍어를 볏짚, 톱밥을 섞어 잘 씻은 후 막걸리에 2시간 정도 담가 두거나 잘 빨아 물기를 뺀다. 갖은 양념과 설탕을 넣고 실파, 당근, 마늘 썬 것, 잘게 찢은 도라지를 넣어 섞으면 새콤달콤하고 얼큰한 홍어가 된다. 홍어에 탁주가 어울린 것이라 하여 홍탁이라 한다.

[주요 영양소(가식부 100g 당 / 생)]

- 단백질 : 19.6g
- 지질 : 0.5g
- 칼슘 : 305 mg
- 철 : 1.2 mg
- 비타민 B_1 : 0.13 mg
- 나이아신 : 2.4 mg

[주요 생리기능 성분(추정기능)]

① Collagen(피부기능 유지 개선) : 체의 조직을 형성하는 단백질의 하나이다. 세포를 결합시켜 피부의 신진대사를 활성화하고 칼슘의 골 조직에의 흡수를 촉진한다. 혈관을 강화하여 면역력을 높여 노화를 예방하고 안정피로를 회복하고, 골다공증을 예방한다.

② Betaine(간기능 강화) : 감미 · 지미성분으로 아미노산계 화합물이다. 간 기능을 강화하고, 담즙의 생산을 촉진한다. 지질의 대사를 활성화하고 콜레스테롤치를 저하한다.

③ Taurine(동맥경화 억제) : 아미노산의 일종이다. 콜레스테롤을 대사하여 체외배출을 촉진하고 혈중 콜레스테롤치를 내린다. 심장기능 강화, 혈압저하. 간장의 해독작용을 강화하고 당뇨병을 예방한다.

[종류와 무리]

- 고려홍어

학 명 : *Raja koreana*
과 명 : 홍어목, 홍어과
영 명 : Korea skate
방 언 : 범홍어(전남)

- 노랑가오리

학 명 : *Dasyatis akajei*

과 명: 홍어목, 홍어과

영 명: Red stingray, red skate, Japanese stingray

방 언: 노랑가부리(부산), 청가오리, 간재미, 가오리(전남), 딱정가오리, 딱정가부리

■ 흰가오리

학 명: *Urolophus aurantiacus*

과 명: 홍어목, 흰가오리과

영 명: White ray, sepia stingray

방 언: 흰가부리

■ 매자가오리

학 명: *Myliobatis tobijei*

과 명: 홍어목, 애가오라과

영 명: Kite ray, eagle ray

방 언: 매가오리(흑산도), 매기가부리(부산)

아 귀

- 분 류: 어류
- 학 명: *Lophus litulon*(황아귀), *Lophus setigerus*
- 과 명: 아귓목, 아귓과
- 영 명: Blackmouth anger, blackmouth goosefish
- 한문명: 안강(鮟鱇)
- 방 언: 아꾸(여수), 망청어(함남), 물꿩(부산), 꺽정이(서해안), 망챙이(함북)
- 어획기: 겨울철
- 에너지(100g 당): 63 kcal

[기대되는 작용]

간 기능 향상, 피부미용, 뼈와 이를 강화, 시력저하 방지, 노화를 예방한다.

[분포 · 생태 · 역사]

아귓과에 속하는 바닷물고기이다. 몸길이는 1～1.5m이고 두께가 얇고 목이 넓으

며 머리폭도 넓고 입이 크다. 올챙이를 크게 확대한 것과 같은 모양이 어딘지 모르게 우수광스러운 아귀의 흰 살은 모습에 비하여 담백하고 고급스러운 맛, 겨울철의 대표적인 냄비요리이다. 일반적으로 바다의 푸아가라(거위 간)라고 불리는 아귀의 간은 그 맛이 진하며 독특한 진미로서 인기가 있다. 우리나라 서남 및 남부 수심 200m 전후의 연해에서 대형 아귀가 분포하지만 제주도 근해의 것이 비교적 적다. 대만, 일본, 동지나 바다에도 분포한다. 뼈는 거의 연골이며 살은 탄력이 있고 특히 겨울철에 맛이 좋다.

[특 징]

고기의 성분치는 심해성의 흰 살생선의 특징을 나타내고 있다. 수분이 많고 지질 함량(0.5%)이 적다. 그러나 간에는 39%정도의 지질을 함유하고 있다. 그리고 특히 caroenoid계 색소를 함유하고 있다. 그리고 영질의 단백질(12.9%)이며 많은 양의 비타민 A, D, E를 함유하고 DHA, EPA도 많다. 감칠맛과 건강의 근원은 taurine이고 껍질에는 비타민류도 많아 피부미용에 좋고 비타민 D는 뼈와 이를 튼튼하게 한다.

[주요 영양소(가식부 100g 당 / 생)]

- 단백질 : 14.1g
- 지질 : 0.2g
- 칼슘 : 10 mg
- Retinol : 49.0 μg
- 비타민 E : 1 mg
- 나이아신 : 4.2 mg

[주요 생리기능 성분(추정기능)]

① IPA(EPA)(혈전방지) : 불포화지방산이다. 혈전형성 억제, 혈액의 유동성을 높여 동맥경화, 고혈압을 예방한다. 아토피성 피부염, 천식 등의 알레르기 증상을 완화·개선하고 암을 예방한다. 항 혈전작용이나 콜레스테롤치 저하작용은 DHA보다 강하다고 한다.

② DHA(뇌신경세포 기능의 유지) : 불포화지방산이다. α-Linolenic aicd에서 IPA를 개재하여 생성한다. 뇌세포를 발달·활성화시켜 기억력, 학습력을 향상시키고 콜레스테롤치를 저하한다. 정보전달·신경조직의 기능을 유지하고 노인성

인지증을 개선한다. 아토피성 피부염 등의 알레르기 증상을 완화·개선하고 암을 예방한다.

[종류와 무리]

■ 황아귀

학 명: *Lophius litulon*

과 명: 아귀목, 아귀과

영 명: Yellow goosefish, fishing frog

방 언: 황꺽정이, 꺽정이(서남 연안), 아꾸, 황아꾸(전남), 물잠뱅이(평북, 신의주)

▶ 패 류

굴

- 분 류: 패류
- 학 명: *Crassostrea gigas, Ostrea densela mellosa*
- 과 명: 굴과
- 영 명: Oyster
- 한문명: 굴 조개, 석화(石花), 모려(牡蠣)
- 이 명: 토굴
- 어획기: 가을~겨울철
- 에너지(100g 당): 97 kcal

[기대되는 작용]

동맥경화 예방, 간 기능 강화, 피로회복, 고혈압 예방, 미각기능 유지 개선, 빈혈 개선, 시력저하, 성기능 개선, 어린이 성장 촉진 등에 유효하다.

[분포·생태·역사]

굴과, 벗굴과 등에 속하는 쌍패류(雙貝類)를 가리켜 굴이라 하므로 많은 종류가 있다. 굴과에 속하는 조개는 고착생활을 하는 장소에 따라 패각이 일정하지 않으나 길이 6 cm 가량이다. 껍질의 내면은 백색이고 두 조각비가 맞물리는 곳에 이가 없다. 함도가 낮은 해안에 서식하며 산란기는 6～7월이고 1년 만에 성숙한다. 우리나라 연안, 일본, 대만 근해에 널리 분포한다.

전국 각지의 암초에 생식하고 있다. 생식되는 환경에 따라 크기와 형태가 다르다. 작은 것은 각(껍질) 길이가 약 4 cm, 큰 것은 30 cm의 것도 있다. 난소와 정소는 다 같이 유사하여 옛날에는 수컷이라고 생각되어 모려(牡蠣)라고 하였다. 오늘날에는 양식을 남해 해안에서 많이 하고 있다. 종묘는 가리비 등의 패각에 부착시켜 채묘하며 각지에서 양식한다. 산란기는 6～7월이다. 1년 만에 성숙한다.

조개 살을 굴이라 하며 널리 식용한다. 개체는 영양 상태에 따라서 성이 바뀌며 일반적으로 영양상태가 나쁘면 수컷이 된다. 지역에 따라 석화, 꿀, 구조개, 굴 등으로 불리기도 한다. 굴은 패총에서 발견되듯이 오랜 옛날부터 식품으로 이용된 것을 알 수 있다. 한방에서는 번열(煩熱), 갈증(渴症)에 쓰이며 혈색을 곱게 하고 영양을 돕는 데 쓰인다. 굴은 5～8월에는 먹지 않는다고 한다.

양식 굴은 가을에서 겨울에는 살이 통통해지고 단맛도 증가하기 때문에 주로 이 시기에 많이 출하한다. Glycogen이나 숙신산(succinic acid) 등이 풍부하여 맛과 영양이 우수하고 굴은 세계적으로 생식하며 날 생선을 먹지 않는 서양에서도 굴만은 예외로 시저나 나폴레옹 등 권력자도 자양강장식으로 먹었다고 한다. 우유와 같은 영양가가 높기 때문에 「바다의 우유」라고 불리기도 한다.

『동의보감』에서는 굴 고깃살은 먹어서 맛이 있고 몸에 이로우며 피부를 아름답게 하며 미용효과가 있어 해물 중에서 가장 귀한 것이라 하였다. 한방에서는 약성은 온(溫), 약미는 감(甘)이다. 주독을 없애고 부인의 기혈(氣血 : 생기와 혈액)을 온화하게 하며 피부를 매끄럽게 한다. 또 안색을 아름답게 한다. 그리고 혈압을 정상으로 유지하며 심장의 흥분을 진정시키는 기능이 있고 저혈압증, 심장병에 좋다. 미각의 기능장해에도 유효하다. 몸을 냉하게 하는 효과가 있으므로 냉성인 사람은 많이 먹는 것은 피하여야 한다. 껍질을 태워서 분말로 만들어 이용한다. 진정, 제산, 이뇨효과가 있고 불면, 정신 불안, 위산과다 등에도 사용한다.

[특 징]

세계 중에는 약 100여 종류가 존재하며 암컷 · 수컷이 나누어져 있는 것, 아니면 암컷 · 수컷이 동체에 있는 것, 성전환 한 것도 있다. 굴은 바다의 우유라 하리만큼 영양가가 아주 높고 더욱이 저지방이다. 즉효성 에너지원의 glycogen이 풍부하여 스태미나 부족의 해소나 피로회복에 효과가 있다. Glycogen은 가을에서 겨울에 걸쳐 축적된다. 또 이 시기에는 glutamic acid, glycine, alanine 등의 아미노산계 지미성분도 풍부히 함유되고 굴의 맛이 깊을 때이다. 비타민 B_1 · B_2 · B_{12}, E, 칼슘, 칼륨, 철, 구리, 아연 등 여러 종류의 비타민, 무기질이 풍부하다.

여러 종류의 비타민, 무기질이 풍부한 바다의 우유라 할 수 있다. 특히 gylcogen으로 스태미나를 향상시키고 굴에 아연의 함량이 높아 굴 2개만 먹어도 섭취량을 취할 수 있다. 비타민 B_{12}, 철 등으로 빈혈예방이 예방이 되고 비타민 B_{12}는 간 기능 향상에 큰 도움을 준다.

[주요 영양소(가식부 100g 당 / 양식 · 냉동)]

- 단백질 : 10.0g
- 지질 : 3.6g
- 칼슘 : 3 mg
- 비타민 B_{12} : 28.1 μg

[주요 생리기능 성분(추정기능)]

① Glycogen(에너지원) : 포도당으로 변화시켜 에너지로 된다. 피로회복을 촉진한다.

② Taurine(동맥경화 억제) : 아미노산의 일종이다. 콜레스테롤을 대사하여 체외배출을 촉진하고 심장기능을 강화한다. 혈압저하, 간장의 해독작용을 강화하고 당뇨병을 예방한다.

③ Betaine(간 기능 강화) : 감미 · 지미성분으로 아미노산계 화합물이다. 간 기능을 강화하고 담즙 생산을 촉진하여 지질의 대사를 활성화하며 콜레스테롤치를 저하한다.

[선별법 · 보존법]

몸이 솟아 있고 윤기가 있고 탄력성의 풍부한 것, 검정 가장자리 부분과 유백색 부분이 선명한 것이 선도가 좋다. 껍질이 붙은 것은 건조에 약하므로 젖은 수건을 싸서 냉장고에 보존한다.

홍 합

- 분 류: 패류
- 학 명: *Mytilus coruscus*
- 과 명: 홍합과
- 영 명: Mussel
- 어획기: 겨울~봄철
- 에너지(100g 당): 82 kcal

[기대되는 작용]

동맥경화 예방, 간 기능 강화, 피로회복, 당뇨병 예방, 안정피로 개선, 미각기능 유지 개선, 빈혈개선 등에 유효하다.

[분포 · 생태 · 역사]

홍합은 홍합과에 속하는 바다고기이다. 쐐기모양이며 길이 15 cm, 높이 7 cm, 폭 5 cm 가량으로 껍데기는 두껍고 뒤 끝은 둥그스름하나 앞 끝은 새의 부리처럼 삐쭉 내밀어져 있다. 각표(殼表)는 검고 거칠며 안쪽은 흑자색으로 매끈매끈하고 진주광택이 남다. 발에서 질긴 실 같은 물질을 내어 그것으로 10~20 cm 깊이의 암초에 붙어 서식한다. 살은 붉은색을 띤 적동색이다. 우리나라 서남해와 동남해의 일부에 분포한다. 전국 연안의 암초에 생식한다.

[특 징]

세계 각지에 분포한다. 온대의 외양을 좋아하고 각은 두껍고 삼각의 모양이나 검정색이 특징이다. 1년에 약 3 cm, 3년으로 10 cm을 넘고 4년을 경과하면 13 cm 전후로 성장한다. 특유의 풍미가 있고 중국에서는 건조한 것을 잘 사용한다고 한다. 지미성분인 betaine, taurine은 간 기능을 높여 동맥경화를 예방한다.

[주요 영양소(가식부 100g 당 / 양식 · 생)]

- 단백질: 13.8g
- 지질: 1.2g
- 칼슘: 43 mg

- 철 : 6.1 mg
- 비타민 B_{12} : 10.3 ㎍

[주요 생리기능 성분(추정기능)]

① Betaine(간 기능 강화) : 감미 · 지미성분으로 아미노산계 화합물이다. 일반적으로 glycine betaine을 가리킨다. 문어, 오징어 등의 해산 무척추동물의 근육, 생식 등에 널리 분포한다. 간 기능 강화를 강화하는 것으로 알고 있으며 담즙의 생산을 촉진하여 지질의 대사를 활성화시키고 콜레스테롤치를 저하한다.

② Taurine(동맥경화 억제) : 문어, 오징어, 새우 등의 무척추동물에 유리아미노산으로서 많이 분포한다. 일반 어패류에도 많고 해산어의 혈합육에 많다. 담즙산과 결합하여 답즙의 배출을 촉진하므로 간장의 콜레스테롤을 대사하여 촉진하여 체외로 배출한다. 그리고 혈중 콜레스테롤치를 저하시키는 작용이 인정되고 있다. Taurine의 섭취에 의하여 동맥경화를 예방하는 것으로 기대된다. 유산의 증가를 방지하여 피로회복의 효과가 있는 것으로 알고 있다.

새조개

- 분 류 : 패류
- 학 명 : *Fluvia mutica*
- 과 명 : 새조갯과
- 영 명 : Egg cockle
- 한문명 : 복로(伏老)
- 이 명 : 꼬막, 새조개, 살조개(지역에 따라)
- 어획기 : 가을~겨울철
- 에너지(100g 당) : 114 kcal

[기대되는 작용]

동맥경화 예방, 간 기능 강화, 뼈의 강화, 고혈압 예방, 당뇨병 예방, 미각기능 유지 개선, 빈혈개선 등에 유효하다.

[분포 · 생태 · 역사]

새조갯과에 속하는 쌍패류(쌍패류)의 하나로 우리나라 서해안과 남해안에서 자연산이 생산된다. 패각은 높이 9.5 cm, 폭 6.5 cm 가량의 원반상이며 각표는 매끈매끈하고 46~47개의 물결모양의 방사상 각맥이 있으며 거기에 황백색을 띤 비늘이 있는 지지를 가지며 벨벳모양의 단모가 있다. 내면은 홍색이고 부드러우며 살 색깔은 담회색이다. 5~10월에 산란한다. 우리나라, 일본, 대만의 연안에 분포한다. 지역에 따라서는 새조개, 살조개 등으로 부르기도 한다.

[특 징]

모시조개나 대합조개와 같이 이매패(二枚貝)이다. 식용으로 하는 것은 다리의 부분으로 감미가 있고 맛이 있다. 이 다리로 뻘을 파고 잠복한다. 외적을 만나면 다리를 용수철로 하여 날아 도망간다. 에너지 자원으로 glycogen을 풍부히 함유하므로 스태미나 부족이이나 피로회복에 유효하다. Taurine도 많고 콜레스테롤을 줄여 동맥경화 예방에 도움이 된다.

[주요 영양소(가식부 100g 당 / 다리 · 생)]

- 단백질 : 21.5g
- 지질 : 1.9g
- 칼슘 : 32 mg
- 철 : 3.7 mg
- 비타민 B_{12} : 10.1 μg
- 나이아신 : 2.7 mg

[주요 생리기능 성분(추정기능)]

① Glycogen(에너지원) : 포도당으로 변화시켜 에너지원으로 된다. 피로회복을 촉진한다.

② Taurine(동맥경화 억제) : 아미노산의 일종이다. 혈중 콜레스테롤치를 내린다. 심장기능 강화, 혈압저하, 간장의 해독작용을 강화하고 당뇨병을 예방한다. 안정피로를 회복한다.

③ Betaine(간 기능 강화) : 감미 · 지미성분으로 아미노산계 화합물이다. 간 기능을 강화하고, 담즙 생산을 촉진하여 지질의 대사를 활성화하며, 콜레스테롤치를 저하한다.

[선별법 · 보존법]

일반적으로 다리만을 유탕한 것을 판매하고 있다. 윤기가 있고 긴장된 두터운 살이 좋다. 혼탁된 즙액이 나오는 것이나 새가 나는 것은 피할 것이다.

피조개

- 분 류: 패류
- 학 명: *Scapharca broughtonii,*
- 과 명: 새조갯과
- 영 명: Ark shell, blood clam
- 이 명: 피난마디조개, 새꼬막
- 어획기: 겨울~봄철
- 에너지(100g 당): 66 kcal

[기대되는 작용]

동맥경화 예방, 간 기능 강화, 빈혈개선, 세포노화 방지, 암 억제, 피로회복 유지 개선, 미각기능 유지 개선 등에 유효하다.

[분포 · 생태 · 역사]

새조갯과에 속하는 조개이다. 몸을 달걀꼴이며 길이 12 cm, 높이 9 cm 너비 7.5 cm 가량이다. 각정에서 복연으로 42~43개의 융기한 방사맥이 있으며 각표는 암갈색의 바늘모양의 각피로 되어 있고 내면은 백색이고 각 정부의 선은 일직선이다.

[특 징]

6~9월에 산란하며 깊이 10~40m의 바다 진흙 속에서 서식하는데 우리나라 동남해와 일본 등지에 분포한다. 몸살이 적색으로 보이므로 적패(赤貝)라고 부른다. 한국에서 전량 일본으로 수출하고 있다. 대체품도 많으므로 진짜의 피조개와 구별하기 어렵다. 피조개의 혈액 중에는 hemoglobin을 함유하고 있으므로 육질부가 적색으로 띤 특징이 있다.

성분으로는 쌍각류 중에서 단백질의 함량이 많고 지질의 함량은 적은 편이고 비타민도 풍부히 함유한다. 약간의 혈액의 냄새를 풍기며 생식에 알맞은 조개이다. 콜레스테롤은 100g 당 2.5 mg, 그리고 지질 중 1～5%의 비타민 D를 함유한다.

[주요 영양소(가식부 100g 당 / 생)]

- 단백질 : 11.6g
- 지질 : 0.6g
- 칼슘 : 36 mg
- 철 : 3.7 mg
- 비타민 B_{12} : 59.2 μg
- 나이아신 : 2.8 mg

[주요 생리기능 성분(추정기능)]

① Glutathionine(항산화 스트레스) : 강한 항산화 작용으로 발암물질을 체외로 배출하고 해독작용, 노화를 방지한다.

② Taurine(동맥경화 억제) : 아미노산의 일종이다. 혈중 콜레스테롤치를 내린다. 심장기능 강화, 혈압저하, 간장의 해독작용을 강화한다. 당뇨병을 예방하고 안정피로를 회복한다.

③ Heme철(빈혈개선) : 적신의 고기나 어패류에 함유되는 철로서 조혈을 촉진하고 빈혈을 예방한다.

④ Betaine(간 기능 강화) : 감미 · 지미성분으로 아미노산계 화합물이다. 간 기능을 강화하고, 담즙 생산을 촉진하여 지질의 대사를 활성화하며, 콜레스테롤치를 저하한다.

[선별법 · 보존법]

생식을 주로 하므로 보존하지 말고 빨리 먹는 것이 맛이 좋다.

가무락조개

- 분 류 : 패류
- 학 명 : *Cyclina sinensis*
- 과 명 : 백합과
- 영 명 : Chinese cyclina

- 이 명: 모시조개, 재첩(가무락조개의 다른 이름)
- 에너지(100g 당): 77 kcal

[분포 · 생태 · 역사]

재첩과에 속하며 우리나라 낙동강 하류에 많이 나는 패류이다. 대형 종으로 성장맥이 굵고 뚜렷하다. 개펄의 진흙에 산다. 한국, 일본, 중국, 대만, 필리핀 등에 분포한다. 각표에 강한 광택이 있다. 부산이나 섬진강 유역에서 껍질째 삶은 것을 재치국이라 하며 애호하고 있다.

[주요 영양소(가식부 100g 당 / 생)]

- 단백질: 14.1g
- 지질: 0.6g
- 칼슘: 54 mg
- 철분: 2.4 mg
- 비타민 B_2: 0.26 μg

소 라

- 분 류: 패류
- 학 명: *Batillus cornutus*(Turbo cornutus)
- 과 명: 고둥과
- 영 명: Sea snail, spiny top snail, spiny turban shell
- 한문명: 해라(海螺), 라(螺), 주라(朱螺)
- 이 명: 소라고동(부산), 꾸적(여수), 구쟁이(제주도), 살고동(해남, 통영)
- 어획기: 봄~가을철
- 에너지(100g 당): 107 kcal

[기대되는 작용]

동맥경화 예방, 간 기능 강화, 고혈압 예방, 당뇨병 예방, 피부기능 유지 개선, 면역력 강화, 미각기능 유지 개선 등에 유효하다.

[분포 · 생태 · 역사]

권패류(卷貝類) 소랏과에 속하며 몸은 반추형에 직경 8 cm, 높이 10 cm 정도이고 나층(螺層)은 6~7층으로 껍질은 겉이 암청색이고 속은 희고 진주광택이 나며 껍질 표면에 크고 작은 뿔 모양의 돌기가 많이 있는데 내만성의 것은 없는 것이 보통이며 입은 난형이다.

먹이로서는 조류를 좋아하며 간조선 부근의 10~20m 깊이에 서식하며 우리나라에서는 특히 제주도와 울릉도 등지의 암초에서 많이 잡힌다. 일본, 중국 등의 연안에 분포한다. 가장 맛있는 것은 산란 전의 생식기관이 활발해지는 봄부터 여름철이다.

[특 징]

모양이 훌륭한 뿔로 맛의 근원이다. 소라의 뿔은 어린 소라에는 없고 성장됨에 따라 형성되는 것이다. 파도가 심한 외양에서서 자란 것은 뿔이 크고 본수도 많다. 그러나 조용한 내만에서는 뿌리가 생기지 않는다. 몸을 휘돌리면서 껍질에서 나오면 최후에 생식소가 나오나 이것이 녹색이면 암컷, 크림색이면 수컷이다. 다른 패류에 비하여 단백질, 비타민류의 함유량은 상당히 많은 정도이나 taurine은 굴, 대합조개 다음으로 풍부하다. Taurine은 동맥경화 예방이나 고혈압 예방 이외에 간 기능 강화에도 유효하게 작용한다. 얼굴살결을 아름답게 하는 collagen도 풍부하다. Taurine 함량은 굴 대합조개 다음으로 풍부하다.

[주요 영양소(가식부 100g 당 / 생)]

- 단백질 : 20.7g
- 지질 : 0.3g
- 칼슘 : 92 mg
- 철 : 8.2 mg
- 비타민 B_{12} : 1.3 μg

[주요 생리기능 성분(추정기능)]

① Taurine(동맥경화 억제) : 아미노산의 일종이다. 콜레스테롤을 대사하여 체외 배출을 촉진하고 혈중 콜레스테롤치를 내린다. 심장기능 강화, 혈압저하, 간장의 해독작용을 강화하고 당뇨병을 예방한다.

② Collagen(피부기능 유지 개선) : 피부기능 유지에 불가결의 물질이다. 칼슘의 뼈 조직에의 흡수를 촉진하고 혈관을 강화한다.
③ Arachidonic acid(콜레스테롤치 저하) : 필수지방산의 일종이다. 신경, 면역, 생식 등의 기능을 조정한다.
④ Betaine(간 기능 강화) : 감미·지미성분이며 콜레스테롤치를 저하한다.

[선별법 · 보존법]

껍질이 붙은 선도가 좋은 것이라면 신문지 등으로 싸서 냉장고에 보존하는 것이 좋다. 3일 이내의 신선한 것이면 끓여서 먹는 것이 좋다.

고 둥

- 분 류 : 패류(고둥은 연체동물의 복족강의 동물을 통틀어 이르는 말)
- 학 명 : *Neptunea(Barbitonia) arthritica*
- 과 명 : 소라고둥과
- 영 명 : Whelk, ivory shell
- 한문명 : 법라(法螺)

[기대되는 작용]

동맥경화 예방, 간 기능 강화, 고혈압 예방, 당뇨병 예방, 피부기능 유지 개선, 면역력 강화, 미각기능 유지 개선 등에 유효하다.

[분포 · 생태 · 역사]

소랏고둥과에 속하는 바다 권패(卷貝)의 하나이다. 소라 중의 대형으로 패각의 길이 40 cm, 지름 19 cm 가량이고 나탑(螺塔)이 많다. 각표는 홍색, 갈색, 백색의 반문이 있는데 각 나층은 둥글고 넓은 줄이 뻗어 있으며 입은 달걀꼴이다. 수심 30 cm쯤의 조간대의 암초지대에서 서식한다. 살은 식용으로 패각은 옛날부터 「소라」 또는 「나각」이라 하여 악기로 사용한다.

[특 징]

한해(寒海)에서 서식하는 육식성 권패의 타액선에는 독물이 함유되어 있어 가끔

중독을 일으키므로 이 부분을 제거하여야 한다. 이 밖에도 중장선을 포함한 내장에 독물을 함유한 것도 있으므로 이 부분을 제거하여야 한다.

[주요 영양소(가식부 100g 당 / 생)]

- 단백질 : 16.4g
- 지질 : 0.5g
- 칼슘 : 60 mg
- 철 : 1.3 mg
- 비타민 B_2 : 0.12 mg
- 나이아신 : 0.9 mg

대 합

- 분 류 : 패류
- 학 명 : *Meretrix lusoria*
- 과 명 : 백합과
- 영 명 : Clam, common oriental clam, hard clam, venusclam
- 한문명 : 백합(大蛤),
- 이 명 : 백합(白蛤), 대합조개, 무명조개, 문합(文蛤), 화합(花蛤)
- 어획기 : 봄철
- 에너지(100g 당) : 38 kcal

[기대되는 작용]

동맥경화 예방, 간 기능 강화, 고혈압 예방, 당뇨병 예방, 뼈의 강화, 빈혈개선, 미각기능 유지 개선 등에 유효하다.

[분포 · 생태 · 역사]

백합과에 속한다. 각질은 두꺼우며 둥근 삼각형 모양이다. 가장 흔한 대표적인 이매패류(雙貝類)이다. 패각의 길이는 8.5 cm, 높이 6.5 cm, 폭 4 cm 내외이고 색깔은 보톤 회백색에 적갈색의 세로무늬가 있으며 안쪽은 백색이고 두 개의 주치(主齒)와 두 개의 측치가 있다. 껍질 면은 매끄럽고 반투명의 각피가 있으며 색채의 변화는 다양하나 회갈색의 바탕에 암갈색의 굵은 세로무늬가 있다. 조간대 또는 얕은 바다의 모래나 진흙에 서식하며 6～9월에 알을 낳는다. 우리나라, 중국, 일본 등의 해안에 널리 분포한다. 서해안에서 양식을 많이 하고 있다.

[특 징]

백합(대합)은 지미성분인 glutamic acid, taurine, alanine, glycine 등의 아미노산이 모시조개, 가막조개(바지라기)보다 많다. 뼈나 치아를 든든하게 하는 칼슘과 인 이외에 아연, 철도 풍부하다. 비타민 B_1도 많고 에너지 대사를 촉진한다. 6월의 산란기에 맞추어 영양을 축적하는 3～4월이 가장 맛이 좋다. 모시조개와 같이 비타민 B_1 분해효소인 thiaminase(aneurinase)를 함유하고 있으므로 생식을 피하는 것이 좋다.

[주요 영양소(가식부 100g 당 / 생)]

- 단백질 : 6.1g
- 지질 : 0.5g
- 칼슘 : 130 mg
- 아연 : 1.7 mg
- 비타민 B_{12} : 28.4 μg

[주요 생리기능 성분(추정기능)]

① Glutamic acid(뇌신경 기능 유지) : 아미노산의 일종으로 지미성분이다. 세포 재생을 촉진하고 뇌의 활동을 활성화 한다.

② Taurine(동맥경화 억제) : 혈압저하, 간장의 해독작용을 강화하고 당뇨병을 예방한다.

③ Betaine(간 기능 강화) : 감미·지미성분으로 아미노산계 질소화합물이다. 간 기능을 강화하고 답즙의 생산을 촉진하여 지질 에너지 대사를 활성화하여 콜레스테롤치를 저하한다.

[선별법·보존법]

껍질의 표면은 윤기가 도는 광택이 있고 진한 단색이거나 큰 팔자의 모양을 가진다. 껍질을 맞부딪쳐 보아 높고 맑은 소리가 나는 것이 좋다. 금속제의 바트에 늘어세워 일단 냉동하고 나서 보존주머니에 넣어 재 냉동한다.

전 복

- 분 류: 패류
- 학 명: *Haliotis discus hannai*(참전복),
  Haliotis disk abalone(disk abalone)(까막전복),
  Haliotis giganta(giant abalone)(말전복),
  Haliotis sieboldii(시볼트전복),
  Haliotis diversicolor diversicolor(오분자기),
  Haliotis diversicolor superterxta(마대오분자기),
  Haliotis discus(둥근전복)
- 과 명: 전복과
- 영 명: Abalone, ear-shell
- 한문명: 전복(全鰒)
- 이 명: 복(鰒), 전포(全鮑), 포(鮑), 생포(生鮑), 귀전복
- 어획기: 봄철
- 에너지(100g 당): 254 kcal

[기대되는 작용]

동맥경화 예방, 간 기능 강화. 피부기능 유지 개선, 관절염 예방, 안정피로 회복, 미각기능 유지 개선, 빈혈개선, 정력 증강, 시력저하 예방, 피부미용 개선 등에 유효하다.

[분포·생태·역사]

전복과 속하며 우리나라 전안에 서식한다. 특히 제주도 등 도서지방의 조수가 잘 통하는 암초지대에 많다. 발의 이면이 넓어 바위에 잘 달라붙는다. 11~12월에 산란한다. 전복은 어획량이 적으며 어패류 중에서도 최고급으로 맛이나 영양 면에서 뛰어나다. 오분자기는 전복과 비슷하나 크기가 약간 작고 주로 조리거나 젓을 담아서 먹는 경우가 많다. 말 전복은 큰 것은 각형이 250mm나 되는 것도 있다. 오분자기는 각형이 80mm 정도이다. 전복과의 구분은 구멍의 수가 전복이나 말 전복이 4~5개인데 비하여 오분자기는 7~8개로 많고 껍질 위로 돌출하지 않는 것이 특징이다.

[특 징]

접시와 같은 모양을 하고 있으나 권패(巻貝)의 일종이다. 세계에는 100종류 정도 있고 이 중 소형을 제외하고 식용으로 하는 것을 전복이라 칭한다. 전복의 맛은 glutamic acid, taurine, betaine 이외도 지미성분이 풍부하다. 그 중에서도 taurine의 함량은 어패류 중에서도 최고이다. 또 신지대사를 활발하게 하는 collagen도 풍부하고 비타민 E, B_1, B_2, 아연, 구리 등을 균형 있게 함유한다.

한방에서는 눈의 피로나 온몸의 피로를 회복하는 효과가 있다고 전해 왔으며 전복죽을 먹기도 한다. 진(秦)의 시황제가 불노장수의 요약으로서 전복을 구하였다는 일화는 지금도 남아있다. 한의에서는 석결명(石決明)이라 하여 약재로 사용한다.

[주요 영양소(가식부 100g 당 / 건조)]

- 단백질 : 56.0g
- 지질 : 0.9g
- 칼슘 : 71 mg
- 철 : 14.6 mg
- 비타민 B_{12} : 0.4 mg

[주요 생리기능 성분(추정기능)]

① Arachidonic acid(콜레스테롤치 저하) : 세포막을 구성하고 생체기능을 조절한다. 면역력을 높여 콜레스테롤치를 내린다.

② Taurine(동맥경화 억제) : 아미노산의 일종이다. 콜레스테롤을 대사하여 체외배출을 촉진하고 심장기능을 강화한다. 혈압저하, 간장의 해독작용을 강화하고 당뇨병을 예방하며 안정피로를 회복한다.

③ Collagen(피부기능 유지 개선) : 세포를 결합시켜 피부기능을 유지・활성화하고 칼슘의 뼈 조직에의 흡수를 촉진한다. 혈관강화, 면역력을 높여 노화를 예방하고 안정피로를 회복한다.

[선별법・보존법]

신문지 등으로 싸서 냉장 보존한다. 용기에 넣어 보존하는 경우는 뚜껑을 닫아 둔다.

가막조개(바지락)

- 분 류: 패류
- 학 명: *Tapes pilippinarum*(*Amygdala pilippinarum, Ruditapes pilippinarum*)
- 과 명: 백합과
- 영 명: Short neck clam, Manila clam, Japanese little neck, verupis pilippinarum
- 이 명: 바지락(가막조개의 다른 말), 바지락조개
- 어획기: 여름철과 겨울철
- 에너지(100g 당): 73 kcal

[기대되는 작용]

동맥경화 예방, 간 기능 강화, 고혈압 예방, 당뇨병 예방, 안정피로 개선, 빈혈개선, 미각기능 유지 개선 등에 유효하다.

[분포 · 생태 · 역사]

우리나라에서 조개하면 바지락을 생각할 만큼 많이 나고 맛이 좋다. 백합과에 속하는 것으로 껍질표면의 무늬는 변화가 심하며 윤맥이 많다. 모시조개, 바지락, 황합, 소합이라고도 한다. 껍질의 높이는 3 cm, 길이는 4 cm 정도이며 부챗살마루가 있다. 민물이 섞인 조간대의 모래바닥이나 진흙바다의 모래펄에 산다. 한국, 일본 사할린 등지에 분포한다.

[특 징]

가막조개는 간장의 특효약이라고 하는 leucine이나 methionine, taurine 등의 간 기능을 높이는 아미노산이 풍부하다. 빈혈을 예방하는 철이나 비타민 B_{12}도 많고 함유량은 소나 돼지의 간에 떨어지지 않는다. 맛을 유도하는 것은 지미성분의 succinic acid(호박산)와 glutamic acid이다. 칼슘, 나트륨, 칼륨, 만강, 아연 등의 무기질도 풍부하다. 비타민 B_1을 분해하는 효소 aneurinase가 함유되어 있어 생식은 하지 않는 것이 좋다.

[주요 영양소(가식부 100g 당 / 생)]

- 단백질 : 12.5g
- 지질 : 1.2g
- 칼슘 : 78 mg
- 철 : 3.7 mg
- 비타민 B_{12} : 62.4 ㎍

[주요 생리기능 성분(추정기능)]

① Taurine(동맥경화 억제) : 아미노산의 일종이다. 콜레스테롤을 대사하여 체외 배출을 촉진하고 혈중 콜레스테롤치를 내린다. 심장기능 강화, 동맥경화 예방, 교감신경을 누그러지게 하여 혈압을 내린다. 간장의 해독작용을 강화하고 당뇨병을 예방하며 안정피로를 회복한다.

② Succinic acid(피로회복) : 유기산계 지미성분이다. 즉효성의 에너지원으로서 피로회복에 유효하다.

③ Betaine(간 기능 강화) : 감미 · 지미성분으로 아미노산계 질소화합물이다. 간 기능을 강화하고 답즙의 생산을 촉진하여 지질 에너지 대사를 활성화하여 콜레스테롤치를 저하한다.

[선별법 · 보존법]

크고 껍질의 윤기가 좋고 색이 진하고 몸은 색이 엷은 것이 신선하다. 물속에서 접촉할 때 조금 열려 있는 입을 힘차게 닫는 것을 고른다.

가리비

- 분 류 : 패류(이매패강의 연체동물을 통틀어 이르는 말)
- 학 명 : *Oecten albicans*
- 과 명 : 큰집가리빗과
- 영 명 : Scallop
- 한문명 : 해선(海扇)
- 어획기 : 겨울~봄철
- 에너지(100g 당) : 80 kcal

[기대되는 작용]

동맥경화 예방, 간 기능 강화, 고혈압 예방, 당뇨병 예방, 암 억제, 빈혈개선, 미각기능 유지 개선, 시력저하를 향상시킨다.

[분포 · 생태 · 역사]

가리비과에 속하는 바다조개이다. 패각은 부채모양으로 둥글 넙적한데 길이는 20 cm, 높이 19 cm, 폭 50 cm 가량이다. 각편의 한 쪽은 판판하고 다른 한 쪽은 볼록하며 표면에는 방사륵이 25~26개 있고 왼쪽은 엷은 홍갈색, 오른 쪽은 희고 안은 모두 백색이다. 3~7월에 산란하며 해안 40m 깊이의 모래 또는 자갈밭에서 서식한다. 조간대의 살은 식용으로 하고 껍데기는 세공에 쓰인다. 껍데기는 부채모양으로 부챗살 8~13개 있으며 한 짝은 짙은 적갈색이고 다른 한 짝은 희고 갈색의 무늬가 있다. 한국의 동해안, 일본 등지 그리고 세계적으로 널리 분포한다.

[특 징]

일본에서는 양식한 것이 자연산의 어획량보다 많다고 한다. 양식하여도 모이는 해수에서 취하므로 맛은 변하지 않는다. 양식은 약 3년 정도라고 한다. 바로 태어난 것은 거의 수컷이나 2년 정도로 그의 분은 성 전환하여 암컷으로 된다. 패주(貝柱)의 하측에 보이는 생식소가 오렌지의 것은 암컷이고 흰 것은 수컷이다. 패주의 단백질 함유량은 패류 중에서도 풍부하다. Glycine, alanine, glutamic acid, taurine 등의 지미성분이 많아 감미와 깊은 맛을 낸다. 에너지원이 되는 glycogen 이외에 칼륨, 아연, 비타민 B_{12}도 많다.

[주요 영양소(가식부 100g 당 / 생)]

- 단백질 : 13.0g
- 지질 : 1.0g
- 칼슘 : 53 mg
- 철 : 1.0 mg
- 비타민 B_{12} : 11.4 μg

[주요 생리기능 성분(추정기능)]

① Taurine(동맥경화 억제) : 아미노산의 일종이다. 콜레스테롤을 대사하여 체외 배출을 촉진하고 혈중 콜레스테롤치를 내린다. 심장기능 강화, 동맥경화 예방,

혈압저하, 간장의 해독작용 강화, 당뇨병을 예방한다.

② 셀런(항암, 항 노화) : 무기질의 일종이다. 과산화지질의 생성을 억제하여 발암을 억제한다.

③ Glycogen(에너지원) : 포도당으로 변하여 에너지원으로 된다. 피로회복을 촉진한다.

④ Betaine(간 기능 강화) : 담즙의 생산을 촉진하여 지질 에너지 대사를 활성화한다.

[선별법 · 보존법]

껍질이 붙은 것은 약간 열려 있는 것이 신선한 것이다. 많이 열려 있는 것은 선도가 떨어진 것이고 꼭 닫혀 있는 것은 죽은 것이다. 알 몸체의 경우는 고기에 탄력이 있고 투명한 것은 신선한 것이다.

키조개

- 분 류 : 패류(이매패강의 연체동물을 통틀어 이르는 말)
- 학 명 : *Atrina pectinata*
- 과 명 : 키조갯과
- 영 명 : Pen shell, copmb pen shell
- 한문명 : 옥요(玉珧)
- 어획기 : 가을~겨울철
- 에너지(100g 당) : 57 kcal

[기대되는 작용]

동맥경화 예방, 간 기능 강화, 고혈압 예방, 당뇨병 예방, 안정피로 개선, 피로회복, 미각기능 유지 개선 등에 유효하다.

[분포 · 생태 · 역사]

키조갯과에 석하는 조개이다. 패각은 키 또는 부채모양 혹은 직각 삼각형으로 길이 29 cm, 폭 15 cm 정도이다. 껍질에는 윤맥이 있고 이것과 교차되는 몇 개의 방사륵이 있으며 암녹색의 두 껍질은 이가 없이 인대로서 구부가 연결되었고 족사(足

絲)를 내어 착생하며 산란기는 5~9월이며 우리나라 및 일본에 분포하고 10~3월이 맛이 가장 좋다. 내만의 수심 10m 정도의 모래펄 바닥에 산다. 30 cm이 상이나 되는 청갈색의 껍질을 갖고 있으나 쉽게 깨진다. 키는 부채모양이고 껍질에는 바퀴모양의 맥이 있다. 먹는 부위는 패주(貝柱 : 조개관자)이다.

[특 징]

초밥 집에서 패주(貝柱)라고 나오는 것은 가리비가 아니고 키조개이다. 삼각모양을 특징으로 하는 홍합의 한 무리로 성장하면 약 30 cm 정도로 된다. 패주는 크고 감미가 있으며 연하다. 단백질 함량은 패류 중에서도 최고로 높다. 지미성분은 glutamic acid나 inosinic acid, 호박산, taurine, betaine의 종류와 양도 풍부하다. Glycogen은 에너지원이기 때문에 피로회복이나 스태미나 증강에 유효하다.

[주요 영양소(가식부 100g 당 / 패주 · 생)]

- 단백질 : 10.3g
- 지질 : 1.1g
- 칼슘 : 38 mg
- 철 : 8.2 mg
- 나이아신 : 1.8 mg

[주요 생리기능 성분(추정기능)]

① Taurine(동맥경화 억제) : 아미노산의 일종이다. 콜레스테롤을 대사하여 체외배출을 촉진하고 혈중 콜레스테롤치를 내린다. 심장기능 강화, 동맥경화 예방, 교감신경을 누그러지게 하여 혈압을 내려 정상으로 유지한다. 간장의 해독작용을 강화하고 당뇨병 예방, 안정피로 회복에 유효하다.

② Betaine(간 기능 강화) : 감미 · 지미성분으로 아미노산계 질소화합물이다. 간기능을 강화하고 답즙의 생산을 촉진하여 지질 에너지 대사를 활성화하여 콜레스테롤치를 저하한다.

[선별법 · 보존법]

패주(貝柱 : 조개관자)는 누르면 단단한 정도의 탄력이 있는 것이 좋다. 광택이 있고 투명감이 있는 신선한 것, 희게 된 것은 피한다.

우렁이류

- 분 류: 패류(이매패강의 연체동물을 통틀어 이르는 말)
- 학 명: *Cipangopaludina chinensis*
- 과 명: 물달팽잇과
- 영 명: Pond snail, river snail
- 이 명: 논고동, 논우렁이, 참우렁이, 토라(土螺), 괴안정(鬼眼睛), 전라(田螺)
- 어획기: 가을~봄철
- 에너지(100g 당): 73 kcal

[기대되는 작용]

동맥경화 예방, 간 기능 강화, 뼈의 강화, 고혈압 예방, 당뇨병 예방, 미각기능 유지 개선, 빈혈개선 등에 유효하다.

[분포·생태·역사]

물달팽잇과에 속하는 우렁이의 일종으로 공기로 숨을 쉬는 민물 달팽이다. 패각은 지름 3 cm, 높이 4 cm 가량의 달걀꼴로 나층은 약 여섯 개이고 나탑(螺塔)은 원추형이며 각표는 매끈매끈하고 녹색을 띤 회색이나 불규칙한 암색, 종선과 각점 및 나선이 세 개가 있는 것도 있다. 태생이고 암컷의 수명은 3년가량이고 가을에는 땅속에 들어가 월동한다. 논에 서식하나 우리나라, 일본 등에서 분포한다. 담수성으로 논이나 지소(池沼)에 생식한다. 내장은 버리고 식용한다.

[특 징]

논에 사는 소라라고 부르는 우렁이는 우리나라의 논이나 내에 있는 널리 분포되어 있으므로 송사리와 붕어와 함께 쉽게 볼 수 있다. 바다에서 먼 지방에서는 귀중한 단백질 원으로서 먹어 왔다. 펄이 많은 유기물을 먹으므로 최근에는 농약살포나 수질 악화 등의 영향으로 그 수는 격감되고 있다. 약간의 펄 냄새가 있으나 된장 조림으로 술안주가 된다.

칼슘을 많이 함유하므로 뼈를 든든하게 하는 외에 정신안정에도 효과적이다. 미각을 정상으로 유지하는 아연과 신진대사를 활발하게 하는 비타민 B_1, 점막을 보호하여 얼굴살결의 재생을 촉진하는 비타민 B_2 등도 많다. 비타민 B_1을 분해하는 효소 aneurinase가 함유되어 있어 생식은 하지 않는 것이 좋다.

[주요 영양소(가식부 100g 당 / 생)]

- 단백질 : 10.5g
- 지질 : 1.4g
- 칼슘 : 1,202 mg
- 철 : 5.8 mg
- 비타민 B_{12} : 17.8 μg

[주요 생리기능 성분(추정기능)]

① Taurine(동맥경화 억제) : 아미노산의 일종이다. 콜레스테롤을 대사하여 체외 배출을 촉진하고 혈중 콜레스테롤치를 내린다. 심장기능 강화, 동맥경화 예방, 교감신경을 누그러지게 하여 혈압을 내려 정상으로 유지한다. 간장의 해독작용을 강화, 당뇨병 예방, 안정피로 회복에 유효하다.

② Betaine(간 기능 강화) : 감미・지미성분으로 아미노산계 질소화합물이다. 간 기능을 강화하고 답즙의 생산을 촉진하여 지질 에너지 대사를 활성화하여 콜레스테롤치를 저하한다.

[선별법・보존법]

껍질이 붙은 것은 반드시 살아 있는 것을 산다. 알몸으로 팔고 있는 것은 냉동된 것이 대부분이다.

[Chitin · chitosan의 칼럼]

Chitin은 *N*-acetyl-D-glucosamine의 잔기가 직쇄상으로 β-1,4-결합의 polymer (NAg)를 형성한 것이며 이것이 탈 acetyl 되면 아래 그림과 같이 chitosan으로 된다. 따라서 chitin은 탈 acetyl화 한 glucosamine이 β-1,4-결합으로 이루어진 염기성의 다 당류이다.

탈 acetyl화에는 40～50%의 진한 NaOH용액 또는 KOH용액으로 80～115℃의 고온처리가 요구되는데 요즈음은 *Mucor*속에서 생산되는 효소에 의해서도 탈 acetyl화가 시도되고 있다. 이와 같이 탈 acetyl화된 chitosan은 산성 pH 영역에서 $-NH_3^+$의 강력한 양 전화를 띤 고분자 전해질(linear polyelectrolyte)을 형성하여 각종의 복합기능을 발휘한다. 즉 분자기능으로서는 염기성 고분자의 특성인 보습조절, 대전방지, 및 분자 입체배좌 변환성을 나타내며 또한 착체기능 및 amino기와 수산기와의 화학수사성 기능도 보유한다.

Chitin, chitosan은 다 같이 생물 분해성을 갖고 있어 chitin의 고분자 직쇄는 chitinase와 lysozyme 효소에 의하여 chitoan은 *Bacillus*속에서 얻어지고 chitosanase 효소에 의하여 수개의 잔기로 연결된 해당 oligosaccharide로 분해된다. 분해가 진행되면 결국 glucosamine의 단당으로 가수분해한다. 그런데 이와 같은 분해의 정도에 따라서 여러 가지 기능과 물성의 차이를 나타낸다. 항균력 및 살균력을 예를 들면 분해가 과도하게 진행되어 단당한 수준에 이르면 항균성이 떨어지며 oligo당 정도로 분해된 것은 분해되기 전 것보다 항균력이 오히려 더 강하게 나타낸다. 뿐만 아니라 chitosan이 chitosan oligosaccharide로 되면 물에 잘 녹기 때문에 그 이용도는 확대될 것이다.

앞에서 이미 언급된 바와 같이 키틴, 키토산은 여러 가지 생리적 기능성을 갖고 있으므로 과자, 빵, 된장, 김치류, 연제품, 햄, 치즈, 이이스 크림 등 식품에 물성개량 또는 과실과 채소의 선도 유지 등 식품의 품질 향상으로 다양하게 이용될 수 있고(표 2-10) 그리고 주요 식품원료에 들어있는 키틴 함량은 표 2-11과 같다. 이 중 탄수화물만 추출한 것이 키틴(chitin)이다(그림 2-6).

1. 수산부산물의 생리활성 성분

1) Chitin · chitosan

Chitin은 게, 새우 등 갑각류의 외골격을 형성하는 조직 다당류이며 chitosan은

표 2-10. 키틴 및 그 유도체의 종류와 이용분야

분 야	키틴과 키토산	키틴과 키토산 소중합체
식 품	항 미생물제 보존제 식용필름	항 미생물제 보존제
약 품	세균오염 예방효과 항 종양제 면역증강제	세균오염 예방효과 항 종양제 면역증강제
의 료	상처치료 촉진제 인공피부 흡수성 복합성 섬유소	
영 양	식이섬유소 저 콜레스테롤제 항 고혈압제	저 콜레스테롤제 실험실적 칼슘흡수 촉진제
생물공학	고정화효소와 세포 운반체 생체반응물용 다공성 용구 생체막 물질	
농 업	종자 피복조제 식물세포의 활성제	식물세포의 활성제
기 타	폐수처리용 응집제 식품가공장용 단백질 회수조제 폐수로부터 중금속의 제거 화장품	

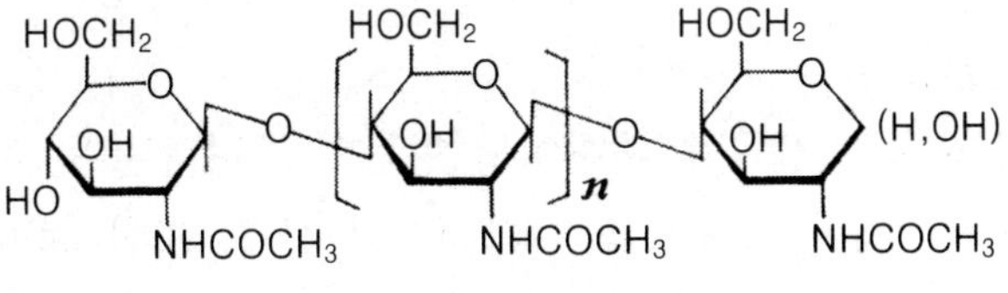

〈Chitin〉

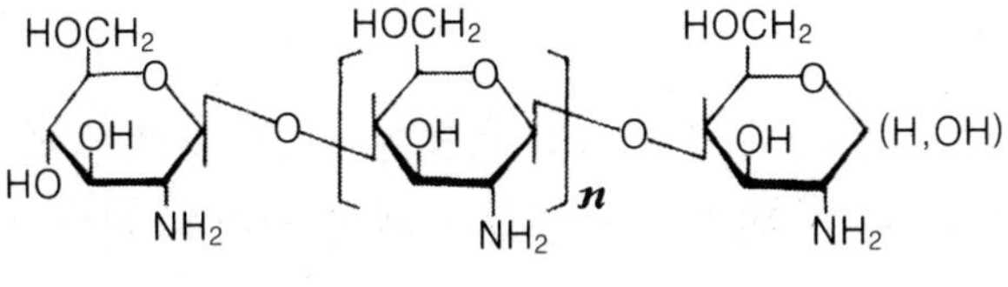

〈Chitosan〉

그림 2-6. Chitin 및 chitosan의 구조

표 2-11. 주요 식품원료 중 키틴의 함량 (중량 %)

갑각류		균체동물의 기관	
은행게	72※3	대합패각	6※2
꽃게	14※1	크릴껍질	42※4
영덕게	26※4	굴껍질	4※2
털게	18※4	오징어연골	41※2
물맞이게	11※4	**균 류**	
무당게	10※1, 35※2	*Aspengillus niger*	42※5
알레스카산 새우	28※4	*Lactarius vellerus*(버섯)	19※4
갓가재	5~8※2, 12※4, 69※3	*Mucor rouxii*	45※5
보리새우	32※4	*Penicillium chrysogenum*	20※5
우미자리게	70※3	*Penicillium notatum*	19※5
중새우	25※4	*Saccharomyoes cervisiae*(빵효모)	3※5

※1 함수 중량당 %, ※2 건조 중량당 %, ※3 표피건조 중량당 %,
※4 전체 건조 중량당 %, ※5 건조세포벽 중량당 %,

chitin의 탈 acetyl화합물이다.

(1) 항균성

Chitosan은 0.1% 범위의 농도에서 콩류의 병원균인 *Fusarium solani*, 오이의 *Fusarium oxysporum*과 양파의 *Fusarium oxyforium cepae* 등 병원균의 생육을 완전히 저지하였으며 탈 acetyl화가 높을수록 효과가 우수하다고 한다. 항곰팡이 성분은 chitosan이 곰팡이의 세포 표층부에 반응하여 세포투과성을 증가시키기 때문인 것으로 알려지고 있다.

Chitosan과 그 분해물은 세균에 대하여도 항균성을 나타내며 chitin oligo 당의 경우 최소 육당체 이상에서만 항균성을 나타낸다고 한다. 또한 chitosan 분해물은 김치 젖산균 중 *Lactobacillus*속 균주들에 대한 생육 저해활성이 높은 것으로 알려지고 있다.

(2) 종양 억제효과

Chitin 유도체는 BALB/c계 마우스의 동일계 종양 Meth-A에 대하여 항종양활성이 매우 높았으며 탈 acetyl화가 높을수록 효과가 크다고 한다. Chitin oligo당(육량체)는 면역 증강작용을 나타내며 마우스 이식종양에 대해 항종양과 종양 전의 억제작용이 있다.

(3) Macrophage의 활성화

Chitin 유도체인 DAC(deacetylated chitin)와 CMC(carboxymethyl chitin)는 항종양활성 지표인 macrophage의 활성화 작용이 있으며 그 정도는 양자 모두 amino기와 carboxyl기의 함량과 관계가 깊다. Macrophage의 활성기구는 chitin의 탈acetyl화에 의하여 OH와 amide 결합간의 수소결합을 파괴하면 생체내의 lysozyme의 수용성이 증가하기 때문인 것으로 알려져 있다.

(4) 감염 방어작용

종양을 가진 동물의 세포 감염 방어작용의 저하는 면역기능의 저하가 주원인이며 감염 방어작용의 부활도 항종양작용의 지표의 하나이다. Chitin은 *Staphylococcus aureus*, Sendai virus, *E. coli* 방어작용이 있다. CMC(carboxymethyl chitin)에는 이 기능이 없는 것으로 보아 방어작용은 amino 당이 존재하기 때문인 것으로 보고 있다.

(5) Natural killer(NK)세포 활성화

T세포에도 B세포에도 속하지 않는 NK세포의 생산도 암 면역에 있어 대단히 중요하다. Chitin 유도체의 YAC 종양에 대한 N세포 활성화는 역시 DAC-70(70% deacetylated chitin)이 가장 높은 DAC-90은 이보다 활성이 낮았다.

(6) 항혈전성의 유도

Heparin에 의한 항혈전성은 heparin-antithrombin Ⅲ complex(Hp-AT-Ⅲ)가 thrombin을 불활성화하는 주반응과 haparin이 직접 thrombin을 불활성화하는 종반응으로 생각할 수 있다. Chitin 유래의 일련의 haparinoid인 C_6-O-C는 thrombin에 흡착되지만 thrombin 활성을 완전히 저해하지는 않는다. 한편 C_6-O-SO_3 chitin은 느리기는 하지만 직접 또는 antithrombin Ⅲ을 경유하여 thrombin활성을 저해한다. C_6-O-H_2COOH(0.5)-C_6-O-SO_3H chitin(S-CM chitin)이 되면 thrombin에의 직접 저해는 heparin과 차이가 없다고 한다.

(7) 기타 생리활성

Chitosan은 콜레스테롤 함량과 triacylglycerol을 저하시키는 작용이 있으며 chito oligpo당은 진통작용이 있다.

2) Chondroitin sulfate

해산동물은 chondroitin sulfate의 좋은 급원이며 주로 고래나 상어의 연골이 주원료로서 사용되고 있으나 최근 오징어의 껍질(chondroitin sulfate E)에서도 발견되고 있다. 포유류의 연골에는 A형과 C형 중심이며 경골어류의 연골에는 C형이 많고 A형이 적다. Chondroitin sulfate는 복막 등의 유착방지 streptomycin에 의한 난청방지, 신염방지, 편두통, 신경통, 관절염 치료, 동맥경화 방지, 각막보호, 탈모방지 작용이 있다(그림 2-7).

3) Peptidoglycan

오징어의 먹 즙에는 항종양활성을 나타내는 peptidoglycan이 함유되어 있다. 이 성분은 Meth A 암세포에는 직접 작용하지 않으나 암을 유발시킨 BALB/c moucse 복강에 200 ㎍을 주가할 때 높은 치유율을 나타내었으므로 macrophage의 활성화 등 면역기능의 부활작용에 의한 것으로 보고 있다(그림 2-8).

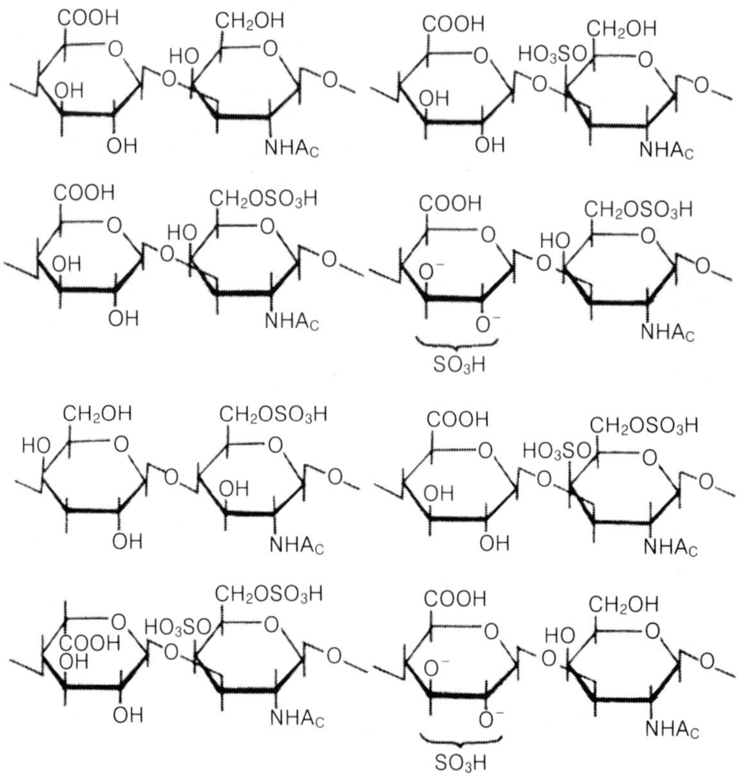

그림 2-7. Chondroitin sulfate의 구조

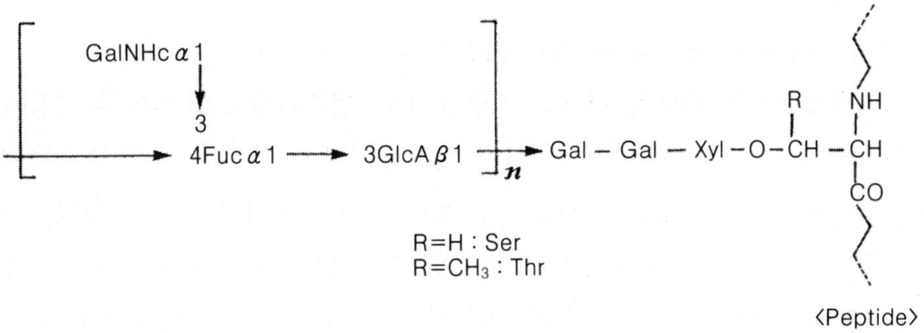

GalNHc α1
↓
3
→ 4Fuc α1 → 3GlcA β1 →$_n$ Gal − Gal − Xyl − O − CH(R) − CH(NH)(CO) <Peptide>

R=H : Ser
R=CH_3 : Thr

그림 2-8. Peptidoglycan의 구조

2. 게류의 생리활성

일본에는 1,000종을 넘는 게 중에서 일반적으로 식용하는 것은 7~8종이다. 이 게는 수컷 게가 압도적으로 많고 암의 갑라(甲羅)의 직경은 수컷의 반 정도도 못 미친다. 게의 성분은 지질, 당질은 거의 없고, 단백질이 15~20% 정도이다. 지미성분은 glutamic acid, glycine이 많다. 에너지는 80 kcal 전후로 낮아 다이어트식으로 알맞고 언제나 영양적 특징을 가지고 있다.

첫째로 혈압을 정상으로 유지하고 혈종 콜레스테롤을 억제하고 동맥경화를 예방하는 taurine이 많다. 둘째는 아연이나 구리의 함량이 많고, 전립선비대, 미각이상, 빈혈을 예방하는 작용이 있다. 최근 게의 혈구 중에 항에이즈 성분이 발견되어 화제가 되고 있다. 게를 삶으면 붉게 되나 이것은 carotene 색소의 astaxanthin을 함유하고 있기 때문이다.

Astaxanthin은 게, 새우, 연어, 연어알젓 등의 해산물에 함유되는 적색 색소이나 비타민 E의 100배 이상의 항산화력이 있다. 생체 내에서 free radical 소거작용으로 일주리듬의 조절효과와 당뇨병과 그 합병증의 억제효과 등이 보고되고 있다. 또한 갑각은 *N*-아세틸글루코사민의 단순한 중합체인 키틴으로 이루어져 최근 생물질(biomass)로서의 이용이 주목되어 인공피부에 응용하는 것도 시도되고 있다.

① 꽃게: 서해의 얕은 바다나 내만 또는 하구 가까운 모래바닥에서 서식한다. 우리나라에서 잡히는 게 중에는 어획고가 가장 높다.

② 대게: 물맞이게과에 속하는 대형의 게로 딱지길이 22cm 정도이고 양다리를 편 길이는 70cm 정도에 이른다.

③ 털게: 다리와 표면에 황갈색의 털이 많다. 동남해에서 주로 나는데 상품성이 낮

아 가공된다.

④ 참게 : 바위게과에 속하며 등딱지의 길이는 5cm 정도이고 넓이는 6cm 정도이다. 영양성문은 단백질 14.4%, 지방 12.0%, 탄수화물 0.2%이며 무기질이 2.7%로 높고 특히 칼슘이 많다. 비타민 A가 풍부하고 비타민 B2가 풍부한 편이다.

게장을 담가 먹으나 페디스토마의 중간숙주로 널리 알려진 후로는 생식을 피하고 있다. 게의 일반성분으로서는 단백질이 20% 정도 단연 많고 지방은 1% 이하로 적다. 단백질을 구성하는 아미노산 중 중요한 것은 leucine, arginine, lysine, isoleucine, methionine, threonine, phenylanine, valine, histidine, tyrosine, cystine 등인데 필수 아미노산이 많아 발육기의 어린이에게 아주 훌륭한 식품이다.

지방이 적기 때문에 맛이 담백하고 소화성이 좋아 병후 회복기에 있는 사람이나 노인 또는 고단백질 저지방을 필요로 하는 비만, 고혈압, 간장병 환자에게 권장할 만하다. 게의 독특한 맛은 glycine, proline, arginine, betainee, taurine 등의 성분이 많기 때문이다. 게는 선도가 빨리 떨어지고 부패가 빠르므로 세균성 식중독을 일으키기 쉽다. 따라서 신선한 것을 선택할 필요가 있다. 죽은 게는 상품가치가 빨리 떨어진다. 게를 조리할 때 빨갛게 변하는 것은 astaxanthin이라는 색소 때문이다.

1) 기대되는 작용

동맥경화 예방, 간 기능 강화, 암 억제, 피로회복, 당뇨병 예방, 안정피로 회복, 면역력 강화, 고혈압 예방 등에 유효하다.

2) 생리기능 성분의 기능

① Astaxanthin(활성산소 소거, 항암) : Carotenoid계의 일종으로 껍질에 함유되는 붉은 색소 성분이다. 항산화 작용으로 활성탄을 소거한다. 동맥경화를 예방하고 스트레스에 의한 면역저하를 억제한다. 백내장, 위궤양을 예방한다.

② Taurine(동맥경화 억제) : 아미노산의 일종으로 지미성분이다. 콜레스테롤을 대사하여 체외 배출을 촉진한다. 심장기능 강화, 동맥경화 예방, 혈압조절, 간장의 해독기능을 강화한다.

③ Betaine(간장 강화) : 감미・지미성분・간 기능을 강화하여 지질의 에너지대사를 촉진한다.

▶ 갑각류

새 우

- 분 류: 갑각류(십작목의 장미아목을 통틀어 이르는 말)
- 학 명: 일본새우: 대하(large shrimp): *Penaeus chinensis*
  : 중하(medium shrimp, Shiba shrimp): *Metapenaceus joyneri*
  : 보리새우(common prawn): *Palacemon serratus*
  한국새우: 대하, 보리새우, 왕새우, 물새우의 4종이 있다.
- 과 명: 보리새웃과
- 영 명: Shrimp, prawns, loaster
- 한문명: 대하(大蝦), 소하(小蝦)
- 어획기: 가을~겨울철
- 에너지(100g 당): 233 kcal

[기대되는 작용]

간 기능 강화, 면역력 강화, 동맥경화 예방, 고혈압 예방, 당뇨병 예방, 안정피로 개선, 세포노화 방지, 미각장애의 예방, 변비 해소 등에 유효하다.

[분포 · 생태 · 역사]

새우는 갑각류 중 장미류(長尾類)에 속한 종류를 말한다. 몸체는 두흉부(頭胸部), 복부(腹部) 및 미부(尾部)로 세분으로 이루어져 있고 여러 마디로 나뉘어져 있으며 각 마디에 딸린 다리를 가지고 있다. 새우의 껍질은 당분과 단백질이 결합한 당단백질로 이루어져 있고 색소가 포함되어 있어 가열하면 적흑색이던 선홍색으로 변한다. 민물새우 및 바다새우가 있으며 열대에서 한대에 걸쳐 널리 분포한다. 크기에 따라 대하(大蝦), 중하(中蝦), 젓갈용의 소형새우(젓새우) 등으로 나눌 수 있다. 주로 서해와 남서해에서 잡힌다. 허리가 굽어 있어 모양이 고령자를 연상시키므로 새우는 장수의 상징이고 가열을 하면 선명한 주적색으로 된다.

[특 징]

새우는 고단백질 조지방의 해산물이다. 이러한 새우나 게 종류는 남녀노소를 불구하고 좋아하는 식품이다. 단백한 지미를 가진 새우는 일본사람이 특히 좋아 한다. 지미의 성분은 glycine과 arginine이라는 아미노산에 의한 것이다. 고단백질이며 저지질로 콜레스테롤치 저하작용 그리고 간장을 강화하는 taurine과 면역력을 높이는 chitin질도 함유한다. Taurine에는 피로회복 효과도 있다. 피부나 혈관 이외에 몸 전체의 세포 재생에 불가결한 collagen이 풍부하고 껍질에는 암의 발생을 억제하는 색소 성분, astaxanthin을 함유된다. Taurine과 betaine, chitin질이 간 기능을 높인다. 그리고 taurine은 동백경화를 예방하고 망막의 발달을 촉진시키고 시력을 회복하는 작용이 있다. 새우의 껍질이나 꼬리에는 항암작용이 있는 chitin이 함유되어 있다.

[주요 영양소(가식부 100g 당 / 생)]

- 단백질 : 20.9g
- 지질 : 0.4g
- 칼슘 : 5 mg
- 철 : 0.1 mg
- 비타민 E : 3.8 mg

[주요 생리기능 성분(추정기능)]

① Chitin질(콜레스테롤치 저하, 면역기능 개선) : 경각(硬殼)을 구성하는 다당류이다. 혈압상승 억제, 항암, 면역력을 강화한다.

② Betaine(간 기능 강화) : 감미・지미성분으로 아미노산계 질소화합물이다. 간 기능을 강화하고 담즙의 생산을 촉진하여 지질 에너지 대사를 활성화하여 콜레스테롤치를 저하한다.

③ Astaxanthin(활성산소 소거, 항암) : 몸의 조직을 형성하는 단백질의 하나이다. 세포를 결합시켜 피부의 신진대사를 활성화 한다. 혈관 강화, 면역력 향상, 노화 예방, 안정피로를 개선한다.

④ Collagen(피부기능 유지 개선) : 몸의 조직을 형성하는 단백질의 하나이다. 세포를 결합시켜 피부기능을 유지・활성화하고 칼슘의 뼈 조직에의 흡수를 촉진한다. 혈관을 강화하고 면역력을 높여 노화를 예방하며 안정피로를 회복한다.

[선별법・보존법]

머리가 붙어 있는 경우에는 긴장되어 있고 녹초가 되어 있지 않은 것. 머리를 제거한 것이나 껍질을 벗긴 것은 냄새가 나지 않은 것, 머리 부분에서 검은 물이 흘러나오는 것, 새우가 노랗게 변색, 머리와 꼬리가 고꾸라져 있는 것, 그리고 꼬리가 검게 변한 것도 사용을 피할 것이다. 신선한 것이라면 머리가 붙은 채로 냉동해도 좋다.

게

- 분 류: 갑각류(절지동물문의 갑각강, 십각목의 갑각류를 통틀어 이르는 말)
- 학 명: *Paralithodes camtschaticus*(무당게)
  Paralithodes trituberculatus(꽃게)
  Erimacrus isenbeckii(털게)
  Potamon dehaanii(민물게)
- 영 명: Crabs
- 한문명: 방해(蚄蟹)
- 어획기: 겨울철
- 에너지(100g 당): 63 kcal

[기대되는 작용]

동맥경화 예방, 간 기능 강화, 면역력강화, 고혈압 예방, 당뇨병 예방, 안정피로 개선, 피로회복, 암 억제, 피부장애, 미각장애 예방 등에 유효하다.

[분포 · 생태 · 역사]

몸이 납작하고 머리, 가슴, 배로 되어 있다. 다섯 쌍의 발 가운데 첫째 발은 먹이를 잡는데 쓰이고 다른 네 쌍의 발은 헤엄치거나 걷는 데 쓴다. 옆으로 기어 다니기를 잘 한다. 짧은 촉각이 두 쌍 있으며 복이 딱지의 작은 구멍으로 움츠려 들어 갈 수 있다. 게류에는 많은 해산의 게와 담수산의 게가 있으며 모두 식용한다. 등은 chitin으로 이루어진 단단한 딱지에 싸여있고 민물이나 바다에 산다. 게의 종류는 꽃게, 꽃발게, 농게, 칠게, 달랑게, 바닷참게, 털게 등 상당히 많으나 그 대부분이 식용으로 쓰이고 있다.

[특 징]

겨울의 미각으로서 인기가 높은 것이 게이다. 그 상등품의 맛은 지미성분인 아미노산에 의한 것이다. 남성정력을 증강시키는 아미노산인 arginine이나 동맥경화 예방에 효과가 있는 taurine이 풍부하다. 칼슘, 칼륨, 아연 등의 무기질도 많이 함유된다. 비타민 B_2도 많으므로 피로회복에 유효하다. 또한 게의 껍질에는 동물성 식이섬유의 chitin・chitosan이 많다. 이들을 합쳐서 chitin질이라고 하며 혈당의 콜레스테롤치 저하나 면역력 증강작용이 있는 이외에 장내환경을 조정하는 작용이 있다는 것이 주목되어 보조식품의 원료로서도 이용된다.

[주요 영양소(가식부 100g 당 / 생)]

- 단백질 : 13.9g
- 지질 : 0.4g
- 아연 : 2.6 mg
- 구리 : 0.35 mg
- 비타민 B_2 : 0.6 mg

[주요 생리기능 성분(추정기능)]

① Astaxanthin(활성산소 소거, 항암) : Carotenoid계 색소로서 껍질 부분에 함유되어 있는 붉은 색소이다. 항산화 작용으로 활성산소를 소거한다. 동맥경화 예방, 스트레스성 면역력 저하의 억제, 항암, 백내장, 위궤양 등을 예방한다.

② Taurine(동맥경화 억제) : 아미노산의 일종이다. 콜레스테롤치를 저하하고 간장의 해독작용을 강화한다.

③ Betaine(간 기능 강화) : 감미・지미성분으로 아미노산계 질소화합물이다. 간 기능을 강화하고 담즙의 생산을 촉진하여 지질 에너지 대사를 활성화하여 콜레스테롤치를 저하한다.

[선별법・보존법]

상하기 쉬므로 가능한 한 살아 있는 것을 고른다. 들어봐서 무거운 쪽이 좋다. 냉동한 것 이외는 구입한 날에 먹을 것이다.

[종류와 무리]

꽃게, 대게, 참게, 털게 등이 있다.

바닷가재

- 분 류: 갑각류(갑각강 십각목의 가시발 새웃과, 닭새웃과, 매미새웃과 따위의 새우를 통틀어 이르는 말)
- 학 명: *Homarus americanus*
- 과 명: 폴리켈리다이과
- 영 명: Lobster
- 에너지(100g 당): 126 kcal

[분포・생태・역사]

서식장소는 연근해 바다 밑이며 분포지역은 태평양, 인도양, 대서양 연근해이다. 생식은 난생이고 종수는 4종이 알려져 있다. 머리에는 2쌍의 촉각이 있다. 눈은 겹눈으로 1쌍의 눈자루 위에 있으며 촉각과 눈자루를 움직여 먹이를 찾거나 적을 경계한다. 관절에 있는 5쌍 가운데 4쌍은 걷는 다리이고 나머지 1쌍은 집게다리이다. 육지와 가까운 바다 밑에 산다. 낮에는 굴속이나 바위 밑에 숨어서 지내다가 밤이 되면 나와 활동한다. 게나 고동, 작은 물고기, 다른 바닷가재 등을 잡아먹는다. 보통 2년에 한 번 알을 낳는데 한 번에 5천~10만 개 이상의 알을 낳는다.

[주요 영양소(가식부 100g 당 / 생)]

- 단백질: 15.5g
- 지질: 5.1g
- 칼슘: 230 mg
- 철: 1.1 mg
- 나이아신: 2.6 mg

가 재

- 분 류: 갑각류(호수, 강 따위의 민물에서 발견되는 바닷가재와 비슷한 갑각류를 이르는 말)
- 학 명: *Cambaroides similis*
- 과 명: 가잿과
- 영 명: Cray fish

• 한문명: 석해(石蟹)

[분포 · 생태 · 역사]

가재는 민물에 사는 갑각류이다. 우리나라의 동북부를 제외한 전역에 분포하며 깨끗한 계곡의 물이나 냇물에 산다. 포란기는 5월에서 6월 초순 사이이고 포란 수는 50～60개 정도이다. 암컷이 품은 알에서 깨어난 새끼는 암컷의 배에 안겨서 보호된다. 식품으로 중요한 것은 북아메리카 가재(*Cambarus*속)와 유럽 가재(*Astacus*속)이다. 가잿과(Cambaridae)의 마디발동물(*Cambarioides similis*)은 새우와 게의 중간형이다. 폐디스토마의 중간 숙주로 알려져 있다. 개울 상류의 돌 밑에서 산다.

[특 징]

가잿과에 속하는 절지동물인 갑각이다. 새우와 게의 중간형으로 대하와 비슷한데 몸길이 30～62mm 정도이며 앞발의 큰 발에 집게발톱이 있고 뒷걸음을 잘하는 특성이 있다. 개울 상류의 돌 밑이나 구멍을 파고 산다. 우리나라, 일본의 동북부에 분포한다. 맛은 좋으나 폐디스토마의 감염이 염려되므로 익혀 먹어야 한다.

방 게

• 분 류: 갑각류
• 학 명: *Helice tridens*
• 과 명: 바위겟과
• 영 명: Estuarine grapsid crab, three-spined shore crab
• 한문명: 방기(螃蜞), 방해(蚄蟹), 팽기(蟚蜞)
• 에너지(100g 당): 66 kcal

[기대되는 작용]

게류를 참조.

[특 징]

바위겟과의 게(*Helice tridens*)로서 등딱지 길이는 3 cm, 폭은 3.5 cm 정도이며 어두운 청록색이고 집게는 노란색이다. 두 개의 집게 다리는 대칭이고 수컷의 집게

다리가 암컷에 비하여 크고 억세다. 하구의 진흙바닥이나 갈대밭에 산다. 한국, 일본, 중국, 타이완 등지에 분포한다.

[주요 영양소(가식부 100g 당)]

- 단백질 : 11.9g
- 지질 : 1.3g
- 칼슘 : 4,668 mg
- 철분 : 4.8 mg
- 비타민 B_1 : 0.03 mg
- 비타민 B_2 : 0.13 mg
- 나이아신 : 1.7 mg

크 릴

- 분 류 : 갑각류
- 학 명 : *Euphausia superba*(난해성), *Euphausia pacifia*(한해성)
- 과 명 : 난바다곤쟁잇과
- 영 명 : Krill
- 이 명 : 크릴새우
- 에너지 : 76 kcal

[기대되는 작용]

동맥경화 예방, 간 기능 강화, 뼈의 강화, 고혈압 예방, 당뇨병 예방, 안정피로 개선, 암 억제 등에 유효하다.

[분포 · 생태 · 역사]

총 길이 3 cm에서 15 cm에 이르는 등 여러 가지 다양하다. 크릴새우는 남극권의 빙산의 저부에서 많이 발생하는 식물 프랑크톤을 먹이로 증식 바다생태계를 지지하고 있다. 식용자원으로서 주목되고 있고 보조식품의 원료로서 사용되고 있다.

[특 징]

갑각류의 일종으로 크릴새우목의 총칭이다. 현재 총 75종류가 있다고 하나 모양은 작은 새우와 유사하다. 칼슘이 많으므로 골다공증의 방지에 도움이 되고 정신안정에도 도움이 된다.

[주요 영양소(가식부 100g 당 / 생)]

- 단백질 : 12.1g
- 지질 : 2.6g
- 칼슘 : 401 mg
- 철 : 2.1 mg
- 나이아신 : 1.7 mg

[주요 생리기능 성분(추정기능)]

① Taurine(동맥경화 억제) : 아미노산의 일종이다. 콜레스테롤을 대사하여 체외배출을 촉진, 심장기능 강화, 동맥경화를 예방한다. 교감신경을 누그러지게 하여 혈압을 내려 정상으로 유지한다. 간장의 해독작용을 강화, 당뇨병 예방, 안정피로 회복에 유효하다.

② Betaine(간 기능 강화) : 감미 · 지미성분으로 아미노산계 질소화합물이다. 간기능을 강화하고 담즙의 생산을 촉진하여 지질 에너지 대사를 활성화하여 콜레스테롤치를 저하한다.

[선별법 · 보존법]

신선한 것은 전체가 투명감이 있고 선도가 떨어질수록 희게 된다. 냄새가 나게 되면 오래 된 것이므로 피할 것이다. 생선품은 구입한 날에 사용할 것이다. 건조품은 습기가 함유되지 않게 폴리주머니에 넣어 보존한다. 냉장고에 넣어 두면 오래 간다.

▶ 연체류

문 어

- 분 류: 연체류
- 학 명: *Enteroctopus dofleini, Paroctopus dofleini*(옛 학명), *Octopus kongkongensis*
- 과 명: 문어과
- 영 명: Octopus, giant pacific octopus, north pacific octopus, common octopus
- 한문명: 문어(文魚)
- 이 명: 대팔초어(大八梢魚), 팔대어(八帶魚), 팔초어(八梢魚)
- 어획기: 겨울~봄철
- 에너지(100g 당): 74 kcal

[기대되는 작용]

동맥경화 예방, 간 기능 강화, 세포노화 방지, 면역력 강화, 고혈압 예방, 피부기능 유지 개선, 시력저하 예방, 피부장애 예방 등에 유효하다.

[분포 · 생태 · 역사]

국산은 맛이 좋으나 시판되는 문어는 대서양에서 잡힌 것이 많다. 또한 흐물흐물하게 늘어져 있는 발은 생물학적으로 발이 아니고 팔이라고 한다. 100~1,000m의 깊이의 바다에 서식하는데 여름에는 얕은 바다에 서식한다. 태평양, 일본, 알래스카, 우리나라 등지의 연안에 분포한다.

[특 징]

멕시코나 지중해 연안의 나라를 제외하고 해외에서는 거의 식용하나 일본과 한국에서 인기 있는 연체류이다. 큰 것은 300 cm의 것이 있으나 작은 것은 14 cm 정도이다. 아미노산 균형이 좋고 단백질이 풍부하다. 콜레스테롤을 많이 함유하나 콜레스테롤치를 낮추는 taurine을 패류에 다음으로 함유하므로 간 기능 강화나 피로회복 등에 효과가 있다. 피부나 점막의 재생을 촉진하는 collagen도 많다. 작은 통째의 문어는 내장이 포함되므로 비타민이나 무기질도 그대로 섭취할 수 있다. 소화에 시간이 걸리므로 위장의 조절을 잘 할 것이다. 미각장해 뿐만 아니라 땀띠, 습진, 욕창 등의 피부이상, 전립선 비대증을 일으키는 요인이 되기도 한다.

[주요 영양소(가식부 100g 당 / 생)]

- 단백질 : 15.5g
- 지질 : 1.3 mg
- 칼슘 : 2.5 mg
- 철 : 0.5 mg
- 나이아신 : 2.2 mg

[주요 생리기능 성분(추정기능)]

① Taurine(동맥경화 억제) : 아미노산의 일종이다. 콜레스테롤을 대사하여 체외 배출을 촉진한다. 장 기능화, 동맥경화 예방, 교감신경을 누그러지게 하여 혈압을 내려 정상으로 유지한다. 간장의 해독작용을 강화한다. 당뇨병 예방, 안정피로 회복에 유효하다.

② Collagen(피부기능 유지 개선) : 몸의 조직을 형성하는 단백질의 하나이다. 세포를 결합시켜 피부기능을 유지・활성화하고 칼슘의 뼈 조직에의 흡수를 촉진한다. 혈관을 강화하고 면역력을 높여 노화를 예방하며 안정피로를 회복한다.

[선별법・보존법]

삶은 문어는 깨끗하고 팥의 색으로 껍질이 단단하고 탄력과 윤기가 있는 것이 좋다. 점질물이 나오거나 껍질이 벗겨져 있는 것은 피한다. 생 문어는 소금으로 간질을 하고서 삶고 냉각하고 나서 냉동 보존한다.

오징어

- 분 류 : 연체류(연체동물문, 두족강, 갑오징어목과 살오징어목의 일부의 종들을 통틀어 이르는 말, 오징어과에 속하는 연체동물)
- 학 명 : *Doryteuthis bleekeri, Doryteuthis kensai*
- 과 명 : 오징엇과

- 영 명 : Squid, cuttlefishes
- 이 명 : 남어(纜魚), 묵어(墨魚), 오적어(烏賊魚)
- 어획기 : 봄철, 가을~겨울철
- 에너지(100g 당) : 95 kcal

[기대되는 작용]

동맥경화 예방, 간 기능 강화, 고혈압 예방, 당뇨병 예방, 안전피로 개선, 피로회복, 암 억제, 담석 예방, 미각장애 예방 등에 유효하다.

[분포 · 생태 · 역사]

오징엇과에 속하는 연체동물로서 길이 30～40 cm 정도이고 둥근 모양으로 몸통 끝이 세모꼴 지느러미가 있고 머리 부분에 열 개의 다리가 있으며 그 가운데 한 쌍은 특히 길어서 먹이(물고기, 새우)를 잡는 데 쓰인다. 난류에서 떼를 지어 서식하고 봄, 여름에 한천질로 싸인 30～40개씩의 알 덩어리를 해조 등에 산란한다. 날로 먹기도 하고 말려 먹기도 한다. 우리나라 남해, 일본의 규수 등에 분포한다. 참오징어, 물오징어, 쇠갑오징어, 귀꼴뚜기 따위가 있다.

[특 징]

회 등으로 하여 생식하는 수가 많으나 훈제 젓 등으로 가공품도 다양하다. 아연과 niacin이 풍부하고 양질의 단백질을 함유한다. 콜레스테롤이 비교적 많으므로 걱정하는 시대도 있었으나 지금은 콜레스테롤치 저하 작용과 피로회복 효과를 갖는 taurine이 많이 함유된 것으로 밝혀지고 있다. 오징어 표면에 나오는 흰 가루는 taurine이나 betaine의 결정이다.

작은 종류의 오징어는 생으로 먹으므로 비타민 A가 풍부히 섭취될 수 있으므로 안정피로의 회복에 도움이 된다. 낙지류의 단백질처럼 소화시간이 걸리므로 비만방지나 성인병에 걱정되는 사람에게 알맞은 단백질이다. 오징어는 적을 만나면 먹물을 뿜어 적을 격퇴한다. 이러한 먹물에는 muco 다당류 등이 세포를 활성화하는 물질이 들어있어 암을 예방하는 데 효과적이라 하여 화제가 되고 있다.

[주요 영양소(가식부 100g 당 / 생)]

- 단백질 : 19.5g

- 지질: 1.3g
- 칼슘: 25 mg
- 나이아신: 2.5 mg

[주요 생리기능 성분(추정기능)]

① Mucin(면역기능 강화): 당단백질의 일종이며 점질물이다. 위장을 보호하여 간장・신장 기능을 강화한다.
② 오징어 먹 muco 다당질(항암): 당단백질의 일종이다. 면역력을 높여 발암을 억제한다.
③ Taurine(동맥경화 억제): 아미노산의 일종이다. 혈중 콜레스테롤치를 내린다. 대사하여 체외 배출을 촉진하고 간장의 해독작용을 강화한다.
④ Betaine(간 기능 강화): 감미・지미성분으로 아미노산계 질소화합물이다. 간 기능을 강화하고 담즙의 생산을 촉진하여 지질 에너지 대사를 활성화 한다.

[선별법・보존법]

윤기와 투명감이 있고 몸통이 단단한 것이 신선하다. 긴장되지 않은 것은 오래된 것이고 신선도가 떨어진 것이므로 피할 것이다.

[종류와 무리]

몸통에서 내장과 다리를 제거하고 씻고 물기를 닦아 랩으로 싸고 다리는 폴리주머니에 넣어 각각 냉동 보관한다.

낙 지

- 분 류: 연체류
- 학 명: *Octopus minor, Octopus vulgare*(낙지)
  Octopus ochellatus(꼴뚜기)
  Octopus kongkongensis(문어)
- 과 명: 낙짓과
- 영 명: Long arm octopus, small octopus, devil fishes
- 이 명: 장어(章魚), 낙제(絡蹄), 석거(石距), 소팔초어(小八梢魚), 장거(章

擧), 초어(梢魚), 해초어(海梢魚)

- 어획기 : 통년
- 에너지(100g 당) : 53 kcal

[기대되는 작용]

동맥경화 예방, 피부기능 개선 유지, 세포노화 방지 등에 유효하다.

[분포 · 생태 · 역사]

낙지는 낙지과에 속하는 연체동물의 하나로 발끝까지의 몸길이는 60∼75 cm이다. 8개의 발은 길이가 같은데 동부의 3배가량이다. 앞의 둥근 부분과의 사이에 눈이 있는 두부에서 발이 나서 두족류(頭足類)라고 한다. 몸 색깔은 회색에서 자갈색이나 주위 빛에 따라 재빨리 변색한다. 피부는 거칠고 발에는 흡반이 있으며 눈 주위에 살 가시가 있고 첫째 발은 매우 길고 셋째 발은 생식물을 운반한다. 봄과 첫여름에는 알주머니가 있는 알을 해조 등에 낳는다. 해안의 바위 사이에 숨어 살다가 밤에 나와 새우, 게, 굴, 물고기 등을 포식하며 적에게 먹물을 뿜고 도망간다. 양식해류에 해를 끼친다. 우리나라, 일본 연안 등에 분포한다.

[특 징]

문어, 꼴뚜기 등의 낙지과에 속하는 연체동물은 특유한 근육조직을 이루고 근섬유에는 방향성이 없고 전체가 탄력이 있어 씹을 때 쫄깃쫄깃하며 한 덩어리처럼 되어 있는 것이 특징이다. 단백질은 10∼27%를 함유한다. 이 단백질은 소화에 시간이 걸리므로 비만이나 당뇨병으로 식사에 제한 중인 사람에게는 권장하지만 위가 약한 사람은 사용을 금한다. 콜레스테롤을 낮추는 taurine과 신경을 안전하게 하는 acetylcholine이 함유되어 있다.

[주요 영양소(가식부 100g 당)]

- 단백질 : 11.1g
- 지질 : 0.5g
- 칼슘 : 18.0 mg
- 칼륨 : 177 mg

[주요 생리기능 성분(추정기능)]

① Taurine(동맥경화 억제) : 아미노산의 일종이다. 콜레스테롤을 대사하여 체외 배출을 촉진한다. 심장기능 강화, 동맥경화 예방, 교감신경을 누그러지게 하여 혈압을 내려 정상으로 유지한다. 간장의 해독작용을 강화하고 당뇨병 예방, 안정피로 회복에 유효하다.

② Acetylcholine(혈관의 확장) : 신경에서 발생하는 흥분 전달물질, 교감신경이나 운동신경섬유에서 분비된다. 근육의 수축이나 혈관의 확장 등에 관여한다.

개 불

- 분 류 : 연체류
- 학 명 : *Urechis unicinctus*
- 과 명 : 개불과
- 영 명 : Spoon worm
- 어획기 : 겨울철
- 에너지(100g 당) : 67 kcal

[분포 · 생태 · 역사]

다모환충(多毛環蟲)의 하나로 구부(口部) 후방에 한 쌍의 강모(剛毛)와 항문 둘레에 9~13개의 강모가 있고 내장은 관상이다. 바다 밑의 모래 속에 U자 모양의 관을 파고 서식한다. 우리나라에서는 식용하며 낚시의 미끼로 많이 쓴다.

[특 징]

개불과에 속하는 환형동물이다. 몸길이는 10~20 cm이고 몸의 형체는 원통상이며 황갈색을 띤다. 몸의 거죽에는 많은 유두상의 작은 돌기가 있다.

[주요 영양소(가식부 100g 당 / 생)]

- 단백질 : 10.5g
- 지질 : 0.2g
- 칼슘 : 29 mg
- 철 : 5.5 mg

- 나이아신: 2.2 mg

군 소

- 분 류: 연체류
- 학 명: *Aplysia kurodai*
- 과 명: 군솟과
- 영 명: Sea hare
- 에너지(100g 당): 36 kcal:

[주요 영양소(가식부 100g)]

- 단백질: 5.8g
- 지질: 1g
- 칼슘: 109 mg
- 철: 1.7 mg
- 나이아신: 2.6 mg

꼴뚜기

- 분 류: 연체류
- 학 명: *Loligo beka, Octopus ochellatus, Octopus membranaceus*
- 과 명: 꼴뚜깃과
- 영 명: Beka squid, octopus, webfood cotopus
- 한문명: 골독어(骨獨魚), 망조어(望潮魚), 장어(鱆魚)
- 에너지(100g 당): 78 kcal

[분포・생태・역사]

낙지과에 속하는 연체동물의 하나이다. 소형의 낙지로서 몸길이는 다리의 끝까지 24 cm 내외이고 몸에는 둥근 혹 모양의 돌기가 밀생하였으며 눈 주위에는 몇 개의 살 가시가 있다. 몸 색깔은 희색을 띤 적갈색인데 눈앞에는 한 개의 황금색의 큰 안점이 있다. 8개의 다리에는 두 줄의 흡반이 있고 길이는 거의 같으며 동부의 두 배가량이다.

[특 징]

산란기는 3월이며 성숙한 시기는 난소가 밤알모양의 되므로 반초(飯鞘)라고 한다. 내만의 얕은 모래펄에서 서식하는데 우리나라, 일본, 중국 남부 등지에 분포한다. 산란 전의 것이 맛이 있다.

[주요 영양소(가식부 100g 당 / 생)]

- 단백질 : 13.6g
- 지질 : 1.8g
- 칼슘 : 48 mg
- 철 : 1.0 mg
- 비타민 B_2 : 0.08 mg
- 나이아신 : 2.4 mg

[주요 생리기능 성분(추정기능)]

① Taurine(동맥경화 억제) : 아미노산의 일종이다. 콜레스테롤을 대사하여 체외배출을 촉진하고 심장기능 강화, 동맥경화를 예방한다. 교감신경을 누그러지게 하여 혈압을 내려 정상으로 유지한다. 간장의 해독작용을 강화하고 당뇨병 예방, 안정피로 회복에 유효하다.

② Acethylcholine(혈관의 확장) : 근육의 수축이나 혈관의 확장 등에 관여한다.

주꾸미

- 분 류 : 연체류
- 학 명 : *Octpus ochellatus*
- 과 명 : 문엇과
- 영 명 : Jukkumi, webfood octopus
- 에너지(100g 당) : 52 kcal

[주요 영양소(가식부 100g 당)]

- 단백질 : 10.8g
- 지질 : 0.5g
- 칼슘 : 19 mg
- 철 : 1.4 mg
- 비타민 B_2 : 0.18 mg

해파리

- 분 류 : 연체류(자포동물 해파리강, 히드로충강의 부유세대를 통틀어 이르는 말. 강장동물의 총칭)
- 학 명 : *Rhopilema esculata, Stomolophus noumurai, Aurelia aurita*
- 과 명 : 해파릿과
- 영 명 : Jelly fish
- 이 명 : 수모(水母), 해월(海月), 무럼생선
- 어획기 : 봄~가을철
- 에너지(100g 당) : 6 kcal

[기대되는 작용]

피부기능 유지 개선, 세포노화 방지, 면역력 강화, 뼈의 강화 등에 유효하다.

[분포 · 생태 · 역사]

래파리과에 속하는 강장동물의 총칭이다. 몸은 한천질이고 삿갓처럼 생겼으며 갓 밑에는 많은 촉수가 늘어져 있고 그 가운데에 입이 있다. 냉채 따위로 먹는다. 포획된 지명에 따라 여러 종류가 있다. 생식범위는 넓고 중국 연안에서 발생하여 해류를 따라 동해로 들어온다.

[특 징]

식용되는 것은 갓의 전체 길이 30 cm~1m 정도의 대형의 것이 많다. 무게는 큰 것은 100 kg 이상 이르는 것이 있다. 먹는 것은 갓의 부분으로 소금과 명반에 담가 물을 빼고 보존식품으로 한다. 조리를 할 때는 소금기를 빼고 중국요리의 전채(前菜)나 샐러드 등에 사용된다. 소금기를 뺀 해파리의 성분은 거의 수분으로 염분과 단백질을 약간만 함유하나 독특한 식감을 가진다. 최근에는 염장을 하지 않은 생선회용의 슬라이스 된 해파리도 있다.

[주요 영양소(가식부 100g 당 / 염장 · 소금 뺀 것)]

- 단백질 : 1.3g
- 지질 : 0.1g

[주요 생리기능 성분(추정기능)]

① Collagen(피부기능 유지 개선) : 세포를 결합시켜 피부기능을 유지 · 활성화하고 칼슘의 뼈 조직에의 흡수를 촉진한다. 혈관 강화, 면역력을 높여 노화를 예방하고 안정피로를 회복한다.

[선별법 · 보존법]

소금절이 한 것은 밀폐하여 냉장고에 보관한다. 소금빼기를 하고 나서 사용한다. 유통기간 내에 사용하는 것이 좋다.

▸ 극피 또는 척색류

성 게

- 분 류 : 극피 또는 척색류(극피동물 성게강의 동물을 통틀어 이르는 말)
- 학 명 : *Anthiocidaris crassipina*
- 과 명 : 성게과
- 영 명 : Sea urchin
- 이 명 : 해담(海膽), 해율(海栗)
- 어획기 : 겨울~봄철
- 에너지(100g 당) : 155 kcal

[기대되는 작용]

간 기능 강화, 동맥경화 예방, 고혈압 예방, 안정피로 개선, 피부・점막의 보호, 미각기능 유지 개선, 정력, 체력증강, 스트레스 해소, 불임증 개선 등에 유효하다.

[분포・생태・역사]

성게류는 극피동물의 성게강(綱)에 속하는 열대 아열대 및 우리나라, 일본, 대만 중국, 남해의 간조선 부근의 암석 사이에 분포한다. 성게는 밤송이처럼 가시가 있는 형태의 껍질 속에 있는 생식소를 식용으로 한다. 매우 풍미가 좋다. 여름은 온 바다 밑 돌 사이에 살며 알집은 먹거나 젓을 담근다. 성게 생식기의 성분은 종류, 산지, 계절 등에 의해서 변동되는데 식용으로 이용될 수 있는 계절은 4～8월이다. 말통성게, 보리성게, 구멍연잎성게 따위가 있다. 우리나라 동해에 널리 분포한다.

[특 징]

발달된 생식기를 식용으로 한다. 특유의 감미와 감미는 아미노산에 의한 것이다. 비타민 A를 많이 함유하므로 안정피로 개선에 유효하다. 또 피부나 점막의 건강을 유지하여 면역력을 증강시키므로 병에 대한 저항력을 높인다. 간 기능 강화에 작용하는 성분도 풍부하다. 단 콜레스테롤이 많으므로 과식에 유의할 것이다. 생식 이외에 찌거나 껍질째 구워도 맛이 있다. 가공품에 염수에 담가 수분을 줄인 알맹이 성게나 알코올을 가한 으깬 성게도 있다.

성게는 purine 유도체를 많이 함유하고 있으므로 요산 치를 걱정하는 사람은 식용을 금해야 한다. 성게의 황색은 β-carotene 색소이며 무기질의 아연은 정력이나 불임으로 고민하는 사람에게는 효과적이다.

[주요 영양소(가식부 100g 당 / 생)]

- 단백질 : 16g
- 지질 : 8.5g
- 칼슘 : 20 mg
- 철 : 4.0 mg
- β-Carotein : 700 μg(retinol 당량 120 μg)
- 나이아신 : 2.5 mg

[주요 생리기능 성분(추정기능)]

① Glycine : 유리아미노산의 일종이다. 오징어, 문어, 성게의 감미성분이다.

② Taurine(동맥경화 억제) : 아미노산의 일종이다. 콜레스테롤을 대사하여 체외 배출을 촉진하고 심장기능 강화, 동맥경화 예방. 교감신경을 누그러지게 하여 혈압을 내려 정상으로 유지한다. 간장의 해독작용을 강화한다. 당뇨병 예방, 안정피로 회복에 유효하다.

③ Betaine(간 기능 강화) : 감미 · 지미성분으로 아미노산계 질소화합물이다. 간 기능을 강화하고 담즙의 생산을 촉진하여 지질 에너지 대사를 활성화하여 콜레스테롤치를 저하한다.

[선별법 · 보존법]

껍질을 벗긴 것은 가시가 단단하고 입이 열려 있지 않은 것, 생식용의 것은 부풀어 올라 있고 오렌지색으로 광택이 있고 물이 차있지 않은 것이 좋다. 생 성게는 선도가 중요하다. 냉장고에 보존하여 물이 차지 않고 생취가 나오기 전에 먹는 것이 좋다. 해동 시에 살결이 허물어지므로 냉동하지 않아야 한다.

해 삼

- 분 류 : 극피 또는 척색류(해삼강의 동물을 일상적으로 통틀어 이르는 말)
- 학 명 : *Stichopus japonica*
- 과 명 : 스티코프스과(Stichopus과)
- 영 명 : Sea cucumber, sea slug
- 한문명 : 해삼(海蔘)
- 이 명 : 사손(沙噀), 토육(土肉), 해서(海鼠)
- 어획기 : 겨울철
- 에너지(100g 당) : 25 kcal

[기대되는 작용]

동맥경화 예방, 간 기능 강화, 피부기능 유지 개선, 세포노화 방지, 면역력 강화, 고혈압 예방 등에 유효하다.

[분포 · 생태 · 역사]

해삼은 Stichopus과에 속하는 동물이다. 보통, 밤색과 갈색이 교차하여 반문을 이루고 있다. 해삼은 얕은 바다에 널리 서식한다. 낮에는 바위 같은 곳에 숨어 있다가 밤에 활동하기 때문에 바다 쥐라는 의미로 해서(海鼠)라고 불리우며 오이같이 생겼다고 해서 서양에서는 sea cucumber라고 한다. 운동은 20개의 촉수와 관족(管族)으로 되어 있다. 바다 깊이 10～30 cm 되는 곳에 살다가 수온이 10℃ 이상 되면 깊은 바다 속으로 가거나 해저로 깊이 파고 들어가 그 속에서 여름에는 잠을 잔다. 알은 초여름에 낳는다. 해삼의 창자로 담근 젓을 코노와타(海鼠腸)라고 하며 일본에서는 진미이다.

[특 징]

해삼은 푸른색을 띤 청해삼과 붉은 색이 도는 적해삼이 있으며 맛이 차이는 별로 없다. 해삼은 수분이 90.5%이고 무기질로는 칼슘이 많다. 연골부위에는 chondroitin sulfate가 많다. 중국에서는 인삼에 맞먹는다고 하여 바닷삼(海蔘)이라 부르고 있다. 해삼은 표피가 튼튼하고 몸이 탄력이 있는 것이 좋은 것이며 신선한 것은 썰어 놓으면 딱딱한데 상한 것은 늘어지고 물이 생기며 냄새도 나고 식중독을 일으키는 수가 있다. 알칼리에는 약해서 곧 녹아버리는 데 식초에 씻으면 단단해져서 초장에 찍어먹으면 좋다. 제철은 겨울이며 날것으로 먹으며 그 담백한 맛이 좋다. 해삼의 내장은 젓을 담그는 데 진미로 유명하다.

[주요 영양소(가식부 100g 당 / 생)]

- 단백질 : 3.7g
- 지질 : 0.3g
- 칼슘 : 72 mg
- 철 : 2.1 mg
- 아연 : 0.2 mg
- 나이아신 : 1.2 mg

[주요 생리기능 성분(추정기능)]

① Collagen(피부기능 유지 개선) : 몸의 조직을 형성하는 단백질의 하나이다. 세포를 결합시켜 피부기능을 유지・활성화하고 칼슘의 뼈 조직에의 흡수를 촉진한다. 혈관 강화, 면역력을 높여 노화를 예방하고 안정피로를 회복한다.

② Betaine(간 기능 강화) : 감미・지미성분으로 아미노산계 질소화합물이다. 간

기능을 강화하고 담즙의 생산을 촉진하여 지질 에너지 대사를 활성화하여 콜레스테롤치를 저하한다.

③ Chondroitin sulfate(관절염 완화, 피부기능 유지 개선) : 식이섬유의 일종이며 collagen과 함께 몸의 조직을 구성한다. 피부, 관절, 연골, 안구, 장기의 탄력을 유지하고 조직기능을 유지하며 노화를 예방한다.

④ Hollotoxin(항균작용) : Saponin의 일종으로 강한 항곰팡이 작용이 있다. 무좀의 치료약으로도 이용된다.

[선별법 · 보존법]

전체가 야무지고 굵고 짧은 것이 좋다. 연한 것은 오래된 것이다. 생의 것은 그날 사용할 것이다. 건조품은 냉암소에 보존한다.

멍 게

- 분 류 : 극피 또는 척색류
- 학 명 : *Halocynthia roretzi*
- 과 명 : 멍겟과
- 영 명 : Sea squirt, sea pineapple, edible sea-squirt
- 한문명 : 해초(海鞘), 해와(海花), 보액(保液)
- 이 명 : 우렁쉥이
- 어획기 : 여름철
- 에너지(100g 당) : 82 kcal

[기대되는 작용]

간 기능 강화, 동맥경화 예방, 고혈압 예방, 미각기능 유지 개선 등에 유효하다.

[분포 · 생태 · 역사]

우렁쉥이과에 속하는 운색동물의 하나이다. 한반도의 근해에 분포. 암초(岩礁)에 부착하면서 약 3년을 경과하여 15 cm 정도로 성장된 것을 잡아 식용한다. 보통 주먹정도의 크기인데 겉에는 젖꼭지 같은 돌기가 많다. 몸의 밑에는 해초의 뿌리 같은 것이 많이 달려 있어 바위 같은 곳에 붙어 서식한다. 우리나라 동남해, 일본 연해 등에 분포한다. 최근에는 남해 해안에서 양식하고 있다.

[특 징]

맛 성분은 amino acid와 betainee으로 이루었고 향기성분은 n-octanol, 7-decenol, 2,7-decadienol 등의 불포화 알코올류에 의한다. 혈액성분으로서 vanadium을 함유한 점이 특이하다.

[주요 영양소(가식부 100g 당 / 생)]

- 단백질 : 7.3g
- 지질 : 2g
- 칼슘 : 89 mg
- 철 : 1.7 mg
- 나이아신 : 1.1 mg

[주요 생리기능 성분(추정기능)]

① Betaine(간 기능 강화) : 감미・지미성분으로 아미노산계 질소화합물이다. 간 기능을 강화하고 담즙의 생산을 촉진하여 지질 에너지 대사를 활성화하여 콜레스테롤치를 저하한다.

② 불포화 알코올 : 특이한 냄새. 멍게의 특유한 냄새의 원인물질이다. 석유성분에 유사한 탄화수소 화합물이다.

[선별법・보존법]

외피가 단단한 것이 신선한 것이다. 연하게 된 것이거나 체액이 혼탁된 것은 오래된 것이므로 피하는 것이 좋다. 젓으로 만든 것 이외는 가능한 한 신선할 때 조리하여 먹는다.

미더덕

- 분 류 : 극피 또는 척색류
- 학 명 : *Styela clava*
- 과 명 : 미더덕과

- 영 명: Mideodeok, stalked sea squirt, warty sea squirt
- 한문명: 음충(淫虫)
- 이 명: 오만동
- 어획기: 통년
- 에너지(100g 당): 46 kcal

[분포 · 생태 · 역사]

원생동물의 미더덕과의 하나이다. 길이 4 cm, 지름 2 cm 정도의 달걀꼴에 누른 갈색이다. 겉껍질은 섬유질과 같은 물질로 되어 있어 딱딱하고 표면이 울퉁불퉁하다. 맛과 씹는 느낌이 독특하여 국이나 탕, 찌개류에 널리 먹는다. 우리나라의 연안, 일본, 시베리아 연안 등지에 산다.

[주요 영양소(가식부 100g 당/생)]

- 단백질: 4.3g
- 지질: 1.2g
- 칼슘: 40 mg
- 철: 3.2 mg
- 나이아신: 2.0 mg

[난류의 칼럼]

1. 난류의 개요

난류 중 우리나라에서 식품재료 중에 쓰이는 것은 달걀(계란), 메추리알, 오리알 등으로 이 중에서 많이 이용되는 중한 것은 달걀이다. 달걀의 가격은 다른 식품에 비하여 비교적 안정하고 영양가도 높으며 비타민 C 이외는 충분한 영양소를 함유하고 있다. 특히 단백질의 아미노산 조성은 어떤 식품보다 우수한 점이 특징이다.

2. 난류의 성분

난류의 공통된 점은 그 구성상 난황, 난백, 난각으로 이루어져 있다. 난황에는 인지질이 많고 이것은 유화제로 쓰인다. 난백 중의 당단백질(glycoprotein)은 기포성이 있다. 또 콜레스테롤이 비교적 많으므로 간 기능이 저하된 사람이나 고지혈증의 사람은 많이 먹지 않도록 권장하고 있다. 그러나 정상적인 건강인의 규칙적인 섭취(매 식사 때마다 한 개 정도)는 지장이 없다. 난각에는 무기질의 대부분이 함유되어 있다.

3. 난류의 가공

마요네즈 그 외 드레싱류에 이용한다. 마요네즈는 정제된 식물류와 식초를 난황 lecithin의 유화성을 이용한 크림모양의 것으로 식염, 당류, 향신료, 조미료로 맛을 낸다. 마요네즈는 요리에 먹는 드레싱의 일종이다.

[달걀의 칼럼]

1. 달걀의 개요

달걀은 난황과 이를 둘러싸고 있는 난백 그리고 그의 가장 외부인 난각으로 구성되어 있다. 닭의 난소 중의 난세포가 난황을 축적하여 커져서 배란되어 수정관에 들어간다. 수정관에 내려가면서 바깥쪽의 난백이 생기고 난각 막이 생성되어 최후에 자궁부에서 난각이 완성되어 달걀을 낳게 된다.

2. 달걀의 성분

난류는 단백질, 지질, 비타민 등이 풍부하며 균형을 이루고 있다. 특히 단백질의 아미노산 조성이 좋고 식품 중 가장 우수하므로 단백질 공급원이 된다. 그러나 결점으로는 비타민 C, 탄수화물이 거의 없는 점이다. 달걀 한 개의 질량은 40~7g(보통 것은 58g)이다.

1) 단백질

단백질은 12~13%이며 이 중 난백에는 약 10.5%, 난황에는 약 16%이며 난백과 난황으로 구성 단백질은 현저한 차이가 있다. 난백은 albumin, globulin 및 glyco-protein, phosphprotein으로 이루어 져있고 난황은 lipoprotein, phosphoprotein 및 globulin으로 이루어져 있다. 달걀 단백질의 구성 아미노산 조성은 우수하며 그 단백질 값은 100, 생물 값은 87로서 우수한 단백질이다. 특히 곡류 단백질에 부족한 lysine을 많이 함유하고 있으므로 쌀밥과 같이 곁들여 먹으면 아미노산의 보충효과를 기대할 수 있다.

2) 지 질

지질 양은 11~12%이며 대부분이 난황에 함유되어 있다(난황에 32.6%, 난백에 0.03%). 지질의 조성은 중성 지질 61.8%, 인지질 32.8%, sterol 4.9%, 이밖에 당지질이 미량 존재한다. 난황 지질의 지방산 조성은 옥수수, 대두박을 사료로 하여 사육한 경우에는 oleic acid 24.3%, linoleic acid 44%, palmitic acid 16.5%, myristic acid 2.6%, arachidonic acid 3.2%, linolenic acid 2.8%들을 함유하고 있다. 이와 같이 지방산 조성은 사료 중의 지질의 양향을 받기 쉽다.

3) 인지질

인지질의 대부분은 lecithin이다. Sterol은 대부분이 콜레스테롤로서 달걀 전체에 463~630 mg, 난황에 1,213~2,130 mg, 난백에 0~3 mg로서 난황에 집중적으로 존재한다. 이처럼 알 속에는 콜레스테롤이 많이 존재하고 있으나 건강한 사람의 경우에는 1개 정도의 섭취는 혈액 중의 콜레스테롤치에는 거의 영향이 없다고 한다.

4) 무기질

무기질의 대부분은 난각에 함유되어 있으며 약 11% 정도이다. 이의 주성분은 탄산칼슘 1.3%, 인삼 칼슘 0.8%로 이루어져 있다. 달걀의 가식부에는 0.8~1.0% 내외로서 난백에는 약 0.6%, 난황에는 약 1.1%를 함유한다. 난백에는 나트륨, 칼륨, 염소 등이 비교적 많이 함유되어 있으나 난황에 있어서는 나트륨이 적다. 그리고 난백에 적은 인산, 칼슘, 철, 등이 많이 함유되어 있어 난백과 대조적이다.

5) 색소류

달걀의 색소류는 주로 난황에 있다. 난황의 색소는 사료에서 유래되는 지용성의 carotenoid에 속하며 비타민 A의 효력이 있는 carotene과 xanthophyll, 이 밖의 것은 효력이 거의 없다.

6) 비타민

달걀의 비타민은 난백에는 비타민 B_2 0.30 mg, 비타민 B_1 0.02 mg을 함유할 뿐 대부분이 난황에 존재한다. 특히 A, D, E의 지용성 비타민과 비타민 B_2, B_1, B_6, pantothenic acid, choline, niacine, 비타민 B_{12} 등의 B group을 비교적 다량 함유한다.

3. 달걀의 저장

달걀을 저장하면 난각을 통하여 이산화탄소를 잃게 되어 pH가 높아진다. 한편으로 보수성이 감소하여 점도가 낮아진다. 그러나 생활기능이 계속되는 동안 그 신선도는 없어져도 부패되지 않는다. 일반적으로 난류의 저장은 냉장(0℃ 습도 75～80%), 표면처리(유지, paraffin을 바른다) 가스저장(CO_2 속에)을 한다.

4. 달걀의 생리활성

1) Lysozyme

Lysozyme은 계란의 난백 중에는 0.3～0.4%, 난백 단백질 중에는 3～4%가 존재하며 세균을 용해하는 효소이다. Lysozyme은 18종류, 129개의 아미노산으로 이루어져 1본쇄의 polypeptide로서 분자량은 14,500으로 단백질로서는 비교적 저분자량의 구조를 지니고 있다. Lysozyme은 세균의 세포벽 중 당쇄의 특정 부위(*N*-acetylmuramic acid와 *N*-acetylglucosamine의 결합부위)를 특이적으로 절단하는 작용이 있다. Lysozyme의 용균성은 모든 종류의 세균에 대하여 발휘되는 것이 아니고 *Bacillus*속, *Micrococcus*속 등 주로 Gram 양성세균에 대하여 작용하나 세포벽이 다른 물질에 의하여 덮여 있는 등 lysozyme이 세포막에 접근하기 어려운 균(대장균 등 주로 Gram 음성세균)에는 작용하지 않는다. 그러나 lysozyme이 접근을 방해하는 물질을 저거하면 이들 세균도 lysozyme에 의하여 용균될 수 있게 된다. 따라서 lysozyme은 소위 항생물질과 같이 많은 종류의 미생물에 개재하여 항균력을 가지는 셈이다.

(1) 생리활성 및 효능

① 세균의 세포벽의 분해작용: 이것은 lysozyme 자신이 갖는 효소작용이다.

② 면역용균의 촉진작용: Lysozyme 단독으로는 용균을 일으킬 수 없는 대장균 등도 lysozyme과 생체 내의 감염방어 인자인 항체나 보체에의 협력작용에 의하여 용균된다.

③ 백혈구의 탐식능 증강: 백혈구는 몸 안에 침입한 세균 등을 섭취(빈식)하는 작용이 있어 감염이나 염증의 방어에 중요한 역할을 한다. Lysozyme은 백혈구의 증식력을 증강한다.

④ 면역력 증강효과: Lysozyme을 경구 투여하면 악성 항체의 증가가 확인된다.

⑤ 항생물질의 작용증강: 항생물질에 의하여 영향을 받은 세균의 용균을 빠르게 하고 백혈구에 들어가는 것을 촉진한다.

⑥ 염증 시의 조직 회복과정의 촉진효과: 염증은 생체조직이 얼마간의 손상(세균감염이나 찰과상)을 받았을 때 일어나는 생체반응으로 증상이 퍼지는 초기에 정지하는 중기, 손상 받은 부분을 회복하는 후기의 단계로 나눌 수 있는데 lysozyme은 염증 후기에 작용하고 조직의 회복에 필요한 선유아세포의 증식을 촉진한다.

⑦ 진한 점액의 분해와 배출 촉진작용: 담(痰), 비즙(鼻汁) 등은 세균감염을 일으킬 조직의 세포나 백혈구가 파괴되어 생긴 것이다. Lysozyme은 그 효소의 작용으로 진한 점액을 분해한다. 또 비강이나 기도의 섬모운동을 활발하게 하여 코나 기도로부터의 진한 점액의 배출을 촉진한다.

⑧ 지혈작용: Heparin의 전기적 결합을 통하여 출혈을 억제하는 작용을 한다.

2) Lecithin

난황의 총 인지질 중 lecithin의 비율은 계란의 경우 약 69%이며 약 8.6%를 함유하고 있다. Lecithin은 인지질의 일종으로 화학명은 phosphatidylcholine이나 일반적으로는 인지질의 총칭으로 많이 쓰인다. 천연에 존재하는 인지질의 대부분은 glycerol의 제3 위치에 ester 결합한 diethylglycerophospholipide이고 그 중에서 인산기와 choline이 glycerol의 제3 위치에 ester 결합한 phosphotidylcholine(PC)이 압도적으로 많다.

(1) 생리활성 및 효능

① 침투작용: Lecithin은 생체막의 구성성분이므로 그 생리작용은 생체막인 피부 점막으로부터 물질을 투과 흡수한다. Lecithin의 이 침투작용은 liposome에 의하여 영양성분을 흡수하므로 일어난다.
② 계면활성작용
③ 산화 억제작용
④ 콜레스테롤 저하작용
⑤ 정맥지방 유화작용

3) Yolk immunoglobulin(IgY)

닭의 혈청 내에 있는 면역물질 IgG가 난황으로 이행되는데 이 난황 내의 면역물질을 IgY라고 부른다.

(1) 생리활성 및 효능

① 충치 예방작용, 여드름 방지 예방작용, 유아용 설사 억제작용 등이다.

[Phospholipid의 칼럼]

Glycerin(glycerol), 지방산, 인산이 합하여 이루어진 복합지질을 인지질(phospholipid)라고 하며, 인지질은 glycerophospholipid와 sphingophospholipid로 분류하는데 전자의 glycerophospholipid를 lecithin이라고 한다. 일반적으로 편의상 인지질을 lecithin이라고 통용하는 경우가 많지만 인지질은 lecithin보다 더 포괄적인 개념이다.

Lecithin은 원래 화학적으로는 phosphotidylcholine(PC)을 말하지만 통상 다음과 같은 구조를 가진 4종류의 인지질 일부 또는 전부의 복합체를 총괄하여 lecithin이라고 부르고 있다(그림 2-9).

Lecithin의 기본적인 특성은 소수성의 탄화수소 사슬(비극성부)과 친수성의 극성부를 분지 내에 공유함으로써 양 친매성을 지니고 있다는 점이다. 따라서 물과 기름의 계면장력에 작용하여 유화계(emulsion system)를 안정화시킨다. 또한 lecithin의 phosphotidyl계 각 구성성분은 개별적인 특성을 지니고 있으며 이것들의 복합비

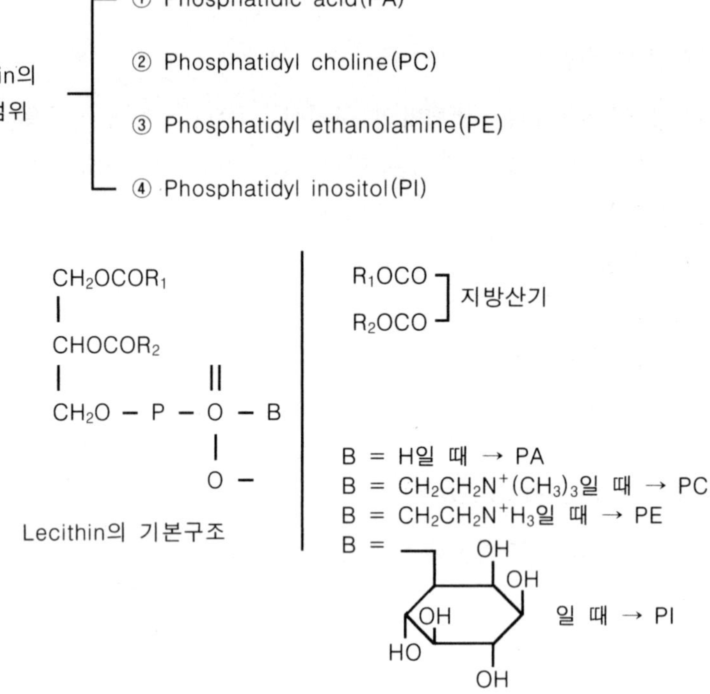

그림 2-9. Lecithin의 기본구조

율에 따라 또한 기능이 달라진다.

따라서 lecithin은 지질개사, 신경전달계 등 생리기능을 가지고 있을 뿐만 아니라 유화작용, 이형작용(접착방지), 산화방지작용, 단백질 결합작용 등 물리화학적인 다양한 기능을 가지고 있어 새로운 식품가공용 첨가물로도 광범하게 이용되고 있으며 앞으로도 새로운 소재로서 계속적인 용도개발이 이루어질 전망이다. 예를 들면 계면활성제에서 분산, 기포, 소포, 보습 등 다채로운 기능발휘를 하며 대두 lecithin의 경우 HLB 값은 7∼9에 상당하지만 구성 인지질의 개별적인 특성으로 보면 PC는 O/W형인데 반하여 PI는 W/O형이고 또한 PA, PE, PI는 Ca^{2+} 및 Mg^{2+} 등의 금속 이온 및 pH 등에 의하여 유화력을 좌우하게 되는 등 변동요인이 된다.

최근에는 PI, Pa의 경우 고미 억제작용이 있다는 것이 밝혀짐으로써 또한 새로운 소재화의 기능성을 보이고 있다.

▶ 알 류

달 걀

- 분 류: 알류(卵類)
- 영 명: Hen's egg, egg
- 한문명: 난(卵), 계란(鷄卵), 계단(鷄蛋), 계자(鷄子)
- 에너지(100g 당): 151 kcal

[기대되는 작용]

뇌기능 유지 개선, 세포노화 방지, 시력유지 개선, 알레르기 억제, 암 억제 등에 유효하다.

[기원과 역사]

일본에서는 계란의 요리가 문헌에 등장한 것은 에도(江戶)시대(1600~1867년)라 한다. 우리나라에는 확실한 기록은 없는 것 같다. 일상 식탁에 오른 것은 1960년 이후라고 하며 품종 개량과 배합사료에 의하여 대규모 사육이 가능하게 되었다.

[특 징]

필수아미노산을 이상적인 균형으로 함유하여 양질의 단백질이 풍부한 완전영양식품이다. 난황에는 다량으로 함유된 인지질의 lecithin은 세포막을 형성, 뇌나 신경조직의 구성물질인 choline을 구성한다. 또 lecithin에는 콜레스테롤치를 저하시켜 그 대사를 촉진하는 작용도 있다. 면역력을 높이는 비타민 A, 세포노화 방지를 하는 비타민 E, 신진대사를 활성화하는 비타민 B군, 철이나 칼슘, 인 등 뼈나 혈액을 만드는 무기질도 풍부하다.

스트레스에 대한 저항을 높이는 pantothenic acid도 함유한다. 흰 알, 붉은 알, 유정란, 무정란 공히 영양가는 같다. 난황의 색도 먹이에 따라서 성분이 변한다. 이상적인 영양균형을 갖는 완전영양식품이 계란이다.

[주요 영양소(가식부 100g 당 / 계란류 · 전란 · 생)]

- 단백질: 12.3g

- 지질 : 10.3g
- 철 : 1.8 mg
- 비타민 A : 140 μg
- 비타민 B_2 : 0.43 mg

[주요 생리기능 성분(추정기능)]

① Lecithin(뇌기능 유지 개선) : 세포막의 형성에 불가결의 물질이다. 특히 뇌 세포, 신경조직에 직접 작용하여 기억력을 높여 노인성 인지증 개선도 기대된다.
② Lutein(활성산소 소거, 항암) : Caroteinoid의 일종이다. 항산화 작용, 활성산소를 소거하여 암을 예방하고 노화에 수반되는 시력저하를 회복한다.
③ Obomucoid(항알레르기) : 난백에 함유되는 단백질의 일종으로 알레르기 증상을 완화한다.
④ Selenium(무기질) : 항산화 작용, 면역조절작용, 항암, 항 혈전작용, 남성 성기능 강화작용을 한다.

[선별법 · 보존법]

선도가 좋을수록 난 특유의 냄새가 적다. 2～3주간은 보존되나 오래 될수록 맛이 떨어진다. 새로운 알은 물에 넣으면 가로로 되고 오래 될수록 기울러 세로로 가라앉는다.

피 단

- 분 류 : 알류(卵類)
- 영 명 : Pidan
- 한문명 : 피단(皮蛋)
- 주원료명 : 오리의 알
- 에너지(100g 당) : 214 kcal

[기대되는 작용]

뇌기능 유지 개선, 세포노화 방지, 시력유지 개선, 암 억제, 알레르기 억제 등에 유효하다.

[기원과 역사]

중국 강서성 오간현 여리진(黎里鎮)에 있던 일다관(日茶館)이라는 다관의 주인이 재(灰)와 차각(茶殼)을 버린 곳에서 오리의 알이 묻혀있는 것을 발견한 것이 최초라는 전설이 있다. 1319년의 『농상의식촬요(農桑衣食撮要)』에는 피단의 가공에 대하여 기록되어 있다.

[특 징]

중국어에서는 알(卵)을 단(蛋)이라 쓴다. 피단을 주로 오리의 알로 압란(鴨卵)에서 만든 것의 가공품이다. 탄산나트륨이나 석회, 목회는 이의 것을 섞어서 독특한 액에 알을 껍질 채 담근다. 그 후 왕겨(등겨)를 섞은 황토를 발라 알을 싸고 숙성시킨다. 난백은 녹색으로 띤 갈색으로 되고 탄력이 있는 젤리와 같은 식감을 느끼게 된다. 난황은 암녹색으로 되고 끈적끈적한 감칠맛이 구비되어 독특한 맛을 갖게 된다. 코를 찌르는 뜻한 황 냄새가 나지만 안 좋으면 껍질을 벗겨 10분 정도 두면 순해진다. 또는 초를 사용하면 냄새가 순해진다.

[주요 영양소(가식부 100g 당)]

- 단백질 : 13.7g
- 지질 : 16.5g
- 철 : 3 mg
- 비타민 A : 220 μg
- 비타민 B_2 : 0.27 mg

[주요 생리기능 성분(추정기능)]

① Lutein(활성산소 소거, 항암) : Carotenoid의 일종이다. 항산화 작용, 활성산소를 소거하여 암을 예방하고 노화에 수반되는 시력저하를 회복한다.

② Lecithin(뇌기능 유지 개선) : 세포막의 형성에 불가결의 물질이다. 특히 뇌세포, 신경조직에 직접 작용하여 기억력을 높여 노인성 인지증 개선도 기대된다.

[선별법 · 보존법]

특유의 향이 엷은 것을 좋아하는 사람은 노른자위 또는 연한 청도(靑島) 피단이라는 이름으로 팔리고 있는 것을 골라도 좋다. 깨끗하게 절단하는 경우는 향이 강해도 숙성이 진행된 단단한 것을 고른다. 냉암소에서 보존한다. 1년 정도 보존이 가능하다.

[종류와 무리]

- 송화단(松花蛋), 압피단(鴨皮蛋), 함단(鹹蛋), 조단(糟蛋)

오리알

- 분 류: 알류(卵類)
- 영 명: Duck's egg
- 한문명: 오리알(家鴨卵)
- 에너지(100g 당): 151 kcal

[특 징]

오리 알은 달걀에 비하여 크며(60～90g) 성분과 이용법은 달걀과 비슷하다. 알에서 냄새가 다소 나므로 생식은 하지 않는다. 일반성분을 보면 단백질 12.2～12.8%, 지방 13.6～15.2%, 당질 0.9%, 무기질 1.0% 정도로 달걀과 비슷하다. 난황이 차지하는 비율이 달걀보다 많으나 단위 중량 당의 에너지 생산량도 달걀보다 많다. 오리알의 지방을 구성하는 지방산은 동물성 식품에선 불포화 지방산인 linoleic acid가 22%나 들어 있다. Linoleic acid, arachidonic acid 등은 필수지방산인데 콜레스테롤의 피해를 줄이는 효과가 있다. 오리알 한 개에는 tocopherol이 1 mg 정도 들어 있는데 tocopherol은 노화와 지방의 산화를 막아 주는 성인병의 예방에 효과가 있다.

[주요 생리기능 성분(추정기능)]

① Linoleic acid(필수지방산): 콜레스테롤 배출에 효과가 있다.
② Tocopherol(항산화효과): 성인병 예방효과가 있다.
③ 난황유: 심장병 등 순환기계 질환에 유효하다.
④ Lecithin(뇌기능 유지 개선): 세포막의 형성에 불가결의 물질이다. 특히 뇌세포, 신경조직에 직접 작용하여 기억력을 높여 노인성 인지증 개선도 기대된다.

참고문헌

고종호 외 7명 : 건강기능성식품학, 보문각(2009, 2011)

고철환 외 8명 : 해양생물학, 서울대학교 출판부(2011)

김미경 외 13명 : 건강기능식품, 교문사(2008)

김선호 : 세계의 건강기능식품(3), 식품음료신문사(2011)

김용현 : 한방건강식품, 한올(2012)

김현옥 : 세계의 건강기능식품(2), 정문출판주식회사(2007)

노봉수 외 6명 : 생각이 필요한 식품재료학, 수학사(2011)

박건우·김건희 : 기능성 채소와 과일, 선진문화사(2012)

박종희·성상현 : 핵심약물식물, 신일북스(2007)

병정구·김병일·이선명·전길봉 : 우리바다 어류도감, 예조원(2010)

석순자·장현유 : 약이 되는 버섯, 독이 되는 버섯, 가람누리(2012)

이명식 : 신비한 산삼 이야기, 백양출판사(2007)

이형주·장해동·이기원·이홍진·강남주 : 기능성 식품학, 수학사(2011)

임순성·김진규·이연실·장재만 : 건강기능성 소재의 탐색과 응용, 소화(2010)

임병우 외 6명 : 건강기능성식품학, 도서출판 효일(2009)

정동효 : Ayurveda의 허브 건강기능-인도 고대의학과 장수법, 신일북스(2011)

정종희 : 생명의 소금, 올리브나무(2011)

조영수·채재영 : 기능성식품학, 동아대학교 출판부(2007)

최기철·전상린·김익수·손영목 : 개정원색 한국담수어도감, 향문사(2007)

최원수 : 소금건강법, 해피북스(2010)

한국생약학교수협의회 : 건강기능성식품, 동명사(2008)

허석현, 양주혼 외 3명 : 건강기능식품학 개론, 도서출판 효일(2009)

황금택 역 : 세계의 식용식물, 신일북스(2011)

황안국 : 한방식품의 과학적 효능, 한옥당(2010)

황지희 번역 : 몸에 좋은 생선사전, 사람과 책(2007)

황철희·남윤주·김진구·명정구 : 한국의 연안 어류, 아카데미(2013)

부 록

〈부록 표 1〉 각종 식품의 질병 예방효과와 치료효과

식품명	질병 예방・치료효과
사과(apple)	최우수 심장약, 혈중 콜레스테롤 저하, 혈액 강화, 혈장 안전, 식욕증진, 암 저해 성분 함유, 사과주스는 감염성 비루스 살균
살구(apricot)	폐암을 포함한 흡연관련 암 저해제로서 인정
돼지감자(artichoke)	혈중 콜레스테롤 저하, 담즙과 요 배설 촉진
바나나(banana)와 질경이(plantain)	궤양(ulcer)의 예방과 치료, 혈중 콜레스테롤 저하
보리(barley)	혈중 콜레스테롤 저하, 암 저해 기능, 장 기능 증진. 변비(constipation) 개선
밀기울(bran)	유해 혈중 콜레스테롤 감소, 암 저해물질 함유, 인슐린과 혈단조절, 혈압 저하, 결장(colon), 기능조절, 변비 예방과 치료, 치질(hemorrhoid)과 내장병 예방, 결장암 예방
맥주(beer)	심장동맥 봉쇄 예방, 유익한 HDL 혈중콜레스테롤 상승, 설사(diarrhea)예방, 감염성 비루스 살균, 혈관손상 예방, 완하제로서 작용
브로콜리(broccoli)	암 위험 저하
아기 양배추(brussels sprouts)	특히 직장암과 위장암 저해
양배추(cabbage)	특히 직장암 저해, 궤양 예방과 치료, 면역체계 촉진, 세균과 비루스 살균, 생육 촉진
마늘(garlic)	전염병 예방, 암 예방 성분 함유, 피를 맑게 한다(항응고제, 혈액점도 저하), 혈압・혈중 콜레스테롤・트리글리세리드 감소, 면역체계 자극, 만성 기관지염 예방과 구제, 거담약과 항울혈약으로 작용
생강(ginger)	멀미(motion sickness) 예방, 혈액 점도 저하, 혈중 콜레스테롤 저하, 동물의 암 예방
포도(grape)	바이러스 불활성화, 치아 부식 예방, 동물의 암 저해 성분 다량 함유
그레이프 프루트(자몽)(grape fruit)	심장 혈관계(cardiovascular system)증강, 혈중 콜레스테롤 저하, 질병으로부터 동맥 보호, 암 위험 저하
벌꿀(honey)	세균 살균, 성청과 포자 살균, 고통 지각 감소, 천식 경감(완화), 인후염(sore throats)경감, 시경을 진정시키고 수면 유도, 설사 구제
케일(kale)	폐암 저해에 최고
레몬(lemon)과 라임(lime)	괴혈병 예방과 치료, 암 저해 성분 함유

(계속)

식품명	질병 예방 · 치료효과
멜론(melon)	피를 맑게 한다(항응고제 · 혈액점도 저하), 암 예방 성분 다량 함유
우유(milk)	골다공증(osteoporosis)예방, 감염 특히 설사 예방, 거친 식품(rough food)과 약품으로 인한 메스꺼움 감소, 위장 진정, 위궤양(peptic ulcer)예방, 공동(충치)예방, 만성 기관지염예방, 정신적에너지 증가, 고혈압 저하, 혈중 콜레스테롤 감소, 어떤 암 저해
버섯(mushroom)	혈액을 맑게 함, 동물의 암 예방, 혈중콜레스테롤 저하, 면역체계 촉진, 바이러스 불활성
견과류(nuts)	동물의 암 예방 성분 함유, 견과류 기름은 혈중 콜레스테롤 저하, 혈 당조절
귀리(oats)	최우수 심장약, 혈중 콜레스테롤 저하, 혈 당 조절, 동물의 암 예방 성분 함유, 피부 염증 예방, 완하제(laxative)로서 작용
대두류(beans)	유해한 콜레스테롤 감소, 암 억제 물질 함유, 인슐린과 혈 당치 제어, 혈압 강하, 장 기능 조절, 변비 예방과 치료, 치질과 장 장애 예방
대두(soybean)	최우수 심장 혈관약(cardiovascular medicine), 혈중 콜레스테롤 저하, 담석(gallstone) 예방과 용해, 트리글리세리드 감소, 장관 조절, 변비 완하, 혈 당조절, 암 위험 저하. 에스트로겐 대체, 피임 촉진
시금치(spinach)	암 위험 저하, 동물의 혈중 콜레스테롤 감소
올리브 기름(olive oil)	심장에 최고, 유해한 LDL-콜레스테롤 감소, 유익한 HDL-콜레스테롤 상승, 혈액점도 저하, 암의 지연과 숙성 성분 함유, 모든 원인으로부터 죽음의 위험 저하, 혈압저하
양파(onion)	multi-faceted heart-blood medicine으로 정의, 유익한 HDL-콜레스테롤 상승, 혈액점도 저하, 혈액 응고 지연, 총 혈액 콜레스테롤 저하. 혈 당 조절, 세균 살균, 기관지 충혈(bronchical congestion)의 완하, 동물의 암 저해
오렌지(orange)	어떤 바이러스 예방, 혈중 콜레스테롤 저하, 동맥 반점(plaque), 어떤 암 위험 저하
완두(pea)	피임제(contraceptive agent)로서 최고, 최고의 동물의 암 예방 성분, 맹장염(appendictis) 예방, 혈중 콜레스테롤 저하
감자(potato)	암 억제 성분 함유
자두(plum)	강력한 완하제(laxative)로서 작용
쌀(rice)	혈압 저하, 설사 예방, 신장 결석 예방, 피부 마른버짐 정정, 암 예방 성분 함유

(계속)

식품명	질병 예방·치료효과
해초(seaweed)와 다시마(kelp)	세균 살균 동물의 암 예방, 면역체계 상승, 궤양(ulcer)치료, 혈중 콜레스테롤 감소, 혈압저하, 뇌일혈(strockes)예방, 혈액을 맑게 한다(혈액점도 강하)
조개류(sheel fish)	심장과 두뇌에 최고 식품, 혈중 콜레스테롤 저하, 트리글리세리드 제거, 두뇌 조절 성분과 정신적 에너지 상승
애호박(squash), 호박(pumpkin)	폐암 위험 저하
설탕(sugar)	진정제로서 작용, 근심과 걱정 구제 해소, 이완과 수면 유도, 사람의 집중력 상승, 항진정제로서 작용, 세균 살균, 상처 치료
다류(teas)	충치감소, 세균과 바이러스 살균, 전염 예방, 동물의 암 예방 성분 함유, 혈압 저하, 모세관증강, 동맥경화 지연, 온화한 진정제(sedative, decaffeinated)로서 작용, 부드러운 진정제로서 사용
토마토(tomato)	암 위험 저하, 맹장염 예방
순무(turnip)	암 위험 저하
밀기울(wheat bran)	변비 구제, 게실증(diverticula disease)·정맥류성 정맥(vericoseveine)·치질과 탈장 예방, 일반 장관 기능 개선, 직장암 저율에 관련 있음
포도주(wine)	세균과 바이러스 살균, 심장병 예방, 유익한 HDL-콜레스테롤 상승, 동물의 암 예방 성분 최고
얌(yam)	암 위험 저하, 암 예방 성분 최고
요구르트(yoghurt)	세균 살균, 설사를 포함한 내장 전염의 예방과 치료, 혈중 콜레스테롤 저하, 면역체계 상승, 장 기능 개선, 궤양(ulcer)예방 성분 함유, 항암 활성 있음

〈부록 표 2〉 각종 질병의 예방효과와 치료효과가 있는 식품

<table>
<tr><th>질 병</th><th colspan="2">예방・치료효과 식품</th></tr>
<tr><td>맹장염
(appendicitis)</td><td colspan="2">변이 부드럽고 양이 많은 것을 유지하기 위한 밀기울과 같은 고 섬유 식품이 최고라고 한다. 영국은 맹장염 방지 식품으로서 완두・꽃양배추・녹색콩(green bean)・싹양배추(brussel sprout)・토마토 등을 권장하고 있다.</td></tr>
<tr><td>관절염・통풍
(arthritis)</td><td colspan="2">류머티즘(rheumatoid)에는 연어・정어리(sardine)・곤들메기(lake trout)・꽁치와 같은 omaga-3 지방산이 풍부한 수산식품으로 고통과 팽창을 예방하거나 구제한다. 생선기름은 동물에서 낭창(浪瘡)을 적극적으로 예방한다.</td></tr>
<tr><td>천식(asthma)</td><td colspan="2">커피 두 잔은 천식 공격을 저해할 수 있다. 좋은 기관지 확장제(bronchodilator)는 칠리 후추・마늘・양파・겨자・고추냉이(horse radish)와 같은 아주 매운 식품들이 좋다. 생선기름은 기관지 천식을 극적으로 구제한다.</td></tr>
<tr><td rowspan="7">암(cancer)</td><td colspan="2">고지방과 쇠고기 식사는 암에 걸리게 쉽게 한다. 일반적으로 특히 다섯가지 녹엽채소, 즉 브로콜리・시금치・양배추・케일・싹양배추・아기양배추(brussel sprout)가 암에 좋다. 이외에도 고섬유 채소, 과일, 곡류와 대두류도 좋다. 또한 우유・토마토・감귤류(citrus fruit)・건조과일・살구・자국・건포도・딸기와 omega-3지방산이 많은 생선 등도 각종 암을 예방할 수 있다. 마늘・양파・곤포・올리브기름・차(특히 녹차) 그리고 대두・견과류・쌀과 곡류와 같은 종실 식품은 항암 성분이 많다.</td></tr>
<tr><td>방광암(bladder cancer)</td><td>당근・우유・브로콜리・싹양배추・아기양배추・양배추・꽃양배추・잘게 썬 양배추 샐러드・케일・사탕 당근(parsnip 미나리과)・순무 등</td></tr>
<tr><td>유방암
(breast cancer)</td><td>요구르트・카로티노이드가 많은 과일과 채소류</td></tr>
<tr><td>결장암
(colon cancer)</td><td>양배추・브로콜리 등 녹엽채소, 애시도필러스(acidophilus)로 배양한 애시도필러스 밀크나 요구르트・우유와 비타민 D로 강화된 탈지분유・밀기울 등</td></tr>
<tr><td>식도암(esophagus cancer)</td><td>녹색 채소・황색 채소・사과・버찌・포도・멜론・피스・양파・대두유・자두・호박 등</td></tr>
<tr><td>후두암(larynx cancer)</td><td>녹색 채소와 황색 채소</td></tr>
<tr><td>폐암(lung cancer)</td><td>당근・케일・시금치・브로콜리・암황색애호박(squash)・호박・고구마・살구・모든 암록색 채소와 암오렌지색 채소・카로티노이드가 많은 적색 과일과 황색과일(만일 지금까지 담배를 피우지 않았다면 이들 식품으로 효과가 있다. 이들 식품은 말년에 폐암 예방에 도움이 될 것이다)</td></tr>
</table>

(계속)

질 병	예방·치료효과 식품	
암(cancer)	췌장암(pancreatic cancer)	감귤류· 당근 등
	전립선암(prostate cancer)	세 가지 황색 채소와 녹색 채소류· 당근·토마토·양배추·완두·브로콜리·싹양배추·꽃양배추 등
	위장암(stomach cancer)	생 당근·시금치·양배추·토마토·옥수수·가지·우유·양파·고구마·애호박 등
심장 혈관계 (cardiovascular system)	혈괴 없는 혈액을 유지하기 위해서는 생선·마늘·생강·멜론·목이·올리브기름·양파와 다시마(곤포)를 취한다. 녹차·맥주·씨 없는 건포도·월귤(blueberry)·가지·omega-3 지방산 생선(연어·정어리)은 동맥경화(arteriosclerosis) 혹은 심장장해 원인이 되는 장해로부터 동맥과 모세관을 강하게 하고 보호하는 특별한 능력을 가진다.	
공동·강(腔, cavitive)	차는 공동 방지와 구강 세척으로 증명된 초상의 자연 식품이다. 공동 생성세균을 예방하는 최상의 식품은 포도·나무 딸기(black cherry)주스·우유·커피·치즈(숙성 체대치즈)·blue cheese·Bric cheese·gouda cheese·Monterey Jack cheese·Mozzarella cheese·Swiss cheese 등이다.	
콜레스테롤	유해 LDL	콜레스테롤 감소를 위해 우선 선택해야 할 것은 귀기 기울이다. 다음으로 오래된 볶은 콩류를 포함한 오트밀(oat mil)과 건조 콩류이다. 유전학적으로 고콜레스테롤로 육종한 대두는 어른과 아이에게 아주 좋다. 주스로 하지 않은 포도주스(씨와 껍질)는 콜레스테롤을 저하시킨다. 또한 그 다음으로 신선한 오렌지·사과·요구르트·탈지분유· 당근·마늘·양파·보리·생강·가지·돼지감자·미숙 바나나·송이·올리브기름 등이다. 수산식품도 대체된다. 펙틴이 많은 모든 과일 그리고 딸기와 바나나도 포함된다.
	유익 HDL	콜레스테롤을 증가하기 위한 제일 좋은 대상은 생 양파로서 하루에 중간 크리의 것을 적어도 반 조각 먹는 것이다. 다른 식품성 기름 혼은 포화지방 대신 올리브기름도 대체된다. 포도주·맥주·알맞게 희석한 증류주와 같은 알코올 음료를 하루에 한두 번 마시는 것은 HDL을 상승시킨다.
변비(constipation)	제일 좋은 대상은 밀기울이다. 이는 자연이 준 가장 좋은 완하제이다. 만일 일을 하지 않는다면 자두주스 첨가할 것이다. 건조 밀기울의 작용은 어떤 사람에게는 경이적이다. 당근·양배추·사과와 같은 최고의 섬유 과일과 채소라 할지라도 밀기울 효력은 약 1/4 밖에 안 되는 완화제이다. 귀리와 보리, 다시마와 같은 가용성 섬유식품은 변비를 돕는다. 미국 타입의 대황(rhubard)은 완화제가 안 되나 동양 타입의 의약용 대황은 완화제가 된다.	

(계속)

질 병	예방·치료효과 식품
뇌일혈(stroke)	하루에 특별히 급여한 연구에 따르면 신선한 고일과 채소류는 외일혈 관련 사망의 위협을 40%까지 줄인다고 한다. 동물실험에서 흑색 씨 없는 건포도와 나무딸기에서 얻는 화합물은 뇌에 있어서 혈관의 질병을 예방하는데 도움이 된다고 한다. 갈조류는 쥐에서 뇌일혈을 예방한다고 한다.
궤양(ulcer)	질경이(plantains, 미숙, 크고 녹색 특히 농축된 분말)는 궤양을 예방한다. 지방이 있는 프로스타글린딘을 보호하는 것은 같은 약제를 함유하는 전유와 요구르트는 예방을 하나 궤양을 치료하지 않는다.
요도관 문제 (urinary tract problem)	덩굴월귤 또는 그 주스, 칵테일과 전립 덩굴월귤(whole cranberry)을 포함한 덩굴월귤은 방광염(cystitis)을 예방할 수 있고, 오줌의 탈색에도 도움이 되고 신장결석 예방에도 도움이 된다. 효과적인 처방은 매일 칵테일로 1～2컵을 마시는 것이다. Omega-3타입 생선기름은 신장병의 예방에 도움이 될 수 있다. 하루에 쌀겨 2/3 oz 섭취는 신장결석을 예방할 수 있다.

〈부록 표 3〉 질병관련 건강기능식품

질 병	식품공전에 수재된 관련 건강기능식품
(1) 심혈관 관련 질병	
고지혈증	EPA 함유제품, γ-linolenic acid 함유제품, lecithin 함유제품
콜레스테롤 조절	EPA 함유제품, γ-linolenic acid 함유제품, lecithin 함유제품, chitosan 및 키토올리고 당 함유제품, 대두단백질 함유제품, 식물 sterol 함유제품, 홍극제품
혈행 개선	EPA, DHA 함유제품, γ-linolenic acid 함유제품, lecithin 함유제품, 영지버섯, 표고버섯
혈압 조절	정어리 펩타이드, 칼륨, 마그네슘, 기타(CoQ10, C, E, B6)
간 기능 조절	구기자, 울금, 당약, 오미자, 치지, 마리아엉겅퀴, 녹차, 삼백초
숙취해소	Biozyme, 노근(갈대뿌리)추출물, Mildronate, 칡, taurine, 홍국 추출물, 알로에, 인삼사포닌
위장기능조절	유산균 함유제품, 알로에 함유제품, 효소 함유제품, 식이섬유, 함유제품, fructoaligo 당, 매실 함유제품
항산화	비타민 C, 비타민 E, 배아제품(밀배아), 레시틴, 포도씨기름, β-carotene, propoils, 녹차 추출물
신경계 관련 질병 집중력 및 기억력개선 수면 및 스트레스조절	DHA 함유식품, lecithin 함유식품, theanine 함유식품
(2) 면역계 관련 질병	
면역기능조절	•인삼제품 · 홍삼제품 •알로에제품 •Chitosan 및 chitosan 함유제품 •Alkoxyglycerol 함유제품
항알레르기	•유산균함유제품 · 칼슘 •생선기름 · 아마인유 •인삼/홍삼제품 · 알로에(베라) •영지 · 키토산 함유제품. 키토올리고 당 함유식품 •Propolis 추출제품 •자몽종자추출물 · 감초 •버섯추출물

(계속)

질 병	식품공전에 수재된 관련 건강기능식품
(3) 대사계 관련 질병	
혈당조절	Lecithin, 홍삼 제품, 알로에, 식이섬유, 뽕잎분말제품(비수재), 누에분말(비수재)
피로회복	인삼 제품, 매실추출물 제품, Aloe젤리 제품
성장조절	Alkoxyglycerol 함유제품, 뱀장어 함유제품, 효모제품, 회분 제품, Chlorella 제품, Spirullia 제품, 배아유 제품, 식물추출물 발효제품, 뮤코 당・단백질 제품, 자라 제품, 글루코사민 함유제품
체중조절	식이섬유 함유제품, 녹차 추출물 함유제품, 공액 linoleic acid함유제품, 히비스커스 함유식품
성기능	인삼 제품, 꿀 함유제품, L-arginine, 마늘/생강 함유제품, 은행 함유제품, Maca(*Lepidium meyenii*), Tribulus(*Tribulus terrestris*)식물, 굴
피부 미용	화분제품, 스쿠알렌, 엽록소 함유제품[기타 미맥 물질, 보습효능물질(γ-linoleic acid, sqeualene, EPA, DHA 등)], 알로에 제품(알로 베라)
치아 건강	자일리톨, 칼슘 함유제품, 당알코올, 녹차추출 제품
골개선	칼슘 함유제품, 비타민 함유제품, 글루코사민 함유제품, 프럭토올리고 당 함유제품, 식물성 에스토로겐 함유제품, 뮤코다 당・단백질 제품(chondroitin sulfate)

〈부록 표 4〉『식품공전』상의 식품에 사용할 수 있는 원료

1. 식물성

	품 목 명	이명 또는 영명	학 명	사용부위(생약명)
1	가시여지	Soursop, Guanabana	*Annona muricata*	열매
2	가시연꽃	감실	*Euryale ferox*	열매, 씨앗*(검인)
3	가죽나무	가중나무	*Ailanthus altissima*	어린잎
4	각시둥굴레	–	*Polygonatum humile*	어린잎, 줄기, 뿌리줄기
5	갈대	–	*Phragmites communis*	어린순, 뿌리*(노근)
6	갈랑갈	아시아생강, galangal	*Alpinia officinarum*	뿌리
7	갈매보리수나무	Sea buckthorn, 비타민나무	*Hippophae rhamnoides* L.	열매, 잎
8	갈퀴나물	–	*Vicia amoena*	어린순
9	갈퀴덩굴	–	*Galium spurium*	어린잎, 순
10	감나무	–	*Diospyros kaki* Thunb.	열매, 잎
11	감초	–	*Glycyrrhiza uralensis* Fischer/ *Glycyrrhiza glabra* Linné/ *Glycyrrhiza inflata* Batal.	뿌리 및 뿌리줄기*(감초)
12	갓대	–	*Sasa borealis* var. *chiisanensis*	잎, 순
13	개다래나무	–	*Actinidia polygama* Miquel	열매*(목천료), 어린순, 줄기
14	개미나리	–	*Oenanthe javanica* var. *japonica*	잎, 줄기
15	개사철쑥	–	*Artemisia apiacea*	어린순
16	개암나무	–	*Corylus heterophylla*	열매
17	개암버섯	–	*Naematoloma sublateritium*	자실체
18	검은 뽕나무	Black Mulberry	*Morus nigra*	열매
19	검은 서양송로	Black Truffles	*Tuber melanosporum*	자실체
20	게박쥐나물	–	*Cacalia adenostyloides*	어린순
21	겐티아나	–	*Gentiana lutea* Linné	뿌리 및 뿌리 줄기*(겐티아나)
22	계피	–	*Cinnamomum aromaticum* Nees *Cinnamomum cassia* Presl	어린 가지*(계지), 줄기 껍질*(육계)
23	고량강	–	*Alpinia officinarum* Hance	뿌리줄기*(고량강)

	품 목 명	이명 또는 영명	학 명	사용부위(생약명)
24	고로쇠나무	painted maple, korosoe tree	*Acer pictum* subsp. *mono* (Maxim.) Ohashi	수액
25	고수	–	*Coriandrum sativum* Linnaeus	열매*(호유자), 잎
26	고욤나무	–	*Diospyros lotus*	열매, 잎
27	곤달비	–	*Ligularia stenocephala*	어린잎
28	과라나	Guarana	*Paullinia cupana* H.B.K.	열매
29	구기자나무	–	*Lycium chinensis*	잎, 열매*(구기자), 뿌리*(지골피)
30	구름버섯	Turkey tail	*Trametes versicolor*	자실체
31	구스베리	Gooseberry	*Ribes uva-crispa* L., *Ribes grossularia* L.	열매
32	국화	–	*Chrysanthemum morifolium* Ramat./ *Chrysanthemum indicum*	꽃*(감국), 전초
33	귤나무	Mandarin tree	*Citrus unshiu* Markovich	열매 껍질* (진피, 청피)
34	그래인 오브 파라다이스	Grains of paradise	*Amomum nelegueta*	씨앗
35	그물버섯	–	*Boletus edulis*	자실체
36	금앵자	–	*Rosa laevigata*	열매*(금앵자)
37	기름골	Chufa	*Cyperus esculentus* L.	덩이줄기
38	까마귀쪽나무	–	*Litsea japonica*	열매
39	카무카무	CAMU-CAMU	*Myrciaria dubia*	열매
40	칼라몬딘 오렌지	Calamondin orange	*Citrofortunella microcarpa*	열매
41	껄껄이 그물버섯	–	*Boletus impolitus*	자실체
42	꽃송이버섯	–	*Sparassis crispa*	자실체
43	꾀꼬리버섯	Chanterelle	*Cantharellus cibarius* Fr.	자실체
44	꿀풀	–	*Prunella vulgaris* L.	어린순, 어린잎, 꽃대*(하고초)
45	나래박쥐나물	–	*Cacalia auriculata*	어린잎
46	나무딸기	Raspberry	*Rubus* spp.	열매, 잎
47	나무토마토	Tree tomato	*Cyphomandra betacea (Cav.)* Sendt.	열매
48	나문재	–	*Suaeda asparagoides* Makino	어린순, 어린잎
49	나한과	–	*Momordicae grosvenori*	열매
50	내복자	나복자, 무우씨	*Raphanus sativus* L.	씨앗*(내복자)
51	넓은잎쥐오줌풀	–	*Valeriana dagcletiana*	어린잎
52	노니	Noni	*Morinda citrifolia*	열매

	품 목 명	이명 또는 영명	학 명	사용부위(생약명)
53	노랑느타리	Gold oyster mushroom	*Pleurotus cornucopiae* var. *citrinopileatus*	자실체
54	노루궁뎅이버섯	–	*Hericium erinacium*	자실체
55	노박덩굴	–	*Celastrus orbiculatus*	어린잎
56	누리장나무	Glory bower, 노나무	*Clerodendron trichotomum*	어린순
57	느티만가닥버섯	Beech mushroom	*Hypsizygus marmoreus* (Peck) H.E. Bigelow/H. *tessulatus*	자실체
58	능이(향)버섯	–	*Sarcodon asparatus*	자실체
59	니거	Niger	*Guizotia abyssinica* Cass.	씨앗
60	다닥냉이	–	*Lepidium apetalum*	어린순
61	다래나무	–	*Actinidia arguta*	열매, 어린순, 줄기
62	다색벚꽃버섯	–	*Hygrophorus russula* Quel.	자실체
63	달걀버섯	–	*Amantita caesarea*	자실체
64	달단메밀	Tartarian buckwheat	*Fagopyrum tataricum* (L.) Gaertn.	씨앗
65	달맞이꽃	Evening primrose	*Oenothera odorata*	씨앗
66	닭의장풀	Dayflower	*Commelina communis*	어린순
67	당귤나무	Sweet orange	*Citrus sinensis*	열매
68	당아욱	분홍아욱	*Malva sylvestris* L.	꽃, 잎
69	대나무	Bamboo, Bambusoidae	*Bambusoidae*	새순(죽순), 잎
70	대마(大麻)	삼, Hemp	*Cannabis sativa* Linné	껍질(포엽과 외종피)이 완전히 제거된 씨앗*(마인)
71	대잎둥굴레	–	*Polygonatum falcatum*	어린잎, 뿌리줄기
72	덩굴월귤	Cranberry	*Vaccinium macrocarpon*	열매
73	도두	작두콩	*Canavalia gladiatia*	열매
74	도라지	길경	*Platycodon grandiflorum* A. De Candolle	뿌리*(길경)
75	동과	Winter melon	*Benincasa hispida*	열매, 씨*(동과자)
76	돼지감자	–	*Helianthus tuberosus*	덩이줄기
77	두충	–	*Eucommia ulmoides* Oliver	수피*(두충)
78	들쭉나무	Bog bilberry	*Vaccinium uliginosum*	열매
79	땅찌만가닥버섯	–	*Lyophyllum shimeji* (Kawam.) Hongo	자실체
80	띠	백모근	*Imperata cylindrica* Beauvois	뿌리*(모근)

	품 목 명	이명 또는 영명	학 명	사용부위(생약명)
81	라벤더	Lavender	*Lavandula angustifolia/ Lavandula vera/Lavandula officinalis* Chaix.	꽃, 잎
82	라임블로섬	Lime blossom	*Tiliax europea* L.	꽃, 잎
83	랑삿	Langsat, Duku, Longkong	*Aglaia domestica* (Corrêa em. Jack) Pellegrin/*Aglaia aquea* (Jack)Kosterm./*Lansium domesticum* Corrêa/*Lansium javanicum* Roem./*Aglaia dookoo* Griff/*Lansium aqueum* (Jack) Roem.	열매
84	레드커런트	Red currant	*Ribes rubrum* L./*Ribes sativum* Syme./*Ribes triste* Pall.	열매
85	레몬그라스	개솔새, Lemon grass	*Cymbopogon citratus*	잎, 줄기
86	레몬밤	Lemon balm	*Melissa officinalis* L.	잎
87	레몬버베나	Lemon verbena	*Aloysia triphylla*	잎
88	레이디스맨틀	Lady's mantle	*Alchemilla vulgaris* L.	잎
89	로코토	Locoto, Cayenne pepper	*Capsicum baccatum*	열매
90	루로	Lulo, Naranjilla	*Solanum quitoense*	열매
91	루이보스	Rooibos	*Aspalathus lineraris*	잎
92	마가목	Mountoin Ash	*Sorbus commixta*	열매
93	마디풀	–	*Polygonum aviculare*	어린잎
94	마름	Water nut, Water chestnut	*Trapa japonica*	열매
95	마리골드	Marigold, 금잔화, Pot marigold	–	꽃
96	마시멜로	양아욱, Marshmallow	*Althaea officinalis*	꽃, 뿌리
97	마조람	Marjoram	*Origanum majorana*	잎, 줄기
98	말오줌대	–	*Euscaphis japonica*	어린순
99	망초	–	*Erigeron canadensis* L.	어린순, 어린잎
100	망태버섯	–	*Dictyophora indusiata*	자실체
101	먹물버섯	–	*Coprinus comatus*	어린자실체
102	메도우스위트	Meadowsweet	*Filipendula ulmaria* (L.) Maxim./*Spiraea ulmaria* L.	꽃
103	메밀	–	*Fagopyrum esculentum* Moench	잎, 줄기, 꽃, 씨앗
104	멜린조	Melindjo	*Gnetum gnemon*	어린잎, 꽃
105	며느리배꼽	–	*Persicaria perfoliata/ polygonum perfoliatum*	어린순

	품 목 명	이명 또는 영명	학 명	사용부위(생약명)
106	명일엽	–	*Angelica keiskei*	뿌리
107	모시대	–	*Adenophora remotiflorus* Miquel	뿌리*(제니)
108	모시풀	Ramie	*Boehmeria nivea* (L.) *Gaudich.*	어린순
109	목서	Fragrant olive	*Osmanthus fragrans*	꽃
110	몰로키아	Nalta jute, Tussa jute	*Corchorus olitorius* L.	잎
111	몰약	Myrrh	*Commiphora molmol* Engler 또는 기타 동속식물	고무수지*(몰약)
112	물냉이	Cresson	*Nasturtium officinale*	잎
113	물망초	–	*Myosotis sylvatica* Hoffm./ *Myosotis alpestris* F.W. Schmidt	꽃
114	물미모사	Water mimosa	*Neptunia oleracea* Lour.	잎, 줄기, 어린꼬투리
115	미국삼	American Ginseng	*Panax quinquefolius*	뿌리, 잎
116	민들레	포공영	*Taraxacum mongolicum* H. Mazz.	어린순, 어린잎, 뿌리, 전초*(포공영)
117	민박쥐나물	–	*Cacalia hastata*	어린순
118	밀크시슬	Milk thistle	*Silybum marianum* L.	잎, 씨앗
119	바나바	Banaba	*Lagerstroemia speciosa* Pers.	열매, 잎
120	바라밀	Jackfruit	*Artocarpus heterophyllus*	열매
121	바질	나륵플	*Ocimum basilicum*	잎, 줄기
122	박하	–	*Mentha arvensis* Linné var. *piperascens* Malinvaud 또는 그 종간잡종	지상부*(박하)
123	방가지풀	Common Sow Thistle	*Sonchus oleraceus*	어린잎
124	방아풀	–	*Isodon japonicus*	어린잎
125	배초향	–	*Agastache rugosa* O. Kuntze	어린잎
126	백합	–	*Lilium lancifolium* Thunberg 또는 기타 동속 근연식물	비늘줄기*(백합)
127	뱀딸기	–	*Duchesnea indica*	열매
128	번행초	–	*Tetragonia tetragonoides*	잎
129	벌사상자	–	*Cnidium monnieri*	열매
130	베르가모트	Bergamot, Bergamot orange	*Citrus bergamia*	열매

	품 목 명	이명 또는 영명	학 명	사용부위(생약명)
131	베리골드	Berry gold, LASOORA	*Cordia latifolia*	열매
132	벨벳콩	Velvet bean	*Mucuna pruriens*	어린순, 열매(전처리과정 확인)
133	별꽃	Chickweed	*Stellaria media*	어린순
134	병꽃풀	연전초	*Glechoma hederacea* L.	어린순, 어린잎
135	병풍쌈	–	*Cacalia firma*	어린잎
136	보라버섯	–	*Russula subdepallens*	자실체
137	보리지	Borage	*Borago officinalis*	잎, 꽃, 씨앗
138	복분자	–	*Rubus coreanus* Miquel	열매*(복분자)
139	분홍 느타리	Pink Oyster mushroom	*Pleurotus salmoneostramineus*	자실체
140	붉은 뽕나무	Red mulberry	*Morus rubra*	열매
141	붉은 토끼풀	Red clover	*Trifolium pratense* L.	어린잎
142	브라질넛	Brazil nut	*Bertholletia excelsa*	견과
143	블래드랙	Bladderwrack	*Fucus vesiculosus*	전체
144	블랙모렐즈	Black Morels	*Morchella elata*	자실체
145	블랙베리	Black berry	*Rubus* spp.	열매, 잎
146	비단그물버섯	–	Suillus luteus	자실체
147	비둘기콩	Red gram, Pigeonpea	*Cajanus cajan* (L.) Millsp.	씨앗
148	비술나무	–	*Ulmus pumila* L.	나무껍질, 잎
149	비자나무	–	*Torreya nucifera* S. et Z.	열매, 씨앗*(비자)
150	비파	–	*Eriobotrya japonica* (Thunb.) Lindl.	열매(씨앗 제외)
151	빅나이	Bignay	*Antidesma bunius*	열매
152	빌베리	Bilberry	*Vaccinium myrtillus*	열매, 잎
153	빵나무	Breadnut, kamansi	*Artocarpus camansi*	열매
154	뽕나무	오디나무	*Morus alba* L.	열매*(상심자), 잎, 어린가지*(상지), 뿌리껍질*(상백피)
155	뽕나무버섯	–	*Armillariella mellea*	자실체
156	뿔나팔버섯	–	*Craterellus cornucopioides*	자실체
157	사사파릴라	Sarsaparilla	*Smilax aspera* L.	어린순
158	사삼	잔대	*Adenophora triphylla* var. *japonica* Hara 또는 기타 동속식물	뿌리*(사삼)
159	사철느타리	Oyster mushroom	*Pleurotus florida*	자실체

	품 목 명	이명 또는 영명	학 명	사용부위(생약명)
160	사철쑥	인진호, 인진	*Artemisia capillaris* Thunberg	지상부*(인진호)
161	사프란		*Crocus sativus* Linné	암술머리*(사프란)
162	사향초	백리향	*Thymus quinquecostatus* Celakovski 또는 기타 동속식물	전초*(사향초)
163	산느타리	Oyster mushroom	*Pleurotus pulmonarius* Qu'el	자실체
164	산돌배나무	–	*Pyrus ussuriensis*	열매
165	산사나무	산사	*Crataegus pinnatifida* Bunge. 과 그 변종	열매*(산사)
166	산수유	–	*Cornus officinalis* Siebold & Zucc.	열매*(산수유)
167	산약	마, 참마	*Dioscorea batatas* Decaisne/ *Dioscorea japonica* Thunberg	뿌리줄기*(산약)
168	생강	건강	*Zingiber officinale* Roscoe	뿌리줄기*(건강)
169	생강나무	–	*Lindera obtusiloba*	어린잎
170	생열귀	–	*Rosa davurica*	열매, 꽃잎, 순
171	서양민들레	Dandelion	*Taraxacum officinale* Wiggers	어린순, 어린잎, 뿌리
172	서양자초	Dill	*Anethum graveolens* L.	열매
173	선인장	–	*Opuntia ficus-indica*	열매, 줄기의 육질
174	섬쑥부쟁이	–	*Aster glehni*	어린순
175	세이지	Sage	*Salvia officinalis* L.	잎
176	소나무	–	*Pinus densiflora Sieb & Zucc./ Pinus sylvestris* L.	꽃가루, 순, 잎, 가지, 줄기
177	소엽	차즈기, 주름소엽	차즈기 *Perilla frutescens* Britton var. acuta Kudo/ 주름소엽 *Perilla frutescens* Britton var. crispa Decaisne	잎 및 끝가지*(자소엽), 씨앗*(자소자)
178	송로버섯	Truffle	*Tuber aestivum (Wulfen) Pers./ Tuber melanosporum Vittad.*	자실체
179	쇠뜨기	–	*Equisetum arvense* L.	잎
180	쇠비름	Purslane	*Portulaca oleracea* L.	어린잎, 순, 어린줄기
181	수국	–	*Hydrangea serrata* Seringe	잎
182	수리취	–	*Synurus deltoides*	어린잎

	품 목 명	이명 또는 영명	학 명	사용부위(생약명)
183	수세미오이	–	*Luffa cylindrica*	어린열매
184	수영	Sorrel	*Rumex acetosa* L.	잎, 뿌리
185	수원그물버섯	–	*Boletus auripes*	자실체
186	숙근초	Shallot	*Allium ascalonicum*	뿌리
187	쉽싸리(택란)	–	*Lycopus lucidus* Turczaininov	지상부*(택란)
188	스타아니스	Staranise, 대회향	*Illicum verum*	열매*(팔각회향), 씨앗
189	스테비아	–	*Stevia rebaudiana*	잎
190	시계꽃	Passion flower	*Passiflora incarnata* L.	열매, 잎
191	시트론	Citron	*Citrus medica*	껍질, 열매
192	실유카	Adam's needle	*Yucca filamentosa/ Yucca smalliana* Fern.	꽃잎
193	쓴박하	Horehound	*Marrubium vulgare*	잎, 꽃
194	아그리모니	Agrimony	*Agrimonia eupatoria* L.	잎, 줄기
195	아니스	Anise	*Pimpinella anisum* L.	열매
196	아단	Screw pine	*Pandanus odoratissimus*	열매
197	아라비안자스민	Arabian Jasmine	*Jasminum sambac/ Jasminum auriculatum*	꽃
198	아로니아	Black chokeberry	*Aronia melanocarpa*	열매
199	아마란트	–	*Amaranthus hypochondriacus/ Amaranthus cruentus/ Amaranthus caudatus/ Amaranthus edulis/ Amaranthus hybridus*	씨앗, 잎
200	아위버섯	–	*Pleurotus ferulae*	자실체
201	아이리쉬 모스	Irish moss	*Chondrus crispus*	전체
202	아티초크	Artichoke	*Cynara scolymus* L.	어린순, 어린잎
203	알로에	노회	*Aloe ferox* Miller/ *Aloe africana* Miller/ *Aloe spicata* Baker의 종	잎에서 얻은 액즙*(노회)
204	애기수영	–	*Rumex acetocella* L.	어린순, 어린잎
205	애기우산나물	–	*Syneilesis aconitifolia*	어린잎
206	애플민트	Apple mint, Round-leave mint	*Mentha rotundifolia*	잎
207	야낭	Yanang	*Tiliacora triandra*	어린잎
208	야마유리	산백합	*Lilium auratum*	뿌리

	품 목 명	이명 또는 영명	학 명	사용부위(생약명)
209	약쑥	애엽	황해쑥 *Artemisia argyi,* 쑥 *Artemisia, princeps* Pamp. var. *orientlis* Hara 또는 산쑥 *Artemisia montana*	어린잎
210	양하	–	*Zingiber mioga*	화서, 어린잎(순)
211	어리병풍	–	*Cacalia pseudo-taimingasa*	어린잎
212	얼룩조릿대	–	*Sasa veitchii*	어린잎
213	엄나무	–	*Kalopanax pictus*	어린잎, 수피
214	엉겅퀴	–	*Cirsium maackii/ Cirsium japonicum*	어린순, 어린잎, 전초*(대계)
215	엘더베리	Elderberry, American elder	*Sambucus nigra, Sambucuscandadensis*	열매(열처리), 꽃
216	여뀌	–	*Persicaria hydropiper* L.	어린순, 어린잎
217	여름느타리	Oyster mushroom	*Pleurotus sajor-caju*	자실체
218	여름양송이	Button mushroom	*Agaricus bitorquis*	자실체
219	여주	–	*Momordica charantia* L.	열매
220	연	–	*Nelumbo nucifera* Gaertner	뿌리(연근), 꽃(연꽃), 잎*(하엽)
221	옐로우볼레투스	Yellow boletus	*Boletus luteus/ Boletus granulatus*	자실체
222	오가피	–	오갈피나무 *Acanthopanax sessiliflorum* Seeman 또는 기타 동속식물	뿌리, 줄기 및 가지의 껍질* (오가피)
223	오레가노	Oregano	*Origanum vulgare* L.	잎
224	오미자		*Schisandra chinensis* Baillon	열매*(오미자)
225	올리브나무	–	*Olea europaea*	잎
226	올방개	–	*Eleocharis Kuroguwai* Ohwi	씨앗, 뿌리
227	왕그물버섯	–	*Leccinum rugosiceps*	자실체
228	왕느릅나무	유백피	*Ulmus macrocarpa* Hance	나무껍질*(유백피)
229	왕둥굴레	–	*Polygonatum involuctatum*	뿌리줄기
230	왕송이	Wangsongi	*Tricholoma giganteum*	자실체
231	용안육		*Dimocarpus longan* Loureiro	헛씨껍질*(용안육)
232	우산나물	–	*Cacalia krameri*	어린잎
233	유채	–	*Brassica campestris* L.	전초
234	유카	Yucca	*Yucca brevifolia/ Yucca schidigera*	뿌리

	품 목 명	이명 또는 영명	학 명	사용부위(생약명)
235	육두구	–	*Myristica fragrans* Houttuyn	씨*(육두구)
236	으아리	–	*Clematis mandshurica*	어린잎
237	은빛쓴맛그물버섯	–	*Tylopilus eximius*	자실체
238	음나무	엄나무	*Kalopanax septemlobus* (Thunb. ex Murray) Koidz. /*Kalopanax pictus* Nakai	어린잎, 수피*(해동피)
239	이스라지나무	–	*Prunus japonica*	열매
240	이질풀	–	*Geranium nepalense*	어린잎
241	인디안 사사파릴라	Indian sarsaparilla, Hemidesmus	*Hemidesmus indicus* (L.) W. T. Aiton	잎
242	인삼	Ginseng, 백삼(白蔘), 홍삼(紅蔘), 야산삼(野山蔘), 별직삼(別直蔘), 귀개, 토정, 신초, 혈삼	*Panax ginseng* C.A.Meyer.	잎
243	일본호손	Japanese Hawthorn	*Crataegus cuneata* Siebold & Zucc.	열매
244	잎새버섯	–	*Grifola frondosa*	자실체
245	자작나무	화목피(樺木皮), Korean Birch	*Betula platyphylla* var. japonica (Miq.) Hara	수액
246	잣나무	–	*Pinus koraiensis* S. et Z.	씨앗, 잎
247	장미	–	*Rosa* spp.	열매, 꽃잎, 순
248	저단선	Prickly Pear, Indian fig, 후미푸사	*Opuntia humifusa/ Opuntia compressa*	열매
249	저령	–	*Dendropolyporus umbellatus* Fries/ *Grifola umbellatus*	균핵
250	전복느타리	Oyster mushroom	*Pleurotus abalonus*	자실체
251	전칠삼	–	*Panax notoginseng*	뿌리*(삼칠)
252	정향나무	–	*Syzygium aromaticum* Merrill et Perry	잎, 꽃봉오리*(정향)
253	제비꽃	–	*Viola mandshurica* W. Becker	어린순, 어린잎
254	제비콩	백편두	*Dolichos lablab* L.	씨앗
255	조직배양삼 (단, 조직배양 방법은 사전검토를 요함)	–	–	–
256	좁쌀풀	–	*Lysimachia vulgaris* L var. *davurica* Led.	어린순, 어린잎

	품 목 명	이명 또는 영명	학 명	사용부위(생약명)
257	주목나무	Japanese yew	*Taxus cuspidata* Siebold & Zucc.	열매(씨앗 제외)
258	죽대	–	*Polygonatum lasianthum*	뿌리줄기
259	줄풀	–	*Zizania latifolia* (Griseb.) Turcz. ex Stapf	어린잎, 줄기, 씨앗
260	중국 마름	Chinese water chestnut	*Eleocharis dulcis*	열매
261	지치	자초, 자근	*Lithospermum erythrorhizon* Siebold et Zuccarini	뿌리*(자근)
262	진달래	–	*Rhododendron mucronulatum* Turcz.	꽃
263	진득찰	희첨	*Siegesbeckia glabrescns* Makino.	어린순, 어린잎
264	진피	귤껍질	*Citrus unshiu* Markovich	껍질
265	짚신나물	–	*Agrimonia pilosa*	어린잎
266	찔레나무	–	*Rosa multiflora*	열매*(영실), 잎, 꽃잎, 순
267	차풀	–	*Cassia mimosoides* var. *nomame* Makino	전체
268	참나래박쥐나물	–	*Cacalia koraiensis*	어린잎
269	참나무	Quercus, Oriental chestnut oak	*Quercus acutissima*	열매
270	참느릅나무	–	*Ulmus parvifolia* Jacq.	나무껍질, 잎
271	참당귀	당귀	*Angelica gigas* Nakai	뿌리*(당귀)
272	참빗살나무	물뿌리나무	*Euonymus sieboldianus*	어린잎
273	참중나무	참죽나무	*Cedrela sinensis* A. Juss.	어린순, 어린잎
274	천마	–	*Gastrodia elata*	뿌리*(천마)
275	첨차	텐차	*Rubus suavissimus* S. Lee	잎
276	청전류	–	*Pterocarya paliurus*	어린잎
277	초석잠	Chinese artichoke	*Stachys sieboldii* Miq.	뿌리
278	층층둥굴레	–	*Polygonatum stenophyllum*	뿌리줄기
279	칡	갈근	*Pueraria lobata* Ohwi	뿌리*(갈근)
280	카사바나나	Cassabanana	*Sicana odorifera*	열매
281	카카두플럼	Kakadu plum	*Terminalia ferdinandiana*	열매
282	카피르 라임	Kaffir lime	*Citrus hystrix*	잎
283	캐러웨이	Caraway	*Carum carvi.* L.	씨앗

	품 목 명	이명 또는 영명	학 명	사용부위(생약명)
284	캐모마일	Chamomile	*Chamomilla recutita/ Matricaria recutita/ Chamaemelum nobile/ Anthemis nobilis*	꽃, 잎
285	캘리포니아 블랙베리	California blackberry	*Rubus macropetalus*	과일
286	케이퍼	Caper	*Capparis spinosa*	순
287	코쿠	Cocu, Koku	*Allophyllus edulis*	잎, 어린줄기
288	퀴노아	Quinoa	*Chenopodium quinoa* Wild.	씨앗
289	큰느타리	King oyster mushroom	*Pleurotus eryngii*	자실체
290	큰전나무버섯	–	*Catathelasma ventricosum*	자실체
291	큰조롱	백수오	*Cynanchum wilfordii* Hemsley	덩이뿌리*(백수오)
292	클레리	Clary	*Salvia sclarea*	잎
293	타마린드	–	*Tamarindus indica*	열매
294	타임	Thyme	*Thymus vulgaris* L.	잎
295	타히보	Taheebo, Pau D'Arco	*Tabebuia avellanedae/ T. impetiginosa*	껍질
296	퉁퉁마디	함초	*Salicornia herbacea* L.	잎, 줄기
297	파라다이스넛	Paradise nut, Sapucaia nut	*Lecythis zabucajo* Aublet	견과
298	파피 씨드	–	*Papaver przemko, Papaver neuga*	씨앗(가열처리 한 것에 한함)
299	팔각향	–	*Cacalia ainsliaeflora*	어린잎
300	팔랑개비국화	Cornflower, 수레국화, 콘플라워	*Centaurea cyanus* L.	꽃잎
301	페르시아 호두나무	–	*Juglans regia*	견과
302	풀버섯	Staw mushiroom	*Volvariella volvacea*	자실체
303	피나무	Linden, Tilia flower	*Tilia* spp.	꽃, 잎
304	필리핀 레몬	Calamansi	*Citrus microcarpa* Bunge	열매
305	필리핀 렌지	Dalandan	*Citrus nobilis* Lour.	열매
306	하수오	–	*Polygonum multiflorum Thunberg*	덩이뿌리*(하수오)
307	한련, 금련	Nasturtium	*Tropaeolum majus* L.	잎, 꽃, 어린순
308	한속단	–	*Phlomis umbrosa* Turcz.	어린잎, 뿌리*(한속단)
309	해당화	–	*Rosa rogosa* Thunberg	열매, 잎, 꽃잎, 꽃봉오리*(매괴화)

	품 목 명	이명 또는 영명	학 명	사용부위(생약명)
310	해바라기	–	*Helianthus annuus* L.	씨앗, 잎
311	향기제비꽃	Sweet violet	*Viola odorata*	어린잎
312	향유	–	*Elsholtzia ciliata* Hylander.	어린순, 어린잎
313	허니부쉬	Honey bush	*Cyclopia intermedia*	잎
314	헛개나무	–	*Hovenia dulcis* Thunberg	열매(지구자), 줄기, 잎
315	형개(荊芥)	–	*Schizonepeta tenuifolia* var. *japonica*	꽃대※(형개)
316	호로파	Fenugreek	*Trigonella foenum-graecum*	열매, 씨앗※(호로파)
317	호리병박	Bottle gourd, calabash, Yuugao, White-flowerd gourd	*Lagenaria siceraria* (Molina) Standl.	열매
318	호손	Hawthorn	*Crataegus monogyna* Thunb.	열매, 순, 잎, 씨앗, 꽃
319	홍화	Safflower	*Carthamus tinctorius*	어린잎
320	화살나무	–	*Euonymus alatus* (Thunb.)	어린잎
321	황금	–	*Scutellaria baicalensis* Georgi	뿌리※(황금)
322	황기	단너삼	*Astragalus membranaceus* Bunge	뿌리※(황기)
323	회향	Fennel	*Foeniculum vulgare* Miller	잎, 줄기, 열매※(회향), 씨앗
324	흑호두나무	Black walnut	*Juglans nigra* L.	견과
325	희렴	희첨	*Siegesbeckia pubescens*, *S. glabrescens*	어린잎
326	흰 서양송로	White Truffles	*Tuber magnatum*	자실체
327	흰목이	White jelly fungi	*Tremella fuciformis* Beck.	자실체
328	히비스커스	Hibiscus	*Hibiscus sabdariffa*	꽃잎
329	히솝	Hyssop	*Hyssopus officinalis* L.	꽃, 잎

상기의 ※ 표시된 품목(건조한 것에 한함)의 납, 비소 등 개별 중금속 허용기준은 「생약등의 잔류·오염물질 기준 및 시험방법」(식품의약품안전처 고시)에 따른다.

2. 동물성

	품 목 명	이명 또는 영명	학 명	사용부위
1	녹신	–	–	전체
2	뉴트리아	–	*Myocastor coypus*	
3	메뚜기	벼메뚜기	*Oxya japonica* Thunberg	
4	백강잠*	–	–	전체
5	식용개구리	–	*Rana catesbeiana/ R. es-culenta/ R. tigrina/ R. limnocharis/ R. cancrivora/ Pseudis paradoxa*	
6	식용누에번데기		*Adansonia digitata* L.	
7	식용달팽이	–	*Helix pomatia / Nesiohelix samarangae / Achatina fulica* (Bowdich) Achatinidae	
8	식용자라	–	*Amyda sinensis*	
9	악어	–		고기
10	오소리	–	*Meles meles*	
11	캥거루	–	*Macropus giganteus*	고기
12	타조	–	*Struthio camelus*	고기
13	하프물범 (단, 하프물범신 제외)	Harp seal	*Phoca groenlandica*	–
14	황소개구리	–	*Rana catesbeiana*	육질

상기의 ※ 표시된 품목은 『대한약전』(식품의약품안전처 고시) 또는 『대한민국약전외한약(생약)규격집』(식품의약품안전처 고시)에 적합하여야 하고, 납, 비소 등 개별 중금속 허용기준은 「생약등의 잔류·오염물질 기준 및 시험방법」(식품의약품안전처 고시)에 따른다.

3. 기타 원료

	품 목 명	이명 또는 영명	학명 또는 특성	사용부위
1	눈꽃동충하초	–	*Paecilomyces japonica/ Paecilomyces tenuipes*	전체
2	밀리타리스 동충하초	–	*Cordyceps militaris*	전체
3	제비집	–	해당사항 없음	–
4	트레할로스	Trehalose	–	–
5	팔라티노스	Palatinose	–	–

〈부록 표 5〉『식품공전』상의 식품에 제한적으로 사용할 수 있는 원료

1. 식물성

	품 목 명	이명 또는 영명	학 명	사용부위 (생약명)	사용조건
1	겨우살이	곡기생	*Viscum album* L. var. *coloratum* Ohwi	잎, 줄기 및 가지*(곡기생)	
2	고본	–	고본 *Angelica tenuissima* Nakai/ 중국고본 *Ligusticum sinense* Oliv./ 요고본 *Ligusticum jeholense* Nakai et Kitagawa	뿌리 및 뿌리줄기* (고본)	
3	광귤나무	–	*Citrus aurantium* L.	열매*(지각)	–
4	구절초	–	*Chrysanthemum zawadskii* Herbich var. *latilobum* (Maxim.) Kitamura	전초*(구절초)	–
5	금불초	선복화	*Inula japonica* Thunberg/ *Inula britannica*	꽃*(선복화)	–
6	노간주나무	노가주, Juniperberry	*Juniperus communis, Juniperus rigida*	열매	–
7	노루귀	–	*Hepatica asiatica* Nakai.	뿌리	–
8	단삼	–	*Salvia miltiorrhiza Bunge*	뿌리*(단삼)	–
9	달개비	–	*Commelina communis* L.	전초	–
10	독활	땅두릅, 땃두릅	*Aralia cordata*/Aralia *continentalis* Kitagawa	뿌리*(독활)	–
11	마가목	–	*Sorbus commixta*	나무껍질	–
12	마카	Maca	*Lepidium meyenii*	뿌리	–
13	만삼	당삼	*Codonopsis pilosula* Nannfeldt.	뿌리*(당삼)	–
14	말굽버섯	–	*Fomes fomentarius*	자실체	–
15	맥문동	–	*Liriope platyphylla* Wang et Tang.	뿌리*(맥문동)	–
16	배초향	곽향	*Agastache rugosa* O. Kuntze	지상부*(곽향)	–
17	버드나무	Willow	*Salix koreansis*	가지, 가지껍질	–
18	보스웰리아	Boswellia, Indian frankincense	*Boswellia serrata*	검레진(gum resin)	–
19	복령	–	*Poria cocos* Wolf	균핵* (복령, 복신)	–
20	봉출	–	*Curcuma zedoaria* Roscoe	뿌리줄기*(아출)	–

	품목명	이명 또는 영명	학명	사용부위 (생약명)	사용조건
21	붉은 토끼풀	Red clover	*Trifolium pratense*	꽃	–
22	비파	–	*Eriobotrya japonica*	잎*(비파엽)	–
23	사상자	–	*Torilis japonica* Decandolle	열매*(사상자)	–
24	사인	–	*Amomum xanthioides* Wallich	씨*(사인)	–
25	산조인	–	*Zizyphus vulgaris* Lamarck/ *Zizyphus jujuba*	산대추 씨*(산조인)	–
26	삼백초	–	*Saururus chinensis* Baill.	지상부	–
27	삽주(백출)	–	*Atractylodes japonica* Koidzumi	주피를 제거한 뿌리줄기*(백출)	–
28	삽주(창출)	–	*Atractylodes lancea*	뿌리줄기*(창출)	–
29	서양산사자	Hawthon berry	*Crataegus oxycantha*	열매	–
30	석창포	–	*Acorus gramineus* Soland.	뿌리줄기* (석창포)	–
31	쇠무릅	우슬, 쇠무릎풀	*Achyranthes japonica* Nakai	뿌리*(우슬)	–
32	아마	–	*Linum usitatissimum*	씨(효소불활성화 등을 위해 열처리한 씨에 한한다)	일일 섭취량이 16g을 초과하지 않고 1회 섭취량은 4g을 초과하지 않아야 한다.
33	야로	Yarrow	*Achillea millefolium* L.	잎	–
34	약모밀	어성초	*Houttuynia cordata* Thune.	전초*(어성초)	–
35	연	연자육	*Nelumbo nucifera* Gaertner	씨앗*(연자육)	–
36	오리나무	–	*Alnus japonica* (Thunb.) Steudel	수피, 잎	–
37	옥수수(수염)	–	*Zea mays* L.	암술대* (옥촉서예)	–
38	울금	강황, 심황	*Curcuma domestica/ Curcuma longa/ Curcuma aromatica*	뿌리줄기	–
39	원지	–	*Polygala tenuifolia* Willdenow	뿌리*(원지)	–
40	은행나무	Ginko	*Ginko biloba* L.	잎*(은행엽)	침출차의 원료로만 사용
41	익모초	육모초	*Leonurus sibiricus* L.	지상부*(익모초)	–
42	익지인	익지의 열매	*Alpinia oxyphylla miquel*	열매*(익지)	–
43	인동	금은화	*Lonicera japonica* Thunberg.	꽃봉오리* (금은화), 잎 및 줄기*(인동)	–

	품 목 명	이명 또는 영명	학 명	사용부위 (생약명)	사용조건
44	자바투메릭	Java(nese) turmeric, Tumulawak, Temu lawak	*Curcuma xanthorriza* L.	뿌리	–
45	작약	백작약, 참작약, Paeny Root	*Paeonia albiflora* Pallas var. *trichocarpa* Bunge, Paeonia japonica var. pilosa Nakai 또는 동속근연식물	뿌리※(작약)	–
46	적작약	Paeoniae Radix Rubra	*Paeonia obovata* Maximowicz, *Paeonia albiflora* var. *hortensis* Makino 또는 동속근연식물	뿌리	–
47	죽력	솜대	*Phllostachys nigra* Munro var. *henosis* Stapf	마다줄기를 태울 때 유출되는 즙액※(죽력)	주류의 원료로만 사용
48	쥐오줌풀	Valerian Root	*Valerian offcinails* L.	뿌리※(길초근)	–
49	지황	–	*Rehmannia glutinosa* Liboschitz	뿌리※(지황, 생지황), 포제가공한 뿌리※(숙지황)	–
50	진흙버섯	–	*Phellinus linteus/ Phellinus baumii*	자실체	–
51	차가버섯	검은자작나무 버섯	*Fuscoporia obliqua/ Inonotus obliquus*	자실체	–
52	천궁	–	*Cnidium officinale* Makino	뿌리줄기※(천궁)	–
53	천문동	–	*Asparagus cochinchinensis*	덩이뿌리※ (천문동)	–
54	측백나무	측백엽	*Biota orientalis* Endlicher	잎※(측백엽)	–
55	치자나무	–	*Gardenia jasminoides* Ellis	열매※(치자)	–
56	칡	갈화	*Pueraria lobata* Ohwi	꽃봉오리※(갈화)	–
57	침향나무	침향	*Aquilaria agallocha* Roxburgh	수지가 침착된 수간목※(침향)	
58	토사자	–	*Cuscuta chinensis* Lamark	씨앗※(토사자)	–
59	필발	Long pepper	*Piper longum*	열매※(필발)	–
60	향기제비꽃	Sweet violet	*Viola odorata*	꽃	–
61	황칠나무	–	*Textoria morbifera*	잎, 줄기, 뿌리	–
62	회화나무	괴각	*Sophora japonica* Linné	열매※(괴각)	

상기의 ※ 표시된 품목(생지황을 제외한 품목의 경우 건조한 것에 한함)의 납, 비소 등 개별 중금속 허용기준은 「생약등의 잔류・오염물질 기준 및 시험방법」(식품의약품안전처 고시)에 따른다.

2. 동물성

	품 목 명	이명 또는 영명	학 명	사용부위	사용조건
1	구판	귀갑	*Geoclemys reevesii Gray*	남생이복갑	–
2	녹각※	–	*Cervus nippon* T./ *Cervus elaphus* L./ *Cervus canadensis* E.	골질화된 뿔	–
3	녹용※	–	*Cervus nippon* T./ *Cervus elaphus* L./ *Cervus canadensis* E.	골질화되지 않았거나 약간 골질화된 어린뿔	–

상기의 ※ 표시된 품목은 『대한약전』(식품의약품안전처 고시) 또는 『대한민국약전외한약(생약)규격집』(식품의약품안전처 고시)에 적합하여야 하고, 납, 비소 등 개별 중금속 허용기준은 「생약등의 잔류・오염물질 기준 및 시험방법」(식품의약품안전처 고시)에 따른다.

3. 기타 원료

	품 목 명	이명 또는 영명	학명 또는 특성	사 용 부 위	사 용 조 건
1	락툴로즈	Lactulose		–	–
2	*N*–아세틸 글루코사민	*N*-Acetylglucosamine			제품의 kg당 2g 이하를 사용할 수 있으나, 1일 섭취량이 1g을 초과하지 않도록 사용해야 한다.
3	식물스테롤※	Plant sterol			제품의 kg당 6.5g 이하를 사용할 수 있으나, 1일 섭취량이 3g을 초과하지 않도록 사용해야 한다.
4	식물스테롤 에스테르※	Plant sterol ester			제품의 kg당 6.5g 이하를 사용할 수 있으나, 1일 섭취량이 3g을 초과하지 않도록 사용해야 한다.
5	식물스타놀 에스테르※	Plant stanol ester			제품의 kg당 6.5g 이하를 사용할 수 있으나, 1일 섭취량이 3g을 초과하지 않도록 사용해야 한다.

상기의 ※ 표시된 품목은 2개 이상을 같이 사용할 경우 그 합이 사용조건에 적합해야 함

한글 용어해설

간염(hepatitis) ; 간의 염증에 대한 일반적인 용어이다. 이것은 감염이나 독소에 대한 노출로 초래될 수 있다.

간의(hepatic) ; 간에 속하는 것

감염(infection) ; 바이러스, 원생동물(protozoa), 진균 또는 세균과 같은 병원성 미생물에 의해 인체 조직이 침범된 것

결장 내시경(colonoscope) ; 대장을 검사하기 위한 장비이다.

경련(convulsion) ; 비정상적인 뇌의 자극으로 초래되는 강력하고 억제할 수 없는 수의근의 수축을 특징으로 하는 발작이다.

고밀도 지방단백 콜레스테롤(HDL 콜레스테롤) ; 이것의 고농도는 정상적으로 심장질환 위험성을 낮게 하기 때문에 일반적으로 좋은 "콜레스테롤"이라고 하는 지방단백질(혈류에서 콜레스테롤을 운반하는 단백질 분자)의 한 종류이다.

고창(flatulence) ; 위 또는 기타의 소화기관에 과도한 가스가 있는 것

고칼슘 혈증(hypercalcemia) ; 혈액 중에 비정상적으로 많은 양의 칼슘이 존재하는 것이다.

고혈압(hypertension, high blood pressure) ; 일반적으로 고혈압은 정규적인 휴식 혈압이 130/85를 넘는 것으로 정의된다.

골다공증(osteoporosis) ; 무기질이 뼈에서 녹아 나와서 뼈를 점진적으로 더욱 구멍이 많아지고 취약하게 하는 장애이다.

공복시 혈당(fasting blood sugar, FBS) ; 마지막 식사 후 적어도 8시간 후에 채취한 혈액 시료 중에 존재하는 포도당의 농도이다.

관해(remission, 완화, 차도) ; 질병의 징후와 증상의 경감 또는 반전이다. 이 용어는 암 또는 다발성 경화증과 같은 심각하고 또는 만성적인 질병에 대해서 특히 사용한다.

구연산(citric acid) ; 감귤류 과일에서 발견되는 유기산이다. 화장품을 피부의 자연적인 pH와 가깝게 하기 위하고 pH를 낮추기 위해서 자주 사용한다.

국소적인(topical) ; 몸의 표면에 속하는 것이다.

국제단위(international unit, IU) ; 국제적인 기준으로 승인받은 것에 근거하는 효능의 측정단위이다. 다른 것들 중에서도 비타민 A와 E의 복용량은 보통 국제단위로 나타낸다. 이것은 중량 또는 체적이 아닌 효능의 측정 단위이기 때문에 측정하려는 물질에 따라서 국제단위에 대한 mg의 수는 달라진다.

글로불린(globulin) ; 혈액에서 발견되는 단백질의 일종이다. 어떤 글로불린은 질병을 억제하는 항체를 함유한다.

글루텐(gluten) ; 밀, 호밀, 보리와 구리를 함유하는 여러 가지 곡식에서 발견되는 단백질이다.

글리코겐(glycogen) ; 근본적으로 간과 근육에서 보관되는 포도당의 주된 형태인 다당류(polysaccharide, 복합탄수화물, complex carbohydrate)이다. 이것은 에너지를 공급하기 위해서 필요에 따라서 포도당으로 다시 전환된다. 당원이라고도 한다.

금단현상(withdrawal) ; 몸이 섭취하도록 습관화된 습관을 형성하는 물질의 사용을 중단할 때 발생하는 조정과정이다.

급성질환(acute illness) ; 급속하게 발병하고 비교적 심각한 증상을 초래하지만 제한된 기간이 지나면 낫는 질환이다.

기관지(bronchi) ; 폐로 이어지는 기관(공기 파이프)의 두 개의 주된 가지이다.

기생충(parasite) ; 다른 유기체에서 또는 그 속에서 살고 이것으로부터 자양분을 얻는 생물이다.

기형 발생원(teratogen) ; 발육하는 태아 또는(임신 3개월 후의) 태아의 기형을 초래하는 물질이다.

내분비계(endocrine system) ; 혈류로 호르몬을 분비하는 선의 시스템이다. 내분비선으로는 뇌하수체, 갑상선, 흉선 및 부신과 함께 췌장, 난소와 고환이 있다.

내시경(endoscope) ; 관과 같이 속이 빈 기관(장, 기관지 등)의 내부를 검사하기 위한 장치이다.

냉압착한(cold-pressed) ; 영양소와 맛을 보존하기 위해 열을 가하지 않고(43.3℃ 이하) 추출한 식용유를 설명하기 위해서 쓰는 용어이다.

뇌전도(electroencephalogram, EEg, 뇌파도) ; 뇌파활동을 측정하기 위해서 사용하는 한 검사이다.

뇌졸중(stroke) ; 차단되는 혈류의 결과로 뇌에서 갑자기 산소가 고갈되는 발작이다. 만일 이것이 몇 분보다 더 오래 계속되면 뇌의 손상과 사망까지도 초래할 수 있다.

뇌하수체(pituitary) ; 수많은 다른 호르몬을 분비하는 뇌의 기반부에 위치하는 선이다. 뇌하수체 호르몬들은 다른 내분비선의 작용과 협동해서 성장과 대사를 조절한다.

단백질(protein) ; 아미노산의 다른 조합으로 만들어지는 여러 가지 복잡한 질소를 기본으로 하는 유기화합물 모두를 말한다. 단백질은 모든 동물과 식물조직의 기본적인 요소이다. 호르몬 및 효소와 같은 생물학적인 물질들도 역시 단백질로 구성된다. 몸은 성장, 재생과 다른 기능을 위해서 몸이 필요로 하는 특정한 단백질을 식이단백질로부터 추출한 아미노산 또는 다른 아미노산으로부터 만든 아미노산으로부터 만든다.

단백질 가수분해효소(proteolytic enzyme) ; 정상적인 몸의 세포를 구성하는 단백질을 공격하지 않고 식이단백질을 분해하는 효소이다. 단백질 가수분해효소는 암과 기타 질병의 억제에 귀중할 수 있다. 암세포는 한 종류의 단백질막(coating)을 갖는데 이론적으로는 이 막을 단백질 가수분해효소가 파괴하면 백혈구가 암세포를 공격해서 그들을 파괴할 수 있다.

단순 탄수화물(simple carbohydrate) ; 화학적인 구조로 인해 빠르게 소화되고 혈류로 흡수되는 탄수화물의 한 종류이다. 포도당, 유당과 과당이 단순 탄수화물의 예이다.

담마진(urticaria) ; 두드러기(hive)이다.

담즙(bile) ; 간에 의해서 지방을 소화하기 위해서 장으로 분비되는 쓰고 노란색의 물질이다.

당원(glycogen) ; 근본적으로 간과 근육에서 보관되는 포도당의 주된 형태인 다당류(polysaccharide, 복합탄수화물, complex carbohydrate)이다. 이것은 에너지를 공급하기 위해서 필요에 따라서 포도당으로 다시 전환된다.

대뇌의(cerebral) ; 뇌에 속하는 것

대사(metabolism) ; 세포 에너지의 생산, 중요한 생물학적인 물질의 합성과 여러 가지 화합물의 분해를 포함하는 생명의 유지를 위해서 필요한 물리적 및 화학적인 과정이다.

대사산물(metabolite) ; 대사과정의 결과로 생산되는 물질이다.

대식세포(macrophage) ; 외래물질과 몸 안에 있는 세포 부스러기들을 둘러싸고 소화하는 면역세포의 한 종류이다.

대체요법(alternative therapy) ; 정통 의학, 정통 약물학 및 정통 수술기법 이외의 방법에 의한 질병의 처치법이다.

도샤(dosha) ; 아유르베다(Ayurveda) 의학에서 치명적인 에너지의 3가지 종류 중의 어느 것이다. 건강을 결정하는 것은 도샤들 사이의 균형이다.

독물(venom) ; 어떤 뱀 및 곤충들과 같은 동물에 의해서 생산되는 독성물질인 독이다.

독성(toxicity) ; 독성의 특성으로 인체 내에서의 독성반응은 몸의 기능을 손상하고 또는 세포를 손상한다.

독소(toxin) ; 몸의 건강과 기능을 손상하는 독이다.

동맥(artery) ; 혈액이 심장으로부터 몸의 모든 기관, 선과 기타의 조직으로 그것을 통해서 펌핑되는 혈관이다.

동맥경화(arteriosclerosis) ; 순환을 방해하는 대동맥 및 중간크기의 동맥벽이 두꺼워지고 뻣뻣하게 되는 것을 특징으로 하는 순환기의 장애이다.

동종요법(homeopathy) ; "같은 것이 같은 것을 치료한다." 즉 질병은 건강한 사람이 복용하면 처치하려는 것과 같은 증상을 발생하게 하는 물질을 소량을 복용함으로써 치료할 수 있다는 믿음을 기본으로 하는 의학체계이다. 동종요법은 몸의 자연적인 치유력을 자극하고 몸을 균형 상태로 되돌리기 위해서 극소량의 여러 가지 식물, 동물 및 광물물질들을 사용한다.

동화 화합물(anabolic compound) ; 대사 반응의 건설적 단계에서 단순한 영양물질이 살아있는 조직의 부분인 복합물질로 전환되도록 하는 물질이다.

디 엔 에이(DNA) ; 디옥시리보핵산(deoxyribonucleic acid)이다. 유전적으로 세포의 유전적인 청사진을 함유하고 세포가 전개할 생명형태의 종류를 결정하는 세포핵에 있는 물질이다.

디티올티온(dithiolthione) ; 어떤 종류의 암에 대한 보호를 돕는 효소의 농도를 상승하는 브로콜리에 들어있는 식물생리활성 물질이다.

뜸질 또는 소작(cauterization) ; 출혈을 중단시키기 위해서 터진 혈관에 대해서 레이저빔(laser beam)인 전류나 또는 질산은과 같은 화학물질을 직접 사용하는 기법이다.

락테이스(lactase) ; 유당을 포도당과 갈락토오스로 전환하는 효소이다. 이것은 우유와 우유제품의 소화에 필요하다.

레시틴(lecithin) ; 지방산, 글리세롤(일반 명칭 : 글리세린), 인 및 콜린과 이노시톨로 구성되는 인지질의 혼합물이다. 모든 살아있는 세포막은 크게 레시틴으로 구성된다.

레이저(laser) ; 방사선의 자극된 방사에 의한 빛의 증폭이다. 크게 증폭한 광파를 집중하는 기구이다. 레이저는 수술과정 특히 눈의 수술에 사용된다.

레틴산(retinoic acid) ; 비타민 A산이다. 레티노산의 한 형태가 약품인 레틴 A의 활성성분이다.

루테인(lutein) ; 케일, 시금치와 기타의 진한 녹색잎 채소에 들어있는 눈에 유익한 식물생리활성 물질(카로텐류의 하나)이다. 이것은 근육 퇴화에 대한 보호를 도울 수 있다.

리모노이드(limonoid) ; 암성 종양의 발생을 억제할 수 있는 감귤류 과일에서 발견되는 식물생리활성 물질이다.

리보핵산(ribonucleic acid, RNA) ; 식물과 동물세포에서 발견되는 복잡한 단백질이다. RNA는 세포핵에 있는 DNA로부터의 코드화한 유전정보를 이들 지시가 모든 살아있는 조직의 기본적인 구성요소인 단백질 분자의 형태로 번역되는 리보솜(ribosome)이라고 하는 단백질을 만드는 세포구조로 운반한다.

라이코펜(lycopene) ; 전립선암에 대해서 보호할 수 있고 피부를 자외선으로부터의 피해에 대해서 보호하는 것으로 보이는 토마토에 들어있는 식물생리활성 물질이다.

림포카인(lymphokine) ; 항원에 노출될 때 면역계의 세포들에 의해서 생산되는 물질의 집단의 모든 것을 림포카인이라고 한다. 이들은 항체가 아니고 추가의 림프구의 생산을 자극하고 다른 면역세포들을 활성화하는 것과 같은 기능을 수행한다.

림프구(lymphocyte) ; 림프액, 혈액과 골수 및 편도선과 같은 기타의 전문화된 조직에 있는 백혈구의 한 종류이다. B-림프구, T-림프구와 특징 없는(또는 비B, 비T)림프구라고 하는 몇 가지 다른 부류의 림프구가 있다. 이들 세포들은 면역계의 결정적인 구성 요소이다. B-림프구는 근본적으로 항체생산을 책임지고 있고 T-림프구는 침입하는 유기체를 직접 공격한다. 에이즈를 초래하는 인체 면역결핍 바이러스(HIV)에 의해서 먼저 감염되고 손상되는 것은 T-림프구의 특수형인 T-헬퍼세포(T-helper cell)이다.

림프액(lymph) ; 몸을 통해서 순환하고 조직으로 모여서 림프관을 통해서 흐르고 결국 혈류로 되돌아가는 혈청으로부터 유도되는 맑은 액체이다.

림프절(lymph nodes) ; 필터로 작용해서 외래물질을 잡아서 제거하는 림프관에 위치하는 기관이다. 이들은 또한 특정한 이물질을 찾아내서 파괴할 수 있는 능력을 발생하는 면역세포인 림프구를 형성한다.

림프절 병증(lymphadenopathy) ; 외래물질 또는 질병이 존재하는 결과로 발생하는 림프절의 비대이다. 이 상태는 흔히 "종창선(腺)"이라고 불린다.

림프종(lymphoma) ; 림프조직의 암이다.

마이크로그램(microgram, mcg 또는 μg) ; 마이크로그램의 약자로서 mcg 또는 μg을 쓴다. 1/1,000밀리그램에 상당하는 중량의 측정단위, 즉 1,000,000분의 1g이다. micron이다.

마취제(anesthetic) ; 감각을 잃게 하는 것 또는 감각 특히 통증을 느낄 수 있는 감각을 잃게 하는 물질이다.

만성질환(chronic illness) ; 장기간 동안 흔히 일생동안 낫지 않거나 또는 재발하는 장애이다. 만성질병은 고초열처럼 비교적 양성이거나 다발성 경화증처럼 중증일 수 있다.

맥연(infestation) ; 곤충, 연충 또는 원생동물과 같은 기생물(충)에 의한 몸의 침범이다.

맥관(vascular) ; 순환계에 속하는 것이다. 혈관이다.

면역(immunity) ; 질병 또는 감염에 저항하고 이겨낼 수 있는 것의 상태이다.

면역결핍증(immunodeficiency) ; 면역계의 기능에 있어서의 결함이다. 이것은 유전할 수도 있고 후천성일 수도 있고 역전(치료)될 수도 있고 영구적일 수도 있다. 면역결핍은 몸이 모든 종류의 질병 특히 감염성의 질병에 더욱 민감하게 한다.

면역계(immune system) ; 여러 가지 다른 기관, 세포와 단백질의 상호작용에 달려 있는 복합적인 시스템이다. 이것의 주된 기능은 몸을 침범하는 해로운 세균과 같은 외래물질을 확인하고 제거하는 것이다. 간, 비장, 흉선, 골수와 림프계는 모두 면역계의 적절한 기능에서 치명적인 역할을 한다.

면역글로불린(immune globulin) ; 몸의 면역반응에서 항체로 기능하는 단백질이다. 면역글로불린은 어떤 백혈구에 의해서 만들어지고 체액과 점막에서 발견된다.

면역요법(immunotherapy) ; 면역계를 자극하거나 강화하기 위한 기법을 사용해서 질병을 처치하는 방법이다.

면역학(immunology) ; 면역계의 기능을 다루는 의과학의 한 지파이다.

모노테르펜(monoterpene) ; 항산화제로 작용하고 면역계의 보호를 돕는 감귤류 과일, 가지, 녹색채소, 토마토와 얌(yam)에 들어있는 식물생리활성 물질이다.

모발분석(hair analysis) ; 모발 속에 있는 무기질들의 농도를 측정함으로써 몸에 있는 독성 금속과 필수적인 무기질을 모두 함유하는 무기질의 농도를 알아내는 한 가지 방법이다. 혈액 중의 무기질 농도와 달리 모발 속의 무기질 농도는 그 사람의 몇 개월 전까지의 모발 속의 무기질 농도의 상태를 반영한다.

모세혈관(capillaries) ; 혈류와 몸의 세포 사이에서 영양소와 폐기물을 교환하도록 하는 작은 혈관(그들 벽은 대개 세포 한 개의 두께)이다.

미량원소(trace element) ; 몸에 의해서 극히 소량으로 필요한 무기질이다.

밀리그램(milligram, mg) ; 1/1,000그램에 상당하는 중량의 측정단위(1g은 약 1/28온스)이다.

바이러스(virus) ; 단백질 피막과 DNA 또는 RNA의 중심부로 구성되는 작고 흔히 질병을 초래하는 거대한 집단의 모든 것이다. 그들은 스스로 증식할 수 없으므로(그들은 감염된 숙주의 세포 내부에서 증식해야 한다) 바이러스는 전문적으로는 살아있는 미생물로 생각하지 않는다. 세균과 달리 바이러스는 항생제에 의해서 영향을 받지 않는다.

바이오 플라보노이드(bioflavonoid) ; 생물학적으로 활성인 플라본류의 어느 한 집단이다. 그들은 비타민 C의 안정과 흡수에 대해서 필수적이다. 그들은 전문적으로는 비타민이 아니지만 한때 비타민 P라고 불렀다.

바이오 피드 백(biofeedback, 생체 되먹임) ; 생체 자기조절이다. 심장박동 또는 체온과 같은 보통 무의식적인 몸의 공정을 의식적으로 되게 해서 그 사람이 그들을 어떤 방법으로 제어할 수 있게 하고, 그렇게 해서 급성 등의 통증, 편두통과 레이노드 병을 포함하는 여러 가지 장애의 작용을 관리하는 것을 배우도록 그 사람을 돕는 기법이다.

발암물질(carcinogen) ; 세포 또는 조직에서 암적인 변화를 유발할 수 있는 제제(물질)이다.

발작(seizure) ; 의식, 지각, 근육운동 및 행동의 변화를 특징으로 하는 갑작스럽고 분명한 에피소드이다. 경련은 발작의 한 종류이다.

방광경(cystoscope) ; 방광검사를 위해서 사용하는 기구이다.

방사선(radiation) ; 파동(wave)의 형태로 방사 또는 전달되는 에너지이다. 이 용어는 방사능을 언급하기 위해서 자주 사용되지만 방사능은 불안정한 원자가 붕괴될 때 나오는 특정한 종류의 방사선이다.

방사선 면역분석법(radioallergosorbent test, RAST) ; 알레르기 반응에 대한 검사를 위해서 사용하는 몸의 면역계에 의해서 생산되는 특정한 항체(IgE)의 농도를 측정하는 혈액검사이다.

방사선 요법(radiation therapy) ; 암에 대해서 가장 많이 사용되고 조직의 특정한 부분을 파괴하기 위해서 X선, 라듐 또는 기타의 방사능 물질을 포함하는 이온화하는 방사선을 사용이 포함되는 처치의 한 종류이다. 방사선 요법(radio-therapy)이라고도 한다.

방향감각 상실(disorientation, 지남력 상실) ; 자신의 주위의 정상적인 관계 위치와 시간, 사람들과 장소를 이해하는 능력인 인지의 상실이다.

백신(vaccine) ; 몸이 그 병원체에 대한 항체를 만들도록 유발해서 특정한 병원체에 대한 면역을 얻으려고 투여하는 조제품이다. 백신은 살아있거나 또는 죽은 미생물의 현탁액이거나 또는 알레르기 항원 또는 바이러스나 세균의 항원 용액일 수 있다.

백혈구(white blood cell) ; 감염을 억제하고 상처를 재생하는 기능을 하는 혈액세포이다.

백혈병(leukemia) ; 너무 많은 백혈구를 초래하는 혈액 생성 조직, 특히 골수와 림프절의 암이다. 이것은 급성(어린이에게 가장 많다)일 수도 있고 만성(어른에게서 가장 많다)일 수도 있다. 이것은 어떤 국면은 호지킨병과 비슷하다.

번연계(limbic system) ; 다른 것들 중에서 통증의 인식을 뇌로 전달하고 이것에 대한 감정적인 반응을 발생하는 심부 뇌 구조물의 한 집단이다.

베타-카로틴(beta-carotene) ; 몸이 비타민 A를 만들기 위해서 사용하는 물질이다.

병원체(pathogen) ; 질병을 초래할 수 있는 독소 또는 작은 미생물이다.

복합 탄수화물(complex carbohydrate) ; 화학적인 구조에 따라서 그의 당을 체내에서 비교적 서서히 방출하고 또한 섬유질을 제공하는 탄수화물의 한 종류이다. 전분과 섬유질에 있는 탄수화물은 복합 탄수화물이다. 이것을 다당류

(polysaccharide)라고도 한다.

부신(adrenal gland) ; 신장 위에 자리 잡고 있는 한 쌍의 선이다. 부신은 그 중에서도 특히 스트레스 호르몬인 에피네프린(epinephrine, adrenaline)과 코르티솔 등을 분비하는 선이다.

부정맥(arrhythmia, cardiac arrhythmia) ; 비정상적인 심장박동 또는 심장리듬을 말한다.

부종(edema) ; 액체가 조직에 저류해서 붓는 것이다.

부질(글루텐, gluten) ; 밀, 호밀, 보리 및 구리를 함유하는 여러 가지 곡식에서 발견되는 단백질이다.

불내성(intolerance) ; 영양적으로 보통 어떤 효소의 부족 또는 결핍에 따라서 특정한 식품을 소화할 수 없는 것이다.

불면증(insomnia) ; 잠을 잘 수 없는 것이다.

불포화 지방(unsaturated fat) ; 실내 온도에서 액체인 많은 식이지방의 모든 것이다. 불포화 지방은 식물 공급원으로부터 나오고 필수지방산의 좋은 공급원이다. 그의 예로는 아마인유, 해바라기 종자유, 홍화 종자유와 달맞이꽃(evening primrose) 종자유가 있다.

비타민(vitamin) ; 소량으로 생명과 건강을 위해서 필수적인 약 15종의 유기물질 중의 하나이다. 대부분의 비타민은 몸에 의해서 만들 수 없고 따라서 식이에서 공급해야 한다.

B형 개성(type B personality) ; 평온하고 참고 스트레스에 덜 반응하는 경향이 있는 개성이다. B형 개성을 갖는 사람들은 고혈압과 심장질환과 같은 스트레스와 관련되는 질병을 발생하는 경향이 적을 수 있다.

빈혈(anemia) ; 혈액의 인체조직으로의 산소운반 능력이 부족한 것이다.

사타구니, 서혜부의(inguinal) ; 사타구니(groin)에 관한 것이다.

산(acid) ; 어떤 기본적인 화학적 특성을 함께 갖는 화합물의 부류에 속하는 것이다. 산은 낮은 pH값을 갖고 보통 신맛을 갖고 있으며 그들의 순수한 형태의 것은 대개 부식성이 있다. 이들은 유기 또는 무기 화합물 중 하나일 수 있다. 식물조직(특히 과일)에서 발견되는 산은 액체의 분비를 방지하고 조직을 수축한다.

산증(acidosis) ; 체액의 지나친 산성도를 특징으로 하는 한 상태이다.

산통(colic) ; 어떤 기관 또는 구조물 특히 장, 자궁 또는 담즙관의 연축 또는 폐색으로 초래되는 날카로운 급성 복통이다.

산화작용(oxidation) ; 산소가 다른 물질과 작용해서 화학적인 변질을 초래하는 화학반응이다. 많은 산화반응은 어떤 종류의 퇴화 또는 손상을 초래한다.

상승작용(synergy) ; 두 가지 이상의 물질이 함께 작용할 때 그들 각각의 작용을 더한 것보다 더 큰 작용을 하는 그 물질들 사이의 상호작용이다.

상호작용(interaction) ; 두 가지 이상의 물질들이 한 가지가 다른 것의 작용에 영향을 주거나 그들 중 어느 것이 그 자체로 갖고 있는 것과 다른 작용을 발생하도록 조합될 때 발생하는 현상이다. 몸에 들어오는 어떤 물질은 이미 몸속에 존재하는 다른 물질(들)과 잠재적으로 상호작용 할 수 있다. 약품, 식품, 약초, 무기질 및 비타민은 모두 다른 것과 상호작용 할 수 있다.

색전(embolus) ; 혈류를 통해서 이동하고, 혈관의 좁은 부분에서 걸려 막히면 혈류를 차단할 수 있는 떨어진 조직의 입자, 응혈 또는 작은 공기거품을 말한다.

생검(biopsy) ; 진단을 위한 살아있는 것(생체)으로부터의 조직의 절제이다.

선(gland, 腺) ; 그 자신의 기능을 위해서 보다 몸의 어떤 딴 곳에서 사용하기 위한 물질을 분비하는 기관 또는 조직이다.

선천적인(congenital) ; 출생 시부터 존재하는 것이지만 반드시 유전적인 것만은 아닌 것이다.

설하제(sublingual) ; 문자 그대로 “혀 밑에”이다. 설하제의 약과 보충제는 대개 삼킬 수 있는 정제나 액제와 같아 보이지만 이들은 활성성분이 점막을 통해서 혈류로 흡수될 때까지 혀 밑에 두도록 설계된다.

섬유질(fiber) ; 식물물질의 소화할 수 없는 부분이다. 섬유질은 이것이 독소와 결합해서 그들을 몸 밖으로 제거할 수 있기 때문에 건강한 식이의 중요한 구성요소이다.

섬유소(cellulose) ; 과일과 채소의 외부 층에서 발견되는 소화되지 않는 탄수화물이다.

세균(bacteria) ; 단세포 미생물이다. 어떤 세균은 질병을 초래할 수 있고 다른(유익한) 세균은 정상적으로 몸에 존재하고 소화를 돕고 몸을 해로운 외래 침입 미생물로부터 보호하는 것과 같은 유익한 기능을 수행한다.

세로토닌(serotonin) ; 이완, 수면과 집중을 위해서 필수적인 것으로 생각되는 주로 뇌에서 발견되는 신경전달 물질이다.

세포(cell) ; 세포핵, 세포질과 세포막으로 구성되는 아주 작지만 복잡한 유기물 단위체이다. 모든 살아있는 조직은 세포로 구성된다.

소브산(sorbic acid) ; 식품 보존료로 사용되는 한 유기산이다.

소양증(pruritus) ; 가려움(itching)이다.

소작 또는 뜸질(cauterization) ; 출혈을 중단시키기 위해서 터진 혈관에 대해서 레이저빔(laser beam)인 전류나 또는 질산은과 같은 화합물을 직접 사용하는 기법이다.

수소 이온농도(pH, potential of hydrogen) ; 물질의 상대적인 산성 또는 알칼리성을 측정하기 우해서 사용하는 척도이다. 이 척도에는 0부터 14까지가 있다. 7의 pH는 중성이라고 생각하고 7미만의 수치는 산성이 증가하는 것을 나타내고 7을 넘는 수치는 알칼리성이 증가하는 것을 나타낸다.

수소화(hydrogenation) ; 액체 오일의 분자를 수소원자로 충격을 가함으로써 액체 오일을 더욱 굳은 형태로 전환하기 위해서 사용하는 화학적인 공정이다. 수소화(첨가)는 그 오일의 영양가를 파괴하고, 또한 잠재적으로 시스(cis) 및 트랜스(trans) 지방산의 형성을 초래해서 지방산 분자를 자연에서 발생하지 않는 분자로 이상하게 바꾼다.

수용성(water soluble) ; 물에 녹을 수 있는 것이다.

숙주(host) ; 그 안 또는 위에서 다른 유기체가 살고 그것에서 침입한 유기체가 자양분을 얻는 유기체이다.

순응인자(adaptogen) ; 몸에서 적절한 조정을 하게 하는 보통 약초인 물질을 가리키는 용어이다. 순응인자중 일부로 마늘, 생강, 에키나시아, 은행(ginkgo), 골든실, 포다코가 있다.

스테로이드(steroid) ; 특징적인 화학적인 구성으로 된 지용성 유기화합물의 집단 중 하나이다. 콜레스테롤을 포함하는 여러 가지 다른 호르몬, 약품과 기타의 물질들이 스테로이드로 분류된다.

시각화(visualization) ; 몸의 건강과 기능에 영향을 주기 위해서 마음을 의식적으로 사용하는 기법이다. 또한 창조적인 시각화라고도 한다.

시상하부(hypothalamus) ; 체온과 공복반응을 포함하는 여러 가지 국면의 대사를 조절하는 뇌의 한 부분이다.

식물 화학물질(phytochemical) ; 과일과 식물(phyto는 그리스어로 식물을 의미한다) 속에 존재하는 많은 물질 중 어느 것이다. 수백 종의 식물 생리활성 물질이 있고 더 많은 것이 매일 확인되고 있다. 어떤 것은 암 및 심장질환과 같이 심각한 것을 포함해서 질병에 대한 몸의 보호를 도울 수 있는 것으로 보인다.

신경병증(neuropathy) ; 운동신경 또는 지각신경의 비정상성에 의해서 초래되는 증상의 복합체이다. 증상으로는 점진적이고 단계적인 근육쇠약에 뒤따르는 특히 손이나 발에서의 자통 또는 무감각한 것이 있다.

신경수초(myelin sheath) ; 신경세포를 보호하는 지방질 피복이다. 신경수초 다발성 경화증이 있는 사람들에게서 눈에 띄게 손상되거나 상실된다.

신경전달물질(neurotransmitter) ; 하나의 신경세포로부터 다른 것으로의 신경자극을 전달하는 물질이다. 중요한 신경전달물질로는 아세틸콜린, 도파민, 감마아미노낙산, 노르에피네프린과 세로토닌이 있다.

신장의(renal) ; 콩팥에 속하는 것

심장[병]의(cardiac) ; 심장에 속하는 것

십자화과의(cruciferous) ; 문자 그대로 "십자가 모양을 한 것"이다. 십자가 모양의 꽃을 특징으로 하고 대장암을 예방하는 물질을 함유하는 브로콜리, 싹눈 양배추, 꽃양배추, 순무와 루타바가(rutabagas, 순무의 일종)를 포함하는 일단의 채소를 언급하기 위해서 사용하는 용어이다.

심전도(electrocardiogram, EKC 또는 ECg) ; 심장활동과 관련되는 전기적인 자극의 전도를 추적함으로써 심장기능을 감시하는 한 검사방법이다.

아구창(thrush) ; 혀 및 뺨의 내부에 있는 작은 흰점을 특징으로 하는 캔디다균(*Candida albicans*)에 의해서 초래되는 진균감염증이다. 이것은 유아와 면역계가 쇠약한 사람들에게서 가장 많이 발생한다.

아스코브산염(ascorbate) ; 비타민 C의 금속염이다. 영양보충제로 복용하면 아스코브산염은 순수한 아스코브산보다 덜 산성(그리고 덜 자극적)이고 또한 비타민 C와 결합된 무기질을 모두 더 잘 흡수되게 한다.

악성(malignant) ; 문자 그대로 "나쁜 것"이다. 암성이고 확산됨직한 세포 또는 세포집단을 말할 때 사용된다.

알레르기(allergy) ; 정상적으로 해가 없는 물질에 대한 면역계에 의한 부적절한 반응이다. 알레르기는 몸의 조직을 모두 침해할 수 있다. 고초열은 알레르기의 일반적인 종류이다.

알레르겐(allergen) ; 알레르기 반응을 촉발하는 항원물질이다.

알 디 에이(RDA) ; 1일 섭취 권장량 참조이다.

알 엔 에이(RNA) 종양 바이러스(retrovirus) ; 그 바이러스가 감염당한 세포의 DNA 속에 이것의 RNA를 전사할 수 있도록 해서 그 세포(감염당한 세포)의 유전적인 기계를 대신하는 작용을 하는 역전사효소(reverse transcriptase)라고 하는 효소를 갖고 있는 그의 중시 핵산으로 RNA를 갖는 바이러스의 한 종류이다. 에이즈를 초래하는 바이러스인 인체 면역결핍 바이러스(HIV)는 RNA(종양) 바이러스의 하나이다. RNA(종양) 바이러스는 또한 동물에서 어떤 종류의 암을 초래하는 것으로 알려졌고 인체에서 백혈병과 림프종을 형성하는 것으로 의심된다.

약초요법(herbal therapy) ; 치유 또는 정화의 목적으로 약초 조합제를 사용하는 것이다. 약초는 정제, 캡슐, 팅크제 또는 추출제 형태와 함께 욕조 첨가제 및 찜질약으로 사용할 수 있다.

양(yang) ; 중국의학에서 몸에 조화와 균형을 이루기 위해 균형 잡혀야 하는 두 가지 치명적인 본질 중 하나이다.

양성의(benign) ; 문자 그대로 "해가 없는 것"이다. 세포 특히 악성(암성)이 아닌 부적절한 위치에서 성장하는 세포를 언급할 때 사용한다.

에이(A)형 개성(인격)(type A personality) ; 성급하고 공격적인 경향이 있는 개성이다. A형 개성이 있는 사람들은 더 강한 스트레스 반응을 나타내고 심장혈관 질환에 대해서 더 많이 민감할 수 있다.

에틸렌다이아민테트라아세트산(ethylenediamine tetraacetic acid, EDTA) ; 킬레이션 요법에서 사용하는 한 유기분자이다.

엔돌핀(endorphin) ; 주로 노에서 발견되는 여러 가지 천연 호르몬 유사 물질 중의 하나이다. 엔돌핀의 한 가지 기능은 그들이 노에 있는 진정체(opiate) 수용체와 결합함으로써 통증의 감각을 억제하는 것이다.

엘라그산(ellagic acid) ; 몸의 유리기 제거를 돕는 딸기와 포도에서 발견되는 식물 생리(활성) 물질이다.

엡스타인 바 바이러스(Epstein-Barr virus, EBV) ; 전염성 단핵증을 초래하고 특히 쇠약한 면역계를 갖는 사람들에게서 다른 건강문제도 초래할 수 있는 바이러스이다.

역류성 위식도 질환(gastroesophageal reflux disease, gERD) ; 잦은 소화불량이나 가슴앓이를 특징으로 하는 증후군에 대한 의학적인 용어이다.

연동운동(peristalsis) ; 위에 있는 물질들을 장을 통해서 마지막으로 몸 밖으로 내보내는 소화기관 근육의 리듬 있는 수축이다.

염산(hydrochloric acid) ; 위에서 생산되고 소화를 돕는 강력한 무기산이다.

염색체(chromosome) ; 유전정보를 갖고 있는 모든 살아있는 세포의 핵에 있는 DNA의 나사 같은 끈과 같은 요소이다. 난자와 정자세포를 제외하고 모든 인체 세포 속에는 정상적으로 46개(23쌍)의 염색체가 있다.

염증(inflammation) ; 붓고 따듯하고 발적하는 것을 특징으로 하는 질병 또는 상해에 대한 반응이다.

엽록소(chlorophyll) ; 식물조직의 녹색을 내게 하는 색소이다. 이것은 마그네슘과 기타 원소의 공급원으로서 보충제의 형태로 복용할 수 있다.

영양소(nutrient) ; 몸에 의해서 생명과 건강을 유지하기 위해서 필요한 물질이다.

영양치료제(nutraceutical) ; 특정한 임상적이고 또는 치료적인 목적을 위해서 설계되고 사용되는 식품이나 영양소를 기본으로 하는 제품 또는 보충제이다.

예후(prognosis) ; 장애 또는 상태의 있음직한 진행과정 또는 결과에 대한 예상을 말한다.

완전단백질(complete protein) ; 8가지 필수아미노산을 모두 함유하는 식이단백질의 공급원이다.

완화(관해, 차도, remission) ; 질병의 징후와 증상의 경감 또는 반전이다. 이 용어는 암 및 다발성 경화증과 같은 심각하고 또는 만성적인 질병에 대해서 특히 사용한다.

위약(placebo) ; 약물학적으로 활성인 물질들과 비교할 수 있는 근거를 제공하기 위해서 시험에서 근본적으로 사용하는 약물학적으로 불활성인 물질이다.

위염(gastritis) ; 위 내벽의 염증이다.

위장의(gastrointestinal) ; 위와 소장 및 대장, 결장, 직장, 간, 췌장 및 쓸개에 속하는 것이다.

위장염(gastroenteritis) ; 위와 장 점막의 염증이다.

유기적(organic) ; 살충제, 제초제 및 호르몬과 같은 합성 화학물질을 사용하지 않고 기른 식품을 설명할 때 사용하는 용어이다.

유당분해효소(lactase) ; 유당을 포도당과 갈락토스로 전환하는 효소이다. 이것은 우유와 우유제품의 소화에 필요하다.

유리기(free radical) ; 적어도 한 개의 짝이 없는 전자를 갖기 때문에 화학적으로 크게 반응성인 원자 또는 원자단이다. 이들이 너무 빨리 다른 화합물과 결합하기 때문에 유리기는 세포를 공격할 수 있고 몸 안에서 많은 손상을 초래할 수 있다. 유리기는 가열한 지방과 오일에서 형성되고 그 중에서도 대기 방사선과 환경오염물에 대한 노출의 결과로 형성된다.

유리기 제거인자(free radical scavenger) ; 유리기를 제거하거나 파괴하는 물질로서 항산화제 같은 것이다.

유방 X선 촬영법(mammography) ; 유방의 X-선 검사방법이다.

유산간균(lactobacilli) ; 발효를 통해서 유당을 유산으로 전환하는 능력을 갖는 수많은 종의 세균의 모두이다. 유산간균은 자연적으로 결장에 존재하고 이들이 소화를 돕고 어떤 질병을 초래하는 미생물을 억제하기 때문에 때로는 '유익균'이라고 한다. 가장 일반적으로 보충제로 사용할 수 있는 두 가지 종의 유산(간)균이 호산성 유산간균(*L. acidophilus*)과 비피더스균(*L. bifidus*, 분지 유산간균)이다.

에멜젼(유탁액 : emulsion) ; 기름과 물처럼 서로 혼합되지 않는 두 가지 액체의 조합으로 한 물질이 작은 방울로 깨져서 다른 것의 속에서 부유한다. 유화는 지방의 소화의 첫 번째 단계이다.

유전적인(genetic) ; 유전한(inherited) 것이다.

음(eum) ; 중국의학에서 몸에서 조화와 균형을 이루기 위해서 균형 잡혀야 하는 두 가지 치명적인 본질 중의 하나이다. 음은 냉, 그늘과 습한 것이다. 음의 기관으로는 심장, 간, 신장, 폐와 뼈가 있다.

응고인자(clottin factor) ; 혈류 속에 존재하고 응혈과정에서 중요한 특히 비타민 K와 같은 몇 가지 물질들에 드는 것이다.

이뇨제(diuretic) ; 오줌의 양을 증가하는 경향 또는 액체의 배설을 촉진하는 물질이다.

아이소플라본(isoflavone) ; 유방암과 같은 에스트로겐에 기인하는 암의 방지를 도울 수 있는 에스트로겐의 흡수를 억제하는 식물 생리물질의 한 종류이다.

이차 감염(secondary infection) ; 종전의 감염, 염증 또는 기타 상태의 존재 또는 작용이 있은 후에 그리고 아마 그에 의해서 발생할 수 있지만 반드시 직접 이것에 의해서 초래되었다고 할 수는 없는 감염이다.

인두염(pharyngitis) ; 인후염(sore throat)이다.

인슐린(insulin) ; 몸에서 포도당(당)의 대사를 조절하는 췌장에 의해서 생산되는 호르몬이다.

인체 면역결핍 바이러스(human immunodeficiency virus, HIV) ; 에이즈를 초래하는 바이러스이다.

인터류킨(interleukin) ; 감염억제를 돕기 위해서 몸에 의해서 생산되는 수많은 면역계 화학물질의 모든 것이다.

인터페론(interferon) ; 바이러스의 증식을 방지하고 감염되지 않은 세포를 바이러스 감염으로부터 보호할 수 있는 바이러스의 감염에 대한 반응으로 세포에 의해서 생산되는 단백질이다. 알파, 베타와 감마로 부르는 다른 종류의 인터페론이 있다.

1일 섭취 권장량(recommended daily allowance, RDA) ; 영양부족을 방지하기 위해서 매일 섭취해야 하는 비타민 또는 기타의 영양소의 양이다. 이 권장량(RDAs)은 미국 식약청(FDA)에 의해서 결정되었다.

자가면역 장애(autoimmune disorder) ; 면역계가 몸의 자체 조직에 대해서 부적절하게 반응하고 그들을 공격해서 정상적인 기능을 손상하고 또는 방해하는 모든 상태이다. 그 예로는 브라이트병(Bright's disease), 당뇨, 다발성 경화증, 류마티스 양 관절염과 전신 루프스 홍반(systemic lupus erythematous)이 있다.

자가 수혈법(autologous transfusion) ; 후일에 사용하기 위해서 채혈하고 보관한 자기 자신의 혈액을 수혈하는 것이다.

자기공명 영상(MRI, magnetic resonance imaging) ; 몸의 내부 구조의 상세한 영상을 만들기 위해서 전파와 강력한 자장을 조합해서 사용하는 진단에서 사용하는 기법이다.

자연요법(naturopathy) ; 질병을 치료하기 위해서 식이, 약초와 기타의 자연적인 방법과 물질을 사용하는 건강관리의 한 형태이다. 그 목표는 선천적인 방어력을 자극해서 약품을 사용하지 않고 건강한 몸의 상태를 만드는 것이다.

잠복기(incubation period) ; 감염성의 질병에 노출될 때와 증상이 나타날 때까지 사이의 감염이 발생하는 동안의 기간이다.

잠혈검사(occult blood test) ; 대변, 가래 또는 소변과 같은 몸의 배설물에 있는 혈액의 존재를 검출하는 검사이다. 이것은 암을 가려내기 위해서 가장 많이 사용된다.

장 내성(bowel tolerance) ; 몸이 설사를 초래하지 않고 참을 수 있는 어떤 물질의 양이다.

장내 세균총(intestinal flora) ; 어떤 영양소의 소화와 대사를 위해서 필수적인 장내에 존재하는 '유익한' 세균의 집단이다.

장수식(macrobiotics) ; 그 기본원리가 식품의 음과 양의 에너지 균형으로 구성되는 극동철학으로부터 채택한 식이 접근방법이다. 물과 같은 음의 식품은 확장적이고 소금 또는 육류와 같은 양의 식품은 수축적이다. 이 장수식법은 대부분이 그 사람과 상태에 따라서 결정되는 콩 및 보조식품과 함께 통곡식 시리얼, 기장, 쌀, 수프와 채소로 구성된다. 다른 상태들은 음 또는 양으로 생각하므로 장수식 프로그램은 각각의 사람들에 대해서 채택해야 한다.

장의(enteric) ; 소장에 속하는 것.

저밀도 지방단백 콜레스테롤(LDL 콜레스테롤) ; 이것이 고농도로 있으면 정상적으로 심장질환의 발생위험이 크기 때문에 보통으로 "나쁜 콜레스테롤"이라고 하는 지단백(콜레스테롤을 혈류 속에서 운반하는 단백질 분자)의 한 종류이다.

저 알레르기 발생성(hypoallergenic) ; 과민(알레르기성)반응을 유발하기 위한 능력을 적게 갖는 것이다.

저 칼슘혈증(hypocalcemia) ; 혈액 중에 비정상적으로 적은 양의 칼슘이 존재하는 것이다.

저혈압(hypotension, low blood pressure) ; 낮은 혈압이다.

적혈구(red blood cell) ; 붉은 색소 헤모글로빈을 함유하고 혈류에 산소를 공급하고 이산화탄소를 혈류에서 운반해 내는 혈액세포이다.

전신적인(systemic) ; 전신에 속하는 것이다.

전암 병변(precancerous lesion) ; 악성이 아니지만 악성으로 되어 가는 과정에 있을 수 있는 비정상적인 조직이다.

전염성의(epidemic) ; 질병의 광범위한 발병 또는 어떤 시기와 장소에서 비정상적으로 높은 발병률로 발생하는 질병이다.

전이(metastasis) ; 원래의 종양으로부터 떨어진 곳으로의 암의 확산이다.

전해질(electrolyte) ; 체액에 녹아있는 가용성 염류이다. 전해질은 몸에서 순환하는 대부분의 무기질이 취하고 있는 형태이다. 이들은 그들이 전기적인 자극을 전도할 수 있기 때문에 그와 같은 이름이 붙여졌다.

절제(excision) ; 외과적으로 절단해 버리는 것 또는 조직의 제거이다.

점막(mucous membranes) ; 공기를 전달하는 몸의 공동과 도관을 내장하는 막이다. 예로는 입 · 코 · 항문과 질의 내부를 내장하는 막이 있다.

점활제(자극 완화제, demulcent) ; 특히 점막을 진정하는 것이다.

정골요법(골병증, 그 요법, osteopathy) ; 몸이 그의 구조적 및 기능적인 완전성이 정합적이고 서로 의존하는 것이고 치명적인 기계적인 기관이고 따라서 근육골격계에서의 혼란은 몸에 있는 어떤 딴 곳의 장애를 초래한다는 믿음에 근거하는 의학의 체계이다. 정골요법은 약품을 처방하고 수술을 할 수 있지만, 이와 같은 철학 때문에 그들은 처치의 첫 단계로서 물리요법이나 근육골격계의 촉진(교묘한 처리)을 더욱 많이 권고한다.

정맥(vein) ; 몸의 조직으로부터 심장으로 혈액을 돌려보내는 혈관의 한 부분이다.

정맥내 주입(intravenous(Ⅳ) infusion) ; 체액의 교환 또는 약품의 투여를 돕기 위해서 정맥에 주사침을 찌르는 것을 사용하는 것이다.

제니스테인(genistein) ; 알팔파 싹, 브로콜리, 양배추, 콜라드(케일의 일종)잎, 케일과 콩(soybean)에서 발견되는 아이소플라본(식물 생리활성 물질의 한 종류)의 한가지이다. 이것은 폐경기 전 · 후 증후군을 돕고 일부의 양을 방지할 수 있다.

제산제(antacid) ; 위 · 식도 또는 십이지장의 첫 부분에 있는 산을 중화하는 물질이다.

조(助) 발암물질(cocarcinogen) ; 다른 물질과 함께 암을 초래하도록 작용하는 제제이다.

조효소(coenzyme) ; 효소가 체내에서 그의 기능을 수행할 수 있도록 효소와 함께 작용하는 분자이다. 조효소는 비타민과 무기질의 활용에 필요하다.

졸도(syncope) ; 일시적인 의식의 상실이다. 기절(fainting)이다.

종양(tumor) ; 아무런 기능도 하지 않는 비정상적인 조직의 덩어리이다. 종양은 보통 양성 또는 악성(암성) 중 어느 것으로 분류된다.

종양학(oncology) ; 암을 다루는 의학의 전문 분야이다.

종양학자(oncologist) ; 암 전문가이다.

죽상 동맥경화(atherosclerosis) ; 동맥의 내벽에서의 지방침착물의 축적에 의해서 초래되는 동맥경화의 가장 일반적인 종류이다.

중금속(heavy metal) ; 그의 비중(그의 질량을 물 또는 수소의 질량과 비교한 측정치)이 5.0보다 큰 금속원소이다. 비소, 카드뮴, 납 및 수은과 같은 일부의 중금속은 극히 독성이다.

증상(symptom) ; 몸의 장애의 결과로 경험하는 정상적인 느낌 또는 기능에 있어서의 변화이다.

증후군(syndrome) ; 함께 한 장애의 특성을 나타내는 것으로 알려졌거나 여겨지는 징후와 증상의 집단이다.

지방단백질(lipoprotein) ; 지질과 결합하는 단백질 분자의 한 종류이다. 지단백은 림프액과 혈액에서 지질을 운반하는 제제로서 작용한다.

지방산(fatty acid) ; 그것에서 지방과 오일이 만들어지는 여러 가지 유기산 중의 어느 한 가지이다.

지용성(fat soluble) ; 지방 및 오일 같은 유기용제에 녹을 수 있는 것(물질)이다.

지질(lipid) ; 지방 및 오일과 같이 유기용제에 녹는 자연에서 발견되는 물질이다. 중요한 영양적인 지질에는 콜린, 감마 리놀렌산, 이노시톨, 레시틴과 리놀레산이 있다.

지질 친화 인자(친지방성 : lipotropic) ; 간에서의 비정상적인 또는 너무 많은 양의 지방의 축적 방지를 돕고 혈당치를 제어하고 지방 및 탄수화물 대사를 강화하는 수많은 물질 모두를 말한다. 일반적으로 사용되는 지방 친화 인자로는 콜린, 이노시톨 및 메티오닌이 있다.

진균류(fungus) ; 효모, 곰팡이와 버섯을 포함하는 유기체의 부류 중의 한 가지이다. 캔디다 알비칸스(캔디다균)와 같은 수많은 진균의 종은 면역이 쇠약한 사람들에게서 심각한 질병을 초래할 수 있다.

진전(tremor) ; 무의식적인 떨림이다.

진통제(analgesic) ; 통증을 완화하는 경향이 있는 것 또는 통증을 완화하는 물질이다.

진피(dermis) ; 상피 밑에 있는 피부의 층이다. 혈관, 림프관과 땀과 피지를 분비하는 선은 모두 진피에 있다.

척추 지압요법(chiropractic) ; 많은 장애가 척추골과 기타 관절의 잘못된 정렬(반탈구라고 한다)로부터 초래된다고 하는 믿음에 따른 치유시스템이다. 척추 교정사(카이로프랙터)들은 근본적으로 몸을 적절하게 정렬되게 함으로써 정상적인 건강과 기능을 회복하기 위해서 육체적인 교묘한 처리(촉진)기법에 의해서 질병을 처치한다.

초산(acetic acid) ; 식초 속의 활성성분인 약한 무기산인데 물에 대한 4～5%의 초산용액으로 식초가 된다.

초음파(ultrasound) ; 초고주파수 음파이다. 초음파 기술은 수많은 다른 의학적인 진단 및 처치장비에서 사용된다.

초음파 심장 진단도(echocardiogram) ; 심장의 구조적 및 기능적인 비정상성을 검출하기 위해서 초음파를 사용하는 진단적인 검사이다.

출혈(hemorrhage) ; 많은 양의 또는 비정상적인 출혈이다.

치매(dementia) ; 뚜렷하게 감퇴하는 기억력, 언어능력, 개성, 공간 시각에 관한 기능 및 인식(방향감각, 지각, 추리력, 추상적인 사고와 계산)을 초래하는 후천성인 지각기능의 영원한 손상이다. 치매는 정적(static)인 것일 수도 영구적인 것일 수도 있고 여러 가지 다른 원인에 따라서 발생할 수 있다.

치은염(gingivitis) ; 이를 둘러싸고 있는 잇몸의 염증이다.

카로틴(carotene) ; 체내에서 비타민으로 전환되는 황색-오렌지색 색소이다. 알파, 베타 및 감마 카로틴을 포함하는 몇 가지 다른 형태의 것이 있다.

카로티노이드류(carotenoid) ; 항산화제로 작용하고 카로틴과 함께 일부 다른 물질들이 포함되는 식물 생리물질의 집단이다.

캔디다 알비칸스(*Candida albicans*) ; 몸에 어느 정도로 정상적으로 존재하는 진균의 한 종류이다. 이것이 과잉으로 존재하면 효모감염을 초래한다. 캔디다균으로 알려져 있다.

컴퓨터 X선 단층사진(CAT[computerizrd axial tomography] scan) ; 비정상성을 검출할 목적으로 사용하는 몸 또는 음의 부분의 3차원 사진을 만들어 내기 위해서 사용하는 컴퓨터화한 X선 사진촬영 공정이다.

코감기(coryza) ; 감기에 걸린 코의 증상이다.

콜레스테롤(cholesterol) ; 모든 척추동물에 의해서 생산되는 지방에 녹는 결정체로 되어 있는 물질이다. 이것은 세포막의 필요한 조성이고 지방산의 운반과 흡수를 촉진한다. 그렇지만 너무 많은 콜레스테롤은 건강에 대한 잠재적인 위협이다.

킬레이션(chelation) ; 더 큰 분자 또는 분자집단이 금속원자를 둘러싸는 것이다.

킬레이션 요법(chelation therapy) ; 어떤 물질을 몸속에 도입해서 납, 카드뮴, 비소와 기타의 중금속과 같은 외래물질을 킬레이트하고 나서 제거하도록 하는 것이다. 킬레이션 요법은 또한 혈관의 내벽으로부터 칼슘을 기본으로 하는 플라크를 감소하거나 제거해서 치명적인 기관과 조직으로의 혈류를 쉽게 하는 데도 사용할 수 있다.

타박상(contusion) ; 피부가 파열되지 않은 상해인 타박상(bruise)이다.

탄력소(elastin) ; 조직에 탄력(신축성)을 주는 단백질이다.

탄수화물(carbohydrate) ; 탄소, 수소 및 산소로 구성되고 식이에 있는 주된 에너지원으로 쓰이는 그들 중 거의 모두가 식물로부터 기원하는 많은 유기물질 중의 하나인 것이다.

탈장(hernia) ; 내부 장기를 함유하는 것으로 생각되는 조직에 있는 구멍을 통해서 내부 장기의 일부가 부적절하게 돌출된 상태이다.

트리글리세라이드(중성지방, triglyceride) ; 3개의 지방산과 글리세롤(glycerol, 글리세린의 학명)로 구성되는 화합물이다. 트리글리세라이드는 지방이 몸에서 저장될 때의 형태이고 식이에 있는 지질의 주된 종류이다.

특발성의(idiopathic) ; 질병을 설명하는 용어로서 '원인을 알 수 없는'이란 의미이다.

티(T)-세포(T-cell) ; 면역계의 중대한 부분인 림프구의 한 종류이다.

파파니콜로 검사(Pap test) ; 암의 징후가 있는지 검사하기 위한 질과 자궁경부에서 수집한 세포의 현미경적인 검사이다. 자궁(경부)암 조기검사이다.

페닐케톤뇨증(phenylketonuria, PKU) ; 아미노산인 페닐알라닌을 다른 아미노산인 티로신으로 전환하기 위한 효소의 결핍으로 남는 것을 몸 밖으로 배설할 수 있는데 따라서 초래되는 유전 장애이다. 혈액 속에 너무 많은 페닐알라닌이 축적되면 신경학적인 장애와 정신적인 지체로 이어질 수 있다.

펩타이드(peptide) ; 두 개 이상의 아미노산으로 구성되는 물질이다.

폐(pulmonary) ; 폐(lung)에 속하는 것이다.

폐경기(menopause) ; 성 호르몬인 에스트로겐과 프로게스테론의 생산의 급격한 감소에 의해서 초래되는 월경의 중단이다. 폐경기는 보통 45세 이후에 또는 여성 생식기관(자궁 등)의 제거 후에 발생한다.

폐경기 전후(perimenopause) ; 그 기간 동안 여성들이 동요하는 호르몬 때문에 불쾌한 증상을 경험할 수 있는 폐경기 10년 전부터 폐경기 이전의 기간이다.

포도당(glucose) ; 몸의 세포를 위한 에너지의 1차적인 공급원인 단당의 한 가지이다.

포화(saturation) ; 지방과 관련해서 이 용어 '포화상태'는 지방산 분자의 화학적인 구조, 전문적으로는 존재하는 수소원자의 수를 말한다. 어떤 추가의 수소원자도 받아들일 수 없는 지방 분자를 포화되었다(포화물)고 하고 한 개의 수소원자를 받아들일 수 있는 지방 분자를 1가 불포화물(monounsaturated)이라고 하고, 두 개 이상의 수소원자를 받아들일 수 있는 지방 분자를 다가 불포화물(polyunsaturated)이라고 한다.

포화지방(saturated fat) ; 실온에서 고체인 지방이다. 코코넛오일 및 야자유와 같은 몇 가지는 식물로부터 나오지만 대부분의 포화지방은 동물로부터 나온다.

표피(epidermis) ; 피부의 바깥층이다.

풍토병(endemic) ; 특정한 지리학적인 지역에 고유한 것, 또는 유행하는 것이다. 흔히 질병을 설명하기 위해서 사용한다.

프로게스테론(progesterone) ; 그의 기능에 월경주기 후반기에 임신을 위해서 여자의 몸을 준비하게 하는 것이 포함되는 호르몬이다. 질의 위축방지를 위한 호르몬 보충요법에서 프로게스테론 크림이 사용된다.

프로바이오틱(probiotics, 활생균) ; 몸에 있는 유익균의 성장을 자극하는 요소이다. 촉생제이다.

프로스타글란딘(prostaglandin) ; 필수지방산으로부터 몸에서 만들어지고 대상기관에 중요한 작용을 하는 수많은 호르몬 같은 화학물질 모두를 말한다. 이들은 호르몬과 효소의 분비에 영향을 주고 염증반응, 혈압과 응혈시간의 조절에서 중요하다.

플라보노이류(flavonoid) ; 식물에서 발견되는 결정체 화합물의 거대 집단중의 한 가지이다. Bioflavone류라고도 한다.

플라크, 판(plaque) ; 흔히 어떤 종류의 건강문제를 초래할 수 있는 잠재성을 갖는 조직으로의 어떤 물질의 원하지 않는 침착물(침착한 물질)을 말한다. 동맥에서의 플라크의 축적은 심장혈관 질환의 가장 많은 원인이고 이에서의 플라크 침착은 잇몸 질환으로 이어질 수 있으며 알츠하이머병은 뇌 조직에서의 특정한 플라크의 축적과 관련된다.

피부 반응검사(scratch test, cuti reaction) ; 알레르기성 반응에 대한 검사를 위해서 피부의 긁힌 부분에 소량의 의심나는 알레르기 항원을 가하는 과정이다.

피임용품(contraceptive) ; 수정을 방지하는 경향이 있는 것 또는 임신을 방지하기 위해서 사용하는 기구, 물질 또는 방법이다.

피지(sebum) ; 피부에 있는 선에서 생산되는 지성의 분비물이다.

필수(essential) ; 몸에 의해서 만들 수 없고 따라서 식이로 공급해야만 하는 형성과 재생에 필요한 영양소에 대한 용어이다. 단계로는 42가지 정도의 알려진 필수 영양소가 있다.

필수지방산(essential fatty acid, EFAs) ; 건강에 필수적이고 몸에 의해서 만들지 못하는 아라키돈산, 리놀레산과 리놀렌산의 3가지 불포화 지방산이다.

합병증(complication) ; 질병으로부터의 회복을 더 어렵고 또는 오래 가게 하는 2차 감염, 반응 또는 기타의 부정적인 결과이다.

항산화제(antioxidant) ; 파괴적인 산화반응을 봉쇄하거나 억제하는 물질이다. 그 예로는 비타민 C와 E, 무기질인 셀레늄과 게르마늄, 효소인 카탈라아제와 슈퍼옥사이드디스뮤타아제(SOD) 등이 있다. 조효소 Q10과 일부의 아미노산이 있다.

항생물질(antibiotic) ; 미생물 특히 세균 및 진균류를 파괴하거나 또는 성장을 억제하는 경향이 있는 것 또는 이 특성을 갖는 물질이다.

항원(antigen) ; 몸 안으로 들어오면 항체의 형성을 이끌어 낼 수 있는 물질이다.

항체(antibody) ; 특정한 외래침입 미생물 또는 기타의 외래물질을 잡아채고 중화하도록 설계된 면역계에 의해서 만들어진 단백질 분자이다.

항 히스타민제(antihistamine) ; 여러 가지 몸의 조직의 히스타민 수용체에 결합하여 히스타민의 작용을 방해하는 물질(히스타민 참조)이다.

해독, 무독화(detoxification) ; 몸에서 여러 가지 독성물질을 제거하는 공정이다.

핵산(nucleic acid) ; 모든 바이러스와 식물과 동물세포에 있는 화학적인 화합물 종류의 모든 것이다. 두 가지의 기본적인 종류로 모든 살아있는 세포의 유전정보를 함유하는 리보핵산(RNA)과 디옥시리보핵산(DNA)이 있다.

허혈(ischemia) ; 혈액이 부족한 상태이다. 허혈이 심장이나 뇌에서 발생하면 심근경색 또는 뇌졸중(stroke)을 초래할 수 있다.

헤마토크릿법(적혈구 용적률, hematocrit) ; 혈액 중에서 적혈구가 차지하는 백분율(체적으로)을 측정하는 방법(또는 그 기구)이다.

헤미셀룰로스(hemicellulose) ; 물에 흡수되는 식물의 세포벽에서 발견되는 셀룰로스를 닮은 소화할 수 없는 탄수화물이다.

혈구수(blood count); 혈액의 시료를 검사하고 적혈구, 백혈구와 혈소판의 수를 알아내는 기본적인 진단검사 또는 그 검사의 결과이다.

혈당(blood sugar); 혈액 중에 있는 포도당(당의 한 형태)이다.

혈색소, 헤모글로빈(hemoglobin); 산소를 운반하는 혈액 속에 있는 철을 함유하는 적색 색소이다.

혈액-뇌관문(blood-brain barrier); 많은 물질 특히 물을 기본으로 하는 물질이 뇌 조직에 의해서 흡수되기 위해서 혈관으로부터 통과하는 것을 막는 뇌의 모세관과 어떤 다른 세포들이 관련되는 기구이다.

혈전(thrombus); 혈관에 있는 방해물이다.

혈종(hematoma); 혈액으로 가득 찬 융기나 종창을 말한다. 혈종은 보통 무딘 상해나 또는 피부 밑의 혈관을 파괴하는 다른 외상으로 인해 발생한다.

혈청(serum); 혈액의 액상부분이다.

협심증(angina pectoris); 전형적으로 노작에 의해 발생하며 쉬면 좋아지는 질식할 것 같은 감각이 있는 가슴통증의 증후군이다.

호르몬(hormone); 여러 가지 몸의 기능을 조절하는 내분비선에 의해서 생산되는 여러 가지 필수적인 물질 중의 한 가지이다.

호지킨병(Hodgkin's disease); 림프종(림프계의 암)의 한 종류이다.

홍반(erythema); 특히 피부의 발적(reddening)이다.

화농성의(purulent); 고름을 함유하거나 고름의 생산을 초래하는 것이다.

화학요법(chemotherapy); 약품과 같은 화학물질의 사용 특히 암을 억제하기 위한 화학적인 치료제의 사용에 의한 질병의 처치를 말한다.

활력 징후(vital sign); 맥박, 호흡, 혈압 및 체온을 포함하는 그 사람의 건강상태의 기본적인 척도이다.

황화 알릴(allyl sulfide); 몸을 해독하는 작용을 하는 부추(leeks), 양파, 마늘 및 골파(chieve)에 들어있는 식물 생리활성 물질이다.

효모(yeast); 단세포 진균의 한 종류이다. 어떤 종류의 효모는 입, 질 또는 위장관에서 가장 많이 감염을 초래할 수 있다. 일반적인 효모감염으로는 질염과 아구창이 있다.

효소(enzyme); 소비되지 않고 몸에서의 화학반응을 시작하게 하거나 빠르게 하는 여러 가지 특정한 단백질 촉매 중의 한 가지이다.

효소면역 흡착분석(enzyme-linked immunoadsorbent assay, ELISA) ; 그 단백질과 연관되는 효소의 존재를 검출함으로써 항체와 같은 특정한 단백질의 존재를 알아내는 검사법이다.

흑색종(melanoma) ; 피부의 깊은 층에 있는 색소 세포로부터 기원하는 악성 종양이다.

흡수(absorption) ; 영양적으로 몸에 의해서 사용하기 위해서 영양소를 장관을 통해서 혈류로 받아들이는 과정이다. 만일 영양소가 적절하게 흡수되지 않으면 영양부족이 초래될 수 있다.

흡수불량(malabsorption) ; 영양적으로 장관으로부터 혈류로의 영양소의 흡수에 결함이 있는 것이다. 가장 효과적인 천연 피부 보습제로 알려진 한 유기산이다. 이것은 인체의 피부에 존재하고 자신의 무게의 500배나 되는 물을 보유할 수 있다.

히스타민(histamine) ; 여러 가지 몸의 조직에 작용하는 면역계에 의해서 방출되는 화학물질이다. 이것은 기관지관의 평활근을 수축하고 작은 혈관을 확장하는 작용을 해서 액체가 여러 가지 조직으로부터 누설하게 하고 위산의 분비를 증가하게 한다.

히알루론산(hyaluronic acid) ; 가장 효과적인 천연 피부 보습제로 알려진 이것은 인체의 피부에 존재하고 자신의 무게의 500배나 되는 물을 보유할 수 있다.

학명찾기

A

B

C

M

N

O

P

Q

R

S

T

U

V

W

Y

Z

영 명 찾 기

C

H

I

J

M

N

O

S

Y

Z

한문명 찾기

ㅇ

일반명(이명·방언) 찾기

ㅊ

Index

A

B

C

D

E

F

G

H

I

J

K

L

Q

R

S

T

농축수산식품의
건강기능대전(大全)

2013년 11월 15일 초판 인쇄
2013년 12월 1일 초판 발행

편 자 : 정동효
펴낸이 : 천승배
펴낸곳 : 도서출판 유한문화사

주소 : (157-801) 서울시 강서구 강서로76길 21(가양동)
전화 : 2668-2055~6
팩스 : 2668-2565
http://www.yuhansa.com
E-mail : yuhansa@hanmail.net
등록 : 제 5-31호. 1979. 3. 6.

값 85,000 원

ISBN : 978-89-7722-575-6 93520

이 도서의 국립중앙도서관 출판도서목록(CIP)은 e-CIP홈페이지
(http://www.nl.go.kr/ecip)에서 이용하실 수 있습니다.
(CIP제어번호 : CIP2013023776)